化 工 原 理

（第二版）

主　编　郝晓刚　段东红
副主编　史宝萍　焦纬洲　常西亮

科 学 出 版 社

北 京

内 容 简 介

本书重点介绍各主要化工单元操作的基本原理、典型设备和相关计算，内容包括绪论、流体流动、流体输送机械、非均相物系分离、传热、蒸发、吸收、蒸馏、气液传质设备、干燥、液液萃取及附录。全书以流体流动（动量传递）为基础阐述流体输送、非均相物系分离相关单元操作；以热量传递为基础阐述换热器及蒸发单元操作；以质量传递为基础阐述吸收、蒸馏、萃取传质单元操作，并介绍具有热量、质量同时传递特点的干燥操作。本书以物料衡算、能量衡算为主线，强调应用基本概念和原理分析、解决工程实际问题。各章还包括学习内容提要和较多例题，章末附有思考题和习题，便于读者自学。

本书可作为高等学校化工类各专业的本科生教材，也可供化工部门研究、设计和生产单位技术人员参考。

图书在版编目(CIP)数据

化工原理/郝晓刚，段东红主编 . —2 版 . —北京：科学出版社，2019.1
ISBN 978-7-03-060298-5

Ⅰ.①化… Ⅱ.①郝… ②段… Ⅲ.①化工原理-高等学校-教材 Ⅳ.①TQ02

中国版本图书馆 CIP 数据核字(2019)第 001070 号

责任编辑：丁 里 / 责任校对：何艳萍
责任印制：张 伟 / 封面设计：迷底书装

科学出版社 出版
北京东黄城根北街 16 号
邮政编码：100717
http://www.sciencep.com
北京凌奇印刷有限责任公司印刷
科学出版社发行 各地新华书店经销

*

2011 年 6 月第 一 版 开本：787×1092 1/16
2019 年 1 月第 二 版 印张：27
2024 年 11 月第十二次印刷 字数：708 000

定价：69.00 元
(如有印装质量问题，我社负责调换)

第二版前言

本书第一版自 2011 年出版以来,得到了同行和读者的支持和肯定,总体评价良好。随着科技的发展,为适应教育部及中国工程院"卓越工程师教育培养计划"方案,培养学生的工程能力和创新意识,在保持第一版总框架体系的前提下,编者对教材进行了修订,增加了萃取单元操作内容,对部分内容做了调整和更新。

本次修订主要修改内容如下:

(1) 调换和补充了一些有工业背景的习题,以提高学生分析问题、解决问题的能力。

(2) 将第一版第 6 章和第 7 章中有关传质设备的内容并入"气液传质设备"作为本书的第 8 章,以提高本书的实用性。

(3) 增加了新的单元操作内容,如液液萃取,以满足不同层次读者的需要。

(4) 在第 6 章中增加了物质传递内容,以提高学生对传递过程理论的理解。

本书由郝晓刚、段东红负责统稿审定。参加编写工作的有:太原理工大学段东红、郝晓刚(绪论、第 1 章、第 10 章及附录)、王韵芳(第 2 章),中北大学赵慧鹏(第 3 章)、焦纬洲(第 9 章),太原工业学院常西亮(第 4 章、第 5 章),太原科技大学石国亮、高晓荣、史宝萍(第 6 章、第 7 章、第 8 章)。参加第一版编写的樊彩梅、卫静莉未能参加本版修订工作,在此向樊彩梅、卫静莉两位老师及第一版的其他编审者为本书所做的贡献深表谢意。

感谢读者为本书提出的宝贵意见。由于编者水平有限,书中可能仍有不妥之处,敬请教学同仁和读者批评指正。

编 者

2018 年 9 月

第一版前言

本书是配合落实教育部及中国工程院"卓越工程师教育培养计划"方案、以应用型人才培养为目标而编写的一本专业基础课程教材。本书可作为高等院校化工类各专业的本科生教材,也可供化工部门研究、设计和生产单位技术人员参考。

化工原理是一门工程性非常强的关于化学加工过程的技术基础课程,它为过程工业(包括化工、轻工、医药、食品、环境、材料、冶金等工业部门)提供科学基础,对化工及相近学科的发展起支撑作用。化工原理课程以单元操作为内容,以传递过程原理和研究方法为主线,研究各个物理加工过程的基本规律、典型设备的设计方法、过程的操作和调节原理。

本书介绍各主要化工单元操作的基本原理和典型设备的计算,注重理论联系实际,通过多种例题将理论与解决实际问题较好地关联,培养学生的工程实践能力,提升学生的工程素养。内容包括绪论、流体流动、流体输送机械、非均相物系分离、传热、蒸发、吸收、蒸馏、干燥。每章均包括学习内容提要和较多例题,章末附有思考题和习题。各院校可根据各专业实际需要选择教学内容。

本书从培养学生的应用能力角度组织教学内容,重点强调应用基本概念和原理分析、解决工程实际问题。全书以物料衡算、能量衡算为主线,以流体流动(动量传递)作为传热、传质(分离)的基础,由浅入深,层次分明,便于读者自学。

全书由郝晓刚、樊彩梅负责统稿审定。参加编写工作的有:太原理工大学樊彩梅、郝晓刚、王韵芳(绪论、第1章、第2章及附录),中北大学李裕(第3章)、焦纬洲(第8章),太原工业学院卫静莉、熊英莹(第4章、第5章),太原科技大学史宝萍、赵晓霞(第6章、第7章)。

在本书编写过程中得到太原理工大学化学化工学院领导的关心和支持,以及上述各校化工原理课程全体同仁的无私帮助,在此表示诚挚的感谢! 同时感谢太原理工大学"卓越工程师教育培养计划"试点领导组提出的宝贵意见。

由于时间仓促,本书难免存在不妥之处,敬请读者批评指正。

编 者

2010 年 12 月

目　　录

绪　　论

0.1　化工生产过程与单元操作

0.1.1　化工生产过程

化工生产过程是指采用化学或物理的手段将原料加工成产品的工业过程。在化工生产中可以直接将原料通过物理加工方法来获得产品。例如，天然植物油用物理加工方法（如蒸馏）获得香料产品。但是，由于简单物理加工方法难以实现经济型高纯度产品的生产，因此绝大多数化工产品的获得都需要采用化学与物理加工相结合的方法。显然，化工生产的核心是化学反应过程及其设备——反应器。然而，化学反应都是在一定条件下进行的，反应器内必须保持某些优化条件，如适宜的压强、温度和物料的组成等。因此，需要对反应原料进行必要的预处理以除去杂质，达到必要的纯度、温度和压强要求，这些过程统称为前处理。反应产物同样需要精制与纯化等后处理，以获得最终产品（或中间产品）。

例如，德士古(Texaco)煤气化制取粗煤气的生产是以煤和氧气为原料，在德士古炉中进行气化反应。该法要求原料煤粒度小于 0.1 mm，制成悬浮状的水煤浆，煤浓度为 70%，用泵加入气化炉，与入炉氧气在 1400 ℃和 4.0 MPa 下进行煤气化反应，生成的熔融灰渣以液态排出。热的粗煤气在废热锅炉中回收热量，产生蒸汽，粗煤气冷却到 200 ℃，然后进入洗涤冷却器洗去灰尘并降温，冷却后的粗煤气则经净化处理进一步发电或制取合成氨。德士古煤气化流程如图 0-1 所示。

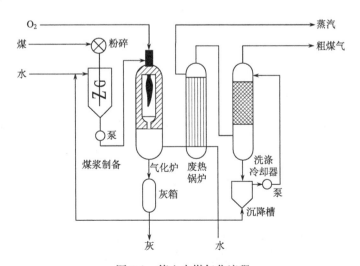

图 0-1　德士古煤气化流程

又如，氨水催化脱除粗煤气中硫化氢制备硫磺的工艺流程如图 0-2 所示。含有硫化氢的粗煤气（又称原料气）从脱硫塔底部进入，与塔顶喷淋而下的氨水溶液逆流接触，气体中的硫化氢被溶液吸收而脱除，从脱硫塔顶出来的净化气送往下一工序进一步净化加工。吸收硫化氢后的溶液(富液)从脱硫塔底部引出,经循环槽用泵打入再生塔,与再生用的空气逆流接触,废气排空或去处理系统,再生溶液送往脱硫塔循环使用。再生塔中氧化生成的硫沫漂浮于液面,由塔顶上部溢流入硫泡沫槽,用真空过滤机分离出硫磺,然后送入熔硫釜,通蒸汽熔炼成工业硫磺。

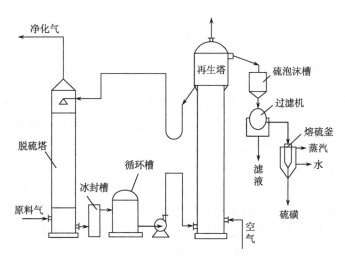

图 0-2　氨水催化脱硫流程

氨水催化法脱除原料气中硫化氢制备硫磺的原理如下:

首先,原料气中的硫化氢在脱硫塔中被氨水吸收,反应为

$$NH_3 \cdot H_2O + H_2S \Longrightarrow NH_4HS + H_2O$$

吸收液中添加对苯二酚作为载氧剂和催化剂。对苯二酚在碱性溶液中被空气中的氧气氧化为苯醌,反应为

$$OH\!-\!\bigcirc\!-\!OH + \frac{1}{2}O_2 \longrightarrow O\!=\!\bigcirc\!=\!O + H_2O$$

　　　对苯二酚(还原态)　　　　　　　　　　　　苯醌(氧化态)

其次,硫氢化铵在苯醌的作用下被氧化成单质硫,反应为

$$NH_4HS + O\!=\!\bigcirc\!=\!O + H_2O \longrightarrow NH_3 \cdot H_2O + HO\!-\!\bigcirc\!-\!OH + S$$

总的氧化反应为

$$NH_4HS + \frac{1}{2}O_2 \xrightarrow{催化剂} NH_3 \cdot H_2O + S$$

上述生产过程除反应器内有化学反应外,其余步骤均属于物理操作。任何一个生产过程,化学反应是核心,而其他的物理操作则是为化学反应准备适宜的反应条件以及对粗产品进行分离和提纯,也是化工生产不可缺少的操作过程。

0.1.2　单元操作

由于原料、产品的多样性及生产过程的复杂性,形成了数以万计的化工生产工艺。尽管化工生产过程千差万别,但是归纳起来,各种化工生产过程都是由化学(生物)反应及若干物理操作有机组合而成。构成多种化工产品生产的物理过程按其原理都可归纳为几个基本过程,这些基本的物理操作统称为化工单元操作,简称单元操作。这些单元操作为化学反应制备所需产品承担着前处理和后处理的任务,因此任何一个化工生产过程都可以用如图 0-3 所示的简单方框图表示。对这些物理单元操作的基本原理、过程计算及典型设备的研究构成了化工原理课程的基本内容。

原料 ⟶ 单元操作 ⟶ 化学反应 ⟶ 单元操作 ⟶ 产品

图 0-3　化工生产过程

事实上,一个现代化的化工生产工厂,化学反应设备并不多,绝大多数的设备都是围绕反应设备进行各种前处理、后处理操作,这些前处理、后处理的单元操作工序的投资费用占工厂总投资的绝大部分(约 90%)。因此,在优化反应过程的同时,必须考虑优化各单元操作。由此可见,单元操作在化工生产中发挥着重要作用。

对于单元操作,可以从不同角度加以分类。按操作目的,可将单元操作分为:①物料的增压、减压和输送;②物料的混合或分散;③物料的加热或冷却;④均相混合物的分离;⑤非均相混合物的分离。

根据各单元操作所遵循的基本规律,可将其分为以下几类:

(1) 遵循流体动力学基本规律的单元操作,包括流体输送、沉降、过滤、物料混合等。

(2) 遵循热量传递基本规律的单元操作,包括加热、冷却、冷凝、蒸发等。

(3) 遵循质量传递基本规律的单元操作,包括蒸馏、吸收、萃取、吸附、膜分离等。

(4) 同时遵循热质传递基本规律的单元操作,包括气体的增湿与减湿、结晶、干燥等。

在各单元操作研究过程中,选择某设备或其代表性部分在设备尺度上依据守恒原理进行总衡算,获得控制体外部(进出口及环境)流体物理量的变化与控制体内部物理量的总体平均变化的关系,可以解决工程实际中的物料衡算、能量转化及消耗、设备受力等问题,但无法了解控制体内部流体物理量逐点的变化规律。例如,对于流体流过管截面的流速情况,总质量衡算只能解决主体平均流速问题,而截面上各点的速度变化规律(速度分布)则无法获得。

随着对单元操作研究的不断深入,人们发现若干个单元操作之间存在着共性。当流体流动时,流体内部由于流体质点(或分子)的速度不同,它们的动量也就不同,在流体质点随机运动和相互碰撞过程中,动量将由高速流体层向低速流体层传递,称为动量传递。因此,流体流动是一种动量传递现象,遵循流体动力学基本规律的各操作单元都可以用动量传递理论研究,所以流体流动过程也称为动量传递过程。同样,当物系中各部分之间的温度存在差异时,则发生从高温处向低温处的热量传递;当介质中的物质存在浓度差异时,则发生由高浓度区域向低浓度区域的质量传递过程。由此可知,对单元操作原理的深入研究,最终都可以归结为对动量传递、热量传递和质量传递(三传)的研究。所以说传递过程是在对化工单元操作深入了解的基础上,进一步对化工生产过程的归纳与飞跃。从各种单元操作中抽象提炼出共性的科学规律加以研究,不仅可以帮助理解已有单元操作的过程细节,还可以指导人们认识新的技术单元的基本规律。

传递现象是自然界和工程领域中普遍存在的现象。只要物系内部或物系之间存在速度、温度、浓度梯度,即可发生动量、热量、质量传递,直到平衡为止。体系偏离平衡越远,传递速率越快,达到平衡时,传递也就停止,传递速率为零。

流体中的这三种传递现象都是由流体质点(或分子)的随机运动产生的。三种传递现象在许多过程中同时发生,并且存在类似的规律。若流体内部有温度差存在,在进行动量传递的同时必有热量传递;同理,若流体内部有浓度差存在,也会同时有质量传递。若没有动量传递,则热量传递和质量传递主要是因分子的随机运动产生的现象,其传递速率较缓慢。要想增大传递速率,需要对流体施加外功,使它流动起来。

动量、热量和质量传递既可由分子的微观运动引起,也可由漩涡混合造成的流体微团的宏观运动引起。前者称为分子传递,后者称为湍流传递。动量传递、热量传递和质量传递之间存在许多类似的地方,如传递的机理类似、传递的数学模型(包括数学表达式及边界条件)类似、数学模型的求解方法及求解结果类似。

综上可知,化工原理是在设备尺度上研究传递过程不同操作单元,讨论操作单元内流体平均运动引起的传递;传递过程原理则是在微团尺度上分析传递过程,讨论操作单元内各物理量的传递规律。传递过程原理是化工单元操作的理论基础,它注重从理论上解释各种单元操作过程和设备的基本原理,而单元操作是"三传理论"的具体应用。结合特定的单元操作过程和设备深入研究其动量、热量和质量传递的机理,不但可以为所研究的过程提供基础数学模型,而且可以从理论上定量描述过程的速率,对化工过程和设备的开发、设计与优化进行量化分析起着十分重要的作用。

随着高新技术产业的发展,特别是新材料、生物工程和中药现代化生产的发展,出现了许多新产品、新工艺,对物理加工过程提出了特殊要求,出现了新的单元操作和新的化工技术,如膜分离、超临界流体技术、超重力场分离技术、电磁分离等。另外,为了提高效率、降低能耗和实现绿色化工生产,将各单元操作互相耦合,产生了许多新技术,如反应精馏、萃取精馏、加盐萃取、反应膜分离、超临界结晶、超临界反应、超临界吸附等。这些新技术的发展和应用将大大促进新材料、化工及生物工程等的发展。

0.2　四个基本概念

在研究各种单元操作时,为了掌握过程始末和过程中各股物料的数量、组成之间的关系,并弄清过程中吸收或释放的能量,必须作物料衡算及能量衡算。此外,为了计算所需设备的工艺尺寸,必须依据平衡关系,了解过程进行的方向与极限,依赖速率关系分析过程进行的快慢。因此平衡关系和速率关系也是研究各种单元操作原理的基本内容。

0.2.1　物料衡算

物料衡算也称为质量衡算,其依据是质量守恒定律。它反映一个过程中原料、产物、副产物等之间的关系,即进入体系的物料量必等于从体系排出的物料量和过程中的积累量之和。

输入物料的总量＝排出物料的总量＋过程积累的总量

在进行物料衡算时,必须明确以下几点:首先,确定衡算范围。衡算范围可以针对一个设备,也可以是一个生产过程。其次,确定衡算的基准。一般来说,选择过程中不发生变化的量作为衡算的基准,在间歇生产中多以一批物料作为衡算基准,而在连续操作中则以单位时间作为衡算基准。再次,确定衡算对象。对有化学变化的过程,衡算对象选择不发生变化的物质(如具有惰性的物质)或某一个化学元素为对象;在蒸馏操作中,可以选择某一组分作为衡算对象。最后,确定衡算对象的物理量及单位。在计算物料量时可以用质量或物质的量表示,但一般不宜用体积表示,特别是气体的体积,因为其会随温度和压强的变化而变化。同时还应注意在整个衡算过程中采用的单位应该统一。

物料衡算是化工过程最基本的计算,通过物料衡算可以为正确地选择生产过程的流程和计算原料消耗定额以及设备的生产能力和主要尺寸提供依据。

0.2.2　能量衡算

能量衡算的依据是能量守恒定律。在稳定的生产过程中,输入的能量必等于输出的能量(包括累积能量和损失能量)。在单元操作和化工过程中主要涉及物料的温度和热量的变化,所以化工计算中最常见的是热量衡算。热量衡算与物料衡算一样,既适用于物理变化过程,也适用于化学变化过程;既适用于化工生产过程体系,也适用于单个设备或单个过程。在热量衡算中要特别注意基准温度的选定。

通过热量衡算,可以计算单位产品的能耗,了解能量的利用和损失情况,确定生产过程中需要输入或向外界移走的热量,以便设计换热设备。

0.2.3　平衡关系

任何一个物理变化或化学变化过程都是在一定条件下沿着一定方向进行的,最后达到动态平衡。例如,传热过程,如果空间两处流体的温度不同,即温度不平衡,热量就会从高温流体处向低温流体处传递,直到两处流体温度相等为止,此时传热过程达到平衡。因此,过程的平衡关系可以判断物理或化学变化过程进行的方向及可能达到的极限。上述传热过程进行的方向是高温向低温传递,以两处温度相同作为传热过程的极限。

0.2.4　过程速率

过程速率是指物理或化学变化过程进行的快慢。一般用单位时间内过程进行的变化量来表示。例如,传热过程速率用单位时间传递的热量,或用单位时间单位面积传递的热量表示;传质过程速率用单位时间单位面积传递的质量表示。过程进行的速率决定设备的生产能力,速率越大,设备的生产能力也越大或在相同产量时所需要的设备尺寸越小。在工程上,过程速率问题往往比物系平衡问题显得更重要。过程速率可用以下基本关系表示:

$$过程速率 = \frac{过程推动力}{过程阻力}$$

过程速率与过程推动力成正比,与过程阻力成反比,这三者的关系类似于电学中的欧姆定律。过程进行的推动力是过程在瞬间偏离平衡的差额。例如,流体流动过程的推动力为势能差,传热过程的推动力为温度差,传质过程的推动力为实际浓度与平衡时的浓度差。过程的阻力是与过程推动力相对应的,它与过程的操作条件和物性有关。从以上基本关系可以看出,要提高过程速率,可以通过增大过程推动力的途径来实现。例如,流体输送过程可以加大压强差,传热过程可以提高温度差,传质过程可以提高浓度差。另外,也可以通过减少过程阻力的办法来提高过程的速率。例如,流体输送时可加大输送管道的直径,两相流体传质时可以提高两相流体的湍动程度等。

0.3 课程的研究方法和基本内容

0.3.1 课程的研究方法

化工原理是一门实践性很强的工程课程,在其长期的发展过程中,形成了以下两种基本研究方法:

(1) 实验研究方法,即经验的方法。该方法一般用量纲分析和相似论为指导,依靠实验来确定过程变量之间的关系,通常用量纲为 1 的数群(或称准数)构成的关系来表达。实验研究方法避免了数学方法的建立,是一种工程上通用的基本方法。

(2) 数学模型法,即半理论、半经验的方法。该方法通过对实际复杂过程机理的深入分析,在抓住过程本质的前提下,作出某些合理简化,建立数学模型,然后通过实验确定模型参数。这是一种半经验半理论的方法,由于数学模型在影响过程的主要因素之间建立了联系,因此能较好地反映过程的真实情况,目前正日益获得广泛应用。

由此可见,传递过程是联系各个单元操作的一条主线,而工程问题的研究方法则是联系各个单元操作的另一条主线,两者结合起来便构成以单元操作为研究内容的化工原理课程。

0.3.2 课程的基本内容和目的

化工原理是在高等数学、物理化学等课程的基础上开设的一门专业基础课程,也是一门实践性很强的课程,所讨论的每一单元操作都有其应用背景并与生产实践紧密相连,其主要任务是研究化工单元操作的基本原理、典型设备的构造及工艺尺寸的计算或设备选型。化工原理主要讨论化工及其相近工业中最常用的单元操作,包括流体流动、流体输送机械、非均相物系分离、传热、蒸馏、吸收和干燥等。通过学习本课程,主要培养学生分析和解决单元操作问题的能力,如设备选型能力、工程设计能力、生产调节能力、生产研发能力,以便能在工作实践中达到强化生产过程、提高设备能力及效率、降低设备投资成本及加快新技术开发等方面的目的。

为此,要求做到以下几点:

(1) 熟悉和掌握单元操作基本概念、基本原理、基本计算方法和典型设备。

(2) 学会根据生产、科研要求和物料性质,以及技术上可行的、经济合理的原则选择单元操作和设备。

(3) 根据所选定的单元操作过程和设备进行过程计算和设备设计,培养学生的工程设计能力。

(4) 了解化工单元操作过程的操作方法和参数调节,了解强化和优化单元操作过程的途径。

第1章 流体流动

学习内容提要

通过本章学习,了解流体的重要性质,流体静力学方程及其在压强、流量测量方面的应用;掌握流体流动的基本原理、流体在管内流动的连续性方程和机械能衡算方程的物理意义及其应用条件;分析流体滞流和湍流的本质区别,并了解边界层与边界层分离现象;掌握管路系统的摩擦阻力、局部阻力和总阻力的计算;学会运用流体流动的基本原理及规律分析和解决流体流动过程的相关问题,如流速的选择、管路的计算、流体输送机械的选型、流动参数(如压强、流速与流量的测量等)。

重点掌握黏性流体在管内流动的基本原理和规律,并运用这些原理与规律分析和计算流体的输送问题。

1.1 概　　述

一般来说,物质的存在状态有三种:气态、液态和固态。通常将气体和液体统称为流体。

化工过程中加工处理的对象大多是流体。在化工生产过程中,通常要通过管道把流体送往各个加工场所,进行化学加工或物理处理,因此研究流体在流动过程中的基本原理和流动规律就显得很有必要。这个规律在化工过程中极为重要,因为它不仅是研究流体在管路或设备内流动的基础,而且对处于流动状态下流体的传热、传质过程也有极其重要的影响。应用流体流动规律具体解决以下几个主要工程问题:①流体在输送系统中压强的变化与测量;②输送管路尺寸及输送设备所需功率的计算;③流量的测量;④传热传质过程的强化。流体流动现象在化工生产中很普遍,因此对流体流动规律的认识便成为学习其他各单元操作的基础。

流体在输送设备、流量计以及管道中的流动等是流体动力学问题;流体在压差计、水封箱中处于静止状态则是流体静力学问题。本章重点学习流体流动过程的基本原理和流体在管内的流动规律,以及这些原理和规律在流体输送中的应用。

1.1.1 流体的分类和特性

流体有多种分类方法:

(1) 按流体的状态分为气体、液体和超临界流体等。

(2) 按流体的可压缩性分为不可压缩流体和可压缩流体。

(3) 按是否可忽略流体中分子之间作用力分为理想流体和黏性流体(或实际流体)。

(4) 按流体的流变特性可分为牛顿型流体和非牛顿型流体。

流体具有三个主要特征:①具有流动性,抗剪应力、抗张力的能力很小;②无固定形状,随容器的形状而变化;③在外力作用下其内部发生相对运动。正是由于流体流动时其内部发生相对运动所产生的内摩擦力,才构成了流体力学研究的复杂内容之一。

1.1.2　流体流动的研究方法——连续性假设

流体是由大量的彼此间有一定间隙的单个分子所组成。不同的研究方法对流体流动情况的理解有所不同。在物理化学中重点研究单个分子的微观运动,分子的运动是随机的、不规则的混乱运动,因此这种研究方法认为流体是不连续的介质,所需处理的运动是一种随机的运动,问题将非常复杂。

在化工原理中研究流体在静止状态和流动状态下的规律性时,常将流体视为由无数质点(微团)组成的连续介质,流体质点(微团)则是由大量分子组成的分子集合。连续性假设的内容为:流体是由大量的质点组成、彼此间没有间隙、完全充满所占空间的连续介质,流体的物性及运动参数在空间做连续分布,从而可以使用连续函数的数学工具加以描述。也就是说,化工原理研究流体的宏观(或整体)运动,把流体视为连续介质,其目的是为了摆脱复杂的微观分子运动。

在绝大多数情况下流体的连续性假设是成立的,只是在高真空稀薄气体的情况下连续性假定不能应用。

1.1.3　流体流动中的作用力

流动中的流体受到的作用力有两种:一种是体积力;另一种是表面力。

体积力是指作用于流体中每个质点上的力,它与流体的质量成正比,所以又称质量力。对于均匀质量的流体,这个力的大小与其体积成正比,因此称为体积力。流体在重力场中所受的重力和在离心力场中所受的离心力都是典型的体积力。

表面力是指作用于流体质点表面的作用力,它的大小与其表面积成正比。对于任意一个流体微元表面,作用于其上的表面力可分为垂直于表面的力和平行于表面的力。垂直于表面的力称为压力,平行于表面的力称为剪力。

以下分别讨论体积力和表面力,并同时分析与这些作用力相关的物理量。

1. 流体的体积力和密度

流体在重力场中运动时受到的重力是典型的体积力,很明显均匀质量流体所受的重力与流体的体积和密度成正比。

单位体积流体所具有的质量称为流体的密度,通常以 ρ 表示,其表达式为

$$\rho = \frac{\Delta m}{\Delta V} \tag{1-1}$$

式中,当 $\Delta V \to 0$ 时,$\Delta m/\Delta V$ 的极限值即为流体中某点的密度,即

$$\rho = \lim_{\Delta V \to 0} \frac{\Delta m}{\Delta V} \tag{1-1a}$$

式中,ρ 为流体的密度,kg/m^3;m 为流体的质量,kg;V 为流体的体积,m^3。

流体的密度一般可在物理化学手册或有关资料中查得,本书附录 3 和附录 4 中列出某些常见气体和液体的密度,仅供做习题时查用。

不同的单位制,密度的单位和数值都不同,应掌握各单位制之间的换算。

1) 纯组分的密度

纯组分密度的定义式不变,同式(1-1)。

液体的密度基本上不随压强改变而变化,但随温度改变而变化,因为液体的体积随温度的变化稍有变化。因此,从手册上查取液体密度时要注意与之相对应的温度。

气体是可压缩的流体,其密度随压强和温度变化而变化。因此,气体的密度必须标明其状态。从手册中查得的气体密度通常是指某一特定条件下的数值,这就涉及如何将查到的密度换算为操作条件下的密度。一般当压强不太高、温度不太低时,可按理想气体处理。

对于一定质量的理想气体,其体积、压强和温度之间的变化关系为

$$\frac{pV}{T} = \frac{p'V'}{T'}$$

将密度的定义式代入上式并整理得

$$\rho = \rho' \frac{T'p}{Tp'} \tag{1-2}$$

式中,p 为气体的绝对压强,Pa;V 为气体的体积,m^3;T 为气体的热力学温度,K。上标 $'$ 表示手册中所指定的条件。

实际上,某状态下理想气体的密度可按式(1-2a)进行计算:

$$\rho = \frac{pM}{RT} \tag{1-2a}$$

换算成标准状态,可得

$$\rho = \frac{MT_0p}{22.4Tp_0} = \frac{0.1203Mp}{T} \tag{1-2b}$$

式中,M 为气体的摩尔质量,kg/kmol;R 为摩尔气体常量,其值为 8.315 J/(mol·K);下标 0 表示标准状态。$p_0 = 101.3$ kPa;$T_0 = 273.15$ K。

在标准状态下,1 kmol 气体的体积 $V_0 = 22.4$ m^3。

2) 混合物的密度

在化工生产中遇到的流体大多是混合物,而手册中一般仅提供纯物质的密度,这就涉及如何根据纯物质的密度计算混合物的平均密度 ρ_m。

(1) 液体混合物。液体混合物中各组分的浓度常用质量分数 $x_{W,n}$ 表示。若各组分在混合前后体积不变,即

$$\frac{1}{\rho_m} = \frac{x_{W,A}}{\rho_A} + \frac{x_{W,B}}{\rho_B} + \cdots + \frac{x_{W,n}}{\rho_n} \tag{1-3}$$

式中,ρ_A,ρ_B,$\cdots$,ρ_n 分别为液体混合物中各纯组分的密度,kg/m^3;$x_{W,A}$,$x_{W,B}$,$\cdots$,$x_{W,n}$ 分别为液体混合物中各组分的质量分数。

(2) 气体混合物。气体混合物中各组分的浓度常用体积分数 $x_{V,n}$ 表示。以 1 m^3 混合气体为基准,若各组分在混合前后的质量不变,则 1 m^3 混合气体的质量等于各组分的质量之和,即

$$\rho_m = \rho_A x_{V,A} + \rho_B x_{V,B} + \cdots + \rho_n x_{V,n} \tag{1-4}$$

式中,ρ_A,ρ_B,$\cdots$,ρ_n 分别为气体混合物中各纯组分的密度,kg/m^3;$x_{V,A}$,$x_{V,B}$,$\cdots$,$x_{V,n}$ 分别为气体混合物中各组分的体积分数。

此外,气体混合物的平均密度 ρ_m 也可按式(1-2a)或式(1-2b)计算,但是式中的 M 应以气体混合物的平均摩尔质量 M_m 为准。混合物的平均摩尔质量 M_m 可按式(1-5)求算,即

$$M_m = M_A y_A + M_B y_B + \cdots + M_n y_n \tag{1-5}$$

式中，M_A，M_B，$\cdots$，M_n 分别为气体混合物中各组分的摩尔质量，kg/kmol；y_A，y_B，$\cdots$，y_n 分别为气体混合物中各组分的摩尔分数。

2. 流体的静压强

在静止的流体内，取通过某点的任意截面的面积为 ΔA，垂直作用于该面积上的压力为 ΔF，在此情况下，单位面积上所受的压力称为流体的静压强，简称压强，其表达式为

$$p = \frac{\Delta F}{\Delta A} \tag{1-6}$$

式中，当 $\Delta A \to 0$ 时，$\Delta F / \Delta A$ 的极限值就称为该点的静压强，即

$$p = \lim_{\Delta A \to 0} \frac{\Delta F}{\Delta A} \tag{1-6a}$$

式中，p 为流体的静压强，Pa；F 为垂直作用于流体表面上的压力，N；A 为作用面的面积，m^2。

在 SI 制中，压强的单位是 Pa。但习惯上还采用其他单位，如 atm（标准大气压）或 kgf/cm^2 等，它们之间的换算关系为

1 atm = 1.033 kgf/cm^2 = 760 mmHg = 10.33 mH_2O = 1.0133 bar = 101 330 Pa

流体压强的大小与所用测试压强的仪表有关。测试压强的仪表通常有两种：一种是压强表；另一种是真空表。压强表是用于测量被测流体的绝对压强大于外界大气压强时的测压仪表；真空表是用于测量被测流体的绝对压强小于外界大气压强时的测压仪表。因此流体压强可以用以下三种方法表示：

（1）绝对压强：以绝对零压为基准计算的压强，称为绝对压强，简称绝压，是流体的真实压强。

（2）表压强：以大气压为基准计算的压强，从测量流体的压强表上读取的压强称为表压强，表示被测流体的绝对压强比大气压强高出的数值。

绝对压强与表压强的关系为

表压强＝绝对压强－大气压强

（3）真空度：以大气压为基准计算的压强，从测量流体的真空表上读取的压强称为真空度，表示被测流体的绝对压强低于大气压强的数值。

绝对压强与真空度的关系为

真空度＝大气压强－绝对压强＝－表压强

显然，设备内流体的绝对压强越低，则它的真空度就越高。真空度是表压强的负值。例如，真空度为 6×10^3 Pa，则表压强是 -6×10^3 Pa。

绝对压强、表压强和真空度的关系可以用图 1-1 表示。

应当指出，外界大气压强随大气的温度、湿度和所在地区的海拔高度而变。为了避免绝对压强、表压强、真空度三者互相混淆，特规定对表压强和真空度均加以标注，如 2×10^4 Pa（表压）、$3 \times$

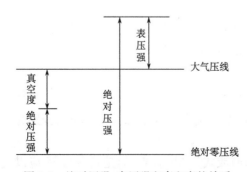

图 1-1　绝对压强、表压强和真空度的关系

10^3 Pa(真空度)等。此外,记录真空度或表压时,还要标明当地大气压。若没有标明,则默认为101 330 Pa。

【例 1-1】 在天津操作的某有机物真空蒸馏塔顶的真空表读数为 $73×10^3$ Pa。在太原操作时,若要求塔内维持相同的绝对压强,则真空表的读数应为多少? 天津地区的平均大气压强为 101 330 Pa,太原地区的平均大气压强为 $94.6×10^3$ Pa。

解 天津地区实际操作时塔顶的绝对压强为

$$绝对压强 = 大气压强 - 真空度 = 101\ 330 - 73\ 000 = 28\ 330(Pa)$$

在太原操作时,要求塔内维持相同的绝对压强,因为两地的大气压强不同,所以塔顶的真空度也不同,其值为

$$真空度 = 大气压强 - 绝对压强 = 94\ 600 - 28\ 330 = 66\ 270(Pa)$$

3. 流体的剪力、剪应力和黏度

平行作用于任意流体微元截面上的力称为剪力。单位面积上所受的剪力称为剪应力。

前已述及,流体具有流动性,没有固定形状,在外力作用下其内部产生相对运动。此外,在运动的状态下,流体还有一种抗拒内在的向前运动的特性,称为黏性,黏性是流动性的反面。

以水在管内流动时为例,管内任一截面上各点的速度并不相同,中心处速度最大,越靠近管壁速度越小,在管壁处水的质点附于管壁上,其速度为零。其他流体在管内流动时也有类似的规律。所以,流体在圆管内流动时,实际上是被分割成无数极薄的圆筒层,一层套着一层,各层以不同的速度向前运动,如图 1-2 所示。

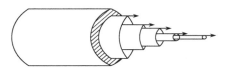

图 1-2　流体在圆管内分层流动示意图

由于各层速度不同,层与层之间发生相对运动,速度快的流体层对与之相邻的速度慢的流体层有一个大小相等、方向相反的作用力,从而加快了较慢的流体层向前运动。反之亦然,速度慢的流体层对与之相邻的速度快的流体层有一个阻碍较快的流体层向前运动的作用力。这种运动着的流体内部相邻两流体层间的相互作用力称为流体的内摩擦力,是流体黏性的表现,所以又称为黏滞力或黏性摩擦力。流体在流动时的内摩擦是流体阻力产生的依据,流体流动时必须克服摩擦力做功,从而将流体本身的一部分能量转变为热而损失。

1) 牛顿黏性定律

流体流动时的内摩擦力大小与各因素的关系可以通过下面的情况加以说明。

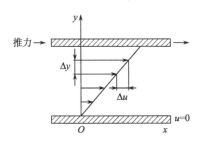

图 1-3　平板间液体速度变化

在两块面积很大而相距很小的平行平板之间充满某种液体,如图 1-3 所示,若将下板固定,而对上板施加一个恒定的外力,上板就以恒定的速度 u 沿 x 方向运动。此时,两板间的液体被分成无数平行的薄层而运动,黏附在上板底面的一薄层液体以速度 u 随上板而运动,其下各层液体的速度依次降低,而黏附在下板表面的液体层则静止不动。

实验表明,对于一定的液体,内摩擦力 F 与两流体层的速度差 Δu 及两层间的接触面积 S 成正比;与两层之间的垂直距离 Δy 成反比,即

$$F \propto \frac{\Delta u}{\Delta y} S$$

若把上式写成等式,就需引进一个比例系数 μ,即

$$F = \mu \frac{\Delta u}{\Delta y} S$$

式中,内摩擦力 F 与作用面 S 平行。单位面积上的内摩擦力称为内摩擦应力或剪应力,以 τ 表示,于是上式可写为

$$\tau = \frac{F}{S} = \mu \frac{\Delta u}{\Delta y} \tag{1-7}$$

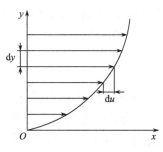

图 1-4　一般速度分布示意图

式(1-7)只适用于 u 与 y 成直线关系的情况。若流体在管内流动时,径向速度的变化并不是直线关系,而是如图 1-4 所示的曲线关系,则式(1-7)应改写为

$$\tau = \mu \frac{\mathrm{d}u}{\mathrm{d}y} \tag{1-7a}$$

式中,$\dfrac{\mathrm{d}u}{\mathrm{d}y}$ 为速度梯度,即在与流动方向相垂直的 y 方向上流体速度的变化率;μ 为比例系数,其值随流体的不同而不同,流体的黏性越大,其值越大,所以称为黏滞系数或动力黏度,简称黏度。

式(1-7)及式(1-7a)统称为牛顿黏性定律。凡是流体做层流流动时的剪应力服从牛顿黏性定律的流体称为牛顿型流体,否则称为非牛顿型流体。化工生产中碰到的多数流体是牛顿型流体,因此本书重点讨论牛顿型流体。

2) 流体的黏度

式(1-7a)可以改写为

$$\mu = \frac{\tau}{\mathrm{d}u/\mathrm{d}y}$$

上式为黏度的定义式。因此,黏度是流体的运动属性,在运动中才会表现出来。黏度的物理意义是促使流体流动产生单位速度梯度的剪应力,因此,黏度是流体的物理性质之一,其值的大小是流体黏性大小的标志。

流体黏度是温度、压强、组成的函数,其值通常由实验测定。液体的黏度随温度升高而减小,气体的黏度则随温度升高而增大。压强变化时,液体的黏度基本不变;在一般工程计算中,只有在极高或极低的压强下才考虑压强对气体黏度的影响。

在 SI 单位制中,黏度的单位为

$$[\mu] = \left[\frac{\tau}{\mathrm{d}u/\mathrm{d}y} \right] = \frac{\mathrm{Pa}}{(\mathrm{m/s}) \cdot \mathrm{m}^{-1}} = \mathrm{Pa} \cdot \mathrm{s}$$

一些常用流体的黏度可以从本书附录或有关手册中查得,但查到的数据常用其他单位制表示。例如,手册中黏度单位常用 cP(厘泊)表示,$1 \ \mathrm{cP} = 0.01 \ \mathrm{P}$(泊),P 是黏度在物理单位制中的导出单位,即

$$[\mu] = \left[\frac{\tau}{\mathrm{d}u/\mathrm{d}y} \right] = \frac{\mathrm{dyn} \cdot \mathrm{cm}^{-2}}{(\mathrm{cm/s}) \cdot \mathrm{cm}^{-1}} = \frac{\mathrm{dyn} \cdot \mathrm{s}}{\mathrm{cm}^2} = \frac{\mathrm{g}}{\mathrm{cm} \cdot \mathrm{s}} = \mathrm{P}(泊)$$

此外,流体的黏性还可以用运动黏度表示,以 γ 表示,即

$$\gamma = \frac{\mu}{\rho} \tag{1-8}$$

运动黏度在 SI 制中的单位为 m^2/s；在物理制中的单位为 cm^2/s，称为斯托克斯，简称泡，以 St 表示，1 St＝100 cSt(厘泡)＝10^{-4} m^2/s。

在工业生产中遇到混合物的黏度可参阅有关资料，选用适当的经验公式进行估算。例如，对于常压气体混合物的黏度，可采用式(1-9)计算，即

$$\mu_m = \frac{\sum y_i \mu_i M_i^{\frac{1}{2}}}{\sum y_i M_i^{\frac{1}{2}}} \tag{1-9}$$

式中，μ_m 为常压下混合气体的黏度；y_i 为气体混合物中各个组分的摩尔分数；μ_i 为与气体混合物同温下各组分的黏度；M_i 为气体混合物中各组分的摩尔质量；下标 i 表示组分的序号。

对分子不缔合的液体混合物的黏度，可采用式(1-10)进行计算，即

$$\lg\mu_m = \sum x_i \lg\mu_i \tag{1-10}$$

式中，μ_m 为液体混合物的黏度；x_i 为液体混合物中各组分的摩尔分数；μ_i 为与液体混合物同温度下各组分的黏度。

1.2　流体静力学

流体静力学主要是研究静止流体内部静压强的分布规律。在工程实际中，流体的静压强分布规律应用很广，如流体在设备或管道内压强的变化与测量、设备的液封等均以这一规律为依据。

1.2.1　流体静力学基本方程式

流体静力学是讨论静止流体内部压力变化的规律，即研究静止流体在重力和压力作用下的平衡规律，而描述这一规律的数学表达式称为流体静力学基本方程式。此方程式可以通过下面的方法推导而得。

在密度为 ρ 的静止流体中取一微元立方体，其边长分别为 dx、dy、dz，它们分别与 x、y、z 轴平行，设微元下底面到 x-y 坐标面的距离为 z_1，微元上底面到 x-y 坐标面的距离为 z_2，如图 1-5 所示。

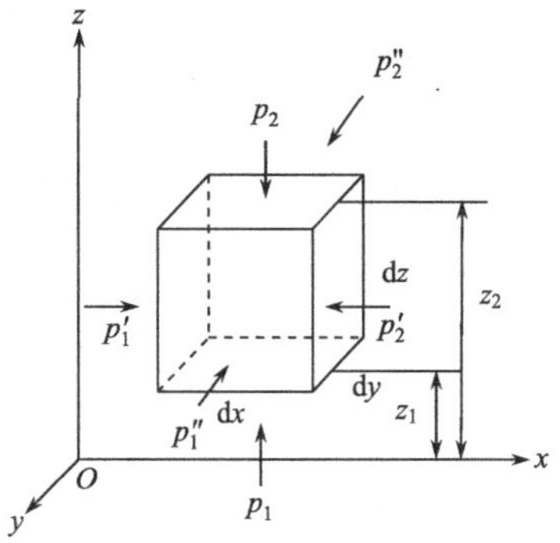

由于流体处于静止状态，因此所有作用于该立方体上的力在坐标轴上的投影值的代数和应等于零。

对于 x 轴、y 轴，作用于该立方体的力仅有压力，相应的力的平衡式可以简化为

图 1-5　微元流体的静力平衡

x 轴 　　　　　　　$p_1' dy dz - p_2' dy dz = 0$ 　　　　　(1-11a)
$$p_1' - p_2' = 0$$

x 轴方向压力不发生变化。

y 轴 　　　　　　　$p_1'' dx dz - p_2'' dx dz = 0$ 　　　　　(1-11b)
$$p_1'' - p_2'' = 0$$

y 轴方向压力也不发生变化。

对于 z 轴，作用于该微元立方体上的力有：①作用于下底面的压力为 $p_1 dx dy$；②作用于

上底面的压力为$-p_2\mathrm{d}x\mathrm{d}y$；③作用于整个立方体的重力为$-\rho g\mathrm{d}x\mathrm{d}y\mathrm{d}z$。

z 轴方向力的平衡式可以写为

$$p_1\mathrm{d}x\mathrm{d}y - p_2\mathrm{d}x\mathrm{d}y - \rho g\mathrm{d}x\mathrm{d}y\mathrm{d}z = 0 \tag{1-11c}$$

式(1-11c)各项除以 $\mathrm{d}x\mathrm{d}y$，z 轴方向力的平衡式可以简化为

$$p_1 - p_2 - \rho g\mathrm{d}z = 0$$
$$\mathrm{d}z = z_2 - z_1$$

则有

$$p_1 + \rho g z_1 = p_2 + \rho g z_2 \tag{1-11d}$$

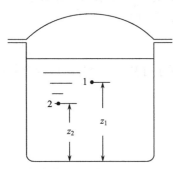

图 1-6　静止液体内的压强分布

对于不可压缩流体，ρ＝常数。在静止液体中取任意两点，如图 1-6 所示，则有

$$\frac{p_1}{\rho} + g z_1 = \frac{p_2}{\rho} + g z_2 \tag{1-12}$$

或

$$p_2 = p_1 + \rho g(z_1 - z_2) \tag{1-12a}$$

式(1-12)说明对于静止的流体，其内部压强的变化只发生在重力作用的方向上。

为了讨论方便，对式(1-12a)进行适当的变换，即使点 1 处于容器的液面上，设液面上方的压强为 p_0，距液面 h 处的点 2 压强为 p，则式(1-12a)可以改写为

$$p = p_0 + \rho g h \tag{1-12b}$$

式(1-12)、式(1-12a)及式(1-12b)称为液体静力学基本方程式，说明在重力场作用下静止液体内部压强的变化规律。由式(1-12b)可见：

（1）当容器液面上方的压强 p_0 一定时，静止液体内部任一点压强 p 的大小与液体本身的密度 ρ 和该点距液面的深度 h 有关。因此，在静止的、连续的同一液体内，处于同一水平面上各点的压强都相等，该平面称为等压面。

（2）当液面上方的压强 p_0 改变时，液体内部各点的压强 p 也发生同样大小的改变。

（3）式(1-12b)可改写为

$$\frac{p - p_0}{\rho g} = h$$

上式说明压强或压强差的大小可以用一定高度的液体柱表示，这就是前面介绍的压强可以用 mmHg、mmH_2O 等单位来计量的依据。但需要注意，当用液柱高度表示压强或压强差时必须注明是何种液体。

式(1-12)、式(1-12a)及式(1-12b)是以恒密度推导出来的。然而气体的密度随温度及压强的变化而变化，因此也随它在容器内的位置高低而改变，但在化工容器中这种变化一般可以忽略。因此式(1-12)、式(1-12a)及式(1-12b)也适用于气体，所以这些公式统称为流体静力学基本方程式。

值得注意的是，流体静力学方程式的适用条件为静止的连通着的同一种连续的流体。

【例 1-2】　本题附图所示的开口容器内盛有油和水。油层高度 $h_1 = 0.8$ m、密度 $\rho_1 = 740$ kg/m³，水层高度 $h_2 = 0.5$ m、密度 $\rho_2 = 1000$ kg/m³。

（1）判断下列两关系是否成立，即

$$p_A = p'_A \qquad p_B = p'_B$$

（2）计算水在玻璃管内的高度 h。

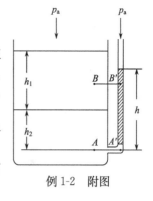

解　（1）判断 $p_A = p'_A$ 的关系成立，只需判断 A 与 A' 是否满足维持等压面的条件，即在静止的、连续的同一液体内，处于同一水平面上的这一条件。根据题意 A 及 A' 两点在静止的连通着的同一种流体内，并在同一水平面上。所以截面 A-A' 称为等压面。

$p_B = p'_B$ 的关系不能成立。因为 B 及 B' 两点虽然在静止流体的同一水平面上，但不是连通着的同一种流体，即截面 B-B' 不是等压面。

（2）计算玻璃管内水的高度 h。由上面讨论知，$p_A = p'_A$，而 p_A 与 p'_A 都可以用流体静力学基本方程式计算，即

$$p_A = p_a + \rho_1 g h_1 + \rho_2 g h_2$$
$$p'_A = p_a + \rho_2 g h$$

例 1-2　附图

于是有

$$p_a + \rho_1 g h_1 + \rho_2 g h_2 = p_a + \rho_2 g h$$

简化上式并将已知值代入，得

$$740 \times 0.8 + 1000 \times 0.5 = 1000\, h$$

解得

$$h = 1.09 \text{ m}$$

1.2.2　流体静力学基本方程式的应用

流体静力学原理在工程实际中的应用相当广泛，如用于测量流体的压强、流体流动过程的压强差、容器中液体的液位、各种液封高度等，下面分别进行介绍。

1. 压强与压强差的测量

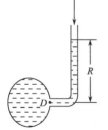

流体的压强可以用一定高度的液柱表示，最简单的测压管如图 1-7 所示。储液罐或管道的 D 点为测压口，测压口与一玻璃管连接，玻璃管的另一端与大气相通。由玻璃管中的液面高度获得读数 R，根据流体静力学原理可得

$$p_D = p_a + \rho g R$$

D 点的表压为

$$p_D - p_a = \rho g R \qquad (1\text{-}13)$$

显然，这样的简单装置只适用于高于大气压的液体压强的测定，不适用于气体。此外，也不适合测量压强 p_D 过大的液体。反之，如被测压强与大气压过于接近，读数 R 将很小，使测量误差增大。

图 1-7　简单测压管

U 形管压差计又称液柱压差计，是以流体静力学基本方程式为依据的测压仪器，可用于测量流体的压强或压强差，较典型的有下列三种。

1）U 形测压管

图 1-8 表示用 U 形测压管测量容器中或有流体流动的管道 D 点压强。在一根 U 形玻璃管内放有某种液体作为指示液。该指示液必须与被测流体不发生化学反应且不互溶，其密度 ρ_A 应大于被测流体的密度 ρ_B。

常用的指示液有汞、乙醇水溶液、四氯化碳及矿物油等。

实际应用中为了防止汞蒸气向空间扩散，通常在 U 形管与大气相通一侧的汞面上灌一小

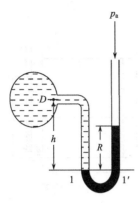

图1-8　U形测压管

段水。由于这段水柱很小,可忽略不计,因此在图中没有画出。以后的例题或习题中也会遇到类似情况,就不再重述。

当测量 D 点的压强时,将 U 形测压管一端与 D 点相连,另一端与大气相通,测压管读数 R 的大小可反映 D 点压强的大小。

由流体静力学原理可知,在静止的、连续的同一液体内,处于同一水平面上各点的压强均相等,因此利用流体静力学原理解决问题时关键是找到等压面。图 1-8 中 1、$1'$ 两点处于同一等压面上,即 $p_1 = p_1'$,又

$$p_1 = p_D + \rho_B g h$$
$$p_1' = p_a + \rho_A g R$$

由此可得 D 点的压强为

$$p_D = p_a + \rho_A g R - \rho_B g h$$

D 点的表压为

$$p_D - p_a = \rho_A g R - \rho_B g h \tag{1-14}$$

若容器内为气体,则由气柱 h 造成的静压强可以忽略,得

$$p_D - p_a = \rho_A g R \tag{1-15}$$

此时 U 形测压管的指示液读数 R 表示 D 点压强与大气压之差,读数 R 即为 D 点的表压。

显然,U 形测压管既可用于测量气体压强,又可用于测量液体压强,而且无论被测流体的压强比大气压大还是小都适用。

2) U 形压差计

当测量管道中 1-$1'$ 与 2-$2'$ 两截面处流体的压强差时,将 U 形管的两端分别与 1-$1'$ 及 2-$2'$ 两截面的测压口相连,由于两截面的压强 p_1 和 p_2 不相等,则 U 形管的两支管内指示液面出现高度差 R,其值大小反映 1-$1'$ 和 2-$2'$ 两截面间的压强差($p_1 - p_2$)的大小。($p_1 - p_2$)与 R 的关系式可以根据流体静力学基本方程式进行推导。

设指示液 A 的密度为 ρ_A,U 形管两侧支管上部及连接管内均充满被测流体 B,其密度为 ρ_B。图 1-9 中 a、a' 两点处于同一等压面上,即 $p_a = p_a'$。根据流体静力学基本方程式可得

$$p_a = p_1 + \rho_B g(m + R)$$
$$p_a' = p_2 + \rho_B g(z + m) + \rho_A g R$$

于是有

$$p_1 + \rho_B g(m + R) = p_2 + \rho_B g(z + m) + \rho_A g R$$

整理上式,得压强差($p_1 - p_2$)的计算式为

$$p_1 - p_2 = (\rho_A - \rho_B) g R + \rho_B g z \tag{1-16}$$

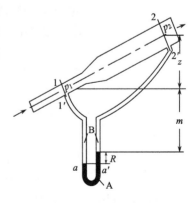

图1-9　U形压差计

当被测管段水平放置时,$z = 0$,则式(1-16)可简化为

$$p_1 - p_2 = (\rho_A - \rho_B) g R \tag{1-16a}$$

当被测流体是气体时,由于与指示液的密度相比,气体的密度很小,式(1-16a)中的($\rho_A - \rho_B$)$\approx \rho_A$,故式(1-16a)可简化为

$$p_1 - p_2 = \rho_A g R \tag{1-16b}$$

3）微差压差计

由式(1-16a)可以看出，若所测量的压强差很小，U 形压差计的读数 R 也就很小，会引起较大的读数误差。此时为了克服难以准确读取 R 值的缺陷，可以采取两种办法把读数 R 放大。一种办法是选用适当的指示液，使 $(\rho_A - \rho_B)$ 值较小，即指示液与被测流体的密度接近；另一种办法可采用如图 1-10 所示的微差压差计，其特点如下：

（1）压差计内装有两种密度相近且不互溶的指示液 A 和指示液 C，而指示液与被测流体 B 也应不互溶不反应。

（2）为了读数方便，在 U 形管的两侧支管顶端增设两个扩大室。扩大室的截面积比 U 形管的截面积大很多，即使 U 形管内指示液 A 的液面差 R 很大，但两扩大室内的指示液 C 的液面变化却很微小，$z_1 \approx z_2$。

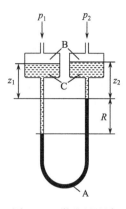

图 1-10　微差压差计

于是压强差 $(p_1 - p_2)$ 可用式(1-17)计算，即

$$p_1 - p_2 = (\rho_A - \rho_C)gR \tag{1-17}$$

式中，$(\rho_A - \rho_C)$ 为两种指示液的密度差。

【例 1-3】 采用双指示液 U 形压差计测定两处空气的压差，压差计读数为 320 mm。由于两侧臂上的两个小室不够大，小室内两液面产生 4 mm 的高度差。试求两处压差。若计算时不考虑两小室内液面有高度差，会造成多大的误差？两种指示液的密度分别为 $\rho_1 = 910$ kg/m³ 和 $\rho_2 = 1000$ kg/m³。

解　如附图所示，1-$1'$ 面为等压面，由静力学方程式可得

$$p_1 + \rho_1 gR = p_2 + \rho_1 gh + \rho_2 gR$$

实际压差

$$\begin{aligned}
p_1 - p_2 &= (\rho_2 - \rho_1)gR + \rho_1 gh \\
&= (1000 - 910) \times 9.81 \times 0.32 + 910 \times 9.81 \times 0.004 \\
&= 282.5 + 35.7 = 318.2 \text{(Pa)}
\end{aligned}$$

若不计两液面高度差，则

$$p_1 - p_2 = 282.5 \text{ Pa}$$

误差 $= \dfrac{318.2 - 282.5}{318.2} \times 100\% = 11.2\%$

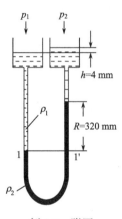

例 1-3　附图

【例 1-4】 水在本题附图所示的管道内流动。在管道 A 截面处连接一 U 形压差计，指示液为汞，读数 $R = 120$ mm，当地大气压强为 101 330 Pa。取水的密度为 $\rho_{H_2O} = 1000$ kg/m³，汞密度为 $\rho_{Hg} = 13\,600$ kg/m³。试求：(1)流体在该截面的压强；(2)若换以空气在管内流动，而其他条件不变，求该截面的压强。

解　(1) 水在管内流动。

在 U 形管上取等压面 B-B'-B''，根据流体静力学基本原理知

$$p_B = p'_B = p''_B$$

由于

$$p_A = p_B + \rho_{H_2O} g(h - R)$$

$$p''_B = p_a + \rho_{Hg} gR$$

因此

例 1-4　附图

$$p_A = p_a + \rho_{Hg}gR + \rho_{H_2O}g(h-R)$$

式中，$p_a=101\,330$ Pa，$\rho_{H_2O}=1000$ kg/m³，$\rho_{Hg}=13\,600$ kg/m³，$h=1.2$ m，$R=0.12$ m，则

$$p_A = 101\,330 + 13\,600 \times 9.81 \times 0.12 + 1000 \times 9.81 \times (1.2-0.12) = 127\,935(Pa)$$

由计算结果可知，该截面处流体的绝对压强大于大气压强。

(2) 空气在管内流动。

空气在管内流动时，该截面处流体压强的计算式不变，设空气的密度为 ρ_g，则

$$p_A = p_a + \rho_{Hg}gR + \rho_g g(h-R)$$

由于 $\rho_g \ll \rho_{Hg}$，上式可简化为

$$p_A \approx p_a + \rho_{Hg}gR$$

因此

$$p_A \approx 101\,330 + 13\,600 \times 9.81 \times 0.12 = 117\,340(Pa)$$

2. 液位的测量

液位测量在化工厂很普遍，生产中经常要了解容器中的储存量或控制设备中的液面。大多数液位计作用原理均遵循静止液体内部压强变化的规律。

最原始的液位计是利用流体静力学连通器的原理，即在容器底部器壁及液面上方器壁处各开一小孔，两孔间用玻璃管相连，玻璃管内所示的液面高度即为容器内的液面高度。这种液位计构造非常简单，方便液位就近观测，如现在家用开水器上的液位指示就是基于此原理而设计的。但这种玻璃管液位计易于破损，也不便于远处观测。若容器离操作室较远或埋在地面以下，要测量其液位可采用例 1-5 附图所示的装置。

【例 1-5】 为了测量腐蚀性液体储槽中的存液量，采用附图所示的装置。测量时通入压缩空气，控制调节阀使空气缓慢地鼓泡通过观察瓶。今测得 U 形压差计读数为 $R=130$ mm，通气管距储槽底面 $h=20$ cm，储槽直径为 2 m，液体密度为 980 kg/m³。试求储槽内液体的储存量。

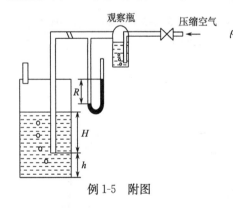

例 1-5　附图

解 由题意可知：$R=130$ mm，$h=20$ cm，$\rho=980$ kg/m³，$\rho_{Hg}=13\,600$ kg/m³，$D=2$ m。

(1) 管道内空气缓慢鼓泡 $u=0$，可用静力学原理求解。

(2) 空气的 ρ 很小，忽略空气柱的影响。

$$\rho g H = \rho_{Hg} g R$$

$$H = \frac{\rho_{Hg}}{\rho} R = \frac{13\,600}{980} \times 0.13 = 1.8(m)$$

$$W = \frac{1}{4}\pi D^2 (H+h)\rho$$

$$= 0.785 \times 2^2 \times (1.8+0.2) \times 980$$

$$= 6.15(t)$$

3. 液封高度的计算

用一段液柱发挥密封作用的装置称为液封装置，这在化工生产、日常生活中经常遇到。液封装置中液柱高度的计算通常要用到流体静力学基本方程式。设备内操作条件不同，采用液封的目的也不同，有的液封是为了防止气体的逸出，达到环保安全的目的；有的液封则是为了体系操作正常，不让外界气体进入体系，现通过例 1-6 说明。

【例 1-6】 真空蒸发操作中产生的水蒸气往往送入本题附图所示的混合冷凝器中与冷水直接接触而冷凝。为了维持操作的真空度，冷凝器上方与真空泵相通，不时将器内的不凝性气体(空气)抽走。同时为了防止

外界空气由气压管 4 漏入,致使设备内真空度降低,气压管必须插入液封槽 5 中,水即在管内上升一定的高度 h,这种措施称为液封。若真空表的读数为 80×10^3 Pa,试求气压管中的液封高度 h。

解 设气压管内水面上方的绝对压强为 p,作用于液封槽内水面的压强为大气压强 p_a,根据流体静力学基本方程式可知

$$p_a = p + \rho g h$$

于是

$$h = \frac{p_a - p}{\rho g}$$

式中

$$p_a - p = 真空度 = 80 \times 10^3 \text{ Pa}$$

所以

$$h = \frac{80 \times 10^3}{1000 \times 9.81} = 8.15 (\text{m})$$

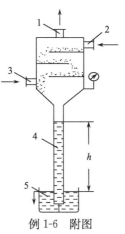

例 1-6 附图
1. 气体出口;2. 冷水进口;3. 水蒸气进口;4. 气压管;5. 液封槽

1.3 流体在管内的流动

流体流动是一个复杂的过程。流动着的流体内部压强变化的规律,以及液体从低位流到高位或从低压流到高压的过程需要输送设备对液体提供的能量等,都是在流体输送过程中常会遇到的问题。要解决这些问题,必须找出流体在管内的流动规律。本节主要研究流体在管路系统内流动规律的基本方程,其中包括连续性方程与伯努利方程。

1.3.1 基本概念

1. 流量与流速

1) 流量

单位时间内流过管道任一截面的流体量称为流量。流量有两种计量方法:若流体量用体积计算,则称为体积流量,以 V_s 表示,其单位为 m^3/s;若流体量用质量计算,则称为质量流量,以 w_s 表示,其单位为 kg/s。

体积流量和质量流量的关系为

$$w_s = V_s \rho \tag{1-18}$$

2) 流速

单位时间内流体在流动方向上流过的距离称为流速,以 u 表示,其单位为 m/s。由于流体在管截面上的速度分布规律比较复杂,为了方便起见,在工程上计算流体的流速时通常指整个管截面上的平均流速,其表达式为

$$u = \frac{V_s}{A} \tag{1-19}$$

式中,A 为与流体流动方向相垂直的管道截面积,m^2。

由式(1-18)与式(1-19)可得流速与流量的关系,即

$$w_s = V_s \rho = u A \rho \tag{1-20}$$

气体的体积流量及流速随温度和压强而变化,因此采用质量流速(又称质量通量)比较方便。

质量流速的定义为单位时间内流体流过管道单位截面积的质量,以 G 表示,单位为 $kg/(m^2 \cdot s)$,其表达式为

$$G = \frac{w_s}{A} = \frac{V_s \rho}{A} = u\rho \tag{1-21}$$

一般管道的截面为圆形,若以 d 表示管道内径,则式(1-19)可以变为

$$u = \frac{V_s}{\pi d^2 / 4}$$

于是

$$d = \sqrt{\frac{4V_s}{\pi u}} \tag{1-22}$$

输送流体所需管道的直径可以根据流量和流速,由式(1-22)进行计算。其中,流量一般由生产任务决定,所以关键在于选择合适的流速。若选择流速太大,虽然可以减小管径,但流体流过管道的阻力增大,消耗的动力就大,从而使操作费增大。反之,若选择流速太小,虽然可以降低操作费用,但管径增大,管路的基建费随之增加。所以当流体在管路中输送时,需要根据具体情况在操作费与基建费之间通过经济权衡确定适宜的流速。车间内部的工艺管线通常较短,管内流速可以选用经验数据,一些流体在管道中的常用流速范围列于表 1-1 中。

表 1-1　一些流体在管道中的常用流速范围

流体的类别	流速范围/(m/s)	流体的类别	流速范围/(m/s)
自来水(3×10^5 Pa 左右)	1~1.5	一般气体(常压)	10~20
水及低黏度液体(1×10^5~1×10^6 Pa)	1.5~3.0	鼓风机吸入管	10~15
高黏度液体	0.5~1.0	鼓风机排出管	15~20
工业供水(8×10^5 Pa 以下)	1.5~3.0	离心泵吸入管(水-类液体)	1.5~2.0
锅炉供水(8×10^5 Pa 以下)	>3.0	离心泵排出管(水-类液体)	2.5~3.0
饱和蒸汽	20~40	往复泵吸入管(水-类液体)	0.75~1.0
过热蒸汽	30~50	往复泵排出管(水-类液体)	1.0~2.0
蛇管、螺旋管内冷却水	<1.0	流体自流速度(冷凝水等)	0.5
低压空气	12~15	真空操作下气体	<10
高压空气	15~25		

由表 1-1 可看出,流体在管道中适宜流速的大小与流体的性质及操作条件有关。

应用式(1-22)算出管径后,还需要从有关手册或本书附录 20 中选择标准管径。

【例 1-7】　某厂精馏塔进料量为 60 000 kg/h,料液的性质和水相近,密度为 980 kg/m³,试选择进料管直径。

解　根据式(1-22)计算管径,即

$$d = \sqrt{\frac{4V_s}{\pi u}}$$

式中

$$V_s = \frac{w_s}{\rho} = \frac{60\ 000}{3600 \times 980} = 0.017 (m^3/s)$$

由于料液的性质与水相近,参考表 1-1,选取 $u = 1.8$ m/s,因此

$$d = \sqrt{\frac{4 \times 0.017}{\pi \times 1.8}} = 0.11 (m)$$

根据附录 20 的管子规格,选用 $\phi 121 \text{ mm} \times 5 \text{ mm}$ 的无缝钢管,其内径为

$$d = 121 - 5 \times 2 = 0.11(\text{m})$$

重新核算流速,即

$$u = \frac{4 \times 0.017}{\pi \times 0.11^2} = 1.79(\text{m/s})$$

2. 稳态流动与非稳态流动

在流动系统中,若流体在任一点处的流速、压强、密度等与流动有关的物理量仅随位置变化而不随时间变化,这种流动称为稳态流动;若流体在任一点处的有关物理量既随位置变化又随时间变化,则称为非稳态流动。

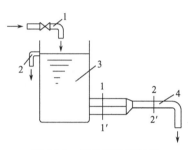

如图 1-11 所示,进水管不断地向水箱中注水,箱内的水由水箱下部的排水管不断地排出。若在单位时间内进水量总是大于排水量,则多余的水由水箱上方的溢流管溢出,以维持箱内水位恒定不变。在流动系统中,任意取两个截面 1-1′ 及 2-2′,经测定发现,两截面上的流速和压强不相等,即存在 $u_1 \neq u_2$、$p_1 \neq p_2$,但各截面上的流速和压强并不随时间而变化,这种流动属于稳态流动。若将图 1-11 中进水管的阀门关闭,箱内的水仍由排水管不断排出,由于箱内无水补充,则水位逐渐下降,各截面上水的流速和压强也随之降低,即此时各截面上水的流速及压强既随位置变化又随时间变化,这种流动属于非稳态流动。

图 1-11　流动情况示意图
1. 进水管;2. 溢流管;3. 水箱;4. 排水管

化工生产过程中的流动多属于连续的稳态流动,所以本章重点讨论稳态流动的问题。

1.3.2　连续性方程

连续性方程是流体在稳态流动状况下所遵循的规律。推导连续性方程的方法很多,本节通过物料衡算的方法进行推导。

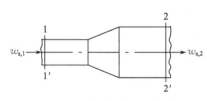

图 1-12　连续性方程的推导

在稳态流动系统中,对直径不同的管段作物料衡算,如图 1-12 所示。可把液体视为连续介质,即流体充满管道,并不断地从截面 1-1′ 流入、从截面 2-2′ 流出,且在此范围内无物料泄漏和补充。对于稳态流动系统,物料衡算的基本关系仍为质量守恒定律,即单位时间进入截面 1-1′ 的流体质量与流出截面 2-2′ 的流体质量相等。

衡算范围:管内壁、截面 1-1′ 与 2-2′ 所围空间。

衡算基准:以单位时间为基准。

则物料衡算式为

$$w_{\text{s},1} = w_{\text{s},2}$$

因为 $w_\text{s} = uA\rho$,所以上式可写为

$$w_\text{s} = u_1 A_1 \rho_1 = u_2 A_2 \rho_2 \tag{1-23}$$

若将式(1-23)推广到管路上任意一个截面,即

$$w_\text{s} = u_1 A_1 \rho_1 = u_2 A_2 \rho_2 = \cdots = uA\rho = \text{常数} \tag{1-23a}$$

式(1-23a)表示在稳态流动系统中,流体流经管路各截面的质量流量不变,而流速 u 随管道截面积 A 及流体的密度 ρ 而变化。

若流体视为不可压缩的流体,即 ρ=常数,则式(1-23a)可以写为

$$V_s = u_1 A_1 = u_2 A_2 = \cdots = U_a = 常数 \tag{1-23b}$$

式(1-23b)说明对于不可压缩的流体而言,不仅流经管路各截面的质量流量相等,而且体积流量也相等。

式(1-23)~式(1-23b)统称为管内稳态流动的连续性方程。它反映了流体在稳态流动系统中流动时,在流量一定的情况下管路各截面上流速的变化规律。此规律与管路的安排以及管路上是否装有管件、阀门或输送设备等无关。

【例 1-8】　在稳态流动系统中,水连续从粗管流入细管。粗管内径为细管内径的 4 倍,则细管内水的流速是粗管内流速的多少倍?

解　下标 1 和 2 分别表示粗管和细管。不可压缩流体的连续性方程为

$$u_1 A_1 = u_2 A_2$$

圆管的截面积 $A = \dfrac{\pi}{4} d^2$,于是上式可写为

$$u_1 \frac{\pi}{4} d_1^2 = u_2 \frac{\pi}{4} d_2^2$$

由此得 $\dfrac{u_2}{u_1} = \left(\dfrac{d_1}{d_2}\right)^2$,因为 $d_1 = 4 d_2$,所以

$$\frac{u_2}{u_1} = \left(\frac{4 d_2}{d_2}\right)^2 = 16$$

由此结论可知,在体积流量一定时,流速与管径的平方成反比。这种关系对分析流体流动问题很有用。

1.3.3　能量衡算方程

1. 流动系统的总能量衡算

有一稳态流动系统,如图 1-13 所示。流体从截面 1-1′ 流入体系,经一对流体做功的输送

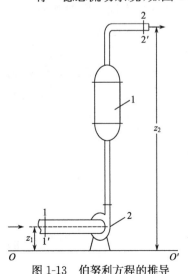

图 1-13　伯努利方程的推导
1. 换热器;2. 泵

设备和一与流体进行热量交换的换热器,从截面 2-2′ 流出。对于稳态流动系统,能量衡算的基本关系仍为热力学第一定律,即带入截面1-1′的流体能量加上流体与外界交换的能量等于流体带出截面 2-2′ 的能量。

衡算范围:由管路内壁面、1-1′ 及 2-2′ 截面所围成的整个封闭空间。

衡算基准:1 kg 流体。

基准水平面 O-O' 平面。

设 u_1、u_2 分别为流体在截面 1-1′、2-2′ 处的流速,m/s;p_1、p_2 分别为流体在截面 1-1′、2-2′ 处的压强,Pa;z_1、z_2 分别为截面 1-1′、2-2′ 的中心至基准水平面 O-O' 的垂直距离,m;A_1、A_2 分别为截面 1-1′、2-2′ 的面积,m²;v_1、v_2 分别为流体在截面 1-1′、2-2′ 处的比容,m³/kg。

1 kg 流体进、出系统时输入和输出的能量项包括以下 5 项。

1）热力学能

热力学能是指物质内部能量的总和。1 kg 流体输入和输出的热力学能分别以 U_1 和 U_2 表示,其单位为 J/kg。

2）势能

势能相当于在重力场中将质量为 m 的流体自基准水平面升到某高度 z 所做的功,即

$$势能 = mgz$$

$$势能的单位 = [mgz] = kg \cdot (m/s^2) \cdot m = N \cdot m = J$$

1 kg 流体输入和输出的势能分别为 gz_1 和 gz_2,其单位为 J/kg。势能是相对值,在不同的高度处具有不同的势能,随所选的基准水平面位置而定,在基准水平面以上的势能为正值,以下的为负值。

3）动能

当流体以一定的速度运动时便具有一定的动能。质量为 m,流速为 u 的流体所具有的动能可表示为

$$动能 = \frac{1}{2}mu^2$$

$$动能的单位 = \left[\frac{1}{2}mu^2\right] = kg \cdot (m/s)^2 = N \cdot m = J$$

1 kg 流体输入和输出的动能分别为 $\frac{1}{2}u_1^2$ 和 $\frac{1}{2}u_2^2$,其单位为 J/kg。

4）静压能（压强能）

静止流体内部任一点处都有一定的静压强。流动着的流体内部在任何位置也都有一定的静压强,这个可通过如图 1-14 所示的装置得到印证。在管路的管壁上开一小孔,并与一根垂直的玻璃管相接,当有流体通过管路时液体便会在玻璃管内上升,上升的液柱高度是运动着的流体在该截面处的静压强的表现。对于如图 1-13 所示的流动系统,流体通过截面 1-1′时,由于该截面处流体具有一定的静压力,这就需要对流体做相应的功,克服这个压力后才能把流体推进系统中,因此流体就带着与所做功相当的能量通过截面 1-1′进入系统,流体所具有的这种能量称为静压能或流动

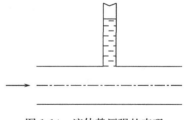

图 1-14　流体静压强的表现

功。同理,流体通过截面 2-2′时,也需要克服出口压力才能把流体推出系统,那么就带出相应的能量。

设质量为 m、体积为 V_1 的流体通过截面 1-1′,把该流体推进此截面所需的作用力为 $p_1 A_1$,而流体通过此截面所经过的距离为 $\dfrac{V_1}{A_1}$,则流体带入系统的静压能可以表示为

$$输入的静压能 = p_1 A_1 \frac{V_1}{A_1} = p_1 V_1$$

对于 1 kg 流体而言,则

$$输入的静压能 = \frac{p_1 V_1}{m} = p_1 \nu_1$$

$$静压能的单位 = [p_1 \nu_1] = Pa \cdot (m^3/kg) = J/kg$$

同理,1 kg 流体离开系统时输出的静压能为 $p_2\nu_2$,其单位为 J/kg。

图 1-13 所示的稳态流动系统中,流体只能从截面 1-1′流入,而从截面 2-2′流出,因此上述输入和输出系统的四项能量实际上是流体在截面 1-1′和 2-2′上本身所具有的各种能量,其中势能、动能及静压能又称为机械能,三者之和称为流体本身的总机械能。

5) 与外界交换的能量

在图 1-13 中的管路上还装有换热器和泵,则进、出该系统的能量还包括以下两项:

(1) 热。设换热器与 1 kg 流体交换的热量为 Q_e,其单位为 J/kg。若换热器对所衡算的流体加热,则表示由外界向系统输入能量($Q_e>0$);若换热器对所衡算的流体冷却,则表示由系统向外界输出能量($Q_e<0$)。

(2) 外功(有效功)。1 kg 流体通过泵(或其他输送设备)所获得的能量称为外功或有效功,以 W_e 表示,其单位为 J/kg。

根据能量守恒定律,1 kg 流体为基准的总能量衡算式可以表示为

$$U_1 + gz_1 + \frac{u_1^2}{2} + p_1\nu_1 + Q_e + W_e = U_2 + gz_2 + \frac{u_2^2}{2} + p_2\nu_2 \tag{1-24}$$

$$\Delta U = U_2 - U_1 \qquad\qquad g\Delta z = gz_2 - gz_1$$

$$\Delta\frac{u^2}{2} = \frac{u_2^2}{2} - \frac{u_1^2}{2} \qquad\qquad \Delta(p\nu) = p_2\nu_2 - p_1\nu_1$$

式(1-24)又可以写为

$$\Delta U + g\Delta z + \Delta\frac{u^2}{2} + \Delta(p\nu) = Q_e + W_e \tag{1-24a}$$

式(1-24)和式(1-24a)是稳态流动过程的总能量衡算式,也是流动系统中热力学第一定律的表达式。方程中所包括的能量项目较多,实际应用中可以根据具体情况进行简化。

2. 流动系统的机械能衡算式与伯努利方程

1) 流动系统的机械能衡算式

在流体输送过程中,主要考虑各种形式机械能的相互转换。为了便于使用式(1-24)式(1-24a),可将 ΔU 和 Q_e 从式中消去,从而得到适合于计算流体输送系统的机械能变化关系式。若图 1-13 中的换热器按加热器来考虑,则根据热力学第一定律可知

$$\Delta U = Q_e' - \int_{\nu_1}^{\nu_2} p\,\mathrm{d}\nu \tag{1-25}$$

式中,$\int_{\nu_1}^{\nu_2} p\,\mathrm{d}\nu$ 为 1 kg 流体从截面 1-1′流到截面 2-2′的过程中,因被加热而引起体积膨胀所做的功,J/kg;Q_e' 为 1 kg 流体在截面 1-1′与 2-2′之间所获得的热量,J/kg。

实际上,Q_e' 应由两部分组成:一部分是流体从换热器所获得的热量 Q_e;另一部分是由于流体在截面 1-1′与 2-2′间流动时,为了克服流动阻力而消耗的一部分机械能,这部分机械能转变成热量,致使流体的温度略微升高。从实用角度而言,这部分机械能不能直接用于流体的输送,而是损失了,因此将其称为能量损失。设 1 kg 流体在系统中流动,因克服流动阻力而损失的能量为 $\sum h_f$,其单位为 J/kg,则可将 Q_e' 表示为 $Q_e' = Q_e + \sum h_f$,此时式(1-25)可写为

$$\Delta U = Q_e + \sum h_f - \int_{\nu_1}^{\nu_2} p\,\mathrm{d}\nu \tag{1-25a}$$

将式(1-25a)代入式(1-24a),得

$$g\Delta z + \Delta\frac{u^2}{2} + \Delta(p\nu) - \int_{\nu_1}^{\nu_2}p\,\mathrm{d}\nu = W_e - \sum h_f \tag{1-26}$$

因为

$$\Delta(p\nu) = \int_1^2\mathrm{d}(p\nu) = \int_{\nu_1}^{\nu_2}p\,\mathrm{d}\nu + \int_{p_1}^{p_2}\nu\,\mathrm{d}p$$

把上式代入式(1-26)中,可得

$$g\Delta z + \Delta\frac{u^2}{2} + \int_{p_1}^{p_2}\nu\,\mathrm{d}p = W_e - \sum h_f \tag{1-27}$$

式(1-27)表示 1 kg 流体流动时机械能的变化关系,称为流体稳态流动时的机械能衡算式,对可压缩流体与不可压缩流体均可适用。对于可压缩流体,式中 $\int_{p_1}^{p_2}\nu\,\mathrm{d}p$ 一项应根据过程的不同,按照热力学方法处理。通常情况下,一般输送过程中的流体都可按不可压缩流体来考虑,因此,后面着重讨论式(1-27)应用于不可压缩流体时的情况。

2) 不可压缩流体的机械能衡算式——伯努利方程

不可压缩流体的密度 ρ 和比体积 ν 为常数,因此式(1-27)中的积分项可表示为

$$\int_{p_1}^{p_2}\nu\,\mathrm{d}p = \nu(p_2 - p_1) = \frac{\Delta p}{\rho}$$

于是式(1-27)可以改写为

$$g\Delta z + \Delta\frac{u^2}{2} + \frac{\Delta p}{\rho} = W_e - \sum h_f \tag{1-28}$$

或

$$gz_1 + \frac{u_1^2}{2} + \frac{p_1}{\rho} + W_e = gz_2 + \frac{u_2^2}{2} + \frac{p_2}{\rho} + \sum h_f \tag{1-28a}$$

若流体流动时不产生流动阻力,则流体的能量损失 $\sum h_f = 0$,这种流体称为理想流体。实际上真正的理想流体是不存在的,这只是一种设想,但这种设想对于解决工程的实际问题具有重要意义。

对于理想流体,又没有外功加入,即 $\sum h_f = 0$ 及 $W_e = 0$ 时,式(1-28a)可简化为

$$gz_1 + \frac{u_1^2}{2} + \frac{p_1}{\rho} = gz_2 + \frac{u_2^2}{2} + \frac{p_2}{\rho} \tag{1-29}$$

式(1-28)、式(1-28a)及式(1-29)统称为伯努利方程。

3. 伯努利方程的讨论

(1) 方程式(1-28a)中各项单位为 J/kg,表示单位质量流体所具有的能量。式中 gz、$\frac{u^2}{2}$、$\frac{p}{\rho}$ 是指在某截面上流体本身所具有的能量,而 W_e、$\sum h_f$ 是指流体在两截面之间获得和消耗的能量,其中 W_e 是输送设备对单位质量流体所做的有效功,是决定流体输送设备的重要数据。而单位时间内输送设备所做的有效功称为有效功率,以 N_e 表示,即

$$N_e = W_e w_s \tag{1-30}$$

式中，w_s 为流体的质量流量，kg/s；N_e 为输送设备的有效功率，J/s 或 W。

（2）对于可压缩流体的流动，若所取系统两截面间的绝对压强变化小于原来绝对压强的 $20\%\left(\dfrac{p_1-p_2}{p_1}<20\%\right)$ 时，仍可由式(1-28)和式(1-29)进行计算，但此时式中的流体密度应采用两截面间流体的平均密度 ρ_m 进行计算。这种处理方法所导致的误差在工程计算上是允许的。

对于非稳态流动系统的任一瞬间，伯努利方程仍然成立。

（3）如果流体是静止的，则 $u=0$，$W_e=0$，$\sum h_f=0$，则式(1-28a)变为

$$gz_1+\frac{p_1}{\rho}=gz_2+\frac{p_2}{\rho}$$

上式即流体静力学方程式，说明流体的静止状态是流体流动状态的一种特殊形式。

（4）如果流动体系无外功输入，即 $W_e=0$，则式(1-28a)变为

$$gz_1+\frac{u_1^2}{2}+\frac{p_1}{\rho}=gz_2+\frac{u_2^2}{2}+\frac{p_2}{\rho}+\sum h_f \tag{1-28b}$$

由于 $\sum h_f>0$，则式(1-28b)说明流体会自动从总机械能较高处流向较低处，据此可以判断流体的流动方向。

（5）如果流体的衡算基准不同，则式(1-28a)可以写成不同形式。

（i）以单位重量流体为基准的机械能衡算式

$$z_1+\frac{u_1^2}{2g}+\frac{p_1}{\rho g}+\frac{W_e}{g}=z_2+\frac{u_2^2}{2g}+\frac{p_2}{\rho g}+\frac{\sum h_f}{g}$$

令

$$H_e=\frac{W_e}{g}\qquad H_f=\frac{\sum h_f}{g}$$

则

$$z_1+\frac{u_1^2}{2g}+\frac{p_1}{\rho g}+H_e=z_2+\frac{u_2^2}{2g}+\frac{p_2}{\rho g}+H_f \tag{1-28c}$$

式(1-28c)表示单位重量的流体所具有的能量，各项的单位为 $\dfrac{N\cdot m}{kg\cdot(m/s^2)}=\dfrac{N\cdot m}{N}=m$，与长度单位 m 相同，它的物理意义为单位重量流体所具有的机械能，可以将自身从基准水平面升举的高度。因此，常将 z、$\dfrac{u^2}{2g}$、$\dfrac{p}{\rho g}$ 与 H_f 分别称为位压头、动压头、静压头与压头损失，而 H_e 则称为输送设备对流体所提供的有效压头。

（ii）以单位体积流体为基准的机械能衡算式

$$z_1\rho g+\frac{u_1^2}{2}\rho+p_1+W_e\rho=z_2\rho g+\frac{u_2^2}{2}\rho+p_2+\rho\sum h_f \tag{1-28d}$$

式(1-28d)表示单位体积流体所具有的能量，各项的单位为 $\dfrac{N\cdot m}{kg}\cdot\dfrac{kg}{m^3}=\dfrac{N\cdot m}{m^3}=Pa$，流体的能量以压强的单位表示。

（6）式(1-29)表示理想流体在管道内做稳态流动且没有外功加入时，在任意截面上单位质量流体所具有的势能、动能、静压能之和为一常数，称为总机械能，以 E 表示，其单位为

J/kg。

$$E = gz + \frac{u^2}{2} + \frac{p}{\rho}$$

上式表示 1 kg 理想流体在各截面上所具有的总机械能相等。每一种形式的机械能不一定相等,但各种形式的机械能可以相互转换,用图 1-15 可以清楚地表明各能量之间相互转化的物理意义,图中各能量均以压头形式表示。图中高位槽中液面 H 保持不变,高位槽下接一管路。在管路上 1、2 处各接两个垂直的玻璃管,一个是直的,用来测静压;另一个带有弯头,用来测动压头和静压头之和。

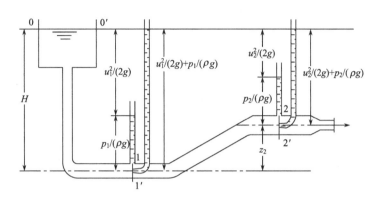

图 1-15　伯努利方程的物理意义

图 1-15 中取 1-1' 截面处管中心线为基准水平面,即 $z_1 = 0$,压强以表压强为计算依据。流体在截面 0-0' 处所具有的总机械能为 $E = H$,此时 $p_0 = 0$,由于截面 0-0' 的面积远大于管道截面的面积,因此 u_1 可近似取为零,即 $u_1 \approx 0$;流体在截面 1-1' 处所具有的总机械能为 $E = u_1^2/(2g) + p_1/(\rho g) = H$,此时 $z_1 = 0$;流体在截面 2-2' 处所具有的总机械能为 $E = z_2 + u_2^2/(2g) + p_2/(\rho g) = H$。对于已经铺设好的管路,各截面所处的几何高度和管径是一定的,则各截面的势能也是一定的,动能也受管径的限制为一定值,只有静压能可根据具体情况的变化而变化。因此,从某种意义上讲,伯努利方程就是流体在管内流动时的压力变化规律。

1.3.4　伯努利方程的应用

1. 应用伯努利方程解题要点

1) 作图与确定衡算范围

根据题意画出流动系统的示意图,并指明流体在管内流动时的方向,定出上游截面和下游截面,以确定流动系统的衡算范围。

2) 衡算截面的选取

所选衡算截面均应与流动方向相垂直,并且在两截面间的流体必须是连续的。所求的未知量应在截面上或在两截面之间,且截面上的 z、u、p 等有关物理量,除所需求取的未知量外,都应该是已知的或能通过其他关系计算出来。另外需要注意,两截面上的 z、u、p 与两截面间的 $\sum h_f$ 应相互对应一致。

3）基准水平面的选取

选取基准水平面的目的是为了确定流体势能的大小,由于伯努利方程等号两边都有势能,因此基准水平面可以任意选取而不影响计算结果,但必须与地面平行。z 值是指截面中心点与基准水平面间的垂直距离。为了计算方便,通常取基准水平面通过衡算范围的两个截面中的任意一个截面,这样该截面处的势能为零。

4）单位必须一致

在采用伯努利方程进行计算时,应该把有关物理量换算成一致的单位。两截面的压强除要求单位一致外还要求表示方法一致。从伯努利方程的推导过程得知,式中两截面的压强应为绝对压强,但由于式中所反映的是压强差的数值,且绝对压强＝大气压强＋表压强,因此两截面的压强也可以同时用表压强表示。

这里应指出,在推导伯努利方程时,曾假设一种理想流体,这种流体在流动时没有摩擦损失,即认为内摩擦力为零,所以理想流体的黏度为零。这仅是一种假设,实际上并不存在。由于影响黏度的因素较多,给研究实际流体的运动规律带来很大困难。因此,为了把问题简化,先按理想流体来考虑,找出规律后再加以修正,然后应用于实际流体。引入理想流体的概念对解决工程实际问题具有重要意义。

2. 伯努利方程的应用

伯努利方程与连续性方程是解决流体输送问题不可缺少的关系式,下面通过几个例题说明其应用。

1）确定管道中流体的流量

【例 1-9】 20 ℃的空气在直径为 80 mm 的水平管流过。现在管道中接一文丘里管,如本题附图所示。文丘里管的上游接一水银 U 形压差计,在直径为 20 mm 的喉颈处接一细管,其下部插入水槽中。空气流过文丘里管的能量损失可忽略不计。当 U 形压差计读数 $R=25$ mm,$h=0.5$ m 时,试求此时空气的流量(m³/h)。当地大气压强为 101 330 Pa。

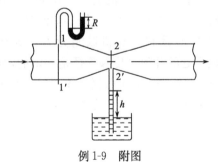
例 1-9 附图

解 文丘里管上游测压口处的压强为

$$p_1 = \rho_{Hg} g R = 13\,600 \times 9.81 \times 0.025 = 3335 (Pa)$$

喉颈处的压强为

$$p_2 = -\rho g h = -1000 \times 9.81 \times 0.5 = -4905 (Pa)$$

空气流经截面 1-1′ 与截面 2-2′ 的压强变化为

$$\frac{p_1 - p_2}{p_1} = \frac{(101\,330 + 3335) - (101\,330 - 4905)}{101\,330 + 3335} = 0.079 = 7.9\% < 20\%$$

所以可按不可压缩流体处理。

以管道中心线作基准水平面,在空气流经截面 1-1′ 与 2-2′ 之间列伯努利方程。由于两截面之间无外功加入,即 $W_e=0$;能量损失可忽略,即 $\sum h_f = 0$。这样伯努利方程可写为

$$gz_1 + \frac{u_1^2}{2} + \frac{p_1}{\rho} = gz_2 + \frac{u_2^2}{2} + \frac{p_2}{\rho}$$

式中

$$z_1 = z_2 = 0$$

取空气的平均摩尔质量为 29 kg/kmol,两截面间的空气平均密度为

$$\rho = \rho_m = \frac{M}{22.4} \cdot \frac{T_0 p_m}{T p_0} = \frac{29}{22.4} \times \frac{273 \times \left[101\,330 + \frac{1}{2}(3335 - 4905)\right]}{293 \times 101\,330} = 1.20 (kg/m^3)$$

所以

$$\frac{u_1^2}{2} + \frac{3335}{1.2} = \frac{u_2^2}{2} - \frac{4905}{1.2}$$

化简得

$$u_2^2 - u_1^2 = 13\ 733 \tag{a}$$

式(a)中有两个未知数,需利用连续性方程式定出 u_1 与 u_2 的另一关系,即

$$u_1 A_1 = u_2 A_2$$

$$u_2 = u_1 \frac{A_1}{A_2} = u_1 \left(\frac{d_1}{d_2}\right)^2 = u_1 \left(\frac{0.08}{0.02}\right)^2$$

$$u_2 = 16 u_1 \tag{b}$$

将式(b)代入式(a),得

$$(16 u_1)^2 - u_1^2 = 13\ 733$$

解得

$$u_1 = 7.34\ \text{m/s}$$

空气的流量为

$$V_h = 3600 \times \frac{\pi}{4} d_1^2 u_1 = 3600 \times \frac{\pi}{4} \times 0.08^2 \times 7.34 = 132.8 (\text{m}^3/\text{h})$$

2) 确定容器间的相对位置

【例 1-10】 如本题附图所示,密度为 850 kg/m³ 的料液从高位槽送入塔中,高位槽的液面维持恒定。塔内表压强为 9.81×10^3 Pa,进料量为 5 m³/h,连接管直径为 ϕ38 mm×2.5 mm,料液在连接管内流动时的能量损失为 30 J/kg(不包括出口的能量损失)。则高位槽内的液面应比塔的进料口高出多少?

解 取高位槽液面为上游截面 1-1′,连接管出口内侧为下游截面 2-2′,并以截面 2-2′ 的中心线为基准水平面。在两截面间列伯努利方程,即

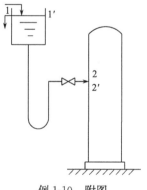

$$g z_1 + \frac{u_1^2}{2} + \frac{p_1}{\rho} = g z_2 + \frac{u_2^2}{2} + \frac{p_2}{\rho} + \sum h_f$$

式中,$z_2 = 0$,$p_1 = 0$(表压),$p_2 \approx 9.81 \times 10^3$ Pa,$\sum h_f = 30$ J/kg。

设高位槽截面为 A_1,管道截面为 A_2,根据连续性方程可得

$$u_1 A_1 = u_2 A_2$$

因为 A_1 比 A_2 大得多,在体积流量相同的情况下,$u_1 \ll u_2$,所以槽内流速可忽略不计,即 $u_1 \approx 0$,则

例 1-10 附图

$$u_2 = \frac{V_s}{A} = \frac{V_s}{\frac{\pi}{4} d^2} = \frac{5}{3600 \times \frac{\pi}{4} \times 0.033^2} = 1.62 (\text{m/s})$$

将以上两数值代入伯努利方程,并整理得

$$z_1 = \left(\frac{1.62^2}{2} + \frac{9.81 \times 10^3}{850} + 30\right) / 9.81 = 4.37 (\text{m})$$

即高位槽内的液面应比塔的进料口高 4.37 m。

值得注意的是,本题下游截面 2-2′ 必定要选在管子出口内侧,这样才能与题目给出的不包括出口损失的总能量损失相适应。出口的能量损失将在后面的内容中介绍。

3) 确定输送设备的有效功率

【例 1-11】 如本题附图所示,用泵将水从储槽送至敞口高位槽,两槽液面均恒定不变,输送管路尺寸为 ϕ83 mm×3.5 mm,泵的进出口管道上分别安装有真空表和压力表,真空表安装位置离储槽的水面高度 H_1 为 4.8 m,压力表安装位置离储槽的水面高度 H_2 为 5 m。当输水量为 36 m³/h 时,进水管道全部阻力损失为

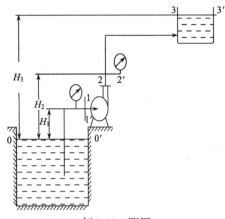

例 1-11　附图

1.96 J/kg,出水管道全部阻力损失为 4.9 J/kg,压力表读数为 2.452×10^5 Pa,泵的效率为 70%,水的密度为 $\rho = 1000$ kg/m^3,试求:(1)两槽液面的高度差 H_3;(2)泵所需的实际功率(kW)。

解　(1) 两槽液面的高度差 H_3。

取储槽液面为 0-0′,真空表所在截面为 1-1′,压力表所在截面为 2-2′,高位槽液面为 3-3′ 截面,并以截面 0-0′ 为基准水平面。在压力表所在截面 2-2′ 与高位槽液面 3-3′ 间列伯努利方程,得

$$gH_2 + \frac{u_2^2}{2} + \frac{p_2}{\rho} = gH_3 + \frac{u_3^2}{2} + \frac{p_3}{\rho} + \sum h_{f,2\text{-}3}$$

式中,$\sum h_{f,2\text{-}3} = 4.9$ J/kg,$u_3 = 0$,$p_3 = 0$,$p_2 = 2.452 \times 10^5$ Pa,$H_2 = 5$ m,$d = 83 - 2 \times 3.5 = 76(mm)= 0.076$(m),

$u_2 = V_s/A = \dfrac{V_s}{\pi d^2/4} = \dfrac{36/3600}{0.076^2 \times \pi/4} = 2.205$(m/s)。代入上式得

$$H_3 = 5 + \frac{2.205^2}{2 \times 9.81} + \frac{2.452 \times 10^5}{1000 \times 9.81} - \frac{4.9}{9.81} = 29.74\text{(m)}$$

(2) 泵所需的实际功率。

在储槽液面 0-0′ 与高位槽液面 3-3′ 间列伯努利方程,以储槽液面为基准水平面,有

$$gH_0 + \frac{u_0^2}{2} + \frac{p_0}{\rho} + W_e = gH_3 + \frac{u_3^2}{2} + \frac{p_3}{\rho} + \sum h_{f,0\text{-}3}$$

式中,$\sum h_{f,0\text{-}3} = 4.9 + 1.96 = 6.86$(J/kg),$u_0 = u_3 = 0$,$p_0 = p_3 = 0$,$H_0 = 0$,$H_3 = 29.74$ m。代入方程求得

$$W_e = 298.64 \text{ J/kg} \qquad w_s = V_s\rho = \frac{36}{3600} \times 1000 = 10\text{(kg/s)}$$

实际上泵所做的功并不是全部有效的。若考虑泵的效率 η,则泵轴消耗的功率(简称轴功率)N 为

$$N = N_e/\eta$$

$$N_e = w_s \times W_e = 10 \times 298.64 = 2986.4\text{(W)} \qquad \eta = 70\%$$

所以

$$N = N_e/\eta = 2986.4/0.7 = 4267\text{(W)} = 4.267\text{(kW)}$$

4) 确定管路中流体的压强

【例 1-12】　桶中的水经等径虹吸管,再经过一喷嘴流出,如本题附图所示,喷嘴直径是虹吸管直径的 80%。设流动阻力可以不计,试求:(1)喷嘴处和管内水的流速;(2)截面 A(管内)、B、C 三处的静压强(大气压为 101 330 Pa)。

解　(1) 喷嘴处和管内水的流速。

取桶内液面为上游截面 1-1′,喷嘴截面为下游截面 2-2′,以截面 2-2′ 为基准水平面,因为无外功加入,流动阻力又可以忽略不计,所以在面 1-1′、2-2′ 间列伯努利方程,得

$$gz_1 + \frac{u_1^2}{2} + \frac{p_1}{\rho} = gz_2 + \frac{u_2^2}{2} + \frac{p_2}{\rho} \qquad \text{(a)}$$

式中,$z_2 = 0$,$u_1 = 0$,$z_1 = 0.7$ m,$p_1 = p_2 = 1.0133 \times 10^5$ Pa,将已知数据代入式(a)得

$$9.81 \times 0.7 = \frac{u_2^2}{2}$$

$$u_2 = 3.71 \text{ m/s}$$

由连续性方程计算出管内流速

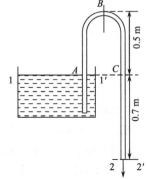

例 1-12　附图

$$u = u_2 \left(\frac{d_2}{d} \right)^2 = 3.71 \times \left(\frac{0.8d}{d} \right)^2 = 2.37 \, (\text{m/s})$$

(2) 截面 A(管内)、B、C 三处的静压强。

设截面 1-1′ 的总能量为 E_1,其值为

$$E_1 = gz_1 + \frac{u_1^2}{2} + \frac{p_1}{\rho} = 9.81 \times 0.7 + 0 + 101.33 = 6.87 + 108.33 = 108.20 \, (\text{J/kg})$$

由式(a)可知系统中任意两截面上的总能量相等,所以利用 E_1 值可以分别求得各截面上的静压强。由于从截面 A 至截面 C 管径不变,因此水在管内各截面的流速均为 2.37 m/s。于是

截面 A
$$\frac{p_A}{\rho} = E_1 - gz_A - \frac{u_A^2}{2} = 108.20 - 9.81 \times 0.7 - \frac{2.37^2}{2} = 93.62 \, (\text{J/kg})$$

待更正

截面 A
$$\frac{p_A}{\rho} = E_1 - gz_A - \frac{u_A^2}{2} = 108.20 - 9.81 \times 0.7 - \frac{2.37^2}{2}$$
$$= 108.20 - 6.87 - 5.62/2 = 98.52 \, (\text{J/kg})$$
$$p_A = 98.52\rho = 98.52 \times 1000 = 98\,520 \, (\text{Pa})$$

截面 B
$$\frac{p_B}{\rho} = E_1 - gz_B - \frac{u_B^2}{2} = 108.20 - 9.81 \times 1.2 - \frac{2.37^2}{2} = 93.62 \, (\text{J/kg})$$
$$p_B = 93.62\rho = 93.62 \times 1000 = 93\,620 \, (\text{Pa})$$

截面 C
$$\frac{p_C}{\rho} = E_1 - gz_C - \frac{u_C^2}{2} = 108.20 - 9.81 \times 0.7 - \frac{2.37^2}{2} = 98.52 \, (\text{J/kg})$$
$$p_C = 98.52\rho = 98.52 \times 1000 = 98\,520 \, (\text{Pa})$$

由计算结果可知,当流体从截面 A 流到喷嘴出口时,势能减小(高度由 0.7 m 减小到零),相应地,速度增大(由 2.37 m/s 增大为 3.71 m/s),同时,静压强增大(由 98 520 Pa 增大为 101 330 Pa)。从截面 A 流到截面 B 时,势能增大(由 0.7 m 增大为 1.2 m),相应地,静压强减小(由 98 520 Pa 减小为 93 620 Pa)。从截面 B 流到截面 C 时,势能减小,相应地,静压强增大。注意,管内截面 A、B、C 三处的静压头都小于大气压强 101 330 Pa,即都处于真空状态。

1.4 流体流动现象

流体在流动过程中会和器壁之间发生摩擦引起能量损失 $\sum h_f$,但在前面的几个例题中都未涉及能量损失的计算,或者给定一个值,或者忽略不计,以使能够利用伯努利方程进行相关的计算。这样做是因为前面仅对流体流动做了宏观分析,未考虑流体内部的变化细节。本节将对流体流动时其内部质点的运动状况和流动现象进行分析,为能量损失的计算奠定基础。化工生产中的许多过程都与流体的流动现象密切相关,这是个极为复杂的问题,涉及面广,本节只做简要的介绍。

1.4.1 流动类型与雷诺数

1. 两种流动形态——滞流和湍流

为了直接观察流体流动时内部质点的运动情况及各种因素对流动状况的影响,1883 年英国科学家雷诺(Reynolds)首次在实验中观察到两种截然不同的流动形态及过渡形态。图 1-16 为雷诺实验装置原理图。在透明水箱内装有溢流装置,以维持水位恒定。箱的底部接一根直径相同的水平玻璃管,玻璃管入口为喇叭形,管出口处的阀门用来调节流量。水箱上方放置一个装有带颜色液体的小储槽,下接一细管将有色液体注入玻璃管内。在水流经玻璃管过程中,同时把有色液体送到玻璃管入口以后的管中心位置上。从有色液体的流动状况即可考察管内水流质点的运动状况。

由实验可观察到,当玻璃管内水流速度较小时,有色液体在管中心成一直线平稳地流过整根玻璃管,与玻璃管内的水并不相混杂,如图1-17(a)所示。这种现象表明玻璃管里的水流质点均做平行于管轴的直线运动,与旁侧的水质点并无宏观的混合,这种流动形态称为层流或滞流。若把水流速度提高到一定数值,有色液体的细线开始出现波浪形,如图1-17(b)所示。这种现象表明水的质点已有宏观相互混合的趋势。若再增大流量,细线完全消失,有色液体流出细管后随即散开,与水完全混合在一起,使整根玻璃管中的水呈现均匀的颜色,如图1-17(c)所示。这种现象表明水的质点除了沿着管道向前运动外,各质点还做不规则的杂乱运动,且彼此互相碰撞并相互混合。质点速度的大小和方向随时发生变化,这种流动形态称为湍流或紊流。

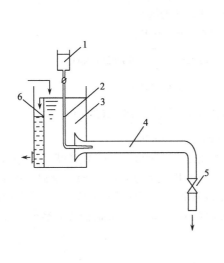

图 1-16　雷诺实验装置
1. 小储槽;2. 细管;3. 水箱;4. 水平玻璃管;5. 阀门;6. 溢流装置

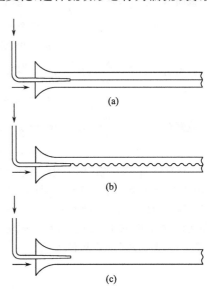

图 1-17　流动类型

2. 流动类型判据——雷诺数 Re

大量实验结果表明,影响流体流动形态的主要因素有流速 u、管径 d、流体的黏度 μ 和密度 ρ,流动形态由这几个因素同时决定。雷诺通过研究发现,可将这些影响因素组合成一个量纲为1的数群 $\dfrac{du\rho}{\mu}$,这个数群称为雷诺数,以 Re 表示,并且可以根据 Re 的大小来判断管路系统中流体的流动形态。雷诺数的量纲为

$$[Re]=\left[\frac{du\rho}{\mu}\right]=\frac{L\cdot\dfrac{L}{\theta}\cdot\dfrac{M}{L^{3}}}{\dfrac{M}{L\cdot\theta}}=L^{0}\cdot M^{0}\cdot\theta^{0}$$

由此可见,Re 是一个量纲为1的数群。组成此数群的各物理量必须用一致的单位表示。因此,无论采用何种单位制,只要数群中各物理量的单位一致,则算出的 Re 值必定相等。

凡是由几个有内在联系的物理量按量纲为1条件组合起来的数群称为准数或量纲为1的数群。这种组合一般都是在大量实验的基础上,对影响某一现象或过程的各种因素有一定认识之后,再用物理分析、数学推演或二者相结合的方法定出来的。它既反应所包含的各物理量

的内在关系,又能说明某一现象或过程的一些本质。

实验证明,流体在直管内流动时:

当 $Re \leqslant 2000$ 时,流体的流动类型属于滞流,流域为滞流区。

当 $Re \geqslant 4000$ 时,流体的流动类型属于湍流,主流区域为湍流区。

当 $2000 < Re < 4000$ 时,流体处于过渡状态,可能是滞流,也可能是湍流。主要由外界条件的影响而定,此为过渡区。

【例 1-13】 20 ℃的水在内径为 50 mm 的管内流动,流速为 2 m/s。试分别用 SI 制和物理单位制计算 Re 的数值。

解 (1)用 SI 制计算。从本书附录查得水在 20 ℃时 $\rho = 998.2\ \mathrm{kg/m^3}$,$\mu = 1.005\ \mathrm{mPa \cdot s}$。管径 $d = 0.05\ \mathrm{m}$,流速 $u = 2\ \mathrm{m/s}$,则

$$Re = \frac{du\rho}{\mu} = \frac{0.05 \times 2 \times 998.2}{1.005 \times 10^{-3}} = 99\ 323$$

(2)用物理单位制计算。$\rho = 998.2\ \mathrm{kg/m^3} = 0.9982\ \mathrm{g/cm^3}$,$u = 2\ \mathrm{m/s} = 200\ \mathrm{cm/s}$,$d = 5\ \mathrm{cm}$。

$$\mu = 1.005 \times 10^{-3}(\mathrm{Pa \cdot s}) = \frac{1.005 \times 10^{-3} \times 1000}{100} = 1.005 \times 10^{-2}[\mathrm{g/(cm \cdot s)}]$$

所以

$$Re = \frac{5 \times 200 \times 0.9982}{1.005 \times 10^{-2}} = 99\ 323$$

由此可见,无论采用何种单位制,只要数群中各个物理量的单位一致,所计算出的 Re 值必相等。

1.4.2　滞流与湍流

滞流与湍流的区分不仅在于各有不同的 Re 值,更重要的是它们有本质区别。

1. 流体内部质点的运动方式

流体在管内做滞流流动时,其质点沿管轴做有规则的平行运动,各质点互不碰撞,互不混合,流体层间没有质点扩散现象发生,流体内部不产生旋涡。

流体在管内做湍流流动时,其质点做不规则杂乱运动,并互相碰撞,产生大大小小的旋涡。因为质点碰撞而产生的附加阻力比黏性所产生的阻力大得多,所以碰撞将使流体流动阻力急剧加大。

管道截面上某一固定的流体质点在沿管轴向前运动的同时还有径向运动,而径向速度的大小和方向是不断变化的,从而引起轴向速度的大小和方向也随时间而改变。即在湍流中,流体质点的不规则运动,构成质点在主运动外还有附加的脉动。质点的脉动是湍流运动的最基本特点。图 1-18 为截面上某一点 i 的流体质点的速度脉动曲线,由图可见湍流实际上是一种非定态的流动,速度会随时间和位置而发生变化。

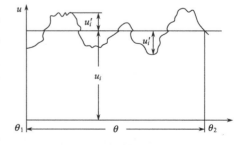

图 1-18　点 i 的流体质点的速度
脉动曲线示意图

尽管在湍流中,流体质点的速度是脉动的,但实验发现,管截面上任一点的速度始终都是围绕着某一个"平均值"上下变动。如图 1-18 所示,在时间间隔 θ 内,点 i 的瞬时速度 u_i 的值是在平均值上下变动。平均值 u_i 为在某一时间

θ 内,流体质点经过点 i 的瞬时速度的平均值,称为时均速度,即

$$\bar{u}_i \approx \frac{1}{\theta} \int_{\theta_1}^{\theta_2} u_i \mathrm{d}\theta$$

由图 1-18 可知

$$u_i = \bar{u}_i + u'_i \tag{1-31}$$

式中,u_i 为瞬时速度,表示在某时刻管道截面上任一点的真实速度,m/s;u'_i 为脉动速度,表示在同一时刻管道截面上任一点 i 的瞬时速度与时均速度的差值,m/s。

在稳态系统中,流体做湍流流动时,管道截面上任一点的时均速度不随时间而改变。

在湍流运动中,因质点碰撞而产生的附加阻力、压强、浓度的计算是很复杂的,但是由于流体质点在某点上其他方向的速度、压强、浓度等均有类似的现象,因此引入脉动与时均值的概念,可以简化复杂的湍流运动,从而给研究带来一定的方便。

2. 流体在圆管内的速度分布

不论是滞流还是湍流,在管道的任意截面上,流体质点的速度沿管径而变,管壁处速度为零,离开管壁后速度渐增,到管中心处速度最大。速度在管道截面上的分布规律因流动类型而异。

1) 滞流时的速度分布

实验证明,滞流时的速度沿管径按抛物线的规律分布,如图 1-19 所示。截面上各点速度的平均值 u 等于管中心处最大速度 $u_{\max}$ 的 0.5 倍。现运用理论分析方法对滞流时的速度分布进行推导。

设流体在半径为 R 的水平直管段内做滞流流动,于管轴心处取一半径为 r、长度为 l 的流体柱作为分析对象,如图 1-20 所示。流体柱受到两个力的作用:一个是与流体流动方向一致促使流动的推动力;另一个是由内摩擦引起的阻止流体运动的摩擦阻力,其方向与流动方向相反。在稳态流动条件下,作用于流体柱上的两力达到平衡。

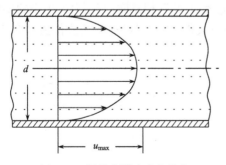

图 1-19　圆管内滞流速度分布

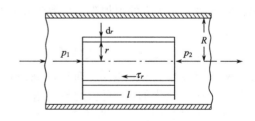

图 1-20　滞流时速度分布的推导

作用于流体柱两端面的压强分别为 p_1 和 p_2,则作用在流体柱上的推动力为

$$(p_1 - p_2)\pi r^2$$

设距管中心 r 处的流体速度为 u,$(r+\mathrm{d}r)$ 处的速度为 $(u_r+\mathrm{d}u_r)$,则流体速度沿半径方向的变化率(速度梯度)为 $\mathrm{d}u_r/\mathrm{d}r$,两相邻流体层所产生的内摩擦应力为 τ_r。滞流时内摩擦应力服从牛顿黏性定律,即

$$\tau_r = -\mu \frac{\mathrm{d}u_r}{\mathrm{d}r}$$

式中的负号表示流速 u_r 沿半径 r 增加的方向而减小。

作用在流体柱上的阻力可表示为

$$\tau_r S = -\mu \frac{\mathrm{d}u_r}{\mathrm{d}r}(2\pi rl) = -2\pi rl\mu \frac{\mathrm{d}u_r}{\mathrm{d}r}$$

由于流体做等速运动,推动力与阻力大小相等,方向相反,因此

$$(p_1 - p_2)\pi r^2 = -2\pi rl\mu \frac{\mathrm{d}u_r}{\mathrm{d}r} \quad \text{或} \quad \mathrm{d}u_r = -\frac{p_1 - p_2}{2\mu l}r\mathrm{d}r$$

对上式进行积分,积分上式的边界条件:当 $r=r$ 时,$u_r=u_r$;当 $r=R$(在管壁处)时,$u_r=0$。所以积分形式为

$$\int_0^{u_r} \mathrm{d}u_r = -\frac{p_1 - p_2}{2\mu l}\int_R^r r\mathrm{d}r$$

积分并整理得

$$u_r = \frac{p_1 - p_2}{4\mu l}(R^2 - r^2) \tag{1-32}$$

式(1-32)是流体在圆管内做滞流流动时的速度分布表达式,虽然是从水平管推得的,但是对等径斜管同样适合。

从式(1-32)可知,u_r 与 r 的关系为抛物线方程。

工程上计算流体的流速时通常指整个管截面上的平均流速,其表达式为

$$u = \frac{V_s}{A}$$

有了式(1-32)就可以从理论上计算流体的体积流量。由图 1-20 可知,厚度为 $\mathrm{d}r$ 的环形截面积 $\mathrm{d}A = 2\pi r\mathrm{d}r$,由于 $\mathrm{d}r$ 很小,可近似地取流体在 $\mathrm{d}r$ 层内的流速为 u_r,则通过此截面的体积流量为

$$\mathrm{d}V_s = u_r \mathrm{d}A = u_r(2\pi r\mathrm{d}r)$$

对上式进行积分,边界条件为:当 $r=0$ 时,$V_s=0$;当 $r=R$ 时,$V_s=V_s$。则整个管截面的体积流量为

$$V_s = \int_0^R 2\pi u_r r\mathrm{d}r$$

所以

$$u = \frac{1}{\pi R^2}\int_0^R 2\pi u_r r\mathrm{d}r = \frac{2}{R^2}\int_0^R u_r r\mathrm{d}r$$

将式(1-32)代入上式,积分并整理得

$$u = \frac{p_1 - p_2}{2\mu l R^2}\int_0^R (R^2 - r^2)r\mathrm{d}r = \frac{p_1 - p_2}{8\mu l}R^2 \tag{1-33}$$

根据流体在圆管内做滞流流动时的速度分布表达式(1-32)可知,当 $r=0$ 时,则管中心处的流速为最大。

$$u_{\max} = \frac{p_1 - p_2}{4\mu l}R^2 \tag{1-34}$$

　　将此结果与式(1-33)比较,可知滞流时圆管截面的平均速度 $u=u_{max}/2$ 或 $u/u_{max}=0.5$,理论分析的结果与实验数据符合得很好。

　　2) 湍流时的速度分布

　　湍流时,流体质点的运动情况比较复杂,其管内的速度分布规律目前还不能完全从理论上得出,只能借助于实验数据用经验公式近似表达。经实验测定,在圆管内做湍流流动的流体,由于流体质点的强烈分离与混合,截面上靠管中心部分各点速度彼此扯平,速度分布比较均匀,因此速度分布曲线不再是严格的抛物线。以下是一种常用的指数形式的经验公式:

$$u=u_{max}(1-r/R)^{1/n}$$

式中,n 与 Re 大小有关,Re 越大,n 值也越大,当 $Re=10^5\sim3.2\times10^6$ 时,$n=7$。

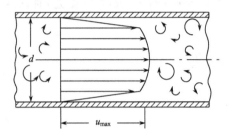

　　湍流时圆管内的速度分布曲线如图 1-21 所示。实验证明,当 Re 值越大时,曲线顶部的区域就越广阔平坦,但靠管壁处质点的速度骤然下降,曲线较陡。u 与 u_{max} 的比值随 Re 值而变化,如图 1-22 所示。图中 Re 和 Re_{max} 分别为以平均速度 u 和管中心处最大速度 u_{max} 计算出的雷诺数。

图 1-21　圆管内湍流速度分布

　　尽管流体在管内做湍流流动,但是流体在管壁处的速度也等于零,因此靠近管壁处的流体仍做滞流流动,这一做滞流流动的流体薄层称为滞流内层或滞流底层。自滞流内层往管中心推移,流速逐渐增大,出现了既非滞流流动也非完全湍流流动的区域,称为缓冲层或过渡层,再往中心才是湍流主体。滞流内层的厚度随 Re 值的增大而减小。

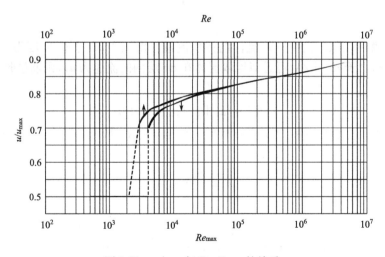

图 1-22　u/u_{max} 与 Re、Re_{max} 的关系

　　上述滞流和湍流的速度分布曲线仅在管内流动达到平稳时才成立。在管入口附近处,由于受外来影响因素的影响,流动受到干扰,这些局部地方的速度分布就不符合上述规律。此外,流体做湍流流动时,质点发生脉动现象,所以湍流的速度分布曲线应根据截面上各点的时均速度描绘。

3. 流体在直管内的流动阻力

流体在直管内流动时,由于流动类型不同,则流动阻力所遵循的规律也不相同。

滞流时,内摩擦应力的大小服从牛顿黏性定律。

$$\tau = \mu \frac{du}{dy}$$

湍流时,流体阻力除来自流体的黏性而引起的内摩擦外,还包括流体内部充满了大大小小的漩涡引起的阻力。流体质点的不规则迁移、脉动和碰撞,使得流体质点间的动量交换非常剧烈,产生了前已述及的附加阻力。这阻力又称为湍流剪切应力,简称湍流应力。所以湍流中的总摩擦应力等于黏性摩擦应力与湍流应力之和。总的摩擦应力不服从牛顿黏性定律,只能仿照牛顿黏性定律写出类似的形式,即

$$\tau = (\mu + e) \frac{du}{dy} \tag{1-35}$$

式中,e 称为涡流黏度,其单位与黏度 μ 的单位一致。涡流黏度不是流体的物理性质,而是与流体流动状况有关的系数,有关内容下面还要进行讨论。

1.4.3 边界层的概念

实验证明,实际流体沿固体壁面流动时,可在流体中划分为两个区域:一是壁面附近,因黏性的影响,其内部存在速度梯度,称为边界层区;另一是距壁面较远处,速度尚未受到壁面的影响,速度梯度几乎为零,称为主流区。

现以流体沿平板流动为例,说明边界层的形成过程。如图 1-23 所示,当流体以均匀流速 u_s 流过固体壁面时,由于流体具有黏性又能完全润湿壁面,则紧贴壁面的流体流速降为零,壁面处静止的流体层与其相邻的流体层间产生内摩擦,而使相邻流体层的速度减慢,这种减速作用由附着于壁面的流体层开始依次向流体内部传递,离壁面越远,减速作用越小。当离壁面一定距离($y = \delta$)后,流体的速度渐渐接近 u_s,即将形成边界层区与主流区的分界线。图中各速度分布曲线

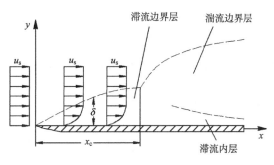

图 1-23 平板上的边界层

应与 x 相对应,x 为距平板前缘的距离。

从上述情况可知,当流体经过固体壁面时,由于流体具有黏性,在垂直于流体流动方向上产生了速度梯度。在壁面附近存在速度梯度的流体层称为流体边界层,简称边界层,如图1-23中虚线所示。δ 为边界层的厚度,等于由壁面至速度达到主流速度的点之间的距离,但由于边界层内的减速作用是逐渐消失的,因此边界层的界限应延伸至距壁面无穷远处。工程上一般规定边界层边缘的流速 $u = 0.99 u_s$,而将该条件下边界层边缘与壁面间的垂直距离定为边界层厚度,这种人为的规定对解决实际问题所引起的误差可以忽略不计。应指出,边界层的厚度 δ 与从平板前缘算起的距离 x 相比是很小的。

在边界层区内,垂直于流动方向上存在显著的速度梯度 du/dy,即使黏度 μ 很小,摩擦应

力 $\tau = \mu \dfrac{\mathrm{d}u}{\mathrm{d}y}$ 仍然相当大,不可忽视。在主流区,$\mathrm{d}u/\mathrm{d}y \approx 0$,摩擦应力可忽略不计,则此区域流体可视为理想流体。因此,用理论的方法解决比较复杂的流动问题时,应用边界层的概念将使问题得到简化,这对传热与传质过程的研究也具有重要意义。

1.5 流体在管内的流动阻力

流体在流动过程中要消耗能量以克服流动阻力,消耗的机械能转化为热能而损失,因此又称为机械能损失。本节就 $\sum h_f$ 的产生和计算进行讨论。

根据 1.3 节的讨论,流动阻力产生的根源是流体具有黏性,使流体流动时存在内摩擦力。而固定的管壁或其他形状固体壁面促使流动的流体内部发生相对运动,为流动阻力的产生提供了条件。所以流动阻力的大小与流体本身的物理性质、流动状况及管道的形状等因素有关。

流体在管路中流动时的阻力可分为直管阻力和局部阻力两种。直管阻力是指流体流经一定管径的直管时,因流体的内摩擦而产生的阻力。局部阻力主要是指因流体流经管路中的管件、阀门及管截面的突然改变等局部地方所引起的阻力。伯努利方程中的 $\sum h_f$ 项为直管阻力 h_f 和局部阻力 h_f' 之和,也称为研究管路系统的总能量损失,即

$$\sum h_f = h_f + h_f' \tag{1-36}$$

由于流体的衡算基准不同,能量损失可用不同的方法表示。其中,$\sum h_f$ 是指单位质量流体流动时所损失的机械能,单位为 J/kg;$\dfrac{\sum h_f}{g}$ 是指单位重量流体流动时所损失的机械能,单位为 J/N = m;$\rho \sum h_f$ 是指单位体积流体流动时所损失的机械能,以 Δp_f 表示,即 $\Delta p_f = \rho \sum h_f$,$\Delta p_f$ 的单位为 J/m³ = Pa。因为 Δp_f 的单位可简化为压强,所以 Δp_f 常称为因流动阻力而引起的压强降。

值得强调的是,Δp_f 与伯努利方程中两截面间的压强差是两个截然不同的概念,初学者常引起误会。由前文知,有外功加入的实际流体的伯努利方程为

$$g \Delta z + \Delta \frac{u^2}{2} + \Delta \frac{p}{\rho} = W_e - \sum h_f$$

上式各项乘以流体密度 ρ,并整理得

$$\Delta p = p_2 - p_1 = \rho W_e - \rho g \Delta z - \rho \Delta \frac{u^2}{2} - \rho \sum h_f$$

上式说明,因流动阻力而引起的压强降 Δp_f 并不等于两截面间的压强差 Δp。压强降 Δp_f 表示的是 1 m³ 流体在流动系统中仅由于流动阻力所消耗的能量。Δp_f 仅是一个符号,此处 Δ 并不代表数学中的增量。而两截面间的压强差 Δp 中的 Δ 表示增量。通常情况下 Δp 与 Δp_f 在数值上不等,只有当流体在一段无外功输入、等直径的水平管内流动时,因 $W_e = 0$,$\Delta z = 0$,$\Delta \dfrac{u^2}{2} = 0$,才能得出压强降 Δp_f 与两截面间的压强差 Δp 在数值上相等。

1.5.1　流体在直管中的流动阻力

1. 计算圆形直管阻力的通式

当流体在管内以一定速度流动时,流体受到两个力的作用:一个是与流体流动方向一致促使流动的推动力;另一个是由内摩擦而引起的阻止流体运动的摩擦阻力,其方向与流动的方向相反。在稳态流动条件下,可通过伯努利方程和力平衡原理推导直管阻力的计算通式。

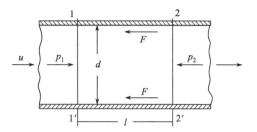

图 1-24　直管阻力通式的推导

如图 1-24 所示,流体以速度 u 在一段水平直管内做稳态流动,对于不可压缩流体,可在截面 1-1′ 与 2-2′ 间列伯努利方程:

$$gz_1 + \frac{u_1^2}{2} + \frac{p_1}{\rho} = gz_2 + \frac{u_2^2}{2} + \frac{p_2}{\rho} + \sum h_f$$

因 $z_1 = z_2$, $u_1 = u_2 = u$,上式可简化为

$$p_1 - p_2 = \rho h_f \tag{1-37}$$

现分析流体在一段直径为 d、长度为 l 的水平管内的受力情况。

垂直作用于截面 1-1′ 上的压力 F_1:

$$F_1 = p_1 A_1 = p_1 \frac{\pi}{4} d^2$$

垂直作用于截面 2-2′ 上的压力 F_2:

$$F_2 = p_2 A_2 = p_2 \frac{\pi}{4} d^2$$

净压力 ($F_1 - F_2$) 作用于整个流体柱上,推动它向前运动,它的作用方向与流体流动方向相同,其大小为

$$F_1 - F_2 = (p_1 - p_2) \frac{\pi}{4} d^2$$

平行作用于流体柱表面上的摩擦力,它的作用方向与流体方向相反,大小为

$$F = \tau S = \tau \pi d l$$

因流体在管内做匀速运动,则作用在流体柱上的推动力与阻力的大小相等,方向相反,即

$$(p_1 - p_2) \frac{\pi}{4} d^2 = \tau \pi d l$$

则

$$p_1 - p_2 = \frac{4l}{d} \tau$$

将式(1-37)代入上式,并整理得

$$h_f = \frac{4l}{\rho d} \tau \tag{1-38}$$

式(1-38)就是流体在圆形直管内流动时能量损失与摩擦力的关系式。因为内摩擦力所遵

循的规律因流体的流动类型而异,用 τ 直接计算 h_f 有困难,通常把能量损失 h_f 表示为动能 $u^2/2$ 的倍数。于是可将式(1-38)改写为

$$h_f = \frac{4\tau}{\rho} \frac{2}{u^2} \frac{l}{d} \frac{u^2}{2}$$

令

$$\lambda = \frac{8\tau}{\rho u^2}$$

则

$$h_f = \lambda \frac{l}{d} \frac{u^2}{2} \tag{1-39}$$

或

$$\Delta p_f = \rho h_f = \lambda \frac{l}{d} \frac{\rho u^2}{2} \tag{1-39a}$$

式中,λ 为量纲为 1 的系数,称为摩擦系数,它是雷诺数的函数或雷诺数与管壁粗糙度的函数。

式(1-39)和(1-39a)称为范宁(Fanning)公式,是稳态流动直管阻力的计算通式,对滞流和湍流均适合,也适合于非水平等径管。

需指出,应用范宁公式计算 h_f 时,关键是要计算 λ 值。因为摩擦应力 τ 所遵循的规律与流动类型有关,所以 λ 值也随流动类型而变。因此,对滞流和湍流下的摩擦系数 λ 要分别进行讨论。

2. 管壁粗糙度对摩擦系数的影响

除了流体的流动类型对摩擦系数 λ 有影响外,管壁粗糙度对 λ 也有影响。

化工生产过程中所铺设的管道,按其材料和加工情况,大致可以分为光滑管和粗糙管。通常把玻璃管、黄铜管、塑料管等列为光滑管;钢管和铸铁管列为粗糙管。实际上,即使同一材质的管子铺设的管道,因使用时间与腐蚀结垢程度不同,管壁的粗糙程度也会存在明显差异。

管壁的粗糙度可以用绝对粗糙度和相对粗糙度表示。绝对粗糙度是指壁面凸出部分的平均高度,以 ε 表示。表 1-2 列出常见工业管道的绝对粗糙度数值,且都是相对于新管而言。若经较长时间使用,或由于腐蚀、结垢等原因,管壁的绝对粗糙度 ε 值会显著变化,因此在选管壁的绝对粗糙度 ε 值时,必须考虑流体对管壁的腐蚀性及使用环境等因素。

表 1-2　常见工业管道的绝对粗糙度

管道类别		绝对粗糙度/mm	管道类别		绝对粗糙度/mm
金属管	无缝黄铜管、铜管及铝管	0.01～0.05	非金属管	干净玻璃管	0.0015～0.01
	新的无缝铜管或镀锌铁管	0.1～0.2		橡皮软管	0.01～0.03
	新的铸铁管	0.3		木管道	0.25～1.25
	具有轻度腐蚀的无缝钢管	0.2～0.3		陶土排水管	0.45～6.0
	具有显著腐蚀的无缝钢管	0.5 以上		很好整平的水泥管	0.33
	旧的铸铁管	0.85 以上		石棉水泥管	0.03～0.8

相对粗糙度是指绝对粗糙度与管道内径之比,即 ε/d,它比较客观地反映了管壁粗糙度对 λ 的影响。当绝对粗糙度相同时,管道的直径不同,对 λ 的影响就不同,直径越小,影响就越大。

当流体在管道内做滞流流动时,管壁上凹凸不平的地方都被有规则的流体层所覆盖,而流体流动的速度又比较缓慢,流体质点对管壁凸出部分不会有碰撞作用。所以,滞流时,管壁粗糙度对摩擦系数无影响。

当流体做湍流流动时,ε/d 对 λ 的影响随 Re 值的不同而变化。前已述及,靠近管壁处总是存在一层滞流内层,且滞流内层厚度 δ_b 随 Re 值的增大而减薄。当 Re 值较小时,滞流内层的厚度相对较大,如果滞流内层的厚度 δ_b 大于管壁的绝对粗糙度,即 $\delta_b > \varepsilon$,如图 1-25(a)所示,此时管壁粗糙度对摩擦系数的影响与滞流相近。随着 Re 值的增加,滞流内层的厚度逐渐变薄,即当 $\delta_b < \varepsilon$ 时,如图 1-25(b)所示,壁面的凸出部分便伸入湍流区内与流体质点发生碰撞,使湍流加剧,此时壁面粗糙度对摩擦系数的影响比较显著,Re 值越大,滞流内层越薄,这种影响越显著。但随着 Re 值的继续增加,流体达到完全湍流时,此时滞流内层厚度趋于某一微小值或趋于零,壁面的凸出部分几乎全部暴露在湍流主体中,ε/d 对 λ 的影响将不再随 Re 值的增加而变化,ε/d 一定,λ 即为常数。

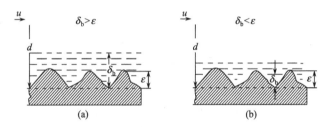

图 1-25　流体流过管壁面的情况

3. 滞流时直管阻力的计算

由以上分析可知,滞流时的摩擦系数 λ 只是雷诺数 Re 的函数,而与管壁的粗糙度无关。λ 与 Re 的关系式可以用理论分析方法进行推导。

当不可压缩流体在等直径的水平管内由截面 1-1′向截面 2-2′流动时,由于 $W_e = 0$,$\Delta z = 0$,$\Delta \dfrac{u^2}{2} = 0$,压强降 Δp_f 与两截面间的压强差 Δp 在数值上相等,于是可得

$$p_1 - p_2 = \Delta p_f$$

将上式代入式(1-34)可得

$$u_{max} = \frac{\Delta p_f}{4\mu l} R^2 \tag{1-40}$$

将 $u_{max} = 2u$,$R = d/2$ 代入式(1-40)并整理得

$$\Delta p_f = \frac{32\mu l u}{d^2} \tag{1-41}$$

式(1-41)为流体在圆管内做滞流流动时的直管阻力计算式,称为哈根-泊肃叶(Hagon-Poiseuille)公式。由此式可以看出,滞流时 Δp_f 与 u 的一次方成正比。将式(1-41)与式(1-

39a)相比较,可知

$$\lambda = \frac{64\mu}{du\rho} = \frac{64}{\dfrac{du\rho}{\mu}} = \frac{64}{Re} \tag{1-42}$$

式(1-42)为流体在圆管内做滞流流动时 λ 与 Re 的关系式。将此式在对数坐标上进行标绘可得一直线。

有了式(1-42),就可以由范宁公式[式(1-39)]计算直管阻力损失。

4. 湍流时摩擦系数的计算

在湍流情况下,由于流体质点运动情况非常复杂,到目前为止还不能完全依靠理论导出一个流速的关系式,因此不能完全通过理论分析的方法建立求算湍流时摩擦系数 λ 的公式。

对于此类复杂问题,如已知其影响因素,但还不能建立数学表达式,或者虽然建立了数学表达式,但无法用数学方法求解等,工程上常需通过实验建立经验关系式。在进行实验时,每次只能改变一个影响因素(变量),而把其他变量固定。若过程牵涉的变量很多,实验工作量必然很大,同时要把实验结果关联成一个便于应用的简单公式,往往也是很困难的,若利用量纲分析的方法,可将几个变量组合成一个量纲为1的数群。例如,雷诺数 Re 就是由 d、u、ρ 和 μ 四个变量所组成的量纲为1的数群。这样用量纲为1的数群代替单个的影响因素进行实验,由于数群的数目总是比变量的数目少,实验次数就可以大大减少,关联数据的工作也会有所简化。

1) 量纲分析法介绍

量纲分析的基础是量纲一致性的原则和白金汉(Buckingham)所提出的 π 定理。量纲一致性的原则表明:凡是根据基本物理规律导出的物理方程,其中各项的量纲必然相同。π 定理的内容是:任何量纲一致的方程都可以表示为一组量纲为1的数群的零函数,即

$$f(\pi_1, \pi_2, \cdots, \pi_i) = 0 \tag{1-43}$$

量纲为1的数群 $\pi_1, \pi_2, \cdots$ 的数目 i 等于影响该现象的物理数目 n 减去用以表示这些物理量的基本量纲的数目 m,即

$$i = n - m \tag{1-44}$$

下面以一个常见的例子说明量纲分析方法的应用。例如,表示以等加速度 a 运动的物体,在 θ 时间内所经过的距离 l 的公式为

$$l = u_0\theta + \frac{1}{2}a\theta^2 \tag{1-45}$$

式中,u_0 为物体的初速度。

首先,检查方程式是否符合量纲一致性原则。

将式(1-45)写成量纲公式:

$$L = (L\theta^{-1})\theta + (L\theta^{-2})\theta^2$$

式中,L 和 θ 分别为长度和时间的量纲,而上式中各项的量纲均为长度的量纲 L,符合量纲一致性原则。

其次,将方程改写成量纲为1的数群表示的关系式。

对于量纲一致的物理方程式,只要把式中各项都除以式中任一项,均可得到以量纲为1的

数群表示的关系式。式(1-45)各项均除以 l，可得

$$\frac{u_0\theta}{l}+\frac{a\theta^2}{2l}-1=0 \tag{1-45a}$$

式(1-45a)可以写为

$$f\left(\frac{u_0\theta}{l},\frac{a\theta^2}{2l}\right)=0 \tag{1-46}$$

可见，式(1-45)的物理方程可以表示成量纲为 1 的数群 $\frac{u_0\theta}{l}$ 和 $\frac{a\theta^2}{2l}$ 的零函数。

由于式(1-45)中的物理量数目 $n=4$，即 l、u_0、θ 及 a；基本量纲数 $m=2$，即 L 及 θ，因此量纲为 1 的数群的数目 $i=4-2=2$，即 $\frac{u_0\theta}{l}$ 及 $\frac{a\theta^2}{2l}$。

应该指出，只有在微分方程不能积分时，才采用量纲分析法。

上面的例子极其简单，只借以说明寻求量纲为 1 的数群的途径。

若过程比较复杂，仅知道影响某一过程的物理量而不能列出该过程的微分方程，则常用雷莱(Rylegh)指数法将影响过程的因素组成为量纲为 1 的数群。下面用湍流时的流动阻力问题说明雷莱指数法的用法。

首先，根据研究过程确定各个影响因素，分析整理并写出一般的不定函数形式。

结合实验研究，对湍流过程产生流动阻力的原因进行综合分析和理解，可知为克服流动阻力所引起的能量损失 Δp_f 应与流体流过的管径 d、管长 l、平均流速 u、流体的密度 ρ 及黏度 μ、管壁的粗糙度 ε 有关，据此写出一般的不定函数式为

$$\Delta p_f=\phi(d,l,u,\rho,\mu,\varepsilon) \tag{1-47}$$

其次，将一般的不定函数式用幂函数表示。即

$$\Delta p_f=Kd^al^bu^c\rho^j\mu^k\varepsilon^q \tag{1-47a}$$

式中的常数 K 和指数 a、b、c、$\cdots$均为待定值。

再次，将幂函数写成量纲公式。

式中各物理量的量纲是

$$[p]=M\theta^{-2}L^{-1} \quad [\rho]=ML^{-3} \quad [d]=[l]=L \quad [\mu]=ML^{-1}\theta^{-1} \quad [u]=L\theta^{-1} \quad [\varepsilon]=L$$

把各物理量的量纲代入式(1-47a)，则两端的量纲为

$$M\theta^{-2}L^{-1}=(L)^a(L)^b(L\theta^{-1})^c(ML^{-3})^j(ML^{-1}\theta^{-1})^k(L)^q$$

即量纲公式为

$$M\theta^{-2}L^{-1}=M^{j+k}\theta^{-c-k}L^{a+b+c-3j-k+q}$$

与上述过程有关的物理量数目 $n=7$，表示这些物理量的基本量纲数 $m=3$，根据 π 定理量纲为 1 的数群的数目 $i=7-3=4$。

最后，将量纲公式转化成量纲为 1 的数群表示的关系式。

根据量纲一致性原则，上式等号两侧各基本量量纲的指数必然相等，所以

对于量纲 M $j+k=1$

对于量纲 θ $-c-k=-2$

对于量纲 L $a+b+c-3j-k+q=-1$

这里方程式只有 3 个，而未知数却有 6 个，因此，把其中的三个表示为另三个的函数来处

理,设以 b、k、q 表示 a、c 及 j 的函数,则联立求解得

$$a = -b - k - q$$

$$c = 2 - k$$

$$j = 1 - k$$

将 a、c、j 值代入式(1-47a),得

$$\Delta p_{\mathrm{f}} = K d^{-b-k-q} l^b u^{2-k} \rho^{1-k} \mu^k \varepsilon^q = K d^{-b} d^{-k} d^{-q} l^b u^2 u^{-k} \rho \rho^{-k} \mu^k \varepsilon^q$$

把指数相同的物理量合并在一起,即得

$$\frac{\Delta p_{\mathrm{f}}}{\rho u^2} = K \left(\frac{l}{d}\right)^b \left(\frac{du\rho}{\mu}\right)^{-k} \left(\frac{\varepsilon}{d}\right)^q \tag{1-48}$$

式(1-48)括号中均为量纲为 1 的数群,其中 $\dfrac{du\rho}{\mu}$ 为雷诺数 Re;$\dfrac{\Delta p_{\mathrm{f}}}{\rho u^2}$ 为欧拉(Euler)数,通常以 Eu 表示;$\dfrac{l}{d}$ 为管子的长径比,简单的量纲为 1 的数;$\dfrac{\varepsilon}{d}$ 为管壁的相对粗糙度,简单的量纲为 1 的数。

由此可见,把式(1-48)中的量纲为 1 的数群作为影响湍流时流动阻力的因素,则变量只有 4 个,而式(1-47)却包括 7 个变量。所以,按式(1-48)进行实验比按式(1-47)简便得多。

将式(1-48)与范宁公式[式(1-39a)]对照,可以得出影响湍流过程摩擦系数 λ 的因素有两个:雷诺数 Re 和管壁相对粗糙度 ε/d,即

$$\lambda = \Phi(Re, \varepsilon/d) \tag{1-49}$$

通过以上实例,一方面对量纲分析法的运用做了非常简略的介绍;另一方面也找出了影响直管阻力的准数函数式。在此,还需要强调以下两点:

(1) 量纲分析法只是从物理的量纲着手,即以把物理表达的一般函数式演变为以量纲为 1 的数群表达的函数式。它并不能说明一个物理现象中的各影响因素之间的关系。在组合数群之前,必须通过一定的实验,对所要解决的问题进行详尽的考察,定出与所研究对象之间的有关物理量。如果遗漏了必要的物理量,或把不相干的物理量加进去,都会导致错误的结论,所以量纲分析法的运用必须与实践密切相结合,才能得到有实际意义的结果。

(2) 经过量纲分析得到的量纲为 1 的数群的函数式后,具体函数关系式,如式(1-48)中的系数 K 与指数 b、k、q 仍需要通过实验才能确定。

将通过实验定出的 K、b、k 及 q 值代入式(1-48),再与范宁公式[式(1-39a)]比较,可得出摩擦系数 λ 的具体计算式,即为通常所称的经验关联式或半理论公式。

2) 湍流时摩擦系数 λ 的经验式

将实验数据关联,可以得到不同形式的 λ 经验、半经验方程式,分别适合于不同的管材和不同的 Re 值范围。

(1) 光滑管。

(i) 布拉修斯(Blasius)公式

$$\lambda = \frac{0.3164}{Re^{0.25}} \tag{1-50}$$

式(1-50)的适用范围为 $Re = 3 \times 10^3 \sim 1 \times 10^5$。

(ii) 顾毓珍等公式

$$\lambda = 0.0056 + \frac{0.500}{Re^{0.32}} \tag{1-51}$$

式(1-51)的适用范围为 $Re = 3 \times 10^3 \sim 1 \times 10^5$。

（2）粗糙管。

（i）柯尔布鲁克(Colebroke)公式

$$\frac{1}{\sqrt{\lambda}} = 2\lg \frac{d}{\varepsilon} + 1.14 - 2\lg \left(1 + 9.35 \frac{d/\varepsilon}{Re\sqrt{\lambda}}\right) \tag{1-52}$$

式(1-52)适用于 $\dfrac{d/\varepsilon}{Re\sqrt{\lambda}} < 0.005$。

（ii）尼库拉则(Nikuradse)与卡曼(Karman)公式

$$\frac{1}{\sqrt{\lambda}} = 2\lg \frac{d}{\varepsilon} + 1.14 \tag{1-53}$$

式(1-53)适用于 $\dfrac{d/\varepsilon}{Re\sqrt{\lambda}} > 0.005$。

除以上传统公式外，近年来又得出一些新的经验式，现推荐一个既简单又适用的经验公式

$$\lambda = 0.100 \left(\frac{\varepsilon}{d} + \frac{68}{Re}\right)^{0.23} \tag{1-54}$$

式(1-54)的适用范围为 $Re \geqslant 4000$ 及 $\varepsilon/d \leqslant 0.005$。

5. 摩擦系数 λ 图

计算 λ 的关系式很多又都比较复杂，用起来很不方便。工程上为了方便计算 λ，将 λ、Re 和 ε/d 三者函数关系的实验结果绘制在双对数坐标图中，如图 1-26 所示。图中 λ 为纵坐标，Re 为横坐标，ε/d 为参变量。这样，便可根据 Re 与 ε/d 值从图 1-26 中方便地查得 λ 值。

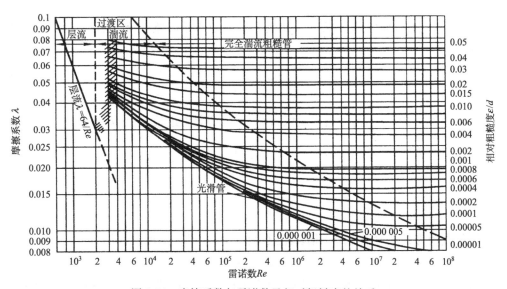

图 1-26 摩擦系数与雷诺数及相对粗糙度的关系

观察图 1-26 中的曲线形状,可以将图分为 4 个区域。

1) 滞流区

$Re \leqslant 2000$。图中左边的直线代表滞流时的方程[式(1-42)]:$\lambda = 64/Re$。λ 与管壁粗糙度无关,与 Re 成直线关系。

2) 过渡区

$Re = 2000 \sim 4000$。在此区域内,滞流或湍流的 λ-Re 曲线都可应用。为了安全起见,流动阻力的计算通常按给定的相对粗糙度将湍流时的曲线延长,以查出 λ 值。

3) 湍流区

$Re \geqslant 4000$ 及虚线以下的区域。这个区的特点是摩擦系数 λ 与 Re 值及相对粗糙度 ε/d 都有关,当 ε/d 一定时,λ 随 Re 值增大而减小,Re 增至某一数值后 λ 值下降缓慢;当 Re 值一定时,λ 随 ε/d 的增大而增大。其中最下面的一条曲线代表光滑管,其余的为粗糙管。

4) 完全湍流区

图中虚线以上的区域。此区内的各 λ-Re 曲线趋于水平线,即摩擦系数 λ 只与 ε/d 有关,而与 Re 无关。由直管阻力计算方程 $h_\mathrm{f} = \lambda \dfrac{l}{d} \dfrac{u^2}{2}$ 可知,当 ε/d 一定时,$\lambda =$ 常数,对于一定的直管(l/d 为一定值),则流动阻力所引起的能量损失 h_f 与 u^2 成正比,所以此区又称为阻力平方区。相对粗糙度 ε/d 越大的管道,达到阻力平方区的 Re 值越低。

6. 流体在非圆形管内的流动阻力

以上讨论的均是流体在圆形直管内的阻力损失,化工生产中也会遇到非圆形管道,如有些气体管道是方形的,有时流体也会在套装的内外两管之间的环形通道内流过。一般来说,截面形状对速度分布及流动阻力的大小都会有影响。前面计算 Re 值及阻力损失 h_f 的公式中的 d 是圆管直径。对于非圆形管内的流体流动,如果想继续使用前面推导的圆管阻力损失计算方程,需对非圆形截面的通道进行当量换算,即找一个与圆形管直径 d 相当的"直径 d_e"来代替非圆形管的"直径",d_e 称为当量直径。

为此,引进了水力半径 r_H 的概念。水力半径的定义是流体在流道中的截面 A 与湿润周边长 Π 之比,即

$$r_\mathrm{H} = \frac{A}{\Pi} \tag{1-55}$$

对于直径为 d 的圆形管,流通截面积 $A = \dfrac{\pi}{4} d^2$,润湿周边长 $\Pi = \pi d$,所以

$$r_\mathrm{H} = \frac{\pi d^2/4}{\pi d} = \frac{d}{4}$$

或

$$d = 4 r_\mathrm{H}$$

即圆形管的直径为其水力半径的 4 倍。把这个概念推广到非圆形管,即

$$d_\mathrm{e} = 4 r_\mathrm{H} \tag{1-56}$$

所以,流体在非圆形直管内做湍流流动时,其阻力损失仍可用式(1-39)及式(1-39a)进行计算,但应将式中及 Re 中的圆管直径 d 以当量直径 d_e 代替。

实践证明,用当量直径的方法对湍流情况下的阻力计算比较可靠,且用于矩形管时,其截

面的长宽之比不能超过 3：1,用于环形截面时,其可靠性较差。用于滞流时还必须对摩擦系数 λ 的计算式(1-42)进行修正,即

$$\lambda = \frac{C}{Re} \tag{1-57}$$

式中,C 为量纲为 1 的系数,一些非圆形管的常数 C 值见表 1-3。不过应用当量直径计算阻力的误差更大。

表 1-3　一些非圆形管的常数 C 值

非圆形管的截面形状	正方形	正三角形	环形	长方形(长：宽=2：1)	长方形(长：宽=4：1)
常数 C	57	53	96	62	73

应予指出,不能用当量直径计算流体流过的截面积、流速和流量,即式(1-39)、式(1-39a)及 Re 中的流速 u 是指流体的真实流速,不能用当量直径 d_e 计算。

【例 1-14】　一套管换热器,内管与外管均为光滑管,直径分别为 ϕ 30 mm×2.5 mm 与 ϕ 56 mm×3 mm。平均温度为 40 ℃的水以 10 m³/h 的流量流过套管的环隙。试估算水通过环隙时每米管长的压强降。

解　设套管的外管内径为 d_1,内管的外径为 d_2。水通过环隙的流速为

$$u_2 = \frac{V_s}{A}$$

式中,水的流通截面

$$A = \frac{\pi}{4} d_1^2 - \frac{\pi}{4} d_2^2 = \frac{\pi}{4}(d_1^2 - d_2^2) = \frac{\pi}{4} \times (0.05^2 - 0.03^2) = 0.001\,26(\text{m}^2)$$

所以

$$u = \frac{10}{3600 \times 0.001\,26} = 2.2(\text{m/s})$$

环隙的当量直径为

$$d_e = 4 r_H$$

式中

$$r_H = \frac{A}{\Pi} = \frac{\frac{\pi}{4}(d_1^2 - d_2^2)}{\pi(d_1 + d_2)} = \frac{d_1 - d_2}{4}$$

所以

$$d_e = 4 \times \frac{d_1 - d_2}{4} = d_1 - d_2 = 0.05 - 0.03 = 0.02(\text{m})$$

由本书附录查得水在 40 ℃时,$\rho \approx 992$ kg/m³,$\mu = 65.6 \times 10^{-5}$ Pa·s,则

$$Re_1 = \frac{d_e u \rho}{\mu} = \frac{0.02 \times 2.2 \times 992}{65.6 \times 10^{-5}} = 6.65 \times 10^4 > 4000$$

从图 1-26 光滑管的曲线上查得在此 Re 值下,$\lambda = 0.0196$。

根据式(1-39a)得水通过环隙时每米管长的压降为

$$\frac{\Delta p_f}{l} = \frac{\lambda}{d_e} \frac{\rho u^2}{2} = \frac{0.0196}{0.02} \times \frac{992 \times 2.2^2}{2} = 2353(\text{Pa/m})$$

1.5.2　管路上的局部阻力损失

流体在管路的进口、出口、弯头、阀门、扩大、缩小等局部位置流过时,其流速大小和方向都发生了变化,产生了形体阻力。由实验结果可知,流体即使在直管中为滞流流动,但流过管件或阀门时也容易变为湍流,管件附近流速的分布也不正常。由于流体受到干扰或冲击,涡流现

象加剧,计算都按湍流情况对待。因此,流体流过管件或阀门时,要经过一定长度(约 50 倍管径)后,管内流动才能重新达到充分发展流动,这也是管路中安装测试仪表时要远离管件一段距离的原因。

局部阻力的计算方法有两种:阻力系数法和当量长度法。

1. 阻力系数法

阻力系数法将局部阻力所引起的能量损失表示成动能 $u^2/2$ 的一个倍数,即

$$h'_f = \zeta \frac{u^2}{2} \tag{1-58}$$

或

$$\Delta p'_f = \zeta \frac{\rho u^2}{2} \tag{1-58a}$$

式中,ζ 为局部阻力系数,一般由实验测定。

下面列举几种常用的局部阻力系数的求法。

1) 突然扩大与突然缩小

管路由于直径改变而突然扩大或缩小,如图 1-27 所示,所产生的能量损失按式(1-58)或式(1-58a)计算。式中的流速 u 均以小管的流速为准,局部阻力系数可根据小管与大管的截面积之比从图 1-27 的曲线上查得。

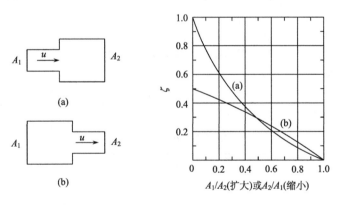

图 1-27　突然扩大(a)和突然缩小(b)的局部阻力系数

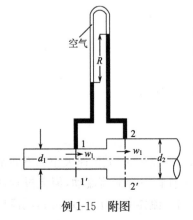

例 1-15　附图

【例 1-15】 20 ℃的水以 3.77×10^{-3} m³/s 的流量流经一突然扩大管段。大小管尺寸分别为 ϕ 76 mm × 4 mm 和 ϕ 53 mm × 3 mm。倒 U 形压差计中水位差 $R = 170$ mm。试求水流经该突然扩大管段的局部阻力损失 h'_f 及局部阻力系数 ζ,并与查图 1-27 所得数据进行比较。

解　如本题附图所示,取 1-1′截面为上游截面,2-2′截面为下游截面,并以管中心线为基准水平面,在截面 1-1′与 2-2′之间列伯努利方程,即

$$gz_1 + \frac{u_1^2}{2} + \frac{p_1}{\rho} = gz_2 + \frac{u_2^2}{2} + \frac{p_2}{\rho} + h'_f$$

式中,$z_1 = z_2 = 0$,则

$$h'_f = \frac{u_1^2}{2} - \frac{u_2^2}{2} + \frac{p_1}{\rho} - \frac{p_2}{\rho} = \frac{u_1^2 - u_2^2}{2} + \frac{p_1 - p_2}{\rho} \qquad (a)$$

在附录中查 20 ℃，$\rho_{空气} = 1.205 \ kg/m^3$

$$p_1 - p_2 = -(\rho_{H2O} - \rho_{空气})gR = -(1000 - 1.205) \times 9.81 \times 0.126 = -1240(Pa)$$

$$d_1 = 53 - 2 \times 3 = 47(mm) = 0.047(m)$$

$$u_1 = \frac{V_s}{\pi d_1^2 / 4} = \frac{3.77 \times 10^{-3}}{\pi \times 0.047^2 / 4} = 2.2(m/s)$$

$$d_2 = 76 - 2 \times 4 = 68(mm) = 0.068(m)$$

$$u_2 = \frac{V_s}{\pi d_2^2 / 4} = \frac{3.77 \times 10^{-3}}{\pi \times 0.068^2 / 4} = 1.0(m/s)$$

将以上数据代入式(a)得

$$h'_f = \frac{2.2^2 - 1^2}{2} - \frac{1240}{1000} = 1.92 - 1.24 = 0.68(J/kg)$$

由于 $h'_f = \zeta \dfrac{u_1^2}{2}$，可得

$$\zeta = \frac{2h'_f}{u_1^2} = \frac{2 \times 0.68}{2.2^2} = 0.28$$

由 $\dfrac{A_1}{A_2} = \dfrac{\pi d_1^2 / 4}{\pi d_2^2 / 4} = \dfrac{d_1^2}{d_2^2} = \dfrac{0.047^2}{0.068^2} = 0.48$，查图 1-27 得 $\zeta = 0.3$。

由此可见，两种计算方法所得结果误差很小。

2) 进口与出口

流体自容器进入管内，可看作自很大的截面积 A_1 突然进入很小的截面 A_2，即 $A_2/A_1 \approx 0$。

根据图 1-27 曲线(b)，查出局部阻力系数 $\zeta_c = 0.5$，这种损失常称为进口损失，相应的系数 ζ_c 称为进口阻力系数。若管口圆滑或呈喇叭状，则局部阻力系数相应减小，为 $0.25 \sim 0.5$。

流体自管子进入容器或从管子直接排放到管外空间，可看作自很小的截面 A_1 突然扩大到很大的截面 A_2，即 $A_1/A_2 \approx 0$，从图 1-27 曲线(a)，查出局部阻力系数 $\zeta_e = 1$，这种损失常称为出口损失，相应的阻力系数 ζ_e 称为出口阻力系数。

应指出，在计算流体的进口阻力和出口阻力损失时，应与衡算范围所确定的上下游截面严格对应，截面选取不同，阻力损失的计算结果也不同。例如，流体从管子直接排放到管外空间时，将下游截面选在管子出口内侧还是外侧，管子出口阻力损失的计算是有区别的。

若下游截面选在管出口的内侧，如图 1-28(a)所示，则截面上流体的能量为势能(gz)+动能($u^2/2$)+静压能(p_a/ρ)，截面上的压强等于管外空间压强，系统总能量损失 $\sum h_f$ 不包括出口损失；若下游截面选在管子出口的外侧，如图 1-28(b)所示，此时截面上流体的能量为势能(gz)+静压能(p_a/ρ)，因管外空间较大，截面上的动能忽略为零，系统总能量损失 $\sum h_f$ 包括出口损失，出口阻力系数 $\zeta_e = 1$。

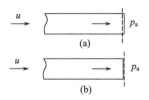

图 1-28　下游截面的选取与出口局部阻力的计算

如果在管子出口内侧和外侧之间列伯努利方程，即

$$gz_1 + \frac{u_1^2}{2} + \frac{p_1}{\rho} = gz_2 + \frac{u_2^2}{2} + \frac{p_2}{\rho} + h'_f$$

因为 $z_1 = z_2 = 0$，$p_1 = p_2 = p_a$，$u_1 = u$，$u_2 \approx 0$，则可得 $h'_f = u^2/2$，所以对系统进行计算时，不管是将下游截面定在管子的内侧还是外侧，系统总能量是守恒的。

3) 管件与阀门

管路上的配件(如弯头、三通、活接头等)总称为管件。不同管件或阀门的局部阻力系数可从有关手册中查得。常见管件和阀门的 ζ 值见表 1-4。

表 1-4 管件和阀门的阻力系数及当量长度数据(湍流)

名　　称	阻力系数 ζ	当量长度与管径之比 l_e/d	名　　称	阻力系数 ζ	当量长度与管径之比 l_e/d
弯头,45°	0.35	17	标准阀		
弯头,90°	0.75	35	全开	6.0	300
回弯头	1.5	75	半开	9.5	475
管接头	0.04	2	单向阀(止逆阀)		
活管接头	0.04	2	摇板式	2.0	100
标准三通管	1	50	球形式	70.0	3500
闸阀			角阀(全开)	2.0	100
全开	0.17	9	水表(盘形)	7.0	350
半开	4.5	225			

2. 当量长度法

当量长度法将通过某管件的局部阻力损失看作与流过一段长度为 l_e 的等直径的直管阻力损失相当,此折算的直管长度 l_e 称为当量长度。于是,流体流经管件、阀门等局部位置所引起的能量损失可仿照式(1-39)及式(1-39a)而写成以下形式:

$$h_f' = \lambda \frac{l_e}{d} \frac{u^2}{2} \quad \text{或} \quad \Delta p_f' = \lambda \frac{l_e}{d} \frac{\rho u^2}{2} \tag{1-59}$$

式中,l_e 为管件或阀门的当量长度,其单位为 m。

l_e 值由实验确定,表 1-4 给出一些常用管件和阀门的当量长度值。此外,在湍流情况下一些管件与阀门的当量长度可以从图 1-29 查得。查图方法如下:首先于图左侧的垂直线上找出与所求管件或阀门相应的点;其次在图右侧的标尺上定出与管内径相当的一点;再将上述两点连成一直线与图中间的标尺相交,交点在标尺上的读数就是所求的当量长度。

有时也用管道直径的倍数表示局部阻力的当量长度。例如,直径为 9.5~63.5 mm 的 90° 弯头,$l_e/d \approx 30$,由此可求出相应的当量长度。l_e/d 值由实验测出,各管件的 l_e/d 值可从化工手册查到。

管件、阀门等的构造细节与加工精度往往差别很大,实验测试也不全面,从手册、表格中查得的 l_e 或 ζ 值只是约略值,因此局部阻力的计算也只是一种估算。应当指出的是,即使同一管件采用阻力系数法和当量长度法分别计算,两种计算方法所得结果也不完全一致,但均符合工程要求。

1.5.3 管路系统中的总能量损失

管路系统中的总能量损失又常称为总阻力损失,是管路上全部直管阻力与局部阻力之和,

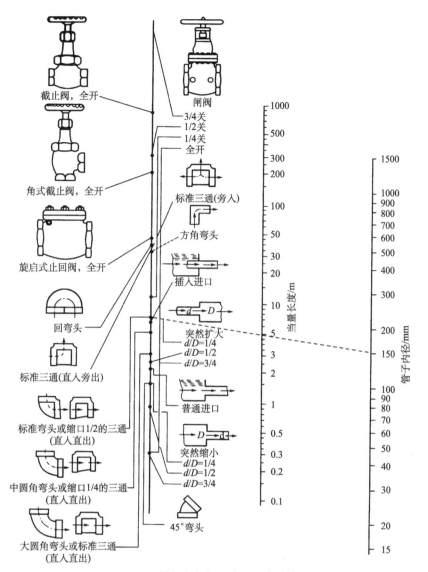

图 1-29　管件与阀门的当量长度共线图

即 $\sum h_{\mathrm{f}} = h_{\mathrm{f}} + h'_{\mathrm{f}}$，这些阻力可以分别用有关公式进行计算。

对于流体流经直径不变的管路时，如果把局部阻力都按当量长度的概念来表示，则管路的总能量损失为

$$\sum h_{\mathrm{f}} = \lambda \frac{l + \sum l_{\mathrm{e}}}{d} \frac{u^2}{2} \tag{1-60}$$

式中，$\sum h_{\mathrm{f}}$ 为管路系统中的总能量损失，J/kg；l 为管路系统各段直管的总长度，m；$\sum l_{\mathrm{e}}$ 为管路系统全部管件与阀门等的当量长度之和，m；u 为流体流经管路的流速，m/s。

如果把局部阻力都按阻力系数的概念来表示，则管路的总能量损失为

$$\sum h_{\mathrm{f}} = \left(\lambda \frac{l}{d} + \sum \zeta \right) \frac{u^2}{2} \tag{1-60a}$$

式中，$\sum \zeta$ 为各管件局部阻力系数之和。

注意，式(1-60a)仅适用于直径相同的管路系统的计算，式中的流速 u 是指管段或管路系统的流速，由于管径相同，因此 u 可按任一截面来计算。若管路由若干不同直径的管段组成时，由于各段的流速不同，管路中的阻力损失应分段计算，总能量损失等于各段阻力损失之和。

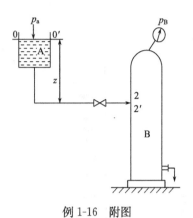

例 1-16　附图

【例 1-16】　如本题附图所示，将敞口高位槽 A 中密度为 870 kg/m³、黏度为 0.8 mPa·s 的溶液自流送入设备 B 中。设备 B 中压强为 10 kPa，阀门前、后的输送管路分别为 ϕ 38 mm×2.5 mm、ϕ 32 mm×2.5 mm 的无缝钢管，阀门前、后直管段部分总长分别为 10 m、8 m，管路上有一个 90°弯头、一个标准阀（全开）。为了使溶液能以 4 m³/h 的流量流入设备 B 中，则高位槽 A 的液面至少应高出设备 B 入口多少米（z 为多少米）？

解　选取高位槽 A 的液面为上游截面 0-0'、管出口处内侧截面为 2-2'，并取 2-2'截面中心为基准水平面。在 0-0'与 2-2'之间列伯努利方程，即

$$gz_0 + \frac{u_0^2}{2} + \frac{p_0}{\rho} = gz_2 + \frac{u_2^2}{2} + \frac{p_2}{\rho} + \sum h_{\text{f,阀前}} + \sum h_{\text{f,阀后}} \quad \text{(a)}$$

已知 $z_2=0, z_0=z, u_0=0, \rho=870$ kg/m³，$p_0=0, p_2=p_B=10\times10^3$ Pa，则

阀门前

$$u_1 = \frac{V_s}{\pi d_1^2/4} = \frac{4/3600}{\pi \times 0.033^2/4} = 1.30 (\text{m/s})$$

$$Re_1 = \frac{d_1 u_1 \rho}{\mu} = \frac{0.033 \times 1.30 \times 870}{0.8 \times 10^{-3}} = 4.67 \times 10^4 > 4000$$

可见属于湍流流动，查表 1-2 取管壁绝对粗糙度 $\varepsilon=0.2$ mm，则 $\varepsilon/d=0.006\ 06$，查图 1-26 得 $\lambda_1=0.032$。此题的相对粗糙度虽超出式(1-54)的使用范围（要求 $\varepsilon/d<0.005$），但算出的 $\lambda=0.0325$，误差尚不大。

查表 1-4 可知，阀门前的各管件阻力系数分别为：突然缩小 $\zeta_1=0.5$，90°弯头 $\zeta_2=0.75$。于是

$$\sum h_{\text{f,阀前}} = \left(\lambda \frac{l}{d} + \sum \zeta\right)_1 \frac{u_1^2}{2} = \left(0.032 \times \frac{10}{0.033} + 0.5 + 0.75\right) \times \frac{1.30^2}{2} = 9.25 (\text{J/kg})$$

阀门后

$$u_2 = \frac{V_s}{\pi d_2^2/4} = \frac{4/3600}{\pi \times 0.027^2/4} = 1.94 (\text{m/s})$$

$$Re_2 = \frac{d_2 u_2 \rho}{\mu} = \frac{0.027 \times 1.94 \times 870}{0.8 \times 10^{-3}} = 5.70 \times 10^4 > 4000 (\text{属于湍流})$$

$$\frac{\varepsilon}{d_2} = \frac{0.2}{27} = 0.0074$$

查图 1-26 得 $\lambda=0.033$。

查表 1-4 可知，标准阀（全开）$\zeta_3=6.9$，于是

$$\sum h_{\text{f,阀后}} = \left(\lambda \frac{l}{d} + \sum \zeta\right)_2 \frac{u_2^2}{2} = \left(0.033 \times \frac{8}{0.027} + 6.9\right) \times \frac{1.94^2}{2} = 31.38 (\text{J/kg})$$

将以上各数据代入式(a)中，得

$$z = \frac{10 \times 10^3}{870 \times 9.81} + \frac{1.94^2}{2 \times 9.81} + \frac{9.25 + 31.38}{9.81} = 5.51 (\text{m})$$

1.6　管 路 计 算

管路计算实际上是连续性方程、伯努利方程与能量损失计算式的具体运用。化工生产过

程中的管路根据其配置与布局可以分为简单管路和复杂管路两类,这两类管路的特点和计算方法分别介绍如下。

1.6.1　简单管路的计算

简单管路又称串联管路,是一单线管路,可以是管径不变或由若干段异径管段和设备串联而成的管路。前面介绍的例题均属于此种情况,下面通过例题计算介绍流体在简单管路中的流动规律。

【例 1-17】　用泵把 20 ℃的苯从地下敞口的储罐送到敞口的高位槽,流量为 5×10^{-3} m³/s,高位槽液面比储罐液位高 10 m,泵吸入管用 ϕ 89 mm×4 mm 的无缝钢管,直管长度为 15 m,管路上装有一个底阀(其阻力大致同旋启式止回阀全开时)、一个 90°弯头;泵排出管用 ϕ 57 mm×3.5 mm的无缝钢管,直管长度为 50 m,管路上装有一个全开的闸阀、一个全开的截止阀和三个 90°弯头。设储槽液面维持恒定。试求泵的轴功率,设泵的效率为 70%。

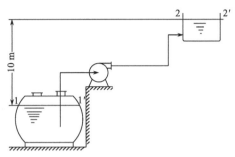

例 1-17　附图

解　根据题意,画出流程示意图,如本题附图所示。因为吸入管路与排出管路的直径不同,所以应分段计算。

取储槽液面为上游截面 1-1′,高位槽的液面为下游截面 2-2′,并以截面 1-1′为基准水平面。在两截面间列伯努利方程,即

$$gz_1 + \frac{u_1^2}{2} + \frac{p_1}{\rho} + W_e = gz_2 + \frac{u_2^2}{2} + \frac{p_2}{\rho} + \sum h_{f,\text{泵前}} + \sum h_{f,\text{泵后}}$$

式中,$z_1 = 0$,$z_2 = 10$ m,$p_1 = p_2$。

因为储罐和高位槽的截面与管道相比都很大,所以 $u_1 \approx 0$,$u_2 \approx 0$。因此,伯努利方程可以简化为

$$W_e = 9.81 \times 10 + \sum h_{f,\text{泵前}} + \sum h_{f,\text{泵后}}$$

泵前及泵后的阻力计算如下。

(1) 泵前。

$$\sum h_{f,\text{泵前}} = \left(\lambda_1 \frac{l_1 + \sum l_{e,1}}{d_1} + \zeta_c\right)\frac{u_1^2}{2}$$

从本书附录 4 查得 20 ℃时,苯的密度为 880 kg/m³,黏度为 7.37×10^{-4} Pa·s。

$$d_1 = 89 - 2 \times 4 = 81(\text{mm}) = 0.081(\text{m})$$

$$u_1 = \frac{5 \times 10^{-3}}{\pi \times 0.081^2/4} = 0.97(\text{m/s})$$

$$Re_1 = \frac{d_1 u_1 \rho}{\mu} = \frac{0.081 \times 0.97 \times 880}{7.37 \times 10^{-4}} = 9.38 \times 10^4$$

参考表 1-2,取管壁的绝对粗糙度 $\varepsilon = 0.3$ mm,$\varepsilon/d = 0.3/81 = 0.0037$,由图 1-26 查得 $\lambda = 0.029$。由图 1-29 查出的管件、阀门的当量长度分别为

底阀(同旋启式止回阀全开时)　　　6.3 m
90°弯头　　　　　　　　　　　　　2.7 m
则

$$\sum l_{e,1} = 6.3 + 2.7 = 9(\text{m})$$

进口阻力系数 $\zeta_c = 0.5$,所以

$$\sum h_{f,\text{泵前}} = \left(\lambda_1 \frac{l_1 + \sum l_{e,1}}{d_1} + \zeta_c\right)\frac{u_1^2}{2} = \left(0.029 \times \frac{15 + 9}{0.081} + 0.5\right) \times \frac{0.97^2}{2} = 4.28(\text{J/kg})$$

（2）泵后。

$$\sum h_{f,泵后} = \left(\lambda_2 \frac{l_2 + \sum l_{e,2}}{d_2} + \zeta_e\right)\frac{u_2^2}{2}$$

从本书附录 4 查得 20 ℃时，苯的密度为 880 kg/m³，黏度为 6.5×10⁻⁴ Pa·s。

$$d_2 = 57 - 2 \times 3.5 = 50(mm) = 0.05(m)$$

$$l_2 = 50 \ m$$

$$u_2 = \frac{5 \times 10^{-3}}{\pi \times 0.05^2/4} = 2.55(m/s)$$

$$Re_2 = \frac{d_2 u_2 \rho}{\mu} = \frac{0.05 \times 2.55 \times 880}{7.37 \times 10^{-4}} = 1.52 \times 10^5$$

仍取管壁的绝对粗糙度 ε＝0.3 mm，ε/d＝0.3/50＝0.006，由图 1-26 查得 λ＝0.0313。

由图 1-29 查出的管件、阀门的当量长度分别为

全开的闸阀底阀	0.33 m
全开的截止阀	17 m
3 个 90°弯头	1.6×3＝4.8(m)

则

$$\sum l_{e,2} = 0.33 + 17 + 4.8 = 22.13(m)$$

出口阻力系数 $\zeta_e = 1$，所以

$$\sum h_{f,泵后} = \left(\lambda_2 \frac{l_2 + \sum l_{e,2}}{d_2} + \zeta_e\right)\frac{u_2^2}{2} = \left(0.0313 \times \frac{50 + 22.13}{0.05} + 1\right) \times \frac{2.55^2}{2} = 150(J/kg)$$

（3）管路系统的总能量损失。

$$\sum h_f = \sum h_{f,泵前} + \sum h_{f,泵后} = 4.28 + 150 \approx 154.3(J/kg)$$

所以

$$W_e = 9.81 \times 10 + 154.3 = 252.4(J/kg)$$

苯的质量流量为

$$w_s = V_s \rho = 5 \times 10^{-3} \times 880 = 4.4(kg/s)$$

泵的有效功率为

$$N_e = w_s W_e = 4.4 \times 252.4 = 1110.6(W) \approx 1.11(kW)$$

泵的轴功率为

$$N = \frac{N_e}{\eta} = \frac{1.11}{0.7} = 1.59(kW)$$

流体在串联管路中的流动规律总结如下：

（1）通过各管段的质量流量不变，如果是不可压缩流体，其体积流量也不变。

$$w_{s,1} = w_{s,2} = \cdots$$

若 ρ 为常数，则

$$V_{s,1} = V_{s,2} = \cdots$$

（2）整个管路的能量损失等于各管段能量损失之和。

$$\sum h_f = h_{f,1} + h_{f,2} + \cdots$$

1.6.2　复杂管路的计算

复杂管路是指管线上有分支的管路，包括并联管路［图 1-30（a）］和分支管路［图 1-30

(b)]。并联管路是指流体管线在主管 A 处分为两支或多支的支管,然后在 B 处又汇合为一的管路。分支管路是指在主管 C 处有多个分支,但最终不再汇合的管路。

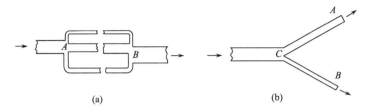

图 1-30　并联管路(a)与分支管路(b)示意图

　　并联管路与分支管路中各支管的流量彼此影响,相互约制。它们的流动情况比简单管路复杂,但是仍然遵循能量衡算与质量衡算的原则。

　　并联管路与分支管路的计算内容包括:

　　(1) 已知总流量和各支管的尺寸,要求计算各支管的流量。

　　(2) 已知各支管的流量、管长及管件、阀门的设置,要求选择合适的管径。

　　(3) 在已知的输送条件下,计算输送设备应提供的功率。

　　下面通过例题来说明复杂管路中的流动规律及计算方法。

1. 并联管路

　　【例 1-18】　如本题附图所示的并联管路中:支管 1 直径为 ϕ 56 mm×2 mm,其长度为 30 m;支管 2 直径为 ϕ 85 mm×2.5 mm,其长度为 50 m。总管路中水的流量为 60 m³/h,试求水在两支管中的流量。

　　各支管的长度均包括局部阻力的当量长度。为了略去试差法的计算内容,取两支管的摩擦系数 λ 相等。

例 1-18　附图

　　解　在 A、B 两截面间列伯努利方程,即

$$gz_A + \frac{u_A^2}{2} + \frac{p_A}{\rho} = gz_B + \frac{u_B^2}{2} + \frac{p_B}{\rho} + \sum h_{f,A\text{-}B}$$

对于支管 1,可写为

$$gz_A + \frac{u_A^2}{2} + \frac{p_A}{\rho} = gz_B + \frac{u_B^2}{2} + \frac{p_B}{\rho} + \sum h_{f,1}$$

对于支管 2,可写为

$$gz_A + \frac{u_A^2}{2} + \frac{p_A}{\rho} = gz_B + \frac{u_B^2}{2} + \frac{p_B}{\rho} + \sum h_{f,2}$$

比较以上三式,得

$$\sum h_{f,A\text{-}B} = \sum h_{f,1} = \sum h_{f,2} \tag{a}$$

上式表示并联管路中各支管的能量损失相等。

　　另外,主管中的流量必等于各支管流量之和,即

$$V_s = V_{s,1} + V_{s,2} = 60/3600 = 0.0167(\text{m}^3/\text{s}) \tag{b}$$

　　式(a)和式(b)为并联管路的流动规律,尽管各支管的长度、直径相差悬殊,但单位质量的流体流经两支管的能量损失必然相等,因此流经各支管的流量或流速受式(a)及式(b)的约束。

对于支管 1

$$\sum h_{f,1} = \lambda_1 \frac{l_1 + \sum l_{e,1}}{d_1} \frac{u_1^2}{2} = \lambda_1 \frac{l_1 + \sum l_{e,1}}{d_1} \frac{\left(\frac{V_{s,1}}{\pi d_1^2/4}\right)^2}{2}$$

对于支管 2

$$\sum h_{f,2} = \lambda_2 \frac{l_2 + \sum l_{e,2}}{d_2} \frac{u_2^2}{2} = \lambda_2 \frac{l_2 + \sum l_{e,2}}{d_2} \frac{\left(\frac{V_{s,2}}{\pi d_2^2/4}\right)^2}{2}$$

将以上两式代入(a),即

$$\lambda_1 \frac{l_1 + \sum l_{e,1}}{2d_1} \frac{V_{s,1}^2}{(\pi d_1^2/4)^2} = \lambda_2 \frac{l_2 + \sum l_{e,2}}{2d_2} \frac{V_{s,2}^2}{(\pi d_2^2/4)^2}$$

由于 $\lambda_1 = \lambda_2$,则上式简化为

$$\frac{l_1 + \sum l_{e,1}}{d_1^5} V_{s,1}^2 = \frac{l_2 + \sum l_{e,2}}{d_2^5} V_{s,2}^2$$

因此

$$V_{s,1} = V_{s,2} \sqrt{\frac{l_2 + \sum l_{e,2}}{l_1 + \sum l_{e,1}} \left(\frac{d_1}{d_2}\right)^5} = V_{s,2} \sqrt{\frac{50}{30} \times \left(\frac{0.052}{0.08}\right)^5} = 0.44 V_{s,2}$$

将上式与式(b)联立,解得

$$V_{s,1} = 0.0051 \text{ m}^3/\text{s} = 18.36 \text{ m}^3/\text{h}$$

$$V_{s,2} = 0.0116 \text{ m}^3/\text{s} = 41.76 \text{ m}^3/\text{h}$$

流体在并联管路中的流动规律总结如下:

(1) 总流量等于各支管流量之和。

$$w_s = w_{s,1} + w_{s,2} + \cdots$$

若 ρ 为常数,则

$$V_s = V_{s,1} + V_{s,2} + \cdots$$

(2) 各支管上的能量损失相等。

$$h_{f,1} = h_{f,2} = h_{f,3}$$

各管路的流量分配按阻力相同原则可得

$$\lambda_1 \frac{l_1}{d_1} \frac{u_1^2}{2} = \lambda_2 \frac{l_2}{d_2} \frac{u_2^2}{2} = \cdots \qquad \sqrt{\frac{d_1^5}{\lambda_1 l_1}} : \sqrt{\frac{d_2^5}{\lambda_2 l_2}} = V_{s,1} : V_{s,2}$$

2. 分支管路

流体在分支管路中的流动规律如下:

(1) 总流量等于各支管流量之和。

$$w_s = w_{s,1} + w_{s,2} = w_{s,1} + w_{s,3} + w_{s,4}$$

若 ρ 为常数,则

$$V_s = V_{s,1} + V_{s,2} = V_{s,1} + V_{s,3} + V_{s,4}$$

(2) 对于同一个分支点 B,由于分支处总机械能为定值,故流体在各支管流动终了时的总机械能与能量损失之和必相等。

$$E_B = E_C + h_{f,BC} = E_D + h_{f,BD}$$

$$h_{f,AC} = h_{f,AB} + h_{f,BC}$$

【例 1-19】　用效率为 80% 的齿轮泵将黏稠的液体从敞口槽送至密闭容器中,两者液面均维持恒定,容器顶部压强表读数为 30×10^3 Pa。用旁路调节流量,其流程如本题附图所示。主管流量为 14 m^3/h,管径为 ϕ 66 mm×3 mm,管长为 80 m(包括所有局部阻力的当量长度)。旁路的流量为 5 m^3/h,管径为 ϕ 32 mm×2.5 mm,管长为 20 m(包括除阀门外的管件局部阻力的当量长度)。两管路的流动类型相同,忽略储槽液面至分支点 O 之间的能量损失。被输送液体的黏度为 50 mPa·s,密度为 1100 kg/m^3。试计算:(1)泵的轴功率;(2)旁路阀门的阻力系数。

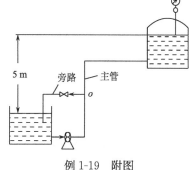

例 1-19　附图

解　根据题意,流程示意图如本题附图所示。

(1)泵的轴功率。

分别将主管和旁管的体积流量换算为相应的流速。

主管的内径　$d = 66 - 2 \times 3 = 60$(mm)$= 0.06$(m)

旁路的内径　$d = 32 - 2 \times 2.5 = 27(mm)= 0.027$(m)

则主管流速 u

$$u = \frac{V}{A} = \frac{14}{3600 \times (\pi/4) \times 0.06^2} = 1.38 \text{(m/s)}$$

主管流体的雷诺数

$$Re = \frac{du\rho}{\mu} = \frac{0.06 \times 1.38 \times 1100}{50 \times 10^{-3}} = 1821.6 < 2000 \text{(属于滞流)}$$

摩擦阻力系数可以按下式计算:

$$\lambda = \frac{64}{Re} = \frac{64}{1821.6} = 0.035\,13$$

取储槽液面为上游截面 1-1′,容器液面为下游截面 2-2′,并以截面 1-1′为基准水平面。在两截面间列伯努利方程,即

$$gz_1 + \frac{u_1^2}{2} + \frac{p_1}{\rho} + W_e = gz_2 + \frac{u_2^2}{2} + \frac{p_2}{\rho} + \sum h_{f,1-2}$$

式中,$z_1 = 0$,$z_2 = 5$ m,$p_1 = 0$(表压),$p_2 = 30 \times 10^3$ Pa(表压),$u_1 = u_2 \approx 0$。

$$W_e = gz_2 + \frac{p_2}{\rho} + \sum h_{f,1-2} = gz_2 + \frac{p_2}{\rho} + \lambda \frac{l}{d} \frac{u^2}{2}$$

$$= 5 \times 9.81 + \frac{30 \times 10^3}{1100} + 0.035\,13 \times \frac{80}{0.06} \times \frac{1.38^2}{2}$$

$$= 120.92 \text{(J/kg)}$$

泵的总流量

$$V_s = 14 + 5 = 19 \text{(m}^3\text{/h)}$$

$$w_s = V_s \rho = (19/3600) \times 1100 = 5.81 \text{(kg/s)}$$

泵的轴功率

$$N = \frac{N_e}{\eta} = \frac{w_s \times W_e}{\eta} = \frac{5.81 \times 120.92}{0.8} = 878.18 \text{(W)} = 0.878 \text{(kW)}$$

(2)旁路阀门的阻力系数。

旁路流速 u_1

$$u_1 = \frac{V_1}{A} = \frac{5}{3600 \times (\pi/4) \times 0.027^2} = 2.43 \text{(m/s)}$$

旁管流体的雷诺数

$$Re_1 = \frac{d_1 u_1 \rho}{\mu} = \frac{0.027 \times 2.43 \times 1100}{50 \times 10^{-3}} = 1443.4 < 2000(属于滞流)$$

其摩擦阻力系数

$$\lambda_1 = \frac{64}{Re_1} = \frac{64}{1443.4} = 0.044\,34$$

因为旁路为一循环管路,泵所提供的能量消耗于克服流动阻力,即

$$W_e = \sum h_f = \lambda_1 \frac{l_1}{d_1} \frac{u_1^2}{2} + \zeta \frac{u_1^2}{2}$$

$$= \left(0.044\,34 \times \frac{20}{0.027} + \zeta\right) \times \frac{2.43^2}{2} = 120.92$$

所以,旁路阀门的阻力系数 $\zeta = 8.11$。

1.6.3 管路计算中常用的方法——试差法

上述管路计算涉及的内容都是由已知参数确定未知物理量,如已知管径、管长、管件和阀门的设置和流体的输送量,求流体通过管路系统的能量损失,以便进一步确定设备间的相对位置、设备或管线处的压强以及输送设备的功率等,这些计算相对容易。管路计算还会遇到一些比较复杂的计算过程,如已知管径、管长、管件和阀门的设置和流体机械能,要确定流体的流量;或者已知流体的流量和管长、管件和阀门的设置,要确定输送流体的管径等。这种情况下,用伯努利方程、连续性方程和能量损失方程联立解题就要用到化工计算中常用的方法——试差法。下面通过例题介绍试差法的应用。

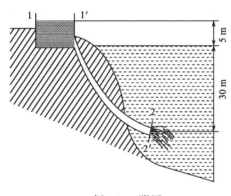

例 1-20　附图

【例 1-20】　如本题附图所示,要敷设一根钢筋混凝土管,长 1600 m,利用重力从污水厂将处理后的污水放到海面以下 30 m 深处,污水的密度、黏度基本同清水,海水的密度为 1040 kg/m³。蓄水池的水面超过海平面 5 m。则至少采用多粗的管子才能保证排放的高峰流量为 6 m³/s?

管路上安装闸阀,管壁粗糙度取为 2 mm,水温取为 20 ℃。

解　取蓄水池水截面为 1-1′,排水管出口外侧为截面 2-2′。

注意:这里不能取海平面为截面 2-2′,因为水池和海平面之间并不是同一种流体,不连续。

以海平面为基准水平面,在 1-1′ 和 2-2′ 截面之间列伯努利方程

$$gz_1 + \frac{u_1^2}{2} + \frac{p_1}{\rho} = gz_2 + \frac{u_2^2}{2} + \frac{p_2}{\rho} + \left(\lambda \frac{l}{d} + \sum \zeta\right)\frac{u^2}{2}$$

已知 $z_1 = 5$ m,$z_2 = -30$ m,$p_2 = \rho_{海水} gh = 1040 \times 9.81 \times 30 = 3.06 \times 10^5$(Pa),$l = 1600$ m,$u_1 = u_2 = 0$;管入口 $\zeta_c = 0.5$,闸阀(全开) $\zeta_1 = 0.17$,管出口 $\zeta_e = 1.0$,$u = \frac{6}{\pi d^2/4} = \frac{7.64}{d^2}$。20 ℃水,取 $\rho = 1000$ kg/m³,$\mu = 1.00$ mPa·s。于是

$$9.81 \times 5 + 0 + 0 = -9.81 \times 30 + 0 + \frac{3.06 \times 10^5}{1000} + \left(\lambda \frac{1600}{d} + 0.5 + 0.17 + 1.0\right)\frac{29.18}{d^4}$$

$$37.35 d^5 = (1600\lambda + 1.67d) \times 29.18$$

$$d = (1250\lambda + 1.30d)^{1/5} \tag{a}$$

若设定 λ,便可用迭代法从式(a)解出 d。先设 $\lambda = 0.025$,代入式(a)解得

$$d = 2.02 \text{ m}$$

检验所设的 λ：

$$\varepsilon/d = 2/2020 = 0.000\ 99$$

$$Re = \frac{du\rho}{\mu} = \frac{2.02 \times (7.64/2.02^2) \times 1000}{1.86 \times 10^{-5}} = 2.03 \times 10^8$$

由式(1-54)计算得 $\lambda = 0.0205$。此 λ 值比原设值要小，将此 λ 值代入式(a)重算 d，得

$$d = 1.95 \text{ m}$$

用此 d 值按前面的方法重求 λ，可知道与 0.0205 很接近，表明第二次求出的 d 值可认为正确，即实际采用的混凝土管内径至少在 1.95 m 以上才行。

上面用试差法求算管径，是以摩擦系数 λ 为试差变量，因为 λ 变化范围不大，可在常见值 0.02~0.03 任取一值作为初值。也可设定一 u 值由方程式解出直径 d，再以设定的 u 和 d 算出 Re，从图 1-26 可查出 λ 值，并与式(a)解出的 λ 值比较，从而可以判断所设 u 值是否合理。

以后章节还会遇到试差计算的问题。这里应指出，试差法不是用一个方程解两个未知数，它还是服从数学上几个方程解几个未知数的原则，只是其中一些方程式较复杂，为了简便起见常借助试差法。不过试差法初值的选取比较讲究，取决于对所研究问题的了解与认知程度，一般情况都会有经验值或基准值可供参考。

1.7 流量的测量

流体的流量是化工生产过程中的重要参数之一，为了保证产品质量和安全运作就必须经常对其加以测量和控制。测量流量的仪表种类很多，本节仅介绍几种以流体流动过程能量相互转化为基础设计的流速计与流量计。

1.7.1 变压差的流量计

在流量计中的管件面积一定，但流体通过管件的压差是随流量变化的，因此称为恒截面变压差流量计。最常见的变压差流量计有测速管、孔板流量计及文丘里流量计等。

1. 测速管

测速管又称皮托(Pitot)管，结构如图 1-31 所示。它是由两根弯成直角的同心套管组成，内管口敞开而外管口是封闭的，在外管前端壁面的四周开有若干测压小孔，为了减小误差，测速管的前端经常做成半球形以减小涡流。测量时，将测速管放在管截面的任一位置上，并使其管口正对着管路中流体的流动方向，其外管与内管的末端分别与液柱压差计的两臂相连接。

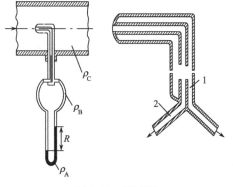

图 1-31 测速管
1. 静压管；2. 冲压管

根据上述情况，当流体平行流过测速管时，其内管测得的为管口所在位置的局部流体动能 u_r^2 与静压能 p/ρ 之和，称为冲压能，即

$$h_A = \frac{u_r^2}{2} + \frac{p}{\rho}$$

式中，u_r 为流体在测量点处的局部流速。

而测速管的外管前端壁面四周的测压孔口与管道中流体的流动方向相垂直,因此只能测得该处流体的静压能 p/ρ,即

$$h_B = \frac{p}{\rho}$$

所以 U 形压差计的读数反映的是测量点处的冲压能与静压能之差 Δh,即

$$\Delta h = h_A - h_B = \frac{u_r^2}{2} = gR(\rho_A - \rho_C)/\rho_B$$

因此测量点处的局部流速可表示为

$$u_r = \sqrt{2\Delta h} = \sqrt{2gR(\rho_A - \rho_C)/\rho_B} \tag{1-61}$$

式中,ρ_A、ρ_B、ρ_C 分别为两种指示剂和流体的密度,如果只有一种指示剂,则 $\rho_C = \rho_B$;R 为压差计的读数。

测速管的制造精度影响测量的准确度,因此严格来说式(1-61)等号右边应乘以一校正系数 C,即

$$u_r = C\sqrt{2gR(\rho_A - \rho_C)/\rho_B} \tag{1-61a}$$

对于标准的测速管,$C=1$;通常取 $C=0.98\sim1.00$。

测速管只能测出流体在管道截面上某一处的局部流速,所以用测速管可测量截面上的速度分布。欲测量流量,可将测速管口置于管道的中心线上,测量流体的最大流速 u_{max},然后利用图 1-22 中 u/u_{max} 与 $Re_{max} = d\rho u_{max}/\mu$ 的关系曲线,计算管截面的平均流速 u,然后可求出流量。

在使用测速管时,为了保证测量的精度,应做到以下几点:

(1) 测速管应与管轴平行。

(2) 测速管测流速时,测量点应选择在稳定段之后,即远离管件或进、出口一定距离(约 50 倍管径)。

(3) 为了减小测速管插入后对流体引起的干扰,通常要求测速管的外径不大于管道内径的 1/50。

测速管的优点是对流体的阻力较小,主要适用于测量大直径管路中的气体流速。但需注意当流体中含有固体杂质时会将测压孔堵塞。

2. 孔板流量计

如图 1-32 所示,在管道中插入一片与管轴垂直并带有圆孔的金属板,孔的中心位于管道的中心线上,这样的装置称为孔板流量计。其中开有孔的薄板称为孔板或节流元件,板上是孔口呈喇叭状指向流体的流动方向,其侧边与管轴成 45°。

流体流过孔板时,流动截面收缩,通过孔板后,由于惯性作用,其流动截面会继续收缩,一定距离后才逐渐扩大到整个管截面。流动截面最小处(图 1-32 中截面 2-2′)称为缩脉。流体在缩脉处的流速最高,即动能最大,而静压强相应最低。因此,当流体以一定的流量流经孔板时,在流动方向上产生一定的压强差,流量越大,所产生的压强差也就越大,因此可以通过测量孔板前后两截面之间压强差的方法测量流体流量。

欲测量孔板前后的压强变化,安装一个液位差压计就可以了。孔板的厚度很小,如标准孔板的厚度 $\leqslant 0.05d_1$,测压孔的直径 $\leqslant 0.08d_1$,一般为 6~12 mm,所以不能把上、下游测压口直

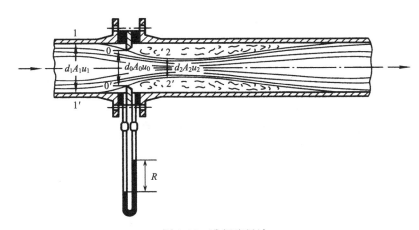

图 1-32　孔板流量计

接装在孔板上。比较常用的一种方法称为角接取压法,是将上、下游两个测压口装在紧靠着孔板前后的位置上,如图 1-32 所示。

孔板前后测压口处流速、压强的变化可以通过伯努利方程推导。设不可压缩流体在水平管内流动,取孔板前测压口所在截面为上游截面 a-a',孔板后测压口所在截面为下游截面 b-b',孔口处截面为 o-o'。在截面 a-a' 与 b-b' 间列伯努利方程,并忽略两截面间的能量损失,得

$$gz_a + \frac{u_a^2}{2} + \frac{p_a}{\rho} = gz_b + \frac{u_b^2}{2} + \frac{p_b}{\rho}$$

对于水平管,$z_a = z_b$,上式可简化为

$$\sqrt{u_b^2 - u_a^2} = \sqrt{\frac{2(p_a - p_b)}{\rho}} \tag{1-62}$$

式(1-62)需从以下两方面考虑修正:

(1) 流体流动在两测压口间实际存在阻力损失。

(2) 孔板前后测压口所在截面面积不易确定,因此以上游管道流速 u_1 代替 u_a,以过孔口的流速 u_0 代替 u_b,则引入一修正系数 C,式(1-62)变为

$$\sqrt{u_0^2 - u_1^2} = C\sqrt{\frac{2(p_a - p_b)}{\rho}} \tag{1-62a}$$

若 A_1 和 A_0 分别代表管道和孔板小孔的截面积,根据连续性方程,对不可压缩流体,有 $u_1 A_1 = u_0 A_0$,则

$$u_1^2 = u_0^2 \left(\frac{A_0}{A_1}\right)^2$$

将上式代入式(1-62a),并整理得

$$u_0 = \frac{C}{\sqrt{1 - (A_0/A_1)^2}} \sqrt{\frac{2(p_a - p_b)}{\rho}}$$

令

$$C_0 = \frac{C}{\sqrt{1-(A_0/A_1)^2}}$$

则

$$u_0 = C_0 \sqrt{\frac{2(p_a - p_b)}{\rho}} \tag{1-63}$$

式中，C_0 称为孔流系数，由实验测定，与面积比 A_0/A_1 有关。

若以体积流量或质量流量表达，则为

$$V_s = A_0 u_0 = C_0 A_0 \sqrt{\frac{2(p_a - p_b)}{\rho}} \tag{1-64}$$

$$w_s = A_0 u_0 \rho = C_0 A_0 \sqrt{2\rho(p_a - p_b)} \tag{1-65}$$

根据 U 形压差计上的读数 R 和指示液 ρ_A，可计算出 $(p_a - p_b)$，即

$$p_a - p_b = gR(\rho_A - \rho)$$

此时式(1-64)及式(1-65)又可写为

$$V_s = C_0 A_0 \sqrt{\frac{2gR(\rho_A - \rho)}{\rho}} \tag{1-64a}$$

$$w_s = C_0 A_0 \sqrt{2gR\rho(\rho_A - \rho)} \tag{1-65a}$$

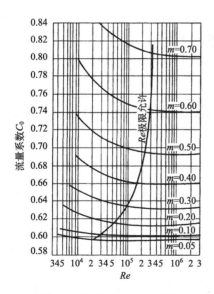

图 1-33　孔板的 C_0-Re 曲线

C_0 一般由实验测定。用角接取压法安装的孔板流量计，其 C_0 与 Re、$m = A_0/A_1$ 的关系如图 1-33 所示。图中的 Re 为 $d_1 u_1 \rho/\mu$，其中的 d_1 和 u_1 分别为管道内径和流体在管道内的平均流速。由图 1-33 可见，对于 A_0/A_1 一定时，当 Re 值超过某一限度值 Re_c 时，C_0 则为定值。流量计所测的流量范围最好落在 C_0 为定值的区域内，此时流量 V_s/w_s 仅与压强差 $(p_a - p_b)$ 或压差计读数 R 的平方根成正比。设计合适的孔板流量计的 C_0 值通常为 0.6～0.7。

用式(1-64)和式(1-65)计算流体的流量时，必须先确定孔流系数 C_0 的值，但是 C_0 与 Re 有关，而管道中的流体流速 u_1 为未知，所以无法计算 Re 值。在这种情况下，可采用试差法，即先假设 Re 值大于限度值 Re_c，由已知的 A_0/A_1 值从图 1-33 中查得 C_0，然后根据式(1-64)和式(1-65)计算出流体的流量 V_s/w_s，再通过流量方程算出流体在管道内的流速 u_1，以 u_1 值计算 Re 值，并与假设的 Re 值相比较，重复上述计算，直到所设的 Re 值与计算的 Re 值相符为止。

使用孔板流量计时，应做到以下几点：

(1) 按照标准图纸加工出来的孔板流量计，在保持清洁并不受腐蚀的情况下，直接用式(1-64)或式(1-65)算出的流量，误差仅为 1%～2%；否则需用称量法或标准流量计加以校核，作出这个流量计专用的流量与压差计的关系曲线。这种曲线称为校正曲线，供实验或生产操作时使用。

（2）在测量气体或蒸汽的流量时，若孔板前后压强差较大，当 $(p_a - p_b)/p_a \geqslant 20\%$（$p$ 指绝对压强）时，需考虑气体密度的变化。此时，在式（1-64）中加入一校正系数 ε_k，并以流体的平均密度 ρ_m 代替式中的 ρ，则式（1-64）可以改写为

$$V_s = C_0 A_0 \varepsilon_k \sqrt{\frac{2(p_a - p_b)}{\rho_m}} \tag{1-64b}$$

式中，ε_k 为体积膨胀系数，量纲为 1，可从手册中查到。它是绝热指数 k、压差比 $(p_a - p_b)/p_a$、面积比 A_0/A_1 的函数。

（3）安装孔板流量计时，测量点应选择在稳定段之后，即远离管件或进、出口一定距离（约 50 倍管径），特别是上游直管长度需保证，否则测量的精确度和重现性都会受到严重影响。

孔板流量计是一种容易制造的简单装置。当流量有较大变化时，为了调整测量条件，调换孔板也很方便。它的主要缺点是流体经过孔板后能量损失较大，并随 A_0/A_1 的减小而加大，而且孔板边缘容易腐蚀和磨损，所以流量计应该定期进行校正。

孔板流量计的能量损失（或称永久损失）可按下式估算：

$$h_f = \frac{\Delta p_f'}{\rho} = \frac{p_a - p_b}{\rho}\left(1 - 1.1\frac{A_0}{A_1}\right)$$

【例 1-21】 密度为 1600 kg/m^3、黏度为 1.5×10^{-3} Pa·s 的溶液流经 ϕ 80 mm×2.5 mm 的钢管。为了测定流量，在管路中装有标准孔板流量计，以 U 形汞压差计测量孔板前后的压强差。溶液的最大流量为 600 L/min，并希望在最大流量下压差的读数不超过 600 mm，采用角接取压法，试求孔板的孔径。

解 可用式（1-64a）计算，但式中有两个未知数 C_0 及 A_0，而 C_0 与 Re 及 A_0/A_1 的关系只能采用曲线来描述，所以采用试差法求解。

设 $Re > Re_c$，并设 $C_0 = 0.65$，根据式（1-64a），即

$$V_s = C_0 A_0 \sqrt{\frac{2gR(\rho_A - \rho)}{\rho}}$$

则

$$A_0 = \frac{V_s}{C_0}\sqrt{\frac{\rho}{2gR(\rho_A - \rho)}} = \frac{600 \times 10^{-3}}{60 \times 0.65}\sqrt{\frac{1600}{2 \times 9.81 \times 0.6 \times (13\,600 - 1600)}} = 0.001\,64(m^2)$$

所以相应的孔板孔径 d_0 为

$$d_0 = \sqrt{\frac{4A_0}{\pi}} = \sqrt{\frac{4 \times 0.001\,64}{\pi}} = 0.0457(m) = 45.7(mm)$$

于是

$$\frac{A_0}{A_1} = \left(\frac{d_0}{d_1}\right)^2 = \left(\frac{45.7}{75}\right)^2 = 0.37$$

校核 Re 值是否大于 Re_c。

$$u_1 = \frac{V_s}{A_1} = \frac{600 \times 10^{-3}}{60 \times \frac{\pi}{4} \times 0.075^2} = 2.26(m/s)$$

则

$$Re = \frac{d_1 u_1 \rho}{\mu} = \frac{0.075 \times 2.26 \times 1600}{1.5 \times 10^{-3}} = 1.81 \times 10^5$$

由图 1-33 可知，当 $A_0/A_1 = 0.37$ 时，上述 $Re > Re_c$，即 C_0 为常数，其值仅由 A_0/A_1 决定，从图上也可查得 $C_0 = 0.65$，与假设相符。

因此，孔板的孔径应为 45.7 mm。

此题也可根据所设 $Re > Re_c$ 及 C_0，直接由图 1-33 查出 A_0/A_1 值，从而算出 A_0，不必用式(1-64a)计算 A_0，校核步骤与上面相同。

3. 文丘里流量计

为了解决孔板流量计能量损失大的缺点，可采用渐缩渐扩短管代替孔板，这种短管称为文丘里管(Venturi tube)，所构成的流量计称为文丘里流量计，其结构如图 1-34 所示。

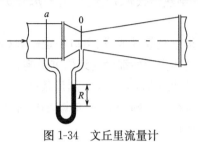

图 1-34 文丘里流量计

文丘里流量计的上游测压口(截面 a 处)距管径开始收缩处的距离至少为二分之一管径，下游测压口设在最小流通截面 0 处(称为文氏喉)。由于它的流道截面变化平缓，不会产生边界层分离，流体在渐扩的过程中大部分动能转化为静压能，因此压降大大减少。

文丘里流量计的流量计算公式与孔板流量计相类似，即

$$V_s = C_v A_0 \sqrt{\frac{2(p_a - p_0)}{\rho}} \tag{1-66}$$

式中，C_v 为流量系数，无量纲。其值可由实验测定或从仪表手册中查得；$(p_a - p_0)$ 为截面 a 与截面 0 间的压强差，单位为 Pa，其值可由压差计读数 R 确定，$p_a - p_0 = gR(\rho_A - \rho)$；$A_0$ 为喉管的截面积，m^2；ρ 为被测流体的密度，kg/m^3。

文丘里流量计的优点是能量损失小。但各部分尺寸要求严格，需要精细加工，所以造价较高。

1.7.2 变截面的流量计

与孔板流量计相反，流体通过流量计时压差不随流量变化，但截面却随之而变，这种流量计称为恒压差变截面流量计。最常见的一种为转子流量计，其构造如图 1-35 所示，在一段垂直倒锥形玻璃管内，装有一个能够自如旋转的转子(或称浮子)。被测流体从玻璃管底部进入，从顶部流出。

当流体自下而上从转子与玻璃管壁的环隙中流过时，转子受到两个力的作用：一个是垂直向上的推动力，它等于转子上下端面产生的压力差；另一个是垂直向下的净重力，它等于转子的重力与流体对转子的浮力之差。当流量增大使压力差大于转子的净重力时，转子就上浮；当流量减小使压力差小于转子的净重力时，转子就下沉；当压力差与转子的净重力相等时，转子处于平衡状态，即停留在一定位置上。玻璃管外表面上刻有读数，根据转子的停留位置，即可读出被测流体的流量。

设转子的体积为 V_f，转子最大部分的截面积为 A_f，转子材质的密度为 ρ_f，被测流体的密度为 ρ。若转子上端面为 1-1′ 截面，转子下端面为 2-2′ 截面，则流体流经环形截面所产生的压强差为 $(p_1 - p_2)$。当转子在流体中处于平衡状态时，有

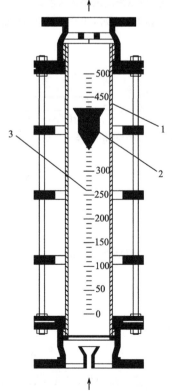

图 1-35 转子流量计

1. 锥形玻璃管；2. 转子；3. 刻度

$$转子承受的压力差＝转子所受的重力－流体对转子的浮力$$

即

$$(p_1 - p_2)A_f = V_f \rho_f g - V_f \rho g$$

所以

$$p_1 - p_2 = \frac{V_f g (\rho_f - \rho)}{A_f} \tag{1-67}$$

从式(1-67)可以看出,当转子和流量一定时,式中的 V_f、A_f、ρ_f、ρ 均为定值,所以$(p_1 - p_2)$ 也为恒定,与流量无关。

当转子停留在某固定的位置时,转子与玻璃管之间的环形面积是一定值。在上端面 1-1′ 截面和下端面 2-2′ 之间列伯努利方程,可以得出速度和压强的关系式,推导过程类似于孔板流量计的流量计算过程,此时流体流经该环形截面的流量和压强差的关系为

$$V_s = C_R A_R \sqrt{\frac{2(p_1 - p_2)}{\rho}}$$

将式(1-67)代入上式,可得

$$V_s = C_R A_R \sqrt{\frac{2g V_f (\rho_f - \rho)}{A_f \rho}} \tag{1-68}$$

式中,A_R 为转子上端面与玻璃管的环形截面积,m^2;C_R 为转子流量计的流量系数,量纲为 1, 与 Re 值及转子的形状有关,由实验测定或从有关仪表手册中查得。

由式(1-68)可知,对于某一转子流量计,若在所测量的流量范围内,流量系数 C_R 为常数 时,则流量只随环形的截面积而变,因而可用转子所处位置的高低反映流量的大小。

转子流量计的刻度与被测流体的密度有关。流量计在出厂前通常选用水和空气分别作为 标定流量计刻度的介质。当所测试的流体或条件与标定条件不同时,需要对原有的刻度加以 校正。

假设标定液体与实际测定液体的流量系数 C_R 相等,并忽略黏度变化的影响,根据式(1- 65),在同一刻度下,两种流体的流量关系为

$$\frac{V_{s,2}}{V_{s,1}} = \sqrt{\frac{\rho_1 (\rho_f - \rho_2)}{\rho_2 (\rho_f - \rho_1)}} \tag{1-69}$$

式中,下标 1 表示出厂标定时所用的液体;下标 2 表示实际测定时的液体。

同理,对于气体的流量计,在同一刻度下,两种气体的流量关系为

$$\frac{V_{sg,2}}{V_{sg,1}} = \sqrt{\frac{\rho_{g,1} (\rho_f - \rho_{g,2})}{\rho_{g,2} (\rho_f - \rho_{g,1})}}$$

因为 ρ_f 比 ρ_g 大得多,所以上式可以简化为

$$\frac{V_{s,g2}}{V_{s,g1}} = \sqrt{\frac{\rho_{g,1}}{\rho_{g,2}}} \tag{1-70}$$

式中,下标 g,1 表示出厂标定时所用的气体;下标 g,2 表示实际工作时的气体。

转子流量计读取流量方便,能量损失很小,测量范围也宽,并能用于腐蚀性流体的测量。 缺点是流体只能垂直向上流动,流量计的管壁大多为玻璃制品,安装使用过程中容易破碎,且 不耐高温高压。

思　考　题

1. 流体力学中为什么要用宏观方法研究流体？有何优越性？

2. 流体静力学基本方程式说明了什么问题？

3. 在应用伯努利方程解题时需要注意哪些问题？

4. 为什么高烟囱比低烟囱排放效果好？

5. 雷诺数的物理意义是什么？

6. 湍流与层流有何主要区别？湍流的主要特点是什么？

7. 产生摩擦阻力的主要原因是什么？

8. 黏度的定义是什么？为什么温度上升，气体黏度上升而液体黏度下降？

9. 非圆形管的水力当量直径是如何定义的？

10. 某流体在圆形光滑直管内做湍流流动。试分析：(1)若管长和管径不变，仅将流量增加为原来的 3 倍，则因摩擦阻力而产生的压降为原来的几倍？(2)若管长和管径不变，仅将管径减小为原来的 1/3，则因摩擦阻力而产生的压降为原来的几倍？

11. 为什么转子流量计称为恒压差流量计，而孔板流量计称为恒截面流量计？

习　　题

1-1　在大气压强为 98.7×10^3 Pa 的地区，某真空精馏塔塔顶真空表的读数为 13.3×10^3 Pa，试计算精馏塔塔顶内的绝对压强与表压强。[绝对压强：8.54×10^4 Pa，表压强：-13.3×10^3 Pa]

1-2　某流化床反应器上装有两个 U 形压差计，指示液为汞，为防止汞蒸气向空气中扩散，于右侧的 U 形管与大气连通的玻璃管内灌入一段水，如本题附图所示。测得 $R_1 = 400$ mm，$R_2 = 50$ mm，$R_3 = 50$ mm。试求 A、B 两处的表压强。[A：7.16×10^3 Pa，B：6.05×10^4 Pa]

1-3　用一复式 U 形压差计测定水流过管道上 A、B 两点的压差，压差计的指示液为汞，两段汞之间是水。今若测得 $h_1 = 1.2$ m，$h_2 = 1.3$ m，$R_1 = 0.9$ m，$R_2 = 0.95$ m，试求管道中 A、B 两点间的压差 Δp_{AB}(mmHg)(先推导关系式，再进行数学运算)。[1716 mmHg]

1-4　根据本题附图所示的双液体 U 形压差计的读数，计算设备中气体的压强，并注明是表压还是绝压。已知压差计中的两种指示液为油和水，其密度分别为 920 kg/m³ 和 998 kg/m³，压差计的读数 $R = 300$ mm。两扩大室的内径 D 为 60 mm，U 形管的内径 d 为 6mm。[256.6 Pa（表压）]

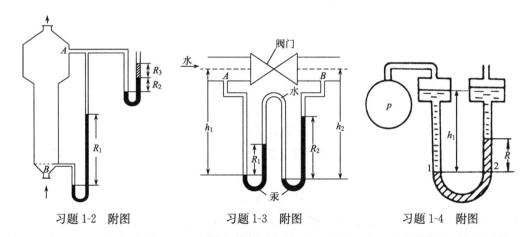

习题 1-2　附图　　　　　　习题 1-3　附图　　　　　　习题 1-4　附图

1-5　硫酸流经由大、小管组成的串联管路，硫酸密度为 1830 kg/m³，体积流量为 2.5×10^{-3} m³/s，大、小管尺寸分别为 $\phi76$ mm×4 mm、$\phi57$ mm×3.5 mm，试分别计算硫酸在大、小管中的质量流量、平均流速及质量流速。[质量流量：4.575 kg/s，平均流速：$u_{小} = 1.27$ m/s，$u_{大} = 0.69$ m/s，质量流速：$G_{小} = 2324$ kg/(m² ·

s),$G_{大}=1263$ kg/(m² · s)]

1-6 某列管式换热器中共有250根平行换热管。流经管内的总水量为144 t/h,平均水温为10 ℃,为了保证换热器的冷却效果,需使管内水流处于湍流状态,则对管内径有何要求?[管内径≤39 mm]

1-7 90 ℃的水流入内径20 mm的管内,当水的流速不超过哪一数值时流动才一定为层流?若管内流动的是90 ℃的空气,则此数值应为多少?[90 ℃的水:$u\leqslant0.0326$ m/s,90 ℃的空气:$u\leqslant2.21$ m/s]

1-8 用压缩空气将密度为1100 kg/m³的腐蚀性液体自低位槽送到高位槽,两槽的液位恒定。管路直径均为$\phi60$ mm×3.5 mm,其他尺寸如本题附图所示。各管段的能量损失为$\sum h_{f,AB}=\sum h_{f,CD}=u^2$,$\sum h_{f,BC}=1.18u^2$。两压差计中的指示液均为汞。试求当$R_1=45$ mm,$h=200$ mm 时:(1)压缩空气的压强 p_1;(2)U形压差计读数R_2。[(1)p_1:1.23×10^5 Pa;(2)R_2:609.7 mm]

1-9 如本题附图所示,于异径水平管段两截面间连一倒置U形压差计,粗、细管的直径分别为$\phi60$ mm×3.5 mm 与$\phi42$ mm×3 mm。当管内水的流量为3 kg/s时,U形压差计读数 R 为100 mm,试求两截面间的压强差和压强降。[压强差:981 Pa;压强降:4407 Pa]

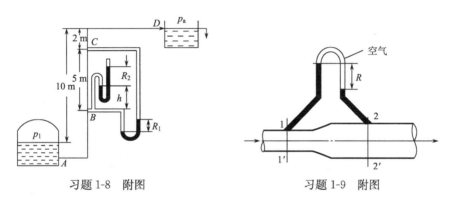

习题1-8 附图   习题1-9 附图

1-10 如本题附图所示,用泵将储槽中的某油品以40 m³/h的流量输送至高位槽。两槽的液位恒定,且相差20 m,输送管内径为100 mm,管子总长为45 m(包括所有局部阻力的当量长度)。已知油品的密度为890 kg/m³,黏度为0.487 Pa·s,试计算泵所需的有效功率。[3.04 kW]

1-11 如本题附图所示,用离心泵把20 ℃的水从储槽送至水洗塔顶部,储槽水位维持恒定,管路的直径均为$\phi76$ mm×2.5 mm。在操作条件下,泵入口处真空表读数为-2.47×10^4 Pa;水流经泵前吸入管和泵后排出管的能量损失分别为$\sum h_{f,1}=2u^2$和$\sum h_{f,2}=10u^2$,u 为管内流速(m/s)。排水管与喷头连接处的压强为9.5×10^4 Pa(表压)。试求泵的有效功率。[2235 W]

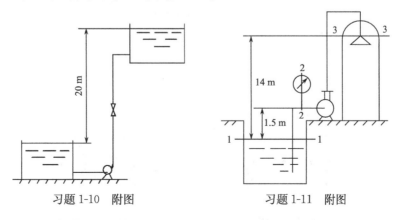

习题1-10 附图   习题1-11 附图

1-12 在一定转速下测定某离心泵的性能,吸入管与压出管的内径分别为70 mm 和50 mm。当流量为30 m³/h时,泵入口处真空表和出口处压力表的读数分别为40 kPa 和215 kPa,两测压口间的垂直距离为

0.4 m,轴功率为 3.45 kW。试计算泵的压头与效率。[压头:27.07 m;效率:64.1%]

1-13　某车间丙烯精馏塔的回流系统如本题附图所示,塔内操作压强为 1304 kPa(表压),丙烯储槽内液面上方的压强为 2011 kPa(表压),塔内丙烯出口管距储槽的高度差为 30 m,管内径为 145 mm,送液量为 40 t/h。丙烯的密度为 600 kg/m³,设管路全部能量损失为 150 J/kg。丙烯从储槽送到塔内是否需要用泵?计算后简要说明。[不需要]

1-14　将高位槽内料液向塔内加料。高位槽和塔内的压强均为大气压。要求料液在管内以 0.5 m/s 的速度流动。设料液在管内压头损失为 1.2 m(不包括出口压头损失),则高位槽的液面应该比塔入口处高出多少米?[1.2 m]

1-15　某化工厂用泵将敞口碱液池中的碱液(密度为 1100 kg/m³)输送至吸收塔顶,经喷嘴喷出,如本题附图所示。泵的入口管为 φ108 mm×4 mm 的钢管,管中的流速为 1.2 m/s,出口管为 φ76 mm×3 mm 的钢管。储液池中碱液的深度为 1.5 m,池底至塔顶喷嘴入口处的垂直距离为 20 m。碱液流经所有管路的能量损失为 30.8 J/kg(不包括喷嘴),喷嘴入口处的压强为 29.4 kPa(表压)。设泵的效率为 60%,求泵所需的功率。[4.18 kW]

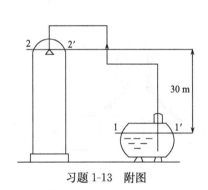

习题 1-13　附图

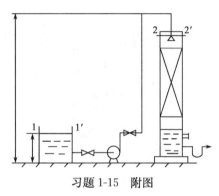

习题 1-15　附图

1-16　内截面为 1000 mm×1200 mm 的矩形烟囱的高度为 30 m。平均摩尔质量为 30 kg/kmol、平均温度为 400 ℃的烟道气自下而上流动。烟囱下端维持 49 Pa 的真空度。在烟囱高度范围内大气的密度可视为定值,大气温度为 20 ℃,地面处的大气压强为 101.33×10³ Pa。流体流经烟囱时的摩擦系数可取为 0.05,试求烟道气的流量(kg/h)。[4.62×10⁴ kg/h]

1-17　管路系统如本题附图所示。每小时将 2×10⁴ kg 的溶液用泵从反应器输送到高位槽。已知流体密度为 1073 kg/m³,黏度为 0.63×10⁻³ Pa·s。反应器液面上方保持 26.7×10³ Pa 的真空度,高位槽液面上方为大气压强。管道为 φ76 mm×4 mm 的钢管,总长为 50 m,管线上有两个全开的闸阀,一个孔板流量计(局部阻力系数为 4),5 个标准弯头。反应器内液面与管路出口的距离为 15 m。若泵效率为 0.7,求泵的轴功率。[1.61 kW]

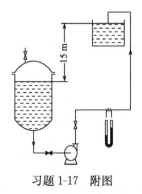

习题 1-17　附图

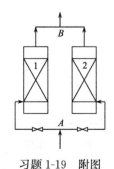

习题 1-19　附图

1-18　10 ℃的水以500 L/min的流量流过一根300 m的水平管,管壁的绝对粗糙度为0.05 mm。有6 m的压头可供克服流动的摩擦阻力,试求管径的最小尺寸。[90.4 mm]

1-19　在两座尺寸相同的吸收塔内,各填充不同的填料,并以相同的管路并联组合。每条支管上均装有闸阀,两支路的管长均为5 m(均包括除了闸阀以外的管件局部阻力的当量长度),管内径为200 mm。通过填料层的能量损失可分别折算为$5u_1^2$与$4u_2^2$,式中u为气体在管内的流速(m/s),气体在支管内流动的摩擦系数为0.02。管路的气体总流量为0.3 m³/s。试求:(1)两阀全开时,两塔的通气量;(2)附图中AB的能量损失。[(1) $V_{s,1}$=0.147 m³/s,$V_{s,2}$=0.153 m³/s;(2) 279.25 J/kg]

1-20　如本题附图所示,20 ℃软水由高位槽A分别流入反应器B和吸收塔C中,反应器B内的压强为50 kPa,吸收塔C中的真空度为10 kPa,总管尺寸为φ57 mm×3.5 mm,管长(20+Z_A)m,通向反应器B、吸收塔C的管路尺寸均为φ25 mm×3.5 mm,长度分别为15 m和20 m(以上管长包括所有局部阻力的当量长度)。管壁粗糙度可取为0.15 mm。如果要求向反应器供应0.314 kg/s的水,向吸收塔供应0.471 kg/s水,则Z_A至少为多少米?[11.4 m]

1-21　如本题附图所示,某化工厂用管路1和管路2串联,将容器A中的盐酸输送到容器B中。容器A、B液面上方表压分别为0.5 MPa、0.1 MPa,管路1、管路2长均为50 m(以上管长包括所有局部阻力的当量长度),管道尺寸分别为φ57 mm×2.5 mm和φ38 mm×2.5 mm。两容器的液面高度差可忽略,摩擦系数λ都可取为0.038。已知盐酸的密度为1150 kg/m³,黏度为2 mPa·s。试求:(1)该串联管路的输送能力;(2)由于生产急需,管路的输送能力要求增加50%。现库存仅有9根φ38 mm×2.5 mm、长6 m的管子。于是有人提出在管路1上并联一长50 m的管线,另一些人提出应在管路2上并联一长50 m的管线。试比较这两种方案。[(2)方案一不可行,方案二可行]

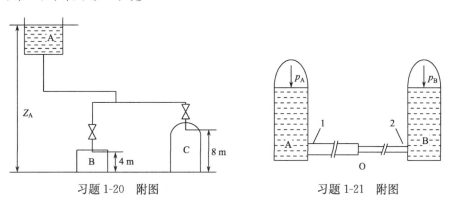

习题1-20　附图　　　　　　　　习题1-21　附图

1-22　为了测定空气流量,将皮托管插入直径为1 m的空气管道中心,其压差大小用双液体微压计测定,指示液为氯苯(ρ_0=1106 kg/m³)和水(ρ_w=1000 kg/m³)。空气温度为40 ℃,压强为101 kPa(绝压),试求微差压差计读数为48 mm时的空气质量流量(kg/s)。[7.08 kg/s]

1-23　在φ38 mm×2.5 mm的管路中装有标准孔板流量计,孔板的孔径为16.4 mm,管中流动的是20 ℃的甲苯,采用角接取压法用U形压差计测量孔板两侧的压强差,以汞为指示液,测压连接管中充满甲苯。现测得U形压差计的读数为600 mm,试计算管内甲苯的流量(kg/h)。[5.43×10³ kg/h]

1-24　在φ160 mm×5 mm的空气管道上安装一孔径为75 mm的标准孔板,孔板前空气压强为0.12 MPa(绝压),温度为25 ℃。当U形液柱压差计上指示的读数为145 mmH₂O时,流经管道空气的质量流量(kg/h)为多少?[628 kg/h]

1-25　用20 ℃水标定的某转子流量计,其转子为硬铅(ρ_f=11 000 kg/m³),现用此流量计测量20 ℃、101.3 kPa(绝压)下的空气流量,为此将转子换成形状相同、密度为ρ_f=1150 kg/m³的塑料转子,设流量系数C_R不变,则在同一刻度下,空气流量为水流量的多少倍?[9.8倍]

符 号 说 明

英文字母

a——加速度，m/s^2

A——截面积，m^2

C——系数

C_0——流量系数

C_V——流量系数

d——管道直径，m

d_e——当量直径，m

d_0——孔径，m

e——涡流黏度，$Pa·s$

E——1 kg 流体所具有的总机械能，J/kg

Eu——欧拉数

f——范宁摩擦系数

F——流体的内摩擦力或压力，N

g——重力加速度，m/s^2

G——质量流速，$kg/(m^2·s)$

h——高度，m

h_f——能量损失，J/kg

h_f'——局部能量损失，J/kg

H_e——输送设备对流体所提供的有效压头，m

H_f——压头损失，m

K——系数

l——长度，m

l_e——当量长度，m

m——质量，kg

M_r——相对分子质量

N——输送设备的轴功率，kW

N_e——输送设备的有效功率，kW

p——压强，Pa

Δp_f——1 m^3 流体流动时所损失的机械能，或因克服流动阻力引起的压强降，Pa

r——剪切速率，s^{-1}

r_H——水力半径，m

R——半径，m

R——液柱压差计读数，或管道半径，m

Re——雷诺数

S——两流体层间的接触面积，m^2

T——热力学温度，K

u——流速，m/s

u'——脉动速度，m/s

$\bar{u}$——时均速度，m/s

u_{max}——流动截面上的最大速度，m/s

u_r——流动截面上某点的局部速度，m/s

U——1 kg 流体的热力学能，J/kg

V——体积，m^3

V_s——体积流量，m^3/s

w_s——质量流量，kg/s

W_e——1 kg 流体通过输送设备所获得的能量，或输送设备对 1 kg 流体所做的有效功，J/kg

x_0——稳定段长度，m

x_v——体积分数

x_w——质量分数

y——气相的摩尔分数

z——1 kg 流体所具有的势能，J/kg

希腊字母

γ——运动黏度，m^2/s

δ——流动边界层厚度，m

δ_b——滞流内层厚度，m

ε——绝对粗糙度，mm

ε_k——体积膨胀系数

ζ——阻力系数

η——效率，量纲为 1

η_0——刚性系数，$Pa·s$

κ——绝热指数

μ——黏度，$Pa·s$

μ_a——表观黏度，$Pa·s$

ν——比体积，m^3/kg

Π——润湿周边长，m

ρ——密度，kg/m^3

τ——内摩擦应力，Pa

τ_0——屈服应力，Pa

第2章　流体输送机械

学习内容提要

通过本章学习,了解化工生产中常用的流体输送机械的基本结构、工作原理、操作特性及其使用场合,能够根据生产工艺要求和流体特性,合理地选择和正确地操作流体输送机械,并使之在高效率下安全可靠地运行。

重点掌握离心泵的基本结构、工作原理、操作特性、安装及选型;并通过与离心泵的对比,掌握往复式及其他流体输送机械的基本结构、工作原理及操作特性,特别是输送机械的启动及流量调节方法的不同。

2.1　概　　述

在化工生产中通常要将流体从一处输送至另一处,为了克服流体输送过程沿途管路所产生的摩擦阻力,可以提高流体的势能或提高流体的压强,即必须向流体提供一定的机械能。流体输送机械就是向流体做功以提高其机械能的设备。通常将用于输送液体的机械称为泵;用于输送气体的机械则按其所产生压强的高低分别称为通风机、鼓风机或压缩机。

化工厂内待输送的流体既有液体又有气体,不仅流体的性质(如黏性、腐蚀性等)各不相同,而且输送条件(如温度、压强和流量等)也存在较大的差别,因此生产中所选用的流体输送机械必须满足不同生产需要的输送要求,因而输送机械存在不同的类型和规格。

流体输送机械按其工作原理可以分为以下几种类型:

(1) 动力式(又称叶轮式)。利用高速旋转的叶轮使流体的动能增大,动能又继而转变为静压能的输送机械,包括离心式、轴流式输送机械等。

(2) 容积式(又称正位移式)。利用活塞或转子的挤压使流体升压并推动其前进的输送机械,包括往复式、旋转式输送机械等。

(3) 流体作用式。依靠能量转换原理以实现输送流体任务的输送机械,如喷射泵等。

流体输送机械按其结构可以分为叶片式泵、容积式泵和流体动力泵。

应予指出,由于气体与液体在性质上的不同,如气体具有可压缩性且气体的密度和黏度都比液体的低,因此气体与液体输送机械在结构和特性上存在许多差异,本章将分别进行讨论。

流体输送是化工过程及相关过程最常见的一种单元操作,属于流体流动基本原理的一个具体应用。本章将结合化工生产的特点,主要介绍化工生产中常用的流体输送机械的基本结构、工作原理和特性,以便能够依据流体流动的相关原理正确地使用和选择流体输送机械。具体地说就是根据流体输送任务,合理地选择输送机械的类型和规格,正确地确定输送机械在管路中的位置,并使之在高效率下安全可靠地运行。

2.2　离　心　泵

如前所述,液体输送机械的种类很多,通常根据流体输送机械流量和压强(压头)的关系可以将其分为离心泵和正位移泵两大类。其中,离心泵在化工生产中的应用最为广泛,这是因为离心泵具有以下优点:①结构简单,操作容易,便于调节;②流量均匀,效率较高;③流量和压头的适用范围较广;④适用于输送腐蚀性或含有悬浮物的液体。

当然,其他类型泵也有其本身的特点和适用场合,并非离心泵所能完全代替。因此,在设计和选用时应视具体情况做出正确的选择。

2.2.1　离心泵的主要构件及工作原理

1. 离心泵的主要构件

离心泵主要由两大部件构成,一个是转动部件,包括叶轮和泵轴;另一个是静止部件,包括泵壳、填料函和轴承。下面分别简述其结构及作用。

1) 叶轮

叶轮的作用是将原动机的机械能传给液体,使通过离心泵的液体的静压能和动能均有所提高。

叶轮是离心泵的核心部件,通常由 6～12 片后弯叶片组成。按其机械结构可分为闭式、半闭式和开式三种叶轮,如图 2-1 所示。前后两侧均带有盖板的叶轮称为闭式叶轮,它主要用于输送较为清洁的液体,其效率较高,应用最广。一般离心泵中多采用闭式叶轮。前后两侧没有盖板,仅由叶片和轮毂组成的叶轮称为开式叶轮。只有后盖板的叶轮称为半闭式叶轮。

(a) 闭式　　(b) 半闭式　　(c) 开式

图 2-1　离心泵的叶轮

由于开式和半闭式叶轮的管道不易堵塞,因此适用于输送黏性大或含有固体颗粒的液体悬浮液。但液体在叶片间流动时易发生倒流,所以泵的效率较低。

有些闭式或半闭式叶轮的后盖板上钻有一些小孔[图 2-2(a)中的 1],这些小孔称为平衡孔。这主要是由于叶轮工作时,离开叶轮的一部分高压液体漏入叶轮后侧与泵壳之间的空腔中,而叶轮前侧的液体吸入口处为低压,因此液体的作用使叶轮前、后两侧的压力不等,产生指向叶轮吸入口侧的轴向推力。该力将叶轮推向泵吸入口一侧,引起叶轮和泵壳接触处的磨损,严重时还会造成泵的振动,破坏泵的正常操作。为了平衡轴向推力,最简单的方法是在叶轮后盖板上钻一些小孔,这些平衡孔的存在能使后盖板与泵壳之间空腔中的部分高压液体流到入口低压区,以减少叶轮两侧的压力差,从而平衡了部分轴向推力,但同时会降低泵的效率。

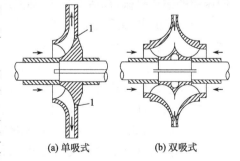

(a) 单吸式　　　　(b) 双吸式

图 2-2　离心泵的吸液方式

叶轮按吸液方式不同又可分为单吸式叶轮和双吸式叶轮两种,如图 2-2 所示。单吸式叶轮的液体只能从叶轮一侧吸入。双吸式叶轮可以同时从叶轮两侧对称地吸入液体。显然,双吸式叶轮不仅具有较大的吸液能力,而且基本上消除了轴向推力。

2) 泵壳

泵壳的作用是:①汇集从叶轮流出的液体;②进行能量转化。

泵壳是离心泵的外壳(图 2-3 中的 1),设有与叶轮垂直的液体入口和切线出口,通常制成蜗牛形,所以又称为蜗壳。叶轮在泵壳内的旋转方向是沿着蜗壳通道逐渐扩大的方向,越接近泵壳的出口,流道的横截面积越大,因此从叶轮四周抛出的高速液体流过泵壳蜗形通道时流速将逐渐降低,这样不仅减少了因流体流速过大而引起的机械能损失,而且使大部分动能转化为静压能。

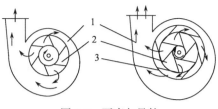

图 2-3 泵壳与导轮

1. 泵壳;2. 叶轮;3. 导轮

有些离心泵在泵壳内的叶轮与泵壳之间还装有一个固定不动且带有叶片的导轮(图 2-3 中的 3)。导轮上叶片的弯曲方向与叶轮上叶片的弯曲方向相反,其弯曲程度恰好与液体从叶轮流出的方向相适宜,使液体在泵壳通道内平缓地改变流动方向,以减少液体直接进入泵壳时因碰撞引起的能量损失,从而提高了流体动能与静压能的转换效率。

3) 轴封装置

轴封装置的作用是防止泵内的高压液体沿间隙漏出或外界空气漏入泵内。

由于泵轴转动而泵壳固定不动,因此泵轴穿过泵壳处必定会有间隙。间隙的存在会使泵内的高压液体漏出或使外界空气漏入,必须设置密封装置。常用的密封装置有填料函密封和机械密封两种。填料函密封装置如图 2-4 所示,即将泵轴穿过泵壳的环隙做成密封圈,其中填入软填料(如浸油或涂石墨的石棉绳等),将泵壳内、外隔开,而泵轴仍能自由转动。机械密封装置是由一个装在转轴上的动环和另一固定在泵壳上的静环所构成,如图 2-5 所示。在泵运转时两环的端面借弹簧力作用互相贴紧而起到密封的作用,通常用于对密封有较高要求的场合,如输送酸、碱以及易燃、易爆、有毒的液体等。

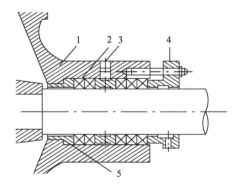

图 2-4 填料函密封装置

1. 填料函壳;2. 软填料;3. 液封圈;
4. 填料压盖;5. 内衬套

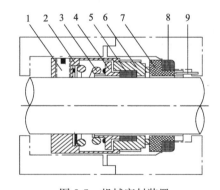

图 2-5 机械密封装置

1. 螺钉;2. 传动座;3. 弹簧;4. 椎环;5. 动环密封圈;
6. 动环;7. 静环;8. 静环密封圈;9. 防转销

2. 离心泵的工作原理

离心泵装置简图如图 2-6 所示。具有若干弯曲叶片的叶轮安装在泵壳内,并紧固于泵轴上,泵轴由电动机带动旋转。泵壳中央的吸入口与吸入管路相连接,而在吸入管路底部安装带有滤网的底阀,此阀也称单向阀或止逆阀,它的作用为当液体反方向流动时即自动关闭,以免停泵时泵体及管路中的流体流失。滤网的作用为阻拦输送液体中的固体颗粒或异物被吸入而堵塞管道和泵壳。泵壳的排出口与排出管路相连接,其上装有调节阀,其作用为调节泵的

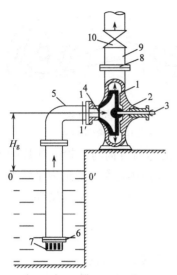

图 2-6 离心泵装置简图

1. 叶轮；2. 泵壳；3. 泵轴；4. 吸入口；5. 吸入管；6. 底阀；7. 滤网；8. 排出口；9. 排出管；10. 调节阀

流量。

离心泵一般由电动机带动。离心泵在启动前需要先将所输送的液体灌满吸入管路和泵壳。启动电动机后，叶轮在泵轴的带动下一起旋转，迫使叶片间的液体也随之高速旋转运动。同时，在惯性离心力的作用下液体自叶轮中心被甩向外周并获得能量，使流向叶轮外周液体的静压强增高，流速增大。自液体离开叶轮进入泵壳后，因泵壳内的流道逐渐扩大而使液体减速，部分动能转换成静压能。于是，具有较高压强的液体从泵的排出口进入排出管道，被输送到所需的场所。

当液体自叶轮中心被甩向外周时，在叶轮中心产生低压区，由于泵的吸入管路下端浸没于输送液体内，在液面压强与泵内压强之间的压强差作用下，液体不断被吸入泵的叶轮内，以填补被排出液体的位置，只要叶轮不停地转动，离心泵便不断地吸入和排出液体，从而达到连续输送液体的目的。

离心泵是一种没有自吸能力的输送机械。如果泵壳和吸入管路内没有充满液体，则泵内存有空气。由于空气密度远小于液体的密度，叶轮旋转后对其产生的离心力很小，因而叶轮中心处的低压不足以将储槽内的液体吸入泵内，虽然启动离心泵但吸不上液体也送不出液体。这种现象称为气缚，表示离心泵无自吸能力，因此离心泵在启动前必须向壳内灌满所输送的液体。

离心泵在启动前需灌液以及液体经过离心泵之后静压能得到提高，这些现象可利用流体流动的基本原理很好地解释。在图 2-6 中，以储槽液面 0-0′ 为基准水平面，在储槽液面 0-0′ 与泵入口所在的 1-1′ 截面之间列伯努利方程，即

$$\frac{p_a}{\rho} = \frac{p_1}{\rho} + \frac{u_1^2}{2} + gH_g + \sum h_{f,0\text{-}1} \tag{2-1}$$

$$p_1 = p_a - \rho\left(\frac{u_1^2}{2} + gH_g + \sum h_{f,0\text{-}1}\right) \tag{2-1a}$$

从式(2-1a)即可判断出在离心泵入口处应该安装真空表，此外，对式(2-1a)进行变换，可得式(2-1b)，即

$$p_a - p_1 = \rho\left(\frac{u_1^2}{2} + gH_g + \sum h_{f,0\text{-}1}\right) \tag{2-1b}$$

式中，ρ 为流体的密度。

显而易见，通过式(2-1b)可得出以下判断：如果泵壳中充满液体，ρ 较大，则 $p_a - p_1$ 就较大，液体受到的推动力较大，则液体能被吸入泵壳；如果泵壳中充满气体(空气)，ρ_{air} 与液体密度相比非常小，则 $p_a - p_1$ 就非常小，液体受到的推动力非常小，则液体不能被吸入泵壳。所以，离心泵开泵之前需要先灌满液体。

另外，若泵入口与泵出口之间的垂直高度为 h，在泵入口 1-1′ 截面与泵出口 2-2′ 截面之间列伯努利方程，以 1-1′ 截面管线中心处为基准水平面，即

$$\frac{p_1}{\rho} + \frac{u_1^2}{2} + W_e = \frac{p_2}{\rho} + \frac{u_2^2}{2} + gh + \sum h_{f,1\text{-}2} \tag{2-2}$$

如果泵进出口管径变化不大,则可近似认为 $u_1 \approx u_2$;两测压口间的管路很短,其间的流动阻力也可忽略不计,即 $\sum h_{f,1\text{-}2} = 0$,则式(2-2)简化为

$$p_2 = p_1 + \rho W_e - \rho g h \tag{2-3}$$

由式(2-3)可以看出,液体通过离心泵在离心力的作用下获得能量 W_e,获得的能量用来提高液体的压强,h 一般很小(<0.5 m),所以 $p_2 > p_1$;又因为 $\rho W_e \gg p_a$,则 $p_2 \gg p_a$,所以离心泵出口处液体压强很高,此处应该安装压力表。

2.2.2　离心泵基本方程式

从离心泵的工作原理可知,液体从离心泵叶轮获得能量而提高了压强。下面根据液体质点的运动状况,推导出反映离心泵对单位重量液体提供的最大能量的基本方程。该方程从理论上表达了在理想情况下泵的压头与其结构、尺寸和流量之间的关系。

离心泵的理论压头是指在理想情况下离心泵所能达到的最大压头,通常用符号 H_∞ 表示。由于液体在叶轮内的运动比较复杂,因此作以下假设:①离心泵内叶轮的叶片数目为无限多个并且叶片的厚度为无限薄,液体质点将完全沿着弯曲叶片表面流动而不发生任何环流现象;②输送的液体为黏度为零的理想液体,当液体在叶轮内流动时无流动阻力。因此,离心泵的理论压头就是具有无限多叶片的离心泵对单位重量的理想液体所提供的能量。

1. 液体通过叶轮的流动

当离心泵工作时,液体从泵入口进入叶轮中央,液体在叶轮内的流动情况是非常复杂的,液体从叶轮中央入口沿叶片流到叶轮外缘的情况如图 2-7 所示,设液体质点以绝对速度 c_0 沿着轴向进入叶轮,在叶片入口处转为径向运动,此时液体一方面以圆周速度 u_1 随叶轮旋转,运动方向与液体质点所在处的圆周的切向方向一致;另一方面液体以相对速度 ω_1 在叶片间做相对于旋转叶轮的运动,运动方向是液体质点所在处的叶片切线方向。两者的合速度为绝对速度 c_1,此即为液体质点相对于泵壳(固定与地面)的绝对运动速度。同理,液体在叶片出口处的圆周速度为 u_2,相对速度为 ω_2,两者的合速度即为液体在叶轮出口处的绝对速度 c_2。

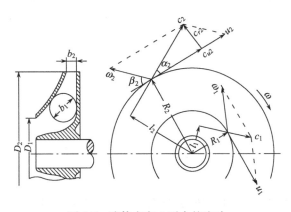

图 2-7　液体在离心泵中的流动

由绝对速度、相对速度及圆周速度所组成的矢量图称为速度三角形。如图 2-7 中速度三角形所示,若用 α 表示绝对速度与圆周速度两矢量之间的夹角,β 表示相对速度与圆周速度反

方向延长线的夹角(通常称为流动角),则 α 和 β 的大小与叶片的形状有关。根据速度三角形可确定各速度间的数量关系。由余弦定律得知

叶轮入口处：
$$\omega_1^2 = c_1^2 + u_1^2 - 2c_1 u_1 \cos\alpha_1 \tag{2-4}$$

叶轮出口处：
$$\omega_2^2 = c_2^2 + u_2^2 - 2c_2 u_2 \cos\alpha_2 \tag{2-4a}$$

由此可知,离心泵中叶片的形状直接影响液体在泵内的流动情况及离心泵的性能。

2. 离心泵基本方程式的推导

离心泵基本方程式的推导方法很多,本节选用由离心力做功的方法进行推导。

在上述理想情况下,以单位重量的理想液体为基准,在离心泵的叶片入口截面 1-1′ 与叶片出口截面 2-2′ 之间列伯努利方程,可计算出流体通过离心泵所获得的能量为

$$H_{T\infty} = \frac{p_2 - p_1}{\rho g} + \frac{c_2^2 - c_1^2}{2g} = H_p + H_c \tag{2-5}$$

式中,$H_{T\infty}$ 为离心泵的理论压头,m;H_p 为液体流经叶轮后静压头的增量,m;H_c 为液体流经叶轮后动压头的增量,m。

应予指出,式(2-5)中没有涉及势能项是因为叶轮每转一周,进、出口两点高低位置互换一次,按时均计此势能差可视为零。

液体从进口运动到出口静压头的增量 H_p 来自以下两方面:

(1) 离心力对液体做功。液体在叶轮内流动时受到离心力的作用,即叶轮对流体做了外功。单位重量液体从进口到出口,因受离心力作用而接受的外功为

$$\int_{R_1}^{R_2} \frac{F}{g} dR = \int_{R_1}^{R_2} \frac{R\omega^2}{g} dR = \frac{\omega^2}{2g}(R_2^2 - R_1^2) = \frac{u_2^2 - u_1^2}{2g}$$

式中,ω 为叶轮旋转角速度,m^{-1};R_1、R_2 分别为叶轮进、出口处圆周的半径,m。

(2) 能量转换。因为叶轮中相邻的两叶片之间构成自内向外逐渐扩大的通道,所以液体流过时将有部分动能转换为静压能。单位重量液体静压头增量等于其动能减小的量 $\frac{w_1^2 - w_2^2}{2g}$,因此单位重量液体通过叶轮后其静压头的增量应为上述两项之和,即

$$H_p = \frac{u_2^2 - u_1^2}{2g} + \frac{w_1^2 - w_2^2}{2g} \tag{2-6}$$

将式(2-6)代入式(2-5),可得

$$H_{T\infty} = \frac{u_2^2 - u_1^2}{2g} + \frac{w_1^2 - w_2^2}{2g} + \frac{c_2^2 - c_1^2}{2g} \tag{2-7}$$

将式(2-4)和式(2-4a)代入式(2-7),并整理可得

$$H_{T\infty} = \frac{c_2 u_2 \cos\alpha_2 - c_1 u_1 \cos\alpha_1}{g} \tag{2-8}$$

在离心泵的设计中,为提高理论压头,通常取 $\alpha_1 = 90°$,此时式(2-8)可以简化为

$$H_{T\infty} = \frac{c_2 u_2 \cos\alpha_2}{g} \tag{2-8a}$$

式(2-8)和式(2-8a)统称为离心泵基本方程。

为了准确分析影响离心泵理论压头的因素,需要将式(2-8a)作进一步变换。将理论流量

表示为在叶轮出口处的液体径向速度与叶片末端圆周出口面积之乘积,即

$$Q_T = c_{r2} \pi D_2 b_2 \tag{2-9}$$

式中,Q_T 为离心泵的理论流量;c_{r2} 为液体在叶轮出口处的绝对速度 c_2 的径向分量,m/s;D_2 为叶轮外径,m;b_2 为叶轮出口宽度,m。

另外,从图 2-7 中出口速度三角形可知

$$c_2 \cos\alpha_2 = u_2 - c_{r2} \cot\beta_2 \tag{2-10}$$

由式(2-9)、式(2-10)和式(2-8a)可得

$$H_{T\infty} = \frac{u_2^2}{g} - \frac{u_2 \cot\beta_2}{g \pi D_2 b_2} Q_T \tag{2-11}$$

而

$$u_2 = \frac{\pi D_2 n}{60} \tag{2-12}$$

式中,n 为叶轮转速,r/min;β_2 为叶片的流动角。

式(2-11)为离心泵基本方程的又一表达形式,此式表明了离心泵的理论压头与理论流量、叶轮的转速和直径、叶片的几何形状之间的相互关系。

3. 离心泵基本方程式的讨论

1) 叶片的几何形状

由式(2-11)可知,当叶轮的直径和转速、叶片的宽度及理论流量一定时,离心泵的理论压头随叶片的形状而变。

根据流动角 β_2 的大小,可将叶片形状分为后弯、径向和前弯叶片三种。不同叶片形式对应出口端的速度三角形如图 2-8 所示。

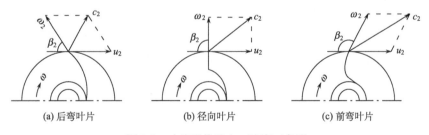

(a) 后弯叶片　　　　(b) 径向叶片　　　　(c) 前弯叶片

图 2-8　叶片形状及出口速度三角形

$\beta_2 < 90°$,称为后弯叶片,$\cot\beta_2 > 0$,$H_{T\infty} < \dfrac{u_2^2}{g}$,理论压头随流量增大而减小。

$\beta_2 = 90°$,称为径向叶片,$\cot\beta_2 = 0$,$H_{T\infty} = \dfrac{u_2^2}{g}$,理论压头与流量无关。

$\beta_2 > 90°$,称为前弯叶片,$\cot\beta_2 < 0$,$H_{T\infty} > \dfrac{u_2^2}{g}$,理论压头随流量增大而增大。

由上述讨论可知,在叶轮尺寸、转速和流量均一定的情况下,三种叶片形式中前弯叶片所产生的理论压头最大。但事实上离心泵多采用后弯叶片,原因如下:离心泵的理论压头包括静压头和动压头两部分,从输送液体的角度而言,希望获得的是静压头而不是动压头。由图 2-8

可见,相同流量下,前弯叶片的动能 $\dfrac{c_2^2}{2g}$ 较大,而后弯叶片的动能 $\dfrac{c_2^2}{2g}$ 较小。液体动能虽然可经蜗壳部分地转化为势能,但在转化过程中导致较多的能量损失。因此,为了获得较高的能量利用率,离心泵总是采用后弯叶片。

　　2) 叶轮的转速和直径

　　根据式(2-11)和式(2-12)可知,当理论流量和叶片的几何尺寸(b_2,β_2)一定时,离心泵的理论压头随叶轮的转速及直径的增加而加大。

　　3) 理论流量

　　若离心泵的几何尺寸(D_2、b_2、β_2)和转速(n)一定,则式(2-11)可表示为

$$H_{T\infty} = A - BQ_T \qquad\qquad (2\text{-}13)$$

其中

$$A = \frac{u_2^2}{g} \qquad B = \frac{u_2\cot\beta_2}{g\pi D_2 b_2}$$

式(2-13)表示 $H_{T\infty}$ 与 Q_T 呈线性关系,该直线的斜率与叶片形状(β_2)有关,$H_{T\infty}$ 与 Q_T 的关系曲线如图 2-9 所示,即

$\beta_2 > 90°$ 时,$B < 0$,$H_{T\infty}$ 随 Q_T 的增加而增大。

$\beta_2 = 90°$ 时,$B = 0$,$H_{T\infty}$ 与 Q_T 无关。

$\beta_2 < 90°$ 时,$B > 0$,$H_{T\infty}$ 随 Q_T 的增加而减小。

　　应予指出,前面讨论的是理想液体通过理想叶轮时的 $H_{T\infty}$-Q_T 关系曲线,称为离心泵的理论特性曲线。实际上,叶轮的叶片数目是有限的,而且输送的液体是具有黏性的实际液体。因此,液体并非完全沿叶片弯曲表面流动,而且在流道中产生与旋转方向不一致的旋转运动,称为轴向涡流。于是,实际的圆周速度 u_2 和绝对速度 c_2 都小于理想叶轮的数值,致使泵的压头降低。同时实际液体流过叶片的间隙和泵内通道时必然伴有各种能量损失,因此离心泵的实际压头 H 必然小于理论压头 $H_{T\infty}$。另外,由于泵内存在各种泄漏损失,离心泵的实际流量 Q 也低于理论流量 Q_T,因此离心泵的实际压头和实际流量(简称为离心泵的压头和流量)关系曲线应在 $H_{T\infty}$-Q_T 关系曲线的下方,如图 2-10 所示。离心泵的 H-Q 关系曲线通常由实验测定。

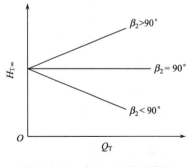

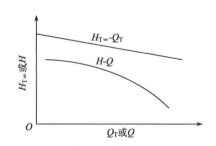

图 2-9　$H_{T\infty}$ 与 Q_T 的关系曲线　　　　图 2-10　离心泵的 $H_{T\infty}$-Q_T 和 H-Q 关系曲线

　　还应指出,离心泵的压头与所输送液体的密度无关,但泵出口处液体的压强与密度成正比。

2.2.3　离心泵的性能参数

　　要正确选择和使用离心泵,就必须了解泵的性能如何。通常采用一些物理量定量地描述

一个泵的性能及运转情况。表征离心泵性能的主要参数包括流量、压头、轴功率、效率和气蚀余量等。这些参数值在离心泵出厂时已测试好,而且将泵在最高效率下工作的一组参数值标注于泵的铭牌上。下面分别介绍离心泵的性能参数。

1. 流量 Q

泵的流量是指离心泵在单位时间内由泵排送到管路系统的液体体积,常用单位为 m^3/h 或 L/s。离心泵的流量与泵的结构、尺寸(主要为叶轮直径和宽度)及转速等有关。由于离心泵总是在特定的管路系统中运行,因此离心泵的实际流量还与输送管路有关。此外,必须注意其与生产任务的区别。生产任务一定在泵的流量范围内,而离心泵在特定管路系统中的实际输送流量要靠排出管路上的调节阀控制。

2. 压头 H

泵的压头是指泵对单位重量(1 N)的液体所提供的有效能量,又称扬程,其单位为 m。离心泵的压头与泵的结构(如叶片的弯曲情况)、尺寸(叶轮直径等)、转速及流量有关。对于一定的泵和转速,压头与流量间具有一定的关系。

如前所述,离心泵的理论压头可以用离心泵基本方程计算。但是由于液体在泵内的流动情况较复杂,因此目前尚不能从理论上计算泵的实际压头,H 通常由实验测定。具体测定方法如下:在已知泵的进、出口尺寸的管路系统中(图 2-11),泵的进口处安装真空表,泵的出口处安装压力表,泵的转速为 2900 r/min,以 20 ℃ 的水为介质于常压下测流量;然后,在真空表及压力表所在截面 1-1′ 与 2-2′ 处列伯努利方程,在忽略两截面间流动阻力的情况下,即可求出泵的压头。

另外,必须注意扬程与升举高度的区别。在储槽液面与高位槽液面之间的垂直距离为液体的升举高度;而扬程为升举高度、静压头变化、动压头变化及损失压头之和,由此可见,升举高度只是泵的扬程的一部分。

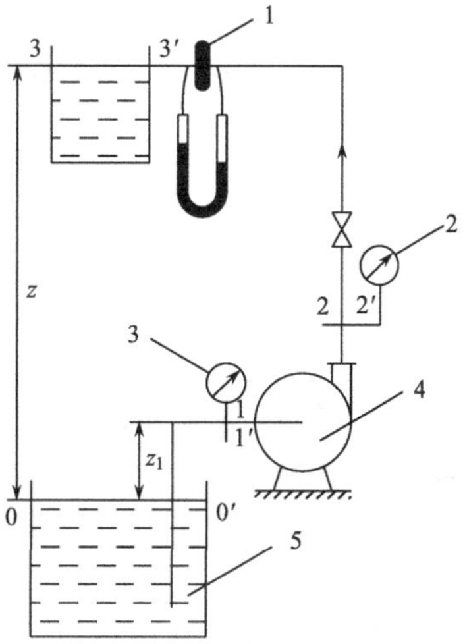

图 2-11　离心泵特性曲线测定
1. 流量计;2. 压力表;3. 真空表;
4. 离心泵;5. 储槽

3. 效率 η

泵的效率 η 是指有效功率与泵轴功率之比,通常用效率来反映泵轴功率转化效率的高低。由于离心泵在输送液体过程中存在多方面的损失,原动机提供给泵轴的能量不能全部为液体所获得,因此泵的有效压头和流量低于理论值。泵效率的大小主要与以下三个方面的能量损失有关:

(1) 容积损失。容积损失是指由泵的泄漏造成的损失,如从叶轮四周送出的高压流体泄漏到泵壳与叶轮之间的缝隙中或通过平衡孔又返回至叶轮入口等(图 2-12),这部分液体虽然消耗了能量但未做功,致使泵排送到管路系统的液体流量总是少于吸入量,因而造成容积损失。容积损失主要与泵的结构及液体在泵进、出口处的压强差有关。容积损失常用容积效率 η_v 表示。一般情况下,闭式叶轮的容积损失较小,一般为 0.85~0.95。

(2) 机械损失。机械损失包括泵轴、轴承、填料函等机械部件的摩擦以及叶轮盖板外表面与液体之间的摩擦而造成的能量损失,常用机械效率 η_m 表示,其值一般为 $0.96\sim0.99$。

(3) 水力损失。水力损失是由于实际液体流经叶轮通道和蜗壳时产生的摩擦阻力 h_f 以及在泵局部处因流速和方向改变引起的环流和冲击而产生的局部阻力 h_t。这种损失使泵的有效压头低于理论压头,常用水力效率 η_h 表示。其大小与泵的结构、流量及液体的性质等有关。在额定流量 Q_s 下离心泵的水力效率一般为 $0.8\sim0.9$。

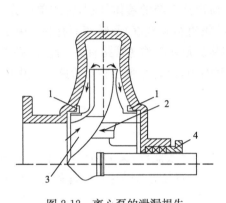

图 2-12 离心泵的泄漏损失

1. 密封环;2. 平衡孔;3. 叶轮入口;4. 密封压盖

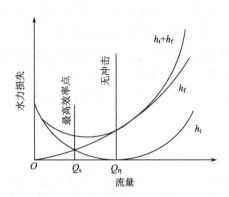

图 2-13 水力效率与流量的关系

应予指出,在一定转速下运转时,离心泵的容积损失与机械损失可近似地视为与流量无关,但水力损失则随流量的变化而改变。在水力损失中,摩擦损失 h_f 大致与流量的平方成正比;而环流、冲击损失 h_t 与流量的关系如下:在某一流量 Q_η 下,液体的流动方向恰与叶片的入口角相一致时的损失最小;而当流量小于或大于 Q_η 时,损失都将增大。水力损失随流量的变化关系如图 2-13 所示。

离心泵的效率反映上述三项能量损失的总和,所以又称总效率。因此总效率为上述三个效率的乘积,即

$$\eta = \eta_v \eta_m \eta_h \tag{2-14}$$

离心泵的效率与泵的类型、尺寸、液体的性质和流量等有关。通常小型水泵的效率为 $50\%\sim70\%$,大型泵可高达 90%。油泵与耐腐蚀泵的效率比水泵低,杂质泵的效率更低。

4. 轴功率 N

泵的轴功率是指泵轴所需的功率,也就是直接传动时电动机传给泵轴的功率,一般用 N 表示,单位为 W 或 kW。离心泵的有效功率是指液体实际上从叶轮获得的功率,通常用 N_e 表示。由于存在上述三种能量损失,因此 N 必大于 N_e,即

$$N = \frac{N_e}{\eta} \tag{2-15}$$

而

$$N_e = HQ\rho g \tag{2-16}$$

式中,N 为轴功率,W;N_e 为有效功率,W;Q 为泵在输送条件下的流量,m^3/s;H 为泵在输送条件下的压头,m;ρ 为输送液体的密度,kg/m^3;g 为重力加速度,m/s^2。

若离心泵的轴功率单位为 kW,则由式(2-15)和式(2-16)可得

$$N = \frac{QH\rho}{102\eta} \tag{2-17}$$

出厂的新泵都配备电动机。若另需配电动机,可按使用时的最大流量用式(2-17)算出轴功率,取其约 1.1 倍作为选配电动机的功率。

2.2.4　离心泵的特性曲线及其影响因素

1. 离心泵的特性曲线

离心泵的特性曲线表示泵的压头 H、轴功率 N、效率 η 与流量 Q 之间的关系曲线,如图 2-14 所示。通常,特性曲线由泵的生产厂家通过实验获得并附于离心泵的样本或说明书中,以便使用部门选择和操作时参考。离心泵的特性曲线是用 20 ℃的清水作为工质在某恒定转速下测得。

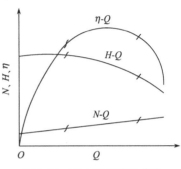

图 2-14　离心泵的特性曲线

一般来说,不同型号的离心泵,其特性曲线不同,但形状基本相似。通常,离心泵的特性曲线图由以下三条基本曲线组成:

(1) $H\text{-}Q$ 曲线。该曲线表示泵的压头与流量的关系。离心泵的压头一般随流量的增大而下降(在流量极小时可能有例外),这是离心泵的一个重要特性。

(2) $N\text{-}Q$ 曲线。该曲线表示泵的轴功率与流量的关系。离心泵的轴功率随流量的增大而上升,流量为零时轴功率最小。因此离心泵启动时应关闭泵的出口阀门,使泵在所需功率最小的条件下启动,以保护电机。

(3) $\eta\text{-}Q$ 曲线。该曲线表示泵的效率与流量的关系。当 $Q=0$ 时,$\eta=0$;泵的效率随流量的增大而逐渐上升,达到一最大值后,效率将随流量的增大而降低,因此离心泵存在一个最高效率点,常称为设计点。显然,泵在设计点处工作时是最为经济的。最高效率点对应的 Q、H、N 值称为该泵的最佳工况参数或额定参数,标注于离心泵的铭牌上。实际上,由于生产输送任务的不同,离心泵往往不可能正好在最佳工况下运转,因此一般只能规定一个工作范围,即使泵在最高效率点附近工作,此区域称为泵的高效率区,通常为最高效率的 92%左右,如图 2-14 中波折号所示的范围。选用离心泵时应尽可能使泵在高效率区内工作。

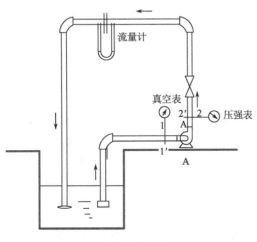

例 2-1　附图

【例 2-1】　现有一台 IS100-80-125 型离心泵,在本题附图所示的实验装置测定其性能曲线时的某一点数据如下:$Q=60$ m³/h;真空表读数为 $2×10^4$ Pa,压强表读数为 $2.1×10^5$ Pa,功率表读数为 5550 W。已知液体密度为 $\rho=1000$ kg/m³。真空表与压强表两测压口间的垂直距离为 0.4 m,泵的吸入管内径为 100 mm,排出管内径为 80 mm,试求该泵在输送条件下的压头 H、有效功率 N_e 和效率 η。

解　为了计算压头 H,应首先计算泵的吸入管及排出管内液体的流速。选取真空表和压强表的测压口分别为上游截面 1-1′ 和下游截面 2-2′，并以截面 1-1′ 为基准水平面，在两截面间列出以单位重量液体为衡算基准的伯努利方程，即

$$H = (z_2 - z_1) + \frac{p_2 - p_1}{\rho g} + \frac{u_2^2 - u_1^2}{2g}$$

其中

$$z_1 = 0 \text{ m}, z_2 = 0.4 \text{ m}, p_1 = -2 \times 10^4 \text{ Pa(表压)}, p_2 = 2.1 \times 10^5 \text{ Pa(表压)}, d_1 = 0.1 \text{ m}, d_2 = 0.08 \text{ m}$$

$$u_1 = \frac{60}{3600 \times \frac{\pi}{4} \times 0.1^2} = 2.12 \text{(m/s)}$$

$$u_2 = \frac{60}{3600 \times \frac{\pi}{4} \times 0.08^2} = 3.32 \text{(m/s)}$$

所以

$$H = 0.4 + \frac{(2.1 + 0.2) \times 10^5}{1000 \times 9.81} + \frac{3.32^2 - 2.12^2}{2 \times 9.81} = 0.4 + 23.45 + 0.33 = 24.2 \text{(m)}$$

有效功率

$$N_e = QH\rho g = \frac{60}{3600} \times 24.2 \times 1000 \times 9.81 = 3957 \text{(W)}$$

效率

$$\eta = \frac{N_e}{N} = \frac{3957}{5550} = 71.3\%$$

2. 液体性质对特性曲线的影响

泵的生产厂家所提供的离心泵特性曲线是以常温的清水为工质做实验测得的。若使用离心泵所输送液体的物性与水的差异较大，泵的性能也要发生变化。因此，选泵时应对生产部门提供的特性曲线进行换算，根据换算后的特性曲线再进行选择和核算。

1) 密度的影响

从离心泵的基本方程 $H_{T\infty} = \frac{u_2^2}{g} - \frac{u_2 \cot\beta_2}{g\pi D_2 b_2} Q_T \left(\text{式中 } u_2 = \frac{\pi D_2 n}{60}\right)$ 及 $Q = c_{r2}\pi D_2 b_2$ 可以看出，离心泵的压头、流量均与所输送液体的密度无关，所以泵的效率也不随液体的密度而改变。但是，由式 $N = \frac{QH\rho}{102\eta}$ 可知，泵的轴功率随液体密度而改变。因此，当所输送液体的密度改变时，离心泵特性曲线中的 H-Q 及 η-Q 曲线保持不变，而 N-Q 曲线需重新计算。

2) 黏度的影响

对于离心泵，若被输送液体的黏度大于常温清水的黏度，由于叶轮、泵壳内流动阻力的增大，其 H-Q 曲线将随 Q 的增大而下降幅度更快。与输送清水时相比，最高效率点处的流量、压头和效率都减小，而轴功率则增大。通常，当输送液体的运动黏度 $\gamma < 2 \times 10^{-5} \text{ m}^2/\text{s}$ 时，如汽油、煤油、轻柴油等，可不作修正；当液体的运动黏度 $\gamma > 2 \times 10^{-5} \text{ m}^2/\text{s}$ 时，泵的特性曲线变化较大，必须进行校正。离心泵的性能需按式(2-18)进行换算：

$$Q' = C_Q Q \qquad H' = C_H H \qquad \eta' = C_\eta \eta \qquad (2\text{-}18)$$

式中，Q、H、η 分别为离心泵输送清水时的流量、压头、效率；Q'、H'、η' 分别为离心泵输送高黏度液体时的流量、压头、效率；C_Q、C_H、C_η 分别为离心泵的流量、压头、效率的换算系数。

式(2-18)中的换算系数可以由图 2-15 及图 2-16 查得。该两图是分别根据 $\phi 50 \sim 200 \text{ mm}$

和 $\phi20\sim70$ mm 的单级离心泵进行多次实验的平均值画出的。两图均仅适用于牛顿型流体，且只能在刻度范围内使用，不能采用外推法。用于多级离心泵时，应采用每一级的压头。图 2-15 中的 Q_s 是表示输送清水时最高效率点下所对应的流量，称为额定流量，单位为 m^3/min。换算时查图方法见例 2-2。

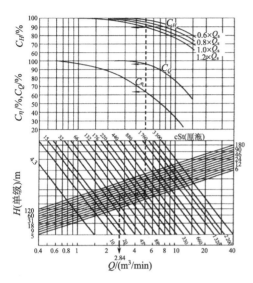
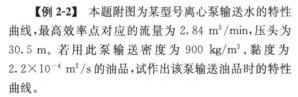

图 2-15　大流量离心泵的黏度换算系数

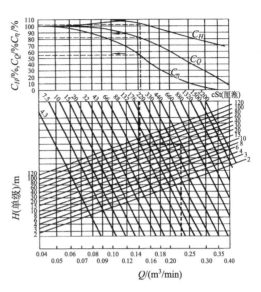
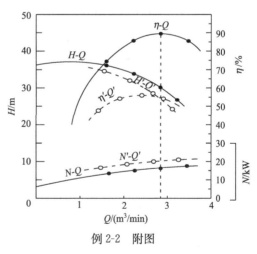

图 2-16　小流量离心泵的黏度换算系数

【例 2-2】　本题附图为某型号离心泵输送水的特性曲线，最高效率点对应的流量为 2.84 m^3/min，压头为 30.5 m。若用此泵输送密度为 900 kg/m^3、黏度为 2.2×10^{-4} m^2/s 的油品，试作出该泵输送油品时的特性曲线。

解　由于油品黏度 $\gamma>2\times10^{-5}$ m^2/s，需对泵的性能参数进行换算。用式（2-18）计算该泵输送油品时的性能，即

$$Q'=C_Q Q \qquad H'=C_H H \qquad \eta'=C_\eta \eta$$

式中各换算系数可由图 2-15 查取。

在图 2-15 中，压头换算系数有四条曲线，分别表示输送清水时的额定流量 Q_s 的 0.6、0.8、1.0 及 1.2 倍时的压头换算系数。由题意知 Q_s 为 2.84 m^3/min，则可从本题附图的特性曲线中分别查出 $0.6Q_s$、$0.8Q_s$、$1.0Q_s$ 及 $1.2Q_s$ 下所对应的 H 及 η 值，并列于本题附表 1 中，以备下一步查 C_H 值时用。

例 2-2　附图

例 2-2　附表 1

	项　目	$0.6Q_s$	$0.8Q_s$	$1.0Q_s$	$1.2Q_s$
输送清水	$Q/(m^3/min)$	1.70	2.27	2.84	3.40
	H/m	34.3	33.0	30.5	26.2
	$\eta/\%$	72.5	80	82	79.5

以 $Q = 1.0Q_s = 2.84 \text{ m}^3/\text{min}$ 为例,由图 2-15 查出各性能的换算系数,查图方法如图 2-15 中的虚线所示。由 $Q = 2.84 \text{ m}^3/\text{min}$ 在横坐标上找出相应的点,由该点向上作垂线与压头 $H = 30.5 \text{ m}$ 的斜线相交,从交点引水平线与黏度为 $2.2 \times 10^{-4} \text{ m}^2/\text{s}$ 的黏度线相交于一点,再从此交点作垂线分别与 C_η、C_Q 及 $Q = 1.0 Q_s$ 所对应的 C_H 曲线相交,各交点的纵坐标即为相应的黏度换算系数值,即 $C_\eta = 0.635$、$C_Q = 0.95$、$C_H = 0.92$。

于是可计算出输送油品时的性能为

$$Q' = C_Q Q = 0.95 \times 2.84 = 2.7 (\text{m}^3/\text{min})$$

$$H' = C_H H = 0.92 \times 30.5 = 28.1 (\text{m})$$

$$\eta' = C_\eta \eta = 0.635 \times 0.82 = 0.521 = 52.1\%$$

输送油品时的轴功率可按式(2-17)计算,即

$$N' = \frac{Q'H'\rho'}{102\eta'} = \frac{2.7 \times 28.1 \times 900}{102 \times 0.521 \times 60} = 21.4 (\text{kW})$$

依照上述方法可查出不同流量下相对应的各种性能换算系数,然后由式(2-18)和式(2-17)计算输送油品时的性能,并将计算结果列于本题附表 2 中。

例 2-2　附表 2

	项　目	$0.6Q_s$	$0.8Q_s$	$1.0Q_s$	$1.2Q_s$
校正系数	C_Q	0.95	0.95	0.95	0.95
	C_H	0.96	0.94	0.92	0.89
	C_η	0.635	0.635	0.635	0.635
输送油品	$Q'/(\text{m}^3/\text{min})$	1.62	2.16	2.7	3.23
	H'/m	32.9	31.0	28.1	23.3
	$\eta/\%$	46.0	50.8	52.1	50.5
	N'/kW	17.0	19.4	21.4	21.9

将本题附表 2 中相应的 Q'、H'、N' 及 η' 值标绘于本题附图中,所得的虚线即为输送油品时离心泵的特性曲线。

3. 离心泵转速对特性曲线的影响

离心泵的特性曲线都是在一定转速下测得的。同一台泵在不同的转速下使用时,泵内液体运动速度三角形将发生变化,泵的压头、流量、效率和轴功率也随之改变。

在离心泵转速变化不大的情况下,可假设:①转速改变前后液体离开叶轮处的速度三角形相似;②转速改变前后离心泵的效率相同。根据离心泵的基本方程推导出当液体的黏度不大时,不同转速下泵的流量、压头、轴功率与转速的近似关系可表示为

$$\frac{Q_1}{Q_2} = \frac{n_1}{n_2} \qquad \frac{H_1}{H_2} = \left(\frac{n_1}{n_2}\right)^2 \qquad \frac{N_1}{N_2} = \left(\frac{n_1}{n_2}\right)^3 \qquad (2\text{-}19)$$

式中,Q_1、H_1、N_1 为转速为 n_1 时泵的性能参数;Q_2、H_2、N_2 为转速为 n_2 时泵的性能参数。

式(2-19)称为离心泵的比例定律,该定律适用于泵的转速变化小于 $\pm 20\%$。

具体换算方法如下:在转速为 n_1 的特性曲线上选择几个点,利用比例定律算出转速为 n_2 时的相应数据,并将结果标绘在坐标纸上,即可得到转速为 n_2 时的离心泵特性曲线。

4. 离心泵叶轮直径对特性曲线的影响

从离心泵的基本方程可知,当泵的转速一定时,其压头、流量与叶轮直径有关。若对同一

型号的泵,只换用直径较小的叶轮,而其他尺寸不变(仅是出口处叶轮的宽度稍有变化),这种现象称为叶轮的"切割"。当叶轮直径变化不大且转速不变时,泵的流量、压头和轴功率与叶轮直径之间的近似关系可表示为

$$\frac{Q'}{Q} = \frac{D_2'}{D_2} \qquad \frac{H'}{H} = \left(\frac{D_2'}{D_2}\right)^2 \qquad \frac{N'}{N} = \left(\frac{D_2'}{D_2}\right)^3 \qquad (2\text{-}20)$$

式中,Q'、H'、N' 为叶轮直径为 D_2' 泵的性能参数;Q、H、N 为叶轮直径为 D_2 泵的性能参数。

式(2-20)称为离心泵的切割定律,该定律只适用于叶轮直径的变化不大于 5% 时的情况。

当不仅泵的叶轮直径发生变化,而且叶轮的其他尺寸也发生相应的改变时,即在相似的工况下,泵的性能与叶轮直径之间的关系可以表示为

$$\frac{H'}{H} = \left(\frac{D_2'}{D_2}\right)^2 \qquad \frac{Q'}{Q} = \left(\frac{D_2'}{D_2}\right)^3 \qquad \frac{N'}{N} = \left(\frac{D_2'}{D_2}\right)^5 \qquad (2\text{-}21)$$

请注意式(2-20)和式(2-21)的应用条件。

2.2.5　离心泵的安装高度

离心泵在管路中的安装高度是否恰当将直接影响离心泵的性能、操作状况及其使用寿命,因此在管路计算中应正确地确定泵的安装高度。离心泵的安装高度是指泵的入口与吸入储槽液面间的垂直距离,如图 2-17 中的 H_g。

1. 离心泵安装高度的限制——气蚀现象

在储槽液面 0-0′ 与泵入口 1-1′ 两截面间列伯努利方程,即

$$\frac{p_a}{\rho} = \frac{p_1}{\rho} + \frac{u_1^2}{2} + gH_g + \sum h_{f,0\text{-}1}$$

由上式可知,泵入口处的压强越低,则液体会不断地被吸入泵内,这对液体在泵内的吸入是非常有利的。

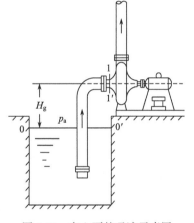

图 2-17　离心泵的吸液示意图

将上面的方程变形可得 $p_1 = p_a - \rho\left(\dfrac{u_1^2}{2} + gH_g + \sum h_{f,0\text{-}1}\right)$,由此式可知,在离心泵叶轮中心附近形成低压区,这一压强与泵的吸上高度 H_g 密切相关,H_g 越大,p_1 越小,越有利于液体的吸入。但 p_1 的降低是有限的,受控于输送温度下液体的饱和蒸气压。气泡产生的原因可以这样解释:纯液体气化时自由度等于1,只要温度一定,则液体的饱和蒸气压就唯一地被确定。温度越低,饱和蒸气压越低,反之亦然。当 p_1 低至等于或小于输送温度下液体的饱和蒸气压时,液体一进入离心泵即气化并产生气泡,气泡内的压强是输送温度下液体的饱和蒸气压,气泡外是高压液体,则气泡因所处位置不同对泵体造成的影响也不同,如图 2-18 所

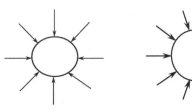

(a) 气泡位于液体中	(b) 气泡位于固体壁面上

图 2-18　发生气蚀时离心泵中气泡的受力分析

示。由图 2-18(a)可见,位于液体中的气泡在内外压力的作用下迅速凝结或破裂,此时周围的液体以极高的速度冲向原气泡所占据的空间,虽然各向受力有所不同,相互之间还可以抵消一部分作用力,但伴随着气泡的破裂冲击面变成冲击点时,在该点产生的局部冲击压力是非常大的,且冲击频率极高,各处冲击压力的不平衡使得泵体发生震动并产生噪声;而对于图 2-18 (b)位于固体壁面上的气泡而言,其作用结果与位于液体中的气泡有所不同,气泡在内外压力的作用下迅速凝结或破裂,此时周围的液体以极高的速度冲向固体壁面,由于气泡内外压力的不同所产生的冲击力即作用在固体壁面的某点上,这种局部冲击力巨大且冲击频率极高,除了使泵体发生震动并产生噪声外,叶轮、泵壳等固体壁面在冲击力的反复作用下,材料表面疲劳,从开始发生点蚀到形成裂缝,最后叶轮、泵壳受到破坏,离心泵不能正常工作。

　　气蚀发生时,产生的大量气泡占据了液体流道的部分空间,导致泵的流量、压头及效率下降。气蚀严重时,泵则不能正常工作。因此,为了使离心泵能正常运转,应避免产生气蚀现象,这就要求叶片入口附近的最低压强必须维持在某一值以上,通常是取输送温度下液体的饱和蒸气压作为最低压强。

　　【例 2-3】　本题附图所示为 30 ℃的水由高位槽流经直径不等的两管段。上部细管的内径为 20 mm,下部粗管的内径为 36 mm。在不计所有阻力损失的情况下,管路中何处的压强最低?该处的水是否会发生气化现象?

例 2-3　附图

　　解　在本书附录 6 中查得 30 ℃的水的饱和蒸气压为

$$p_v = 4.247 \times 10^3 \, \text{Pa} \qquad \rho = 995.7 \, \text{kg/m}^3$$

　　选取高位槽液面为上游截面 1-1′,选取出口管内侧为下游截面 2-2′,并以截面 2-2′为基准水平面,在两截面间列伯努利方程,即

$$gz_1 + \frac{u_1^2}{2} + \frac{p_1}{\rho} = gz_2 + \frac{u_2^2}{2} + \frac{p_2}{\rho}$$

其中 $z_1 = 1 \, \text{m}, z_2 = 0, p_1 = p_2 = p_a, u_1 = 0$,所以

$$u_2 = \sqrt{2gz_1} = \sqrt{2 \times 9.81 \times 1} = 4.43 (\text{m/s})$$

同理,再从 1-1′截面到在 1-1′与 2-2′之间的任一截面间列伯努利方程,即

$$gz_1 + \frac{u_1^2}{2} + \frac{p_a}{\rho} = gz_x + \frac{u_x^2}{2} + \frac{p_x}{\rho}$$

其中 $u_1 = 0$,所以

$$p_x = \left[\left(gz_1 + \frac{p_a}{\rho} \right) - \left(z_x g + \frac{u_x^2}{2} \right) \right] \rho$$

　　因为 $\left(gz_1 + \dfrac{p_a}{\rho} \right)$ 为定值,当 $gz_x + \dfrac{u_x^2}{2}$ 为最大时,$p_x = p_{\min}$。又因为在细管中的 u 最大,所以在细管的最上端,$gz_x + \dfrac{u_x^2}{2}$ 可望达到最大。此时 $z_x = 0.5 \, \text{m}$,则

$$u_x = \left(\frac{d_2}{d_1} \right)^2 u_2 = \left(\frac{0.036}{0.02} \right)^2 \times 4.43 = 14.35 (\text{m/s})$$

所以

$$p_x = p_a + (z_1 - z_x) \rho g - \frac{\rho}{2} u_x^2 = 1.0133 \times 10^5 + (1 - 0.5) \times 995.7 \times 9.81 - \frac{995.7}{2} \times 14.35^2 = 3695.4 (\text{Pa})$$

　　由于 $p_x < p_v$,因此在此处的水将发生气化现象。

　　根据泵的抗气蚀性能,合理地确定泵的安装高度是避免发生气蚀现象的有效措施。我国的离心泵样本中,采用多种指标对泵的允许安装高度加以限制,以免发生气蚀现象。

2. 离心泵的抗气蚀性能

1) 离心泵的气蚀余量

为了避免发生气蚀现象,在离心泵的入口处液体的静压头 $p_1/\rho g$ 与动压头 $u_1^2/2g$ 之和必须大于操作温度下的液体饱和蒸气压头 $p_v/\rho g$ 某一数值,此数值称为离心泵的气蚀余量,又称为净正吸上高度(net positive suction head,NPSH)。因此,NPSH 的定义式为

$$\text{NPSH} = \frac{p_1}{\rho g} - \frac{p_v}{\rho g} + \frac{u_1^2}{2g} \tag{2-22}$$

式中,NPSH 为离心泵的气蚀余量,m;p_v 为操作温度下液体的饱和蒸气压,Pa。

(1) 临界气蚀余量 $(\text{NPSH})_c$。

前已指出,离心泵内发生气蚀的临界条件是叶轮入口附近(截面 k-k')的最低压强等于液体的饱和蒸气压 p_v。与之相应的泵入口处(截面 1-1′)的压强等于某确定的最小值 $p_{1,\min}$。在泵入口 1-1′ 和叶轮入口 k-k' 两截面间列伯努利方程,可得

$$\frac{p_{1,\min}}{\rho g} + \frac{u_1^2}{2g} = \frac{p_v}{\rho g} + \frac{u_k^2}{2g} + H_{f,1\text{-}k} \tag{2-23}$$

比较式(2-22)和式(2-23)可得

$$(\text{NPSH})_c = \frac{p_{1,\min} - p_v}{\rho g} + \frac{u_1^2}{2g} = \frac{u_k^2}{2g} + H_{f,1\text{-}k} \tag{2-24}$$

式中,$(\text{NPSH})_c$ 为离心泵的临界气蚀余量,m。

由式(2-24)可见,当流量一定且流体流动进入阻力平方区时,气蚀余量仅与泵的结构及尺寸有关,它是描述泵的抗气蚀性能参数。离心泵的临界气蚀余量 $(\text{NPSH})_c$ 是由泵生产厂家通过实验测定的。通常离心泵的 $(\text{NPSH})_c$ 随流量增加而增大。

(2) 必需气蚀余量 $(\text{NPSH})_r$。

为了确保离心泵的正常运行,将所测定的临界气蚀余量 $(\text{NPSH})_c$ 加上一定的安全量后称为必需的气蚀余量 $(\text{NPSH})_r$,并列入泵产品样品性能表中。在一些离心泵的特性曲线图中也绘出 $(\text{NPSH})_r$-Q 曲线,如图 2-19 所示。由图可见,$(\text{NPSH})_r$ 随 Q 的增加而增大,因此在确定离心泵的安装高度时应取操作中可能出现的最高流量为计算依据。

(3) 实际气蚀余量 NPSH。

根据标准规定,实际气蚀余量 NPSH 比必需气蚀余量 $(\text{NPSH})_r$ 还要大 0.5 m 以上。

通常,在离心油泵中的气蚀余量用符号 Δh 表示。

2) 离心泵的允许吸上真空度

如前所述,为了避免气蚀现象的发生,泵入口处压强 p_1 应为允许的最低绝对压强。但习惯上常用真空度表示 p_1,若大气压为 p_a,则泵入口处可允许达到的最高真空度为 $(p_a - p_1)$,单位为 Pa。若将此真空度以输送液体的液柱高度来计算,则此真空度称为离心泵的允许吸上真空度,以 H_s' 表示,即

$$H_s' = \frac{p_a - p_1}{\rho g} \tag{2-25}$$

式中,H_s' 为离心泵的允许吸上真空度,m 液柱;p_a 为大气压强,Pa;p_1 为泵吸入口处允许的最低绝对压强,Pa;ρ 为被输送液体的密度,kg/m³。

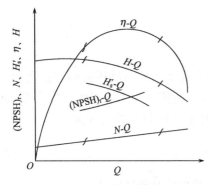

图 2-19　(NPSH)$_r$-Q、H'_s-Q 曲线示意图

应予指出,离心泵的允许吸上真空度 H'_s 值越大,表示该泵在一定操作条件下的抗气蚀性能越好。

H'_s 值的大小与泵的结构、流量、被输送液体的性质及当地大气压等因素有关,通常由泵的生产厂家通过实验测定。实验值列在一些离心泵样本的性能表中。一些泵的特性曲线上也绘出 H'_s-Q 曲线,如图 2-19 所示。由图可见,随 Q 增加 H'_s 减小,因此在确定离心泵安装高度时应按泵最高流量下的 H'_s 进行计算。

由允许吸上真空度定义及单位可知,它不仅具有压强的意义而且具有静压头的概念,因此一般泵性能表中把它的单位写成 m,两者在数值上是相等的。

应注意,测量允许吸上真空度 H'_s 实验是在大气压为 98.1 kPa(10 mH$_2$O)下,用20 ℃清水为介质进行的。因此若输送其他液体或操作条件与上述的实验条件不同时,应按式(2-26)进行换算,即

$$H_s=\left[H'_s+(H_a-10)-\left(\frac{p_v}{9.81\times10^3}-0.24\right)\right]\frac{1000}{\rho} \tag{2-26}$$

式中,H_s 为操作条件下输送液体时的允许吸上真空度,m 液柱;H'_s 为实验条件下输送水时的允许吸上真空度(在水泵性能表上查得的数值),mH$_2$O;H_a 为泵安装地区的大气压强,mH$_2$O,其值随海拔高度不同而异,可参阅表2-1;p_v 为操作温度下液体的饱和蒸气压,Pa;10 为实验条件下大气压强,mH$_2$O;0.24 为 20 ℃下水的饱和蒸气压,mH$_2$O;1000 为实验温度下水的密度,kg/m^3;ρ 为操作温度下液体的密度,kg/m^3。

表 2-1　不同海拔高度的大气压强

海拔高度/m	0	100	200	300	400	500	600	700	800	1000	1500	2000	2500
大气压强/mH$_2$O	10.33	10.2	10.09	9.95	9.85	9.74	9.6	9.5	9.39	9.19	8.64	8.15	7.62

离心泵的允许吸上真空度 H'_s 与气蚀余量的关系为

$$H'_s=\frac{p_a-p_v}{\rho g}+\frac{u_1^2}{2g}-(NPSH) \tag{2-27}$$

3. 离心泵的允许安装高度

在图 2-17 中,假设离心泵在可允许的安装高度下操作,于储槽液面 0-0′ 与泵入口处 1-1′ 两截面间列伯努利方程,可得

$$H_g=\frac{p_0-p_1}{\rho g}-\frac{u_1^2}{2g}-H_{f,0-1} \tag{2-28}$$

式中,H_g 为泵的允许安装高度,m;$H_{f,0-1}$ 为液体流经吸入管路的压头损失,m;p_1 为泵入口处可允许的最低压强,也可写为 $p_{1,min}$,Pa。

若储槽上方与大气相通,则 p_0 即为大气压强 p_a,式(2-28)可表示为

$$H_g = \frac{p_a - p_1}{\rho g} - \frac{u_1^2}{2g} - H_{f,0\text{-}1} \tag{2-28a}$$

若已知离心泵的必需气蚀余量,则由式(2-22)和式(2-28a)可得

$$H_g = \frac{p_a - p_v}{\rho g} - (NPSH)_r - H_{f,0\text{-}1} \tag{2-29}$$

若已知离心泵的允许吸上真空度,则由式(2-25)和式(2-28a)可得

$$H_g = H_s' - \frac{u_1^2}{2g} - H_{f,0\text{-}1} \tag{2-30}$$

根据离心泵的性能表上所列的是必需气蚀余量或允许吸上真空度,相应地选用式(2-29)或式(2-30)计算离心泵的安装高度。通常为安全起见,离心泵的实际安装高度应比允许安装高度低 0.5～1 m。

【例 2-4】 用 IS80-65-125 型离心泵($n = 2900$ r/min)将 20 ℃的清水以 60 m³/h 的流量送至敞口容器。泵安装在水面上 3.5 m 处。吸入管路的压头损失和动压头分别为 2.62 m 和 0.48 m。已知泵所安装地区的大气压为 1×10^5 Pa。(1)计算泵入口真空表的读数,kPa;(2)若改为输送 60 ℃的清水,泵的安装高度是否合适?

解 由泵的性能表查得,当 $Q = 60$ m³/h 时,$(NPSH)_r = 3.5$ m。由附录查得 20 ℃时,水的密度 $\rho = 998.2$ kg/m³;60 ℃时,水的饱和蒸气压 $p_v = 2 \times 10^4$ Pa,$\rho = 983.2$ kg/m³。

(1)泵入口真空表的读数。

以水池液面为上游截面 0-0′,泵入口处为下游截面 1-1′,并以 0-0′截面为基准水平面,在两截面间列伯努利方程,即

$$p_a - p_1 = \left(z_1 + \frac{u_1^2}{2g} + H_{f,0\text{-}1} \right) \rho g$$

式中,$z_1 = 3.5$ m,$\frac{u_1^2}{2g} = 0.48$ m,$H_{f,0\text{-}1} = 2.62$ m,则

$$p_a - p_1 = (3.5 + 0.48 + 2.62) \times 9.81 \times 998.2 = 6.46 \times 10^4 (Pa)(真空度)$$

(2)若改为输送 60 ℃的清水时的允许安装高度。

$$H_g = \frac{p_a - p_v}{\rho g} - (NPSH)_r - H_{f,0\text{-}1}$$

式中,$p_v = 2 \times 10^4$ Pa,$p_a = 1 \times 10^5$ Pa,$\rho = 983.2$ kg/m³,$H_{f,0\text{-}1} = 2.62$ m,$(NPSH)_r = 3.5$ m。

将 60 ℃的清水的有关物性参数代入式(2-29),便可求得泵的允许安装高度,即

$$H_g = \frac{(10 - 2) \times 10^4}{983.2 \times 9.81} - 3.5 - 2.62 = 2.2 (m)$$

为了安全起见,泵的实际安装高度应该小于 2.2 m,而原泵安装高度为 3.5 m,显然安装位置过高,需要降低 1.3 m 左右。

由上面的计算可知,所输送液体的温度越高,则泵的安装高度越低。

由例 2-4 可以看出,当液体的输送温度较高或液体的沸点较低时,由于液体的饱和蒸气压较高,因此要特别注意泵的安装高度。

离心泵安装高度的确定是使用离心泵的主要环节之一,需注意以下几点:

(1)离心泵的允许吸上真空度和允许气蚀余量的值是与流量有关的,在大流量下 H_s' 较小而 NPSH 较大,因此必须注意使用最大额定值进行计算。

(2)离心泵安装时,为了尽量减少吸入管路的压头损失,可选用较大的吸入管径,缩短吸入管的长度,减少管路中的弯头、阀门等管件。

(3)把泵安装在储罐液面以下,使液体利用位差自动灌入泵体内。

2.2.6 离心泵的工作点与流量调节

前面仅讨论了离心泵自身的性能,当离心泵安装在特定的管路系统中工作时,实际的工作压头和流量不仅与离心泵本身的性能有关,还与泵前后连接的管路特性有关。也就是说,安装在特定管路中的泵所输送的液体量即为管路中的流量,在该流量下泵所提供的压头必须等于(一般大于)管路系统所要求的压头,这样在完成生产输送任务的同时保证将液体输送到所需的场所,为此实际输液量与压头的确定要由泵的特性与管路特性共同决定。

1. 管路特性方程与管路特性曲线

管路特性方程是指流体通过某特定管路所需要的压头与液体流量的关系。现首先讨论与泵相关的管路状况。

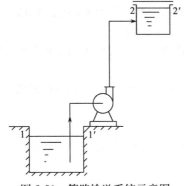

图 2-20 管路输送系统示意图

图 2-20 为泵安装在特定管路系统中的示意图,若储槽与受液槽的液面均维持恒定,欲求液体流过管路系统时所需的压头(完成输送任务时要求泵所提供的压头)。取储槽液面为上游截面 1-1′,受液槽的液面为下游截面 2-2′,并在两截面间列伯努利方程,即

$$H_e = \Delta z + \frac{\Delta p}{\rho g} + \frac{\Delta u^2}{2g} + H_{f,1\text{-}2} \qquad (2\text{-}31)$$

对于特定的管路系统,于一定的条件下稳态操作时,式(2-31)的 Δz 与 $\Delta p/\rho g$ 均为定值,以常数 K 表示,即

$$\Delta z + \frac{\Delta p}{\rho g} = K$$

因储槽与受液槽的截面都很大,该处流速与管路的相比可以忽略不计,则 $\Delta u^2/(2g) \approx 0$。式(2-31)可以简化为

$$H_e = K + H_{f,1\text{-}2} \qquad (2\text{-}32)$$

若输送管路的直径均一,则管路系统的压头损失可表示为

$$H_{f,1\text{-}2} = \left(\lambda \frac{l + \sum l_e}{d} + \sum \zeta \right) \frac{u^2}{2g}$$

管内流体的流速为

$$u = \frac{Q_e}{\frac{\pi}{4} d^2}$$

代入上式得

$$H_{f,1\text{-}2} = \left(\lambda \frac{l + \sum l_e}{d} + \sum \zeta \right) \frac{8}{\pi^2 d^4 g} Q_e^2 \qquad (2\text{-}33)$$

式中,Q_e 为管路系统中的实际输送量,m^3/s;d 为管路的直径,m。

对于特定的管路系统,式(2-33)中的 d、l、$\sum l_e$、$\sum \zeta$ 均为定值,湍流时 λ 变化不大可视为常数,于是可令

$$\left(\lambda\frac{l+\sum l_{e}}{d}+\sum\zeta\right)\frac{8}{\pi^{2}d^{4}g}=B$$

则式(2-33)可简化为

$$H_{f,1\text{-}2}=BQ_{e}^{2}$$

所以,式(2-32)可写为

$$H_{e}=K+BQ_{e}^{2} \qquad (2\text{-}34)$$

式(2-34)称为管路的特性方程。它表明在特定的
管路中输送液体时,管路所需的压头 H_{e} 与液体流量
Q_{e} 之间的关系。若将此关系绘制在相应的坐标图上,
即得如图 2-21 所示的 $H_{e}\text{-}Q_{e}$ 曲线,此曲线称为管路特
性曲线,表示在特定管路系统中,于固定操作条件下,
流体流经该管路时所需的压头与流量的关系。此线的
形状由管路布局和操作条件决定,而与泵的性能无关。

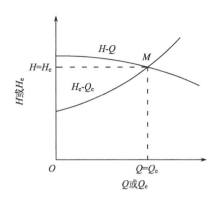

图 2-21　管路特性曲线与泵的工作点

2. 离心泵的工作点

将离心泵的特性曲线 $H\text{-}Q$ 与其所在管路的特性曲线 $H_{e}\text{-}Q_{e}$ 绘于同一坐标图上,则两线
相交于一点 M,该点称为泵在该管路上的工作点。该点所对应的流量和压头既能满足管路系
统的要求,又为离心泵所能提供,即 $Q=Q_{e},H=H_{e}$。换言之,对所选定的离心泵,以一定转速
在此特定管路系统运转时,只能在这一点工作。

【例 2-5】 某型号离心泵特性数据如本题附表所示,将此泵安装在总管长(包括局部阻力的当量长度)为
355 m,管径为 ϕ76 mm×4 mm 的管路系统中。储液槽通大气,管路输出端设备中的压强为 1×10^{5} Pa(表
压),输入、输出端面的垂直距离为 4.6 m,管路摩擦系数为 0.03,设所输送液体的性质与 20 ℃的水相近。试
求该泵在此管路系统中工作时的流量和压头。

例 2-5　附表

$Q/(\text{L/min})$	0	100	200	300	400	500
H/m	37.2	38.0	37.0	34.5	31.3	28.5

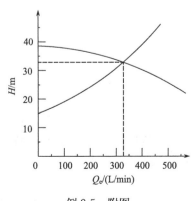

例 2-5　附图

解　求泵在工作时的流量和压头,实质上是要找出该泵在管路
上的工作点。

由于泵的工作点是由泵的特性曲线和管路特性曲线共同决定
的,因此应首先根据管路条件求出管路特性方程。

在储液槽液面和输水管出口内侧两截面间列伯努利方程,得

$$H_{e}=K+BQ_{e}^{2}=\left(\Delta z+\frac{\Delta p}{\rho g}\right)+\lambda\left(\frac{l+\sum l_{e}}{d}\right)\frac{8}{\pi^{2}d^{4}g}Q_{e}^{2}$$

其中 $\Delta z=4.6$ m,$\Delta p=1\times10^{5}$ Pa(表压),$\rho=1\times10^{3}$ kg/m³

$$K=4.6+\frac{100\times10^{3}-0}{9.81\times1000}=14.8$$

$$d=0.076-0.004\times2=0.068(\text{m})$$

若 Q 的单位为 L/min,则

$$B = \frac{1}{2g \times (60 \times 1000A)^2} \lambda \left(\frac{l + \sum l_e}{d} \right)$$

$$= \frac{0.03 \times 355}{2 \times 9.81 \times \left[60 \times 1000 \times \frac{\pi}{4} \times (0.068)^2 \right]^2 \times 0.068}$$

$$= 1.68 \times 10^{-4}$$

则管路特性方程为

$$H_e = 14.8 + 1.68 \times 10^{-4} Q_e^2$$

将此方程和例 2-5 附表的数据绘于同一图中得到两曲线的交点,该点对应的流量和压头分别为 330 L/min 和 33.2 m,即为该泵在此管路系统中工作的流量和压头。

3. 离心泵的流量调节

当已选好的离心泵安装在指定的管路上工作时,由于生产任务发生变化,出现泵的工作流量与生产要求不相适应的问题,则需要对泵进行流量调节,实质上是改变泵的工作点。由于泵的工作点是由泵的特性曲线和管路特性曲线共同决定的,因此改变两种特性曲线之一均可达到调节流量的目的。

1) 改变管路特性曲线

改变管路特性曲线最常用的方法是改变离心泵出口管路上调节阀门的开度。例如,当阀门关小时,管路的局部阻力加大,管路特性方程 $H_e = K + BQ_e^2$ 中的 B 因阀门局部阻力系数变大而相应变大,管路特性曲线变陡,如图 2-22 中曲线 1 所示,相应的工作点由 M 点移至 M_1 点,流量由 Q_M 降到 Q_{M_1}。当阀门开大时,管路局部阻力减小,B 随之减小,管路特性曲线变得平坦,如图 2-22 中曲线 2 所示,工作点由 M 移至 M_2,相应流量由 Q_M 加大到 Q_{M_2}。

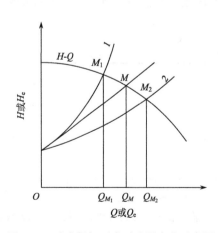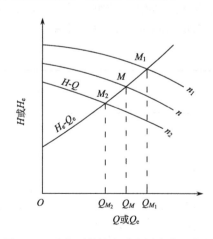

图 2-22　改变阀门开度时流量变化示意图　　　　图 2-23　改变泵的转速时流量变化示意图

采用阀门来调节流量快速简便且流量可以连续变化,比较适合化工连续生产的特点,因此应用十分广泛。其缺点是当阀门关小时,实质上是人为地增大管路阻力来适应离心泵的特性,以减小流量,其结果是比实际需要多消耗动力,也可能使泵在远离高效区工作,很不经济。

2) 改变泵的特性曲线

改变泵的特性曲线通常采用改变泵的转速或叶轮直径的方法实现。当泵的转速发生变化时,如图 2-23 所示,泵原来的转速为 n,工作点为 M,若将泵的转速提高到 n_1,泵的特性曲线

H-Q 向上移,工作点由 M 移至 M_1,流量由 Q_M 加大到 Q_{M1};若将泵的转速降至 n_2,H-Q 曲线便向下移,工作点由 M 移至 M_2,流量由 Q_M 减小到 Q_{M2}。由式(2-19)可知,流量随转速下降而减小,动力消耗也相应降低,因此从能量消耗来看是比较合理的。但是改变泵的转速需要变速装置或变速原动机,且难以做到流量连续调节,因此在化工生产中使用较少。

此外,减小叶轮直径也可以改变泵的特性曲线,从而使泵的流量变小,但一般可调节范围不大,且直径减小不当还会降低泵的效率,所以生产上很少采用。

【例 2-6】 如本题附图 1 所示,用离心泵将池中常温水送至一敞口高位槽中。泵的特性曲线方程可近似用 $H = 25.7 - 7.36 \times 10^{-4} Q^2$ 表示(H 的单位为 m,Q 的单位为 m³/h);管出口距池中水面高度为 13 m,直管长为 90 m,采用 $\phi114$ mm×4 mm 的钢管。管路上有 2 个 $\zeta_1 = 0.75$ 的 90°弯头,1 个 $\zeta_2 = 6.0$ 的全开标准阀,1 个 $\zeta_3 = 8.0$ 的底阀,估计摩擦系数为 0.03。(1)求标准阀全开时,管路中实际流量(m³/h);(2)为使流量达到 60 m³/h,现采用调节阀门开度的方法,应如何调节? 求此时的管路特性方程;(3)设泵的原转速为 2900 r/min,若采用调节转速的方法使流量变为 60 m³/h,则新的转速应为多少?

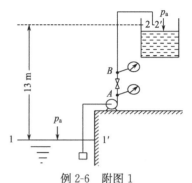

例 2-6 附图 1

解 (1)水池液面 1-1′与管出口截面 2-2′间的管路特性曲线方程可表示为

$$H_e = \left(\Delta z + \frac{\Delta p}{\rho g}\right) + \frac{\Delta u^2}{2g} + H_{f,1-2} \tag{a}$$

其中

$$\Delta z = 13 \text{ m} \qquad \Delta p = 0 \qquad \frac{\Delta u^2}{2g} = \frac{u_2^2}{2g} = \frac{u^2}{2g}(\text{因其通常很小,可忽略不计})$$

$$H_{f,1-2} = \left(\lambda \frac{l}{d} + \sum \zeta\right) \frac{u_2^2}{2g}$$

其中 $\lambda = 0.03$,$l = 90$ m,$\zeta_1 = 0.75$,$\zeta_2 = 6.0$,$\zeta_3 = 8.0$

$$d = 0.114 - 2 \times 0.004 = 0.106(\text{m})$$

$$\sum \zeta = 2 \times \zeta_1 + \zeta_2 + \zeta_3 = 2 \times 0.75 + 6.0 + 8.0 = 15.5$$

$$H_{f,1-2} = \left(0.03 \times \frac{90}{0.106} + 15.5\right) \times \frac{u^2}{2g} = 40.97 \times \frac{u^2}{2g}$$

$$u = \frac{4}{\pi d^2} \times \frac{Q}{3600}(Q \text{ 以 m}^3/\text{h 计})$$

代入式(a)得

$$H_e = 13 + 40.97 \times \frac{8}{\pi^2 d^4 g} \left(\frac{Q}{3600}\right)^2$$

$$= 13 + 40.97 \times \frac{8}{\pi^2 \times 0.106^4 \times 9.81 \times 3600^2} Q^2$$

$$= 13 + 2.07 \times 10^{-3} Q^2 \tag{b}$$

而泵的特性方程为

$$H = 25.7 - 7.36 \times 10^{-4} Q^2 \tag{c}$$

泵工作时,$H_e = H$;联立求解式(b)、式(c)得

$$Q = 67.3 \text{ m}^3/\text{h} \qquad H_e = H = 22.4 \text{ m}$$

(2)为了使流量由 $Q = 67.3$ m³/h 变为 $Q' = 60$ m³/h,需关小阀门。

设阀门关小后的管路特性方程为

$$H_e = K + B'Q^2 = 13 + B'Q^2 \tag{d}$$

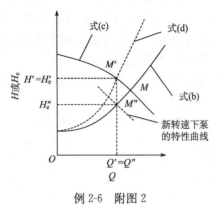

例 2-6　附图 2

其中，$K = 13$ m[因为 $\Delta z + \Delta p/(\rho g)$ 不变]，B' 通过下述方法求取。

阀门关小后泵的特性方程式(c)不变，故将 $Q' = 60$ m³/h 代入式(c)可求出新的工作点。

$$H' = 25.7 - 7.36 \times 10^{-4} Q'^2$$
$$= 25.7 - 7.36 \times 10^{-4} \times 60^2 = 23.05 \text{(m)}$$

$Q' = 60$ m³/h，$H' = 23.05$ m 就是阀门关小后新的工作点的横坐标、纵坐标(见本题附图 2 中点 M')。Q'、H' 也应满足阀门关小后的管路特性方程，于是，将 Q'、H' 即 H'_e 代入式(d)

$$23.05 = 13 + B' \times 60^2$$

解得

$$B' = 0.002\,79$$

于是，阀门关小后的管路特性方程为

$$H_e = 13 + 2.79 \times 10^{-3} Q^2$$

(3) 若采用调节转速的方法使流量变为 $Q'' = 60$ m³/h，则应将转速变小，即工作点下移至点 M''。

调节转速后，管路特性方程式(b)不变，所以将 $Q'' = 60$ m³/h 代入式(b)可求出点 M'' 的横坐标、纵坐标，即

$$Q'' = 60 \text{ m}^3/\text{h} \qquad H''_e = 13 + 2.07 \times 10^{-3} \times 60^2 = 20.45 \text{(m)}$$

Q''、H'' 应满足新转速下泵的特性方程。新转速下泵的特性方程推导如下：

根据式(2-19)，有

$$Q = \frac{n}{n'} Q'' \qquad H = \left(\frac{n}{n'}\right)^2 H''$$

将上式代入原转速下泵的特性方程式(c)中，化简得

$$H'' = 25.7 \left(\frac{n'}{n}\right)^2 - 7.36 \times 10^{-4} (Q'')^2 \tag{e}$$

式(e)是新转速下泵的特性方程。将 $Q'' = 60$ m³/h，$H''_e = H'' = 20.45$ m、原转速 $n = 2900$ r/min 代入式(e)得

$$n' = 2900 \times \sqrt{0.899} = 2750 \text{(r/min)}$$

2.2.7　离心泵的组合操作

在实际生产中，当需要较大幅度增加流量或压头时，可以考虑采用几台离心泵加以组合。离心泵的组合方式原则上有两种：并联和串联。下面分别以两台特性完全相同的离心泵的串联和并联讨论其特性。

1. 并联操作

当单台泵的流量不够时，可以采用两台泵的并联操作以增大流量。

设将两台型号相同的离心泵并联操作，且各自的吸入管路相同，则两泵的流量和压头相同。在同一压头下，两台并联泵的流量等于单台泵的两倍。于是，依据图 2-24 中单台泵特性曲线 1 上的一系列坐标点，保持其纵坐标不变而使横坐标加倍，便可绘得两台泵并联操作后的合成特性曲线 2。

并联泵的操作流量和压头由合成特性曲线与管路特性曲线的交点决定。由图 2-24 可见，由于流量增大使管路流动阻力增加，因此两台泵并联后的总流量必低于原单台泵流量的两倍。

2．串联操作

当生产中需要提高泵的压头时，可以考虑将泵串联使用。

若将两台型号相同的泵串联操作，则每台泵的压头和流量相同。因此在同一流量下，两台串联泵的压头为单台泵的两倍。于是，依据图 2-25 单台泵特性曲线 1 上一系列坐标点，保持其横坐标不变而使纵坐标加倍，可绘出两台串联泵的合成特性曲线 2。

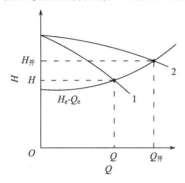
图 2-24　离心泵的并联操作

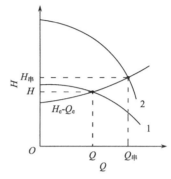
图 2-25　离心泵的串联操作

同样，串联泵的工作点由管路特性曲线与泵的合成特性曲线的交点决定。由图 2-25 可见，两台泵串联操作的总压头必低于单台泵压头的两倍。

3．离心泵组合操作方式的选择

从图 2-24 和图 2-25 中的特性曲线可以看出，泵的串联或并联操作均可同时增大压头和流量。生产中究竟采用何种组合方式比较经济合理，则取决于管路特性曲线的形状。

（1）对于管路所要求的$[\Delta z + \Delta p/(\rho g)]$值高于单泵所能提供最大压头的特定管路，则只能采用泵的串联操作。

（2）对于管路特性曲线较平坦的低阻型输送管路（图 2-26 中曲线 a），采用并联组合操作方式可以获得比串联组合操作高的流量和压头。

（3）对于管路特性曲线较陡的高阻型输送管路（图 2-26

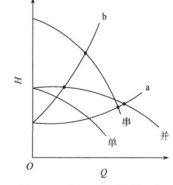
图 2-26　离心泵串、并联组合
方式的选择

中曲线 b），采用串联组合操作可获得比并联组合操作高的流量和压头。

【例 2-7】　某离心泵（其特性曲线为本题附图中的曲线 Ⅰ）所在管路的特性曲线方程为 $H_e = 40 + 15Q_e^2$，当两台或三台此型号的泵并联操作时，试分别求管路中流量增加的百分数。若管路特性曲线方程变为 $H_e = 40 + 100Q_e^2$，试再求上述条件下流量增加的百分数。题中的两个管路特性方程中 Q_e 的单位为 $\mathrm{m^3/s}$，H_e 的单位为 m。

解　离心泵并联工作时，管路中的输水量可由相应的泵的合成特性曲线与管路特性曲线的交点来决定。

性能相同的两台或三台离心泵并联工作时合成特性曲线，可在单台泵特性曲线 Ⅰ 上取若干点，对应各点的纵坐标保持不变而横坐标分别增大两倍或三倍，将所得的各点相连绘制而成，如本题附图中的曲线 Ⅱ 和 Ⅲ 所示。由曲线 Ⅰ 可知，当 $H = 63$ m 时，$Q_1 = 300$ L/s。在同一压头下，两台或三台泵并联时，相应的 $Q_2 = 2Q_1 = 600$ L/s 及 $Q_3 = 3Q_1 = 900$ L/s。

按题给的管路特性曲线方程，计算出不同 Q_e 下所对应的 H_e，计算结果列于本题附表中，然后在本题附图中标绘出管路特性曲线。根据泵的特性曲线与管路特性曲线的交点可求得管路中的流量。

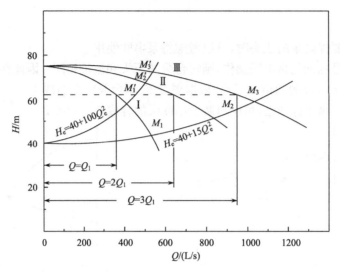

例 2-7 附图

例 2-7 附表

Q_e	/(L/s)	0	200	400	600	800	1000	1200
	/(m³/s)	0	0.2	0.4	0.6	0.8	1.0	1.2
$H_e=40+15Q_e^2$		40	40.6	42.4	45.4	49.6	55.0	61.6
$H_e=40+100Q_e^2$		40	44.0	56.0	76.0			

(1) 管路特性曲线方程为 $H_e=40+15Q_e^2$ 时。

一台泵单独工作时,工作点为 M_1,$Q_1=480$ L/s。

两台泵并联工作时,工作点为 M_2,$Q_2=840$ L/s。

三台泵并联工作时,工作点为 M_3,$Q_3=1080$ L/s。

两台泵并联工作时,流量增加的百分数为

$$\frac{840-480}{480}\times100\%=75\%$$

三台泵并联工作时,流量增加的百分数为

$$\frac{1080-480}{480}\times100\%=125\%$$

(2) 管路特性曲线方程为 $H_e=40+100Q_e^2$ 时。

一台泵单独工作时,工作点为 M_1',$Q_1'=390$ L/s。

两台泵并联工作时,工作点为 M_2',$Q_2'=510$ L/s。

三台泵并联工作时,工作点为 M_3',$Q_3'=560$ L/s。

两台泵并联工作时,流量增加的百分数为

$$\frac{510-390}{390}\times100\%=31\%$$

三台泵并联工作时,流量增加的百分数为

$$\frac{560-390}{390}\times100\%=44\%$$

从上述计算结果可以看出:

（1）在同一管路中，性能相同的泵并联工作时所获得的流量并不等于每台泵在同一管路中单独使用时的倍数，且并联的台数越多，流量的增加率越小。

（2）管路特性曲线越陡，流量增加的百分数也越小。对此种高阻型输送管路宜采用串联组合操作。

2.2.8　离心泵的类型与选择

1. 离心泵的类型

在化工生产中，为了适应不同的输送要求，离心泵的类型也是多种多样的。按泵所输送液体的性质可以分为水泵、耐腐蚀泵、油泵和杂质泵等；按吸液方式可以分为单吸泵和双吸泵；按泵体内叶轮数目又可以分为单级泵和多级泵。各种类型的离心泵按照其结构特点各自成为一个系列，并以一个或几个汉语拼音字母作为系列代号。在每一系列中，由于有各种规格，因此附以不同的字母和数字予以区别。以下对化工厂中常用离心泵的类型作简要说明。

1）清水泵

清水泵用于输送清水以及物理化学性质类似于水的清洁液体。

（1）单级离心泵。IS 型水泵为单级单吸悬臂式离心水泵的代号，在工业中应用最为广泛，

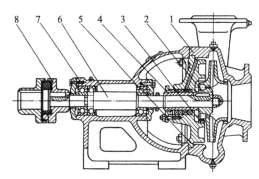

其结构如图 2-27 所示。这种泵的泵体与泵盖都是用铸铁制成的。全系列扬程为 8～98 m，流量范围为 4.5～360 m³/h。此外，目前工业中仍广泛采用的清水泵系列的代号为 B，即 B 型泵。若输送液体的流量较大而所需的压头并不高，则可采用双吸泵。双吸泵的叶轮有两个吸入口，如图 2-28 所示。由于双吸泵叶轮的宽度与直径之比加大，且有两个入口，因此输液量较大。双吸泵的系列代号为 Sh。全系列扬程范围为 9～250 m，流量范围为 50～14 000 m³/h。例如，IS125-100-200，IS 为单级单吸离心水泵；125 为泵的吸入管内径，mm；100 为泵的排出管内径，mm；200 为泵的叶轮直径，mm。

图 2-27　IS 型水泵结构

1. 泵体；2. 叶轮；3. 密封环；4. 护轴套；5. 后盖；
6. 泵轴；7. 机架；8. 联轴器部件

（2）多级离心泵。若所要求的压头较高而流量并不太大，可采用多级泵，如图 2-29 所示，在同一泵壳内串联多个叶轮，从一个叶轮流出的液体通过泵壳内的导轮引导液体改变流向，且

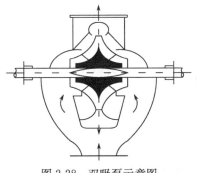

图 2-28　双吸泵示意图

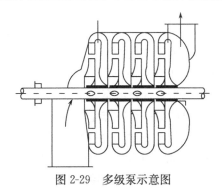

图 2-29　多级泵示意图

将一部分动能转变为静压能,然后进入下一个叶轮的入口。因为液体从几个叶轮中多次接受能量,所以可达到较高的压头。典型的多级泵系列代号为 D,称为 D 型离心泵。叶轮级数一般为 2~9 级,最多为 12 级。全系列扬程范围为 14~1800 m,流量范围为 6.3~850 m³/h。例如,D155-67×3,D 为节段式多级离心泵;155 为泵设计点流量,m³/h;67 为泵设计点单级扬程,m;3 为泵的级数。

为了选用方便,泵的生产部门绘制出泵的系列特性曲线,即将同一类型的各种型号泵与较高效率范围相对应的一段 H-Q 曲线绘在一张总图中。图 2-30 为 IS 型水泵系列特性曲线。

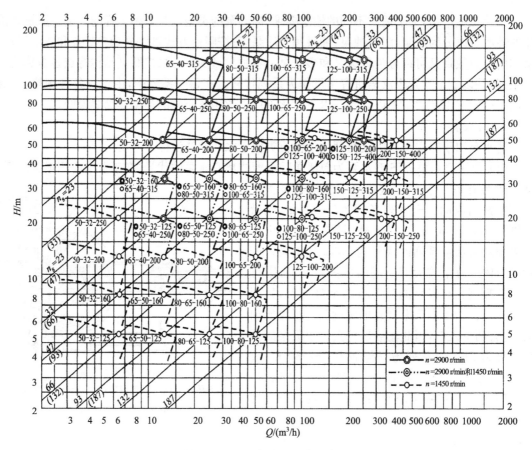

图 2-30　IS 型水泵系列特性曲线

2) 防腐蚀泵

防腐蚀泵用于输送酸、碱等腐蚀性液体,其代号为 F。该泵的主要特点是与液体接触的泵部件均用耐腐蚀材料制成。各种材料制作的耐腐蚀泵在结构上基本相同,因此都用 F 作为它的系列代号。在 F 后面再加一个字母表示材料代号,以示区别。例如,FH 表示腐蚀泵采用灰口铸铁材料制造,FS 表示腐蚀泵采用聚三氟氯乙烯塑料材料制造。

防腐蚀泵的另一个特点是密封要求高。由于填料本身被腐蚀的问题也难以彻底解决,因此 F 型泵多采用机械密封装置。F 型泵全系列的扬程范围为 15~105 m,流量范围为 2~400 m³/h。例如,40FM1-26,40 为泵吸入口直径,mm;F 为悬臂式耐腐蚀离心泵;M 为与液体接触部件的材料代号;1 为轴封式代号(1 代表单端面密封);26 为泵的扬程,m。

3）油泵

油泵用于输送不含固体颗粒、无腐蚀性的石油产品，其代号为 Y。由于油品具有易燃、易爆的特点，因此对油泵的一个重要要求是密封完善，并且具有防燃、防爆性能。当输送 200 ℃以上的油品时，还要求对轴封装置和轴承等进行良好的冷却，所以这些部件常装有冷却水夹套。典型国产油泵有单吸和双吸、单级和多级（2～6 级）油泵，全系列的扬程范围为 5～1740 m，流量范围为 5.5～1270 m³/h。例如，50Y-60×2，50 为泵吸入口直径，mm；Y 为单级离心油泵；60 为泵的单级扬程，m；2 为叶轮的级数。

4）杂质泵

杂质泵常用于输送悬浮液及稠厚的浆液等，其系列代号为 P，又细分为污水型 PW、砂泵 PS、泥浆泵 PN 等。对这类泵的要求是不易被杂质堵塞，耐磨，容易拆洗。

2. 离心泵的选择

根据实际的工况选用离心泵时，通常可以按下列方法和步骤进行。

1）根据所输送液体的性质及操作条件确定泵的类型

根据所输送介质决定选用水泵或油泵等；根据扬程大小选用单级泵或多级泵等；对于单级泵，可以根据流量大小选用单吸泵或双吸泵等。根据现场安装的条件选用卧式泵或立式泵等。

2）根据具体管路对泵提出的流量与压头要求确定泵的型号

在实际生产中，所要求的流量和压头往往在一定范围内变动，一般应以最大流量作为选泵时的额定流量，如缺少最大流量值时，可取正常流量的 1.1～1.15 倍作为额定流量。对于压头而言，则应以输送系统在最大流量下对应压头的 1.05～1.15 倍作为选泵时的额定压头。

按已确定的流量 Q_e 和压头 H_e，从泵的样本或产品目录中选出合适的型号。显然，选出的泵所提供的流量和压头不可能与管路要求的流量 Q_e 和压头 H_e 完全相同，且考虑到操作条件的变化和备有一定的裕量，所选泵的流量和压头可稍大一点，但在该条件下对应泵的效率应比较高，即点 $(Q_e、H_e)$ 坐标位置应位于泵的高效率范围所对应的 H-Q 曲线下方。另外，泵的型号选出后，应列出该泵的各种性能参数。

3）核算泵的轴功率

若输送液体的密度大于水的密度，可按 $N = \dfrac{QH\rho}{102\eta}$ 核算泵的轴功率 N。

3. 离心泵的安装与使用

离心泵的安装和使用应参考各类离心泵的说明书，这里只给出一般应注意的问题：

（1）泵的安装高度必须低于允许安装高度，以免出现气蚀和吸不上液体的现象。在管路布置时应尽可能减小吸入管路的流动阻力。

（2）离心泵在启动之前必须使泵内灌满所输送液体。

（3）离心泵应在出口阀门关闭时启动，以使其启动功率最小。

（4）停泵前应先关闭出口阀门，以免压出管路的液体倒流入泵内使叶轮受冲击而损坏。

（5）运转中应定时检查、保养和润滑等，确保泵的安全正常运行。

【例 2-8】　太原地区某化工厂，需将 60 ℃的热水用泵送至高 10 m 的常压凉水塔冷却，如本题附图所示。输水量为 80～85 m³/h，输水管内径为 106 mm，管道总长（包括局部阻力当量长度）为 100 m，管道摩擦系数为 0.028，试选一合适离心泵。

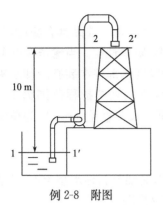

例 2-8　附图

解　由于输送清水,因此选用 IS 型离心泵。

取水池液面为上游截面 1-1′,喷水口出口内侧为下游截面 2-2′,并以水池液面为基准水平面,在两截面间列伯努利方程,即

$$z_1 + \frac{u_1^2}{2g} + \frac{p_1}{\rho g} + H_e = z_2 + \frac{u_2^2}{2g} + \frac{p_2}{\rho g} + H_{f,1\text{-}2}$$

其中 $z_1 = 0,\ u_1 = 0,\ p_1 = p_2,\ d = 0.106\ \text{m},\ l = 100\ \text{m}$。

根据题意给出的输水量为 80~85 m³/h,选泵时应按最大流量考虑,因此

$$u_2 = \frac{V_s}{3600 \times \frac{\pi}{4} d^2} = \frac{85}{3600 \times \frac{\pi}{4} \times (0.106)^2} = 2.676(\text{m/s})$$

$$H_{f,1\text{-}2} = \lambda \frac{l + \sum l_e}{d} \frac{u_2^2}{2g} = 0.028 \times \frac{100 \times (2.676)^2}{0.106 \times 2 \times 9.81} = 9.64(\text{m})$$

代入得

$$H_e = 10 + \frac{(2.676)^2}{2 \times 9.81} + 9.64 = 20(\text{m})$$

按 $Q_e = 85\ \text{m}^3/\text{h}$、$H_e = 20\ \text{m}$ 的要求,在 IS 型水泵的系列特性曲线图上标出相应的点,因为该点在标有 IS100-80-125 型泵弧线的下方,所以可选用 IS100-80-125 型离心泵。

2.3　其他类型泵

2.3.1　正位移泵

1. 往复泵

往复泵是通过泵缸内活塞的往复运动直接增加液体的静压能,从而实现液体的吸入和输送,其装置简图如图 2-31 所示。泵缸内活塞与阀门间的空间称为工作室。当活塞自左向右移动时,工作室的容积增大,形成低压。储槽内的液体在大气与工作室之间的压差作用下,被吸进吸入管,顶开吸入阀而进入泵缸,此时排出阀因受排出管内液体压力的作用而关闭。当活塞移到右端点时,工作室的容积达到最大,吸入的液体量也达到最多。此后,活塞便改为由右向左移动,液体受到挤压,吸入阀受压关闭,同时工作室内压力增加,排出阀被推开,液体进入排出管。活塞移到左端点时排液完毕,完成一个工作循环。此后,活塞又向右移动,开始另一个工作循环。活塞在两端点间的距离称为冲程。

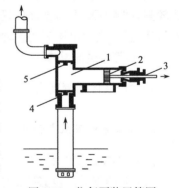

图 2-31　往复泵装置简图
1. 泵缸;2. 活塞;3. 活塞杆;
4. 吸入阀;5. 排出阀

往复泵就是靠活塞在泵缸内左右两端点间做往复运动而吸入和输出液体的。往复泵内的低压是靠工作室的内压形成的,所以在泵启动前无需向泵内充满液体,即往复泵具有自吸能力。但是,往复泵的安装高度也有一定的限制,这是由于往复泵也是借外界与泵内的压强差而吸入液体的,因此泵的安装高度也随储槽液面上方的压强、液体的性质和温度而变。

往复泵主要适用于小流量、高压强的场合,也可用于输送高黏度液体,但不宜输送腐蚀性液体和含有固体颗粒的悬浮液。

2. 计量泵

计量泵又称比例泵,图 2-32 是计量泵的一种形式,它的传动装置通过偏心轮把电机的旋转运动变成柱塞的往复运动,调整偏心轮的偏心距离可以改变柱塞往复的冲程,从而达到流量的控制和调节的目的。

一般计量泵适用于要求精确输送恒定流量的液体或以一定配比输送几种液体的场合。

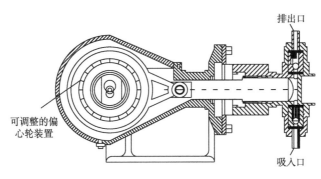

图 2-32　计量泵

3. 旋转泵

旋转泵是依靠泵内一个或一个以上的转子的旋转对流体的挤压作用吸入和排出液体,又称转子泵。旋转泵的形式很多,但它们的操作原理都是相似的。

1) 齿轮泵

图 2-33 为齿轮泵的结构示意图。泵壳内有两个齿轮:一个是靠电机带动旋转,称为主动轮;另一个是靠与主动轮相啮合而转动,称为从动轮。电动机带动主动轮旋转,从动轮被主动轮带动向相反方向旋转。由于齿轮与泵体密合,由吸入口进入泵体的液体被齿轮推着向旋转方向移动。当齿轮啮合时,液体被挤压至排出口排出。

齿轮泵的压头高而流量小,一般适用于输送润滑油一类黏性较大的液体,但不宜用于输送含有固体粒子的悬浮液。

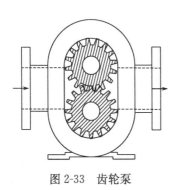

图 2-33　齿轮泵　　　　　　　　　　　图 2-34　双螺杆泵

2) 螺杆泵

螺杆泵主要由泵壳和一根或两根以上的螺杆构成。图 2-34 为双螺杆泵的结构,一个螺杆转动时,带动另一螺杆,螺纹互相啮合,液体被拦截在啮合室内沿杆轴前进,从螺杆两端被挤向

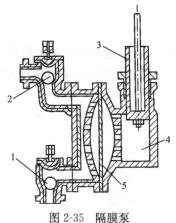

图 2-35 隔膜泵
1. 吸入活门;2. 压出活门;3. 活柱;
4. 水(或油);5. 隔膜

中央排出。

螺杆泵的压头高、效率高、噪声低,适合在高压下输送黏稠性液体。

4. 隔膜泵

隔膜泵实际上是活柱往复泵,其结构原理如图 2-35 所示。隔膜泵的隔膜是采用弹性金属薄片或耐腐蚀橡皮制成。借助于弹性薄膜将活柱与被输送的液体隔开,这样便于输送腐蚀性液体或悬浮液体,且不至于活柱与缸体受到损伤。图 2-35 中隔膜左侧所有与液体接触的部分均由耐腐蚀材料制成或涂有耐腐蚀物质;隔膜右侧则充满油或水。当活柱做往复运动时,迫使隔膜交替向两侧弯曲,使输送的液体吸入和排出。

2.3.2 非正位移泵

1. 旋涡泵

旋涡泵是一种特殊类型的叶片式泵,其结构如图 2-36 所示。旋涡泵主要由泵壳和叶轮构成。其叶轮如图 2-36(b)所示,它是一个圆盘,四周由凹槽构成的叶片成辐射状排列。泵内结构情况如图 2-36(a)所示。在叶轮旋转过程中,泵内液体随之旋转,且在径向环隙的作用下多次进入叶片并获得能量。泵的吸入腔和排出腔由与叶轮间隙极小的间隔分开。泵内液体随叶轮旋转的同时又在引液道与叶片间反复运动,因而被叶片拍击多次,获得较多的能量。

旋涡泵适用于输送要求输液量小、压头高而黏度不大的液体。

2. 轴流泵

轴流泵的简单结构如图 2-37 所示。其作用原理为转轴带动轴头转动,轴头上装有叶片,液体顺箭头方向进入泵壳,经过叶片,然后又经过固定于泵壳的导叶流入压出管路。

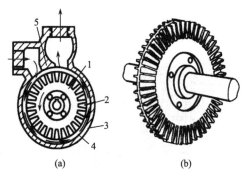

图 2-36 旋涡泵
1. 叶轮;2. 叶片;3. 泵壳;4. 引液道;5. 间壁

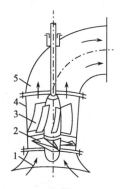

图 2-37 轴流泵
1. 吸收室;2. 叶片;3. 导叶;4. 泵体;5. 出水弯管

轴流泵叶片形状与离心泵叶片形状不同,轴流泵叶片的扭角随半径增大而增大,因而液体的角速度 ω 随半径增大而减小。若适当选择叶片扭角,使 ω 在半径方向按某种规律变化,可

使势能 $\left(z + \dfrac{p}{\rho g}\right)$ 沿半径基本保持不变,从而消除液体的径向流动。因此,通常将轴流泵叶片制成螺旋桨式。

轴流泵提供的压头较小,但输送液量很大,因此特别适用于大流量、低压头的流体输送。

2.3.3 各类化工用泵的比较

化工生产中常见泵的详细比较见表 2-2。

表 2-2 各类化工用泵的比较

泵的类型		非正位移泵			正位移泵	
		离心泵	轴流泵	旋涡泵	往复泵	旋转泵
流量	均匀性	均匀	均匀	均匀	不均匀	尚可
	恒定性	随管路特性而变			恒定	恒定
	范围	广,易达大流量	大流量	小流量	较小流量	小流量
压头大小		不易达到高压头	压头低	压头较高	压头高	压头较高
效率		稍低,越偏离额定值越小	稍低,高效区窄	低	高	较高
操作	流量调节	小幅度调节用出口阀,很简便,大泵大幅度调节可调节转速	小幅度调节用旁路阀,有些泵可以调节叶片角度	用旁路阀调节	小幅度调节用旁路阀,大幅度调节可调节转速、行程等	用旁路阀调节
	自吸作用	一般没有	没有	部分型号有自吸能力	有	有
	启动	出口阀关闭	出口阀全开	出口阀全开	出口阀全开	出口阀全开
	维修	简便	简便	简便	麻烦	较简便
结构与造价		结构简单,造价低廉		结构紧凑、简单,加工要求稍高	结构复杂,振动大、体积庞大,造价高	结构紧凑,加工要求较高
适用范围		流量和压头适用范围广,尤其适用于较低压头、大流量。除高黏度物料不太适合外,可输送各种物料	特别适合于大流量、低压头	高压头、小流量的清洁液体	适宜于流量不大的高压头输送任务;输送悬浮液要采用特殊结构的隔膜泵	适宜于小流量较高压头的输送,对高黏度液体较适合

2.4 气体输送机械

输送和压缩气体的设备统称气体压送机械,其作用是对流体做功,以提高流体的压强。

气体输送机械的结构和原理与液体输送机械大体相同。但是气体具有可压缩性和比液体小得多的密度(约为液体密度的千分之一),从而使气体输送具有某些不同于液体输送的特点。

对于一定质量流量的气体,因为气体的密度很小,所以其体积流量很大。因此,气体输送管路中的流速比液体输送管路的流速大得多。例如,液体在管路中的适宜流速为 $1 \sim 3 \ \text{m/s}$,

气体则为 15～25 m/s,约为液体的 10 倍。若在相同管长中输送相同的质量流量的流体,则气体的阻力损失约为液体阻力损失的 10 倍。

因为气体具有可压缩性,所以在输送机械内部气体压强发生变化的同时,体积及温度也将随之变化。这些变化对气体输送机械的结构、形状有很大的影响。因此,气体输送机械根据终压大致可分为以下几种:

(1) 通风机。终压不大于 14.7×10^3 Pa(表压)。

(2) 鼓风机。终压为 $14.7\times10^3\sim294\times10^3$ Pa(表压),压缩比小于 4。

(3) 压缩机。终压在 294×10^3 Pa(表压)以上,压缩比大于 4。

(4) 真空泵。终压为大气压,压缩比由真空度决定。

另外,气体压送机械按其结构与工作原理可分为离心式、往复式、旋转式和流体作用式。

2.4.1　通风机

工业上常用的通风机有轴流式和离心式两类。

1. 轴流式通风机

轴流式通风机的结构如图 2-38 所示。轴流式通风机排送量大,所产生的风压很小,一般只用来通风换气,而不用于输送气体。在化工生产中,其更多用于冷却水塔和空冷器的通风。

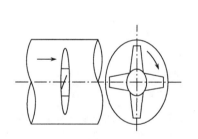

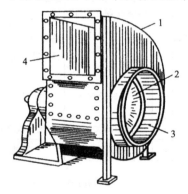

图 2-38　轴流式通风机　　　　　图 2-39　低压离心通风机

1. 机壳;2. 叶轮;3. 吸入口;4. 排出口

2. 离心通风机

离心通风机是依靠叶轮的高速旋转运动,使气体获得能量,从而提高气体的压强。通风机都是单级的,所产生的表压低于 14.7×10^3 Pa,对气体只起输送作用。

离心通风机按所产生风压的不同,可分为以下三类:

(1) 低压离心通风机。出口风压低于 0.9807×10^3 Pa(表压)。

(2) 中压离心通风机。出口风压为 $0.9807\times10^3\sim2.942\times10^3$ Pa(表压)。

(3) 高压离心通风机。出口风压为 $2.942\times10^3\sim14.7\times10^3$ Pa(表压)。

为了适应输送量大和压头高的要求,通风机叶轮直径一般较大,叶片的数目较多且长度较短。低压通风机的叶片通常是平直的,与轴心成辐射状安装。中压通风机、高压通风机的叶片是弯曲的。它的机壳也是蜗牛形的,但气体流道的断面有方形和圆形两种,通常情况下低压通风机、中压通风机多为方形(图 2-39),高压通风机多为圆形。

2.4.2　鼓风机

化工生产中常用的鼓风机有离心式和旋转式[罗茨(Roots)鼓风机]两种。

1. 离心鼓风机

离心鼓风机又称透平鼓风机,其出口表压可达 20 kPa 以上,因此出口压强较高,离心鼓风机的外形更像离心泵。一般蜗壳形通道外壳的直径与宽度之比较大;叶轮上的叶片数目较多,以适应大的流量;转速也较高,因气体密度小,要达到较大的风压必须要求有高的转速;另外还有固定的导轮。由于离心鼓风机中气体的压缩比不高,因此无须设置冷却装置,各级叶轮的直径也大致相等。

单级离心鼓风机的出口表压多在 30 kPa 以下,不可能产生较高的风压,为了使气体出口压强具有一定值,一般都采用多级离心压缩机。

2. 罗茨鼓风机

罗茨鼓风机的结构如图 2-40 所示,机壳内有两个渐开摆线形状的转子,两转子之间、转子与机壳之间的缝隙很小,使转子能自由转动而无过多的泄漏。两转子的旋转方向相反,可使气体从机壳一侧吸入而从另一侧排出。若改变转子的旋转方向,则吸入口和排出口互换。

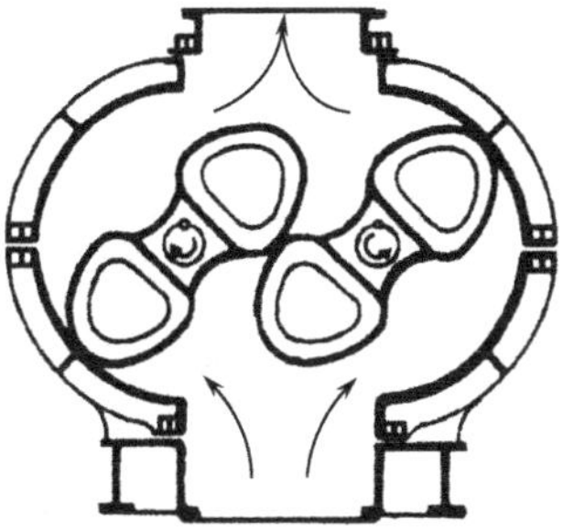

罗茨鼓风机的输送能力为 $2\sim500$ m³/min,出口表压在

图 2-40　罗茨鼓风机

8×10^4 Pa 以下,但在表压为 4×10^4 Pa 左右时效率较高。罗茨鼓风机的出口应安装气体缓冲罐并配置安全阀。出口阀门不能完全关闭,流量一般采用支路进行调节。此外操作温度不能过高(不超过 85 ℃),否则会引起转子受热膨胀而轧死。

2.4.3　压缩机

化工生产中所用的压缩机主要有往复式和离心式两大类。

1. 往复压缩机

1) 结构

往复压缩机虽然有各种不同形式,但主要构件都是气缸、活塞、吸入和排出阀门以及传动装置。现以立式单缸双动往复压缩机(图 2-41)的操作循环为例加以说明。在压缩机体内装有两个并联的气缸,称为双缸,两个活塞连接于同一根曲轴上,排气阀和吸气阀都在气缸的上部。气缸与活塞端面之间所组成的封闭容积即为压缩机的工作容积。在曲柄连杆的推动下活塞不断在气缸中做往复运动,使气缸通过吸气阀和排气阀的控制,循环地进行吸气—压缩—排气—膨胀过程,从而达到提高气体压强的目的。又因气体压缩后温度升高,所以要

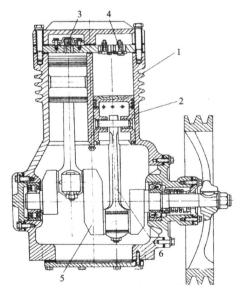

图 2-41　立式单缸双动往复压缩机

1. 气缸;2. 活塞;3. 排气阀;4. 吸气阀;5. 曲轴;6. 连杆

求气缸壁上装有散热翅片以进行冷却。

活塞由一端移动到另一端的距离称为冲程。活塞往复运动至两端时,都不能与缸盖直接相撞,要留有一定的空隙,称为余隙。

2) 工作过程

气体在一个气缸内工作的过程即为单级压缩过程。现以单动往复压缩机为例说明压缩机的工作过程。如图 2-42 所示,设压缩机入口处气体的压强为 p_1,出口处为 p_2。为了便于分析往复压缩机的工作过程,特作以下假设:①被压缩的气体为理想气体;②气体流经吸气阀及排气阀的流动阻力可忽略不计,因此在吸气过程中气缸内气体的压强恒等于入口处的压强 p_1,而在排气过程中气缸内气体的压强恒等于出口处的压强 p_2;③压缩机无泄漏。

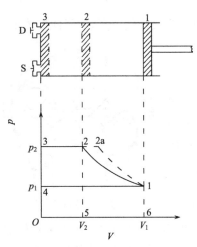

图 2-42　理想压缩的 p-V 图

(1) 理想压缩循环。

假设气缸中的气体在排气结束时被全部排净,即排气结束时活塞与气缸盖间没有空隙。

如图 2-42 所示,当活塞位于气缸的最右端时,缸内气体的压强为 p_1,体积为 V_1,其状态如 p-V 图上点 1 所示。活塞开始向左运动时,因为吸气阀和排气阀处于关闭状态,所以气体的体积缩小而压强上升,当活塞移动到截面 2 时,气体的体积压缩至 V_2,压强升至 p_2,其状态相当于 p-V 图上的点 2,该过程称为压缩过程,气体的状态变化以 p-V 图上的曲线 1—2 表示。当气体的压强达到 p_2 时,排气阀被顶开,活塞继续向左移动,缸内气体便经排气阀压出,该过程称为恒压下的排气过程。当活塞移动到端面 3 时气体被全部排净,气体的状态沿 p-V 图上的水平线 2—3 而变化,直至 3 点为止。活塞从气缸最左端截面 3 开始运动,因为气缸内无气体,所以活塞稍向右移动,气缸内的压强立刻下降到 p_1,气体状态达到 p-V 图上的点 4。此时,排气阀关闭,吸气阀被打开,随着活塞继续向右移动,气体被吸入,气缸内压强维持为 p_1,直至活塞达到右端截面 1,即体积为 V_1 时为止,该过程称为恒压下的吸气过程,气体的状态沿 p-V 图上水平线 4—1 而变化,直至回复到点 1 为止。这样,活塞往复一次压缩机便完成一个工作循环。

综上所述,如图 2-42 所示的往复压缩机的工作循环是由恒压下的吸气过程、压缩过程、恒压下的排气过程所组成,称为理想压缩循环或理想工作循环。因此,理想压缩循环功应是三个过程活塞对气体所做功的代数和。

于是理想压缩循环功为

$$W = W_1 + W_2 + W_3 = -p_1 V_1 - \int_{V_1}^{V_2} p \, dV + p_2 V_2 \qquad (2-35)$$

由于

$$p_2 V_2 - p_1 V_1 = \int_1^2 d(pV) = \int_{p_1}^{p_2} V \, dp + \int_{V_1}^{V_2} p \, dV$$

将上式代入式(2-35)得

$$W = \int_{p_1}^{p_2} V \, dp \qquad (2-36)$$

W 值相当于图 2-42 上的 1—2—3—4—1 包围的面积,称为压缩机理想压缩循环所消耗的理论功。

从式(2-36)可以看出,当吸入压强和排出压强一定时,理想压缩循环功仅与气体的压缩过程有关。由理想气体的不同压缩过程的 p-V 变化关系结合式(2-36)进行积分,便可求得相应的理想压缩循环功。

(i) 等温压缩过程,即气体被压缩时的温度始终保持恒定的过程。要实现这种过程,需要将因压缩而产生的热量及活塞与缸壁摩擦产生的热量全部移出。为此,必须使气缸壁具有完全理想的导热性能。

等温压缩循环功为

$$W = p_1 V_1 \ln \frac{p_2}{p_1} \tag{2-37}$$

式中,W 为等温压缩循环功,J;p_1、p_2 分别为吸入、排出气体的压强,Pa;V_1 为吸入气体的体积,m^3。

(ii) 绝热压缩过程,即气体在压缩时与周围环境间没有任何热交换作用的过程。既然不取出热,气体从 p_1 压缩到 p_2 的过程中,温度一定要不断升高,压缩到 p_2 后的体积也比等温压缩时大。若等温压缩时气体状态按图 2-42 中曲线 1—2 变化,则绝热压缩时便按图中虚线 1—2a 而变化。

绝热压缩循环功为

$$W = p_1 V_1 \frac{\kappa}{\kappa - 1} \left[\left(\frac{p_2}{p_1} \right)^{\frac{\kappa - 1}{\kappa}} - 1 \right] \tag{2-38}$$

式中,κ 为绝热压缩指数。

绝热压缩时,排出气体的温度可按式(2-39)计算

$$T_2 = T_1 \left(\frac{p_2}{p_1} \right)^{\frac{\kappa - 1}{\kappa}} \tag{2-39}$$

式中,T_1、T_2 分别为吸入气体、排出气体的温度,K。

(iii) 多变压缩过程。压缩机的实际工作过程是介于上述两种极端情况之间,即实际压缩时气体温度有变化且与外界有热量交换的过程,称为多变过程。

多变压缩循环功与排出气体的温度仍可分别按式(2-38)和式(2-39)计算,只是式中的绝热指数 k 应以多变指数 m 代替。

由图 2-42 可见,等温压缩过程消耗的功最少。

(2) 实际压缩循环。

实际上,不可能将气缸内的气体在排气时一点不剩地排出。有余隙存在时的理想气体的压缩循环称为实际压缩循环。

由于气缸内有余隙存在,因此往复压缩机的实际压缩循环比理想压缩循环复杂,可用图 2-43 说明。活塞位于最右端时吸入压强为 p_1、体积为 V_1 的气体后,就从图中的状态点 1 开始进行压缩过程,气体压强达到 p_2 后排气阀被顶开,在恒定压强下进行排气过程为图中的水平线 2—3。当活塞向右移动时,因活塞与气缸端盖之间仍残存有压强为 p_2、体积为 V_3 的气体,残留的高压气体将随气缸

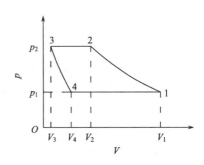

图 2-43　实际压缩循环的 p-V 图

体积逐渐扩大而不断膨胀,直至压强降至与吸入压强 p_1 相等为止,此过程为余隙气体的膨胀过程,即为图中的曲线 3—4。此后活塞继续向右移动,吸气阀被打开,在恒定压强 p_1 下进行吸气过程,直至活塞恢复到气缸的最右端截面为止,如图中的水平线 4—1 所示。活塞往复一次即完成一个压缩循环。因此实际压缩循环是由吸气、压缩、排气和膨胀四个过程所组成。

由图 2-43 可以清楚地看出,在每一个工作循环中,活塞一次在气缸内扫过的体积为$(V_1 - V_3)$,吸入气体的体积则为$(V_1 - V_4)$。余隙的存在明显地减少了每一压缩循环的吸气量。

在实际压缩循环中的压缩循环功可由图 2-43 中的 1—2—3—4—1 所围成的面积表示,若按绝热压缩过程考虑,活塞对气体所做的功可表示为

$$W = p_1(V_1 - V_4) \frac{\kappa}{\kappa - 1}\left[\left(\frac{p_2}{p_1}\right)^{\frac{\kappa-1}{\kappa}} - 1\right] \tag{2-40}$$

(3) 余隙系数和容积系数。

(i) 余隙系数。余隙系数是指余隙体积占活塞推进一次所扫过体积的百分数,以 ε 表示,其表达式为

$$\varepsilon = \frac{V_3}{V_1 - V_3} \times 100\% \tag{2-41}$$

对于大、中型往复压缩机,低压气缸的 ε 值小于 8%,高压气缸的 ε 值可达 12%左右。

(ii) 容积系数。容积系数是指压缩机一次循环吸入的气体体积$(V_1 - V_4)$和活塞一次扫过的体积$(V_1 - V_3)$之比,以 λ_0 表示,即

$$\lambda_0 = \frac{V_1 - V_4}{V_1 - V_3} \tag{2-42}$$

若式(2-42)中的 V_4 用比较固定的 V_3 表示,对绝热膨胀过程,则可导出

$$\lambda_0 = \frac{V_1}{V_1 - V_3} - \frac{V_3(p_2/p_1 - 1)^{\frac{1}{\kappa}}}{V_1 - V_3}$$

整理上式即可得 λ_0 和 ε 的关系为

$$\lambda_0 = 1 - \varepsilon\left[\left(\frac{p_2}{p_1}\right)^{\frac{1}{\kappa}} - 1\right] \tag{2-43}$$

由式(2-43)可以得出以下结论:

a. 当压缩比一定时,ε 增大,λ_0 就变小,压缩机的吸气量也就减小。

b. 对于一定的 ε,气体的压缩比越高,λ_0 越小,即每一压缩循环的吸气量越小,当压缩比高到某极限值时,残留的气体膨胀后可能充满气缸,使活塞向右运动时,不再吸入新的气体,λ_0 可能变为零。例如,对于绝热压缩指数 $\kappa = 1.4$ 的气体,气缸的 ε 为 8%,单级压缩的压缩比(p_2/p_1)达 38.2,λ_0 即为零,此时的(p_2/p_1)称为压缩极限。

3) 主要性能参数

(1) 排气量。

往复压缩机的排气量又称压缩机的生产能力,是指压缩机在单位时间内排出的气体体积,并换算到第一级进口状态的压强和温度时的体积。

若没有余隙,往复压缩机的理论吸气量,即

单动往复压缩机　　　　　　　　　$V'_{\min} = ASn_r$ 　　　　　　　　　(2-44)

双动往复压缩机　　　　　　　　　$V'_{\min} = (2A - a)Sn_r$ 　　　　　　(2-44a)

式中,$V'_{\min}$ 为理论吸气量,m³/min;A 为活塞的截面积,m²;a 为活塞杆的截面积,m²;S 为活塞

冲程,m;n_r 为活塞每分钟往复次数,$\min^{-1}$。

由于压缩机余隙的存在,余隙气体膨胀后占据了部分气缸容积,且气体通过吸气阀时存在流动阻力;气体吸入气缸后温度的升高及压缩机的各种泄漏等因素的影响,使压缩机的排气量比理论值少。实际的排气量为

$$V_{\min} = \lambda_d V'_{\min} \tag{2-45}$$

式中,$V_{\min}$ 为实际排气量,$m^3/\min$;λ_d 为排气系数,其值为 $(0.8 \sim 0.95)\lambda_0$。

(2) 轴功率与效率。

以绝热压缩过程为例,压缩机的理论功率为

$$N_a = p_1 V_{\min} \frac{\kappa}{\kappa-1} \left[\left(\frac{p_2}{p_1} \right)^{\frac{\kappa-1}{\kappa}} - 1 \right] \times \frac{1}{60} \tag{2-46}$$

式中,N_a 为绝热压缩时的压缩机所需理论功率,W;$V_{\min}$ 为压缩机的排气量,$m^3/\min$。

由于实际吸气量比实际排气量大,凡吸入的气体都要经历压缩过程,多消耗了能量;气体在气缸内湍动及通过阀门等的流动阻力需消耗能量;还有压缩机运动部件的摩擦损失也要消耗能量,使实际所需的轴功率大于理论功率。

压缩机实际所需的轴功率为

$$N = \frac{N_a}{\eta_a} \tag{2-47}$$

式中,N 为轴功率,kW;η_a 为绝热总效率,一般 $\eta_a = 0.7 \sim 0.9$,设计完善的压缩机 $\eta_a \geqslant 0.8$。

4) 多级压缩

多级压缩是将气体的压缩过程分为若干级进行,并在每级压缩之后将气体导入中间冷却器中进行冷却,经过几次压缩达到所需的排气压强。采用多级压缩的理由如下:

(1) 避免排出气体温度过高。化工生产中常遇到将某些气体的压强从常压提高到几千甚至几万千帕以上的情况,这时压缩比就很高。从式(2-39)中可知,排出气体的温度随压缩比增加而增高。排出气体温度过高将导致润滑油的黏度降低而失去润滑性能,使运动部件间摩擦加剧,磨损零件,增加功耗。此外,温度过高,润滑油分解,若油中低沸点组分挥发与空气混合,使油燃烧,严重的还会造成爆炸事故。排气温度就成为限制压缩机压缩比提高的主要原因。

(2) 减少功耗,提高压缩机的经济性。在同样的总压缩比下,多级压缩中采用中间冷却器,消耗的总功比单级压缩时少。

如图 2-44 所示,若 p_1、V_1 状态的气体要求压缩到压强 p_2 时,如果采用单级绝热压缩,则压缩过程终态为 p_2、V_2 时所消耗的压缩循环理论功相当于图上 1—2—3—4—1 所围成的面积。若改为两级压缩,中间压强为 p'_2,尽管每一级也是进行绝热压缩,但由于级间在恒定压强 p'_2 下使气体冷却,因此排出气体的体积将由 V'_2 降为 V''_2,使两级压缩所消耗的总理论功相当于图上 1—2'—2''—3'—3—4—1 所围成的面积。与一级压缩相比节省了面积 2'—2''—3'—2—2'。

(3) 提高气缸的容积利用率。当 ε 一定时,由式

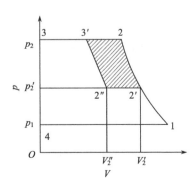

图 2-44 多级压缩的理论功

(2-43)可知,压缩比越高,λ_0 越小,气缸的容积利用率降低。若采用多级压缩,每级的压缩比较小,相应各级的 λ_0 增大,从而可提高气缸的容积利用率。

（4）压缩机结构设计更为合理。采用单级压缩时为了吸入初压很低且体积很大的气体以及承受终压很高的气体，气缸要做得很厚很大。若采用多级压缩，气体经每级压缩后的压强逐级放大而体积逐级减小，因此气缸的直径可逐渐减小，缸壁也可逐级增厚。

从以上分析可知，当压缩比大于 8 时，一般采用多级压缩。往复压缩机的级数一般按照各级压缩比相等来确定，因为此时压缩机的功率消耗最小。但压缩机的级数越多，压缩系统的结构越复杂，辅助设备的数量越多，且为了克服阀门、管路系统和设备的流动阻力而消耗的能量也增加。因此必须根据具体情况，恰当地确定级数。表 2-3 列出生产上级数与终压间的经验关系，以供确定压缩所需级数时参考。

表 2-3　压缩机级数与终压间的关系

终压/kPa	<500	500~1000	1000~3000	3000~10 000	10 000~30 000	30 000~65 000
级数	1	1~2	2~3	3~4	4~6	5~7

每级的压缩比相等时多级压缩所消耗的总理论功为

$$W = p_1 V_1 \frac{i\kappa}{\kappa-1}\left[\left(\frac{p_2}{p_1}\right)^{\frac{\kappa-1}{i\kappa}} - 1\right] \tag{2-48}$$

式中，i 为压缩机的级数。

对于 i 级压缩，总压缩比为 p_2/p_1 时，每一级的压缩比为

$$x = \sqrt[i]{p_2/p_1} \tag{2-49}$$

式中，i 为压缩机的级数；x 为每级的压缩比。

【例 2-9】　某生产工艺需要将 20 ℃的空气从 100 kPa 压缩至 1600 kPa。库房有一台单动往复压缩机，气缸的直径为 200 mm，活塞冲程为 240 mm，往复次数为 240 min^{-1}，余隙系数为 0.06，排气系数为容积系数的 0.9。已知绝压压缩指数为 1.25。试计算单级压缩和两级压缩的生产能力、所需理论功率及第一级气体的出口温度。

解　（1）单级压缩。

（i）生产能力。由式(2-44)计算，其中 $d=0.2$ m，$S=0.24$ m，$n_r=240$ min^{-1}。而 λ_0 可由式(2-39)计算，其中 $\varepsilon=0.06$，$p_2=1600$ kPa，$p_1=100$ kPa，$\kappa=1.25$，即

$$V'_{min} = ASn_r = \frac{\pi}{4}\times 0.2^2\times 0.24\times 240 = 1.81(\text{m}^3/\text{min})$$

$$\lambda_0 = 1-\varepsilon\left[\left(\frac{p_2}{p_1}\right)^{\frac{1}{\kappa}}-1\right] = 1-0.06\times\left[\left(\frac{1600}{100}\right)^{\frac{1}{1.25}}-1\right] = 0.5086$$

$$\lambda_d = 0.9\lambda_0 = 0.9\times 0.5086 = 0.4577$$

则排气量（换算为进口气体状态）为

$$V_{min} = \lambda_d V'_{min} = 0.4577\times 1.81 = 0.8284(\text{m}^3/\text{min})$$

（ii）理论功率。由式(2-46)计算，其中 $p_2=1600$ kPa，$p_1=100$ kPa，$V_{min}=0.8284$ m^3/min，$\kappa=1.25$，即

$$N_a = p_1 V_{min}\frac{\kappa}{\kappa-1}\left[\left(\frac{p_1}{p_2}\right)^{\frac{\kappa-1}{\kappa}}-1\right]\times\frac{1}{60}$$

$$= 100\times 10^3\times 0.8284\times\frac{1.25}{1.25-1}\times\left[\left(\frac{1600}{100}\right)^{\frac{1.25-1}{1.25}}-1\right]\times\frac{1}{60}$$

$$= 5.12\times 10^3(\text{W})$$

（iii）气体出口温度。由式(2-39)计算，式中 $T_1=293$K，$p_2=1600$ kPa，$p_1=100$ kPa，$\kappa=1.25$，即

$$T_2 = T_1\left(\frac{p_2}{p_1}\right)^{\frac{\kappa-1}{\kappa}} = 293\times\left(\frac{1600}{100}\right)^{\frac{1.25-1}{1.25}} = 510.1(\text{K})$$

（2）两级压缩。

对于两级压缩，每级的压缩比由式(2-49)计算，其中 $p_2 = 1600$ kPa，$p_1 = 100$ kPa，即

$$x = \sqrt{p_2/p_1} = \sqrt{1600/100} = 4$$

（i）生产能力。由式(2-44)计算，其中 $d = 0.2$ m，$S = 0.24$ m，$n_r = 240$ min^{-1}，即

$$V'_{min} = ASn_r = \frac{\pi}{4} \times 0.2^2 \times 0.24 \times 240 = 1.81 (\text{m}^3/\text{min})$$

$$\lambda_0 = 1 - \varepsilon \left[(x)^{\frac{1}{\kappa}} - 1 \right]$$

式中，$\varepsilon = 0.06$，$x = 4$，$\kappa = 1.25$，即

$$\lambda_0 = 1 - 0.06 \times \left(4^{\frac{1}{1.25}} - 1 \right) = 0.8781$$

$$\lambda_d = 0.9\lambda_0 = 0.9 \times 0.8781 = 0.7903$$

$$V_{min} = 0.7903 \times 1.81 = 1.43 (\text{m}^3/\text{min})$$

（ii）理论功率。

$$N_a = p_1 V_{min} \frac{\kappa}{\kappa - 1} (x^{\frac{\kappa-1}{\kappa}} - 1) \times \frac{1}{60}$$

式中，$p_1 = 100$ kPa，$V_{min} = 1.43$ m^3/min，$\kappa = 1.25$，即

$$N_a = 100 \times 10^3 \times 1.43 \times \frac{1.25}{1.25 - 1} \times \left(4^{\frac{1.25-1}{1.25}} - 1 \right) \times \frac{1}{60} = 7.61 \times 10^3 (\text{W})$$

（iii）气体出口温度。

$$T_2 = T_1 x^{\frac{\kappa-1}{\kappa}}$$

式中，$T_1 = 293$ K，$x = 4$，$\kappa = 1.25$，即

$$T_2 = 293 \times 4^{\frac{1.25-1}{1.25}} = 386.6 (\text{K})$$

由以上计算结果可以看出，在第一级气缸参数相同的条件下，改为两级压缩后，压缩机的生产能力必然提高，气体的出口温度有所降低，完成同样生产能力的理论功率相对减小。

2. 离心压缩机

离心压缩机常称为透平压缩机，其叶轮级数多（10 级以上），转速也较高（500 r/min 以上），因此能产生更高的压强。由于压缩比较高，体积变化较大，气体温度升高显著，因此，其常分成几段，每段又包括若干级，段与段之间设有中间冷却器，以免气体温度过高。

离心压缩机具有流量大、供气均匀、体积小、机体内易损部件少、可持续运转且安全可靠、维修方便的特点。近年来，除压强要求很高外，离心压缩机的应用日趋广泛。

2.4.4 真空泵

真空泵是在负压下吸气、一般在大气压下排气的输送机械，用来维持工艺系统要求的真空状态。特别是当希望维持较高的真空度（如绝对压强在 20 kPa 以下）时需要用专门的真空泵。

1. 水环真空泵

水环真空泵的结构示意图如图 2-45 所示。泵壳内偏心地装有叶轮，轮上有辐射状的叶片。泵壳内充

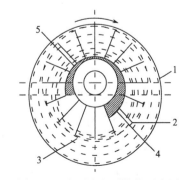

图 2-45 水环真空泵结构示意图
1. 泵壳；2. 叶片；3. 水环；4. 吸入口；5. 排出口

有约一半体积的水,随叶轮旋转时形成水环。水环起液封的作用,水环与叶片之间形成许多大小不同的密封室,当密封室空间逐渐增大时,气体从吸入口吸入,当密封室空间逐渐减小时,气体由排出口排出。

水环真空泵的结构简单、紧凑,易于制造和维修。由于旋转部分没有机械摩擦,使用寿命长,操作可靠。但该泵的效率较低,为30%~50%,且泵所产生的真空度受泵体中液体蒸气压的限制。因此,水环真空泵主要用于抽取含有液体的气体,尤其适用于抽吸有腐蚀性或爆炸性气体。

2. 往复式真空泵

往复式真空泵需在低压下操作,但是相比较而言真空泵的压缩比很高,所抽吸气体的压强很小,因此其余隙体积必须更小,要求排出和吸入阀门必须轻巧灵活。为了减小余隙的不利影响,真空泵气缸设有连通活塞左右两端的平衡气孔。

3. 喷射泵

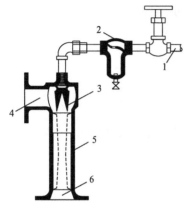

图 2-46　蒸气喷射泵
1. 工作蒸气入口;2. 过滤器;3. 喷嘴;
4. 吸入口;5. 扩散管;6. 压出口

喷射泵又称为喷射式真空泵,是利用高速流体射流时的静压能与动能相互转换的原理以达到输送流体的目的。喷射泵的工作流体既可以是蒸气又可以是液体。图 2-46 为蒸气喷射泵。工作蒸气在高压下以很高的速度从喷嘴喷出,在喷射过程中,蒸气的静压能转变为动能,产生低压,从吸入口将气体吸入,吸入的气体与蒸气混合后进入扩散管,速度逐渐降低,压强随之升高,而后从压出口排出。

喷射泵的构造简单、紧凑,没有运动部件,抽气量大,但其机械效率很低,工作蒸气消耗量大,因此一般多作真空泵使用,很少用于输送目的。

2.4.5　常用气体输送机械的性能比较

化工生产中,常用气体输送机械的操作特性与适用场合列于表 2-4。

表 2-4　常用气体输送机械的操作特性与适用场合

机械类型	离心式			往复式	真空泵		旋转式	
	通风机	鼓风机(透平式)	压缩机(透平式)	压缩机	水环真空泵	蒸气喷射泵	罗茨鼓风机	液环压缩机(纳氏泵)
出口压强/kPa	低 0.981 中 2.94 高 14.7 (表压)	≤294 (表压)	>294 (表压)	低<981 中 981~9 810 高>9 810	最高真空度83.4	0.07~13.3(绝压)	181	490~588(表压)
操作特性	风量大,连续均匀,通过出口阀或风机串并联调节流量	多级,温度不高,不设级间冷却装置	多级,级间设冷却装置	脉冲式供气,旁路调节流量,高压时要多级,级间设冷却装置	流量可达 120~30 000 m³/h,旁路调节流量	风量大,供气均匀	结构简单,操作平稳可靠	结构简单,无运动部件
适用场合	主要用于通风	主要用于高炉送风	气体压缩	适用于高压气体场合	操作温度≤85 ℃	腐蚀性气体压送	可产生真空,也可用作鼓风机	多级可达高真空度

思 考 题

1. 离心泵为什么采用后弯叶片？

2. 什么是气缚现象？产生此种现象的原因是什么？如何防止气缚现象的发生？

3. 试选择适宜的输送机械完成以下输送任务：

(1) 向空气压缩机的气缸内注入润滑油。

(2) 将 45 ℃的热水以 320 m³/h 的流量送至 18 m 高的凉水塔。

(3) 以 60 000 m³/h 的风量将空气送至气柜,风压为 2400 Pa。

(4) 输送带有结晶的饱和盐溶液过过滤机。

(5) 配合 pH 控制器,将碱液按照控制的流量加入参与化学反应的物流中。

4. 某输水管路,用一台 IS50-32-200 的离心泵将低位敞口槽的水送往高于敞口槽 3 m 处,阀门开足后,流量仅为 3 m³/h 左右。现拟增加一台同型号的泵使输水量有较大提高,应采用串联操作还是并联操作？其原因是什么？

习 题

2-1 用 50Y-60 离心油泵将减压精馏塔底的液体产品送至储槽,其流程如本题附图所示。塔底液面上的压强 $p_0=36.5$ kPa,塔底至泵入口管路的压头损失为 1.2 m。泵安装在塔底液面下 3.5 m,试核算泵的安装高度是否正确。[不正确,可能发生气蚀现象]

2-2 拟用一台离心泵以 15 m³/h 的流量输送常温的清水,此流量下的允许吸上真空度 $H'_s=5.6$ m。已知吸入管的管内径为 75 mm,吸入管段的压头损失为 0.5 m。若泵的安装高度为 4.0 m,则该泵能否正常操作？设当地大气压为 98.1 kPa。[该泵能正常工作]

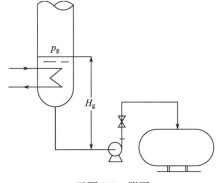

习题 2-1   附图

2-3 用例 2-1 附图所示的管路系统测定离心泵的气蚀性能参数,需要在泵的吸入管路中安装调节阀门。适当调节泵的吸入和排出管路上两阀门的开度,可使吸入管的阻力增大而流量保持不变。若离心泵的排出管直径为 50 mm,吸入管直径为 100 mm,孔板流量计孔口直径为 35 mm,测得流量压差计读数为 0.85 mmHg,吸入口真空表读数为 550 mmHg 时离心泵恰好发生气蚀现象。试求该流量下泵的允许气蚀余量和吸上真空度。已知水温为 20 ℃,当地大气压为 760 mmHg。[允许气蚀余量:2.69 m,允许吸上真空度:7.48 m]

2-4 用 IS80-50-315($n=2900$ r/min)型离心泵将水池中 20 ℃的清水送至表压为 80 kPa 的密闭高位槽中,水池与高位槽液面保持恒定高度差 10 m,流体在管内的流动在阻力平方区。管路系统的全部压头损失可表达为 $\sum H_f=2.6\times10^5 q_e^2$($q_e$ 的单位为 m³/s)。在操作条件下,泵的特性曲线方程为 $H=38-2.8\times10^5Q^2$(Q 的单位为 m³/s)。试求：(1)管路特性方程；(2)离心泵工作点的流量、压头和理论功率。[$H_e=18.15+2.6\times10^5Q_e^2$；$Q=21.83$ m³/s,$H=27.71$ m,$P_e=1648$ W]

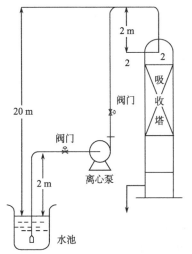

习题 2-5   附图

2-5 如本题附图所示,用离心泵将 30 ℃的水由水池送到吸收塔内。已知塔内操作压强为 500 kPa,要求流量为 65m³/h,输送管是

$\phi 108$ mm $\times 4$ mm 的钢管,总长 40 m,其中吸入管路长 6 m,包括底阀的局部阻力系数总和 $\sum \zeta_1 = 5$;压出管路的局部阻力系数总和 $\sum \zeta_2 = 15$。(1)通过计算选择合适的离心泵;(2)泵的安装高度是否合适? 大气压为 760 mmHg。[(1)IS100-65-250 型离心泵,$n = 2900$ r/min;(2)安装高度合适]

2-6　某单级、单动往复压缩机,活塞直径为 200 mm,每分钟往复 300 次,压缩机进口的气体温度为 10 ℃、压强为 100 kPa,排气压强为 505 kPa,排气量为 0.6 m³/min(按排气状态计)。设气缸的余隙系数为 5%,绝热总效率为 70%,气体绝热指数为 1.4,计算活塞的冲程和轴功率。[活塞的冲程:0.23 m,轴功率:9.73 kW]

符 号 说 明

英文字母

a——活塞杆的截面积,m²

A——活塞的截面积,m²

b——叶轮宽度,m

c——离心泵叶轮内液体流动的绝对速度,m/s

C_H——压头的黏度换算系数

C_Q——流量的黏度换算系数

C_η——效率的黏度换算系数

d——管子直径,m

D——叶轮或活塞直径,m

F——离心力,N

g——重力加速度,m/s²

Δh——允许气蚀余量,m

H——泵的压头,m

H_c——离心泵的动压头,m

H_e——管路系统所需的压头,m

H_f——管路系统的压头损失,m

H_g——离心泵的允许吸上高度,m

H_p——离心泵的静压头,m

H_s'——离心泵的允许吸上真空度,m 液柱

H_{st}——离心通风机的静风压,Pa

$H_{T\infty}$——离心泵的理论压头,m

i——压缩机的级数

l——长度,m

l_e——当量长度,m

m——多变指数

n——离心泵的转速,r/s

n_r——活塞的往复次数,r/s

N——泵或压缩机的轴功率,kW

N_a——按绝热压缩考虑的压缩机的理论功率,kW

N_e——泵的有效功率,W 或 kW

NPSH——离心泵气蚀余量,m

p——压强,Pa

p_a——当地大气压,Pa

p_e——泵入口处的压强,Pa

p_v——液体的饱和蒸气压,Pa

Q——泵或风机的流量,m³/s

Q_e——管路系统要求的流量,m³/s

Q_s——泵的额定流量,m³/s

Q_T——泵的理论流量,m³/s

R'——摩尔气体常量,J/(kg·K)

S——活塞的冲程,m

t——摄氏温度,℃

T——热力学温度,K

u——流速或离心泵叶轮内液体质点运动的圆周速度,m/s

V——体积,m³

V_{min}——往复压缩机的排气量,m³/min

w——离心泵叶轮内液体质点运动的相对速度,m/s

W——往复压缩机的理论功,J

z——位压头,m

希腊字母

α——绝对速度和圆周速度的夹角,rad

β——相对速度和圆周速度反向延长线的夹角,rad

ε——余隙系数

ζ——阻力系数

η——效率

θ——时间,s

κ——绝热指数

λ——摩擦系数

λ_d——排气系数

λ_0——容积系数

μ——黏度,Pa·s

ν——运动黏度,m²/s

ρ——密度,kg/m³

ω——叶轮旋转角速度,s⁻¹

第3章　非均相物系分离

学习内容提要

通过本章学习,了解颗粒及颗粒群的特性、过滤介质和助滤剂、旋风分离器的结构、过滤机的结构、离心机的结构。掌握重力沉降原理、离心沉降原理、流体通过颗粒层的流动模型。

重点掌握降尘室的设计、过滤基本方程、过滤操作计算、过滤常数测定方法、过滤机的生产能力等。

3.1　概　　述

在实际生产过程中,经常需要将混合物进行分离提纯为符合加工要求或反应所需的原料;由反应器出来的反应产物也常包含未反应完全的原料及副产物,需要分离出纯度合格的产品以及回收未反应的原料使之再利用;同时,生产过程中往往还产生废气或废液,在排放进入环境前,也应将有害组分尽可能除去,以消除环境污染。为了实现上述生产目的,需要根据混合物性质的差异,采用不同的分离方法。

一般来说,混合物分为非均相混合物和均相混合物两大类。其中,非均相混合物的类型包括:由固体颗粒和气体构成的含尘气体;由固体颗粒和液体构成的悬浮物;由互不相溶的液体构成的乳浊液;由液滴和气体构成的含雾气体等。非均相混合物的基本特点是体系内部包括一个以上的相,相界面两侧的物质性质互不相同。非均相混合物的分离就是将不同相分开。非均相物系中的连续相和分散相具有显著不同的物理性质,通常采用机械方法实现分离。例如,大小不同的颗粒采用筛分实现分离;密度有较大差异的颗粒可用分级沉降的方法分开;悬浮液可以用过滤方法实现固液分离;气流中粉尘则可以利用重力场、离心力场或电场将其除去。

非均相物系的分离目的如下:

(1) 净化分散介质以获得纯净的流体(气体或液体)。例如,在硫铁矿采用接触法制硫酸工艺中,从沸腾焙烧炉中出来的混合气体内,除含有二氧化硫等目标气体外,还含有大量的灰尘和杂质,必须对该气体进行一系列的净化处理,生产工艺中先后采用旋风分离除尘、静电除尘、湿法除砷合物、静电除雾等工序才能进入二氧化硫的转化工段。否则杂质将会造成转化塔中触媒中毒、塔堵塞以及成品酸不合格等情况。

(2) 分离回收分散物质以获得产品。例如,在制药工业中,从结晶器出来的晶浆以及从气流干燥器排出的气体均含有大量的固体颗粒,需要将这些悬浮于流体中的固体颗粒收集以制成产品。结晶器出来的晶浆需要采用过滤工序实现固液分离;气流干燥器排出的气体往往也采用旋风分离器进行气固分离。

(3) 非均相分离应用于环境保护。有时为了消除工业污染,保护环境,需要将工厂排出的废气或废液中的有害物质清除,使其浓度符合规定的排放要求。例如,炭黑生产过程排放的尾气含有碳颗粒物质极易与空气形成爆炸物,尾气排入大气前,必须除去这些物质以消除安全隐患。

本章只讨论分离非均相混合物所采用的常规机械分离的方法。分离均相混合物的方法将在传质分离单元操作(蒸馏、吸收、萃取、干燥)中讨论。

3.2　颗粒与颗粒群的特性

3.2.1　单颗粒的特性

颗粒最基本的特性是形状、大小和表面积,颗粒可分为球形颗粒和非球形颗粒。

1. 球形颗粒

球形颗粒的形状相似,只用直径这个参数就可以表明其最基本的特性。

体积
$$V = \frac{\pi d^3}{6} \tag{3-1}$$

表面积
$$S = \pi d^2 \tag{3-2}$$

比表面积
$$a = \frac{S}{V} = \frac{6}{d} \tag{3-3}$$

式中,d 为球形颗粒的直径,m;V 为球形颗粒的体积,m^3;S 为球形颗粒的表面积,m^2;a 为球形颗粒的比表面积,m^2/m^3。

2. 非球形颗粒

工业上遇到的固体颗粒大多数是非球形颗粒,对于非球形颗粒,需要用形状和大小两个参数来描述其特性。工业上常用球形度描述颗粒的形状,用当量直径描述颗粒的尺寸。

颗粒球形度表示颗粒形状和球形的差异,定义为与某颗粒体积相等的球体的表面积与该颗粒的表面积之比。

$$\phi_s = \frac{S}{S_P} \tag{3-4}$$

式中,ϕ_s 为颗粒的球形度或形状系数,量纲为 1;S 为与颗粒体积相等的球体的表面积,m^2;S_P 为颗粒的表面积,m^2;

由于同体积不同形状的颗粒中,球形颗粒的表面积最小,因此,任何非球形颗粒的球形度均小于 1,且颗粒形状与球形相差越大,球形度值就越小,球形颗粒的球形度值为 1。

非球形颗粒的当量直径可以用体积当量直径、表面积当量直径和比表面积当量直径描述。

体积当量直径:使当量球形颗粒的体积等于真实颗粒的体积。

$$d_{ev} = \sqrt[3]{\frac{6V}{\pi}} \tag{3-5}$$

表面积当量直径:使当量球形颗粒的表面积等于真实颗粒的表面积。

$$d_{es} = \sqrt{\frac{S}{\pi}} \tag{3-6}$$

比表面积当量直径:使当量球形颗粒的比表面积等于颗粒的比表面积。

$$d_{ea} = \frac{6}{a} = \frac{6V}{S} \tag{3-7}$$

体积当量直径、表面积当量直径和比表面积当量直径三者之间具有以下关系：

$$d_{ea} = \frac{d_{ev}^3}{d_{es}^2} = \left(\frac{d_{ev}}{d_{es}}\right)^2 d_{ev} \tag{3-8}$$

结合球形度和当量直径的定义，则可推导出两者的相互关系为

$$\phi_s = \frac{S}{S_P} = \frac{\pi d_{ev}^2}{\pi d_{es}^2} = \frac{d_{ev}^2}{d_{es}^2} \tag{3-9}$$

综上所述，非球形颗粒必须确定两个参数才能确定其体积、表面积和比表面积。

体积 $$V = \frac{\pi d_{ev}^3}{6} \tag{3-10}$$

表面积 $$S = \frac{\pi d_{ev}^2}{\phi_s} \tag{3-11}$$

比表面积 $$a = \frac{6}{\phi_s d_{ev}} \tag{3-12}$$

3.2.2　颗粒群的特性

颗粒群特性的主要指标是粒径分布和平均粒径。颗粒粒度测量的方法有筛分法、电镜法、沉降法、光散射和衍射法等。其中，筛分是根据固体颗粒大小的差异，用筛进行分级的过程。

1. 筛分原理

标准的筛包括一系列具有不同大小孔眼的筛，筛网用金属丝制成，孔近似呈正方形。国际上通行的标准筛为泰勒（Tyler）筛，其筛孔大小以每英寸长度筛网上的孔数表示，称为"目"。每个筛的筛网金属的直径也有规定。因此，一定目数的标准筛其筛孔尺寸也一定。例如，100目的筛是指每英寸筛网上有 100 个筛孔，网线的直径规定为 0.0042 in（1 in＝2.54 cm），所以筛孔的宽度为（1/100－0.0042）＝0.0058（in），即 0.147 mm。由此可见，筛号越大，筛孔越小。泰勒筛标准系列中各相邻筛号（按从大到小的次序）的筛孔宽度按 $\sqrt{2}$ 倍递增。

图 3-1 为小型泰勒振动筛，进行筛分操作时，将一套标准筛按筛孔尺寸从大到小的次序自上而下叠放，最底一层为无孔的底盘。样品加于顶端的筛面上，启动振荡器振动过筛，颗粒因粒径不同而分别被截留于各号筛面上，通过筛孔的物料称为筛过物，未能通过的称为筛留物。

筛分结果通常用表或图表示，可以直观地表示出颗粒的质量分数或累计质量分数与颗粒平均直径的关系。若一种颗粒能通过某一号筛而截留于相邻的下一号筛上，则此颗粒群的平均直径等于此两号筛孔宽度的算术平均值。称取截留在每个筛面上颗粒的质量，可计算出每一号筛上所截留颗粒的质量分数。

图 3-1　泰勒振动筛

2. 粒径分布

某一粒度范围内的颗粒的质量分数随粒度的变化关系称为颗粒群的粒度分布,可用曲线表示。颗粒群的粒度分布曲线包括频率分布曲线和累计分布曲线,频率分布曲线为某一粒度范围的颗粒的质量分数与其平均直径的关系,累计分布曲线为等于及小于某一直径的颗粒的质量分数。

表 3-1 中列出一个典型的筛分分析结果,表中的颗粒平均直径表示截留在某号筛网上的平均直径,其值可按相邻两筛号的尺寸的平均值计算,如表中第 2 行,筛号为 25 的筛网上的平均颗粒平径为 $(0.850+0.710)/2=0.780$(mm)。筛底盘上的颗粒平均直径为最下一层的筛孔宽的 1/2,所以通过 50 目的颗粒的平径直径取为 $0.300/2=0.150$(mm)。累计质量分数是用等于或小于某筛号的颗粒的质量分数加和得到的。图 3-2 和图 3-3 分别为表 3-1 筛分结果示例相对应的频率分布曲线和累计分布曲线。

表 3-1　筛分结果示例

筛　号	筛孔尺寸/mm	平均直径/mm	质量分数	累计质量分数
20	0.850	0.780	0.01	1.00
25	0.710	0.655	0.06	0.99
30	0.600	0.550	0.09	0.93
35	0.500	0.463	0.16	0.84
40	0.425	0.390	0.27	0.68
45	0.355	0.328	0.25	0.41
50	0.300	0.150	0.16	0.16
合计			1.00	

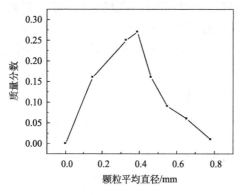 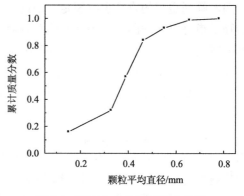

图 3-2　颗粒大小的频率分布曲线　　　　图 3-3　颗粒大小的累计分布曲线

3. 平均粒径

颗粒群的平均直径因使用目的不同,其表示方法也不相同,几种最常用的平均直径表示方法如下:

(1)长度平均直径,即将所有颗粒的直径相加,然后除以颗粒的总数。设样品可按直径区分为 $d_1,d_2,d_3,\cdots,d_k$ 共 k 组,其中一组直径为 d_i 的颗粒共有 n_i 个,则长度平均直径为

$$d_{Lm} = \frac{n_1 d_1 + n_2 d_2 + n_3 d_3 + \cdots + n_k d_k}{n_1 + n_2 + n_3 + \cdots + n_k} = \frac{\sum\limits_{i=1}^{k} n_i d_i}{\sum\limits_{i=1}^{k} n_i} \tag{3-13}$$

设平均直径为 d_i 的颗粒所占质量分数为 a_i，则 a_i 与直径为 d_i 的颗粒总数、每个颗粒的体积、颗粒密度三者之积成正比，即

$$a_i = K_1 n_i d_i^3 \rho_s \tag{3-14}$$

式中，K_1 为比例常数；ρ_s 为颗粒密度。

将式(3-14)代入式(3-13)，化简后得

$$d_{Lm} = \sum_{i=1}^{k} \frac{a_i}{d_i^2} \bigg/ \sum_{i=1}^{k} \frac{a_i}{d_i^3} \tag{3-15}$$

(2) 表面积平均直径。若颗粒群的主要性质与其表面积有关，则应用表面积平均直径表示其粒度，用符号 d_{Am} 表示。表面积 πd_{Am}^2 等于全部颗粒的表面积之和除以颗粒的总数，即

$$d_{Am} = \sqrt{\sum_{i=1}^{k} n_i d_i^2 \bigg/ \sum_{i=1}^{k} n_i} \tag{3-16}$$

将式(3-14)代入式(3-16)，化简后得

$$d_{Am} = \sqrt{\sum_{i=1}^{k} \frac{a_i}{d_i} \bigg/ \sum_{i=1}^{k} \frac{a_i}{d_i^3}} \tag{3-17}$$

(3) 体积平均直径，用符号 d_{Vm} 表示。体积 $\left(\dfrac{\pi}{6}\right) d_{Vm}^3$ 等于全部颗粒的体积之和除以颗粒的总数，即

$$d_{Vm} = \sqrt{\sum_{i=1}^{k} n_i d_i^3 \bigg/ \sum_{i=1}^{k} n_i} \tag{3-18}$$

将式(3-14)代入式(3-18)，化简后得

$$d_{Vm} = \sqrt{1 \bigg/ \sum_{i=1}^{k} \frac{a_i}{d_i^3}} \tag{3-19}$$

(4) 比表面积平均直径，用符号 d_{am} 表示。使其比表面积等于所有颗粒的比表面积的平均值，即

$$\frac{\pi d_{am}^2}{\pi d_{am}^3} = \frac{\sum\limits_{i=1}^{k} n_i \pi d_i^2}{\sum\limits_{i=1}^{k} n_i \frac{\pi}{6} d_i^3} \tag{3-20}$$

将式(3-14)代入式(3-20)，化简后得

$$d_{am} = 1 \bigg/ \sum_{i=1}^{k} \frac{a_i}{d_i} \tag{3-21}$$

对于非球形颗粒，则可表示如下：

$$d_{am} = 1 \bigg/ \sum \left(\frac{1}{(\phi_s d)_i} \cdot \frac{m_i}{m} \right) = 1 \bigg/ \sum \frac{a_i}{(\phi_s d)_i} \tag{3-22}$$

4. 颗粒群的密度

单位体积内颗粒的质量称为密度,其单位为 kg/m^3。若不包括颗粒之间的空隙,则为颗粒的真密度。若颗粒群包括颗粒之间的空隙,则得到的密度为表观密度或堆积密度。因此,堆积密度总是小于真密度。在设计颗粒的储存设备和加工设备时,要以堆积密度为准。

3.3　沉 降 分 离

沉降分离是使悬浮在流体中的固体颗粒,在重力场或离心力场的作用下,利用固体和液体的密度差异而受到不同的体积力,沿着受力方向发生相对运动而沉积,从而完成固体和流体的分离过程。利用悬浮固体颗粒受到的重力完成的分离操作称为重力沉降;利用悬浮的固体颗粒受到的离心力作用而分离的操作称为离心沉降。重力沉降适合分离较大的固体颗粒(75 μm 以上),而离心沉降则可以分离较小颗粒(10 μm 以上)。

3.3.1　重力沉降及设备

颗粒分散相在重力场中与周围连续相流体发生相对运动而实现分离的过程称为重力沉降,其实质是借助分散相与连续相的较大密度差异而实现分离的。

1. 重力沉降速度

重力沉降速度是指相对于周围流体的沉降速度,其影响因素主要有颗粒形状、大小、密度、流体密度和黏度等。为了便于讨论,这里研究球形颗粒的重力沉降速度。

1) 自由沉降速度

颗粒在重力沉降过程中不受周围颗粒和器壁的影响,称为自由沉降。当流体中颗粒含量较少,设备尺寸足够大时可视为自由沉降。若颗粒含量较多,颗粒间距小,在沉降过程因颗粒间的相互影响而不能正常沉降的过程称为干扰沉降。

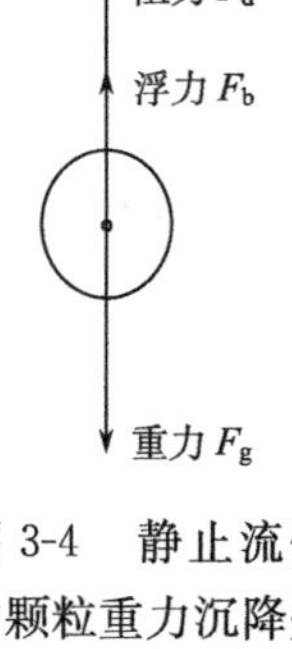

如图 3-4 所示,球形颗粒置于静止的流体中,在颗粒密度大于流体密度时,颗粒将在流体中沉降。此时,颗粒受到重力、浮力和阻力的作用。

$$重力 \qquad F_g = \frac{\pi}{6} d^3 \rho_s g \qquad (3-23)$$

$$浮力 \qquad F_b = \frac{\pi}{6} d^3 \rho g \qquad (3-24)$$

$$阻力 \qquad F_d = \xi A \frac{\rho u^2}{2} \qquad (3-25)$$

图 3-4　静止流体中颗粒重力沉降受力示意图

式中,ρ_s 为颗粒的密度,kg/m^3;ρ 为流体的密度,kg/m^3;ξ 为阻力系数,量纲为 1;A 为颗粒在相对运动方向上的投影面积,m^2;u 为颗粒沉降速度,m/s。

根据牛顿第二定律可知,三个力的合力等于颗粒的质量与其加速度的乘积,即

$$F_g - F_b - F_d = ma \qquad (3-26)$$

静止流体中颗粒的沉降过程可分为两个阶段,即加速阶段和匀速阶段。工业中处理的非均相混合物中大多数颗粒很小,经历加速阶段的时间很短,在整个沉降过程中往往忽略不计。

匀速阶段中颗粒对于流体的运动速度,$u = u_t$,u_t 称为沉降速度。

将式(3-23)~式(3-25)代入式(3-26)可得

$$\frac{\pi}{6} d^3 \rho_s g - \frac{\pi}{6} d^3 \rho g - \xi \frac{\rho u_t^2}{2} \frac{\pi d^2}{4} = 0 \tag{3-27}$$

整理后得到沉降速度的关系式

$$u_t = \sqrt{\frac{4 d (\rho_s - \rho) g}{3 \rho \xi}} \tag{3-28}$$

计算沉降速度首先需要确定阻力系数 ξ 值。通过因次分析法可知,阻力系数是颗粒与流体相对运动时雷诺数和球形度的函数 $\xi = f(Re_t, \phi_s)$。其中,雷诺数可由式(3-29)计算。

$$Re_t = \frac{d u_t \rho}{\mu} \tag{3-29}$$

式中,μ 为流体的黏度,Pa·s。

阻力系数 ξ 值随雷诺数 Re_t 及球形度 ϕ_s 变化的实验测定结果如图 3-5 所示。

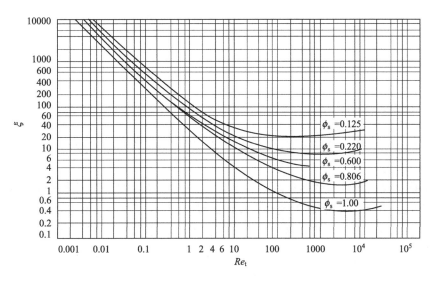

图 3-5　ξ-Re_t 关系曲线

为了便于计算 ξ 值,将球形颗粒的曲线分为三个区域,即

层流区($10^{-4} < Re_t \leqslant 1$)　　　　　　　　　　$\xi = \dfrac{24}{Re_t}$ \hfill (3-30)

过渡区($1 < Re_t < 10^3$)　　　　　　　　　　$\xi = \dfrac{18.5}{Re_t^{0.6}}$ \hfill (3-31)

湍流区($10^3 \leqslant Re_t < 2 \times 10^5$)　　　　　　　　$\xi = 0.44$ \hfill (3-32)

将式(3-30)~式(3-32)分别代入式(3-28),可得到球形颗粒在各区中沉降速度的计算式,即

层流区　　　　　　　　　　　　　$u_t = \dfrac{d^2 (\rho_s - \rho) g}{18 \mu}$ \hfill (3-33)

过渡区
$$u_t = 0.27\sqrt{\frac{d(\rho_s - \rho)g}{\rho}Re_t^{0.6}} \tag{3-34}$$

湍流区
$$u_t = 1.74\sqrt{\frac{d(\rho_s - \rho)g}{\rho}} \tag{3-35}$$

在计算沉降速度时,可使用试差法,即先假设颗粒沉降所属哪个区域,选择相对应的计算公式进行计算,将沉降速度计算结果代入 Re_t,校核 Re_t 是否在假设的区域。否则,重新假设区域进行计算,直到校核与假设相符合为止。

【例 3-1】 密度为 1630 kg/m³ 塑料珠在 20 ℃的四氯化碳液体中沉降,测得其沉降速度为 1.7×10^{-3} m/s,20 ℃时四氯化碳的密度为 1590 kg/m³,黏度为 1.03×10^{-3} Pa·s,求此塑料珠的直径。

解　先假定沉降速度在层流区,根据层流区斯托克斯公式

$$u_t = \frac{d^2(\rho_s - \rho)g}{18\mu}$$

可得

$$d = \sqrt{\frac{18\mu u_t}{(\rho_s - \rho)g}} = \sqrt{\frac{18 \times 1.03 \times 10^{-3} \times 1.7 \times 10^{-3}}{9.81 \times (1630 - 1590)}} = 2.83 \times 10^{-4}(\text{m})$$

核算

$$Re_t = \frac{d_p u_t \rho}{\mu} = 0.744$$

假设成立,则塑料珠的直径为 28.4 mm。

2) 影响重力沉降速度的因素

(1) 颗粒形状。同一性质的固体颗粒,非球形颗粒的沉降阻力比球形颗粒的大得多,其沉降速度比球形颗粒的小。

(2) 干扰沉降。当颗粒的体积浓度大于 0.2% 时,颗粒间相互作用明显,则干扰沉降不容忽视。由于颗粒下沉时,被置换的流体做反向运动,使作用于颗粒上的曳力增加,因此干扰沉降的沉降速度比自由沉降时小。这种情况可按自由沉降计算,然后按颗粒浓度予以修正,其修正方法参见有关手册。另外,当颗粒不均匀时,小颗粒会被大颗粒拖曳向下,使实际沉降速度增大。因此,准确的沉降速度应根据实验进行确定。

(3) 器壁效应。当容器较小时,容器的壁面和底面均能增加颗粒沉降时的曳力,使颗粒的实际沉降速度比自由沉降速度低。当容器尺寸远远大于颗粒尺寸时(如 100 倍以上),器壁效应可以忽略,否则需加以考虑。例如,在层流区,器壁对沉降速度的影响可用式(3-36)进行修正。

$$u_t' = \frac{u_t}{1 + 2.1\left(\dfrac{d}{D}\right)} \tag{3-36}$$

式中,u_t' 为颗粒实际沉降速度,m/s;D 为重力沉降设备的直径,m。

2. 重力沉降设备

1) 降尘室

借助重力沉降将气流中颗粒除去的设备称为降尘室,结构如图 3-6 所示。含尘气体进入降尘室后,流通截面扩大,流速减少,颗粒在重力作用下沉降。只要气体有足够的停留时间,使

颗粒在气体离开降尘室之前沉到室底部,即可将颗粒与气体分离开。

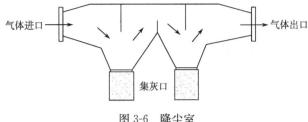

图 3-6　降尘室

设降尘室是高为 h、长为 l、宽为 b 的长方体,气体的停留时间为 θ,气体在降尘室的水平通过速度为 u,m/s。降尘室最高点的颗粒沉降至室底所需沉降时间为 θ_t,则满足重力沉降分离的基本条件为

$$\theta \geqslant \theta_t \quad 即 \quad \frac{l}{u} \geqslant \frac{h}{u_t} \tag{3-37}$$

气体水平通过降尘室的速度为

$$u = \frac{V}{hb} \tag{3-38}$$

式中,V 为降尘室的生产能力(含尘气体通过降尘室的体积流量),m³/s。

将式(3-37)代入式(3-38),整理得

$$V \leqslant blu_t \tag{3-39}$$

理论上降尘室的生产能力只与其沉降面积及颗粒沉降速度有关,而与降尘室高度无关。因此,降尘室内常设置多层水平隔板,多层降尘室如图 3-7 所示。隔板间距一般为 25～100 mm,若有 n 层隔板,则其生产能力为

$$V \leqslant (n+1) blu_t \tag{3-40}$$

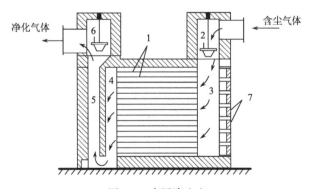

图 3-7　多层降尘室
1. 隔板;2、6. 调节闸阀;3. 气体分配道;4. 气体集聚道;5. 气道;7. 清灰口

降尘室结构简单,阻力小,但体积庞大,分离效率低,适合分离 75 μm 以上的粗颗粒,一般用于含尘气体的预分离。多层降尘室虽然能分离较细的颗粒并且节省占地面积,但清灰麻烦。降尘室中气速不应过大,保证气体在层流区流动,以防止气流湍动将已沉降的尘粒重新卷起,一般气速控制在 1.5～3 m/s。

【例 3-2】 采用降尘室除去锅炉烟气中的球形尘粒。降尘室的宽和长分别为 2 m 和 6 m,气体处理量为 1 Nm³/s,炉气温度为 427 ℃,相应的密度为 $\rho = 0.5$ kg/m³,黏度 $\mu = 3.4 \times 10^{-5}$ Pa·s,固体密度 $\rho_s = 400$ kg/m³,在此操作条件下,规定气体速度不大于 0.5 m/s,试求:(1)降尘室的总高度 H;(2)理论上能完全分离下来的最小颗粒尺寸;(3)粒径为 40 μm 的颗粒的回收百分数;(4)欲使粒径为 10 μm 的颗粒完全分离下来,需要在降尘室内设置几层水平隔板?

解 (1)降尘室的总高度。

$$V = V_0 \frac{273+t}{273} = 2.564 (\text{m}^3/\text{s})$$

$$H = \frac{V}{bu} = \frac{2.564}{2 \times 0.5} = 2.564 (\text{m})$$

(2)理论上能完全分离下来的最小颗粒尺寸。

$$u_t = \frac{V}{bl} = \frac{2.564}{2 \times 6} = 0.214 (\text{m/s})$$

假设沉降在斯托克斯区

$$d_{\min} = \sqrt{\frac{18\mu u_t}{(\rho_s - \rho)g}} = 5.78 \times 10^{-5} (\text{m})$$

核算

$$Re_t = \frac{d_p u_t \rho}{\mu} = 0.182$$

假设正确。

(3)粒径为 40 μm 的颗粒的回收百分数。

粒径为 40 μm 的颗粒一定在层流区,则

$$u'_t = \frac{d^2 (\rho_s - \rho) g}{18\mu} = 0.103 (\text{m/s})$$

气体通过沉降室的时间为

$$\theta = \frac{H}{u_t} = \frac{2.564}{0.214} = 12 (\text{s})$$

直径为 40 μm 的颗粒在 12 s 内沉降的高度为

$$H' = u'_t \theta = 0.103 \times 12 = 1.234 (\text{m})$$

假设颗粒在降尘室入口的炉气中是均匀分布的,则颗粒在降尘室内的沉降高度与降尘室高度之比约等于该尺寸颗粒被分离下来的百分数。

$$\frac{H'}{H} = \frac{1.234}{2.564} = 48.13\%$$

(4)由规定需要完全除去的最小粒径求沉降速度,再由生产能力和底面积求多层降尘室的水平隔板层数。粒径为 10 μm 的颗粒一定在层流区。

$$u_t = \frac{d^2 (\rho_s - \rho) g}{18\mu} = 6.41 \times 10^{-3} (\text{m/s})$$

$$n = \frac{V}{blu_t} - 1 = 32.3$$

取 33 层。

板间距为

$$h = \frac{H}{n+1} = \frac{2.564}{33+1} = 0.0754 (\text{m})$$

2)沉降槽

借助重力沉降从悬浮液中分离出固体颗粒的设备称为沉降槽。用于低浓度悬浮物分离时

也称为澄清槽,用于中等浓度悬浮液时常称为浓缩器或增稠器,沉降槽可间歇操作或连续操作。

　　连续沉降槽结构示意图如图 3-8 所示。料液经中央进料管送至液面以下 $0.3 \sim 1.0$ m处,以尽可能减小已沉降颗粒的扰动和返混。清液向上流动并经槽的四周溢流而出,称为溢流。固体颗粒下沉至底部,由缓慢旋转的转耙聚拢到锥底,由底部中央的排渣口连续排出,排出的稠浆称为底流。连续沉降槽适用于处理量大而浓度不高且颗粒不太细的悬浮液,常用于污水处理器,经沉降槽处理后的底流泥浆中通常还有 50% 左右的液体。

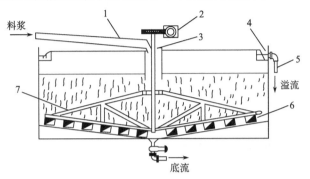

图 3-8　连续沉降槽
1. 进料槽道;2. 转动机构;3. 料井;4. 溢流槽;5. 溢流管;6. 叶片;7. 转耙

3.3.2　离心沉降及设备

　　当分散相与连续相密度差较小或颗粒细小时,在重力作用下沉降速度很低。利用离心力作用使固体颗粒沉降速度加快以达到分离目的,这种操作称为离心沉降。

　　1. 离心沉降速度

　　当流体带着颗粒旋转时,如果颗粒的密度大于流体的密度,则惯性离心力将会使颗粒在径向上与流体发生相对运动而飞离中心。颗粒在惯性离心力场和重力场中受到的三个作用力相似,即惯性离心力、向心力和阻力。令球形颗粒的直径为 d、颗粒密度为 ρ_s、流体密度为 ρ、颗粒与中心轴的距离为 R、切向速度为 u_T、颗粒与流体在径向上的相对速度为 u_r,则上述三个力分别为

惯性离心力
$$F_c = \frac{\pi}{6} d^3 \rho_s \frac{u_T^2}{R} \tag{3-41}$$

向心力
$$F_b = \frac{\pi}{6} d^3 \rho \frac{u_T^2}{R} \tag{3-42}$$

阻力
$$F_d = \xi \frac{\pi}{4} d^2 \frac{\rho u_r^2}{2} \tag{3-43}$$

当合力为零时,即
$$\frac{\pi}{6} d^3 \rho_s \frac{u_T^2}{R} = \frac{\pi}{6} d^3 \rho \frac{u_T^2}{R} + \xi \frac{\pi}{4} d^2 \frac{\rho u_r^2}{2} \tag{3-44}$$

颗粒的离心沉降速度为

$$u_r = \sqrt{\frac{4d(\rho_s - \rho) u_T^2}{3\rho \xi R}} \qquad (3\text{-}45)$$

颗粒的离心沉降速度与重力沉降速度具有相似的关系式,将重力加速度用离心加速度代替。例如,在层流条件下

$$u_r = \frac{d^2(\rho_s - \rho)}{18\mu} \frac{u_T^2}{R} \qquad (3\text{-}46)$$

层流区时,离心沉降速度与重力沉降速度之比称为离心分离因数,它是离心分离设备的重要性能指标。离心分离因数越高,离心沉降效果越好。

$$K_C = \frac{u_r}{u_t} = \frac{u_T^2}{Rg} \qquad (3\text{-}47)$$

2. 离心沉降设备

1) 旋风分离器

旋风分离器是利用惯性离心力的作用从气流中分离出尘粒的设备。图 3-9 为标准旋风分离器,其主体上部为圆筒形,下部为圆锥形,含尘气体由圆筒上部进气管切向进入,受器壁的约束向下做螺旋运动。在惯性离心力作用下,颗粒被抛向器壁而与气流分离,再沿壁面落至锥底的排灰口。净化后的气体在中心轴附近由下而上做螺旋运动,最后由顶部排气管排出。图 3-9 的侧视图描绘了气体在器内的运动情况。通常,把下行的螺旋形气流称为外旋流,上行的螺旋形气流称为内旋流(又称气芯)。内、外旋流气体的旋转方向相同。外旋流的上部是主要除尘区。

旋风分离器内的静压强在器壁附近最高,仅稍低于气体进口处的压强,往中心逐渐降低,在气芯处可降至气体出口压强以下。旋风分离器内的低压气芯由排气管入口一直延伸到底部出灰口。因此,如果出灰口或集尘室密封不良,便易漏入气体,把已收集在锥形底部的粉尘重新卷起,严重降低分离效果。评价旋风分离器性能的主要指标是尘粒从气流中的分离效果及气体经过旋风分离器的压降。

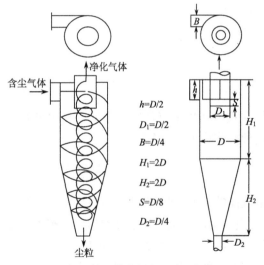

图 3-9 标准旋风分离器的尺寸及操作原理图

$h = D/2$

$D_1 = D/2$

$B = D/4$

$H_1 = 2D$

$H_2 = 2D$

$S = D/8$

$D_2 = D/4$

净化气体
含尘气体
尘粒

（1）临界粒径。

临界粒径是理论上在旋风分离器中能被完全分离下来的最小颗粒直径,临界粒径是判断分离效率高低的重要依据。计算临界粒径的关系式可从以下的简化条件下推导出:①进入旋风分离器的气流严格按螺旋形路线做等速运动,其切向速度等于进口气速;②颗粒向器壁沉降时,必须穿过厚度等于整个进气宽度 B 的气流层,才能到达壁面而被分离;③颗粒在滞流情况下做自由沉降。

根据以上假设条件,颗粒的沉降速度可由式(3-46)计算,由简化条件①可知 $u_T = u_i$。由于 $\rho_s \gg \rho$,因此式中 $\rho_s - \rho \approx \rho_s$,旋转半径 R 可取为平均值 R_m,代入式(3-47)即得

$$u_r = \frac{d^2 \rho_s u_i^2}{18 \mu R_m} \tag{3-48}$$

式中，u_i 为含尘气体进口速度，m/s；R_m 为颗粒平均旋转半径，m。

由简化条件②可知，令旋风分离器进口宽度为 B，颗粒到达器壁所需的沉降时间为

$$\theta_t = \frac{B}{u_r} = \frac{18\mu R_m B}{d^2 \rho_s u_i^2} \tag{3-49}$$

设气流的有效旋转圈数为 N_e，它在器内运行的距离为 $2\pi R_m N_e$，则停留时间为

$$\theta = \frac{2\pi R_m N_e}{u_i} \tag{3-50}$$

若某种尺寸的颗粒所需的沉降时间 θ_t 恰好等于停留时间 θ，该颗粒就是理论上能被完全分离下来的最小颗粒。以 d_c 代表这种颗粒的直径，即临界粒径，则

$$\frac{18\mu R_m B}{d_c^2 \rho_s u_i^2} = \frac{2\pi R_m N_e}{u_i} \tag{3-51}$$

解得

$$d_c = \sqrt{\frac{9\mu B}{\pi N_e \rho_s u_i}} \tag{3-52}$$

对于式(3-52)，前两个简化条件虽然与实际情况不太相符，但只要选取合适的 N 值，结果还是可以用的。N 的值一般为 $0.5\sim3.0$，对于标准旋风分离器，可取 $N=5$。

（2）分离效率。

旋风分离器的分离效率有两种表示法，即总效率和分效率（又称粒级效率）。

总效率

$$\eta_0 = \frac{C_1 - C_2}{C_1} \tag{3-53}$$

粒级效率

$$\eta_i = \frac{C_{1,i} - C_{2,i}}{C_{1,i}} \tag{3-54}$$

$$\eta_0 = \sum \eta_i x_i \tag{3-55}$$

式中，C_1 为旋风分离器进口气体含尘浓度，g/m³；C_2 为旋风分离器出口气体含尘浓度，g/m³；$C_{1,i}$ 为进口气体中粒径在第 i 小段范围内的颗粒的浓度，g/m³；$C_{2,i}$ 为出口气体中粒径在第 i 小段范围内的颗粒的浓度，g/m³；x_i 为第 i 段粒径范围内颗粒占全部颗粒的质量分数。

总效率在工程计算中常用，但不能准确代表该分离器的分离性能。含尘气体中颗粒的粒径分布不同，不同粒径的颗粒通过旋风分离器分离的百分数是不同的，因此，只有对相同粒径范围的颗粒分离效果进行比较，才能得知该分离器的性能好坏。特别是对细小颗粒的分离，粒级效率更能反映分离器的分离性能的优劣。

（3）压降。

旋风分离器的压降是评价其性能的重要标志。压降产生的主要原因是气体经过旋风分离器内的膨胀、压缩、旋转、转向及对器壁的摩擦而消耗大量的能量，因此气体通过旋风分离器的压降应尽可能小。可以仿照第 1 章的方法，将压降看作与进口气体动能成正比，即

$$\Delta p = \xi \frac{\rho u_i^2}{2} \tag{3-56}$$

式中，ξ 为阻力系数。对于同一结构形式及尺寸比例的旋风分离器，ξ 为常数，不因尺寸大小而变。如图 3-9 所示的标准旋风分离器，阻力系数为 $\xi = 8.0$。旋风分离器的压降一般为 500～2000 Pa。

影响旋风分离器性能的因素多而复杂，物系情况及操作条件是其中的重要方面。一般来说，颗粒密度大、粒径大、进口气速高及粉尘浓度高等情况均有利于分离。例如，含尘浓度高则有利于颗粒的聚结，可以提高效率，而且颗粒浓度增大可以抑制气体涡流，从而使阻力下降，所以较高的含尘浓度对压降与效率两个方面都是有利的。但有些因素则对这两个方面有相互矛盾的影响。例如，进口气速稍高有利于分离，但过高则导致涡流加剧，反而不利于分离，徒然增大压降。因此，旋风分离器的进口气速保持在 10～25 m/s 为宜。

2) 旋液分离器

旋液分离器又称水力旋流器，是利用离心沉降原理从悬浮液中分离固体颗粒的设备。它的结构和操作原理与旋风分离器相类似。设备主体也是由圆筒和圆锥两部分组成。悬浮液经入口管沿切向进入圆筒，向下做螺旋形运动，固体颗粒受惯性离心力作用被甩向器壁，随下旋流降至锥底的出口，由底部排出的增浓液称为底流；清液或含有微细颗粒的液体则成为上升的内旋流，从顶部的中心管排出，称为溢流。内层旋流中心还有一个空的空气芯，空气芯中的气体是由料浆中释放出来的，或者是由溢流管口暴露于大气中时空气吸入器内的。

旋液分离器的结构特点是直径小且圆锥部分长。因为固液间的密度差比固气间的密度差小，在一定的切线进口速度下，小直径的圆筒有利于增大惯性离心力，以提高沉降速度；同时，锥形部分加长可增大液流的行程，从而延长了悬浮液在器内的停留时间。旋液分离器不仅可以用于悬浮液的增浓，而且在分级方面有显著特点。

3.4 过 滤

在化工单元过程中，常遇到流体通过由固体颗粒堆积而成的颗粒床层，如悬浮液的过滤、流体通过填料层或固体催化剂床层的流动等。当流体以较小流速从床层空隙中流动时，颗粒保持静止状态，这样的床层称为固定床。

3.4.1 颗粒床层的特性

1. 床层的空隙率

由颗粒群堆积成的床层疏密程度可用空隙率表示，其定义如下：

$$\varepsilon = \frac{床层体积 - 颗粒体积}{床层体积}$$

颗粒大小、形状、粒度分布和充填方式等均影响空隙率。实践表明，乱堆的非球形颗粒的床层空隙率往往大于球形的床层空隙率；振动条件下充填的床层空隙率相对较小，湿法充填（设备内先充以液体）的空隙率相对较大。一般情况下，乱堆床层的空隙率为 47%～70%。

2. 床层的比表面积

单位床层体积具有的颗粒表面积称为床层的比表面积。忽略颗粒之间接触面积的影响，

床层的比表面积可表示为

$$a_b = (1-\varepsilon)a \tag{3-57}$$

式中，a_b 为床层的比表面积，m^2/m^3；a 为颗粒的比表面积，m^2/m^3；ε 为床层空隙率，m^3/m^3。

床层的比表面积也可以根据堆积密度进行估算，即

$$a_b = \frac{6\rho_b}{d\rho_s} \tag{3-58}$$

式中，ρ_b 为堆积密度，kg/m^3；ρ_s 为真实密度，kg/m^3。

ρ_b 和 ρ_s 之间的近似关系可用式(3-59)表示

$$\rho_b = (1-\varepsilon)\rho_s \tag{3-59}$$

3. 床层的各向同性

小颗粒的床层用乱堆方法堆成，而非球形颗粒的定位是随机的，因而可以认为床层是各向同性。各向同性床层的一个重要特点是，床层横截面上可供流体通过的自由截面（空隙截面）与床层截面之比在数值上等于空隙率。

实际上，壁面附近床层的空隙率总是大于床层内部的，较多的流体必趋向近壁处流过，使床层截面上流体分布不均匀，这种现象称为壁效应。当床层直径 D 与颗粒直径 d 的比值 (D/d) 较小时，壁效应的影响尤为严重。

3.4.2　过滤原理

过滤是在外力作用下，使悬浮液中的液体通过多孔介质的孔道，而悬浮液中的固体颗粒被截留在介质上，从而实现固液分离的操作。

1. 过滤概述

1) 过滤方式

过滤方式分为滤饼过滤和深层过滤。

（1）滤饼过滤。悬浮液中颗粒的尺寸大多都比介质的孔道大。过滤时悬浮液置于过滤介质的一侧，在过滤操作的开始阶段，会有部分小颗粒进入介质孔道内，并可能穿过孔道而不被截留，使滤液仍然是浑浊的。随着过滤的进行，颗粒在介质上逐步堆积，形成了一个颗粒层，称为滤饼。如图 3-10 所示，在滤饼形成之后，便成为对其后的颗粒起主要截留作用的介质。因此，不断增厚的滤饼才是真正有效的过滤介质，穿过滤饼的液体则变为澄清的液体。

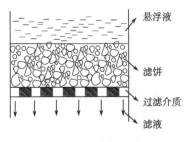

图 3-10　滤饼过滤

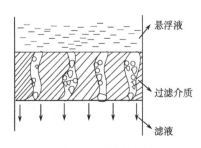

图 3-11　深层过滤

（2）深层过滤。颗粒尺寸比介质孔道的尺寸小得多，颗粒容易进入介质孔道。但由于孔道弯曲细长，颗粒随流体在曲折孔道中流过时，在表面力和静电力的作用下附着在孔道壁上。如图 3-11 所示，深层过滤时并不在介质上形成滤饼，固体颗粒沉积于过滤介质的内部。这种过滤适合于处理固体颗粒含量极少的悬浮液。

2）过滤介质

过滤介质起支撑滤饼的作用，并让滤液通过，要求其具有足够的机械强度和尽可能小的流动阻力，同时还应具有相应的耐腐蚀性和耐热性。工业上常见的过滤介质有以下几类：

（1）织物介质。织物介质又称滤布，是用棉、毛、丝、麻等天然纤维及合成纤维织成的织物，以及由玻璃丝或金属丝织成的网。织物介质在工业上的应用最为广泛。

（2）堆积介质。由各种固体颗粒（砂、木炭、石棉、硅藻土）或非纺织纤维等堆积而成，多用于深层过滤。

（3）多孔固体介质。由具有很多微细孔道的固体材料（如多孔陶瓷、多孔塑料、多孔金属）制成的管或板，能拦截 $1 \sim 3~\mu m$ 的微细颗粒。

（4）多孔膜。用于膜过滤的各种有机高分子膜和无机材料膜。广泛使用的是醋酸纤维素和芳香酰胺系两大类有机高分子膜。可用于截留 $1~\mu m$ 以下的微小颗粒。

3）助滤剂

滤饼可压缩性是指滤饼受压后空隙率明显减小的现象，它使过滤阻力在过滤压力提高时明显增大，过滤压力越大，这种情况会越严重。另外，悬浮液中所含的颗粒都很细，刚开始过滤时这些细粒进入介质的孔道中会将孔道堵死，即使未严重到这种程度，这些很细颗粒所形成的滤饼对液体的透过性也很差，使过滤困难。为了解决上述两个问题，工业过滤时常采用助滤剂。作为助滤剂的基本条件是：能形成多孔饼层的刚性颗粒，具有良好的物理、化学性质，价廉易得。常用的助滤剂有硅藻土、珍珠岩、炭粉和纤维素。助滤剂的使用方法有预涂法和掺滤法两种，预涂是将含助滤剂的悬浮液先过滤，均匀地预涂在过滤介质表面，然后过滤料浆；掺滤是将助滤剂混入料浆中一起过滤，其加入量为料浆的 $0.1\% \sim 0.5\%$（质量分数），当滤饼为产品时，则不能使用掺滤的方法。

2. 流体通过固定床的阻力

流体流过固定床的阻力在数值上应等于床层中所有颗粒所受曳力的总和。流体在床层空隙中流动时，流道曲折多变，流速快慢不一，流动状态各异，情况十分复杂。虽然多数情况下可认为流动处于层流状态，但在流道剧变处或某些局部仍可能有湍流存在，因此若从各个颗粒所受曳力入手解决流体流动的阻力问题显得较为困难。为了能对流体通过固定床的流动过程加以数学描述，常将复杂的实际流动过程加以简化，如图 3-12 所示。

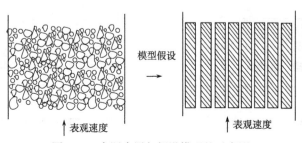

图 3-12　实际床层与假设模型的示意图

1) 床层的简化模型

床层内为乱堆颗粒,床层各向同性,边壁效应可忽略不计,实际颗粒床层可以简化为下列模型:

(1) 床层由许多互相平行的细小孔道组成,孔道长度与床层高度成正比。

(2) 孔道内表面积之和等于全部颗粒的表面积,孔道全部流动空间等于床层空隙的容积。

根据假设模型,结合当量直径的定义,细小孔道的当量直径表示为

$$d_e = 4 \times 水力半径 = 4 \times \frac{流通截面积}{润湿周边长}$$

式中,d_e 为床层流道的当量直径,m。

因此对颗粒床层的当量直径应可写为

$$d_e = 4 \times \frac{流通截面积 \times 流道长度}{润湿周边长 \times 流道长度}$$

$$d_e = 4 \times \frac{流通容积}{流道表面积}$$

若以截面积为 1 m² 和厚度为 1 m 的床层为基准,则颗粒床层体积为 $1 \times 1 = 1$ m³,床层的流体通道容积为 $1 \times \varepsilon = \varepsilon$ m³,流体通道的表面积为 $(1-\varepsilon)a$ m²,即

$$d_e = \frac{4\varepsilon}{(1-\varepsilon)a} \tag{3-60}$$

按此简化模型,流体通过固定床的压降等同于流体通过一组当量直径为 d_e 和长度为 l 的细管的压降。

2) 流体通过固定床压降的数学模型

上述简化的物理模型已将流体通过具有复杂几何边界的床层的压降简化为通过均匀圆管的压降。因此,当流体处于层流流动条件下,其通过床层的阻力损失可用哈根-泊谡叶方程表示,即

$$\Delta p_c = \frac{32\mu l u_1}{d_e^2} \tag{3-61}$$

式中,Δp_c 为流体通过床层的压降,Pa;μ 为流体黏度,Pa·s;u_1 为床层孔道中的流速,m/s。

在与床层相垂直的方向上,床层空隙中的滤液流速 u_1 与按整个床层截面积计算的滤液平均流速 u 之间的关系为

$$u_1 = \frac{u}{\varepsilon} \tag{3-62}$$

孔道长度

$$l = CL \tag{3-63}$$

式中,L 为床层高度,m;C 为比例系数。

将式(3-60)、式(3-62)和式(3-63)代入式(3-61),并写成等式,得

$$\Delta p_c = \frac{K'(1-\varepsilon)^2 a^2 u L \mu}{\varepsilon^3} \tag{3-64}$$

式(3-64)中的比例常数 K' 与床层的空隙率、粒子形状、排列及粒度范围等因素有关。对于颗粒床层内的层流流动,K' 值可取为 5,于是

$$\Delta p_c = \frac{5(1-\varepsilon)^2 a^2 \mu L u}{\varepsilon^3} \tag{3-65}$$

若床层内的流动为湍流,则流体通过固定床的压降表达式为比较复杂的经验式,应用范围较小且误差较大。

3. 过滤基本方程

1) 过滤基本方程表述

单位时间获得的滤液体积称为过滤速率,单位为 m^3/s。单位过滤面积上的过滤速率称为过滤速度,单位为 m/s。若过滤过程中其他因素不变,则由于滤饼厚度不断增加而使过滤速度逐渐变小。根据式(3-65),任一瞬间的过滤速度可以写成以下形式:

$$u = \frac{dV}{A d\theta} = \frac{\varepsilon^3}{5a^2(1-\varepsilon)^2} \frac{\Delta p_c}{\mu L} \tag{3-66}$$

过滤速率为

$$\frac{dV}{d\theta} = \frac{\varepsilon^3}{5a^2(1-\varepsilon)^2} \frac{A \Delta p_c}{\mu L} \tag{3-67}$$

式中,V 为滤液量,m^3;θ 为过滤时间,s;A 为过滤面积,m^2。

对于不可压缩滤饼,滤饼层的空隙率可视为常数,颗粒的形状、尺寸也不改变。因此,比表面积也为常数。

令

$$r = \frac{5a^2(1-\varepsilon)^2}{\varepsilon^3} \tag{3-68}$$

式中,r 为滤饼的比阻,是反映滤饼结构特征的参数,m^{-2}。

将滤饼体积 AL 与滤液体积 V 的比值用 v 表示,其意义为每获得 1 m^3 滤液所形成的滤饼的体积,即

$$v = \frac{AL}{V}$$

所以

$$L = \frac{vV}{A} \tag{3-69}$$

同理

$$L_e = \frac{vV_e}{A} \tag{3-70}$$

式中,V_e 为过滤介质的当量滤液体积,m^3。

将式(3-68)～式(3-70)代入式(3-67)得

$$\frac{dV}{d\theta} = \frac{A^2 \Delta p}{r \mu v (V + V_e)} \tag{3-71}$$

式(3-71)为过滤基本方程,表示过滤过程任一时刻的过滤速率与有关因素之间的关系,是过滤计算及强化操作的基本依据。该式适用于不可压缩滤饼,对于大多数可压缩滤饼,式中 $r = r' \Delta p^s$,r' 为单位压强差下滤饼比阻,s 为滤饼的压缩性指数,一般为 0～1,可从有关资料中查取。对于不可压缩滤饼,$s=0$。将 $r = r' \Delta p^s$ 代入式(3-71),则可得过滤基本方程式的一般表达式:

$$\frac{dV}{d\theta}=\frac{A^2\Delta p^{1-s}}{r'\mu\upsilon(V+V_e)}$$

过滤操作有两种典型方式,即恒压过滤和恒速过滤。恒压过滤是维持操作压强差不变,过滤速率将逐渐下降;恒速过滤则保持过滤速率不变,逐渐加大压强差,但对于可压缩滤饼,随着过滤时间的延长,压强差会增加许多。因此,恒速过滤无法进行到底。有时,为了避免过滤初期压强差过高而引起滤液浑浊,可采用先恒速后恒压的操作方式,即开始时以较低的恒定速率操作,当表压升至给定值后,转入恒压过滤。

2) 恒压过滤基本方程

在恒定压强差下进行的过滤操作称为恒压过滤。恒压过滤时,滤饼不断变厚,致使阻力逐渐增加,但推动力 Δp 恒定,因而过滤速率逐渐变小。

恒压过滤时,压差 Δp 不变,μ、r'、s 及 υ 均可视为常数。令

$$K=\frac{2\Delta p}{\mu r'\upsilon} \tag{3-72}$$

将式(3-72)代入式(3-71),得

$$\frac{dV}{d\theta}=\frac{KA^2}{2(V+V_e)} \tag{3-73}$$

或者

$$\frac{dq}{d\theta}=\frac{K}{2(q+q_e)} \tag{3-73a}$$

其中

$$q=\frac{V}{A} \qquad q_e=\frac{V_e}{A}$$

对式(3-73)和式(3-73a)积分,由 $\theta=0$、$V=0$ 积分至 $\theta=\theta$、$V=V$,则

$$\int_0^V(V+V_e)\,dV=\frac{1}{2}KA^2\int_0^\theta d\theta \tag{3-74}$$

得

$$V^2+2V_eV=KA^2\theta \tag{3-75}$$

同理可得

$$q^2+2q_eq=K\theta \tag{3-76}$$

当过滤介质阻力可以忽略时,$V_e=0$,$q_e=0$,可得

$$V^2=KA^2\theta \tag{3-77}$$

$$q^2=K\theta \tag{3-78}$$

恒压过滤方程中的 V_e 和 q_e 是反映过滤介质阻力大小的常数,称为介质常数,其单位分别为 m^3 和 m^3/m^2。V_e、q_e 和 K 总称为过滤常数,其数值由实验测定。

3) 恒速过滤方程

过滤设备(如板框压滤机)内部空间的容积是一定的,当料浆充满此空间后,供料的体积流量就等于滤液流出的体积流量,即过滤速率。因此,当用排量固定的正位移泵向过滤机供料而未打开支路阀时,过滤速率是恒定的。这种维持速率恒定的过滤方式称为恒速过滤。

恒速过滤时的过滤速度为

$$\frac{\mathrm{d}V}{A\mathrm{d}\theta}=\frac{V}{A\theta}=\frac{q}{\theta}=u_{\mathrm{R}}=常数 \tag{3-79}$$

所以

$$q=u_{\mathrm{R}}\theta \quad 或 \quad V=Au_{\mathrm{R}}\theta \tag{3-80}$$

式中，u_{R} 为恒速阶段的过滤速度，m/s。

式(3-80)表明，恒速过滤时，V(或 q)与 θ 的关系是通过原点的直线。

对于不可压缩滤饼，根据式(3-71)可以写出

$$\frac{\mathrm{d}q}{\mathrm{d}\theta}=\frac{\Delta p}{\mu rv(q+q_{\mathrm{e}})}=u_{\mathrm{R}}=常数 \tag{3-81}$$

过滤操作往往采用先恒速后恒压的操作方式，过滤初期维持恒定速率，泵出口表压强逐渐升高。然后，压滤机入口表压强维持恒定，进入压滤机的料浆量逐渐减小，后阶段的操作即为恒压过滤。

令 V_{R} 和 θ_{R} 分别代表恒压阶段结束瞬间的滤液体积和过滤时间，则

$$\int_{V_{\mathrm{R}}}^{V}(V+V_{\mathrm{e}})\,\mathrm{d}V=\frac{KA^{2}}{2}\int_{\theta_{\mathrm{R}}}^{\theta}\mathrm{d}\theta \tag{3-82}$$

积分式(3-82)得

$$(V^{2}-V_{\mathrm{R}}^{2})+2V_{\mathrm{e}}(V-V_{\mathrm{R}})=KA^{2}(\theta-\theta_{\mathrm{R}}) \tag{3-83}$$

或

$$(q^{2}-q_{\mathrm{R}}^{2})+2q_{\mathrm{e}}(q-q_{\mathrm{R}})=K(\theta-\theta_{\mathrm{R}}) \tag{3-84}$$

式(3-83)和式(3-84)为恒压阶段的过滤方程，式中$(V-V_{\mathrm{R}})$和$(\theta-\theta_{\mathrm{R}})$分别代表转入恒压操作后所获得的滤液体积和所经历的过滤时间。

4）过滤常数的测定

过滤计算需要有过滤常数为依据，悬浮液性质及浓度均影响过滤常数。工程设计时，要用实验测定的方法得到过滤常数。在恒定条件下，测得时间 θ_1 和 θ_2 下获得滤液总体积 V_1 和 V_2，则可联立方程

$$\begin{cases}V_1^2+2V_{\mathrm{e}}V_1=KA^2\theta_1\\V_2^2+2V_{\mathrm{e}}V_2=KA^2\theta_2\end{cases}$$

由此可以估算出 K、V_{e} 及 q_{e} 值。

当要求得到较准确的数据时，则实验中应测定系列 t-V 数据，并由 $q=V/A$ 计算得到系列 t-q 数据，将恒压过滤方程整理为

$$\frac{\theta}{q}=\frac{1}{K}q+\frac{2q_{\mathrm{e}}}{K} \tag{3-85}$$

在直角坐标系中以 $\dfrac{\theta}{q}$ 为纵坐标、q 为横坐标，可得到一条以 $1/K$ 为斜率、$2q_{\mathrm{e}}/K$ 为截距的直线，并由此求出 K 和 q_{e} 值。

4. 滤饼洗涤的计算

洗涤滤饼主要是为了回收滞留在缝隙间的滤液或者净化构成滤饼的颗粒。单位面积洗涤液的用量需要由实验确定，按洗涤液流经滤饼的通道不同，决定洗涤速率和洗涤时间。

　　框板过滤的洗涤是横穿洗法,洗涤液经过滤饼的厚度是过滤结束时的两倍,洗涤液的流通面积却是过滤面积的一半,若洗涤液性质与滤液性质相近,在同样压强下,则

$$\left(\frac{\mathrm{d}V}{\mathrm{d}\theta}\right)_{\mathrm{w}} = \frac{1}{4}\left(\frac{\mathrm{d}V}{\mathrm{d}\theta}\right)_{\mathrm{E}} \tag{3-86}$$

式中,$\left(\dfrac{\mathrm{d}V}{\mathrm{d}\theta}\right)_{\mathrm{w}}$ 为洗涤速率,m^3/s;$\left(\dfrac{\mathrm{d}V}{\mathrm{d}\theta}\right)_{\mathrm{E}}$ 为过滤结束时的速率,m^3/s。

　　洗涤过程中滤饼不再增厚,洗涤速率为常数,即

$$\left(\frac{\mathrm{d}V}{\mathrm{d}\theta}\right)_{\mathrm{w}} = \frac{V_{\mathrm{w}}}{\theta_{\mathrm{w}}} \tag{3-87}$$

　　将式(3-73)、式(3-86)代入式(3-87),得

$$\theta_{\mathrm{w}} = \frac{8V_{\mathrm{w}}(V + V_{\mathrm{e}})}{KA^2} \tag{3-88}$$

式中,V_{w} 为洗涤水用量,m^3。

　　值得注意的是,叶滤机和转筒过滤机所采用的是置换洗涤法,洗涤水与过滤结束时的滤液流过的路径相同,洗涤面积与过滤面积也相同,因此洗涤速率等于过滤结束时的速率,即

$$\left(\frac{\mathrm{d}V}{\mathrm{d}\theta}\right)_{\mathrm{w}} = \left(\frac{\mathrm{d}V}{\mathrm{d}\theta}\right)_{\mathrm{E}} = \frac{KA^2}{2(V + V_{\mathrm{e}})} \tag{3-89}$$

$$\theta_{\mathrm{w}} = \frac{2V_{\mathrm{w}}(V + V_{\mathrm{e}})}{KA^2} \tag{3-90}$$

5. 过滤机的生产能力

　　过滤机的生产能力通常是指单位时间获得的滤液体积,少数情况下也有按滤饼的产量或滤饼中固相物质的产量来计算的。

　　1) 间歇过滤机的生产能力

　　间歇过滤机的特点是在整个过滤机上依次进行过滤、洗涤、卸渣、清理、装合等步骤的循环操作。在每一循环周期中,全部过滤面积只有部分时间在进行过滤,而过滤之外的各步操作所占用的时间也必须计入生产时间内。因此,在计算生产能力时,应以整个操作周期为基准。

　　操作周期　　　　　　　　$\theta_{\mathrm{C}} = \theta_{\mathrm{F}} + \theta_{\mathrm{w}} + \theta_{\mathrm{A}}$

式中,θ_{C} 为单个操作循环的时间,即操作周期,s;θ_{F} 为单个操作循环内的过滤时间,s;θ_{w} 为单个操作循环内的洗涤时间,s;θ_{A} 为单个操作循环内的卸渣、清理、装合等辅助操作所需的时间,s。

　　生产能力　　　　　　　　$Q = \dfrac{3600V}{\theta_{\mathrm{C}}} = \dfrac{3600V}{\theta_{\mathrm{F}} + \theta_{\mathrm{w}} + \theta_{\mathrm{A}}}$ 　　　　　　　(3-91)

式中,V 为单个操作循环内所获得的滤液体积,m^3;Q 为生产能力,m^3/h。

　　2) 连续过滤机的生产能力

　　以转筒真空过滤机为例,连续过滤机的特点是过滤、洗涤、卸饼等操作在转筒表面的不同区域内同时进行。任何时刻总有一部分表面浸没在滤浆中进行过滤,任何一块表面在转筒回转一周过程中都只有部分时间进行过滤操作。

　　转筒表面浸入滤浆中的分数称为浸没度,以 ψ 表示,即

$$\psi = \frac{浸没角度}{360°} \tag{3-92}$$

若转鼓每分钟转数为 n，则每旋转一周，转鼓上任一单位过滤面积经过的过滤时间为

$$\theta = \frac{60\psi}{n} \tag{3-93}$$

每旋转一周，获得滤液体积为 $V(\mathrm{m}^3)$，所需时间为 $\frac{60}{n}$，相当于间歇式过滤机操作的一个周期。因此，其生产能力

$$Q = 60nV(\mathrm{m}^3 \text{ 滤液 }/\mathrm{h}) \tag{3-94}$$

将 $V^2 + 2V_\mathrm{e}V = KA^2\theta$ 代入式(3-94)，得

$$Q = 60n \sqrt{\frac{60\psi KA^2}{n} + V_\mathrm{e}^2} - V_\mathrm{e} \tag{3-95}$$

若忽略介质阻力，则

$$Q = 60A\sqrt{60\psi Kn} \tag{3-96}$$

由此可见，连续过滤机的转速越高，生产能力也越大。但若旋转过快，每一周期中的过滤时间便缩至很短，使滤饼太薄，难于卸除，也不利于洗涤，而且功率消耗增大。合适的转速需经实验确定。

【例 3-3】 某工厂采用 BMY34/810-45(使用其中 26 个框)的板框过滤机过滤碳酸钙悬浮液。在恒定压强条件下进行过滤，已知过滤常数 $K = 10^{-3}$ m^2/s，$q_\mathrm{e} = 0.01$ $\mathrm{m}^3/\mathrm{m}^2$。板框中滤渣与滤液体积比为 0.06 $\mathrm{m}^3/\mathrm{m}^3$(注：BMY34/810-45 中 B 为板框过滤机，M 为明流，Y 为液压，34 表示过滤面积为 34 m^2，810 表示滤框边长为 810 mm 的正方形，45 表示滤框的厚度为 45 mm)。(1)求过滤进行到框内全部充满滤渣所需过滤时间；(2)过滤后用相当于滤液量 1/5 的清水进行横穿洗法，求洗涤时间。

解 (1)过滤面积＝框长×框宽×框数×2＝0.81×0.81×26×2＝34(m^2)

过滤体积＝框长×框宽×框厚×框数＝0.81×0.81×0.045×26＝0.767(m^3)

滤液体积 V＝框内总容量/C＝0.767/0.06＝12.78(m^3)

过滤通量 q＝V/A＝12.78/34＝0.376($\mathrm{m}^3/\mathrm{m}^2$)

代入恒压过滤方程：

$$q^2 + 2qq_\mathrm{e} = K\tau$$

$$q^2 + 2 \times (0.01)q = 10^{-3}\theta$$

解得过滤时间为 1489 s，即 24.8 min。

(2) 对 $q^2 + 2(0.01)q = 10^{-3}\theta$ 进行微分，得

$$\frac{\mathrm{d}q}{\mathrm{d}\theta} = \frac{10^{-3}}{2(q + 0.01)}$$

过滤结束时的速率为

$$\left(\frac{\mathrm{d}q}{\mathrm{d}\theta}\right)_{q\mathrm{F}=0.376} = \frac{10^{-3}}{2 \times (0.376 + 0.01)} = 1.29 \times 10^{-3}[\mathrm{m}^3/(\mathrm{m}^2 \cdot \mathrm{s})]$$

$$\left(\frac{\mathrm{d}q}{\mathrm{d}\theta}\right)_\mathrm{w} = \frac{1}{4}\left(\frac{\mathrm{d}q}{\mathrm{d}\theta}\right)_{q\mathrm{F}} = \frac{1}{4} \times 1.29 \times 10^{-3} = 3.2 \times 10^{-4}[\mathrm{m}^3/(\mathrm{m}^2 \cdot \mathrm{s})]$$

$$\theta_\mathrm{w} = \frac{(1/5) \times 0.376}{3.2 \times 10^{-4}} = 235(\mathrm{s}) = 3.9(\mathrm{min})$$

3.4.3　过滤设备

过滤设备按照操作方式可分为间歇式和连续式；按照产生的压强可分为压滤式、吸滤式和离心式。

1. 板框压滤机

板框压滤机具有较长历史且仍沿用不衰,它由多块带凹凸纹路的滤板和滤框交替排列组装于机架而构成,如图 3-13 所示。板框和滤框的数量在机座长度范围内可自行调节,一般为 $10\sim60$ 块,过滤面积为 $2\sim80\ m^2$。

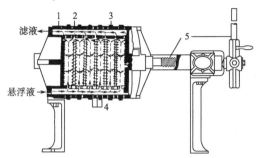

图 3-13　板框压滤机
1. 固定头;2. 滤板;3. 滤框;4. 滤布;5. 压紧装置

板和框的四角开有圆孔,组装后构成供料浆、滤液、洗涤液进出的通道,如图 3-14 和图 3-15 所示。为了便于区别板、框,常在板框的外侧铸有小钮或其他标志,如 1 钮为非洗涤板、2 钮为框、3 钮为洗涤板,组装时按照非洗涤板-框-洗涤板-框-非洗涤板-框-……顺序排列。

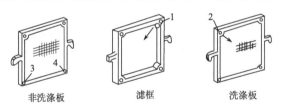

图 3-14　滤板和滤框
1. 悬浮液通道;2. 洗涤液入口通道;3. 滤液通道;4. 洗涤液出口通道

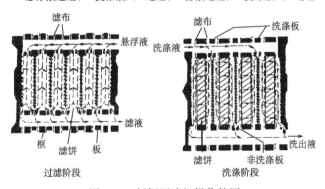

图 3-15　板框压滤机操作简图

操作开始前,先将四角开孔的滤布覆盖于板和框之间,借助手动、电动或液压传动使螺旋杆转动压紧板和框。过滤时悬浮液从通道 1 进入滤框,滤液穿过框两边滤布,由每块滤板的下角进入通道 3 排出机外。待框内充满滤饼,即停止过滤。

板框压滤机的优点是结构紧凑,过滤面积大,主要用于过滤含固量多的悬浮液。缺点是装卸、清洗大部分为手工操作,劳动强度较大。近年来,自动操作板框压滤机的出现极大地降低了劳动强度。

2. 叶滤机

叶滤机的主要构件是矩形滤叶或圆形滤叶。滤叶是由金属丝网组成的框架及覆于其上的滤布所构成,多块平行排列的滤叶组装成一体并插入盛有悬浮液的滤槽中。滤槽可以是封闭的,以便加压过滤。图 3-16 为叶滤机的示意图。

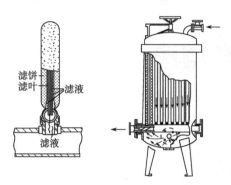

滤饼
滤叶 ——滤液
滤液

图 3-16 叶滤机

过滤时,滤液穿过滤布进入网状中空部分并汇集于下部总管中流出,滤渣沉积在滤叶外表面。根据滤饼的性质和操作压强的大小,滤饼层厚度可达 2～35 mm。每次过滤结束后,可向滤槽内通入洗涤水进行滤饼的洗涤,也可将带有滤饼的滤叶移入专门的洗涤槽中进行洗涤,然后用压缩空气、清水或蒸汽反向吹卸滤渣。叶滤机的操作密封,过滤面积较大(一般为 20～100 m²),劳动条件较好。在需要洗涤时,洗涤液与滤液通过的途径相同,洗涤比较均匀。每次操作时,滤布不用装卸,如果一旦破损,更换较困难。对密闭加压的叶滤机,因其结构比较复杂,造价较高。

3. 回转真空过滤机

图 3-17 为回转真空过滤机操作示意图,它是工业上使用较广的连续式过滤机。在水平安装的中空转鼓表面上覆以滤布,转鼓下部浸入盛有悬浮液的滤槽中并以 0.1～3 r/min 的转速转动。转鼓内分 12 个扇形格,每格与转鼓端面上的带孔圆盘相通。此转动盘与装于支架上的固定盘借弹簧压力紧密叠合,这两个互相叠合而又相对转动的圆盘组成一副分配头,如图 3-18所示。

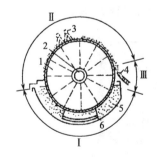

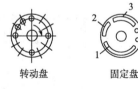

转动盘　　　固定盘

图 3-17　回转真空过滤机操作示意图
1. 转鼓;2. 分配头;3. 洗涤水喷嘴;
4. 刮刀;5. 悬浮液槽;6. 搅拌器
Ⅰ. 过滤区;Ⅱ. 洗涤脱水区;Ⅲ. 卸渣区

图 3-18　回转真空过滤机的分配头
1、2. 与滤液储罐相通的槽;
3. 与洗液储罐相通的槽;
4、5. 通压缩空气的孔

转鼓表面的每一格按顺时针方向旋转一周时,相继进行过滤、脱水、洗涤、卸渣、再生等操作。例如,当转鼓的某一格转入液面下时,与此格相通的转盘上的小孔即与固定盘上的槽 1 相通,抽吸滤液。当此格离开液面时,转鼓表面与通道 2 相通,将滤饼中的液体吸干。当转鼓继续旋转时,可在转鼓表面喷洒洗涤液进行滤饼洗涤,洗涤液通过固定盘的槽 3 抽往洗液储槽。转鼓的右边装有卸渣用的刮刀,刮刀与转鼓表面的距离可以调节,且此时该格转鼓内部与固定盘的槽 4 相通,借压缩空气吹卸滤渣。卸渣后的转鼓表面在必要时可由固定盘的槽 5 吹入压缩空气,以再生和清理滤布。

转鼓浸入悬浮液的面积为全部转鼓面积的 30%～40%。在不需要洗涤滤饼时,浸入面积可增加至 60%,脱离吸滤区后转鼓表面形成的滤饼厚度为 3～40 mm。回转真空过滤机的过滤面积不大,压差也不高,但操作自动连续,对于处理量较大而压差不需很大的物料的过滤比较合适。在过滤细、黏物料时,采用助滤剂预涂的操作也比较方便,此时可将卸料刮刀略微离开转鼓表面一定的距离,以使转鼓表面的助滤剂层不被刮下而在较长的操作时间内发挥助滤作用。

3.4.4　离心过滤

利用惯性离心力,使送入离心机转鼓内的滤浆与转鼓一起旋转时产生径向压差,并以此作为过滤的推动力分离液相非均相混合物的方法称为离心过滤。离心机与旋液分离器的主要区别在于离心力是由设备(转鼓)本身旋转而产生的。离心机可分为过滤式、沉降式和分离式三种类型。过滤式离心机于转鼓壁上开孔,在鼓内壁上覆以滤布,悬浮液加入鼓内并随之旋转,液体受离心力作用被甩出而颗粒被截留在鼓内。沉降式和分离式离心机的鼓壁上没有开孔。若被处理物料为悬浮液,其中密度较大的颗粒沉积于转鼓内壁而液体集于中央并不断引出,此种操作即为离心沉降;若被处理物料为乳浊液,则两种液体按轻重分层,重者在外,轻者在内,各自从适当的径向位置引出,此种操作即为离心分离。根据分离因数值又可将离心机分为以下几种:

(1) 常速离心机:分离因数<3000。

(2) 高速离心机:分离因数=3000～50 000。

(3) 超速离心机:分离因数>50 000。

离心机的操作方式也有间歇与连续之分。此外,还可根据转鼓轴线的方向将离心机分为立式与卧式。实际生产过程中常用的离心机主要有三足式离心机、刮刀卸料式离心机、活塞往复式卸料离心机和高速管式离心机。

1. 三足式离心机

三足式离心机因为底部支撑为三个柱脚,以等分三角形的方式排列而得名,图 3-19 为其

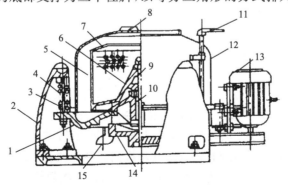

图 3-19　三足式离心机示意图

1. 底盘;2. 支柱;3. 缓冲弹簧;4. 摆杆;5. 鼓壁;6. 转鼓底;7. 拦液板;8. 机盖;9. 主轴;
10. 轴承座;11. 制动器手柄;12. 外壳;13. 电动机;14. 制动轮;15. 滤液出口

结构示意图。三足式离心机是人工卸料的设备,主要是将液体中的固体分离除去或将固体中的液体分离出去。三足式离心机的主要部件是篮式转鼓,壁面钻有许多小孔,内壁衬有金属丝网及滤布。整个机座和外罩通过三根拉杆弹簧悬挂于三足支柱上,以减轻运转时的振动。料液加入转鼓后,滤液穿过转鼓于机座下部排出,滤渣沉积于转鼓内壁,待一批料液过滤完毕,或转鼓内的滤渣量达到设备允许的最大值时,可停止加料并继续运转一段时间以沥干滤液。必要时,也可在滤饼表面洒清水进行洗涤,然后停车卸料,清洗设备。

三足式离心机具有构造简单、运转周期可灵活掌握等优点,一般可用于间歇生产过程中的小批量物料的处理,尤其适用于各种盐类结晶的过滤和脱水,晶体破损较少。它的缺点是卸料时的劳动条件较差,转动部件位于机座下部,检修不方便。

2. 刮刀卸料式离心机

刮刀卸料式离心机结构如图 3-20 所示,悬浮液从加料管进入连续运转的卧式转鼓,机内设有耙齿以使沉积的滤渣均布于转鼓内壁。待滤饼达到一定厚度时,停止加料,进行洗涤、沥干。然后,通过液压传动的刮刀逐渐向上移动,将滤饼刮入卸料斗卸出机外,继而清洗转鼓。整个操作周期均在连续运转中完成,每一步骤均采用自动控制的液压操作。刮刀卸料式离心机的操作周期为 35~90 s,连续运转,生产能力较大,劳动条件好,适用于过滤连续生产工艺过程中大于 0.1 mm 的颗粒。对细、黏颗粒的过滤往往需要较长的操作周期,采用此种离心机不够经济,而且刮刀卸渣也不够彻底。使用刮刀卸料时,晶体颗粒也会有一定程度的破损。

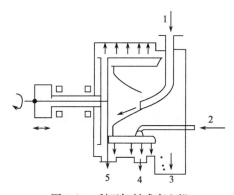

图 3-20　刮刀卸料式离心机

1. 原料液;2. 洗涤液;3. 脱液固体;4. 洗出液;5. 滤液

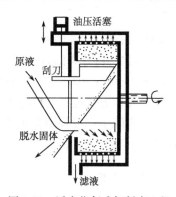

图 3-21　活塞往复式卸料离心机

3. 活塞往复式卸料离心机

活塞往复式卸料离心机的加料过滤、洗涤、沥干、卸料等操作同时在转鼓内的不同部位进行,其结构如图 3-21 所示。料液加入旋转的锥形料斗后被喷洒在近转鼓底部的小段范围内,形成 25~75 mm 厚的滤渣层。转鼓底部装有与转鼓同时旋转的推料活塞,其直径稍小于转鼓内壁。活塞与料斗一起做往复运动,将滤渣逐步推向加料斗的右边。该处的滤渣经洗涤、沥干后,被卸出转鼓外。活塞的冲程约为转鼓全长的 1/10,往复次数约 30 次/min。活塞往复式卸料离心机每小时可处理 0.3~25 t 的固体,对过滤含固量小于 10% 和粒径大于 0.15 mm 悬浮液比较合适,在卸料时晶体破损也较少。

4. 高速管式离心机

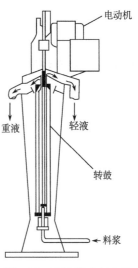

图 3-22　高速管式离心机

高速管式离心机由滑动轴承组件、转鼓组件、集液盘组件、机头组件、机身等组成,如图 3-22 所示。电动机通过皮带、压带轮将动力传给机头上的皮带轮和主轴,从而带动转鼓绕自身轴线高速旋转,在转鼓内壁形成强大的离心力场,产生很高的分离因数。物料由底部进料口射入转鼓内,在强大的离心力作用下,迫使料液进行分层运动。由于转鼓通常为直径小而高度相对很大的管式构型,保证了物料在鼓内有足够的时间沉降。管式高速离心机生产能力小,能分离普通离心机难以处理的物料,如分离乳浊液及含有稀薄微细颗粒的悬浮液,主要用于生物医学、中药制剂、植物提取、保健食品、饮料、化工等行业的液固或液液固分离,特别对液体和固体密度差异小,固体粒径细、含量低,介质腐蚀性强等物料的提取、浓缩、澄清较为适用。

思　考　题

1. 流体通过颗粒层时,非球形颗粒床层阻力比球形颗粒的大还是小? 为什么?

2. 流体通过颗粒层时,颗粒群的平均直径常以比表面积为基准,为什么?

3. 斯托克斯定律区的沉降速度与各物理量的关系如何? 应用的前提是什么? 颗粒的加速段在什么条件下可忽略不计?

4. 降尘室的气体处理量与哪些因素有关? 降尘室的高度是否影响气体处理量?

5. 利用颗粒沉降的原理,设计简单的装置测定液体的黏度。

6. 沉降分离所必须满足的基本条件是什么? 在处理能力相同的条件下,影响分离效率的物性因素有哪些?

7. 过滤速率与哪些因素有关? 强化过滤速率有哪些措施?

8. 过滤常数有哪两个? 各与哪些因素有关? 什么条件下才为常数?

习　　题

3-1　某圆柱形固定床填充的催化剂直径为 d_p,高为 h,试求等体积的当量直径及球形度。$\left[\text{当量直径}:d_e=\sqrt[3]{\dfrac{3}{2}d_p^2 h},\text{球形度}:\phi=\dfrac{(18d_p h)^{\frac{1}{3}}}{2h+d_p}\right]$

3-2　求 20 mm×20 mm×25 mm 的长方体颗粒的体积当量直径、表面积当量直径、比表面积当量直径及形状系数。[体积当量直径:2.77 mm,表面积当量直径,29.9 mm,比表面积当量直径:21.4 mm,形状系数:0.8]

3-3　由边长均为 2 mm 的立方体、直径和高均为 2 mm 的圆柱体及直径为 3 mm 的球体各 10 kg 组成的均匀颗粒床层,床层直径为 0.2 m,高度为 1 m。已知颗粒的密度均为 1900 kg/m³,求床层的空隙率和颗粒的平均比表面积。[空隙率:0.497,平均比表面积:2.667 mm⁻¹]

3-4　某形状近似球形的微小固体颗粒,其沉降运动处于斯托克斯定理区,试计算:(1)该颗粒在 20 ℃与 200 ℃的常压空气中的沉降速度之比;(2)该颗粒在 20 ℃与 50 ℃的水中的沉降速度之比。[(1)1.44;(2)0.55]

3-5　某火电厂采用重力沉降除去尾气中灰尘,设计除尘器的高度为 4 m,长度为 10 m,宽度为 8 m,尘粒密度为 3000 kg/m³,尾气密度 $\rho=0.5$ kg/m³,尾气黏度 $\mu=3.5\times10^{-5}$ Pa·s,颗粒直径为 10 μm,每小时可处

理多少立方米的尾气？[1342 m³/h]

3-6　某焦化厂欲用降尘室净化温度为 20 ℃、流量为 2500 m³/h 的常压空气，空气中所含灰尘的密度为 1800 kg/m³，要求净化后的空气不含有直径大于 10 μm 的尘粒，试求所需沉降面积。若降尘室底面的宽为 2 m，长为 5 m，室内需要设多少块隔板？[沉降面积:128 m²,12 块]

3-7　质量流量为 1.1 kg/s、温度为 20 ℃、压强为 98.1 kPa 的含尘空气在进入反应器之前需除尘，并预热到 400 ℃，尘粒密度为 1800 kg/m³。降尘室为 12 层，长为 5 m，宽为 2 m，试求:(1)先除尘后预热，此降尘室可全部除掉的最小尘粒直径;(2)先预热后除尘，此降尘室可全部除掉的最小直径。为了保证全部除去的最小颗粒直径不变，空气的质量流量为多少？[(1)11.4 μm;(2)23.2 μm,0.263 kg/s]

3-8　某板框压滤机的过滤面积为 0.6 m²，在恒压下过滤某悬浮液，3 h 后得滤液 60 m³，滤饼不可压缩，且介质阻力不计。(1)若其他条件不变，过滤面积加倍，可得滤液体积为多少？(2)若其他条件不变，过滤时间缩短为 1.5 h，可得滤液体积为多少？[(1)120 m³ 滤液;(2)42.43 m³ 滤液]

3-9　某板框式压滤机，在表压 2 atm 下以恒压操作方式过滤某悬浮液，2 h 后得滤液 10 m³，过滤介质的阻力可以忽略不计。(1)若操作时间缩短为 1 h，其他情况不变，所得滤液体积为多少？(2)若表压加倍，滤饼不可压缩，2 h 可得滤液体积为多少？(3)若表压加倍，滤饼可压缩，其压缩指数 $s=0.25$，则 2 h 可得滤液体积为多少？[(1)7.07 m³ 滤液;(2)14.1 m³ 滤液;(3)13 m³ 滤液]

3-10　叶滤机在恒定压差下操作，过滤时间为 θ，卸渣等辅助时间为 θ_W。滤饼不洗涤即 $\theta_w=0$。试证当过滤时间 θ 满足 $\theta=\theta_D+2q_e\sqrt{\dfrac{\theta_D}{K}}$ 时，叶滤机的生产能力达最大值。[证明过程略]

3-11　某生产过程每年欲得滤液 $V=3800$ m³，年工作时间为 5000 h，采用间歇式过滤机，在恒压下每一操作周期 $\theta+\theta_D=2.5$ h，其中过滤时间 $\theta=1.5$ h，将悬浮液在同样的操作条件下测得过滤常数为 $K=4\times10^6$ m²/s，$q_e=2.5\times10^{-2}$ m³/m²。滤饼不洗涤，试求:(1)所需过滤面积 A(m²);(2)今有过滤面积 $A_单=8$ m² 的过滤机，需要几台？[(1)15.3 m²;(2)2 台]

符 号 说 明

英文字母

a——颗粒的比表面积，m²/m³;加速度，m/s²

a_b——床层比表面积，m²/m³

A——颗粒在流体流动方向的投影面积，m²

b——降尘室宽度，m

B——旋风分离器的进口宽度，m

C——比例系数

C_1——旋风分离器进口气体含尘浓度，g/m³

C_2——旋风分离器出口气体含尘浓度，g/m³

$C_{1,i}$——进口气体中粒径在第 i 小段范围内的颗粒的浓度，g/m³

$C_{2,i}$——出口气体中粒径在第 i 小段范围内的颗粒的浓度，g/m³

d——颗粒直径，m

d_c——旋风分离器的临界粒径，m

d_e——过滤床层孔道的当量直径，m

d_{50}——旋风分离器的分割粒径，m

$\bar{d}$——颗粒群的平均直径，m

D——重力沉降设备的直径，m

F——作用力，N

F_b——浮力，N

F_d——阻力，N

F_g——重力，N

g——重力加速度，m/s²

G——气体的质量流速，kg/(m²·s)

h——沉降室的高度，m

H——总高度，m

K——无因次数群;过滤常数，m²/s

K'——比例常数

K_c——分离因数

l——降尘室长度，m

L——滤饼厚度或床层高度，m

m——颗粒质量，kg

n——转速，r/min

N_e——旋风分离器内气体的有效回转圈数

p——压强，Pa

Δp——压降，Pa

Δp_c——流体通过床层的压降，Pa

q——单位过滤面积上获得的滤液体积，m^3/m^2

q_e——单位过滤面积上的当量滤液体积，m^3/m^2

Q——过滤机的生产能力，m^3/h

r——滤饼的比阻，m^{-2}

r'——单位压强差下滤饼的比阻，m^{-2}

R——离心半径，m；滤饼阻力，m^{-1}；固气比，kg 固/kg 气

Re——雷诺数

Re_t——颗粒运动的雷诺数

R_m——过滤介质阻力，m^{-1}

s——滤饼的压缩指数

S——表面积，m^2

S_P——颗粒的表面积，m^2

T——操作周期或回转周期，s

u——流速或过滤速度，m/s

u_r——离心沉降速度或径向速度，m/s

u_R——恒速阶段的过滤速度，m/s

u_t——沉降速度，m/s

u_T——切向速度，m/s

u'_t——颗粒实际沉降速度，m/s

u_1——床层孔道中的流速，m/s

υ——滤饼体积与滤液体积之比

V——球形颗粒的体积，m^3；滤液体积，m^3；降尘室的生产能力（含尘气体通过降尘室的体积流量），m^3/s

V_e——过滤介质的当量滤液体积，m^3

V_p——颗粒体积，m^3

V_s——体积流量，m^3/s

V_W——洗涤水用量，m^3

希腊字母

ε——床层空隙率

η——分离效率

θ——停留时间或过滤时间，s

θ_A——单个操作循环内的卸渣、清理、装合等辅助操作所需时间，s

θ_C——单个操作循环的时间，即操作周期，s

θ_e——过滤介质的当量过滤时间，s

θ_F——单个操作循环内的过滤时间，s

θ_t——沉降时间，s

θ_W——单个操作循环内的洗涤时间，s

μ——流体黏度或滤液黏度，$Pa \cdot s$

μ_W——洗水黏度，$Pa \cdot s$

ξ——阻力系数，量纲为 1

ρ——流体密度，kg/m^3

ρ_b——堆积密度，kg/m^3

ρ_S——颗粒密度，kg/m^3

ϕ_s——颗粒的球形度或形状系数，量纲为 1

ψ——转筒过滤机的浸没度

下标

b——浮力的，床层的

c——离心的，临界的，滤饼的

d——阻力的

e——当量的，有效的

E——结束时的

g——重力的

i——进口或第 i 分段的

R——恒速过滤阶段的

W——洗涤的

1——进口的

2——出口的

第4章 传　　热

学习内容提要

通过本章学习,掌握传热的基本原理和规律,并运用这些原理和规律分析和计算传热过程的有关问题,如热传导速率方程及其应用;换热器的热量衡算,总传热速率方程和总传热系数计算;对流传热系数关联式;辐射传热的基本概念和相关定律、两固体间辐射传热的速率方程;换热器的基本结构以及强化传热过程的途径。

重点掌握热传导速率方程及其应用;换热器的热量衡算,总传热速率方程和总传热系数计算;用平均温度差法进行传热计算;换热器的结构形式和强化途径。

4.1　概　　述

传热是指由于温度差引起的能量转移,又称热量传递(heat transfer 或 heat transmission)。工业生产中的化学反应过程通常要求在一定的温度下进行,因此必须适时地移入或移除热量。此外,在蒸馏、干燥等单元操作中,也都需要按一定的速率输入或输出热量。在这种情况下,希望以高传热速率进行热量传递,使物料达到指定温度或回收热量,同时使传热设备紧凑,节省设备费用。还有另一种情况,如高温或低温下操作的设备或管道,应尽可能减少它们与外界的传热。至于热量的合理利用和废热的回收对降低生产成本、保护生态环境等都具有重要意义。由此可见,传热过程对化工生产的正常运行具有极其重要的作用。

本章学习的目的主要是学会分析影响传热速率的因素,掌握控制热量传递速率的一般规律,以便能根据生产的要求强化和削弱热量的传递,正确地计算和选择适宜的传热设备和保温措施。

4.1.1　传热的三种基本方式

热量传递是由物体内部或物体之间的温度不同引起的。根据热力学第二定律,热量总是自动地从高温物体传递给低温物体;只有在消耗机械功的情况下,才有可能由低温物体向高温物体传热。本章只讨论第一种情况。根据传热机理,热量传递有三种基本方式:热传导(conduction)、对流传热(heat convection)和热辐射(radiation)。传热可依靠其中的一种方式或几种方式同时进行。

1. 热传导

物体内部或两个直接接触的物体之间若存在温度差,热量会从高温部分向低温部分传递,称为热传导(又称导热)。从微观角度来看,气体、液体及固体的导热机理各不相同。气体的导热是气体分子做不规则运动相互碰撞的结果。液体导热的机理与气体类似,但由于其分子间距离较小,分子力场对其碰撞时的能量交换影响较大,情况更为复杂。固体则以自由电子迁移及晶格振动两种方式传导热量。对于金属固体,主要以自由电子迁移导热;而对于非导电固体,则主要是通过晶格的振动导热。从宏观角度来看,物质分子在热传导过程中没有发生位移,所以仅在静止物质内才有纯热传导过程。

2. 对流传热

流体各部分之间发生相对位移所引起的热传递过程称为对流传热(又称热对流)。对流传热仅发生在流体中。在流体中产生对流的原因有两个:一是因流体中各处的温度不同而引起密度的差别,使轻者上浮,重者下沉,流体质点产生相对位移,这种对流称为自然对流;二是因泵(风机)或搅拌等外力所致的质点强制运动,这种对流称为强制对流。流动的原因不同,对流传热的规律也不同。应予指出,在同一种流体中,有可能同时发生自然对流和强制对流。

3. 热 辐 射

任何物体只要其温度在 0 K 以上,都能以一定范围波长电磁波的形式向外界辐射能量,同时又会吸收来自外界物体的辐射能。当物体向外界辐射的能量与其从外界吸收的辐射能不等时,该物体就与外界发生热量传递,这种传热方式称为辐射传热,又称热辐射。热辐射是一种以电磁波形式传递能量的现象,它不仅是能量的转移,而且伴有能量形式的转化。辐射能可以在真空中传播,不需要任何物质作媒介。物体向外辐射的能量与物体的温度有关,只有在物体温度较高时,辐射才成为传热的主要方式。

实际上,上述三种基本传热方式在传热过程中通常不是单独存在的,而是两种或三种传热方式的组合,称为复合传热。例如,在高温气体与固体壁面之间的换热就要同时考虑热辐射的影响。

4.1.2　传热过程中冷、热流体的接触方式

工业生产中,两种流体之间的传热过程是在一定的设备中完成的,此类设备称为热交换器或换热器(heat exchanger)。根据冷、热流体的接触情况,换热器中两流体的接触方式有以下三种。

1. 直接接触式换热

对于某些传热过程,允许冷、热流体直接接触,如气体的冷却或水蒸气的冷凝等,可使冷、热流体在换热器中直接混合进行热交换。实现这种热交换方式的设备称为直接接触式换热器。这种换热方式的优点是传热效果好,设备结构简单,且单位体积设备提供的传热面积也很大。

2. 蓄 热 式 换 热

蓄热式换热是在蓄热器中实现热交换的一种换热方式。蓄热器内装有固体填充物(如耐火砖等),冷、热流体交替地流过蓄热器,利用固体填充物积蓄和释放热量而达到换热的目的。实现这种热交换方式的设备称为蓄热式换热器。通常在生产中采用两个并联的蓄热器交替地使用,如图 4-1 所示。

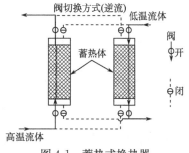

图 4-1　蓄热式换热器

3. 间壁式换热

在化工生产中遇到的大多数传热情况是不允许两种流体混合的,冷、热流体被固体壁面(传热面)隔开,流过壁面时有各自的行程,通过固体壁面完成热交换过程。实现这种热交换方式的设备称为间壁式换热器(dividing wall type heat exchanger)。间壁式换热器的类型很多,套管式换热器(double pipe heat exchanger)是其中较简单的一种,其结构和工作原理如图 4-2 所示。它由直径不同的两根同心管子套在一起组成。冷、热流体分别流经内管、环隙,热量通过内管的管壁由热流体向冷流体传递,如果忽略热辐射,该热量传递过程由三个步骤组成(图 4-3):①热流体将热量传至固体壁面的一侧(对流传热方式);②热量自壁面一侧传至壁面另一侧(热传导方式);③热量自壁面另一侧传至冷流体(对流传热方式)。

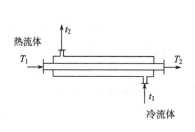

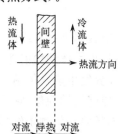

图 4-2　套管式换热器　　　　　图 4-3　间壁式传热过程示意图

在此,对流传热是指流动的流体与固体壁面之间的传热,后面将详细讨论此传热过程。两种流体在套管换热器内经过上述传热过程,热流体的温度从 T_1 降至 T_2,而冷流体的温度从 t_1 升至 t_2。

4.1.3　传热过程

1. 传热速率和热通量

在换热器中传热的快慢用传热速率表示,传热速率是传热过程的基本参数。传热速率(又称热流量)是指在单位时间内通过传热面的热量,用 Q 表示,单位为 W。热通量(又称传热速度)是指单位传热面积的传热速率,用 q 表示,单位为 W/m²。传热面上不同局部面积的热通量可以不同。

热通量和传热速率间的关系为

$$q = \frac{\mathrm{d}Q}{\mathrm{d}S} \tag{4-1}$$

对于间壁式换热器,如果传热面是圆形管,其传热面积可以用圆管的内表面积 S_i、外表面积 S_o 和平均表面积 S_m 表示,因此相应的热通量的数值各不相同,计算时应标明选择的基准面积。

对于不同的传热方式,传热速率的表达式也不相同,但都遵循一个共性规律:传递过程速率与过程的推动力成正比,与过程的阻力成反比,表示为

$$传热速率 = \frac{传热推动力(温度差)}{传热热阻}$$

若传热温度差以 Δt 表示,单位为℃;热阻以 R 或 R' 表示,则传热速率为

$$Q = \frac{\Delta t}{R} \tag{4-2}$$

或

$$q = \frac{\Delta t}{R'} \tag{4-2a}$$

式中，R 为整个传热面的热阻，℃/W；R' 为单位传热面积的热阻，$m^2 \cdot$ ℃/W。

2. 稳态传热和非稳态传热

在传热系统（如换热器）中不积累能量（输入的能量等于输出的能量）的传热过程称为稳态传热。稳态传热的特点是传热系统中温度分布不随时间而变，且传热速率在任何时间都为常数。连续生产过程中的传热多为稳态传热。

若传热系统中温度分布随时间而变化，则这种传热过程为非稳态传热。工业生产上间歇操作的换热设备和连续生产时设备的开工和停工阶段都为非稳态传热过程。

工业生产中遇到的大多是稳态传热，因此本章重点讨论稳态传热过程。

3. 载热体及其选择

工业生产中，物料在换热器内被加热或冷却时，通常需要用另一种流体供给或取走热量，此种流体称为载热体。其中起加热作用的载热体称为加热剂（或加热介质）；起冷却（或冷凝）作用的载热体称为冷却剂（或冷却介质）。

对一定的传热过程，被加热或被冷却物料的初始及终了温度常由工艺条件决定，因此需要提供或取出的热量是一定的。热量的多少决定了传热过程的操作费用。但应指出，单位热量的价格因载热体而异。例如，加热时，温度要求越高，价格越贵；冷却时，温度要求越低，价格越贵。因此为了提高传热过程的经济效益，必须选择适当温度的载热体，并且选择载热体时还应考虑以下原则：①载热体的温度易调节控制；②载热体的饱和蒸气压较低，加热时不易分解；③载热体的毒性小，不易燃、易爆，不易腐蚀设备；④价格便宜，来源广泛。

4.2　热　传　导

4.2.1　基本概念与傅里叶定律

1. 温度场和温度梯度

任一瞬间物体或系统内各点的温度分布总和称为温度场。

一般情况下，物体内任一点的温度为该点的位置以及时间的函数，所以温度场的数学表达式为

$$t = f(x, y, z, \theta) \tag{4-3}$$

式中，x, y, z 为物体内任一点的空间坐标；t 为温度，℃或 K；θ 为时间，s。

若温度场内各点的温度随时间而变，此温度场为非稳态温度场，这种温度场对应于非稳态的导热状态。若温度场内各点的温度不随时间而变，即为稳态温度场。稳态温度场的数学表达式为

$$t = f(x, y, z) \qquad \frac{\partial t}{\partial \theta} = 0 \tag{4-4}$$

在特殊的情况下，若物体内的温度仅沿一个坐标方向发生变化，此温度场为稳态的一维温度场，即

$$t = f(x) \qquad \frac{\partial t}{\partial \theta} = 0 \qquad \frac{\partial t}{\partial y} = \frac{\partial t}{\partial z} = 0 \tag{4-5}$$

在温度场中,相同温度各点所组成的面为等温面。由于空间任一点上不可能同时有不同的温度,因此温度不同的等温面彼此不能相交。

沿着等温面温度不发生变化,所以沿等温面将无热量传递发生,而沿着与等温面相交的任何方向,因温度发生变化而有热量的传递。温度随距离的变化程度以沿着等温面的垂直方向为最大。通常,将两等温面的温度差 Δt 与其间的垂直距离 Δn 之比在 Δn 趋于零时的极限(表示温度场内某一点等温面法线方向的温度变化率)称为温度梯度,即

$$\lim_{\Delta n \to 0} \frac{\Delta t}{\Delta n} = \frac{\overrightarrow{\partial t}}{\partial n}$$

温度梯度为向量,其方向垂直于等温面,并指向温度增加的方向。偏导数的意义是指只考虑法向上的温度差。

对稳态的一维温度场,温度梯度可以表示为 $\dfrac{dt}{dx}$。

2. 傅里叶定律

傅里叶定律(Fourier's law)为热传导的基本定律,表示热传导速率与温度梯度及传热面积成正比,即

$$dQ \propto - dS \frac{\partial t}{\partial n}$$

或

$$dQ = -\lambda dS \frac{\partial t}{\partial n} \tag{4-6}$$

式中,Q 为导热速率,即单位时间传导的热,其方向与温度梯度的方向相反,W;S 为导热面积,m^2;λ 为比例系数,称为导热系数(thermal conductivity),W/(m · ℃)。

式(4-6)中的负号表示热流方向与温度梯度的方向相反。

应予指出,傅里叶定律不是根据基本原理推导得到的,它与牛顿黏性定律相类似,导热系数 λ 与黏度 μ 一样,也是粒子微观运动特性的表现。由此可见,热量传递和动量传递具有类似性。

4.2.2　导热系数

导热系数表征物质导热能力的大小,是物质的物理性质之一。导热系数的数值与物质的组成、结构、密度、温度及压强有关。

各种物质的导热系数通常用实验方法测定。导热系数数值的变化范围很大,一般来说,金属的导热系数最大,非金属固体次之,液体较小,气体最小。工程计算中常见物质的导热系数可从有关手册中查得,本书附录中也有部分摘录,供做习题时查用。一般情况下各类物质的导热系数大致范围见表 4-1。表中数据表明了气体、液体和固体的导热系数的数量级范围。

表 4-1　各类物质导热系数的数量级

物质种类	气体	液体	非导固体	金属	绝热材料
$\lambda/[W/(m · ℃)]$	0.006～0.6	0.07～0.7	0.2～3.0	15～420	<0.25

1. 固体的导热系数

金属是热的良导体。纯金属的导热系数一般随温度升高而降低。金属的导热系数大多随其纯度的增高而增大,因此合金的导热系数一般比纯金属低。

非金属的建筑材料或绝热材料的导热系数与温度、组成及结构的紧密程度有关,通常随密度增加而增大,随温度升高而增大。

对于大多数固体,λ 值与温度大致呈线性关系,即

$$\lambda = \lambda_0 (1 + a't)$$

式中,λ 为固体在温度为 t℃时的导热系数,W/(m・℃);λ_0 为固体在 0℃时的导热系数,W/(m・℃);a' 为常数,又称温度系数,℃$^{-1}$。对大多数金属材料,a' 为负值;对大多数非金属材料,a' 为正值。

2. 液体的导热系数

液体可分为金属液体和非金属液体。金属液体的导热系数比一般液体的高。在液态金属中,纯钠具有较高的导热系数。大多数液态金属的导热系数随温度升高而降低。

在非金属液体中,水的导热系数最大。除水和甘油外,液体的导热系数随温度升高略有减小。一般来说,纯液体的导热系数比其溶液的大。溶液的导热系数在缺乏实验数据时,可按纯液体的 λ 值进行估算。

3. 气体的导热系数

气体的导热系数随温度的升高而增大。在相当大的压强范围内,气体的导热系数随压强的变化很小,可以忽略不计。只有在过高或过低的压强(高于 2×10^5 kPa 或低于 2.7 kPa)下,导热系数才随压强的增高而增大。

气体的导热系数很小,对导热不利,但是有利于保温、绝热。工业上所用的保温材料(如玻璃棉等)就是因为其空隙中有气体,所以其导热系数低,适用于保温隔热。

4.2.3　平壁的稳态热传导

1. 单层平壁的热传导

如图 4-4 所示的平壁,其高度、宽度与厚度 b 相比都很大,则该壁边缘处的热损失可以忽略。假设平壁材料均匀,导热系数 λ 不随温度而变(或取平均导热系数);平壁内的温度仅沿垂直于壁面的 x 方向变化,因此等温面是垂直于 x 轴的平面。则壁内传热过程为稳态的一维平壁热传导,导热速率 Q 和传热面积 S 都为常量,所以式(4-6)可简化为

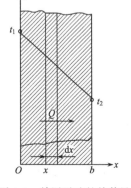

$$Q = -\lambda S \frac{\mathrm{d}t}{\mathrm{d}x} \tag{4-7}$$

当 $x=0$ 时,$t=t_1$;$x=b$ 时,$t=t_2$;且 $t_1 > t_2$。积分式(4-7)得

图 4-4　单层平壁的热传导

$$Q = \frac{\lambda}{b} S(t_1 - t_2) \tag{4-8}$$

或

$$Q = \frac{t_1 - t_2}{\dfrac{b}{\lambda S}} = \frac{\Delta t}{R} \tag{4-8a}$$

式中，b 为平壁厚度，m；Δt 为温度差，导热推动力，℃；$R = \dfrac{b}{\lambda S}$，为导热热阻，℃/W。

由式(4-8)可知，当 λ 为常数时，平壁内沿 x 轴的温度变化呈线性关系。

2. 多层平壁的热传导

若平壁由多层不同厚度、不同导热系数的材料组成，假设层与层之间接触良好，即相接触的两表面温度相同，如图 4-5 所示（以三层平壁为例）。设各层的厚度分别为 b_1、b_2 和 b_3，导热系数分别为 λ_1、λ_2 和 λ_3，各表面温度为 t_1、t_2、t_3 和 t_4，且 $t_1 > t_2 > t_3 > t_4$。

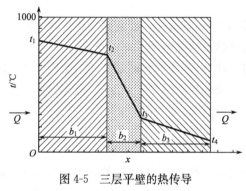

图 4-5　三层平壁的热传导

在稳态热传导时，通过各层的热传导速率必相等，即 $Q_1 = Q_2 = Q_3$ 或

$$Q = \frac{\lambda_1 S(t_1 - t_2)}{b_1} = \frac{\lambda_2 S(t_2 - t_3)}{b_2} = \frac{\lambda_3 S(t_3 - t_4)}{b_3}$$

由上式可得

$$\Delta t_1 = t_1 - t_2 = Q \frac{b_1}{\lambda_1 S}$$

$$\Delta t_2 = t_2 - t_3 = Q \frac{b_2}{\lambda_2 S}$$

$$\Delta t_3 = t_3 - t_4 = Q \frac{b_3}{\lambda_3 S}$$

将上面三式相加，并整理得

$$Q = \frac{\Delta t_1 + \Delta t_2 + \Delta t_3}{\dfrac{b_1}{\lambda_1 S} + \dfrac{b_2}{\lambda_2 S} + \dfrac{b_3}{\lambda_3 S}} = \frac{t_1 - t_4}{\dfrac{b_1}{\lambda_1 S} + \dfrac{b_2}{\lambda_2 S} + \dfrac{b_3}{\lambda_3 S}} \tag{4-9}$$

式(4-9)即为三层平壁的热传导速率方程。推广到 n 层，有

$$Q = \frac{t_1 - t_{n+1}}{\displaystyle\sum_{i=1}^{n} \frac{b_i}{\lambda_i S}} = \frac{\sum \Delta t}{\sum R} \tag{4-10}$$

式中，下标 i 表示平壁的序号。

由式(4-10)可见，多层平壁热传导的总推动力为各层温度差之和（总温度差），总热阻为各层热阻之和。

【例 4-1】　有一燃烧炉，炉壁由三种材料组成。最内层是耐火砖，中间为保温砖，最外层为建筑砖。已知

耐火砖的厚度 $b_1=150$ mm，导热系数 $\lambda_1=1.06$ W/(m·℃)；保温砖的厚度 $b_2=310$ mm，导热系数 $\lambda_2=0.15$ W/(m·℃)；建筑砖的厚度 $b_3=240$ mm，导热系数 $\lambda_3=0.69$ W/(m·℃)。今测得炉内壁温度为 1000 ℃，耐火砖与保温砖之间界面处的温度为 946 ℃。试求：(1) 单位面积的热损失；(2) 保温砖与建筑砖之间界面的温度；(3) 建筑砖外侧温度。

解　用下标 1 表示耐火砖，2 表示保温砖，3 表示建筑砖。t_3 为保温砖与建筑砖的界面温度，t_4 为建筑砖的外侧温度。

(1) 热损失 q。

$$q=\frac{Q}{S}=\frac{\lambda_1}{b_1}(t_1-t_2)=\frac{1.06}{0.15}\times(1000-946)=381.6(\text{W/m}^2)$$

(2) 保温砖与建筑砖的界面温度 t_3。

因为系稳定热传导，所以 $q_1=q_2=q_3=q$。

$$q=\frac{Q}{S}=\frac{\lambda_2}{b_2}(t_2-t_3)$$

$$381.6=0.15\times(946-t_3)/0.31$$

解得

$$t_3=157.3\ ℃$$

(3) 建筑砖外侧温度 t_4。

同理

$$q=\frac{Q}{S}=\frac{\lambda_3}{b_3}(t_3-t_4)$$

$$381.6=0.69\times(157.3-t_4)/0.24$$

解得

$$t_4=24.6\ ℃$$

现将本题中各层温度差与热阻的数值列于附表。

例 4-1　附表

	温度差/℃	热阻/(m² · ℃/W)
耐火砖	$\Delta t_1=1000-946=54$	0.142
保温砖	$\Delta t_2=946-157.3=788.7$	2.07
建筑砖	$\Delta t_3=157.3-24.6=132.7$	0.348

由附表可见，热阻大的保温层，分配于该层的温度差也大，即温度差与热阻成正比。

应予指出，在上述多层平壁的计算中，假设层与层之间接触良好，两个接触表面具有相同的温度。实际上，不同材料构成的界面之间可能出现明显的温度降低。这种温度变化是由于表面粗糙不平而造成两个接触面间有空穴，而空穴内又充满空气，从而产生接触热阻。此时，传热过程包括通过实际接触面的热传导和通过空穴的热传导（高温时还有辐射传热），一般情况下，因气体的导热系数很小，接触热阻主要由空穴造成。接触热阻的影响如图 4-6 所示。

接触热阻与接触面材料、表面粗糙度及接触面上压强等因素有关，目前还没有可靠的理论或经验计算公式，主要依靠实验测定。

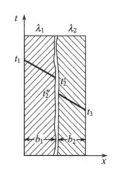

图 4-6　接触热阻的影响

表4-2列出了几组材料的接触热阻值,以便对接触热阻有数量级的概念。

表 4-2　几种接触表面的接触热阻

接触面材料	粗糙度/μm	温度/℃	表压强/kPa	接触热阻/(m² · ℃/W)
不锈钢(磨光),空气	2.54	90~200	300~2 500	0.264×10^{-3}
铝(磨光),空气	2.54	150	1 200~2 500	0.88×10^{-4}
铝(磨光),空气	0.25	150	1 200~2 500	0.18×10^{-4}
铜(磨光),空气	1.27	20	1 200~20 000	0.7×10^{-5}

4.2.4　圆筒壁的稳态热传导

在工业生产中,常用到圆筒形的容器、设备和管道。圆筒壁的热传导与平壁热传导的不同之处在于圆筒壁的传热面积不是常量,而是随半径而变。

1. 单层圆筒壁的热传导

单层圆筒壁的热传导如图4-7所示。若圆筒壁很长,沿轴向散热可忽略,可认为通过圆筒壁的传热是只沿径向的一维热传导。设圆筒的内半径为 r_1,外半径为 r_2,长度为 L;圆筒内、外壁面温度分别为 t_1 和 t_2,且 $t_1 > t_2$。若在圆筒半径 r 处沿半径方向取微分厚度 $\mathrm{d}r$ 的薄壁圆筒,其传热面积可视为常量,等于 $2\pi rL$;同时通过该薄层的温度变化为 $\mathrm{d}t$。仿照平壁热传导公式,通过该薄圆筒壁的热传导速率可以表示为

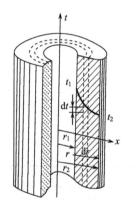

$$Q = -\lambda S \frac{\mathrm{d}t}{\mathrm{d}r} = -\lambda (2\pi rL)\frac{\mathrm{d}t}{\mathrm{d}r}$$

将上式分离变量积分并整理得

图 4-7　单层圆筒壁的热传导

$$Q = \frac{2\pi L\lambda(t_1 - t_2)}{\ln\dfrac{r_2}{r_1}} \tag{4-11}$$

式(4-11)即为单层圆筒壁的热传导速率方程。该式也可以写成与平壁热传导速率方程相类似的形式,即

$$Q = \frac{S_{\mathrm{m}}\lambda(t_1 - t_2)}{b} = \frac{S_{\mathrm{m}}\lambda(t_1 - t_2)}{r_2 - r_1} \tag{4-12}$$

将式(4-12)与式(4-11)比较,可解得平均面积为

$$S_{\mathrm{m}} = \frac{2\pi L(r_2 - r_1)}{\ln\dfrac{r_2}{r_1}} = 2\pi r_{\mathrm{m}}L \tag{4-13}$$

其中

$$r_{m} = \frac{r_2 - r_1}{\ln \dfrac{r_2}{r_1}} \tag{4-14}$$

或

$$S_{m} = \frac{2\pi L(r_2 - r_1)}{\ln \dfrac{2\pi L r_2}{2\pi L r_1}} = \frac{S_2 - S_1}{\ln \dfrac{S_2}{S_1}} \tag{4-14a}$$

式中, r_{m} 为圆筒壁的对数平均半径; S_{m} 为圆筒壁的内、外表面的对数平均面积。

化工计算中,经常采用两个量的对数平均值。平均值的表示方法有三种:对数平均值、算术平均值和几何平均值。其中算术平均值是指在一组数据中所有数据之和再除以数据的个数。几何平均值是指 n 个观察值连乘积的 n 次方根。当两个物理量的比值等于 2 时,算术平均值与对数平均值相比,计算误差仅为 4%,这是工程计算允许的。因此当两个变量的比值小于或等于 2 时,经常用算术平均值代替对数平均值,计算较为简便。

2. 多层圆筒壁的热传导

对于层与层间紧密接触的多层圆筒壁的热传导,以三层为例,如图 4-8 所示。

假设各层间接触良好,各层的导热系数分别为 λ_1、λ_2、λ_3,厚度分别为 $b_1 = (r_2 - r_1)$、$b_2 = (r_3 - r_2)$、$b_3 = (r_4 - r_3)$。根据串联热阻叠加的原则,三层圆筒壁的热传导速率方程为

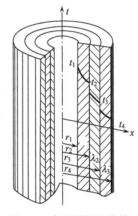

$$Q = \frac{\Delta t_1 + \Delta t_2 + \Delta t_3}{R_1 + R_2 + R_3} = \frac{t_1 - t_4}{\dfrac{b_1}{\lambda_1 S_{m1}} + \dfrac{b_2}{\lambda_2 S_{m2}} + \dfrac{b_3}{\lambda_3 S_{m3}}} \tag{4-15}$$

图 4-8　多层圆筒壁热传导

式中

$$S_{m1} = \frac{2\pi L(r_2 - r_1)}{\ln \dfrac{r_2}{r_1}} \quad S_{m2} = \frac{2\pi L(r_3 - r_2)}{\ln \dfrac{r_3}{r_2}} \quad S_{m3} = \frac{2\pi L(r_4 - r_3)}{\ln \dfrac{r_4}{r_3}}$$

同理,由式(4-15)可得

$$Q = \frac{2\pi L(t_1 - t_4)}{\dfrac{1}{\lambda_1} \ln \dfrac{r_2}{r_1} + \dfrac{1}{\lambda_2} \ln \dfrac{r_3}{r_2} + \dfrac{1}{\lambda_3} \ln \dfrac{r_4}{r_3}} \tag{4-15a}$$

对 n 层圆筒壁,其热传导速率方程可以表示为

$$Q = \frac{t_1 - t_{n+1}}{\displaystyle\sum_{i=1}^{n} \dfrac{b_i}{\lambda_i S_{mi}}} \tag{4-16}$$

或

$$Q = \frac{t_1 - t_{n+1}}{\sum_{i=1}^{n} \frac{1}{2\pi L \lambda_i} \ln \frac{r_{i+1}}{r_i}} \tag{4-17}$$

式中,下标 i 表示圆筒壁的序号。

应予注意,对圆管壁的稳态热传导,通过各层的热传导速率都是相同的,但是热通量却都不相等。

【例 4-2】 在外径为 140 mm 的蒸汽管道外包扎一层保温材料,以减少热损失。蒸汽管外壁温度为 180 ℃,保温层外表面温度不高于 40 ℃。保温材料的导热系数 λ 与温度 t 的关系为 $\lambda = 0.1 + 0.0002t$ [t 的单位为℃,λ 的单位为 W/(m·℃)]。若要求每米管长的热损失 Q/L 不大于 200 W/m,试求保温层的厚度和保温层中的温度分布。

解　此题为圆筒壁的热传导问题。已知 $r_2 = 0.07$ m,$t_2 = 180$ ℃,$t_3 = 40$ ℃。

先求保温层在平均温度下的导热系数,即

$$\lambda_m = 0.1 + 0.0002 \times \frac{(180 + 40)}{2} = 0.122 [\text{W/(m·℃)}]$$

(1) 保温层厚度。

将式(4-11)改写为

$$\ln \frac{r_3}{r_2} = \frac{2\pi \lambda_m (t_2 - t_3)}{Q/L}$$

$$\ln r_3 = \frac{2\pi \times 0.122 \times (180 - 40)}{200} + \ln 0.07$$

解得

$$r_3 = 0.12 \text{ m}$$

所以保温层厚度为

$$b = r_3 - r_2 = 0.12 - 0.07 = 0.05 (\text{m}) = 50 (\text{mm})$$

(2) 保温层中的温度分布。

设保温层半径 r 处,温度为 t,代入式(4-11)可得

$$\frac{2\pi \times 0.122 (180 - t)}{\ln \frac{r}{0.07}} = 200$$

解上式并整理得

$$t = -261 \ln r - 513.8$$

计算结果表明,即使导热系数为常数,圆筒壁内的温度分布也不是直线而是曲线。

4.3　对 流 传 热

在化工生产中,流体与固体壁面(流体温度与壁面温度不同)之间的传热过程统称对流传热。它在传热过程(如间壁式换热器)中占有重要的地位。对流传热过程机理较复杂,其传热速率与很多因素有关。根据流体在传热过程中的状态,对流传热可以分为以下两类。

1. 流体无相变的对流传热

流体在传热过程中不发生相变化,依据流体流动原因不同,可分为以下两种情况:

(1) 强制对流传热。流体因外力作用而引起的流动。

(2) 自然对流传热。仅因温度差而产生流体内部密度差引起的流体对流流动。

2. 流体有相变的对流传热

流体在传热过程中发生相变化,分为以下两种情况:
(1) 蒸气冷凝。气体在传热过程中全部或部分冷凝为液体。
(2) 液体沸腾。液体在传热过程中沸腾气化,部分液体转变为气体。
上述几类对流传热过程机理并不相同,影响对流传热速率的因素也有区别。

4.3.1　对流传热过程分析

对流传热是依靠流体质点的移动和混合而完成的,因此对流传热与流体流动状况密切相关。在第 1 章中曾指出,当流体流过固体壁面时,由于流体黏性的作用,壁面附近的流体减速而形成流动边界层,边界层内存在速度梯度。当边界层内的流动处于层流状况时,称为层流边界层;当边界层内的流动发展为湍流时,称为湍流边界层。但是,即使是湍流边界层,靠近壁面处仍有一薄层(层流内层)存在,在此薄层内流体呈层流流动。层流内层和湍流主体之间称为缓冲层。由于层流内层中流体分层运动,相邻层间没有流体的宏观运动,因此在垂直于流动方向上不存在对流传热,该方向上的热传递仅为流体的热传导(实际上,在层流流动时的传热总是要受到自然对流的影响,使传热加剧)。由于流体的导热系数较低,层流内层的导热热阻很大,因此该层中温度差较大,即温度梯度较大。在湍流主体中,由于流体质点的剧烈混合并充满漩涡,因此湍流主体中温度差(温度梯度)很小,各处的温度基本上相同。在缓冲层内,对流和热传导的作用大致相同,在该层内温度发生较缓慢的变化。图 4-9 表示冷、热流体在壁面两侧的流动情况和与流体流动方向相垂直的某一截面上的流体温度分布情况。

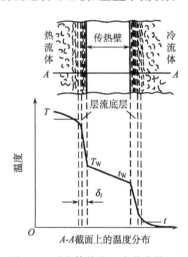

图 4-9　对流传热的温度分布情况

由以上分析可知,对流传热是集对流和热传导于一体的综合现象。对流传热的热阻主要集中在层流内层。因此,减小层流内层的厚度是强化对流传热的主要途径。

4.3.2　牛顿冷却定律和对流传热系数

1. 牛顿冷却定律

对流传热与流体的流动状况及流体的性质有关,影响因素较多。目前为了简化计算,工程上采用的处理方法是假设流体与固体壁面之间的传热热阻全部集中在靠近壁面处的一层厚度为 δ_t 的有效膜内(effective film),即在有效膜之外无热阻存在,该膜是集中了全部传热温差并以热传导方式传热的虚拟膜。这一模型称为对流传热的膜理论模型(film theory model)。当流体的湍动程度增大时,有效膜厚度 δ_t 会变薄,则对流传热速率增大。

在换热器中,沿流体流动方向上,流体和壁面的温度一般是变化的,在换热器不同位置上的对流传热速率也随之而变化,应以微元传热面积上的传热速率进行描述。根据膜理论模型,可以写出在热流体一侧通过有效膜的传热速率方程。

$$dQ = \frac{\lambda}{\delta_t} dS(T - T_w) \tag{4-18}$$

由于有效膜厚度 δ_t 难以确定,因此在处理上,用 α 代替式(4-18)中的 λ/δ_t,得

$$dQ = \alpha dS \Delta t \qquad (4\text{-}19)$$

式中 ,α 为对流传热系数,$W/(m^2 \cdot {}^\circ\!C)$;$S$ 为总传热面积,m^2;Δt 为流体与壁面(或反之)间温度差的平均值,$^\circ\!C$。

式(4-19)还可以表示为

$$Q = \frac{\Delta t}{1/(\alpha S)} = \frac{推动力}{阻力}$$

α 值越大,表明热阻越小,因而传热速率越大。

式(4-19)称为牛顿冷却定律。

牛顿冷却定律表达了复杂的对流传热问题,实质上是将该过程中的矛盾集中到对流传热系数 α 上。因此研究各种对流传热情况下 α 的影响因素及 α 的计算式成为研究对流传热问题的关键。

2. 对流传热系数

牛顿冷却定律也是对流传热系数的定义式,即

$$\alpha = \frac{dQ}{dS \Delta t}$$

由此可见,对流传热系数在数值上等于单位温度差下、单位传热面积的对流传热速率,其单位为 $W/(m^2 \cdot {}^\circ\!C)$。它反映了对流传热的快慢,$\alpha$ 越大表示对流传热越快。

对流传热系数 α 与导热系数 λ 不同,它不是流体的物理性质,而是受很多因素影响的一个参数,反映对流传热热阻的大小。例如,流体有无相变化、流体流动的原因、流动状态、流体物性和壁面情况(换热器结构)等都影响对流传热系数。一般来说,对同一种流体,强制对流时的 α 大于自然对流时的 α,有相变时的 α 大于无相变时的 α。表 4-3 列出了几种对流传热情况下 α 的数值范围,以便对 α 的大小有一数量级的概念。同时 α 的经验值也可以作为传热计算中的参考值。

表 4-3　α 值的范围

换热方式	空气自然对流	气体强制对流	水自然对流	水强制对流	水蒸气冷凝	有机蒸气冷凝	水沸腾
$\alpha/[W/(m^2 \cdot {}^\circ\!C)]$	5～25	20～100	20～1 000	1 000～15 000	5 000～15 000	500～2 000	2 500～25 000

4.3.3　对流传热系数的实验研究方法

对流传热系数的实验研究方法是:首先观察对过程的影响因素,然后进行量纲分析,得到准数表达式,根据分析结果组织实验,处理实验数据,得到相应传热条件下的准数关联式,从而求得对流传热系数值。本小节考虑固体壁面与不发生相变化的流体间的对流传热过程。

1. 影响对流传热系数的主要因素

通过对对流传热过程的初步考察可以发现,影响对流传热系数的因素包括:引起流动的原

因、流体本身的性质、传热面的情况和流体流动状况等。

1）引起对流的原因

前已述及,引起对流的原因分为强制对流和自然对流两大类,这两类对流传热的流动成因不同,所遵从的规律也不同。通常强制对流较为强烈,所以对流传热系数也较大。有时两种对流都需要考虑,这种情况称为混合对流传热。

2）流体本身的性质

对 α 值影响较大的流体物性有导热系数、黏度、比热容、密度以及对自然对流影响较大的体积膨胀系数。对于同一种流体,这些物性又是温度的函数,其中某些物性还与压强有关。

3）流体的流动状态

层流和湍流的传热机理有本质的区别。当流体呈层流时,流体沿壁面分层流动,即流体在热流方向上没有复杂运动,传热基本上依靠分子热运动的热传导进行。当流体呈湍流时,湍流主体的传热为涡流作用引起的对流,在壁面附近的层流内层中仍为热传导。涡流使管子中心温度分布均匀,层流内层的温度梯度增大。由此可见,湍流时的对流传热系数远比层流时大。

4）流体有无相态变化

前述的情况都是流体在传热过程中无相态变化,依靠流体的显热变化实现传热。而在有相变的对流传热过程中(如沸腾和蒸气冷凝),流体的流动状况有了新的特点,其传热机理也不相同,此时相变潜热起着重要作用。

5）传热面的情况

传热面的形状(如管、板、环隙、翅片等)、传热面方位和布置(如水平或垂直旋转、管束的排列方式等)及流道尺寸(如管径、管长、板高和进口效应等)等都直接影响对流传热系数。这些影响因素比较复杂,但都将反映在 α 的计算公式中。

2. 对流传热过程的量纲分析

根据以上分析,可将对流传热系数按以下函数形式表述:

$$\alpha = f(l, \rho, \mu, c_p, \lambda, u, \beta g \Delta t)$$

由上式知,影响该过程的物理量有 8 个,而这些物理量涉及 4 个基本量纲,即长度 L、质量 M、时间 θ 和温度 T。采用第 1 章所述的量纲一致性方法可将上式转化成量纲为一的数群形式

$$\frac{\alpha l}{\lambda} = c \left(\frac{lu\rho}{\mu} \right)^a \left(\frac{c_p \mu}{\lambda} \right)^k \left(\frac{\beta g \Delta t l^3 \rho^2}{\mu^2} \right)^g \tag{4-20}$$

式中,c 为常数。将式(4-20)中的 4 个数群用相应的符号表示,可以写为

$$Nu = f(Re, Pr, Gr) \tag{4-20a}$$

式(4-20a)中各准数的名称、符号和意义列于表 4-4。

表 4-4　准数的名称、符号和意义

名　称	符　号	准数式	意　义
努塞特(Nusselt)数	Nu	$\dfrac{\alpha l}{\lambda}$	包含对流传热系数的准数
雷诺(Reynolds)数	Re	$\dfrac{lu\rho}{\mu}$	表示流动状态和湍动程度对对流传热的影响

续表

名 称	符 号	准数式	意 义
普朗特(Prandtl)数	Pr	$\dfrac{c_p\mu}{\lambda}$	流体物性对对流传热的影响
格拉斯霍夫(Grashof)数	Gr	$\dfrac{\beta g\,\Delta t l^3\rho^2}{\mu^2}$	自然对流对对流传热的影响

各准数中物理量的意义如下:α 为对流传热系数,$W/(m^2\cdot℃)$;l 为传热面的特征尺寸,可以是管内径、外径或平板高度等,m;λ 为流体的导热系数,$W/(m^2\cdot℃)$;μ 为流体的黏度,$Pa\cdot s$;c_p 为流体的定压比热容,$kJ/(kg\cdot℃)$;u 为流体的流速,m/s;β 为流体的体积膨胀系数,$℃^{-1}$;Δt 为温度差,℃;g 为重力加速度,m/s^2。

当流体无相态变化,以强制对流形式进行传热时,自然对流对对流传热的影响可以忽略,式(4-20a)可简化为

$$Nu=\varphi(Re,Pr) \tag{4-21}$$

当流体无相态变化,以自然对流形式进行传热时,式(4-20a)可简化为

$$Nu=\varphi(Pr,Gr) \tag{4-22}$$

3. 应用准数关联式应注意的问题

式(4-21)、式(4-22)仅为 Nu 与 Re、Pr 或 Pr、Gr 的原则关联式,不同传热情况下,其关联式的具体函数关系需经实验决定。在各种形式的关联式中以幂函数形式最为常见,如

$$Nu=c(Re^nPr^m)$$

这种关联式的最大优点在于它在双对数坐标图上是一条直线,由此直线的斜率和截距可以很方便地确定 c、n、m 三个参数。

在整理实验结果及使用准数关联式时,需选定以下特征物理量:

(1) 适用范围。例如,强制对流时,Re、Pr 各在什么范围内适用。

(2) 特征尺寸。Nu、Re 中的 l 应如何选定。通常选取对流体的流动和传热有决定性影响的尺寸。例如,流体在圆管内对流传热时,特征尺寸 l 取管内径 d_i;对非圆管,通常取当量直径 d_e。

(3) 定性温度。无相变的对流传热过程中,流体温度处处不同,流体物性也随之变化,决定 Nu、Re、Pr、Gr 中各物性的温度为定性温度。一般有 3 种取法:①取流体的进、出口温度的算术平均值;②取壁面的平均温度;③取流体和壁面的平均温度。由于壁温往往未知,因此常用流体进、出口温度的平均值为定性温度。

4.3.4 流体无相变时的对流传热系数

1. 流体在管内做强制对流

1) 流体在圆形直管内做强制湍流

(1)低黏度(大约低于 2 倍常温下水的黏度)流体,可应用迪特斯(Dittus)和贝尔特(Boelter)关联式,即

$$Nu=0.023Re^{0.8}Pr^n \tag{4-23}$$

或

$$\alpha = 0.023 \frac{\lambda}{d_i} \left(\frac{d_i u \rho}{\mu}\right)^{0.8} \left(\frac{c_p \mu}{\lambda}\right)^n \tag{4-23a}$$

适用范围：$Re > 10\,000$，$0.7 < Pr < 120$；管长与管径比 $\dfrac{L}{d_i} > 60$。若 $\dfrac{L}{d_i} < 60$ 时，可将由式

(4-23a)计算得的 α 乘以 $\left[1 + \left(\dfrac{d_i}{L}\right)^{0.7}\right]$ 进行校正。

特征尺寸：Nu、Re 准数中的 l 取管内径 d_i。

定性温度：取流体进口温度和出口温度的算术平均值。

当流体被加热时，$n = 0.4$；被冷却时，$n = 0.3$。

（2）高黏度（高于 2 倍常温下水的黏度）液体，可应用西德尔（Sieder）和塔特（Tate）关联式，即

$$Nu = 0.027\, Re^{0.8}\, Pr^{\frac{1}{3}} \left(\frac{\mu}{\mu_w}\right)^{0.14} \tag{4-23b}$$

令 $\varphi_\mu = \left(\dfrac{\mu}{\mu_w}\right)^{0.14}$，则

$$\alpha = 0.027 \frac{\lambda}{d_i} \left(\frac{d_i u \rho}{\mu}\right)^{0.8} \left(\frac{c_p \mu}{\lambda}\right)^{\frac{1}{3}} \varphi_\mu \tag{4-23c}$$

式中，φ_μ 为黏度校正系数；μ_w 为壁温下液体的黏度，$Pa \cdot s$。

适用范围：$Re > 10\,000$，$0.7 < Pr < 16\,700$；管长与管径比 $\dfrac{L}{d_i} > 60$。若 $\dfrac{L}{d_i} < 60$ 时，可将由式

(4-23c)计算得的 α 乘以 $\left[1 + \left(\dfrac{d_i}{L}\right)^{0.7}\right]$ 进行校正。

特征尺寸：Nu、Re 准数中的 l 取管内径 d_i。

定性温度：取流体进口温度和出口温度的算术平均值。

应该指出，式(4-23)中 n 取值不同和式(4-23c)中 φ_μ 都是由温度对层流底层中流体黏度的影响所引起。对于主体温度相同的同一种流体，当液体被加热时，在它邻近管壁处的温度较高，黏度较小，因此层流底层较薄而对流传热系数 α 较大；相反，当液体被冷却时，它在壁面附近的温度较低，黏度较大，层流底层较厚，α 较小。

一般来说，由于壁温未知，利用式(4-23c)计算时往往要用试差法，但 φ_μ 可取近似值。工程上，液体被加热取 $\varphi_\mu \approx 1.05$；液体被冷却取 $\varphi_\mu \approx 0.95$。对气体黏度影响不大，取 $\varphi_\mu = 1.0$。

【例 4-3】 常压下，空气在 $\phi 60\ mm \times 3.5\ mm$ 的钢管中流动，管长为 4 m，流速为 15 m/s，温度由 150 ℃升至 250 ℃。试求：(1)管壁对空气的对流传热系数；(2)若空气的流量提高一倍，对流传热系数有何变化；(3)若其他条件不变，管径缩小一半，对流传热系数又有何变化？

解 (1)定性温度 $t = \dfrac{150 + 250}{2} = 200(℃)$，查附录得 200 ℃下空气的物理性质如下：$\lambda = 0.0393\ W/(m \cdot ℃)$，$\mu = 2.6 \times 10^{-5}\, Pa \cdot s$，$\rho = 0.746\ kg/m^3$，$c_p = 1.026 \times 10^3\ J/(kg \cdot ℃)$。

特征尺寸

$$d = 0.06 - 2 \times 0.0035 = 0.053 (m)$$

$$l/d = 4/0.053 = 75.5 > 60$$

$$Re = \frac{d u \rho}{\mu} = \frac{0.053 \times 15 \times 0.746}{2.6 \times 10^{-5}} = 2.28 \times 10^4 > 10^4 \ (湍流)$$

$$Pr = \frac{c_p\mu}{\lambda} = \frac{1.026 \times 10^3 \times 2.6 \times 10^{-5}}{0.0393} = 0.68$$

因此可采用式(4-23a)计算空气的对流传热系数,本题中空气被加热,$n=0.4$。

$$\alpha = 0.023 \frac{\lambda}{d_i}\left(\frac{d_i u\rho}{\mu}\right)^{0.8}\left(\frac{c_p\mu}{\lambda}\right)^{0.4} = 0.023 \times \frac{0.0393}{0.053} \times (2.28 \times 10^4)^{0.8} \times (0.68)^{0.4}$$

$$= 44.8 [W/(m^2 \cdot ℃)]$$

(2) 若忽略定性温度的变化,当空气流量增加一倍时,管内空气的流速为原来的 2 倍。由于

$$\alpha \propto Re^{0.8} \propto u^{0.8}$$

因此

$$\alpha_1 = \alpha\left(\frac{u_1}{u}\right)^{0.8} = 44.8 \times 2^{0.8} = 78.0 [W/(m^2 \cdot ℃)]$$

(3) 若其他条件不变,管径缩小一半,则

$$\alpha \propto \frac{Re^{0.8}}{d} \propto \frac{(du)^{0.8}}{d} \propto \frac{\left(\frac{dq_{mv}}{0.785d^2}\right)^{0.8}}{d} \propto \frac{1}{d^{1.8}}$$

$$\alpha_2 = \alpha\left(\frac{d}{d_2}\right)^{1.8} = 44.8 \times 2^{1.8} = 156.0 [W/(m^2 \cdot ℃)]$$

计算结果表明,一般气体的对流传热系数都比较低;当管径不变时,对流传热系数与管内空气流速的 0.8 次方成正比,但当流体流量一定时,对流传热系数与管内径的 1.8 次方成反比。

2) 流体在圆形直管内做强制层流

流体在管内做强制层流时,如果传热不影响速度分布,则热量传递完全依靠热传导方式进行,并要考虑自然对流的效应,此时热流方向对 α 的影响更加显著。

当管径较小和温差不大时,自然对流对强制层流传热的影响可以忽略,对于这种情况,可用西德尔和塔特关联式,即

$$Nu = 1.86\left(Re\, Pr\, \frac{d_i}{L}\right)^{1/3}\left(\frac{\mu}{\mu_w}\right)^{0.14} \tag{4-24}$$

适用范围:$Re < 2300$,$0.6 < Pr < 6700$,$Re\, Pr\, \dfrac{d_i}{L} > 100$。

特征尺寸:管内径 d_i。

定性温度:除 μ_w 取壁温外,均取流体进口温度和出口温度的算术平均值。

应予指出,通常在换热器的设计中,应尽量避免在层流条件下进行传热,因为此时的传热系数很小。

3) 流体在圆形直管内做过渡流

当 $Re = 2300 \sim 10\,000$ 时,对流传热系数可先用湍流时的公式计算,然后乘以校正系数 ϕ,即得到过渡流下的对流传热系数。

$$\phi = 1 - \frac{6 \times 10^5}{Re^{1.8}} \tag{4-25}$$

4) 流体在弯管内做强制对流

流体在弯管内流动时,由于受惯性离心力的作用,扰动程度加剧,对流传热系数比直管内的大,此时可以用式(4-26)计算

$$\alpha' = \alpha\left(1 + 1.77\frac{d_i}{R}\right) \tag{4-26}$$

式中，α' 为弯管中的对流传热系数，$W/(m^2 \cdot ℃)$；α 为直管中的对流传热系数，$W/(m^2 \cdot ℃)$；R 为弯管轴的弯曲半径，m。

5）流体在非圆形管内做强制对流

此时，仍可采用上述各关联式计算，只要将式中的管内径改为传热当量直径。

$$d_e = \frac{4 \times 流通截面积}{传热周边} = \frac{4 \times \frac{\pi}{4}(d_1^2 - d_2^2)}{\pi d_2} = \frac{d_1^2 - d_2^2}{d_2} \tag{4-27}$$

式中，d_1 为套管换热器外管内径，m；d_2 为套管换热器内管外径，m。

传热计算中究竟采用哪个当量直径，由具体的关联式决定。应当指出，将关联式中的 d_i 改用 d_e 是近似的算法。对常用的非圆形管道，可直接通过实验求得计算 α 的关联式。例如，对于套管环隙中的传热，用水和空气进行实验，可得专用的关联式为

$$\alpha = 0.02\frac{\lambda}{d_e}\left(\frac{d_1}{d_2}\right)^{0.53} Re^{0.8} Pr^{1/3} \tag{4-28}$$

适用范围：$Re = 12\,000 \sim 220\,000$，$\frac{d_1}{d_2} = 1.65 \sim 17$。

特征尺寸：当量直径 d_e。

定性温度：流体进口温度和出口温度的算术平均值。

2. 流体在管外做强制对流

1）流体横向流过管束

流体横向流过管束时，由于管与管之间的影响，传热情况较复杂。管束的几何条件，如管径、管间距、排数及排列方式都影响对流传热系数。通常，管子的排列方式有正三角形、转角正三角形、正方形和转角正方形四种，如图 4-10 所示。

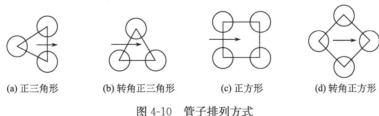

(a) 正三角形　　　(b) 转角正三角形　　　(c) 正方形　　　(d) 转角正方形

图 4-10　管子排列方式

流体横向流过管束时，平均对流传热系数可分别用式(4-29)和式(4-29a)计算。

对于如图 4-10 中(a)、(d)排列

$$Nu = 0.33 Re^{0.6} Pr^{0.33} \tag{4-29}$$

对于如图 4-10 中(b)、(c)排列

$$Nu = 0.26 Re^{0.6} Pr^{0.33} \tag{4-29a}$$

适用范围：$Re > 3000$。

特征尺寸：管外径 d_o。流速取流体通过每排管子中最狭窄通道处的速度。

定性温度：流体进口温度和出口温度的算术平均值。

管束排数应为 10，若不是 10 时，上述公式的计算结果应乘以表 4-5 的修正系数。

表 4-5　式(4-29)的修正系数

排　　数	1	2	3	4	5	6	7	8	9	10	12	15	18	25	35	75
(a)、(d)排列	0.68	0.75	0.83	0.89	0.92	0.95	0.97	0.98	0.99	1.0	1.01	1.02	1.03	1.04	1.05	1.06
(b)、(c)排列	0.64	0.80	0.83	0.90	0.92	0.94	0.96	0.98	0.99	1.0						

2）流体在换热器的管间流动

对于常用的管壳式换热器，由于壳体是圆筒形，管束中各列的管子数目不等，而且一般都设有折流挡板，因此流体在换热器管间流动时，流速和流向均不断地变化。一般在 $Re > 100$ 时即可能达到湍流，使对流传热系数加大。折流挡板的形式较多，如图 4-11 所示，其中以圆缺形挡板最为常用。

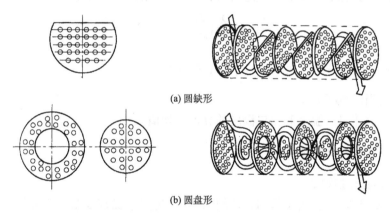

(a) 圆缺形

(b) 圆盘形

图 4-11　换热器的折流挡板及流体在壳程的折流示意图

应予指出，在管间安装折流挡板，虽然可使对流传热系数增大，但流动阻力将随之增加。若挡板和壳体间、挡板和管束之间的间隙过大，部分流体会从间隙中流过，这股流体称为旁流。旁流严重时反而使对流传热系数减小。

换热器内装有圆缺形挡板（缺口面积为 25％ 的壳体内截面积）时，壳方流体的对流传热系数的关联式如下：

$$Nu = 0.36 Re^{0.55} Pr^{1/3} \varphi_\mu \tag{4-30}$$

或

$$\alpha = 0.36 \left(\frac{\lambda}{d_e} \right) \left(\frac{d_e u_o \rho}{\mu} \right)^{0.55} Pr^{1/3} \left(\frac{\mu}{\mu_w} \right)^{0.14} \tag{4-30a}$$

适用范围：$Re = 2 \times 10^3 \sim 1 \times 10^6$。

特征尺寸：当量直径 d_e。

定性温度：除 μ_w 取壁温外，均取流体进口温度和出口温度的算术平均值。

当量直径 d_e 可根据管壳式换热器中管束的管子排列方式不同计算方法不同。计算式如下：

若管子为正方形排列，则

$$d_e = \frac{4\left(t^2 - \frac{\pi}{4}d_o^2\right)}{\pi d_o} \tag{4-31}$$

若管子为正三角形排列,则

$$d_e = \frac{4\left(\frac{\sqrt{3}}{2}t^2 - \frac{\pi}{4}d_o^2\right)}{\pi d_o} \tag{4-32}$$

式中,t 为管心距,m;d_o 为管外径,m。

3. 自然对流

前已述及,自然对流时的对流传热系数仅与反映流体自然对流状况的 Gr 准数与 Pr 准数有关,其准数关系式为

$$Nu = c(Gr \cdot Pr)^n \tag{4-33}$$

大空间中的自然对流,如管道或传热设备表面与周围大气之间的对流传热就属于这种情况,通过实验测得的 c 和 n 值列于表 4-6。

表 4-6 式(4-33)中的 c 和 n 值

加热表面形状	特征尺寸	$Gr\,Pr$	c	n
水平圆管	外径 d_o	$10^4 \sim 10^9$	0.53	1/4
		$10^9 \sim 10^{12}$	0.13	1/3
垂直管或板	高度 l	$10^4 \sim 10^9$	0.59	1/4
		$10^9 \sim 10^{12}$	0.10	1/3

注:式(4-33)中的定性温度取壁面温度和流体平均温度的算术平均值。

4.3.5 流体有相变时的对流传热系数

1. 蒸气冷凝现象

蒸气冷凝作为一种加热方式在工业上被广泛采用。作为加热介质的饱和蒸气与低于其温度的物料接触时被冷凝为液体,释放出大量相变热,加热壁面另一侧的物料。按照形成的冷凝液能否润湿壁面,可将蒸气冷凝分为膜状冷凝(film-type condensation)和滴状冷凝(dropwise condensation)两种类型。

(1)膜状冷凝。若冷凝液能够润湿壁面,则在壁面上形成一层完整的液膜,称为膜状冷凝,如图 4-12(a)和图 4-12(b)所示。在壁面上一旦形成液膜后,蒸气的冷凝只能在液膜的表面上进行,即蒸气冷凝时放出的潜热必须通过液膜后才能传给冷壁面。由于蒸气冷凝时有相变化,一般热阻很小,因此这层冷凝液膜往往成为膜状冷凝的主要热阻。若冷凝液膜在重力作用下沿壁面向下流动,则所形成的液膜越往下越厚,所以壁面越高或水平放置的管径越大,整个壁面的平均对流传热系数就越小。

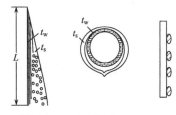

(a) 膜状冷凝　　(b) 膜状冷凝　　(c) 滴状冷凝

图 4-12 蒸气冷凝

(2) 滴状冷凝。若冷凝液不能润湿壁面,由于表面张力的作用,冷凝液在壁面上形成许多液滴,并沿壁面落下,称为滴状冷凝,如图 4-12(c)所示。

滴状冷凝时,壁面大部分的面积直接暴露在蒸气中,可供蒸气冷凝。由于没有液膜阻碍热流,因此滴状冷凝传热系数比膜状冷凝可高几倍甚至十几倍。

工业上遇到的大多是膜状冷凝,因此冷凝器的设计总是按膜状冷凝来处理。下面仅介绍纯净(单组分)的饱和蒸气膜状冷凝传热系数的计算方法。

2. 膜状冷凝对流传热系数

1) 水平管外蒸气冷凝传热系数

蒸气在水平管(包括水平放置的单管和管束两种情况)外冷凝时的对流传热系数按式(4-34)计算。

$$\alpha = 0.725\left(\frac{\lambda^3 \rho^2 gr}{n^{2/3}d_o \mu \Delta t}\right)^{1/4} \tag{4-34}$$

式中,n 为水平管束在垂直列上的管数;λ 为冷凝液的导热系数,$W/(m \cdot ℃)$;ρ 为冷凝液的密度,kg/m^3;μ 为冷凝液的黏度,$Pa \cdot s$;r 为饱和蒸气的冷凝热,kJ/kg;Δt 为蒸气的饱和温度 t_s 与壁面温度 t_w 之差,$℃$。

特征尺寸:取管外径 d_o。

定性温度:蒸气冷凝热 r 取饱和温度 t_s 下的值,其余物性取液膜平均温度 $t_m = (t_w + t_s)/2$ 下的值。

2) 蒸气在垂直管或板上冷凝

当蒸气在垂直管或板上冷凝时,最初冷凝液沿壁面以层流形式向下流动,新的冷凝液不断加入,液膜由上到下逐渐增厚,因而局部对流传热系数越来越小;但当板或管足够高时,液膜下部可能发展为湍流流动,局部的对流传热系数又会有所增加,显然,在板的上、下部对流传热情况不同,为此要先判定冷凝液膜的流动形态,才能计算传热系数。此时,仍采用雷诺数判断流动形态,当 $Re < 1800$ 时,膜内流体为层流;当 $Re > 1800$ 时,膜内流体为湍流。在此,雷诺数定义为

$$Re = \frac{d_e u \rho}{\mu} = \frac{\frac{4S}{b} \times \frac{q_m}{S}}{\mu} = \frac{4M}{\mu} \tag{4-35}$$

式中,d_e 为当量直径,m;S 为冷凝液流通截面积,m^2;b 为壁面被润湿周边长,m;q_m 为冷凝液的质量流量,kg/s;M 为冷凝负荷,指单位长度润湿周边上冷凝液的质量流量,即 $M = q_m/b$。

注意:在此,雷诺数 Re 是指板或管最低处的值(此时 Re 为最大)。

当液膜为层流时,平均对流传热系数的计算式为

$$\alpha = 1.13\left(\frac{r\rho^2 g\lambda^3}{\mu L \Delta t}\right)^{1/4} \tag{4-36}$$

当膜层为湍流时,平均对流传热系数的计算式为

$$\alpha = 0.0077\left(\frac{\rho^2 g\lambda^3}{\mu^2}\right)^{1/3} Re^{0.4} \tag{4-37}$$

特征尺寸:取垂直管或板的高度。

定性温度:蒸气冷凝热 r 取饱和温度 t_s 下的值,其余物性取液膜平均温度 $t_m = (t_w + t_s)/2$

下的值。

3）影响冷凝传热的因素和强化措施

单组分饱和蒸气冷凝时，气相内温度均匀，都是饱和温度 t_s，没有温度差，所以热阻集中在冷凝液膜内。因此对于一定的组分，液膜的厚度及其流动状况是影响冷凝传热的关键因素。凡有利于减薄液膜厚度的因素都可以提高冷凝传热系数。下面讨论这些因素：

（1）冷凝液膜两侧的温度差 Δt。当液膜呈层流流动时，若 Δt 加大，则蒸气冷凝速率增加，因而液膜层厚度增加，使冷凝传热系数降低。

（2）流体物性。由膜状冷凝传热系数计算式可知，液膜的密度、黏度及导热系数、蒸气的冷凝热都会影响冷凝传热系数。

（3）蒸气的流速和流向。蒸气以一定的速度运动时，与液膜间产生一定的摩擦力，若蒸气和液膜同向流动，则摩擦力将使液膜加速，厚度减小，α 增大；若逆向流动，则 α 减小。但这种力若超过液膜重力，液膜会被蒸气吹离壁面，此时随着蒸气流速的增加，α 急剧增大。

（4）蒸气中不凝性气体含量的影响。若蒸气中含有空气或其他不凝性气体，则壁面可能为气体（导热系数很小）层所遮盖，增加了一层附加热阻，α 急剧下降。因此在冷凝器的设计和操作中，都必须考虑排除不凝性气体。含有大量不凝性气体的蒸气冷凝设备称为冷却冷凝器，计算方法需要参考有关资料。

（5）冷凝壁面的影响。若沿冷凝液流动方向积存的液体增多，则液膜增厚，传热系数下降，所以在设计和安装冷凝器时，应正确安放冷凝壁面。例如，对于管束，冷凝液面从上面各排流到下面各排，使液膜逐渐增厚，因此下面管子的 α 比上排的要低。为了减薄下面管排上液膜的厚度，一般需要减少垂直列上的管子数目，或把管子的排列旋转一定的角度，使冷凝液沿下一根管子的切向流过。

此外，冷凝壁面的表面情况对 α 的影响也很大，若壁面粗糙不平或有氧化层，则会使膜层加厚，增加膜层阻力，因而使 α 降低。

3. 液体沸腾传热

液体被加热升温，达到其饱和温度时，其内部伴随有由液相变为气相产生气泡的过程，称为液体沸腾（又称沸腾传热）。工业上液体沸腾的方法有两种：一是将加热壁面浸没在液体中，液体在壁面受热沸腾，称为大容积沸腾；一是液体在管内流动时受热沸腾，称为管内沸腾。后者机理更为复杂。下面主要讨论大容器沸腾。

1）液体沸腾曲线

实验表明，大容器内饱和液体沸腾的情况随温度差 Δt（$t_w - t_s$）而变，出现不同的沸腾状态。下面以常压下水在大容器中沸腾传热为例，分析沸腾温度差 Δt 对沸腾传热系数 α 和热通量 q 的影响。如图 4-13 所示，当温度差 Δt 较小（$\Delta t \leqslant 5$ ℃）时，加热表面上的液体轻微过热，使液体内产生自然对流，但没有气泡从液体中逸出液面，仅在液体表面发生蒸发，此阶段 α 和 q都较低，如图 4-13 中 AB 段所示。

当 Δt 逐渐升高（$\Delta t = 5 \sim 25$ ℃）时，在加热表面的局部位置上产生气泡，该局部位置称为气化核心。气

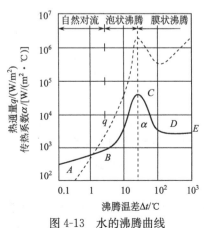

图 4-13　水的沸腾曲线

泡产生的速度随 Δt 上升而增加,且不断地离开壁面上升至蒸气空间。由于气泡的生成、脱离和上升,液体受到剧烈的扰动,因此 α 和 q 都急剧增大,如图4-13中 BC 段所示,此段称为泡核沸腾或泡状沸腾。

当 Δt 再增大($\Delta t > 25$ ℃)时,加热面上产生的气泡也大大增多,且气泡产生的速度大于脱离表面的速度。气泡在脱离表面前连接起来,形成一层不稳定的蒸气膜,使液体不能和加热表面直接接触。由于蒸气的导热性能差,气膜的附加热阻使 α 和 q 都急剧下降。气膜开始形成时是不稳定的,有可能形成大气泡脱离表面,此阶段称为不稳定的膜状沸腾或部分泡状沸腾,如图 4-13 中 CD 段所示。由泡核沸腾向膜状沸腾过渡的转折点 C 称为临界点。临界点上的温度差、传热系数和热通量分别称为临界温度差 Δt_c、临界沸腾传热系数 α_c 和临界热通量 q_c。当达到 D 点时,传热面几乎全部为气膜所覆盖,开始形成稳定的气膜。以后随着 Δt 的增加,α 基本上不变,q 又上升(见虚线),这是由于壁温升高,辐射传热的影响显著增加,如图 4-13 中 DE 段所示。实际上一般将 CDE 段称为膜状沸腾。

其他液体在一定压强下的沸腾曲线与水的曲线形状类似,仅临界点数值不同而已。

应予指出,由于泡核沸腾传热系数比膜状沸腾的大,工业生产中一般总是设法控制在泡核沸腾下操作,因此确定不同液体在临界点下的有关参数具有实际意义。

2) 沸腾传热系数的计算

由于沸腾传热机理复杂,曾提出了各种沸腾理论,从而导出计算沸腾传热系数相应的公式,但计算结果往往差别较大。这里仅介绍按照对比压强计算泡核沸腾传热系数的计算式:

$$\alpha = 1.163Z(\Delta t)^{2.33} \tag{4-38}$$

式中,Δt 为壁面过热度,$\Delta t = t_w - t_s$,℃。

若将 $\Delta t = q/\alpha$ 代入式(4-38),可得

$$\alpha = 1.105Z^{0.3}q^{0.7} \tag{4-39}$$

$$Z = \left[0.10\left(\frac{p_c}{9.81 \times 10^4}\right)^{0.69}(1.8R^{0.17} + 4R^{1.2} + 10R^{10})\right]^{3.33} \tag{4-40}$$

式中,Z 为与操作压强及临界压强有关的参数,W/(m² · ℃^{0.33});R 为对比压强$\left(= \dfrac{p}{p_c}\right)$,量纲为 1;$p$ 为操作压强,Pa;p_c 为临界压强,Pa。

若将式(4-40)代入式(4-38),可得

$$\alpha = 0.105\left(\frac{p_c}{9.81 \times 10^4}\right)^{0.69}(1.8R^{0.17} + 4R^{1.2} + 10R^{10})q^{0.7} \tag{4-41}$$

式(4-38)或式(4-39)的应用条件为:$p_c > 3000$ kPa,$R = 0.01 \sim 0.9$,$q < q_c$。

3) 影响沸腾传热的因素

(1) 液体的物理性质。液体的导热系数、密度、黏度和表面张力等均对沸腾传热有重要的影响。一般情况下,α 随 λ、ρ 的增加而增大,随 μ 及 σ 的增加而减小。

(2) 温度差 Δt。前已述及,温度差($t_w - t_s$)是控制沸腾传热过程的重要参数。曾经有人在特定的实验条件(沸腾压强、壁面形状等)下,对多种液体进行泡核沸腾时传热系数的测定,整理得到下列经验式:

$$\alpha = a(\Delta t)^n \tag{4-42}$$

式中,a 和 n 为随液体种类和沸腾条件而异的常数,其值由实验测定。

(3) 操作压强。提高沸腾压强相当于提高液体的饱和温度,使液体的表面张力和黏度均

降低,有利于气泡的生成和脱离,从而强化了沸腾传热。在相同的 Δt 下,α 和 q 都更高。

(4) 加热壁面。加热壁面的材料和粗糙度对沸腾传热有重要的影响。一般新的或清洁的加热面,α 较高。当壁面被油脂沾污后,α 会急剧下降。壁面越粗糙,气泡核心越多,越有利于沸腾传热。此外,加热面的布置情况对沸腾传热也有明显的影响。

4.4　传热过程计算

化工原理中所涉及的传热过程计算主要有两类:一类是设计计算,即根据生产要求的热负荷确定换热器的传热面积;另一类是校核(操作型)计算,即计算给定换热器的传热量、流体的流量或温度等。两者都是以换热器的热量衡算和传热速率方程为计算的基础。

应用前述的热传导速率方程和对流传热速率方程时,需要知道壁面的温度。而实际上壁温通常是未知的,为了避开壁温,所以引出间壁两侧流体间的总传热速率方程。

4.4.1　热量衡算

在传热过程计算中,根据传热任务或要求,首先应计算换热器的传热量(又称热负荷)。通常,换热器的传热量可通过热量衡算求得。根据能量守恒原理,假设换热器的热损失可以忽略,则单位时间内热流体放出的热量等于冷流体吸收的热量。

对于换热器的微元面积 dS,其热量衡算式可以表示为

$$dQ = -W_h dI_h = W_c dI_c \tag{4-43}$$

式中,W 为流体的质量流量,kg/h 或 kg/s;I 为流体的焓,kJ/kg;下标 h 和 c 分别表示热流体和冷流体。

对于整个换热器,其热量衡算式可以表示为

$$Q = W_h(I_{h1} - I_{h2}) = W_c(I_{c2} - I_{c1}) \tag{4-43a}$$

式中,Q 为换热器的热负荷,kJ/h 或 kW;下标 1 和 2 分别表示换热器的进口和出口。

若换热器中两流体均无相变化,且流体的比热容不随温度变化或可取平均温度下的比热容,式(4-43)和式(4-43a)可以分别表示为

$$dQ = -W_h c_{ph} dT = W_c c_{pc} dt \tag{4-44}$$

和

$$Q = W_h c_{ph}(T_1 - T_2) = W_c c_{pc}(t_2 - t_1) \tag{4-44a}$$

式中,c_p 为流体的平均比热容,kJ/(kg·℃);t 为冷流体的温度,℃;T 为热流体的温度,℃。

若换热器中的热流体有相变化,如饱和蒸气冷凝时,式(4-44a)可以表示为

$$Q = W_h r = W_c c_{pc}(t_2 - t_1) \tag{4-45}$$

式中,W_h 为饱和蒸气(热流体)的冷凝速率,kg/h;r 为饱和蒸气的冷凝潜热,kJ/kg。

式(4-45)的应用条件是冷凝液在饱和温度下离开换热器。若冷凝液的温度低于饱和温度时,则式(4-45)变为

$$Q = W_h[r + c_{ph}(T_s - T_2)] = W_c c_{pc}(t_2 - t_1) \tag{4-46}$$

式中,c_{ph} 为冷凝液的比热容,kJ/(kg·℃);T_s 为冷凝液的饱和温度,℃。

4.4.2　总传热速率微分方程和总传热系数

热传导速率方程和对流传热速率方程是进行传热过程计算的基本方程。但是利用上述方

程计算传热速率时,必须已知壁温。而壁温通常是未知的。为了避开壁温,直接使用已知的冷、热流体温度进行计算,就需要导出以两流体温度差为传热推动力的传热速率方程,该方程即为总传热速率方程。

1. 总传热速率微分方程

通过换热器中任一微元面积 dS 的间壁两侧流体的传热速率方程可以仿照对流传热速率方程写出,即

$$dQ = K(T - t)dS = K\Delta t dS \tag{4-47}$$

式中,K 为局部总传热系数,W/(m²·℃);T 为换热器的任一截面上热流体的平均温度,℃;t 为换热器的任一截面上冷流体的平均温度,℃。

式(4-47)为总传热速率微分方程,也是总传热系数的定义式,表明总传热系数在数值上等于单位温度差下的总传热通量。总传热系数 K 和对流传热系数 α 的单位完全一样,但应注意其中温度差所代表的区域并不相同。总传热系数的倒数 1/K 代表间壁两侧流体传热的总热阻。

应予指出,总传热系数必须与所选择的传热面积相对应,选择的传热面积不同,总传热系数的数值也不同,因此式(4-47)可以表示为

$$dQ = K_i(T - t)dS_i = K_o(T - t)dS_o = K_m(T - t)dS_m \tag{4-48}$$

式中,K_i、K_o、K_m 分别为基于管内表面积、外表面积、内外表面平均面积的总传热系数,W/(m²·℃);S_i、S_o、S_m 分别为换热器管内表面积、外表面积、内外表面平均面积,m²。

由式(4-48)可知,在传热计算中,选择何种面积作为计算基准,结果完全相同,但工程上大多以外表面积作为基准,因此在后面讨论中,除非另有说明,K 都是指基于外表面积的总传热系数。

由于 dQ 及 T-t 两者与选择的基准面积无关,因此可得

$$\frac{K_o}{K_i} = \frac{dS_i}{dS_o} = \frac{d_i}{d_o} \tag{4-49}$$

$$\frac{K_o}{K_m} = \frac{dS_m}{dS_o} = \frac{d_m}{d_o} \tag{4-49a}$$

式中,d_i、d_o、d_m 分别为管内径、管外径、管内外径的平均直径,m。

2. 总传热系数

总传热系数(简称传热系数)K 是评价换热器性能的一个重要参数,又是换热器的传热计算所需的基本数据。确定 K 值和分析其影响因素具有重要的意义。K 的数值与流体的物性、传热过程的操作条件及换热器的类型等诸多因素有关,因此 K 值的变动范围较大。在换热器的传热计算中,K 值的来源有:①K 值的计算;②实验测定;③经验数据。

1)总传热系数的计算

(1)总传热系数的计算式。

如前所述,两流体通过管壁的传热包括以下过程:①热流体在流动过程中把热量传给管壁的对流传热;②通过管壁的热传导;③管壁与流动中的冷流体之间的对流传热。

通过管壁的任一截面的热传导速率可以表示如下:

$$dQ = \frac{\lambda(T_w - t_w)}{b} dS_m \tag{4-50}$$

式中，$T_w - t_w$ 为管壁任一截面两侧的温度差，℃；b 为管壁的厚度，m；λ 为管壁材料的导热系数，W/(m·℃)；S_m 为管壁内、外侧面积的平均面积，m²。

据前所述对流传热机理，可得

$$(T - T_w) + (T_w - t_w) + (t_w - t) = T - t = \Delta t = dQ\left(\frac{1}{\alpha_i dS_i} + \frac{b}{\lambda dS_m} + \frac{1}{\alpha_o dS_o}\right)$$

由上式解得 dQ，然后在公式两边均除以 dS_o，可得

$$\frac{dQ}{dS_o} = \frac{T - t}{\dfrac{dS_o}{\alpha_i dS_i} + \dfrac{b dS_o}{\lambda dS_m} + \dfrac{1}{\alpha_o}}$$

因为

$$\frac{dS_o}{dS_i} = \frac{d_o}{d_i} \qquad \frac{dS_o}{dS_m} = \frac{d_o}{d_m}$$

所以

$$\frac{dQ}{dS_o} = \frac{T - t}{\dfrac{d_o}{\alpha_i d_i} + \dfrac{b d_o}{\lambda d_m} + \dfrac{1}{\alpha_o}} \tag{4-51}$$

比较式(4-48)和式(4-51)，得

$$K_o = \frac{1}{\dfrac{d_o}{\alpha_i d_i} + \dfrac{b d_o}{\lambda d_m} + \dfrac{1}{\alpha_o}} \tag{4-52}$$

同理可得

$$K_i = \frac{1}{\dfrac{1}{\alpha_i} + \dfrac{b d_i}{\lambda d_m} + \dfrac{d_i}{\alpha_o d_o}} \tag{4-52a}$$

$$K_m = \frac{1}{\dfrac{d_m}{\alpha_i d_i} + \dfrac{b}{\lambda} + \dfrac{d_m}{\alpha_o d_o}} \tag{4-52b}$$

式(4-52)、式(4-52a)和式(4-52b)为总传热系数的计算式。总传热系数也可以表示为热阻的形式，由式(4-52)得

$$\frac{1}{K_o} = \frac{d_o}{\alpha_i d_i} + \frac{b d_o}{\lambda d_m} + \frac{1}{\alpha_o} \tag{4-53}$$

（2）污垢热阻（又称污垢系数）。

换热器的实际操作中，传热表面上常有污垢积存，对传热产生附加热阻，使总传热系数降低。在估算 K 值时一般不能忽略污垢热阻。由于污垢层的厚度及其导热系数难以准确估计，因此通常选用污垢热阻的经验值作为计算 K 值的依据。基于管壁内、外侧表面上的污垢热阻分别用 R_{si}、R_{so} 表示，则式(4-53)变为

$$\frac{1}{K_o} = \frac{d_o}{\alpha_i d_i} + R_{si} \frac{d_o}{d_i} + \frac{b d_o}{\lambda d_m} + R_{so} + \frac{1}{\alpha_o} \tag{4-54}$$

式中，R_{si}、R_{so} 分别为管内、外侧表面的污垢热阻，又称污垢系数，$m^2 \cdot °C/W$。

某些常见流体的污垢热阻的经验值可查附录。

应予指出，污垢热阻将随换热器操作时间的延长而增大，因此换热器应根据实际的操作情况定期清洗。这是设计和操作换热器时应考虑的问题。

（3）提高总传热系数途径的分析。

式（4-54）表示，间壁两侧流体间传热的总热阻等于两侧流体的对流传热阻、污垢热阻及管壁热传导热阻之和。

若传热面为平壁或薄管壁时，d_i、d_o 和 d_m 相等或近似相等，则式（4-54）可以简化为

$$\frac{1}{K_o} = \frac{1}{\alpha_i} + R_{si} + \frac{b}{\lambda} + R_{so} + \frac{1}{\alpha_o} \tag{4-55}$$

当管壁热阻和污垢热阻均可忽略时，式（4-55）简化为

$$\frac{1}{K_o} = \frac{1}{\alpha_i} + \frac{1}{\alpha_o} \tag{4-55a}$$

若 $\alpha_i \gg \alpha_o$，则 $\frac{1}{K} \approx \frac{1}{\alpha_o}$，由此可知，总热阻是由热阻大的那一侧的对流传热所控制，即当两个对流传热系数相差较大时，欲提高 K 值，关键在于提高对流传热系数较小一侧的 α。若两侧的 α 相差不大时，则必须同时提高两侧的 α，才能提高 K 值。若污垢热阻为控制因素，则必须设法减慢污垢形成速率或及时清除污垢。

【例 4-4】 有一列管式换热器，由 $\phi 25\ mm \times 2.5\ mm$ 的钢管组成。CO_2 在管内流动，冷却水在管外流动。已知管内的对流传热系数为 50 $W/(m^2 \cdot °C)$，管外的为 2500 $W/(m^2 \cdot °C)$。试求：（1）基于管外表面积的总传热系数 K_o；（2）若使管内的对流传热系数增大一倍，其他条件同前，K_o 增大的百分数；（3）若使管外的对流传热系数增大一倍，其他条件同前，K_o 增大的百分数。

解　（1）参考附录，取钢的导热系数 $\lambda = 45\ W/(m \cdot °C)$。取 CO_2 侧的污垢热阻 $R_{si} = 0.5 \times 10^{-3}\ m^2 \cdot °C/W$，水侧的污垢热阻 $R_{so} = 0.58 \times 10^{-3}\ m^2 \cdot °C/W$，则

$$\frac{1}{K_o} = \frac{d_o}{\alpha_i d_i} + R_{si} \frac{d_o}{d_i} + \frac{b d_o}{\lambda d_m} + R_{so} + \frac{1}{\alpha_o}$$

$$= \frac{25}{50 \times 20} + \frac{0.5 \times 10^{-3} \times 25}{20} + \frac{0.0025 \times 25}{45 \times 22.5} + 0.58 \times 10^{-3} + \frac{1}{2500}$$

$$= 0.025 + 0.000\ 625 + 0.000\ 062 + 0.000\ 58 + 0.0004$$

$$= 0.026\ 67 (m^2 \cdot °C/W)$$

$$K_o = 37.5\ W/(m^2 \cdot °C)$$

钢管壁的热阻占总热阻的比例为 $0.000\ 062/0.026\ 67 = 0.0023$，可见工程计算中完全可以忽略。

（2）α_i 增大一倍，即 $\alpha_i = 100\ W/(m^2 \cdot °C)$ 时的传热系数 K_o'，只改变计算式中的第一项，则

$$\frac{1}{K_o'} = \frac{d_o}{\alpha_i d_i} + R_{si} \frac{d_o}{d_i} + \frac{b d_o}{\lambda d_m} + R_{so} + \frac{1}{\alpha_o}$$

$$= \frac{25}{100 \times 20} + \frac{0.5 \times 10^{-3} \times 25}{20} + \frac{0.0025 \times 25}{45 \times 22.5} + 0.58 \times 10^{-3} + \frac{1}{2500}$$

$$= 0.0125 + 0.000\ 625 + 0.000\ 062 + 0.000\ 58 + 0.0004$$

$$= 0.014\ 17 (m^2 \cdot °C/W)$$

$$K_o' = 70.6\ W/(m^2 \cdot °C)$$

增加的百分数 $= \dfrac{K_o' - K_o}{K_o} = \dfrac{70.6 - 37.5}{37.5} \times 100\% = 88.3\%$，增加明显。

(3) α_o 增大一倍,即 $\alpha_o = 5000$ W/(m² · ℃)时的传热系数 K''_o,只改变计算式中的最后一项,则

$$\frac{1}{K''_o} = \frac{d_o}{\alpha_i d_i} + R_{si} \frac{d_o}{d_i} + \frac{b d_o}{\lambda d_m} + R_{so} + \frac{1}{\alpha_o}$$

$$= \frac{25}{50 \times 20} + \frac{0.5 \times 10^{-3} \times 25}{20} + \frac{0.0025 \times 25}{45 \times 22.5} + 0.58 \times 10^{-3} + \frac{1}{5000}$$

$$= 0.025 + 0.000\ 625 + 0.000\ 062 + 0.000\ 58 + 0.0002$$

$$= 0.026\ 47 (\text{m}^2 \cdot \text{℃/W})$$

$$K''_o = 37.8 \text{W/(m}^2 \cdot \text{℃)}$$

增加的百分数 $= \dfrac{K''_o - K_o}{K_o} = \dfrac{37.8 - 37.5}{37.5} \times 100\% = 0.8\%$,几乎没有增加。

计算结果表明,K 值总是接近热阻大的流体侧的 α 值,因此欲提高 K 值,必须对影响 K 值的各项因素进行分析,如在本题条件下,应提高空气侧的 α 才有效果。

【例 4-5】 在例 4-4 中,若计算 K_o 时按平壁处理,则误差有多大?

解 若按平壁计算,由式(4-54)可知

$$\frac{1}{K} = \frac{1}{\alpha_i} + R_{si} + \frac{b}{\lambda} + R_{so} + \frac{1}{\alpha_o}$$

$$= 0.02 + 0.0005 + 0.000\ 056 + 0.000\ 58 + 0.0004$$

$$= 0.021\ 54 (\text{m}^2 \cdot \text{℃/W})$$

故 $K = 46.4$ W/(m² · ℃),与例 4-4(1)中的结果比较

$$\frac{K - K_o}{K_o} \times 100\% = \frac{46.4 - 37.5}{37.5} \times 100\% = 23.7\%$$

以上计算结果表明,在该题条件下,由于管径较小,若按平壁计算 K,误差稍大。

2) 总传热系数的实验测定

对现有的换热器,通过实验测取有关的数据,如流体的流量和温度等,然后用总传热速率方程式计算得到 K 值。显然,实验测定可以获得较为可靠的 K 值。但是其使用的范围有所限制,只有在使用情况与测定情况(如换热器类型、流体性质和操作条件)一致时,选用实验的 K 值才准确,否则所测 K 值仅有一定的参考价值。

应予指出,实测 K 值的意义不仅可以为换热器的设计提供依据,而且可以了解换热器的性能,从而寻求提高设备传热能力的途径。

3) 总传热系数的经验值

在换热器的设计计算中,总传热系数通常采用经验值。通常,推荐的经验值是从生产实践中积累或通过实验测定获得的。某些情况下管壳式换热器的总传热系数 K 的经验值列于表4-7。有关手册中也列有不同情况下 K 的经验值,可供设计计算时参考。由表 4-7 可以看出,通常经验值的范围较大,设计时可根据实际情况选取中间的某一数值。若为降低操作费,可选较小的 K 值;若为降低设备费,可选较大的 K 值。

表 4-7　管壳式换热器中的总传热系数 K 的经验值

冷流体	热流体	总传热系数 K/[W/(m² · ℃)]
水	水	850~1700
水	气体	17~280
水	有机溶剂	250~280
水	轻油	340~910

冷流体	热流体	总传热系数 $K/[\mathrm{W}/(\mathrm{m}^2 \cdot ℃)]$
水	重油	60~280
有机溶剂	有机溶剂	115~340
水	水蒸气冷凝	1420~4250
气体	水蒸气冷凝	30~300
水	低沸点烃类冷凝	455~1140
水沸腾	水蒸气冷凝	2000~4250
轻油沸腾	水蒸气冷凝	455~1020

4.4.3 平均温度差法和总传热速率方程

式(4-47)是总传热速率的微分方程,积分后才有实际意义。积分结果将用平均温度差代替局部温度差。因此,必须考虑两流体在换热器的温度变化情况以及流体的流动方向。

为了积分式(4-47),应作以下简化假定:①传热为稳态操作过程;②两流体的比热容均为常量(可取为换热器进、出口下的平均值);③总传热系数 K 为常量,即 K 值不随换热器的管长而变化;④换热器的热损失可以忽略。

1. 恒温传热时的平均温度差

换热器的间壁两侧流体均有相变化时(如蒸发器中),饱和蒸气和沸腾液体间的传热就是恒温传热。此时,冷、热流体的温度均不沿管长变化,两者间温度差处处相等,即 $\Delta t = T - t$。流体的流动方向对 Δt 也无影响。因此,根据前述假定③,积分式(4-47),可得

$$Q = KS(T - t) = KS\Delta t \tag{4-56}$$

式(4-56)是恒温传热时适用于整个换热器的总传热速率方程。

2. 变温传热时的平均温度差

变温传热时,若两流体的相互流向不同,则对温度差的影响也不相同,应予以分别讨论。

1) 逆流和并流时的平均温度差

在换热器中,两流体若以相反的方向流动,称为逆流;若以相同的方向流动,称为并流,如图 4-14 所示。由图可见,温度差是沿管长而变化的,所以需求出平均温度差。下面以逆流为例,推导计算平均温度差的通式。

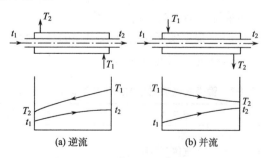

图 4-14　变温传热时的温度差变化

由换热器的热量衡算微分式知

$$dQ = -W_h c_{ph} dT = W_c c_{pc} dt$$

根据前述假定①和②，由上式可得

$$\frac{dQ}{dT} = -W_h c_{pb} = 常数 \qquad \frac{dQ}{dt} = W_c c_{pc} = 常数$$

如果将 Q 对 T 及 t 作图，由上式可知 $Q\text{-}T$ 和 $Q\text{-}t$ 都是直线关系，可分别表示为

$$T = mQ + k \qquad t = m'Q + k'$$

上两式相减，可得

$$T - t = \Delta t = (m - m')Q + (k - k')$$

由上式可知 Δt 与 Q 也呈直线关系。将上述各直线定性地绘于图 4-15 中。由图 4-15 可以看出，$Q\text{-}\Delta t$ 的直线斜率为

$$\frac{d(\Delta t)}{dQ} = \frac{\Delta t_2 - \Delta t_1}{Q}$$

将式(4-47)代入上式，可得

$$\frac{d(\Delta t)}{K \, dS \Delta t} = \frac{\Delta t_2 - \Delta t_1}{Q}$$

由前述假定③知 K 为常量，所以积分上式

$$\frac{1}{K} \int_{\Delta t_1}^{\Delta t_2} \frac{d(\Delta t)}{\Delta t} = \frac{\Delta t_2 - \Delta t_1}{Q} \int_0^S dS$$

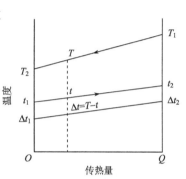

图 4-15　逆流时平均温度差的推导

得

$$\frac{1}{K} \ln \frac{\Delta t_2}{\Delta t_1} = \frac{\Delta t_2 - \Delta t_1}{Q} S$$

则

$$Q = KS \frac{\Delta t_2 - \Delta t_1}{\ln \dfrac{\Delta t_2}{\Delta t_1}} = KS \Delta t_m \tag{4-57}$$

式(4-57)是适用于整个换热器的总传热速率方程。该式是传热计算的基本方程。由该式可知平均温度差 Δt_m 等于换热器两端温度差的对数平均值，即

$$\Delta t_m = \frac{\Delta t_2 - \Delta t_1}{\ln \dfrac{\Delta t_2}{\Delta t_1}} \tag{4-58}$$

式(4-58)中的 Δt_m 称为对数平均温度差，其形式与 4.2 节中所述的对数平均半径相同。同理，在工程计算中，当 $\Delta t_2 / \Delta t_1 \leqslant 2$ 时，可用算术平均温度差代替对数平均温度差，误差不大。

应用式(4-58)时，取换热器两端的 Δt 中数值大者为 Δt_2，小者为 Δt_1，这样计算 Δt_m 较为简便。

应予指出，若换热器中两流体做并流流动，也可以导出与式(4-58)完全相同的结果，因此该式是计算逆流和并流时平均温度差 Δt_m 的通式。

2) 错流和折流时的平均温度差

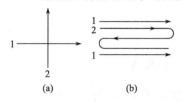

图 4-16　错流(a)和折流(b)示意图

在大多数管壳换热器中,两流体并非做简单的并流和逆流,而是比较复杂的多程流动,或是互相垂直的交叉流动,如图 4-16 所示。在图 4-16(a)中,两流体的流向互相垂直,称为错流;在图 4-16(b)中,一流体只沿一个方向流动,而另一流体反复折流,称为简单折流。若两流体均做折流,或既有折流又有错流,则称为复杂折流。

对于错流和折流时的平均温度差,可采用安德伍德(Underwood)和鲍曼(Bowman)提出的图算法。该方法是先按逆流时计算对数平均温度差,再乘以考虑流动方向的校正因素,即

$$\Delta t_m = \varphi_{\Delta t} \Delta t'_m \tag{4-59}$$

式中,$\Delta t'_m$ 为按逆流计算的对数平均温度差,℃;$\varphi_{\Delta t}$ 为温度差校正系数,量纲为 1。

温度差校正系数 $\varphi_{\Delta t}$ 与冷、热流体的温度变化有关,是 P 和 R 两因数的函数,即

$$\varphi_{\Delta t} = f(P,R)$$

其中

$$P = \frac{t_2 - t_1}{T_1 - t_1} = \frac{冷流体的温升}{两流体的最初温度差}$$

$$R = \frac{T_1 - T_2}{t_2 - t_1} = \frac{热流体的温降}{冷流体的温升}$$

温度差校正系数 $\varphi_{\Delta t}$ 值可根据 P 和 R 两因数从图 4-17 中的相应图中查得。图 4-17(a)、(b)、(c)及(d)分别适用于一壳程、二壳程、三壳程及四壳程,每个单壳程内的管程可以是 2、4、6 或 8 程。图 4-18 适用于错流换热器。其他流向的 $\varphi_{\Delta t}$ 值可查手册或其他传热书籍。

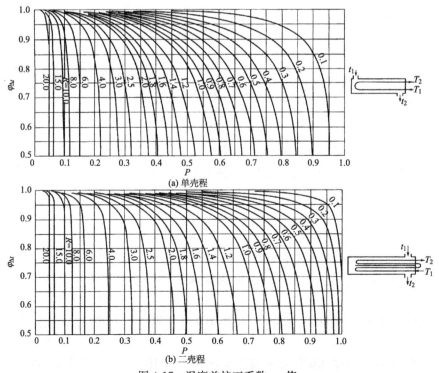

图 4-17　温度差校正系数 $\varphi_{\Delta t}$ 值

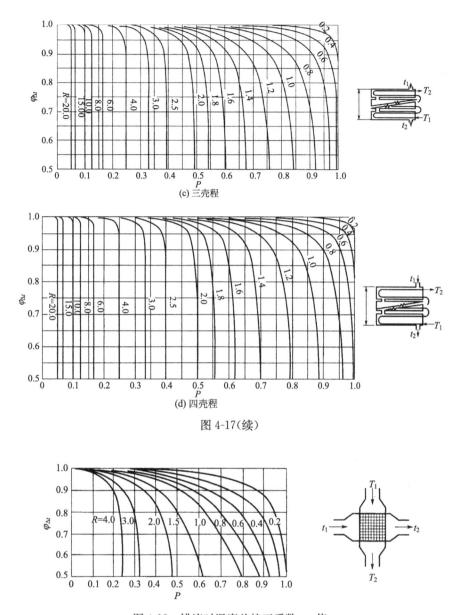

图 4-17(续)

图 4-18　错流时温度差校正系数 $\varphi_{\Delta t}$ 值

　　由图 4-17 及图 4-18 可见，$\varphi_{\Delta t}$ 值恒小于 1，这是由于各种复杂流动中同时存在逆流和并流，因此它们的 Δt_m 比纯逆流的小。通常在换热器的设计中规定 $\varphi_{\Delta t}$ 值不应小于 0.8，若低于此值，则应考虑增加壳方程数，或将多台换热器串联使用，使传热过程更接近于逆流。若在 $\varphi_{\Delta t}$-P 图上找不到某种 P、R 的组合，说明此种换热器达不到规定的传热要求，因而需要改用其他流向的换热器。

　　温度差校正系数图是基于以下假定做出的：①壳程任一截面上流体温度均匀一致；②管方各程传热面积相等；③总传热系数 K 和流体比热容 c_p 为常数；④流体无相变化；⑤换热器的热损失可忽略不计。

　　【例 4-6】　在一列管式换热器中，用机油和原油换热。机油在管内流动，进口温度为 245 ℃，出口温度下降到 175 ℃;原油在管外流动,温度由 120 ℃上升到 160 ℃。试求在上述温度条件下两流体做逆流和并流时的对数平均温度差。

解 求逆流时的对数平均温度差 Δt_m。

热流体 T　　245 ℃ ⟶ 175 ℃

冷流体 t　　160 ℃ ⟵ 120 ℃

　　　Δt　　85 ℃　　　55 ℃

$$\Delta t_\mathrm{m} = \frac{\Delta t_1 - \Delta t_2}{\ln \dfrac{\Delta t_1}{\Delta t_2}} = \frac{85 - 55}{\ln \dfrac{85}{55}} = 68.9 (℃)$$

又因为

$$\frac{\Delta t_1}{\Delta t_2} = \frac{85}{55} = 1.54 < 2$$

所以

$$\Delta t_\mathrm{m} = \frac{\Delta t_1 + \Delta t_2}{2} = \frac{85 + 55}{2} = 70 (℃)$$

误差为

$$\frac{70 - 68.9}{68.9} \times 100\% = 1.6\%$$

求并流时的对数平均温度差 Δt_m。

热流体 T　　245 ℃ ⟶ 175 ℃

冷流体 t　　120 ℃ ⟶ 160 ℃

　　　Δt　　125 ℃　　　15 ℃

$$\Delta t_\mathrm{m} = \frac{125 - 15}{\ln \dfrac{125}{15}} = 51.9 (℃)$$

由此可见,在冷、热流体的进、出口温度各自相同的条件下,逆流时的 Δt_m 比并流时的 Δt_m 大。

【例 4-7】 在一单壳程、双管程的管壳式换热器中,冷、热流体进行热交换。热流体由 90 ℃冷却至 70 ℃,冷流体由 20 ℃加热至 60 ℃。试求此时的对数平均温度差。

解 先按逆流时计算。

热流体 T　　90 ℃ ⟶ 70 ℃

冷流体 t　　60 ℃ ⟵ 20 ℃

　　　Δt　　30 ℃　　　50 ℃

$$\Delta t_\mathrm{m}' = \frac{\Delta t_1 - \Delta t_2}{\ln \dfrac{\Delta t_1}{\Delta t_2}} = \frac{50 - 30}{\ln \dfrac{50}{30}} = 39.2 (℃)$$

折流时的对数平均温度差为

$$\Delta t_\mathrm{m} = \varphi_{\Delta t} \Delta t_\mathrm{m}'$$

其中

$$\varphi_{\Delta t} = f(R, P) \qquad R = \frac{T_1 - T_2}{t_2 - t_1} = \frac{90 - 70}{60 - 20} = 0.5 \qquad P = \frac{t_2 - t_1}{T_1 - t_1} = \frac{60 - 20}{90 - 20} = 0.57$$

由图 4-17(a)查得 $\varphi_{\Delta t} = 0.91$,所以

$$\Delta t_\mathrm{m} = 0.91 \times 39.2 = 35.7 (℃)$$

由此可见,折流时的 Δt_m 介于逆流时的 Δt_m 和并流时的 Δt_m 之间,$\varphi_{\Delta t}$ 越大,其值越接近于逆流时的 Δt_m。

3）流向的选择

由例 4-6 和例 4-7 可知，若两流体均为变温传热时，且在两流体进、出口温度各自相同的条件下，逆流时的平均温度差最大，并流时的平均温度差最小，其他流向的平均温度差介于逆流和并流两者之间，因此就传热推动力而言，逆流优于并流和其他流动形式。当换热器的传热量 Q 及总传热系数 K 一定时，采用逆流操作，所需的换热器传热面积较小。

逆流的另一优点是可节省加热介质或冷却介质的用量。这是因为当逆流操作时，热流体的出口温度 T_2 可以降低至接近冷流体的进口温度 t_1，而采用并流操作时，T_2 只能降低至接近冷流体的出口温度 t_2，即逆流时热流体的温降较并流时的温降大，因此逆流时加热介质用量较少。同理，逆流时冷流体的温升比并流时的温升大，所以冷却介质用量可较少。

由以上分析可知，换热器应尽可能采用逆流操作。但是在某些生产工艺要求下，若对流体的温度有所限制，如冷流体被加热时不得超过某一温度，或热流体被冷却时不得低于某一温度，此时则宜采用并流操作。

采用折流或其他流动形式的原因除为了满足换热器的结构要求外，就是为了提高总传热系数。但是，平均温度差比逆流时的低。在选择流向时应综合考虑，φ_{Δ} 值不宜过低，一般设计时应取 $\varphi_{\Delta}>0.9$，至少不能低于 0.8，否则另选其他流动形式。

当换热器中某一侧流体有相变而保持温度不变时，无论何种流动形式，只要流体的进、出口温度各自相同，其平均温度差均相同。

【例 4-8】　在一单壳程、四管程管壳式换热器中，用水冷却热油。冷却水在管内流动，进口温度为 15 ℃，出口温度为 32 ℃。热油在壳方流动，进口温度为 120 ℃，出口温度为 40 ℃。热油流量为 1.25 kg/s，平均比热容为 1.9 kJ/(kg·℃)。若换热器的总传热系数为 470 W/(m²·℃)，试求换热器的传热面积。

解　换热器传热面积可根据总传热速率方程求得，即 $S=\dfrac{Q}{K\Delta t_{\mathrm{m}}}$，换热器的传热量为

$$Q=W_{\mathrm{h}}c_{\mathrm{ph}}(T_1-T_2)=1.25\times1.9\times10^3\times(120-40)=190(\mathrm{kW})$$

1-4 型管壳式换热器的对数平均温度差先按逆流计算，即

$$\Delta t'_{\mathrm{m}}=\frac{\Delta t_2-\Delta t_1}{\ln\dfrac{\Delta t_2}{\Delta t_1}}=\frac{(120-32)-(40-15)}{\ln\dfrac{120-32}{40-15}}=50(℃)$$

温度差校正系数为

$$R=\frac{T_2-T_1}{t_2-t_1}=\frac{120-40}{32-15}=4.71 \qquad P=\frac{t_2-t_1}{T_1-t_1}=\frac{32-15}{120-15}=0.162$$

由图 4-17(a) 中查得 $\varphi_{\Delta}=0.89$，所以

$$\Delta t_{\mathrm{m}}=\varphi_{\Delta}\Delta t'_{\mathrm{m}}=0.89\times50=44.5(℃)$$

$$S=\frac{Q}{K\Delta t_{\mathrm{m}}}=\frac{190\times10^3}{470\times44.5}=9.1(\mathrm{m}^2)$$

3. 换热器的操作型计算

对现有的换热器，判断其对指定的传热任务是否适用，或预测在生产中某些参数变化对传热的影响等，均属于换热器的操作型计算。为此需用的基本关系与设计型计算的完全相同。但后者计算较为复杂，往往需要试差或迭代。

【例 4-9】　在逆流操作的单程管壳式换热器中，热气体将 2.5 kg/s 的水从 35 ℃ 加热到 85 ℃。热气体温度由 200 ℃ 降到 93 ℃。水在管内流动。已知换热器的总传热系数为 180 W/(m²·℃)，水和气体的比热容分别为 4.18 kJ/(kg·℃) 和 1.09 kJ/(kg·℃)。若水的流量减小一半，气体流量和两流体进口温度均不变，试

求：(1)水和空气的出口温度，℃；(2)传热量减小的百分数。假设流体物性不变，热损失可忽略不计。

解　(1) 水和空气的出口温度分别为 t_2' 和 T_2'。

对原工况，列热量衡算和总传热速率方程，可得

$$t_2 - t_1 = \frac{W_h c_{ph}}{W_c c_{pc}}(T_1 - T_2) \tag{a}$$

$$KS\Delta t_m = KS\frac{(T_1 - t_2) - (T_2 - t_1)}{\ln\dfrac{T_1 - t_2}{T_2 - t_1}} = W_h c_{ph}(T_1 - T_2) \tag{b}$$

将式(a)代入式(b)并整理，可得

$$\ln\frac{T_1 - t_2}{T_2 - t_1} = \frac{KS}{W_h c_{ph}}\left(1 - \frac{W_h c_{ph}}{W_c c_{pc}}\right) \tag{c}$$

其中

$$\frac{W_h c_{ph}}{W_c c_{pc}} = \frac{t_2 - t_1}{T_1 - T_2} = \frac{85 - 35}{200 - 93} = 0.467$$

对新工况，因为水的对流传热系数比气体的对流传热系数大，气体侧对流传热热阻在总热阻中所占比例较大，所以水的流量减小一半时，总传热系数 K 可视为不变。此时可以写出

$$\ln\frac{T_1 - t_2'}{T_2' - t_1} = \frac{KS}{W_h c_{ph}}\left(1 - \frac{W_h c_{ph}}{\dfrac{1}{2}W_c c_{pc}}\right) \tag{d}$$

式(d)和式(c)相除可得

$$\ln\frac{T_1 - t_2'}{T_2' - t_1} = \ln\frac{T_1 - t_2}{T_2 - t_1}\times\frac{KS}{KS}\times\frac{1 - \left(\dfrac{W_h c_{ph}}{\dfrac{1}{2}W_c c_{pc}}\right)}{1 - \dfrac{W_h c_{ph}}{W_c c_{pc}}} = \ln\frac{200 - 85}{93 - 35}\times\frac{1 - 0.934}{1 - 0.467} = 0.085$$

解得

$$T_2' = 218.65 - 0.918t_2' \tag{e}$$

再由热量衡算得

$$t_2' = t_1 + \frac{W_h c_{ph}}{\dfrac{1}{2}W_c c_{pc}}(T_1 - T_2') = 35 + 2\times 0.467\times(200 - T_2')$$

或

$$t_2' = 221.8 - 0.934T_2' \tag{f}$$

联立式(e)和式(f)，可得

$$t_2' = 112.9\ ℃ \qquad T_2' = 105.9\ ℃$$

(2) 传热量减少百分数。

$$\frac{Q'}{Q} = \frac{T_1 - T_1'}{T_1 - T_2}\times 100\% = \frac{200 - 105.9}{200 - 93}\times 100\% = 87.9\%$$

即冷水流量减小一半后，传热量约减小 12%。

应强调指出，在传热过程的计算和分析中，总传热速率方程十分重要。读者应掌握该方程及式中各项的意义、单位和求法，并以此方程为基础，将传热的主要内容联系起来，以便解决各种传热过程的计算和调节问题。

4.4.4　传热单元数法

传热单元数(NTU)法又称传热效率-传热单元数(ε-NTU)法。该法在换热器的操作型计算、热能回收利用等方面的计算中得到了广泛的应用。例如，换热器的操作型计算通常是对于

一定尺寸和结构的换热器,确定流体的出口温度。因温度为未知项,直接利用对数平均温度差法求解,就必须反复试算,十分麻烦。此时,若采用 $\varepsilon\text{-NTU}$ 法则较为简便。

1. 传热效率 ε

换热器的传热效率 ε 定义为

$$\varepsilon = \frac{\text{实际的传热量 } Q}{\text{最大可能的传热量 } Q_{max}}$$

假设换热器中流体无相变化及热损失可忽略,则换热器的热量衡算式为

$$Q = W_h c_{ph}(T_1 - T_2) = W_h c_{ph}(t_2 - t_1)$$

无论在哪种换热器中,理论上,热流体能被冷却到的最低温度为冷流体的进口温度 t_1,而冷流体则至多能被加热到热流体的进口温度 T_1,因而热、冷流体的进口温度之差 $(T_1 - t_1)$ 便是换热器中可能达到的最大温度差。如果某一流体流经换热器的温度变化等于最大的温度差 $(T_1 - t_1)$,则该流体便可达到最大可能的传热量。由热量衡算可知,若忽略热损失,热流体放出的热量应等于冷流体吸收的热量,所以两流体中 Wc_p 值较小的流体将具有较大的温度变化。若令 Wc_p 值较大的流体的温度变化等于最大的温度差,则要求另一 Wc_p 值较小的流体的温度变化比最大的温度差 $(T_1 - t_1)$ 还要大,而这是不可能的。于是,最大可能的传热量可用式(4-60)表示,即

$$Q_{max} = (Wc_p)_{min}(T_1 - t_1) \tag{4-60}$$

式中,Wc_p 称为流体的热容量流率;下标 min 表示两流体中热容量流率较小者,并将此流体称为最小值流体。

如果热流体为最小值流体,即其热容量率较小,则传热效率为

$$\varepsilon_h = \frac{W_h c_{ph}(T_1 - T_2)}{W_h c_{ph}(T_1 - t_1)} = \frac{T_1 - T_2}{T_1 - t_1} \tag{4-61}$$

如果冷流体为最小值流体,即其热容量流率较小,则传热效率为

$$\varepsilon_c = \frac{W_c c_{pc}(t_2 - t_1)}{W_c c_{pc}(T_1 - t_1)} = \frac{t_2 - t_1}{T_1 - t_1} \tag{4-61a}$$

以上两式中 ε 的下标表示 Wc_p 值较小,则应用式(4-61)计算换热器的传热效率;若冷流体的 Wc_p 值较小,则应用式(4-61a)计算传热效率。

2. 传热单元数 NTU

换热器的热量衡算和传热速率的微分式为

$$dQ = -W_h c_{ph} dT = W_c c_{pc} dt = K(T - t)dS$$

对于冷流体,上式可改写为

$$\frac{dt}{T - t} = \frac{K dS}{W_c c_{pc}}$$

上式的积分式称为基于冷流体的传热单元数,用 $(NTU)_c$ 表示,即

$$(NTU)_c = \int_{t_1}^{t_2} \frac{dt}{T - t} = \int_0^S \frac{K dS}{W_c c_{pc}} \tag{4-62}$$

传热单元数的物理意义可有以下表述：

对冷流体,式(4-62)可改为

$$\int_{t1}^{t2}\frac{\mathrm{d}t}{T-t}=\frac{KS}{W_{\mathrm{c}}c_{\mathrm{pc}}}=\frac{K(n\pi\mathrm{d}L)}{W_{\mathrm{c}}c_{\mathrm{pc}}}$$

所以

$$S=\frac{W_{\mathrm{c}}c_{\mathrm{pc}}}{K}\int_{t1}^{t2}\frac{\mathrm{d}t}{T-t} \tag{4-63}$$

或

$$L=\frac{W_{\mathrm{c}}c_{\mathrm{pc}}}{n\pi\mathrm{d}K}\int_{t1}^{t2}\frac{\mathrm{d}t}{T-t} \tag{4-64}$$

令

$$H_{\mathrm{c}}=\frac{W_{\mathrm{c}}c_{\mathrm{pc}}}{n\pi\mathrm{d}K}$$

则

$$L=H_{\mathrm{c}}(\mathrm{NTU})_{\mathrm{c}} \tag{4-64a}$$

式中,d 为换热器的列管直径,可为管内径或外径,视冷流体在哪一侧流动而定,m;n 为管数;L 为换热器的管长,m;H_{c} 为基于冷流体的传热单元长度,m。对于热流体,可写出与式(4-64a)相似的方程。

由式(4-64)或式(4-64a)可见,换热器中流体流经的长度可分解为两项,其中积分项是温度的量纲为 1 的函数,反映传热推动力和传热所要求的温度变化,该项称为传热单元数。若传热推动力越大,所要求的温度变化越小,则所需要的传热单元数越少。另一项 H_{c} 是长度量纲,是传热的热阻和流体流动状况的函数,称为传热单元长度。若总传热系数越大,即热阻越小,则传热单元长度越短,所需传热面积越小。

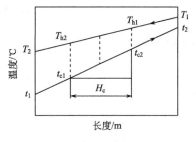

图 4-19　传热单元数的意义

由以上分析可知,换热器的长度(对于一定的管径)等于传热单元数和传热单元长度的乘积。一个传热单元可视为换热器的一段,如图 4-19 所示。如以冷流体为基准,其长度为 H_{c}。

在此段内,冷流体的温度变化恰等于平均温度差。

$$(\mathrm{NTU})_{\mathrm{c}}=1=\int_{t_{\mathrm{c1}}}^{t_{\mathrm{c2}}}\frac{\mathrm{d}t}{(T-t)_{\mathrm{m}}}=\frac{t_{\mathrm{c2}}-t_{\mathrm{c1}}}{(T-t)_{\mathrm{m}}}$$

$$t_{\mathrm{c2}}-t_{\mathrm{c1}}=(T-t)_{\mathrm{m}}$$

而

$$(T-t)_{\mathrm{m}}=\left[(T_{\mathrm{h2}}-t_{\mathrm{c1}})+(T_{\mathrm{h1}}-t_{\mathrm{c2}})\right]/2$$

3. 传热效率和传热单元数的关系

对一定形式的换热器(以单程并流换热器为例),传热效率和传热单元数的关系推导如下：

由总传热速率方程[式(4-57)]得

$$Q = KS\Delta t_m$$

并流时对数平均温度差为

$$\Delta t_m = \frac{(T_1 - t_1) - (T_2 - t_2)}{\ln\dfrac{T_1 - t_1}{T_2 - t_2}} \tag{4-65}$$

将式(4-65)代入式(4-57),并整理得

$$\frac{T_2 - t_2}{T_1 - t_1} = \exp\left[-KS\left(\frac{T_1 - T_2}{Q} + \frac{t_2 - t_1}{Q}\right)\right]$$

将式(4-44a)代入上式,得

$$\frac{T_2 - t_2}{T_1 - t_1} = \exp\left[-\frac{KS}{W_c c_{pc}}\left(1 + \frac{W_c c_{pc}}{W_h c_{ph}}\right)\right] \tag{4-66}$$

若冷流体为最小值流体,并令

$$C_{min} = W_c c_{pc} \qquad C_{max} = W_h c_{ph}$$

则

$$(NTU)_{min} = \frac{KS}{C_{min}}$$

于是,式(4-66)可以写为

$$\frac{T_2 - t_2}{T_1 - t_1} = \exp\left[-(NTU)_{min}\left(1 + \frac{C_{min}}{C_{max}}\right)\right] \tag{4-67}$$

因为

$$T_2 = T_1 - \frac{W_c c_{pc}}{W_h c_{ph}}(t_2 - t_1) = T_1 - \frac{C_{min}}{C_{max}}(t_2 - t_1)$$

所以

$$\frac{T_2 - t_2}{T_1 - t_1} = \frac{T_1 - \dfrac{C_{min}}{C_{max}}(t_2 - t_1) - t_2}{T_1 - t_1} = \frac{(T_1 - t_1) - \dfrac{C_{min}}{C_{max}}(t_2 - t_1) - (t_2 - t_1)}{T_1 - t_1}$$

$$= 1 - \left(1 + \frac{C_{min}}{C_{max}}\right)\left(\frac{t_2 - t_1}{T_1 - t_1}\right) = 1 - \varepsilon\left(1 + \frac{C_{min}}{C_{max}}\right)$$

将上式代入式(4-67),得

$$\varepsilon = \frac{1 - \exp\left[-(NTU)_{min}\left(1 + \dfrac{C_{min}}{C_{max}}\right)\right]}{1 + \dfrac{C_{min}}{C_{max}}} \tag{4-68}$$

若热流体为最小值流体,只要令

$$(NTU)_{min} = \frac{KS}{W_h c_{ph}} \qquad C_{min} = W_h c_{ph} \qquad C_{max} = W_c c_{pc}$$

则可推导出与式(4-68)相同的结果。

同理,推导得到逆流时传热效率和传热单元数的关系为

$$\varepsilon = \frac{1 - \exp\left[-(NTU)_{min}\left(1 - \dfrac{C_{min}}{C_{max}}\right)\right]}{1 - \dfrac{C_{min}}{C_{max}}\exp\left[-(NTU)_{min}\left(1 - \dfrac{C_{min}}{C_{max}}\right)\right]} \tag{4-69}$$

当两流体之一有相变化时，$(Wc_p)_{max}$ 趋于无穷大，式(4-68)和式(4-69)可以简化为

$$\varepsilon = 1 - \exp\left[-(NTU)_{min}\right] \tag{4-70}$$

当两流体的 Wc_p 相等时，式(4-68)和式(4-69)分别简化为

$$\varepsilon = \frac{1 - \exp\left[-2(NTU)_{min}\right]}{2} \tag{4-71}$$

及

$$\varepsilon = \frac{NTU}{1 + NTU} \tag{4-72}$$

【例 4-10】 在一传热面积为 15.8 m² 的逆流套管换热器中用油加热冷水。油的流量为 2.85 kg/s，进口温度为 110 ℃；水的流量为 0.667 kg/s，进口温度为 35 ℃。油和水的平均比热容分别为 1.9 kJ/(kg·℃)和 4.18 kJ/(kg·℃)。换热器的总传热系数为 320 W/(m²·℃)。试求水的出口温度及传热量。

解　本题用 ε-NTU 法计算。

$$W_h c_{ph} = 2.85 \times 1900 = 5415(W/℃)$$

$$W_c c_{pc} = 0.667 \times 4180 = 2788(W/℃)$$

所以水(冷流体)为最小值流体。

$$\frac{C_{min}}{C_{max}} = \frac{2788}{5415} = 0.515$$

$$(NTU)_{min} = \frac{KS}{C_{min}} = \frac{320 \times 15.8}{2788} = 1.8$$

代入式(4-69)，可计算得 ε=0.73。

因为冷流体为最小值流体，所以由传热效率定义式得

$$\varepsilon = \frac{t_2 - t_1}{T_1 - t_1} = 0.73$$

解得水的出口温度为

$$t_2 = 0.73 \times (110 - 35) + 35 = 89.8(℃)$$

换热器的传热量为

$$Q = W_c c_{pc}(t_2 - t_1) = 0.667 \times 4180 \times (89.8 - 35) = 152.8(kW)$$

【例 4-11】 试用传热单元数法计算例 4-9。

解　本题用 ε-NTU 法计算。

(1) 由原水流量求换热器的传热面积。

$$S = \frac{Q}{K\Delta t_m}$$

$$Q = W_c c_{pc}(t_2 - t_1) = 2.5 \times 4.18 \times (85 - 35) = 523(kW)$$

$$\Delta t_m = \frac{\Delta t_1 - \Delta t_2}{\ln\dfrac{\Delta t_1}{\Delta t_2}} = \frac{(200 - 85) - (93 - 35)}{\ln\dfrac{200 - 85}{93 - 35}} = 83.3(℃)$$

所以

$$S = \frac{523 \times 10^3}{180 \times 83.3} \approx 35(m^2)$$

（2）水流量减小后流体出口温度和传热量的变化。

$$W_c c_{pc} = \frac{1}{2} \times 2.5 \times 4180 = 5225(W/℃)$$

$$W_h c_{ph} = \frac{523 \times 10^3}{200-93} = 4888(W/℃)$$

所以热气体为最小值流体。

$$\frac{C_{min}}{C_{max}} = \frac{4888}{5225} = 0.936$$

因为水的对流传热系数比气体的大，所以水流量减小后对总传热系数的影响不大，两种情况下 K 视为相同。

$$(NTU)_{min} = \frac{KS}{C_{min}} = \frac{180 \times 35}{4888} = 1.3$$

代入式(4-69)，计算可得 $\varepsilon = 0.57$。

因热流体为最小值流体，由热效率定义式知

$$\varepsilon = \frac{T_1 - T_2'}{T_1 - t_1} = \frac{T_1 - T_2}{200 - 35} = 0.57$$

$$T_1 - T_2' = 0.57 \times (200 - 35) = 94.1 \ (℃)$$

$$T_2' = 200 - 94.1 = 105.9 \ (℃)$$

由热量衡算可得 $t_2' = 122.9$ ℃。

此时传热量为

$$Q' = W_h c_{ph}(T_1 - T_2) = 4888 \times 94.1 = 460 \ (kW)$$

则因水流量减少一半而使传热量减少百分数为

$$\frac{Q - Q'}{Q} \times 100\% = \frac{523 - 460}{523} \times 100\% = 12\%$$

计算结果表明，使用平均温度差法和传热单元数法可以得到相同的结果。

由上两例可知，用 ε-NTU 法计算流体的温度十分简便。若采用对数平均温度差法，则不但要采用较麻烦的试差法，而且在温度差校正系数 $\varphi_{\Delta t}$ 曲线中，因某些范围内 $d\varphi/dP$ 很大，以至 P 值稍有变化，$\varphi_{\Delta t}$ 值就会相差很多，对计算结果影响较大。但是，通过 $\varphi_{\Delta t}$ 值的大小，可以看出所选流动形式与逆流的差距，便于选择较适宜的流动形式，而采用 ε-NTU 法则无此优点。一般来说，换热器的设计型计算宜用平均温度差法，换热器的操作型计算宜用 ε-NTU 法。

4.5 辐 射 传 热

4.5.1 辐射传热的基本概念

物体受热后可以以电磁波的形式发射辐射能。凡是温度在 0 K 以上的物体都能发射辐射能。但是，只有当物体发射的辐射能被另一物体吸收后又重新转变为热能的过程才能成为热辐射，这些可以转变为热能的射线称为热射线，其波长介于可见光线与红外光线之间。例如，可见光波长范围为 $0.4 \sim 0.8 \mu m$，热辐射线为 $0.8 \sim 40 \mu m$，红外线为 $0.7 \sim 500 \mu m$。由于它们的物理性质基本相同，因此可见光的传播、反射、折射的规律同样适用于热辐射。

热射线和可见光线一样，都服从反射定律和折射定律，能在均一介质中沿直线传播。在真空和大多数的气体（稀有气体和对称的双原子气体）中，热射线可完全透过，但对于大多数的固体和液体,热射线则不能透过。因此只有能够互相照见的物体间才能进行辐射传热。

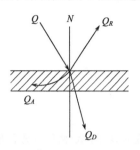

图 4-20　辐射能的吸收、反射和透过

如图 4-20 所示,假设投射在某一物体上的总辐射能量为 Q,则其中有一部分能量 Q_A 被吸收,一部分能量 Q_R 被反射,余下的能量 Q_D 透过物体。根据能量守恒定律,可得

$$Q_A + Q_R + Q_D = Q$$

$$\frac{Q_A}{Q} + \frac{Q_R}{Q} + \frac{Q_D}{Q} = 1 \tag{4-73}$$

或

$$A + R + D = 1$$

式中,$A = \dfrac{Q_A}{Q}$,表示物体的吸收率,量纲为 1;$R = \dfrac{Q_R}{Q}$,表示物体的反射率,量纲为 1;$D = \dfrac{Q_D}{Q}$,表示物体的透过率,量纲为 1。

能全部吸收辐射能,即吸收率 $A = 1$ 的物体,称为黑体或绝对黑体。自然界中并不存在绝对黑体,但有些物体与黑体十分接近。例如,没有光泽的黑漆表面的吸收率为 $0.96\sim0.98$。

能全部反射辐射能,即反射率 $R = 1$ 的物体,称为镜体或绝对白体。实际上镜体也是不存在的,但是有些物体相当接近于镜体,如表面磨光的铜,反射率约等于 0.97。

能透过全部辐射能,即透过率 $D = 1$ 的物体,称为透热体。例如,单原子气体和对称的双原子气体,在工业常见温度范围内均可视为透热体。多原子气体和不对称的双原子气体则能够有选择地吸收和发射某些波段内的辐射能。

引入黑体等概念,只是作为一种实际物体的比较标准,以简化辐射传热的计算。物体的吸收率 A、反射率 R、透过率 D 的大小取决于物体的性质、表面状况、温度及辐射线的波长等。而对于实际物体,如一般的固体能部分地吸收 $0\sim\infty$ 的所有波长范围的辐射能。凡能以相同的吸收率且部分地吸收 $0\sim\infty$ 所有波长范围的辐射能的物体定义为灰体。所以灰体的特点为吸收率 A 不随辐射线的波长而变,以及灰体是不透热体,即 $A + R = 1$。灰体也是理想物体,大多数的工程材料都可以视为灰体,从而可使辐射传热的计算大为简化。

4.5.2　物体的辐射能力和有关的定律

物体的辐射能力是指物体在一定的温度下,单位表面积、单位时间内所发射的全部波长的总能量,用 E 表示,其单位为 W/m^2。因此,辐射能力表征物体发射辐射能的本领。在相同的条件下,物体发射特定波长的能力称为单色辐射能力,用 E_Λ 表示,若在 $\Lambda\sim\Delta\Lambda$ 的波长范围内的辐射能力为 ΔE,则

$$\lim_{\Delta\Lambda\to 0}\frac{\Delta E}{\Delta\Lambda} = \frac{dE}{d\Lambda} = E_\Lambda \tag{4-74}$$

$$E = \int_0^\infty E_\Lambda d\Lambda \tag{4-75}$$

式中,Λ 为波长,m 或 μm;E_Λ 为单色辐射能力,W/m^3。

若用下标 b 表示黑体,则黑体的辐射能力和单色辐射能力分别用 E_b 和 $E_{b\Lambda}$ 表示。

1. 普朗克定律

普朗克(Planck)定律揭示了黑体的辐射能力按照波长的分配规律,即表示黑体的单色辐

射能力 $E_{b\Lambda}$ 随波长和温度变化的函数关系。根据量子理论可以推导出式(4-76),即

$$E_{b\Lambda} = \frac{c_1 \Lambda^{-5}}{e^{c_2/(\Lambda T)} - 1} \tag{4-76}$$

式中,T 为黑体的热力学温度,K;e 为自然对数的底数;c_1 为常数,其值为 3.743×10^{-16} W/m^2;c_2 为常数,其值为 1.4387×10^{-2} m · K。

式(4-76)称为普朗克定律。若在不同的温度下,以黑体的单色辐射能力 $E_{b\Lambda}$ 与波长 Λ 进行标绘,可得到如图 4-21 所示的黑体单色辐射能力按波长的分布规律曲线。

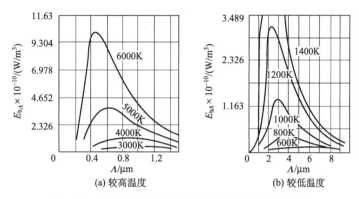

图 4-21　黑体单色辐射能力按波长的分布规律曲线

由图 4-21 可见,每一温度有一条能量分布曲线;在指定的温度下,黑体辐射各种波长的能量是不同的。但在某一波长时可达到 $E_{b\Lambda}$ 的最大值。在温度不太高时,辐射能主要集中在波长为 $0.8 \sim 10$ μm,如图 4-21(b)中所示。

2. 斯特藩-玻尔兹曼定律

斯特藩-玻尔兹曼(Stefan-Boltzmann)定律揭示了黑体的辐射能力与其表面温度的关系。将式(4-76)代入式(4-75),可得

$$E_b = \int_0^\infty \frac{c_1 \Lambda^{-5}}{e^{c_2/(\Lambda T)} - 1} d\Lambda$$

积分上式并整理得

$$E_b = \sigma_0 T^4 = C_0 \left(\frac{T}{100}\right)^4 \tag{4-77}$$

式中,σ_0 为黑体的辐射常数,其值为 5.67×10^{-8} W/$(m^2 \cdot K^4)$;C_0 为黑体的辐射系数,其值为 5.67 W/$(m^2 \cdot K^4)$。

式(4-77)即为斯特藩-玻尔兹曼定律,通常称为四次方定律。它表明黑体的辐射能力仅与热力学温度的四次方成正比。

应予指出,四次方定律也可推广到灰体,此时,式(4-77)可以表示为

$$E = C \left(\frac{T}{100}\right)^4 \tag{4-78}$$

式中,C 为灰体的辐射系数,W/$(m^2 \cdot K^4)$。

辐射系数 C 值与物体的性质、表面状况和温度等有关。C 值恒小于 C_0,为 $0 \sim 5.67$。前

已述及,在辐射传热中黑体是用来作为比较标准的,通常将灰体的辐射能力与同温度下黑体辐射能力之比定义为物体的黑度(又称发射率),用 ε 表示,即

$$\varepsilon = \frac{E}{E_b} = \frac{C}{C_0} \tag{4-79}$$

或

$$E = \varepsilon E_b = \varepsilon C_0 \left(\frac{T}{100}\right)^4 \tag{4-79a}$$

只要知道物体的黑度,便可由式(4-79a)求得该物体的辐射能力。

黑度 ε 值取决于物体的性质、表面状况(如表面粗糙度和氧化程度),一般由实验测定,其值为 0～1。常用工业材料的黑度列于表 4-8。

表 4-8　常用工业材料的黑度

材　料	温度/℃	黑　度
红砖	20	0.93
耐火砖	—	0.8～0.9
钢板(氧化的)	200～600	0.8
钢板(磨光的)	940～1100	0.55～0.61
铝(氧化的)	200～600	0.11～0.19
铝(磨光的)	225～575	0.039～0.057
铜(氧化的)	200～600	0.57～0.87
铜(磨光的)	—	0.03
铸铁(氧化的)	200～600	0.64～0.78
铸铁(磨光的)	330～910	0.6～0.7

3. 基尔霍夫定律

设有两平行板 1 与 2,板 1 为灰体,板 2 为绝对黑体,板面很大且距离接近,如图 4-22 所示。从一个板面发射出的能量可认为全部投射到另一壁面上,称为两个无限大的平行平板。以 E_1、A_1 和 E_b、A_2 分别表示板 1 和板 2 的发射能力、吸收率。并假设 $T_1 > T_2$,两板中间介质为透热体,系统与外界绝热。以单位时间单位板面积为基准,由板 1 所发射的能量 E_1 投射于板 2 表面而被全部吸收;但由板 2 所发射的能量 E_b 投射于板 1 表面时,只有一部分被吸收,即 $A_1 E_b$,而其余部分 $(1-A_1)E_b$ 被反射回去。所以对于板 1 来说,辐射传热的结果为

$$q = E_1 - A_1 E_b$$

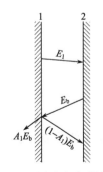

图 4-22　平行板间辐射传热　式中,q 为两板间辐射传热的热通量,W/m^2。

当两板达到热平衡,即 $T_1 = T_2$ 时,$q = 0$,因此

$$E_1 = A_1 E_b$$

或

$$\frac{E_1}{A_1} = E_b$$

因为板 1 可以用任何板代替,所以上式可写为

$$\frac{E_1}{A_1} = \frac{E_2}{A_2} = \cdots = \frac{E}{A} = E_b = f(T) \tag{4-80}$$

式(4-80)为基尔霍夫(Kirchhoff)定律的数学表达式。该式表明任何物体的辐射能力与吸收率的比值恒等于同温度下黑体的辐射能力,即仅与物体的热力学温度有关。

将式(4-77)代入式(4-80),可得

$$E = AC_0 \left(\frac{T}{100}\right)^4 \tag{4-81}$$

比较式(4-79a)和式(4-81)可以看出,在同一温度下,灰体的吸收率和黑度在数值上是相同的。但是 A 和 ε 两者的物理意义完全不同。前者为吸收率,表示由其他物体发射来的辐射能可被该物体吸收的百分数;后者为发射率,表示物体的辐射能力占黑体辐射能力的百分数。由于物体吸收率的测定比较困难,因此工程计算中大都用物体的黑度代替吸收率。

4.5.3　两固体间的辐射传热

工业上常遇到的辐射传热为两固体间的辐射传热,这类固体在热辐射中都可视为灰体。两固体间由于辐射而进行热交换时,从一个物体表面发出的辐射能只有一部分到达另一物体表面,而到达的这一部分能量又由于部分反射而不能全部被吸收。同理,从另一物体表面反射回来的辐射能,也只有一部分回到原物体表面,而回来的这部分能量又有一部分被反射和一部分被吸收,这种过程反复进行。因此,在计算两固体间的辐射传热时,必须考虑到两物体的吸收率和反射率、形状及大小,以及两者的距离和相互位置。由此可见,两固体间的辐射传热计算是很复杂的。

以两个面积很大(相对于两者距离而言)且相互平行的灰体平板间相互辐射,其辐射传热的结果是高温物体向低温物体传递了能量,经推导得两灰体间辐射传热速率为

$$Q_{1\text{-}2} = C_{1\text{-}2} \varphi S \left[\left(\frac{T_1}{100}\right)^4 - \left(\frac{T_2}{100}\right)^4 \right] \tag{4-82}$$

式中,$Q_{1\text{-}2}$ 为净的辐射传热速率,W;$C_{1\text{-}2}$ 为总辐射系数,其计算式见表 4-9;S 为辐射面积,m^2;T_1 和 T_2 分别为高温和低温表面的热力学温度,K;φ 为几何因素(角系数),其值查表 4-9。

表 4-9　φ 值与 $C_{1\text{-}2}$ 的计算式

序　号	辐射情况	面积 S	角系数 φ	总辐射系数 $C_{1\text{-}2}$
1	极大的两平行面	S_1 或 S_2	1	$C_0 \left/ \left(\dfrac{1}{\varepsilon_1} + \dfrac{1}{\varepsilon_2} - 1\right)\right.$
2	面积有限的两相等的平行面	S_1	<1	$\varepsilon_1 \varepsilon_2 C_0$
3	很大的物体 2 包住物体 1	S_1	1	$\varepsilon_1 C_0$
4	物体 2 恰好包住物体 1,$S_2 \approx S_1$	S_1	1	$C_0 \left/ \left(\dfrac{1}{\varepsilon_1} + \dfrac{1}{\varepsilon_2} - 1\right)\right.$
5	在 3、4 两种情况之间	S_1		$C_0 \left/ \left[\dfrac{1}{\varepsilon_1} + \dfrac{S_1}{S_2}\left(\dfrac{1}{\varepsilon_2} - 1\right)\right]\right.$

　　角系数 φ 表示从辐射面积 S 所发射出的能量为另一物体表面所截获的比例。它的数值不仅与两物体的几何排列有关,而且还与式中的 S 是用板 1 的面积 S_1 还是板 2 的面积 S_2 作为辐射面积有关,因此在计算中,角系数 φ 必须和选定的辐射面积 S 相对应。φ 值已利用模型通过实验方法测出,可查有关手册。几种简单情况下的 φ 值见表 4-9。

　　【例 4-12】　车间内有一高和宽各为 3 m 的铸铁炉门,其温度为 227 ℃,室内温度为 27 ℃。为了减少热损失,在炉门前 50 mm 处放置一块尺寸和炉门相同而黑度为 0.11 的铝板,试求放置铝板前、后因辐射而损失的热量。

　　解　(1) 放置铝板前因辐射损失的热量。

　　由式(4-82)可知

$$Q_{1\text{-}2} = C_{1\text{-}2}\varphi S\left[\left(\frac{T_1}{100}\right)^4 - \left(\frac{T_2}{100}\right)^4\right]$$

取铸铁的黑度 $\varepsilon_1 = 0.78$。

　　本题属于很大物体 2 包住物体 1 的情况,因此

$$S = S_1 = 3 \times 3 = 9 (\text{m}^2)$$

$$C_{1\text{-}2} = C_0\varepsilon_1 = 5.67 \times 0.78 = 4.23 [\text{W}/(\text{m}^2 \cdot \text{K}^4)]$$

$$\varphi = 1$$

所以

$$Q_{1\text{-}2} = 4.423 \times 1 \times 9 \times \left[\left(\frac{227+273}{100}\right)^4 - \left(\frac{27+273}{100}\right)^4\right] = 2.166 \times 10^4 (\text{W})$$

　　(2) 放置铝板后因辐射损失的热量。

　　以下标 1、2 和 i 分别表示炉门、房间和铝板。假定铝板的温度为 T_i,则铝板向房间辐射的热量为

$$Q_{i\text{-}2} = C_{i\text{-}2}\varphi S\left[\left(\frac{T_i}{100}\right)^4 - \left(\frac{T_2}{100}\right)^4\right]$$

式中 $S = S_i = 3 \times 3 = 9 \text{ m}^2$,$C_{i\text{-}2} = C_0\varepsilon_i = 5.67 \times 0.11 = 4.23 \text{ W}/(\text{m}^2 \cdot \text{K}^4)$,$\varphi = 1$,所以

$$Q_{i\text{-}2} = 0.624 \times 9 \times \left[\left(\frac{T_i}{100}\right)^4 - 81\right] \tag{a}$$

　　炉门对铝板的辐射传热可视为两无限大平板之间的传热,所以放置铝板后因辐射损失的热量为

$$Q_{1\text{-}i} = C_{1\text{-}i}\varphi S\left[\left(\frac{T_1}{100}\right)^4 - \left(\frac{T_i}{100}\right)^4\right]$$

$$S = S_1 = 9 \text{ m}^2 \qquad \varphi = 1$$

式中

$$C_{1\text{-}i} = \frac{C_0}{\dfrac{1}{\varepsilon_1} + \dfrac{1}{\varepsilon_i} - 1} = \frac{5.67}{\dfrac{1}{0.78} + \dfrac{1}{0.11} - 1} = 0.605 [\text{W}/(\text{m}^2 \cdot \text{K}^4)]$$

所以

$$Q_{1\text{-}i} = 0.605 \times 9 \times \left[625 - \left(\frac{T_i}{100}\right)^4\right] \tag{b}$$

　　当传热达到稳定时,$Q_{1\text{-}i} = Q_{i\text{-}2}$,即

$$0.605 \times 9 \times \left[625 - \left(\frac{T_i}{100}\right)^4\right] = 0.624 \times 9 \times \left[\left(\frac{T_i}{100}\right)^4 - 81\right]$$

解得 $T_i = 432$ K。

　　将 T_i 值代入式(b),得

$$Q_{1-i} = 0.605 \times 9 \times \left[625 - \left(\frac{432}{100}\right)^4\right] = 1507(\text{W})$$

放置铝板后因辐射的热损失减少百分数为

$$\frac{Q_{1-2} - Q_{1-i}}{Q_{1-2}} \times 100\% = \frac{21\,660 - 1507}{21\,660} \times 100\% = 93\%$$

由以上计算结果可见,设置隔热挡板是减少辐射散热的有效方法,而且挡板材料的黑度越低,挡板的层数越多,则热损失越少。

4.6 换 热 器

换热器是重要的化工设备之一,由于生产中物料的性质、传热的要求等各不相同,换热器的类型很多,特点不一,设计和使用时可根据生产工艺要求进行选择。前已述及,依据冷、热流体的接触方式,换热器可分为间壁式、混合式及蓄热式三类,其中以间壁式换热器应用最为普遍,以下讨论仅限于此类换热器。

4.6.1 间壁式换热器的类型

间壁式换热器的特点是冷、热两流体被固体壁面隔开,不相混合,通过间壁进行热量的交换。此类换热器中,以管壳式应用最广,本节将做重点介绍。其他常用的间壁式换热器简介如下。

1. 管式换热器

1) 蛇管式换热器

蛇管式换热器可分为以下两类:

(1) 沉浸式蛇管换热器。蛇管多用金属管子弯制而成,或制成适应容器要求的形状,沉浸在容器中。两种流体分别在蛇管内、外流动而进行热量交换。几种常用的蛇管形式如图 4-23 所示。这类换热器的优点是结构简单,制造方便,管外便于清洗,管内能承受高压且容易实现防腐;缺点是传热面积不大,管外壁与容器中流体对流传热系数小。

(2) 喷淋式换热器。通常用于冷却管内的流体。将蛇管成排地固定于钢架上,如图 4-24 所示。被冷却的流体在管内流动,冷却水由管上方的水槽经分布装置均匀淋下,管与管之间装有齿形檐板,使自上流下的冷却水不断地重新分布,再沿横管周围逐管下降,最后落入水池中。喷淋式换热器除了具有沉浸式蛇管的结构简单、造价便宜、能承受高压、可用不同材料制造等优点外,它比沉浸式更便于检修和清洗。在从热流体中移除相同热量的情况下,喷淋冷却水部分气化,冷却水用量较少,管外对流传热系数和总传热系数通常也比沉浸式的大。其最大缺点是喷淋不易均匀,且只能安装在室外,要定期清除管外污垢。

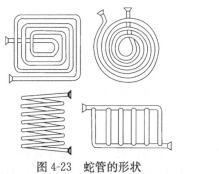

图 4-23 蛇管的形状

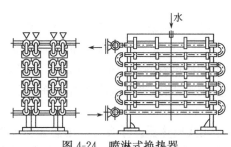

图 4-24 喷淋式换热器

2) 套管式换热器

套管式换热器是用管件将两种尺寸不同的标准管连接成为同心圆的套管,然后用 180° 的 U 形肘管将多段套管串联而成,如图 4-25 所示。每一段套管称为一程,程数可根据传热要求而增减。每程的有效长度为 4~6 m,若管子太长,管中间会向下弯曲,使环形中的流体分布不均匀。

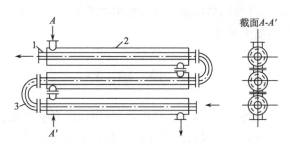

图 4-25　套管式换热器
1. 内管;2. 外管;3. U 形肘管

3) 管壳式换热器

管壳式换热器又称列管式换热器,至今仍是应用最广泛的一种换热器。与前面提到的几种间壁式换热器相比,管壳式换热器单位体积设备所能提供的传热面积要大得多,传热效果也好。由于结构紧凑、坚固,且能选用多种材料制造,因此适应性较强,尤其在大型装置和高温高压中得到普遍应用。

管壳式换热器中,由于两流体的温度不同,管束和壳体的温度也不相同,因此它们的热膨胀程度也有差别。若两流体的温度差较大(50 ℃以上),就可能由热应力而引起设备变形,甚至弯曲或破裂,因此必须考虑这种热膨胀的影响。根据热补偿方法的不同,管壳式换热器有以下几种形式:

(1) 固定管板式换热器。如图 4-26 所示,固定管板式换热器即两端管板和壳体连接成一体,因此具有结构简单、造价低廉的优点。但是由于壳程不易检修和清洗,因此壳程流体应是较洁净且不易结垢的物料。当两流体的温度差较大时,应考虑热补偿。

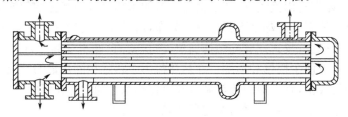

图 4-26　固定管板式换热器

(2) U 形管换热器。U 形管换热器如图 4-27 所示。管子弯成 U 形,管子的两端固定在同一管板上,因此每根管子可以自由伸缩,而与其他管子及壳体无关。

这种类型换热器的结构也比较简单,质量轻,适用于高温和高压的场合。其主要缺点是管内清洗比较困难,因此管内流体必须洁净;且因为管子需要一定的弯曲半径,所以管板的利用率较差。

(3) 浮头式换热器。浮头式换热器如图 4-28 所示,两端管板之一不与外壳固定连接,该端称为浮头。当管子受热(或受冷)时,管束连同浮头可以自由伸缩,而与外壳的膨胀无关。浮

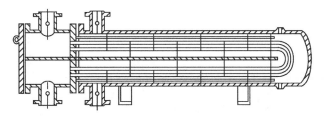

图 4-27　U 形管换热器

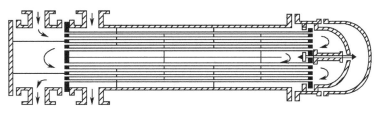

图 4-28　浮头式换热器

头式换热器不但可以补偿热膨胀,而且由于固定端的管板是以法兰与壳体相连接的,因此管束可从壳体中抽出,便于清洗和检修,所以浮头式换热器应用较为普遍。但该种换热器结构较复杂,金属耗量较多,造价也较高。

2. 板式换热器

1) 夹套式换热器

夹套式换热器构造简单,如图 4-29 所示。夹套安装在容器的外部,通常用钢或铸铁制成,可焊在器壁上或用螺钉固定在容器的法兰盘上。在夹套与器壁之间形成密闭的空间,为载热体的通道。这种换热器广泛应用于反应器的加热或冷却,尤其适用于器内安装有搅拌器而不便再装置其他类型换热器的情况。

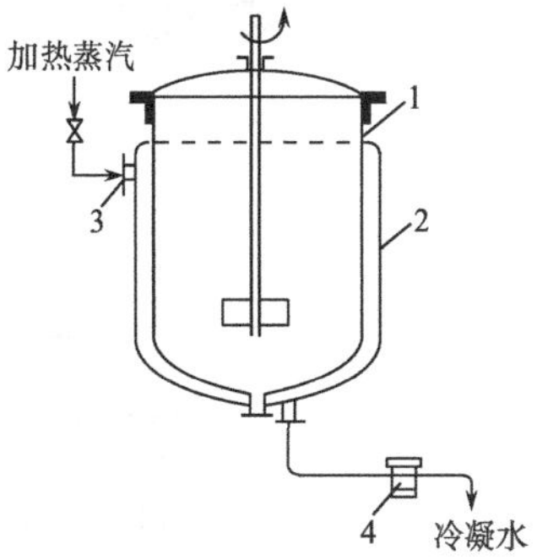

2) 板式换热器

板式换热器主要由一组长方形的薄金属板平行排列、夹

图 4-29　夹套式换热器

1. 釜；2. 夹套；3. 蒸汽进口；4. 疏水器

紧组装于支架上而构成。两相邻板片的边缘衬有垫片,压紧后可达到密封的目的,且可用垫片的厚度调节两板间流体通道的大小。每块板的四个角上各开一个圆孔,其中有两个圆孔与板面上的流道相通,另外两个圆孔则不相通,它们的位置在相邻板上是错开的,以分别形成两流体的通道。冷、热流体交替地在板片两侧流过,通过金属板片进行换热。每块金属板面冲压成凹凸规则的波纹,以使流体均匀流过板面,增加传热面积,并促使流体湍动,有利于传热。板式换热器的示意图如图 4-30 所示。

3) 螺旋板式换热器

如图 4-31 所示,螺旋板式换热器是由两块薄金属板焊接在一块分隔挡板(图中心的短板)上并卷成螺旋形而成的。两块薄金属板在器内形成两条螺旋形通道,在顶、底部上分别焊有盖板或封头。进行换热时,冷、热流体分别进入两条通道,在器内做严格的逆流流动。

因为用途不同,螺旋板式换热器的流道布置和封盖形式分为Ⅰ、Ⅱ、Ⅲ、G 型四种。

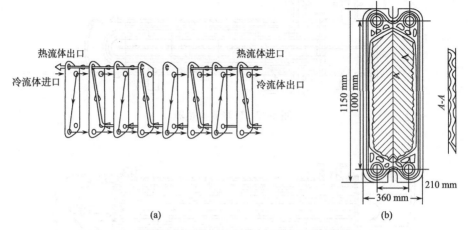

图 4-30　板式换热器流向示意图(a)及板式换热器板片(b)

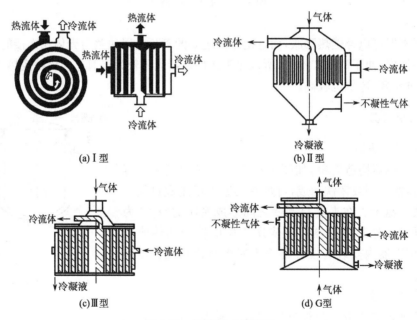

(a) I 型　　　　　　　　　　　　(b) II 型

(c) III 型　　　　　　　　　　　　(d) G 型

图 4-31　螺旋板式换热器

(1) I 型结构。两个螺旋流道的两侧完全为焊接密封的 I 型结构是不可拆结构,如图 4-31(a)所示。两流体均做螺旋流动,冷流体由中心流向外周,热流体从外周流向中心,即完全逆流流动。这种形式主要用于液体与液体间传热。

(2) II 型结构。II 型结构如图 4-31(b)所示。一个螺旋流道的两侧为焊接密封,另一流道的两侧是敞开的,因而一流体在螺旋流道中做螺旋流动,另一流体则在另一流道中做轴向流动。这种形式适用于两流体流量差别很大的场合,常用作冷凝器、气体冷却器等。

(3) III 型结构。III 型结构如图 4-31(c)所示。一种流体做螺旋流动,另一流体是轴向流动和螺旋流动的组合。它主要用于蒸气冷凝,特别是冷凝液需要过冷的场合。

(4) G 型结构。G 型结构如图 4-31(d)所示。可直接安装在塔顶上作冷凝器,冷凝器蒸气从中心上升至顶部后顺着轴向流道向下运行并开始不断冷凝,冷凝液从底部外侧排出。冷流体从外周流向中心并从上部排出。设备底部的法兰可直接与塔器法兰直连,使用和安装非常方便。

螺旋板式换热器的直径一般在 1.6 m 以下,板宽 200～1200 mm,板厚 2～4 mm,两板间的距离为 5～25 mm。常用材料为碳钢和不锈钢。

3. 翅片式换热器

1) 翅片管式换热器

如图 4-32 所示,翅片管式换热器的构造特点是在管子表面上装有径向或轴向翅片。常见的翅片形式如图 4-33 所示。

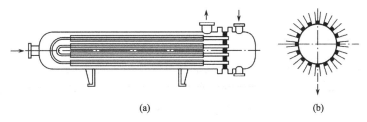

图 4-32　翅片管式换热器(a)和翅片管截面(b)

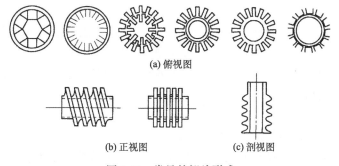

图 4-33　常见的翅片形式

当两种流体的对流传热系数相差很大时,如用水蒸气加热空气,此传热过程的热阻主要在气体一侧。若气体在管外流动,则在管外装置翅片,既可以扩大传热面积,又可以增加流体的湍动,从而提高换热器的传热效果。一般来说,当两种流体的对流传热系数之比为 3：1 或更大时,宜采用翅片式换热器。

翅片的种类很多,按翅片的高度不同,可分为高翅片和低翅片两种,低翅片一般为螺纹管。高翅片适用于管内、外对流传热系数相差较大的场合,现已广泛地应用于空气冷却器上。低翅片适用于两流体的对流传热系数相差不太大的场合,如对黏度较大液体的加热或冷却等。

2) 板翅式换热器

板翅式换热器的结构形式很多,但其基本结构元件相同,即在两块平行的薄金属板(平隔板)间夹入波纹状的金属翅片,两边以侧条密封,组成一个单元体。将各单元体进行不同的叠积和适当排列,再用钎焊固定,即可得到常用的逆流、并流和错流的板翅式换热器的组装件,称为芯部或板束,如图 4-34 所示。将带有流体进口、出口的集流箱焊到板束上,就成为板翅式换热器。目前常用的翅片形式有光直翅片、锯齿翅片和多孔翅片,如图 4-35 所示。

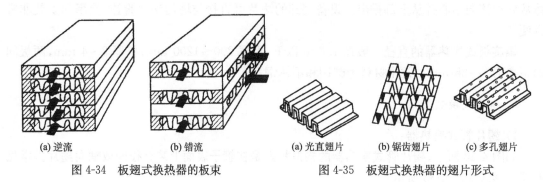

(a) 逆流　　　　(b) 错流　　　　　(a) 光直翅片　(b) 锯齿翅片　(c) 多孔翅片

图 4-34　板翅式换热器的板束　　　　图 4-35　板翅式换热器的翅片形式

4.6.2　换热器中传热过程的强化

在工程上,换热器中传热过程的强化就是要有效地增大总传热速率。从总传热速率方程可知,强化传热可以从增大总传热系数 K、增大传热面积 S 和增大平均传热温度差 Δt_m 三方面入手,都可以提高传热速率 Q。在换热器的设计和生产操作中,或在换热器的改进研发中,大多从这三方面来考虑强化传热过程的途径。

1. 增大平均温度差 Δt

增大平均温度差可以提高换热器的传热速率。平均温度差的大小取决于两流体的温度条件和两流体在换热器中的流动形式。一般来说,流体的温度由生产工艺条件规定,因此 Δt 可变动的范围是有限的。但是在某些场合采用加热或冷却介质,这时因所选介质的不同,它们的温度可以有很大的差别。

2. 增大传热面积 S

增大传热面积可以提高换热器的传热速率。但是增大传热面积不能依靠增大换热器的尺寸实现,应该从改进设备的结构入手,即提高单位体积的传热面积。工业上主要采用以下方法:

(1) 翅化面(肋化面)。用翅片增大传热面积,并加剧流体的湍动,以提高传热速率。翅化面的种类和形式很多,前面介绍的翅片管式换热器和板翅式换热器均属此类。翅片结构通常用于传热面两侧中传热系数较小的一侧。

(2) 异形表面。将传热面制成各种凹凸形、波纹形、扁平状等,板式换热器属于此类。此外常用波纹管、螺纹管代替光滑管,这样不仅可以增大传热面积,而且可以增加流体的扰动,从而强化传热。例如,板式换热器每立方米体积可提供传热面积为 $250\sim1500\ m^2$,而管壳式换热器单位体积的传热面积为 $40\sim160\ m^2$。

(3) 多孔物质结构。将细小的金属颗粒涂结于传热表面,可增大传热面积。

(4) 采用小直径传热管。在管壳式换热器中采用小直径管,可增加单位体积的传热面积。

3. 增大总传热系数 K

增大总传热系数可以提高换热器的传热速率。这是在强化传热中应重点考虑的。由总传热系数计算公式可见,欲提高总传热系数,就必须减小管壁两侧的对流传热热阻、污垢热阻和管壁热阻。但因各项热阻在总热阻中所占比例不同,应设法减小对 K 值影响较大的热阻,才能有效地提高 K 值。一般来说,金属壁面较薄且其导热系数较大,所以壁面热阻不会成为主要热阻。污垢热阻是可变的因素,在换热器使用初期,污垢热阻很小,随着使用时间增长,垢层逐渐增厚,可能成为主要热阻。对流传热热阻经常是主要控制因素。为了减小热阻,可采用以下方法:

(1) 提高流体的流速。在管壳式换热器中增加管程数和壳程的挡板数,可以提高换热器管程和壳程的流速。加大流速加剧了流体的湍动程度,可减小传热边界层中层流内层的厚度,提高对流传热系数,减小对流传热热阻。

(2) 增强流体的扰动。对管壳式换热器采用各种异形管或在管内加装螺旋圈、金属卷片等添加物,也可以采用板式或螺旋板式换热器,均可增强流体的扰动。流体的扰动,层流内层减薄,从而提高对流传热系数,减小对流传热热阻。

(3) 在流体中加固体颗粒。在流体中加入固体颗粒后,由于颗粒的扰动作用,对流传热系数增大,从而减小了对流传热热阻。同时颗粒不断地冲刷壁面,减轻了污垢的形成,使污垢热阻降低。

(4) 采用短管换热器。由于流动进口段对传热的影响,即在进口处附近层流内层很薄,因此采用短管可提高对流传热系数。

(5) 防止垢层形成和及时清除垢层。增加流体的速度和加剧流体的扰动可防止垢层的形成;让易结垢的流体在管程流动或采用可拆式换热器结构,便于清除垢层;采用机械或化学的方法,定期进行清垢。

应予指出,强化传热过程要权衡利弊,综合考虑。例如,提高流速和增强流体扰动可强化传热,但都伴随有流动阻力的增加,或使设备结构复杂、清洗及检修困难等。因此,对于实际的传热过程,要对设备结构、动力消耗、运行维修等方面予以全面考虑,选用经济而合理的强化方法。

4. 强化传热研究进展

新型换热元件与高效换热器开发研究的结果表明,管壳式换热器已进入一个新的研究时期。无论是换热器传热管件还是壳程的折流结构,与传统的管壳式换热器相比都有了较大的改变。新型管壳式换热器的流体力学性能、换热效率、抗振与防垢效果从理论研究到结构设计等方面均有了新的进步。归结起来有两条途径:改变传热面的形状和在传热面上或传热路径内设置各种形状的插入物。改变传热面的形状有多种,其中用于强化管程传热的有螺旋槽纹管、横纹管、螺纹管、缩放管、旋流管和螺旋扁管等;相变传热强化冷凝传热的有锯齿形翅片管、凹面锯齿形翅片管、低螺旋翅片管、径向辐射槽管等,强化沸腾传热的有烧结形表面多孔管、机械加工表面多孔管、T 形翅片管、ECR-40 管等;强化多相流传热的有整体型多头内螺旋翅片管、错齿形翅片管等。采用这些新型传热面,既增加了单位体积的传热面积,又加剧了操作过程中流体的湍动程度。

思 考 题

1. 在多层平壁导热中,每层的温差与该层的热阻之比为一定值,此说法是否正确? 为什么?

2. 为什么住宅中采用双层窗能起到保温作用?

3. 试说明流体有相变化时的对流传热系数大于无相变时的对流传热系数的理由。

4. 自然对流时的加热面与冷却面的位置如何放置才有利于充分传热？

5. 在蒸汽管道中通入一定流量和压强的饱和水蒸气,试分析:(1)在夏季和冬季,管道的内壁和外壁温度有何变化？(2)若将管道保温,保温前、后管道内壁和最外侧壁面温度有何变化？

6. 在管壳式换热器中,拟用饱和蒸汽加热空气,问:(1)传热管的壁温接近哪一种流体的温度？(2)总传热系数 K 接近哪一种流体的对流传热系数？(3)如何确定两流体在换热器中的流径？

7. 每小时有一定量的气体在套管换热器中从 T_1 冷却到 T_2,冷水进、出口温度分别为 t_1、t_2,两流体呈逆流流动,并均为湍流。若换热器尺寸已知,气体向管壁的对流传热系数比管壁向水的对流传热系数小得多,污垢热阻和管壁热阻均可以忽略不计。试讨论以下各项:

(1) 若气体的生产能力加大 10%,如仍用原换热器,但要维持原有的冷却程度和冷却水进口温度不变,应采取什么措施？并说明理由。

(2) 若因气候变化,冷水进口温度下降,现仍用原换热器并维持原冷却程度,则应采取什么措施？并说明理由。

(3) 在原换热器中,若将两流体改为并流流动,如要求维持原有的冷却程度和加热程度,是否可能？为什么？如不可能,应采取什么措施？(设 $T_2 > t_2$)

8. 有两只外形相同的水杯,一只为陶瓷的,一只为银质的。将刚烧开的水同时倒满两只水杯,实测发现,陶瓷杯内的水温下降速率比银杯快,这是为什么？

9. 在管壳式换热器的设计中,两流体的流向如何选择？

10. 管壳式换热器为什么采用多管程和多壳程？

习　题

4-1　一炉壁由三层不同的材料组成,第一层为耐火砖,导热系数为 1.7 W/(m·℃),允许最高温度为 1450 ℃,第二层为绝热砖,导热系数为 0.35 W/(m·℃),允许最高温度为 1100 ℃,第三层为铁板,导热系数为 40.7 W/(m·℃),其厚度为 6 mm,炉壁内表面温度为 1350 ℃,外表面温度为 220 ℃。在稳定状态下通过炉壁的热通量为 4652 W/m^2,则各层应该多厚时才能使壁的总厚度最小？$[b_1 = 92 \text{ mm}, b_2 = 66 \text{ mm}]$

4-2　一根直径为 ϕ60 mm×3 mm 的铝铜合金钢管,导热系数为 45 W/(m·℃)。用 30 mm 厚的软木包扎,其外又用 30 mm 厚的保温灰包扎作为绝热层。现测得钢管内壁面温度为 −110 ℃,绝热层外表面温度为 10 ℃。求每米管每小时散失的冷量。如将两层绝热材料位置互换,假设互换后管内壁温度及最外保温层表面温度不变,则传热量为多少？已知软木和保温灰的导热系数分别为 0.043 W/(m·℃)和 0.07 W/(m·℃)。$[Q_1/L = -34.4 \text{ W/m}, Q_2/L = -39 \text{ W/m}]$

4-3　一炉壁面由 225 mm 厚的耐火砖、120 mm 厚的绝热砖及 225 mm 厚的建筑砖组成。其内侧壁温为 1200 K,外侧壁温为 330 K,如果其导热系数分别为 1.4 W/(m·K)、0.2 W/(m·K)和0.7 W/(m·K),试求单位壁面上的热损失及接触面上的温度。$[t_3 = 588.6 \text{ K}, q = 804 \text{ W/m}^2]$

4-4　在外径为 140 mm 的蒸汽管道外包扎一层厚度为 50 mm 的保温层,以减少热损失。蒸汽管外壁温度为 180 ℃。保温层材料的导热系数 λ 与温度 t 的关系为 $\lambda = 0.1 + 0.0002\,t$[$t$ 的单位为℃,λ 的单位为 W/(m·℃)]。若要求每米管长热损失造成的蒸汽冷凝量控制在 9.86×10^{-5} kg/(m·s),试求保温层外侧面温度。$[40 \text{ ℃}]$

4-5　有直径为 ϕ38 mm×2 mm 的黄铜冷却管,假如管内生成厚度为 1 mm 的水垢,水垢的导热系数 $\lambda = 1.163$ W/(m·℃),则水垢的热阻是黄铜热阻的多少倍？黄铜的导热系数 $\lambda = 110$ W/(m·℃)。$[51.6 \text{ 倍}]$

4-6　冷却水在 ϕ19 mm×2 mm、长为 2 m 的钢管中以 1 m/s 的流速通过。水温由 288 K 升至 298 K。求管壁对水的对流传热系数。$[3470 \text{ W/(m}^2 \cdot \text{℃)}]$

4-7　空气以 4 m/s 的流速通过 ϕ75.5 mm×3.75 mm 的钢管,管长 5 m。空气入口温度为 32 ℃,出口温度为 68 ℃。(1)试计算空气与管间的对流传热系数。(2)如空气流速增加一倍,其他条件均不变,对流传热系数又为多少？(3)若空气从管壁间得到的热量为 578 W,试计算钢管内壁平均温度。$[(1) 18.7 \text{ W/}$

$(m^2 \cdot ℃)$；(2)32.6 $W/(m^2 \cdot ℃)$；(3)77.9 ℃]

4-8 已知影响壁面与流体间自然对流传热系数 $α$ 的因素有：壁面的高度 L，壁面与流体间的温度差 $Δt$，流体的物性，即流体的密度 $ρ$、比热容 c_p、黏度 $μ$、导热系数 $λ$、流体的体积膨胀系数和重力加速度的乘积 $βg$。试应用量纲分析法求证其量纲与数群的关系为 $Nu = f(Gr, Pr)$。

4-9 有 160 ℃ 的机油以 0.3 m/s 的速度在内径为 25 mm 的钢管内流动，管壁温度为 150 ℃。取平均温度下的物性为：$λ = 132 W/(m \cdot ℃)$，$Pr = 84$，$μ = 4.513 \times 10^{-3}$ Pa·s，$ρ = 805.89$ kg/m³，壁温下的黏度 $μ_w = 5.518 \times 10^{-3}$ Pa·s，试分别求管长为 2 m 和 6 m 的对流传热系数。[107 $W/(m^2 \cdot ℃)$，73.3 $W/(m^2 \cdot ℃)$]

4-10 有一套管式换热器，内管为 $φ38$ mm×2.5 mm，外管为 $φ57$ mm×3 mm 的钢管，内管的传热管长 2 m。质量流量为 2530 kg/h 的甲苯在环隙间流动，进口温度为 72 ℃，出口温度为 38 ℃。试求甲苯对内管外表面的对流传热系数。[1465 $W/(m^2 \cdot ℃)$]

4-11 温度为 90 ℃ 的甲苯以 1500 kg/h 的流量通过蛇管被冷却至 30 ℃。蛇管的直径为 $φ57$ mm×3.5 mm，弯曲半径为 0.6 m，试求甲苯对蛇管壁的对流传热系数。[398 $W/(m^2 \cdot ℃)$]

4-12 常压下温度为 120 ℃ 的甲烷以 10 m/s 的平均速度在管壳式换热器的管间沿轴向流动。离开换热器时甲烷温度为 30 ℃，换热器外壳内径为 190 mm，管束由 37 根 $φ19$ mm×2 mm 的钢管组成，试求甲烷对管壁的对流传热系数。[62.4 $W/(m^2 \cdot ℃)$]

4-13 质量流量为 1650 kg/h 的硝酸在管径为 $φ80$ mm×2.5 mm、长度为 3 m 的水平管中流动。管外为 300 kPa(绝对压力)的饱和水蒸气冷凝，使硝酸得到 3.8×10^4 W 的热量。试求水蒸气在水平管外冷凝时的对流传热系数。[12 200 $W/(m^2 \cdot ℃)$]

4-14 水在大容器内沸腾，如果绝对压力保持在 $p = 200$ kPa，加热面温度保持在 130 ℃，试计算加热面上的热通量 q。[110 kW/m²]

4-15 载热体的流量为 1500 kg/h，试计算下列过程中载热体放出或吸收的热量：(1)100 ℃ 的饱和水蒸气冷凝成 100 ℃ 的水；(2)苯胺由 383 K 降至 283 K；(3)常压下 20 ℃ 的空气加热到 150 ℃；(4)绝对压力为 250 kPa 的饱和水蒸气冷凝成 40 ℃ 的水。[(1)941 kW；(2)91.3 kW；(3)54.7 kW；(4)1063 kW]

4-16 在管壳式换热器中用冷水冷却油。水在直径为 $φ19$ mm×2 mm 的列管内流动。已知管内水侧对流传热系数为 3490 $W/(m^2 \cdot ℃)$，管外油侧对流传热系数为 258 $W/(m^2 \cdot ℃)$。换热器在使用一段时间后，管壁两侧均有污垢形成，水侧污垢热阻为 0.000 26 m²·℃/W，油侧污垢热阻为 0.000 176 m²·℃/W。管壁导热系数 $λ$ 为 45 $W/(m \cdot ℃)$。试求：(1)基于管外表面积的总传热系数；(2)产生污垢后热阻增加的百分数。[(1)208 $W/(m^2 \cdot ℃)$；(2)11.8%]

4-17 在并流换热器中，用水冷却油。水的进口温度和出口温度分别为 15 ℃ 和 40 ℃，油的进口温度和出口温度分别为 150 ℃ 和 100 ℃。现因生产任务要求油的出口温度降至 80 ℃，假设油和水的流量、进口温度及物性均不变，若原换热器的管长为 1 m，则此换热器的管长增至多少米才能满足要求？设换热器的热损失可忽略。[1.85 m]

4-18 重油和原油在单程套管换热器中呈并流流动，两种油的初温分别为 243 ℃ 和 128 ℃；终温分别为 167 ℃ 和 157 ℃。若维持两种油的流量和初温不变，而将两流体改为逆流，试求此时流体的平均温度差及它们的终温。假设在两种流动情况下，流体的物性和总传热系数均不变化，换热器的热损失可以忽略。[$Δt_m = 49.7$ ℃]

4-19 某厂用 0.2 MPa(表压)的饱和蒸汽(冷凝热为 2169 kJ/kg，温度为 132.9 ℃)将环丁砜水溶液由 105 ℃ 加热至 115 ℃ 后送入再生塔。已知流量为 200 m³/h，溶液的密度为 1080 kg/m³，比热容为 2.93 kJ/(kg·℃)，试求水蒸气的消耗量。又设所用传热器的总传热系数为 700 $W/(m^2 \cdot ℃)$，试求所需的传热面积。[$q_m = 2.92 \times 10^3$ kg/h，$S = 109$ m²]

4-20 在管壳式换热器中，用冷水将常压下纯苯蒸气冷凝成饱和液体。苯蒸气的体积流量为 1650 m³/h，常压下苯的沸点为 80.1 ℃，气化热为 394 kJ/kg。冷却水的进口温度为 20 ℃，流量为 36 000 kg/h，水的平均比热容为 4.18 kJ/(kg·℃)。若总传热系数 K_o 为 450 $W/(m^2 \cdot ℃)$，试求换热器传热面积 S。假设换热器的热损失可忽略。[20 m²]

4-21　一传热面积为 50 m² 的单程管壳式换热器中,用水冷却某种溶液。两流体呈逆流流动,冷水的流量为 33 000 kg/h,温度由 20 ℃升至 38 ℃;溶液的温度由 110 ℃降至 60 ℃。若换热器清洗后,在两流体的流量和进口温度不变的情况下,冷水出口温度增到 45 ℃。试估算换热器清洗前传热面两侧的总污垢热阻。假设:(1)两种情况下,流体物性可视为不变,水的平均比热容可取为 4.187 kJ/(kg·℃);(2)可按平壁处理,两种工况下 α_i 和 α_o 分别相同;(3)忽略管壁热阻和热损失。[1.925×10^{-3} m²·℃/W]

4-22　在一逆流套管换热器中,冷、热流体进行热交换。两流体的进、出口温度分别为 $t_1 = 20$ ℃、$t_2 = 85$ ℃,$T_1 = 100$ ℃、$T_2 = 70$ ℃。当冷流体的流量增加一倍时,试求两流体的出口温度和传热量的变化情况。假设两种情况下总传热系数可视为相同,换热器热损失可忽略。[$Q'/Q = 1.34$,$t_2' = 63.8$ ℃,$T_2' = 59.8$ ℃]

4-23　一定流量的空气在蒸汽加热器中从 20 ℃加热到 80 ℃。空气在换热器的管内呈湍流流动,绝压为 180 kPa 的饱和水蒸气在管外冷凝。现因生产要求空气流量增加 20%,而空气的进、出口温度不变。应采取什么措施才能完成任务? 进行定量计算,假设管壁和污垢热阻均可忽略。[将饱和蒸气压提高到 200 kPa]

4-24　液态氨储存于壁面镀银的双层壁容器内,两壁间距较大。外壁表面温度为 20 ℃,内壁外表面温度为 −180 ℃,镀银壁的黑度为 0.02,试求单位面积上因辐射而损失的冷量。[−8.27 W/m²]

4-25　黑度分别为 0.3 和 0.5 的两个大的平行板,其温度分别维持在 800 ℃和 370 ℃,在它们中间放一个两面的黑度均为 0.05 的辐射遮热板,试计算:(1)没有辐射遮热板时,单位面积的传热量;(2)有辐射遮热板时,单位面积的传热量;(3)辐射遮热板的温度。[(1)$q_{1-2} = 15\ 102$ W/m²;(2)$q_{1-3} = 1506$ W/m²;(3)$T_3 = 651.5$ ℃]

符 号 说 明

英文字母

a——混合物的浓度,质量分数

a'——温度系数,1/℃

A——冷凝液的流通面积,m²

A——辐射吸收率

b——厚度,m

b——润湿周边长,m

c——常数

c_p——定压比热容,kJ/(kg·℃)

C——辐射系数,W/(m²·K⁴)

C_R——热容量流率比

d——管径,m

D——换热器壳径,m

D——透过率

E——辐射能力,W/m²

f——摩擦因数

h——挡板间距,m

H——高度,m

I——流体的焓,kJ/kg

K——总传热系数,W/(m²·℃)

l——长度,m

L——长度,m

m——指数

M——冷凝负荷,kg/(m·s)

n——组分的摩尔质量,kg/kmol

n——管数

N——程数

p——压强,Pa

q——热通量,W/m²

Q——传热速率或热负荷,W

r——半径,m

r——气化热或冷凝热,kJ/kg

R——热阻,m²·℃/W

R——因数

R——反射率

S——传热面积,m²

t——冷流体温度,℃

t——管心距,m

T——热流体温度,℃

T——热力学温度,K

u——流速,m/s

W——质量流量,kg/s

x,y,z——空间坐标

Z——参数

希腊字母

α——对流传热系数，$W/(m^2 \cdot ℃)$

β——体积膨胀系数，$1/℃$

δ——边界层厚度，m

Δ——有限差值

ε——传热效率

ε——系数

ε——黑度

θ——时间，s

λ——导热系数，$W/(m \cdot ℃)$

Λ——波长，m

μ——黏度，$Pa \cdot s$

ρ——密度，kg/m^3

σ——表面张力，N/m

σ_0——斯特潘-玻尔兹曼常数，$W/(m^2 \cdot K^4)$

ϕ——系数

φ——角系数

ψ——校正系数

下标

b——黑体

c——冷流体

c——临界

e——当量

h——热流体

i——管内

m——平均

max——最大值

min——最小值

o——管外

s——污垢

s——饱和

t——传热

Δt——温度差

v——蒸气

w——壁面

第5章 蒸 发

学习内容提要

通过本章学习,掌握蒸发操作的特点、蒸发器的类型、蒸发过程计算,能够根据生产工艺要求和物料特性,合理地选择蒸发器类型并确定适宜的操作流程和条件。

重点掌握单效蒸发操作的特点及其计算,多效蒸发操作流程及特点,蒸发过程的强化。

5.1 概 述

工程上把采用加热方法将含有不挥发性溶质(通常为固体)的溶液在沸腾状态下使其浓缩的单元操作称为蒸发(evaporation),进行蒸发过程的设备称为蒸发器。蒸发操作广泛应用于化工、轻工、食品、制药、海水淡化等许多工业领域。

工业上采用蒸发操作的主要目的有以下几方面:

(1) 直接得到经浓缩后的液体产品,如稀烧碱溶液的浓缩,各种果汁、牛奶的浓缩等。

(2) 制取纯净溶剂,如海水蒸发脱盐制取淡水。

(3) 同时制备浓溶液和回收溶剂,如中药生产中酒精浸出液的蒸发操作,既浓缩了浸出液,又实现了回收乙醇溶剂的作用。

5.1.1 蒸发操作的特点

蒸发过程的实质是传热壁面一侧的蒸汽冷凝与另一侧的溶液沸腾之间的传热过程,溶剂的气化速率由传热速率控制,所以蒸发属于传热过程。图 5-1 为硝酸铵水溶液的蒸发流程,流程中的加热室即是一侧为蒸汽冷凝,另一侧为溶液沸腾的管壳式换热器,此种蒸发过程是间壁两侧恒温的传热过程。但蒸发操作与一般传热过程相比有以下特点:

(1) 溶液沸点升高。由于溶液含有不挥发性溶质,其蒸气压比同温度下纯溶剂的低,换言之,在相同压强下,溶液的沸点高于纯溶剂的沸点,因此当加热蒸汽一定时,蒸发溶液的传热温度差小于蒸发水的温度差。溶液浓度越高,这种现象越显著,在设计和操作蒸发器时这是必须考虑的。

(2) 物料及工艺特性。有些溶液在蒸发过程中溶质或杂质在加热表面沉积、有晶体析出形成垢层,影响传热;有些溶质是热敏性物质,在高温下停留时间过长易分解;有些物料具有较高的黏度或较大腐蚀性等。因此,在设计和选用蒸发器时,必须认真考虑这些特性。

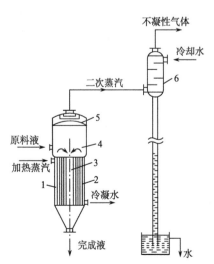

图 5-1 硝酸铵水溶液蒸发流程
1. 加热管;2. 加热室;3. 中央循环管;
4. 蒸发室;5. 除沫器;6. 冷凝器

（3）能量回收。蒸发过程是溶剂气化过程，因为溶剂气化潜热很大，所以蒸发过程是一个大能耗单元操作。因此，节能是蒸发操作中要考虑的重要问题。

鉴于以上原因，对蒸发器的结构提出新的要求，有别于一般的换热器。

5.1.2 蒸发的基本流程

图 5-1 为硝酸铵水溶液的蒸发流程，是一种典型的单效蒸发装置流程示意图。稀硝酸铵水溶液（料液）经预热后加入蒸发器，蒸发器的下部是由许多加热管组成的加热室，用管外的蒸汽加热管内溶液，并使其沸腾气化；经浓缩后的硝酸铵溶液（完成液）从蒸发器的底部排出。蒸发器的上部为蒸发室，气化产生的蒸汽在蒸发室及其顶部的除沫器中将其中夹带的液沫予以分离，然后送往冷凝器被冷凝而除去。蒸发过程可以是连续的也可以是间歇的，但在大多数情况下，它是在定态和连续的条件下进行的。

蒸发操作需要不断地供给热能。工业上采用的热源通常为水蒸气，在蒸发操作中又称生蒸汽，而蒸发的物料大多是水溶液，蒸发时产生的蒸气也是水蒸气。为了易与前者区别，称其为二次蒸汽。

5.1.3 蒸发操作的分类

根据分类的方式不同，可以将蒸发操作分类如下：

（1）按效数分为单效蒸发与多效蒸发。在操作中一般用冷凝方法将蒸发产生的二次蒸汽不断地移出，以免蒸汽与沸腾溶液趋于平衡，使蒸发过程无法进行。将二次蒸汽直接冷凝而不再利用的操作称为单效蒸发；若将二次蒸汽引到下一蒸发器作为该蒸发器的加热蒸汽，并将多个蒸发器串联，此蒸发过程称为多效蒸发。

（2）按操作压强分为常压蒸发、加压蒸发和减压（真空）蒸发，即在常压（大气压）下、高于或低于大气压操作。工业上的蒸发操作经常在减压下进行，即真空蒸发。真空操作的优势在于：①减压下溶液的沸点下降，有利于处理热敏性物料，且可利用低压的蒸汽或废蒸汽作为热源；②溶液的沸点随所处的压强减小而降低，所以对于相同压强的加热蒸汽而言，可以提高传热总温度差；③由于温度低，系统的热损失小。显然，对于热敏性物料（如抗生素、果汁等），应采用真空操作；对于高黏度物料，应采用加压高温热源进行加热（如导热油、熔盐等）蒸发。

（3）按蒸发操作的过程模式分为间歇蒸发和连续蒸发。工业上大规模的生产过程通常采用的是连续蒸发。

5.2 单 效 蒸 发

5.2.1 单效蒸发的计算

1. 溶液的沸点升高

溶液中由于有溶质存在，因此在相同条件下，其蒸气压比纯水的低，换言之，一定压强下溶液的沸点比纯水的沸点高，两者之差称为溶液的沸点升高（boiling point rise）。例如，常压下20%（质量分数，下同）NaOH 水溶液的沸点为 108.5 ℃，水的沸点为 100 ℃，与水相比，该溶液沸点升高 8.5 ℃。一般稀溶液和有机溶液的沸点升高值较小，而无机盐溶液的沸点升高值较大,有时可高达数 10 ℃。

　　例如,用 120 ℃饱和水蒸气分别加热 20%NaOH 水溶液和纯水,并使之沸腾,只考虑溶质带来的影响时,有效温度差分别为

20%NaOH 水溶液　　　$\Delta t = T_S - t = 120 - 108.5 = 11.5(℃)$

纯水　　　　　　　　$\Delta t_T = T_S - T = 120 - 100 = 20(℃)$

　　Δt 比 Δt_T 所减小的差值称为传热温度差损失,简称温差损失,用 Δ' 表示,即

$$\Delta' = \Delta t_T - \Delta t = t - T = 8.5(℃)$$

即相同条件下蒸发溶液比蒸发水时的有效温度差下降了 8.5 ℃,正好与溶液沸点升高值相等。

　　蒸发过程中引起温度差损失(沸点升高),不仅因为溶液中含有溶质会引起,还由于在蒸发器中液面上的压力比液面下的静压力低,会引起温度差损失 Δ'';二次蒸汽在管道内的流动阻力也会引起温度差损失 Δ'''。

　　综合以上因素,蒸发器内溶液的总温度差损失为

$$\Delta = \Delta' + \Delta'' + \Delta'''$$

式中,Δ' 为不挥发溶质的存在引起的温度差损失,℃;Δ'' 为液柱静压力引起的温度差损失,℃;Δ''' 为管路流动阻力引起的温度差损失,℃。

　　2. 温度差损失的计算

　　1) 不挥发溶质的存在引起的温度差损失 Δ'

　　溶液的温度差损失主要与溶液类别、组成及操作压强有关,一般由实验测定。常压下某些无机盐水溶液的沸点升高与组成的关系见附录 19。

　　蒸发操作有时在加压或减压下进行,因此必须求出各种组成的溶液在不同压强下的沸点。当缺乏实验数据时,可以用式(5-1)先估算出温度差损失值,即

$$\Delta' = f\Delta_a' \tag{5-1}$$

式中,Δ_a' 为常压下溶质的存在引起的温度差损失,℃;Δ' 为操作压强下溶质的存在引起的温度差损失,℃;f 为校正系数,量纲为 1。其经验计算式为

$$f = \frac{0.0162(T' + 273)^2}{r'} \tag{5-2}$$

式中,T' 为操作压强下二次蒸汽的温度,℃;r' 为操作压强下二次蒸汽的气化热,kJ/kg。

　　溶液的沸点也可用杜林规则(Duhring's rule)计算,这个规则说明溶液的沸点和相同压强下标准溶液沸点间呈线性关系。由于容易获得纯水在各种压强下的沸点,因此一般选用纯水为标准溶液。只要知道溶液和水在两个不同压强下的沸点,在直角坐标图上标绘相对应的沸点值即可得到一条直线(称为杜林直线)。由此可知,对一定组成的溶液,只要知道它在两个不同压强下的沸点,再查出相应压强下水的沸点,即可绘出该组成溶液的杜林直线,由此直线就可求得该溶液在其他压强下的沸点。

　　图 5-2 为不同组成 NaOH 水溶液的杜林直线群。在任一直线上(任一组成),任选 N 及 M 两点,该两点坐标值分别代表相应压强下溶液的沸点及水的沸点,设溶液沸点为 t_A' 及 t_A,水的沸点为 t_w' 及 t_w,则直线的斜率为

$$K = \frac{t_A' - t_A}{t_w' - t_w} \tag{5-3}$$

式中, t_A、t_w 分别为压强 p_m 下溶液、纯水的沸点, ℃;t'_A、t'_w 分别为压强 p'_m 下溶液、纯水的沸点, ℃。

求得 K 值后, 可按式(5-4)求出任一压强下某液体或溶液的沸点 t_A, 即

$$t_A = t'_A - K(t'_w - t_w) \tag{5-4}$$

不同浓度的溶液杜林直线是不平行的, 如图 5-2 所示, K 值也不同, 所以在同一浓度下才可用同一 K 值进行相关计算。

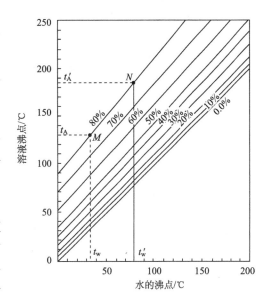

图 5-2　NaOH 水溶液的杜林线图

2) 液柱静压力引起的温度差损失 Δ''

由于蒸发器在操作时需要维持一定的液位, 液面下的压力大于液面上压力(分离室中的压力), 因此液面下溶液的沸点高于液面上的沸点。二者之差称为液柱静压力引起的沸点升高, 即温度差损失 Δ''。为了方便, 计算时往往以液层中部的平均压强 p_m 及相应的沸点 t_{Am} 为准, 液层中部的压强为

$$p_m = p' + \frac{\rho g l}{2} \tag{5-5}$$

式中, p_m 为液层中部的平均压强, Pa;p' 为液面的压强, 即二次蒸气的压强, Pa;g 为重力加速度, m/s²; ρ 为液体密度, kg/m³; l 为液层深度, m。

为了便于计算, 常根据平均压强 p_m、二次蒸汽压强 p', 查出纯水的相应沸点 t_{pm}、t'_p, 所以由静压力引起的温度差损失为

$$\Delta'' = t_{pm} - t'_p \tag{5-6}$$

式中, t_{pm}、t'_p 分别为 p_m、p' 下纯水的沸点, ℃。

由于溶液沸腾时液层内混有气泡, 因此液层的实际密度比式(5-5)采用的纯液体密度小, 故用式(5-6)算出的 Δ'' 值偏大。另外, 当溶液在加热管内的循环速度较大时, 会因流体阻力使平均压强增高, 而式(5-5)中并没有考虑这项影响, 但可以抵消密度取值而产生的部分误差。由此可见, 由式(5-6)求出的 Δ'' 值仅为估算值。

3) 管路流动阻力引起的温度差损失 Δ'''

由于管路中的流动阻力, 蒸发器内二次蒸汽的压强高于冷凝器内的二次蒸汽的压强, 因此其温度高于冷凝器中二次蒸汽的温度, 其差值用 Δ''' 表示, 称为流动阻力引起的温度差损失。由于其数值难以准确计算, 故一般取经验值, 从末效或单效蒸发器至冷凝器间的温度下降为 1~1.5 ℃, 多效蒸发中各效之间的温度下降为 1 ℃。

考虑了上述因素后, 操作条件下溶液的沸点为 t, 即可用下式求取:

$$t = T'_C + \Delta' + \Delta'' + \Delta'''$$

或

$$t = T'_C + \Delta$$

应予指出, 在蒸发计算中, 溶液的沸点是基本数据, 溶液的温度差损失不仅是计算沸点所必需的, 而且对选择加热蒸汽的压强(或其他加热介质的种类和温度)也很重要。当温度差损

失很大时,沸点就很高,因而必须相应地提高加热蒸汽的压强,以保证具有必要的传热温度差。

【例 5-1】　蒸发浓度为 50%(质量分数)的 NaOH 水溶液时,若蒸发室压强分别为 101.3 kPa 和 19.6 kPa(都为绝压),试分别求出溶液的沸点升高。

解　(1) 压强为 101.3 kPa(绝压)下水的沸点为 100 ℃,查图 5-2 得 50%NaOH 水溶液的沸点为142 ℃,所以

$$\Delta' = 142 - 100 = 42(℃)$$

(2) 压强为 19.6 kPa(绝压)下水的沸点为 59.7 ℃,查图 5-2 得 50%NaOH 水溶液的沸点为 100 ℃,所以

$$\Delta' = 100 - 59.7 = 40.3(℃)$$

由此可见,压强为 19.6 kPa(绝压)和 101.3 kPa(绝压)下,50%NaOH 水溶液的沸点升高相差不大。

3. 单效蒸发的计算

连续定态单效蒸发过程如图 5-3 所示。在给定生产任务和确定操作条件后,一般需要计算的内容有:①水分蒸发量;②加热蒸汽的消耗量;③蒸发器的传热面积。

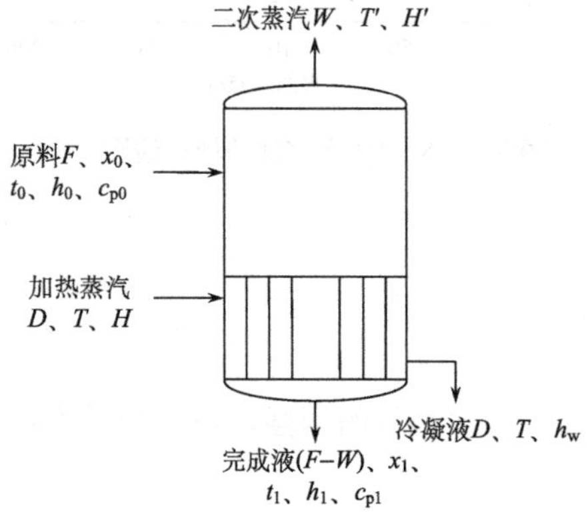

图 5-3　单效蒸发过程示意图

对于这些问题,可应用物料衡算、热量衡算及传热速率方程解决。

1) 水分蒸发量 W 的计算

对图 5-3 的单效蒸发器作溶质衡算,得

$$Fx_0 = (F - W)x_1$$

由此得水的蒸发量

$$W = F\left(1 - \frac{x_0}{x_1}\right) \tag{5-7}$$

完成液的浓度为

$$x_1 = \frac{Fx_0}{F - W} \tag{5-8}$$

式中,F 为原料液量,kg/h;W 为蒸发水分量,kg/h;x_0 为原料液中溶质的质量分数;x_1 为完成液中溶质的质量分数。

2) 加热蒸汽消耗量 D

加热蒸汽用量的计算,对图 5-3 的蒸发器作热量衡算,得

$$DH + Fh_0 = WH' + (F - W)h_1 + Dh_w + Q_L \tag{5-9}$$

则

$$D = \frac{WH' + (F - W)h_1 - Fh_0 + Q_L}{H - h_w} \tag{5-10}$$

式中,D 为加热蒸汽的消耗量,kg/h;H 为加热蒸汽的焓,kJ/kg;h_0 为原料液的焓,kJ/kg;H' 为二次蒸汽的焓,kJ/kg;h_1 为完成液的焓,kJ/kg;h_w 为冷凝水的焓,kJ/kg;Q_L 为热损失,kJ/h。

若加热蒸汽的冷凝液在饱和温度下排除,则

$$H - h_w = r$$

式(5-10)变为

$$D = \frac{WH' + (F-W)h_1 - Fh_0 + Q_L}{r} \tag{5-10a}$$

式中，r 为加热蒸汽的气化热，kJ/kg。

用式(5-10)进行计算时，必须已知溶液在给定浓度和温度下的焓。对于大多数物料的蒸发，可以忽略溶液的浓缩热，而由比热容求得其焓。习惯上取 0 ℃为基准，即令 0 ℃液体的焓为零，因此有

$$h_0 = c_{p0}(t_0 - 0) = c_{p0}t_0 \tag{5-11}$$

$$h_1 = c_{p1}(t_1 - 0) = c_{p1}t_1 \tag{5-12}$$

$$h_w = c_{pw}(T - 0) = c_{pw}T \tag{5-13}$$

将式(5-11)~式(5-13)代入式(5-9)，并整理得

$$D(H - c_{pw}T) = WH' + (F-W)c_{p1}t_1 - Fc_{p0}t_0 + Q_L \tag{5-14}$$

溶液的比热容可按式(5-15)计算

$$c_p = c_{pw}(1-x) + c_{pB}x \tag{5-15}$$

当 $x < 20\%$ 时，式(5-15)可以简化为

$$c_p = c_{pw}(1-x) \tag{5-15a}$$

式中，c_p 为溶液的比热容，kJ/(kg·℃)；c_{pw} 为纯水的比热容，kJ/(kg·℃)；c_{pB} 为溶质的比热容，kJ/(kg·℃)；

将式(5-14)中的 c_{p0} 及 c_{p1} 均写成式(5-15)的形式，并与式(5-9)联立，即可得到原料液比热容 c_{p0} 与完成液比热容 c_{p1} 间的关系为

$$(F-W)c_{p1} = Fc_{p0} - Wc_{pw} \tag{5-16}$$

将式(5-16)代入式(5-14)，并整理得

$$D(H - c_{pw}T) = W(H' - c_{pw}t_1) + Fc_{p0}(t_1 - t_0) + Q_L \tag{5-17}$$

当冷凝液在蒸汽饱和温度下排出时，则有

$$H - c_{pw}T \approx r$$

$$H' - c_{pw}t_1 \approx r'$$

式中，r' 为二次蒸汽的气化热，kJ/kg。

则式(5-17)可简化为

$$Dr = Wr' + Fc_{p0}(t_1 - t_0) + Q_L$$

$$D = \frac{Wr' + Fc_{p0}(t_1 - t_0) + Q_L}{r} \tag{5-18}$$

式(5-18)说明加热蒸汽的热量用于将原料液加热到沸点、蒸发水分以及向周围的热损失。

若原料液预热至沸点再进入蒸发器，且忽略热损失，式(5-18)可简化为

$$D = \frac{Wr'}{r} \tag{5-18a}$$

或

$$e = \frac{D}{W} = \frac{r'}{r} \tag{5-19}$$

式中，e 为蒸发 1 kg 水分时加热蒸汽的消耗量，称为单位蒸汽耗量，kg/kg。

由于蒸汽的气化热随压强变化不大,即 $r \approx r'$,因此单效蒸发操作中 $e \approx 1$,即每蒸发 1 kg 的水分约消耗 1 kg 的加热蒸汽。但实际蒸发操作中因有热损失等的影响,e 值约为 1.1 或更大。e 值是衡量蒸发装置经济程度的指标。

3) 传热面积 S_o。

蒸发器的传热面积由传热速率公式计算,即

$$Q = S_o K_o \Delta t_m$$

或

$$S_o = \frac{Q}{K_o \Delta t_m} \tag{5-20}$$

式中,S_o 为蒸发器的传热外表面积,m^2;K_o 为基于外表面积的总传热系数,$W/(m^2 \cdot \text{℃})$;Δt_m 为平均温度差,℃;Q 为蒸发器的热负荷,即蒸发器的传热速率,W。

若加热蒸汽的冷凝水在饱和温度下排除,则 S_o 可根据式(5-20)直接算出,否则应分段计算。下面按前者情况进行讨论。

(1) 平均温度差 Δt_m。

在蒸发过程中,加热面两侧流体均处于恒温、变相状态下,所以

$$\Delta t_m = T - t \tag{5-21}$$

式中,T 为加热蒸汽的温度,℃;t 为操作条件下溶液的沸点,℃。

(2) 基于传热外表面积的总传热系数 K_o。

基于传热外表面积的总传热系数 K_o 可按式(5-22)计算,即

$$K_o = \frac{1}{\dfrac{1}{\alpha_i} \dfrac{d_o}{d_i} + R_{si} \dfrac{d_o}{d_i} + \dfrac{b}{\lambda} \dfrac{d_o}{d_m} + R_{so} + \dfrac{1}{\alpha_o}} \tag{5-22}$$

式中,α 为对流传热系数,$W/(m^2 \cdot \text{℃})$;d 为管径,m;R_s 为垢层热阻,$m^2 \cdot \text{℃}/W$;b 为管壁厚度,m;λ 为管材的导热系数,$W/(m \cdot \text{℃})$;下标 i 表示管内侧,o 表示外侧,m 表示平均。

垢层热阻值可按经验数值估算。管外侧的蒸汽冷凝传热系数可按膜状冷凝传热系数公式计算。管内侧溶液沸腾传热系数则难以精确计算,因为它受多方面因素的控制,如溶液的性质、蒸发器的类型、沸腾传热形式以及操作条件等。本节将介绍几个常用的关联式进行计算,也可参考实验数据或经验数值来选择 K 值,但应选择与操作条件相近的数值,尽量使选用的 K 值合理。表 5-1 列出不同类型蒸发器的 K 值范围,供选用时参考。

表 5-1　蒸发器的总传热系数 K 值

蒸发器的类型	总传热系数/$[W/(m^2 \cdot \text{℃})]$
水平沉浸加热器	600～2300
标准式(自然循环)	600～3000
标准式(强制循环)	1200～6000
悬筐式	600～3000
外加热式(自然循环)	1200～6000
外加热式(强制循环)	1200～7000
升膜式	1200～6000
降膜式	1200～3500
蛇管式	350～2300

（3）蒸发器的热负荷 Q。

若加热蒸汽的冷凝水在饱和温度下排除，且忽略热损失，则蒸发器的热负荷为

$$Q = D r \tag{5-23}$$

以上计算出的传热面积应视具体情况，选用适当的安全系数加以校正。

【例 5-2】 采用单效真空蒸发装置，连续蒸发 NaOH 水溶液。已知进料量为 2000 kg/h，进料浓度为 10%（质量分数），沸点进料，完成液浓度为 48.3%（质量分数），其密度为 1500 kg/m³，加热蒸汽压强（表压）为 0.3 MPa，冷凝器的真空度为 51 kPa，加热室管内液层高度为 3 m。试求蒸发水量、加热蒸汽消耗量和蒸发器的传热面积。已知总传热系数为 1500 W/(m²·℃)，蒸发器的热损失为加热蒸汽量的 5%，当地大气压为 101.3 kPa。

解 （1）水分蒸发量 W。

$$W = F\left(1 - \frac{x_0}{x_1}\right) = 2000 \times \left(1 - \frac{0.1}{0.483}\right) = 1586 (\text{kg/h})$$

（2）加热蒸汽消耗量 D。

$$D = \frac{Wr' + Q_L}{r}$$

因为 $Q_L = 0.05 Dr$，所以

$$D = \frac{Wr'}{0.95r}$$

由附录 8 查得：当 $p = 0.3$ MPa（表）时，$T = 143.5$ ℃，$r = 2137$ kJ/kg；当 $p' = 51$ kPa（真空度）时，$T' = 81.2$ ℃，$r' = 2304$ kJ/kg，则

$$D = \frac{Wr'}{0.95r} = \frac{1586 \times 2304}{0.95 \times 2137} = 1800 (\text{kg/h})$$

$$\frac{D}{W} = \frac{1800}{1586} = 1.13$$

（3）传热面积 S_o。

（i）确定溶液沸点。

（a）计算 Δ'。在 $p' = 51$ kPa（真空度）下，查得冷凝器中二次蒸汽的饱和温度 $T' = 81.2$ ℃，由附录 15 查得常压下 48.3% NaOH 水溶液的沸点近似为 $t_b = 140$ ℃，则有

$$\Delta'_a = 140 - 100 = 40 (\text{℃})$$

因为二次蒸汽的真空度为 51 kPa，所以 Δ' 需用式（5-1）校正，即

$$f = \frac{0.0162(T' + 273)^2}{r'} = \frac{0.0162 \times (81.2 + 273)^2}{2304} = 0.88$$

$$\Delta' = f\Delta'_a = 0.88 \times 40 = 35.2 (\text{℃})$$

（b）计算 Δ''。由于二次蒸汽流动的压降较小，因此分离室压强可近似取冷凝器的压强，则

$$p_m = p' + \frac{\rho g l}{2} = 50 + \frac{1500 \times 9.81 \times 3 \times 10^{-3}}{2} = 50 + 22 = 72 (\text{kPa})$$

查附录 8 得 72 kPa 下对应水的沸点为 90.4 ℃，则

$$\Delta'' = 90.4 - 81.2 = 9.2 (\text{℃})$$

（c）$\Delta''' = 1$ ℃，则溶液的沸点为

$$t = T' + \Delta' + \Delta'' + \Delta''' = 81.2 + 35.2 + 9.2 + 1 = 126.6 (\text{℃})$$

（ii）传热面积 S_o。

已知总传热系数 $K = 1500$ W/(m²·℃)，由式（5-20）和式（5-21）得蒸发器的传热面积为

$$S_o = \frac{Q}{K_o \Delta t_m} = \frac{Dr}{K_o(T - t_1)} = \frac{1800 \times 2137 \times 10^3}{3600 \times 1500 \times (143.5 - 126.6)} = 41.2 (\text{m}^2)$$

4. 浓缩热和溶液的焓浓图

有些物料[如 NaOH、Ca(OH)$_2$ 等水溶液]在稀释时有明显的放热效应,因而它们在蒸发

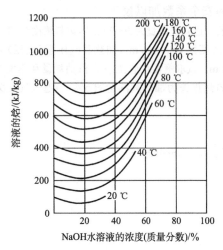

图 5-4　NaOH 水溶液的焓浓图[8]

时,除了供给水分蒸发所需的气化潜热外,还需供给与稀释热的热效应相当的浓缩热,特别当浓度较大时,该影响更加显著。对于该类物料,溶液的焓若简单地利用前述的比热容关系计算,就会产生较大的误差,此时,溶液的焓值可由焓浓图查得。

图 5-4 是以 0 ℃为基准时 NaOH 水溶液的焓浓图。图中纵坐标为溶液的焓,横坐标为 NaOH 水溶液的浓度。在图中相应的等温线上可查得该温度下某 NaOH 浓度的焓值,然后应用式(5-9)和式(5-10)计算加热蒸气消耗量。

【例 5-3】　有一传热面积为 30 m^2 的单效蒸发器,将 35 ℃、浓度为 20%(质量分数,下同)的 NaOH 溶液浓缩到 50%。已知加热用饱和水蒸气压强为 294 kPa(绝压),蒸发室压强为 19.6 kPa(绝压),溶液的沸点为 100 ℃,蒸发器的传热

系数为 1000 W/(m^2·K),热损失可取为传热量的 3%,试计算加热蒸汽消耗量 D 和料液处理量 F。

解　根据加热蒸汽压力为 294 kPa(绝压),由附录 8 查得:加热蒸汽温度 $T=132.9$ ℃,其焓值 $H=2728$ kJ/kg,则冷凝水的焓为

$$h_w = c_{pw}(T-0) = c_{pw}T = 4.187 \times 132.9 = 556.5 \text{(kJ/kg)}$$

蒸发室的压强为 19.6 kPa(绝压),查得:对应饱和蒸汽温度为 59.7 ℃,其焓值 2605 kJ/kg,则二次蒸汽焓值

$$H' = 2605 + 1.88 \times (100 - 59.7) = 2681 \text{(kJ/kg)}$$

[蒸汽的比热容=1.88 kJ/(kg·K)]

(1) 加热蒸汽消耗量 D。

由传热速率方程得

$$Q = KS(T-t) = 1000 \times 30 \times (132.9 - 100) = 9.87 \times 10^5 \text{(W)}$$

由

$$Q = D(H - h_w)$$

得

$$D = \frac{Q}{H - h_w} = \frac{9.87 \times 10^5}{(2728 - 556.5) \times 10^3} = 0.455 \text{(kg/s)}$$

(2) 考虑浓缩热,用式(5-9)求料液流量 F。

根据料液、完成液的温度和浓度,查图 5-4 可得:料液的焓 $h_0 = 120$ kJ/kg;完成液的焓 $h_1 = 540$ kJ/kg;热损失

$$Q_L = 0.03Q = 0.03 \times 9.81 \times 10^5 = 29.4 \text{(kW)}$$

再根据已知量,代入式(5-9)

$$DH + Fh_0 = WH' + (F-W)h_1 + Dh_w + Q_L$$

得

$$0.455 \times 2728 + 120F = 2681W + 540 \times (F-W) + 0.455 \times 556.5 + 29.4$$

整理得

$$420F + 2141W = 958.4 \tag{a}$$

又由式(5-7)得

$$W = F\left(1 - \frac{x_0}{x_1}\right) = 0.6F$$

代入式(a)得

$$F = \frac{958.4}{1704} = 0.56(\text{kg/s})$$

$$W = 0.6F = 0.34 \text{ kg/s}$$

(3) 不考虑浓缩热,用式(5-14)求料液流量 F。

已知溶质的比热容 $c_{pw} = 2.01 \text{ kJ/(kg·K)}$。

$$D(H - c_{pw}T) = WH' + (F-W)c_{p1}t_1 - Fc_{p0}t_0 + Q_L$$

$$c_{p0} = 4.187 \times (1-0.2) + 2.01 \times 0.2 = 3.75[\text{kJ/(kg·K)}]$$

$$c_{p1} = 4.187 \times (1-0.5) + 2.01 \times 0.5 = 3.1[\text{kJ/(kg·K)}]$$

将已知值代入

$$0.455 \times (2728 - 556.5) = 2681W + (F-W) \times 3.1 \times 100 - F \times 3.75 \times 35 + 29.6$$

整理得

$$178.7F + 2371W = 958.4$$

将 $W = 0.6F$ 代入,解得

$$F = \frac{958.4}{1601} = 0.6(\text{kg/s})$$

$$W = 0.36 \text{ kg/s}$$

从例 5-3(2)、(3)两项的计算结果可知,蒸发器面积相同时,不考虑浓缩热得到的料液处理量 F 要比实际情况约高 6%。如果缺乏溶液在不同温度及浓度下焓的数据,对于有明显浓缩热的物料,可以按一般物料的蒸发来处理,即先不考虑浓缩热的影响,采用式(5-14)进行计算,最后将计算结果加上适当的安全系数。

5.2.2 蒸发器的生产能力和生产强度

1. 蒸发器的生产能力

蒸发器的生产能力可用单位时间内蒸发的水分量表示,其单位为 kg/h。由于蒸发器生产能力的大小取决于通过传热面的传热速率 Q,因此其生产能力也可表示为

$$Q = KS\Delta t$$

或

$$Q = KS(T - t_1)$$

若蒸发器的热损失可忽略,且原料液在沸点下进入蒸发器,则由蒸发器的焓衡算可知,通过传热面所传递的热量全部用于蒸发水分,这时蒸发器的生产能力和传递速率成比例。若原料液在低于沸点下进入蒸发器,则需要消耗部分热量将冷溶液加热至沸点,因而降低了蒸发器的生产能力。若原料液在高于其沸点下进入蒸发器,则由于部分原料液的自动蒸发,蒸发器的生产能力有所增加。

2. 蒸发器的生产强度

蒸发器的生产强度 U 是指单位传热面积上单位时间内蒸发的水量,单位为kg/(m²·h)。

$$U = \frac{W}{S} \tag{5-24}$$

蒸发强度是评价蒸发器优劣的重要指标。对于给定的蒸发量而言,蒸发强度越大,则所需的传热面积越小,因而蒸发设备的投资越省。

若为沸点进料,且忽略蒸发器的热损失,则

$$Q = Wr' = KS\Delta t$$

将以上三式整理得

$$U = \frac{Q}{Sr'} = \frac{K\Delta t}{r'} \tag{5-25}$$

由式(5-25)可以看出,欲提高蒸发器的生产强度,必须设法提高蒸发器的总传热系数 K 和传热温度差。

传热温度差 Δt 主要取决于加热蒸汽和冷凝器中二次蒸汽的压强,加热蒸汽的压强越高,其饱和温度也越高。但是加热蒸汽压强常受到工厂的供汽条件所限,一般为 $300 \sim 500$ kPa,有时可高达 $600 \sim 800$ kPa。若提高冷凝器的真空度,可以使溶液的沸点降低,也可以加大温度差,但是这样不仅增加真空泵的功率消耗,而且由于溶液的沸点降低,黏度增高,导致沸腾传热系数下降,因此一般冷凝器中的绝对压强不低于 $10 \sim 20$ kPa。另外,对于循环式蒸发器,为了控制沸腾操作局限于泡核沸腾区,也不宜采用过高的传热温度差。由以上分析可知,传热温度差的提高是有一定限度的。

一般来说,增大总传热系数是提高蒸发器生产强度的主要途径。总传热系数 K 值取决于对流传热系数和污垢热阻。蒸汽冷凝传热系数 α_0 通常总比溶液沸腾传热系数 α_i 大,即传热热阻主要来自对流传热热阻和污垢热阻,蒸汽冷凝侧的热阻较小。但在蒸发器的设计和操作中,必须考虑及时排除蒸汽中的不凝性气体,否则其热阻将大大增加,使总传热系数下降。管内溶液侧的污垢热阻往往是影响总传热系数的重要因素。尤其在处理易结垢和有结晶析出的溶液时,在传热面上很快形成垢层,使 K 值急剧下降。为了减小垢层热阻,蒸发器必须定期清洗。此外,减小垢层热阻的措施还有:选用适宜的蒸发器类型,如强制循环蒸发器;在溶液中加入晶种或微量阻垢剂,以阻止在传热面上形成垢层。管内溶液沸腾传热系数 α_i 是影响总传热系数的主要因素。前已述及,影响沸腾传热系数的因素很多,如溶液的性质、蒸发器的操作条件及蒸发器的类型等。从前述的沸腾传热系数的关联式可以了解影响 α_i 的一些因素,以便根据实际的蒸发任务,选择适宜的操作条件和蒸发器的类型。

5.3　多效蒸发

在单效蒸发器中,每蒸发 1 kg 水要消耗比 1 kg 多一些的加热蒸汽,在工业生产中,蒸发大量的水分需消耗大量的加热蒸汽。为了减少加热蒸汽消耗量,可采用多效蒸发操作。多效蒸发时要求后一效的操作压强和溶液的沸点均较前一效的低,因此可引入前一效的二次蒸汽作为后一效的加热介质,即后一效的加热室成为前一效二次蒸汽的冷凝器,仅在第一效需要消耗生蒸汽,这就是多效蒸发的操作原理。一般多效蒸发装置的末效或后几效总是在真空下操作。由于各效(末效除外)的二次蒸汽都作为下一效蒸发器的加热蒸汽,因此提高了生蒸汽的利用率,从而提高了经济效益。假如单效蒸发或多效蒸发装置中所蒸发的水量相等,则前者需要的生蒸汽量远大于后者。例如,当原料液在沸点下进入蒸发器,并忽略热损失、各种温度差损失以及不同压强下汽化热的差别时,则理论上单效的 $D/W \approx 1.1$,双效的 $D/W \approx 1/2$,三效

的 $D/W \approx 1/3, \cdots\cdots, n$ 效的 $D/W \approx 1/n$。若考虑实际上存在的各种温度差损失和蒸发器的热损失等,则多效蒸发时达不到上述经济性。表 5-2 列出 $(D/W)_{\min}$ 实测值。

表 5-2　$(D/W)_{\min}$实测值

效　数	单效	双效	三效	四效	五效
$(D/W)_{\min}$	1.1	0.57	0.4	0.3	0.27

5.3.1　多效蒸发操作流程

按溶液与蒸汽相对流向的不同,常见的多效蒸发操作流程(以四效为例)有以下几种。

1. 并流(顺流)加料法的蒸发流程

并流加料法是最常见的蒸发操作流程。图 5-5 是由四个蒸发器组成的四效并流加料流程。溶液和蒸汽的流向相同,即都由第一效顺序流至下一效,所以称为并流加料法。生蒸汽通入第一效加热室,蒸发出的二次蒸汽进入第二效的加热室作为加热蒸汽,第二效产生的二次蒸汽又进入第三效的加热室作为加热蒸汽,第四效(末效)的二次蒸汽则送至冷凝器全部冷凝。原料液进入第一效,浓缩后由底部排出,依次流过后面各效时即被连续不断地浓缩,完成液由末效底部取出。

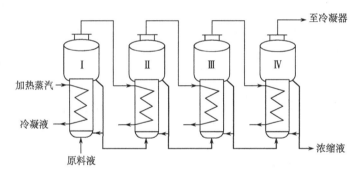

图 5-5　并流加料法的四效蒸发装置流程示意图

并流加料法的优点是:后效蒸发室的压强比前效的低,所以溶液在效间的输送可以利用效间的压强差,而不必另外用泵。此外,由于后效溶液的沸点较前效的低,因此前效的溶液进入后效时,会因过热而自动蒸发(称为自蒸发或闪蒸),因而可以多产生一部分二次蒸汽。并流加料法的缺点是:由于后效溶液的组成较前效的高,且温度又较低,因此沿溶液流动方向的组成逐渐增高,致使传热系数逐渐下降,这种情况在后二效中尤为严重。

2. 逆流加料法的蒸发流程

图 5-6 为逆流加料法的四效蒸发装置流程。原料液由末效进入,每一效出来的浓缩液用泵送入前一效,作为前一效的原料液,完成液由第一效底部取出。加热蒸汽的流向同并流加料法中的加热蒸汽流向。因为蒸汽和溶液的流动方向相反,所以称为逆流加料法。

逆流加料法蒸发流程的主要优点是:溶液的组成沿着流动方向不断提高,同时温度也逐渐上升,因此各效溶液的黏度较为接近,各效的传热系数也大致相同。其缺点是:效间的溶液需

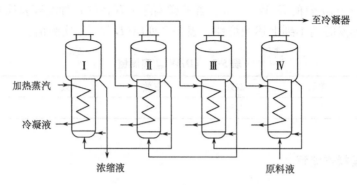

图 5-6 逆流加料法的四效蒸发装置流程示意图

用泵输送,能量消耗较大,且因各效的进料温度均低于沸点,与并流加料法相比,产生的二次蒸汽量也较少。

一般来说,逆流加料法适合处理黏度随温度和组成变化较大的溶液,而不适合处理热敏性的溶液。

3. 平流加料法的蒸发流程

平流加料法的四效蒸发装置流程如图 5-7 所示。原料液分别加入各效中,完成液也分别自各效底部取出,加热蒸汽的流向同并流加料法中的加热蒸汽流向。此种流程适用于处理蒸发过程中伴有结晶析出的溶液。例如,某些盐溶液的浓缩,因为有结晶析出,不便于在效间输送,则宜采用平流加料法。

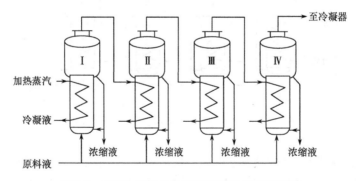

图 5-7 平流加料法的四效蒸发装置流程示意图

多效蒸发装置除以上三种流程外,生产中还可以根据具体情况采用上述基本流程的变形。例如,NaOH 水溶液的蒸发有时采用并流和逆流相结合的流程。

此外,在多效蒸发中,有时并不将每一效所产生的二次蒸汽全部引入后一效作为加热蒸汽用,而是将其中一部分引出用于预热原料液或用于其他与蒸发操作无关的传热过程。引出的蒸汽称为额外蒸汽。但末效的二次蒸汽因其压强较低,一般不再引出作为它用,而是全部送入冷凝器。

5.3.2 多效蒸发的计算

多效蒸发计算中,已知条件是:原料液的流量、组成和温度,加热蒸汽(生蒸汽)的压强或温度,冷凝器的真空度或温度,末效完成液的组成等。

需要设计的项目是:生蒸汽的消耗量、各效的蒸发量、各效的传热面积。

解决上述问题的方法仍是采用蒸发系统的物料衡算、热量衡算和传热速率三个基本方程。

多效蒸发中,效数越多,变量(未知量)的数目也就越多。其计算内容比单效的复杂得多。若将描述多效蒸发过程的方程用手算联立求解,则是很烦琐和困难的。为此,经常先作一些简化和假定,然后用试差法进行计算,需要时可参考有关手册和教材,本书从略。

5.3.3 多效蒸发效数的限制

蒸发装置中效数越多,温度差损失越大,而且某些浓溶液的蒸发还可能发生总温度差损失等于或大于总有效温度差,此时蒸发操作就无法进行,所以多效蒸发的效数应有一定的限制。

一方面,多效蒸发中,随着效数的增加,单位蒸汽的耗量减小,操作费用降低;另一方面,效数越多,装置的投资费用也越大。而且由表 5-2 可以看出,随着效数的增加,虽然 $(D/W)_{min}$ 不断减小,但所节省的蒸汽消耗量也越来越少。例如,由单效增至双效,可节省的生蒸汽量约为 50%,而由四效增至五效,可节省的生蒸汽量约为 10%。同时,随着效数的增多,生产能力和强度也不断降低。由以上分析可知,最佳效数要通过经济权衡决定,单位生产能力的总费用最低时的效数即为最佳效数。

通常,工业中多效蒸发操作的效数并不是很多。对于电解质溶液,如 $NaOH$、NH_4NO_3 等水溶液,由于其沸点升高(温度差损失)较大,因此取 2～3 效;对于非电解质溶液,如有机溶液等,其沸点升高较小,所用效数可取 4～6 效;海水淡化的温度差损失为零,蒸发装置可达 20～30 效之多。

5.4 蒸 发 设 备

5.4.1 蒸发器

为了满足生产上的多种需要,要求有各种不同结构形式的蒸发器。随着生产的发展,蒸发器的结构也不断改进。目前常用的间壁传热式蒸发器主要由加热室及分离室组成。按溶液在蒸发器中停留的情况,大致可分为循环型和单程型两大类。

1. 循环型蒸发器

循环型蒸发器的特点是溶液在蒸发器内做连续的循环流动,以提高传热效果,缓和溶液结垢情况。根据引起循环流动的原因不同,分为自然循环和强制循环两种类型。前者是溶液在加热室不同位置上的受热程度不同,产生了密度差而引起的循环流动;后者是依靠外加动力迫使溶液沿一个方向做循环流动。

1) 中央循环管式蒸发器

中央循环管式蒸发器又称标准式蒸发器,是最常见的蒸发装置,如图 5-8 所示,它主要由加热室、蒸发室、中央循环管和除沫器组成。加热室由垂直管束组

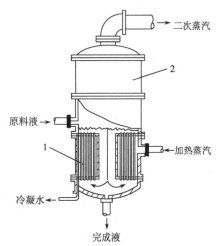

图 5-8 中央循环管式蒸发器
1. 加热室;2. 分离室

成,管束中央有一根直径较粗的管子,称为中央循环管,其截面积一般为加热管总截面积的40%～100%。在管束内的单位体积溶液受热面积远大于中央循环管内溶液的受热面积,形成管束中溶液的气化量多于循环管中的气化量,因此管束中的气液混合物密度远小于循环管中气液混合物的密度,这种密度差促使溶液做沿循环管下降而沿管束内上升的连续规则的自然循环流动。为了促使溶液有良好的循环,中央循环管截面积一般为加热管总截面积的40%～100%。管束高度为 1～2 m;加热管直径为 25～75 mm,长径比为 20～40。

中央循环管蒸发器是从水平加热室、蛇管加热室等蒸发器发展而来的。相对于这些老式蒸发器而言,中央循环管蒸发器具有溶液循环好、传热效率高等优点,同时由于结构紧凑、制造简便、操作可靠,应用十分广泛,因此有"标准蒸发器"之称。但实际上由于结构的限制,循环速度一般在 0.5 m/s 以下,由于溶液的不断循环,加热管内的溶液始终接近完成液的组成,因而有溶液黏度大、沸点高等缺点。此外,这种蒸发器的加热室不易清洗。

中央循环管式蒸发器适用于处理结垢不严重、腐蚀性较小的溶液。

2) 外热式蒸发器

图 5-9 为外热式蒸发器,其加热室安装在蒸发器外面,不仅可以降低蒸发器的总高度,且便于清洗和更换,有的甚至设两个加热室轮换使用。这种蒸发器的加热管较长,其长径比为50～100。由于循环管内的溶液未受蒸汽加热,其密度大于加热管内的,因此形成溶液沿循环管下降而沿加热管上升的循环流动,循环速度可达 1.5 m/s。

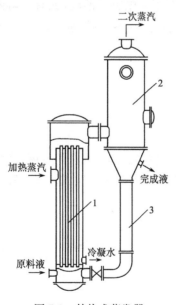

图 5-9　外热式蒸发器

1. 加热室;2. 分离室;3. 循环管

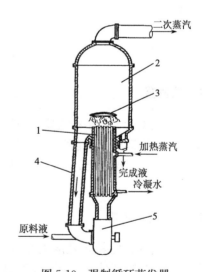

图 5-10　强制循环蒸发器

1. 加热室;2. 分离室;3. 除沫器;4. 循环管;5. 循环泵

3) 强制循环蒸发器

前述各种蒸发器都是由加热室与循环管内溶液间的密度差而产生溶液的自然循环流动,因此均属于自然循环型蒸发器。它们的不足之处是溶液的循环速度较低,传热效果欠佳。在处理黏度大、易结垢或易结晶的溶液时,可采用如图 5-10 所示的强制循环蒸发器。这种蒸发器内的溶液主要依靠外加动力,用泵迫使它沿一定方向流动而产生循环。如图 5-10 所示,用循环泵使溶液沿一个方向通过加热管,循环速度的大小可通过调节泵的流量来控制,一般控制在 2～5 m/s。强制循环蒸发器的传热系数比一般自然循环蒸发器的大,它的明显缺点是动力消耗大,每平方米加热面积需 0.4～0.8 kW,因此使用这种蒸发器时加热面积受到一定的限制。

2. 单程型蒸发器

上述各种蒸发器的主要缺点是加热室内滞料量大,致使物料在高温下停留时间长,特别不适合处理热敏性物料。单程型蒸发器的蒸发过程如下:溶液只通过加热室一次,不做循环流动即可成为浓缩液排出,停留时间仅为数秒或十余秒。操作过程中溶液通过加热室时加热管壁面上呈膜状流动,所以又称为膜式蒸发器。根据物料在蒸发器中流向的不同,单程型蒸发器又可分为以下几种。

1) 升膜式蒸发器

升膜式蒸发器的结构如图 5-11 所示,加热室由单根或多根垂直管组成,加热管长径比为 100～150,管径为 25～50 mm。原料液经预热达到沸点或接近沸点后,由加热室底部引入管内,进入加热管内受热沸腾后迅速气化,生成的蒸汽在加热管内高速上升,溶液则被上升的二次蒸汽带动,沿管壁面呈膜状上升,并在此过程中继续蒸发,气液混合物在分离器内分离,完成液由分离器底部排出,二次蒸汽从顶部导出。为了能在加热管内有效地成膜,上升蒸汽应具有一定速度,一般为 20～50 m/s,减压下可高达 100～160 m/s 或更高。

这种蒸发器适用于处理蒸发量较大的稀溶液以及热敏性或易生泡的溶液,不适用于处理高黏度、有晶体析出或易结垢的溶液。

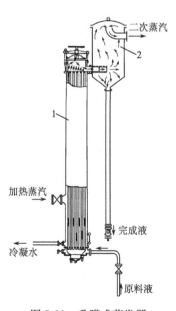

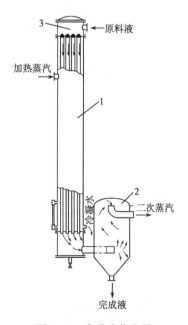

图 5-11 升膜式蒸发器
1. 蒸发室;2. 分离器

图 5-12 降膜式蒸发器
1. 加热室;2. 分离器;3. 液体分布器

2) 降膜式蒸发器

图 5-12 为降膜式蒸发器,与升膜式蒸发器的区别在于,料液从蒸发器的顶部加入,经管端的液体分布器均匀地流入加热管内,在重力作用下沿管壁成膜状下降,并在此过程中不断地被

蒸发而增浓,在其底部得到完成液。为了使溶液能在壁上均匀布膜,且防止二次蒸汽由加热管顶端直接窜出,加热管顶部需设置液体分布器,其形式多样,图 5-13 为几种常用的液体分布器。图 5-13(a)的分布器为有螺旋形沟槽的圆柱体;图 5-13(b)的分布器下端为圆锥体,且底面为凹面,以防止沿锥体斜面下流的液体向中央聚集;图 5-13(c)的分离器是将管端周边加工成齿缝形。

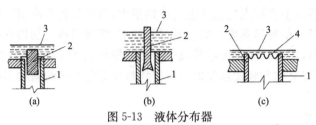

图 5-13　液体分布器
1. 加热管;2. 分布器;3. 液面;4. 齿缝

降膜式蒸发器也适用于处理热敏性物料,但不适用于处理易结晶、易结垢或黏度特别大的溶液。

3) 升-降膜式蒸发器

将升膜管束和降膜管束组合在一起,即成为升-降膜式蒸发器,其结构如图 5-14 所示。蒸发器的底部封头内有一隔板,将加热管束均分为二。原料液在预热器中加热达到或接近沸点后,引入升膜加热管束的底部,气液混合物经管束由顶部流入降膜加热管束,然后转入分离器,完成液由分离器底部流出。溶液在升膜和降膜管束内的布膜及操作情况分别与前述的升膜式和降膜式蒸发器内的情况完全相同。

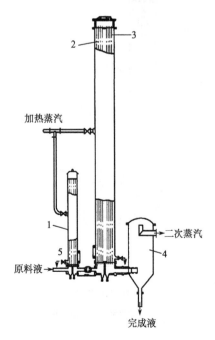

图 5-14　升-降膜式蒸发器
1. 预热器;2. 升膜加热管束;3. 降膜加热管束;
4. 分离器;5. 冷凝液出口

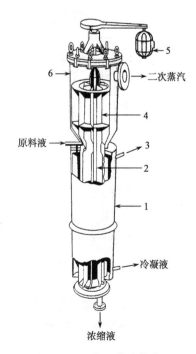

图 5-15　固定刮板式蒸发器
1. 蒸汽夹套;2. 刮板;3. 排气孔;4. 静止板;
5. 电动机;6. 分离器

升-降膜式蒸发器一般用于浓缩过程中黏度变化大的溶液,或厂房高度有一定限制的场合。若蒸发过程溶液的黏度变化大,推荐采用常压操作。

4) 刮板式蒸发器

刮板式蒸发器是一种利用外加动力成膜的单程型蒸发器。图 5-15 为固定刮板式蒸发器,加热管是一根垂直的空心圆管,圆管外有夹套,内通加热蒸汽,圆管内装有可以旋转的搅拌叶片,叶片边缘与管内壁的间隙为 0.25~1.5 mm。原料液沿切线方向进入管内,由于受离心力、重力及叶片的刮带作用,在管壁上形成旋转下降的薄膜,并不断地被蒸发,完成液由底部排出,二次蒸汽经除沫器后由上部排出。这种蒸发器的突出优点是对物料的适应性很强,如对高黏度和易结晶、结垢的物料都能适用。其缺点是结构复杂,动力消耗大,每平方米传热面积需1.5~3 kW。此外,受夹套式传热面的限制,其处理能力也很小。

5.4.2 蒸发器的辅助设备

前已述及,蒸发为传热过程,因此,蒸发设备和一般传热设备并无本质上的区别,但在蒸发操作时需要不断除去产生的二次蒸汽。所以蒸发设备除了蒸发器这一主要设备外,还应辅助以使液沫得到进一步分离的除沫器,以及使二次蒸汽全部冷凝的冷凝器;减压操作时还需真空装置,现分别介绍如下。

1) 除沫器

蒸发操作时,产生的二次蒸汽中夹带大量的液沫,虽然气、液两相的分离主要是在蒸发室中进行,但为了进一步防止损失有用的产品或污染冷凝液体,在蒸气出口附近装设除沫器以减少夹带的液沫。除沫器的形式很多,图 5-16 为除沫器经常采用的形式,其中(a)~(d)可直接安装在蒸发器的顶部,后面几种安装在蒸发器外部。

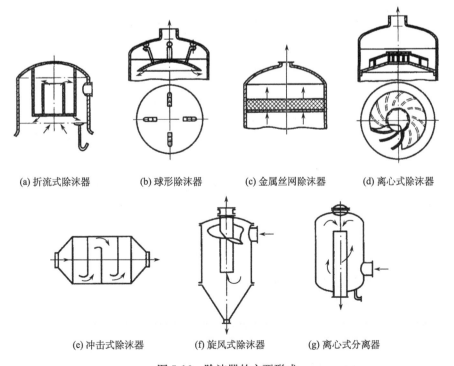

(a) 折流式除沫器　　(b) 球形除沫器　　(c) 金属丝网除沫器　　(d) 离心式除沫器

(e) 冲击式除沫器　　(f) 旋风式除沫器　　(g) 离心式分离器

图 5-16　除沫器的主要形式

2) 冷凝器和真空装置

蒸发中产生的二次蒸汽若不再利用,则需将其冷凝,若二次蒸汽为水蒸气,可采用如图 5-1 所示的逆流高位直接混合式冷凝器进行冷凝,当二次蒸汽为有价值的产品需回收或会严重污染冷却水时,应采用间壁式冷凝器。

无论采用哪一种冷凝器,都需要在冷凝器后设置真空装置,排除不凝性气体,以维持蒸发操作所需要的真空度。常用的真空装置有喷射泵、往复式真空泵及水环式真空泵等。

5.4.3　蒸发器的选型

由上述介绍中可以看出:蒸发器的结构形式很多,各有其优缺点和适用的场合。在选型时,除了要求结构简单、易于制造、金属消耗量少、维修方便、传热效果好之外,还需要看它能否适应所蒸发物料的工艺特性,包括物料的黏性、热敏性、腐蚀性以及是否容易结晶或结垢等。全面综合地加以考虑,才能避免失误。表 5-3 列出常见蒸发器的主要性能及适用场合,可供选型时参考。

表 5-3　常见蒸发器的主要性能及适用场合

蒸发器类型	造价	总传热系数		溶液在管内流速/(m/s)	停留时间	完成液浓度能否恒定	浓缩比	处理量	对溶液性质的适应性					
		稀溶液	高黏度						稀溶液	高黏度	易生泡沫	易结垢	热敏性	有结晶析出
标准型	最低	良好	低	0.1~0.5	长	能	良好	一般	适	适	适	尚适	尚适	稍适
悬筐式	较高	较好	低	1~1.5	长	能	良好	一般	适	适	适	适	尚适	适
外热式（自然循环型）	低	高	良好	0.4~1.5	较长	能	良好	较大	适	尚适	较好	尚适	尚适	稍适
强制循环型	高	高	高	2.0~3.5	—	能	较高	大	适	好	好	适	尚适	适
升膜式	低	高	良好	0.4~1.0	短	较难	高	大	适	尚适	好	尚适	良好	不适
降膜式	低	良好	高	0.4~1.0	短	尚能	高	大	较适	好	适	不适	良好	不适
刮板式	最高	高	良好	—	短	尚能	高	较小	较适	好	较好	不适	良好	不适
旋风式	最低	高	良好	1.5~2.0	短	较难	较高	较小	适	适	尚适	尚适	尚适	适
浸没燃烧式	低	高	高	—	短	较难	良好	较大	适	适	适	适	不适	适

思　考　题

1. 蒸发过程与传热过程的主要异同之处有哪些?

2. 多效蒸发的优缺点有哪些?

3. 并流加料的多效蒸发装置中,一般各效的总传热系数逐效减小,而蒸发量却逐效略有增加,试分析原因。

4. 溶液的哪些性质对确定多效蒸发的效数有影响?并简略分析。

5. 提高蒸发器生产强度的措施是什么?

习 题

5-1 试计算30％(质量分数)的NaOH水溶液在60 kPa(绝压)下的沸点。[132.7 ℃]

5-2 浓度为30％(质量分数)的NaOH水溶液,在绝对压强为60 kPa的蒸发室内进行单效蒸发操作。器内溶液的深度为2 m,溶液密度为$\rho=1280$ kg/m³,加热室用表压为0.1 MPa的饱和蒸汽加热,求传热的有效温差Δt。[12.0 ℃]

5-3 已知单效常压蒸发器每小时处理2000 kg NaOH水溶液,溶液浓度由15％(质量分数,下同)浓缩到25％,加热蒸汽压强392 kPa(绝压),冷凝温度下排出。分别按20 ℃加料和沸点加料(溶液的沸点为113 ℃)。求此两种情况下的加热蒸汽消耗量和单位蒸汽消耗量。假设蒸发器的热损失可以忽略不计。[1160 kg/h,1.45;850.9 kg/h,1.06]

5-4 临时需要将850 kg/h的某种水溶液从15％(质量分数,下同)连续浓缩到35％。现有一传热面积为10 m²的小型蒸发器可供使用。原料液在沸点下加入蒸发器,估计在操作条件下溶液的各种温度差损失为18 ℃。蒸发室的真空度为80 kPa。假设蒸发器的总传热系数为1000 W/(m²·℃),热损失可以忽略,试求加热蒸汽压强。当地大气压为100 kPa。忽略溶液的稀释热效应。[143.3 kPa]

5-5 在单效蒸发器中,每小时将10 000 kg的NaNO₃水溶液从5％(质量分数,下同)浓缩到25％。原料液温度为40 ℃。分离室的真空度为60 kPa,加热蒸汽表压为30 kPa。蒸发器的总传热系数为2000 W/(m²·℃),热损失很小可以略去不计。试求蒸发器的传热面积及加热蒸汽消耗量。设液柱静压强引起的温度差损失可以忽略。当地大气压强为101.33 kPa。[98.3 m²,8929 kg/h]

符 号 说 明

英文字母

b——厚度,m

c_p——比热容,kJ/(kg·℃)

d——管径,m

D——直径,m

D——加热蒸汽消耗量,kg/h

e——单位蒸汽消耗量,kg/kg

f——校正系数

F——进料量,kg/h

g——重力加速度,m/s²

h——液体的焓,kJ/kg

H——蒸气的焓,kJ/kg

H——高度,m

k——杜林线的斜率

K——总传热系数,W/(m²·℃)

l——液面高度,m

L——管道长度,m

n——效数

n——管数

n——第n效

p——压强,Pa

q——热通量,W/m²

Q——传热速率,W

r——气化热,kJ/kg

R——热阻,m²·℃/W

S——传热面积,m²

t——溶液的沸点,℃

T——蒸汽的温度,℃

u——流速,m/s

U——蒸发强度,kg/(m²·h)

V——体积流量,m³/s

W——蒸发量,kg/h

W——质量流量,kg/s

x——溶液的质量分数

y——杜林线的截距

希腊字母

α——对流传热系数,W/(m²·℃)

Δ——温度差损失,℃

η——热损失系数

λ——导热系数,W/(m·℃)

μ——黏度,Pa·s

ν——运动黏度,m²/s

ρ——密度,kg/m³

σ——表面张力,N/m

$\sum$——总和

下标

a——常压
b——气泡
B——溶质
i——内侧
o——外侧
L——溶液

L——热损失
min——最小
s——污垢
T——理论
V——蒸汽
w——壁面
w——水
0——进料

第6章 吸 收

学习内容提要

通过本章学习,了解吸收过程的平衡关系、速率关系及物料衡算关系;熟悉低浓度气体吸收过程的相关计算(包括操作线、吸收剂用量、填料层高度等)。能够在了解填料类型、填料塔的流体力学性能与操作特性的前提下,针对特定吸收任务进行吸收塔的初步设计计算和操作调节。并通过对比低浓度气体吸收,对高浓度气体吸收、化学吸收和解吸有一定的了解。

重点掌握吸收过程的三种关系(平衡关系、速率关系及物料衡算关系)和低浓度气体吸收过程的相关计算,特别是当分离任务或工艺条件发生变化时,如何进行吸收塔的计算,如何对现有设备进行操作调节。

6.1 概 述

6.1.1 吸收的基本概念

吸收是根据混合气体中各组分在某液体溶剂中溶解度不同而将混合气体进行分离的一种典型的单元操作。图6-1为吸收操作的示意图。吸收操作所用的液体溶剂称为吸收剂(或溶剂),以 S 表示;混合气体中,可溶解于吸收剂的组分称为吸收质(或溶质),以 A 表示;而几乎不被溶解的组分统称为惰性气体或载体,以 B 表示;吸收得到的溶液称为吸收液(或溶液);被吸收后排出的气体称为吸收尾气。

6.1.2 吸收操作的应用

气体吸收在化工生产中应用非常广泛,大致有以下几种目的:

(1) 制取液体产品。例如,用水吸收氯化氢气体制取盐酸,用水吸收三氧化硫气体制取硫酸等。

(2) 分离气体。例如,用液态烃处理石油裂解气体制取乙烯和丙烯,用硫酸吸收焦炉气中的氨等。

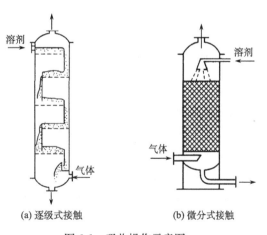

(a) 逐级式接触　　(b) 微分式接触

图 6-1　吸收操作示意图

(3) 净化气体。例如,用水脱除合成氨原料气中的二氧化碳等。

(4) 综合治理、环境保护。例如,除去工业废气中所含的 SO_2、H_2S 等有害气体成分,避免对环境造成污染。

6.1.3 吸收的分类

1. 物理吸收与化学吸收

若在吸收过程中,溶质与溶剂之间不发生显著的化学反应,吸收过程只是气体溶质单纯地溶解于溶剂的过程,称为物理吸收。相反,如果在吸收过程中气体溶质与溶剂发生显著的化学反应,则称为化学吸收。

2. 等温吸收与非等温吸收

气体溶质溶解于液体时,通常伴有溶解热或因化学反应而产生热效应,使吸收过程的温度逐渐升高,温度发生明显变化时的吸收过程称为非等温吸收。若吸收过程的热效应很小或虽然热效应较大,但相对于大量溶剂吸收混合气体中少量溶质来说,液相的温度变化并不显著,这种吸收则可视为等温吸收。

3. 单组分吸收与多组分吸收

若混合气体中只有一个组分被吸收,其余组分不溶(或微溶)于吸收剂,这种吸收过程称为单组分吸收。若混合气体中被吸收的不止一种气体溶质,这种吸收则称为多组分吸收。

4. 低浓度吸收与高浓度吸收

在吸收过程中,若溶质在气、液两相中的摩尔分数均较低(通常不超过 0.1),这种吸收称为低浓度吸收;反之,则称为高浓度吸收。

工业生产中的吸收过程通常以低浓度吸收为主,本章重点讨论单组分低浓度等温物理吸收过程。

6.1.4 吸收剂的选择

通常,同一种溶质可溶解于不同的吸收剂中,吸收剂的性能对吸收操作影响显著。选择吸收剂应重点考虑以下几点:

(1) 吸收剂对目标组分有较大的溶解度,以使传质推动力大,吸收速率快,完成吸收任务所需吸收设备尺寸小,且吸收剂用量少。

(2) 吸收剂对目标组分具有良好的选择性。吸收剂对目标组分有较大的溶解度,而对混合气体中的其他组分不吸收或吸收很少,即各组分在选定吸收剂中溶解度的差异要大,以达到良好的分离效果。

(3) 吸收剂的挥发度要小,以减少吸收剂在吸收和再生过程中的损失。

(4) 吸收剂的黏度要低。吸收剂在操作温度下的黏度越低,其在塔内的流动阻力越小,越有助于提高传质速率。

(5) 吸收剂应尽可能满足化学稳定性、价廉易得、无毒、无腐蚀性、不易燃易爆、不发泡等一般工业要求。

6.1.5 相组成的表示方法

为了对吸收过程进行分析与计算,必须了解相组成的表示方法,常用的相组成表示方法有以下几种。

1. 质量浓度

单位体积混合物中某组分的质量称为该组分的质量浓度,以符号 C 表示,其定义式为

$$C_{mA} = \frac{m_A}{V} \tag{6-1}$$

式中,C_{mA} 为组分 A 的质量浓度,kg/m^3;m_A 为混合物中组分 A 的质量,kg;V 为混合物的体积,m^3。

若混合物由 N 个组分组成,则混合物总质量浓度为

$$C_{m总} = C_{mA} + C_{mB} + \cdots + C_{mN} = \sum_{i=1}^{N} C_i \tag{6-2}$$

2. 物质的量浓度

单位体积混合物中某组分物质的量称为该组分的物质的量浓度,以符号 c 表示,其定义式为

$$c_A = \frac{n_A}{V} \tag{6-3}$$

式中,c_A 为组分 A 的物质的量浓度,$kmol/m^3$;n_A 为混合物中组分 A 的物质的量,kmol。

若混合物由 N 个组分组成,则混合物的总物质的量浓度为

$$c_总 = \sum_{i=1}^{N} c_i \tag{6-4}$$

组分 A 的质量浓度与物质的量浓度的关系为

$$c_A = \frac{\rho_A}{M_A} \tag{6-5}$$

式中,M_A 为组分 A 的摩尔质量,kg/kmol。

3. 质量分数

混合物中某组分的质量占混合物总质量的分数称为该组分的质量分数,以符号 w 表示,其定义式为

$$w_A = \frac{m_A}{m} \tag{6-6}$$

式中,w_A 为组分 A 的质量分数;m_A、m 分别为组分 A、混合物的质量,kg。

若混合物由 N 个组分组成,则有

$$\sum_{i=1}^{N} w_i = 1 \tag{6-7}$$

4. 摩尔分数

混合物中某组分的物质的量占混合物总物质的量的分数称为该组分的摩尔分数,以符号 x 表示,其定义式为

$$x_A = \frac{n_A}{n} \tag{6-8}$$

式中，x_A 为组分 A 的摩尔分数；n_A、n 分别为组分 A、混合物的物质的量，kmol。

若混合物由 N 个组分组成，则有

$$\sum_{i=1}^{N} x_i = 1 \tag{6-9}$$

应予指出，当混合物为气、液两相体系时，常以 x 表示液相中的摩尔分数，y 表示气相中的摩尔分数。

某组分的质量分数与摩尔分数的换算关系为

$$x_A = \frac{w_A/M_A}{\sum_{i=1}^{N} (w_i/M_i)} \tag{6-10}$$

或

$$w_A = \frac{x_A M_A}{\sum_{i=1}^{N} (x_i M_i)} \tag{6-10a}$$

5. 物质的量比

在吸收操作过程中，混合物的总量是变化的。若以气相或液相总量为基准用摩尔分数（或质量分数）表示气液相组成，计算很不方便。为此引入以惰性组分（惰性气体或吸收剂）的量为基准的物质的量比（或质量比）来分别表示气液相的组成。

混合物中某组分物质的量与惰性组分物质的量的比值称为该组分的物质的量比，以符号 X 表示。若混合物中除组分 A 外，其余为惰性组分，则组分 A 的物质的量比定义式为

$$X_A = \frac{n_A}{n - n_A} \tag{6-11}$$

式中，X_A 为组分 A 的物质的量比；$n - n_A$ 为混合物中惰性组分的物质的量，kmol。

物质的量比与摩尔分数的关系为

$$X_A = \frac{x_A}{1 - x_A} \quad 或 \quad x_A = \frac{X_A}{1 + X_A} \tag{6-12}$$

对于吸收过程，常以 X 表示液相的物质的量比，含义为 $X_A \dfrac{\text{kmol 吸收质}}{\text{kmol 吸收剂}}$，以 Y 表示气相的物质的量比，含义为 $Y_A \dfrac{\text{kmol 吸收质}}{\text{kmol 惰性气体}}$。

6. 质量比

混合物中某组分质量与惰性组分质量的比值称为该组分的质量比，以符号 $\overline{X}_A$ 表示。若混合物中除组分 A 外，其余为惰性组分，则组分 A 的质量比定义式为

$$\overline{X}_A = \frac{m_A}{m - m_A} \tag{6-13}$$

式中，$\overline{X}_A$ 为组分 A 的质量比；$m - m_A$ 为混合物中惰性组分的质量，kg。

质量比与质量分数的关系为

$$\overline{X}_A = \frac{w_A}{1 - w_A} \quad 或 \quad w_A = \frac{\overline{X}_A}{1 + \overline{X}_A} \tag{6-14}$$

7. 气体的总压与某组分的分压

对于气体混合物,总浓度常用气体的总压 P 表示。当压强不太高(通常小于500 kPa)、温度不太低时,混合气体可视为理想气体,其中某组分的浓度常用分压 p 表示。某组分的分压与其摩尔分数之间的关系为

$$p_A = P y_A \tag{6-15}$$

物质的量比与分压之间的关系为

$$Y_A = \frac{p}{P - p} \tag{6-16}$$

物质的量浓度与分压之间的关系为

$$c_A = \frac{n_A}{V} = \frac{p}{RT} \tag{6-17}$$

【例 6-1】 在 101.3 kPa、298 K 的吸收塔内,用水吸收混合气体中的 NH_3,出塔气体中 NH_3 的体积分数为 0.2%,试分别用摩尔分数、物质的量比和物质的量浓度表示出塔气体中 NH_3 的组成。

解 混合气体可视为理想气体,以下标 2 表示出塔气体的状态。

$$y_2 = 0.002 \quad Y_2 = \frac{y_2}{1 - y_2} = \frac{0.002}{1 - 0.002} \approx 0.002$$

$$p_2 = P y_2 = 101.3 \times 0.002 = 0.2026(kPa)$$

$$c_2 = \frac{n_2}{V} = \frac{p_2}{RT} = \frac{0.2026}{8.314 \times 298} = 8.177 \times 10^{-5}(kmol/m^3)$$

6.2 吸收过程的气液相平衡

气体吸收是一种典型的相际间传质过程,在一定条件下,气液相平衡是吸收过程所能达到的最大极限,是研究气体吸收过程的基础。

6.2.1 相际动平衡与气体在液体中的溶解度

1. 相际动平衡

在一定的温度和压强下,使一定量的吸收剂与混合气体接触,气相中的溶质便向液相溶剂中转移,直至液相中的溶质组成达到饱和为止。此时并非没有溶质分子进入液相,只是在任何时刻从气相进入液相中的溶质分子数与从液相逸出至气相的溶质分子数恰好相等,这种状态称为相际动平衡,简称相平衡。平衡状态下气相中的溶质分压称为平衡分压或饱和分压,液相中的溶质组成称为平衡浓度或饱和浓度。气体在液体中的溶解度就是指气体在液相中的饱和浓度。

2. 溶解度曲线

气体在液体中的溶解度可以通过实验测定,由实验结果绘成的曲线称为溶解度曲线。

　　图 6-2 为不同温度下溶质 NH_3 的分压随摩尔分数变化的溶解度曲线;图 6-3 为一定压强下,SO_2 在不同温度下的 y-x 关系图;图 6-4 为不同压强下 SO_2 的 y-x 关系图;图 6-5 为不同气体在水中的溶解度曲线,图中的横坐标为 $c_A \times 10^n$,其中 O_2 的 n 值为 3,CO_2 的 n 值为 2,SO_2 的 n 值为 1,NH_3 的 n 值为 0。从图 6-2～图 6-5 中可以看出影响平衡关系的主要因素如下。

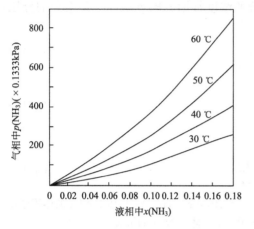

图 6-2　NH_3 在水中的溶解度曲线

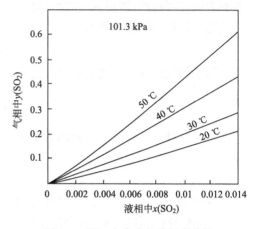

图 6-3　SO_2 在水中的溶解度曲线

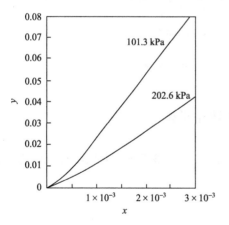

图 6-4　20℃下 SO_2 在水中的溶解度曲线

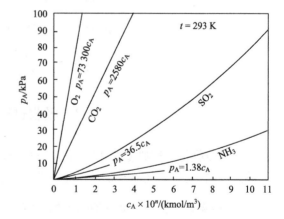

图 6-5　几种气体在水中的溶解度曲线

　　(1) 温度的影响。当总压 P、气相中溶质 y 一定时,若吸收温度下降,如图 6-3 所示,当温度由 50℃降为 30℃,平衡曲线变平缓,溶解度大幅度提高,因此在吸收工艺流程中,吸收剂常经冷却后进入吸收塔。

　　(2) 总压的影响。由图 6-4 可见,在一定温度下,气相中溶质组成 y 不变,当总压 P 增加时,溶质的分压随之增加,在同一溶剂中溶质的溶解度 x 也将随之增加,因此吸收操作通常在加压条件下进行。

　　(3) 气体溶质的影响。由图 6-5 可以看出,当总压、温度、气相中的溶质组成一定时,不同气体在同一溶剂中的溶解度差别很大。一般将溶解度小的气体(如 O_2、CO_2 等)称为难溶气体,溶解度大的气体(如 NH_3 等)称为易溶气体,介于两者之间(如 SO_2 等)的气体称为溶解度适中的气体。吸收操作正是由于各种气体在同一溶剂中溶解度的不同才可能将它们有效分离。

（4）溶剂性质的影响。同种气体在不同溶剂中的溶解度截然不同。例如，25 ℃、总压为 101.35 kPa 时，乙炔在水中的摩尔分数为 0.000 75，而在含水 4％的二甲基甲酰胺中平衡摩尔分数为 0.0747。所以选择不同的吸收剂吸收效果大不相同。

由上述规律性可以看出，加压和降温有利于吸收操作，而减压和升温有利于吸收的逆过程（解吸）操作。

6.2.2　亨利定律

亨利（Henry）定律用来描述稀溶液在总压不太高（不超过 500 kPa），且恒定温度下，互成平衡的气、液两相组成之间的关系。因为气、液两相组成的表示方法不同，所以亨利定律也有不同的表达形式。

1. 溶质在气相中的组成以分压 p、液相中的组成以摩尔分数 x_A 表示

亨利定律可以表示为

$$p_A^* = Ex_A \tag{6-18}$$

式中，p^* 为溶质在气相中的平衡分压，kPa；x_A 为溶质在液相中的摩尔分数；E 为亨利系数，kPa。

气体溶质溶解于特定溶剂时，若溶液浓度很低，则亨利系数可视为常数，并能反映溶质溶解于特定溶剂的难易程度。一般情况下，气体的溶解度随温度的升高而减小，E 值随温度的升高而增大。在同一溶剂中，难溶气体的 E 值很大，而易溶气体的 E 值很小。

各种不同物系的亨利系数可以由实验测定，也可从有关手册中查得。表 6-1 列出某些气体水溶液的亨利系数，可供参考。

表 6-1　某些气体水溶液的亨利系数

气体种类	温度/℃															
	0	5	10	15	20	25	30	35	40	45	50	60	70	80	90	100
	$E \times 10^{-6}$/kPa															
H_2	5.87	6.16	6.44	6.70	6.92	7.16	7.39	7.52	7.61	7.70	7.75	7.75	7.71	7.65	7.61	7.55
N_2	5.35	6.05	6.77	7.48	8.15	8.76	9.36	9.98	10.5	11.0	11.4	12.2	12.7	12.8	12.8	12.8
空气	4.38	4.94	5.56	6.15	6.73	7.30	7.81	8.34	8.82	9.23	9.59	10.2	10.6	10.8	10.9	10.8
CO	3.57	4.01	4.48	4.95	5.43	5.88	6.28	6.68	7.05	7.39	7.71	8.32	8.57	8.57	8.57	8.57
O_2	2.58	2.95	3.31	3.69	4.06	4.44	4.81	5.14	5.42	5.70	5.96	6.37	6.72	6.96	7.08	7.10
CH_4	2.27	2.62	3.01	3.41	3.81	4.18	4.55	4.92	5.27	5.58	5.85	6.34	6.75	6.91	7.01	7.10
NO	1.71	1.96	2.21	2.45	2.67	2.91	3.14	3.35	3.57	3.77	3.95	4.24	4.44	4.45	4.58	4.60
C_2H_6	1.28	1.57	1.92	2.90	2.66	3.06	3.47	3.88	4.29	4.69	5.07	5.72	6.31	6.70	6.96	7.01

续表

气体种类	温度/℃															
	0	5	10	15	20	25	30	35	40	45	50	60	70	80	90	100
	$E \times 10^{-5}/\text{kPa}$															
C_2H_4	5.59	6.62	7.78	9.07	10.3	11.6	12.9	—	—	—	—	—	—	—	—	—
N_2O	—	1.19	1.43	1.68	2.01	2.28	2.62	3.06	—	—	—	—	—	—	—	—
CO_2	0.378	0.8	1.05	1.24	1.44	1.66	1.88	2.12	2.36	2.60	2.87	3.46	—	—	—	—
C_2H_2	0.73	0.85	0.97	1.09	1.23	1.35	1.48	—	—	—	—	—	—	—	—	—
Cl_2	0.272	0.334	0.399	0.461	0.537	0.604	0.669	0.74	0.80	0.86	0.90	0.97	0.99	0.97	0.96	—
H_2S	0.272	0.319	0.372	0.418	0.489	0.552	0.617	0.686	0.755	0.825	0.689	1.04	1.21	1.37	1.46	1.50
	$E \times 10^{-4}/\text{kPa}$															
SO_2	0.167	0.203	0.245	0.294	0.355	0.413	0.485	0.567	0.661	0.763	0.871	1.11	1.39	1.70	2.01	—

2. 溶质在气相中的组成以分压 p、液相中的组成以物质的量浓度 c_A 表示

亨利定律可表示为

$$p_A^* = \frac{c_A}{H} \tag{6-19}$$

式中，c_A 为溶液中溶质的物质的量浓度，kmol/m^3；p^* 为气相中溶质的平衡分压，kPa；H 为溶解度系数，$\text{kmol/(m}^3 \cdot \text{kPa)}$。

溶解度系数 H 反映了溶质溶解于特定溶剂的难易程度，H 值随温度的升高而减小。易溶气体的 H 值很大，而难溶气体的 H 值则很小。溶解度系数 H 与亨利系数 E 的关系可推导如下：若溶液的体积为 $V(\text{m}^3)$，溶液中溶质 A 的物质的量浓度为 $c_A[\text{kmol(A)/m}^3]$，溶液的密度为 $\rho(\text{kg/m}^3)$，并分别用 M_A 和 M_S 表示溶质 A 和溶剂 S 的摩尔质量，则溶液所含溶质 A 的量为 $c_A V(\text{kmol})$，溶剂 S 的量为 $(\rho V - c_A V M_A)/M_S(\text{kmol})$，溶质 A 在液相中的摩尔分数为

$$x_A = \frac{c_A V}{c_A V + \dfrac{\rho V - c_A V M_A}{M_S}} = \frac{c_A M_S}{\rho + c_A (M_S - M_A)} \tag{6-20}$$

将式(6-20)代入式(6-18)可得

$$p_A^* = E \frac{c_A M_S}{\rho + c_A (M_S - M_A)}$$

将上式与式(6-19)比较可得

$$H = \frac{\rho + c_A (M_S - M_A)}{E M_S}$$

对稀溶液，c_A 值很小，则 $c_A(M_S - M_A) \ll \rho$，所以上式可简化为

$$H = \frac{\rho}{E M_S} \tag{6-21}$$

3. 溶质在气、液相中的组成分别以摩尔分数 y、x 表示

亨利定律表示为

$$y^* = mx \tag{6-22}$$

式中,x 为液相中溶质的摩尔分数;y^* 为与液相成平衡的气相中溶质的摩尔分数;m 为相平衡常数。

对于一定的物系,相平衡常数 m 也可反映溶质在特定溶剂中溶解的难易程度,也是温度和压力的函数,其数值可由实验测得。m 值越大,则表明该气体越难溶;反之,则越易溶。m 与 E 的关系可推导如下:

若系统总压为 P,由理想气体分压定律可知

$$p = Py$$

同理

$$p^* = Py^*$$

将上式代入式(6-18)可得

$$Py^* = Ex$$

$$y^* = \frac{E}{P}x$$

将上式与式(6-22)比较可得

$$m = \frac{E}{P} \tag{6-23}$$

4. 溶质在气、液相中的组成以物质的量比 Y、X 表示

$$y = \frac{Y}{1+Y}$$

$$x = \frac{X}{1+X}$$

将以上两式代入式(6-22)可得

$$\frac{Y^*}{1+Y^*} = m \frac{X}{1+X}$$

整理得

$$Y^* = \frac{mX}{1+(1-m)X} \tag{6-24}$$

对于稀溶液,$(1-m)X \ll 1$,则式(6-24)可简化为

$$Y^* = mX \tag{6-24a}$$

由式(6-24a)可知,对于稀溶液,其平衡关系在 Y-X 图中为一条通过原点的直线,直线的斜率为 m。

由于亨利定律各种表达式为互成平衡的气液相组成之间的关系,因此亨利定律也可以由气相组成计算与之相平衡的液相组成,如 $x^* = \dfrac{p}{E}$ 等。

【例 6-2】 亨利定律各系数的计算。

在 101.3 kPa 及 25 ℃下测得氨在水中平衡数据为:组成为 1 g NH$_3$/100 g H$_2$O 的氨水上方氨的平衡分压为 520 kPa,且在该组成范围内相平衡关系符合亨利定律。试求亨利系数 E、溶解度系数 H 及相平衡常数

m。稀氨水密度可近似取为 1000 kg/m³。

　　解　由亨利定律

$$E = \frac{p^*}{x}$$

其中

$$x = \frac{1/17}{1/17 + 100/18} = 0.0105$$

所以亨利系数为

$$E = \frac{520}{0.0105} = 4.952 \times 10^4 \, (\text{Pa})$$

　　由亨利定律

$$y^* = mx$$

其中

$$y^* = \frac{520 \times 10^{-3}}{101.3} = 0.005\,13$$

所以相平衡常数

$$m = \frac{0.005\,13}{0.0105} = 0.489$$

　　由亨利定律

$$p^* = \frac{c_A}{H}$$

其中

$$c_A = \frac{\dfrac{1}{17}}{\dfrac{1+100}{1000}} = 0.582 (\text{kmol/m}^3)$$

所以溶解度系数为

$$H = \frac{0.582}{520} = 1.119 \times 10^{-3} \left[\text{kmol/(m}^3 \cdot \text{Pa)} \right]$$

另解

$$H = \frac{\rho}{EM_S} = \frac{1000}{4.952 \times 10^4 \times 18} = 1.122 \times 10^{-3} \left[\text{kmol/(m}^3 \cdot \text{Pa)} \right]$$

$$m = \frac{E}{P} = \frac{4.952 \times 10^4}{101.3 \times 10^3} = 0.489$$

　　两种计算结果一致。

　　亨利定律表示互成平衡的气液两相组成的关系,由于组成可采用不同的表示方法,因此亨利定律具有不同的表达形式,相应的系数也不同。但其中涉及的浓度及各系数可依据亨利定律及浓度换算关系进行换算。计算时应注意单位的一致性。

6.2.3　气液相平衡关系在吸收中的应用

　　(1) 确定吸收液或吸收尾气的极限浓度。

　　(2) 判断传质进行的方向并确定传质推动力。

　　下面通过例题对以上两方面的应用进行阐述。

　　【例 6-3】　在温度 20 ℃、总压 0.1 MPa 下,含有 0.1(摩尔分数)CO_2 的空气与含有 0.000 02(摩尔分数)CO_2 的水溶液接触,试判断 CO_2 的传递方向,并计算传质推动力。

如果其他条件不变,而水溶液 CO_2 的组成变为 0.0002(摩尔分数),再判断 CO_2 的传递方向,并计算传质推动力。

解　温度为 20 ℃,从表 6-1 查得 CO_2 水溶液的亨利系数 $E=144$ MPa。

由总压 $P=0.1$ MPa,得相平衡常数为

$$m=\frac{E}{P}=\frac{144}{0.1}=1440$$

(1) 已知 $y=0.1$,$x=0.000\,02$。

用气相组成判断 CO_2 的传递方向。

$$y^*=mx=1440\times0.000\,02=0.0288<0.1$$

即 $y>y^*$,CO_2 从气相向液相传递(吸收过程)。传质推动力为

$$y-y^*=0.1-0.0288=0.0712$$

用液相组成判断 CO_2 的传递方向。

$$x^*=\frac{y}{m}=\frac{0.1}{1440}=0.000\,069\,4>x=0.000\,02$$

即 $x^*>x$,CO_2 从气相向液相传递(吸收过程)。传质推动力为

$$x^*-x=0.000\,069\,4-0.000\,02=0.000\,049\,4$$

(2) 已知 $y=0.1$,$x=0.0002$。

用气相组成判断 CO_2 的传递方向。

$$y^*=mx=1440\times0.0002=0.288>0.1$$

即 $y<y^*$,CO_2 从液相向气相传递(解吸过程)。传质推动力为

$$y^*-y=0.288-0.1=0.188$$

用液相组成判断 CO_2 的传递方向。

$$x^*=\frac{y}{m}=\frac{0.1}{1440}=0.000\,069\,4<0.0002$$

即 $x^*<x$,CO_2 从液相向气相传递(解吸过程)。传质推动力为

$$x-x^*=0.0002-0.000\,069\,4=0.000\,130\,6$$

6.3　物质传递的基本方式

无论气相或液相,物质传递的方式包括分子扩散和对流扩散两种。

6.3.1　分子扩散

1. 分子扩散现象

分子扩散类似于传热中的热传导,是分子微观运动的宏观统计结果。在静止流体和层流流体的垂直流动方向上的传递主要是分子扩散。混合物中存在的温度梯度、压强梯度及浓度梯度都会产生分子扩散,本章仅讨论吸收过程中因浓度差而造成的分子扩散现象和分子扩散速率。

如图 6-6 所示的密闭容器中,用一块隔板将容器分为左右两室,两室分别充入温度及压强相同的 A 和 B 两种气体。当中间的隔板被抽出后,由于气体分子的无规则运动,分子 A 由高浓度的左室向低浓度的右室扩散,同理气体 B 由高浓度的右室向低浓度的左室扩散,即两种分子各自沿其浓度降低

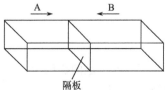

图 6-6　分子扩散现象

的方向传递,直至整个容器中 A 和 B 两组分浓度均匀为止,此时通过任一截面的 A 和 B 分子的净扩散的物质的量为零,但扩散仍在继续,只是左、右两方向扩散的物质的量相等,系统处于扩散的动态平衡之中,此即为分子扩散现象。

2. 菲克定律

分子扩散的实质是分子的微观随机运动,对恒温恒压下的一维稳态扩散,其统计规律可用宏观的方式表达,即

$$J_A = -D_{AB} \frac{dc_A}{dz} \tag{6-25}$$

式中,J_A 为单位时间内组分 A 通过单位面积扩散的物质的量,称为分子扩散速率,$kmol/(m^2 \cdot s)$;dc_A/dz 为组分在扩散方向 z 上的浓度梯度,浓度 c_A 的单位是 $kmol/m^3$;D_{AB} 为组分 A 在 A、B 双组分混合物中的分子扩散系数,m^2/s。

式(6-25)称为菲克(Fick)定律,其形式与牛顿黏性定律、傅里叶热传导定律类似。菲克定律表明,只要混合物中存在浓度梯度,必产生物质的扩散流。式中负号表示扩散(或传递)方向与浓度梯度方向相反,即扩散方向沿着组分 A 浓度降低的方向进行。

3. 分子扩散形式

在稳态传质单元操作过程中,分子扩散形式包括组分 A、B 等分子逆向扩散和组分 A 通过停滞组分 B 的单向扩散两种形式。

1) 组分 A、B 等分子逆向扩散

如图 6-7 所示,现有一直径均匀的细管连接两个密闭容器,两容器内分别盛有不同浓度的组分 A、B 混合气体,已知两容器内温度和总压均相同,两容器内装有搅拌器,用于保持两容器内混合气体浓度均匀。由于 $c_{A1} > c_{A2}$,$c_{B1} < c_{B2}$,在连通管内将发生分子扩散现象,组分 A 向右扩散,而组分 B 向左扩散。因两容器内混合气体总压相同,所以通过连通管内任一截面上的 A、B 两组分的物质的量相等,但方向相反,此扩散称为组分 A、B 等分子逆向扩散。

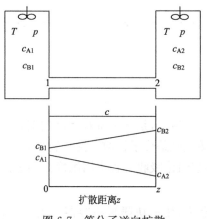

图 6-7　等分子逆向扩散

在等分子逆向扩散中,组分 A 的分子扩散速率等于其传质速率,若将组分 A 的传质速率记为 N_A,则

$$N_A = J_A = -D_{AB}\frac{dc_A}{dz} \tag{6-26}$$

边界条件:$z=0$ 处,$c_A=c_{A1}$;$z=z$ 处,$c_A=c_{A2}$,对式(6-26)积分

$$\int_0^z N_A dz = \int_{c_{A1}}^{c_{A2}} -D_{AB}dc_A$$

$$N_A = \frac{D_{AB}}{z}(c_{A1}-c_{A2}) \tag{6-27}$$

如果 A、B 组成的混合物为理想气体,式(6-27)可表示为

$$N_A = \frac{D_{AB}}{RTZ}(p_{A1}-p_{A2}) \tag{6-28}$$

式(6-27)和式(6-28)为稳态条件下组分 A 等分子逆向扩散速率方程积分式。从式(6-26)可以看出,在等分子逆向扩散过程中,扩散距离 z 与组分 A 的浓度呈直线关系。

当两组分 A、B 的摩尔气化潜热相等时,组分 A、B 等分子逆向扩散通常发生在蒸馏单元操作过程中。

2) 组分 A 通过停滞组分 B 的单向扩散

液体溶剂与 A、B 两组分的气体混合物接触,在气、液之间必然存在相界面,由于组分 A 溶解于液相,因此组分 A 可通过气液相界面溶于液相,而组分 B 不溶于液相,所以组分 B 不能通过气液相界面,相当于"停止不动"。此种扩散形式称为组分 A 通过停滞组分 B 的单向扩散。

如图 6-8 所示,组分 A 从气相主体扩散到界面,并通过气液相界面进入液相,由于组分 B 不能进入液相,便从气液相界面向气相主体反向扩散,造成靠近界面处气

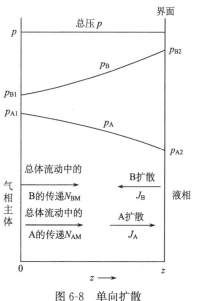

图 6-8 单向扩散

相总压降低,这样就在气相主体与界面之间产生了总压差,这一总压差必将推动 A、B 混合气体由气相主体向界面处流动,此种流动称为总体流动。

下面分别讨论组分 A 和组分 B 的扩散速率。对于组分 B,由于从气液相界面向气相主体反向扩散速率 J_B 与因总体流动而产生的扩散速率 N_{BM} 两者大小相等,方向相反,即通过任一截面的静的传质速率为零,可表示为

$$N_B = J_B + N_{BM} = 0 \tag{6-29}$$

在气相的总体流动中,组分 B 扩散的量与总扩散量之比等于它们的物质的量浓度之比,即

$$N_{BM} = N_M \frac{c_B}{c} \tag{6-30}$$

将式(6-30)代入式(6-29),可得

$$N_B = J_B + N_{BM} = J_B + N_M \frac{c_B}{c} = 0 \tag{6-31}$$

由式(6-31)可得

$$J_B = -N_M \frac{c_B}{c} \tag{6-32}$$

对于组分 A,在气相内的传质速率为分子扩散和因总体流动而产生的扩散速率之和,即

$$N_A = J_A + N_{AM} \tag{6-33}$$

同理,在气相的总体流动中,组分 A 扩散的量与总扩散量之比等于它们的物质的量浓度之比,即

$$N_{AM} = N_M \frac{c_A}{c} \tag{6-34}$$

将式(6-34)代入式(6-33),可得

$$N_A = J_A + N_{AM} = J_A + N_M \frac{c_A}{c} \tag{6-35}$$

又因为

$$J_A = -J_B \tag{6-36}$$

将式(6-36)代入式(6-32),可得

$$J_A = N_M \frac{c_B}{c} \tag{6-37}$$

将式(6-37)代入式(6-35),得

$$N_A = N_M \frac{c_B}{c} + N_M \frac{c_A}{c} = N_M \frac{c_A + c_B}{c} = N_M$$

即

$$N_A = N_M \tag{6-38}$$

将式(6-38)及式(6-25)代入式(6-35)得

$$N_A = -D_{AB} \frac{dc_A}{dz} + N_A \frac{c_A}{c} \tag{6-39}$$

即

$$N_A = -\frac{D_{AB}c}{c - c_A} \frac{dc_A}{dz} \tag{6-40}$$

在 $z=0, c_A = c_{A1}; z=z, c_A = c_{A2}$ 的边界条件下,对式(6-40)进行积分得

$$N_A = \frac{D_{AB}c}{zc_{BM}}(c_{A1} - c_{A2}) \tag{6-41}$$

式中

$$c_{BM} = \frac{c_{B2} - c_{B1}}{\ln \frac{c_{B2}}{c_{B1}}}$$

$$N_A = \frac{D_{AB}p}{RTz} \ln \frac{p_{B2}}{p_{B1}} \tag{6-42}$$

或

$$N_A = \frac{D_{AB}P}{RTzp_{BM}}(p_{A1} - p_{A2}) \tag{6-43}$$

式中

$$p_{BM} = \frac{p_{B2} - p_{B1}}{\ln \frac{p_{B2}}{p_{B1}}}$$

$\dfrac{p}{p_{BM}}$、$\dfrac{c}{c_{BM}}$ 称为"漂流因子"或"移动因子",无因次,同时 $\dfrac{p}{p_{BM}}$ 或 $\dfrac{c}{c_{BM}}$ 总是大于 1,与式(6-28)比较可以看出,组分 A 通过停滞组分 B 单向扩散的传质速率比组分 A、B 等分子逆向扩散速率大。其原因就是单向扩散既有分子扩散,也有因气体混合物的总体流动携带的流动。因此,漂流因子的大小反映了总体流动对传质速率的影响程度,溶质的浓度越大,其影响越大。当气体混合物中溶质 A 的浓度较低时,即 $\dfrac{p}{p_{BM}}$ 或 $\dfrac{c}{c_{BM}}$ 接近于 1,此时总体流动可以忽略不计。

【例 6-4】 在温度为 20 ℃、总压为 101.3 kPa 的条件下,CO_2 与空气的气体混合物缓慢流经 Na_2CO_3 溶液液面,空气不溶于 Na_2CO_3 溶液,CO_2 透过 1 mm 厚的静止空气层扩散到 Na_2CO_3 溶液中。其中,气体混合物中 CO_2 的摩尔分数为 0.2,CO_2 与 Na_2CO_3 溶液液面直接接触迅速被吸收,故相界面上 CO_2 的浓度很低,可忽略不计。已知该操作条件下,CO_2 在空气中的扩散系数为 0.18 cm^2/s,则 CO_2 的传质速率是多少?

解 CO_2 通过静止空气层扩散到 Na_2CO_3 溶液液面属组分 A 通过停滞组分 B 的单向扩散,可用式(6-43)计算。已知:CO_2 在空气中的扩散系数 $D_{AB}=0.18\ cm^2/s=1.8\times10^{-5}\ m^2/s$,扩散距离 $z=1\ mm=0.001\ m$,气相总压 $p=101.3\ kPa$,气相主体中溶质 CO_2 的分压 $p_{A1}=py_{A1}=101.3\times0.2=20.27(kPa)$,气液界面上 CO_2 的分压 $p_{A2}=0\ kPa$,所以

气相主体中空气(惰性组分)的分压
$$p_{B1}=p-p_{A1}=101.3-20.27=81.06(kPa)$$

气液界面上的空气(惰性组分)的分压
$$p_{B2}=p-p_{A2}=101.3-0=101.3(kPa)$$

空气在气相主体和界面上分压的对数平均值为
$$p_{BM}=\dfrac{p_{B2}-p_{B1}}{\ln\dfrac{p_{B2}}{p_{B1}}}=\dfrac{101.3-81.06}{\ln\dfrac{101.3}{81.06}}=90.8(kPa)$$

代入式(6-43),得
$$N_A=\dfrac{D_{AB}p}{RTzp_{BM}}(p_{A1}-p_{A2})=\dfrac{1.8\times10^{-5}}{8.314\times293\times0.001}\times\dfrac{101.3}{90.8}\times(20.27-0)$$
$$=1.67\times10^{-4}[kmol/(m^2\cdot s)]$$

6.3.2 对流扩散

在流动的流体中不仅有分子扩散,而且流体的宏观流动也将导致物质的传递,这种现象称为对流扩散。对流扩散与对流传热类似,且通常是指流动流体与某一界面(如气液界面)之面的传质。对流扩散可视为分子扩散与涡流扩散的联合。

对流传质速率可表示为
$$J_{AT}=-(D_{AB}+D_e)\dfrac{dc_A}{dz} \tag{6-44}$$

式中,J_{AT} 为单位时间内组分 A 通过单位面积扩散的物质的量,称为对流扩散速率,$kmol/(m^2\cdot s)$;dc_A/dz 为组分在扩散方向 z 上的浓度梯度,浓度 c_A 的单位是 $kmol/m^3$;D_{AB} 为组分 A 在 A、B 双组分混合物中的分子扩散系数,m^2/s;D_e 为组分 A 在 A、B 双组分混合物中的涡流扩散系数,m^2/s。

6.3.3 分子扩散系数

分子扩散系数简称扩散系数,是物质的特性常数之一,反映某组分在一定介质(气相或液相)中的扩散能力,与物系种类、温度、浓度及压强有关。通常组分低压下在气体中的扩散系数

仅与温度、压强有关，可不考虑浓度的影响。组分在液相中的扩散系数不仅与种类、温度有关，而且与溶液的浓度密切相关，而压强的影响可以忽略。扩散系数一般通过实验测定。在实验数据数量有限的情况下，需借助经验或半经验的公式进行估算。

表 6-2 和表 6-3 分别列举了一些组分在空气中和水中的扩散系数，其他组分的扩散系数可从有关资料中查得。气体扩散系数通常与 $T^{1.5}$ 成正比，与 $P_总$ 成反比，其值一般为 $1×10^{-5}～1×10^{-4}$ m^2/s。液体扩散系数通常与温度 T 成正比，与黏度成反比，其值比气体的扩散系数小得多，一般为 $1×10^{-10}～1×10^{-9}$ m^2/s。

表 6-2　一些组分在空气中的分子扩散系数(25 ℃,101.325 kPa)

组　分	$D/(×10^{-4}$ $m^2/s)$	组　分	$D/(×10^{-4}$ $m^2/s)$
H_2	0.410	CH_3OH	0.159
H_2O	0.256	CH_3COOH	0.133
NH_3	0.236	C_2H_5OH	0.119
O_2	0.206	C_6H_6	0.088
CO_2	0.164	$C_6H_5CH_3$	0.084

表 6-3　一些组分在水中的分子扩散系数(20 ℃,稀溶液)

组　分	$D/(×10^{-9}$ $m^2/s)$	组　分	$D/(×10^{-9}$ $m^2/s)$
H_2	5.13	H_2S	1.41
O_2	1.80	CH_3OH	1.28
NH_3	1.76	Cl_2	1.22
N_2	1.64	C_2H_5OH	1.00
CO_2	1.74	CH_3COOH	0.88

6.4　吸收机理和速率关系

吸收过程涉及气、液两相间的物质传递，包括以下三个步骤：①溶质由气相主体传递到两相界面，即气相内的物质传递；②溶质在相界面上的溶解，由气相转入液相，即界面上发生的溶解过程；③溶质自界面传递至液相主体，即液相内的物质传递。

上述界面上发生的溶解过程很容易进行，阻力极小。因此，通常都认为界面上气、液两相的溶质浓度满足相平衡关系。这样，吸收过程就由气相和液相两个单相内的传质过程组成。单位时间内在单位相际传质面积上传递的溶质的量称为吸收速率。对于稳态吸收过程，气液相内溶质的传递速率都是相等的，且等于吸收速率。

6.4.1　双膜理论及其传质速率模型

显然，气体吸收是溶质先从气相主体扩散到气-液界面，再从界面扩散到液相主体的相际之间的传质过程。关于两相间的物质传递的机理，应用最广泛的是较早提出的"双膜理论"（two-film theory），它的基本论点如下：

(1) 气、液两相之间有一个稳定的相界面，在相界面两侧分别是层流流动的稳定膜层，称为气膜和液膜。溶质以分子扩散的方式连续通过这两个膜层。在膜层外是呈湍流状态的气、液两相主体。

（2）在相界面上气、液两相互成平衡，界面上没有传质阻力。

（3）在气液相的主体内，由于充分的湍流，溶质的浓度基本均匀，即认为主体中没有浓度梯度存在，换言之，浓度梯度全部集中在两个膜层内，也就是阻力集中在两膜当中。因此双膜理论又称为双阻力理论。

根据双膜理论可将吸收过程简化为溶质分子通过气、液两膜层的分子扩散过程。

依据上述基本论点可绘制双膜理论假想模型示意图，如图 6-9 所示。

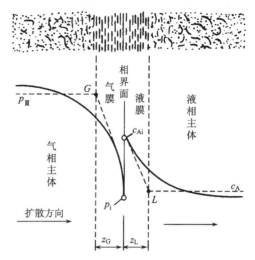

图 6-9 双膜理论假想模型示意图

6.4.2 单相内的对流传质速率方程

吸收速率是指单位传质面积上在单位时间内所吸收的溶质的量。描述吸收速率与吸收推动力之间关系的数学表达式称为吸收速率方程。与传热等传递过程一样，吸收过程的速率关系也遵循“过程速率＝过程推动力/过程阻力”的一般关系式，其中的推动力是指浓度差，吸收阻力的倒数称为吸收系数。因此，吸收速率关系又可以表示为“吸收速率＝推动力×吸收系数”的形式。

对流扩散现象极为复杂，传质速率一般难以解析求解，必须依靠实验测定。仿照对流传热，可将流体与界面之间组分 A 的传质速率 N_A 写成类似于牛顿冷却定律的形式，即传质速率正比于界面浓度与流体主体浓度之差。但与对流传热不同的是，气、液两相的浓度都可以用多种形式表示，所以对流传质速率方程式可以写成多种形式。下面以几种常用形式为例进行说明。

气相与界面的传质速率式可写为

$$N_A = k_G(p - p_i) \tag{6-45}$$

或

$$N_A = k_Y(Y - Y_i) \tag{6-46}$$

式中，p、p_i 分别为溶质组分 A 在气相主体、界面处的分压，kPa；Y、Y_i 分别为溶质组分 A 在气相主体、界面处的物质的量比；k_G 为以分压差表示推动力的气膜传质系数，$kmol/(m^2 \cdot s \cdot kPa)$；$k_Y$ 为以物质的量比之差表示推动力的气膜传质系数，$kmol/(m^2 \cdot s)$。

式(6-45)和式(6-46)称为气膜传质速率方程。

液相与界面的传质速率式可以写为

$$N_A = k_L(c_{Ai} - c_A) \tag{6-47}$$

或

$$N_A = k_X(X_i - X) \tag{6-48}$$

式中，c_A、c_{Ai} 分别为溶质组分 A 的液相主体浓度、界面浓度，$kmol/m^3$；X、X_i 分别为液相主体、界面处组分 A 的物质的量比;k_L 为以物质的量浓度之差表示推动力的液膜传质系数,m/s;k_X 为以物质的量比之差表示推动力的液膜传质系数,kmol/($m^2 \cdot s$)。

式(6-47)和式(6-48)称为液膜吸收速率方程。

比较式(6-45)与式(6-46)、式(6-47)与式(6-48),不难导出以下关系:

$$k_Y = Pk_G \tag{6-49}$$

$$k_X = c_M k_L \tag{6-50}$$

以上处理方法是将主体浓度和界面浓度之差作为对流传质的推动力,而其他所有影响对流传质的因素均包括在气相(或液相)传质分系数之中。传质系数 k_G、k_L(或 k_Y、k_X)的数值可在各种具体条件下测定,并通过实验分析流动条件对它们的影响。但实际使用的传质设备型式多样,塔内流动情况十分复杂,两相的接触界面也往往难以确定,这使对流传质分系数的一般准数关联式远不及传热那样完善和可靠。

6.4.3　两相间总传质速率方程

1. 以($Y - Y^*$)为推动力的总传质速率方程

若气液相平衡关系符合亨利定律,依据双膜理论有

$$X_i = \frac{Y_i}{m} \qquad X = \frac{Y^*}{m}$$

代入液膜传质速率方程[式(6-48)],将 X_i、X 分别用 Y_i、Y 表示并将其写成(推动力/阻力)的形式,即

$$N_A = \frac{X_i - X}{\dfrac{1}{k_X}} = \frac{Y_i/m - Y^*/m}{\dfrac{1}{k_X}} = \frac{Y_i - Y^*}{\dfrac{m}{k_X}}$$

将气膜传质速率方程[式(6-46)]也写成推动力与阻力之比,即

$$N_A = \frac{Y - Y_i}{\dfrac{1}{k_Y}}$$

在稳态的传质过程中,溶质通过气相的传质速率与通过液相的传质速率相等,则

$$N_A = \frac{Y - Y_i}{\dfrac{1}{k_Y}} = \frac{Y_i - Y^*}{\dfrac{m}{k_X}}$$

根据加和性原则,将上式的 Y_i 消去,得

$$N_A = \frac{Y - Y^*}{\dfrac{1}{k_Y} + \dfrac{m}{k_X}}$$

令

$$\frac{1}{K_Y} = \frac{1}{k_Y} + \frac{m}{k_X} \tag{6-51}$$

式(6-51)表明

相间传质总阻力＝气膜阻力＋液膜阻力

因此,以$(Y-Y^*)$为推动力的总传质速率方程为

$$N_A = \frac{Y-Y^*}{\dfrac{1}{K_Y}} = K_Y(Y-Y^*) \tag{6-52}$$

式中,K_Y 为以$(Y-Y^*)$为推动力的总传质系数,简称气相总传质系数,$kmol/(m^2 \cdot s)$。

2. 以(X^*-X)为推动力的总传质速率方程

若气液相平衡关系服从亨利定律,有

$$Y_i = mX_i \qquad Y = mX^*$$

代入气膜传质速率方程[式(6-46)],并仿照以$(Y-Y^*)$为推动力的总传质速率方程的推导方法可得

$$N_A = \frac{X^*-X}{\dfrac{1}{K_X}} = K_X(X^*-X) \tag{6-53}$$

其中

$$\frac{1}{K_X} = \frac{1}{mk_Y} + \frac{1}{k_X} \tag{6-54}$$

式(6-54)也表明

相间传质总阻力＝气膜阻力＋液膜阻力

式(6-53)中的 K_X 为以(X^*-X)为推动力的总传质系数,简称液相总传质系数,$kmol/(m^2 \cdot s)$。

将式(6-51)与式(6-54)比较,可知 K_X 与 K_Y 的关系为

$$K_X = mK_Y \tag{6-55}$$

3. 气膜控制与液膜控制

这里对式(6-51)与式(6-54)做进一步讨论。

当溶质的溶解度很大,即其相平衡常数 m 很小时,由式(6-51)可知,在 k_X 和 k_Y 数量级相当时,液膜传质阻力 m/k_X 比气膜传质阻力 $1/k_Y$ 小得多,则式(6-51)可简化为

$$\frac{1}{K_Y} \approx \frac{1}{k_Y} \quad 即 \quad K_Y \approx k_Y$$

此时,传质阻力集中于气膜中,此过程由气膜阻力控制或气膜控制(gas-film control)。易溶气体(如氯化氢及氨)溶于水均可视为气膜控制。

具体分析如下:

(1) 相平衡常数 m 很小时,平衡线斜率很小。此时,较小的气相组成 Y 与较大的液相组成 X^* 相平衡。

(2) 气膜控制时,液相界面组成 $X_i \approx X$(为液相主体溶质 A 的组成),气膜推动力 $(Y-Y_i) \approx (Y-Y^*)$(为气相总推动力),可见阻力越大对应的推动力越大,如图 6-10(a)所示。

(3) 气膜控制时,要提高总传质系数 K_Y,关键在于加大气相湍动程度。

当溶质的溶解度很小,即 m 值很大时,由式(6-54)可知,在 k_X 和 k_Y 数量级相当时,气膜

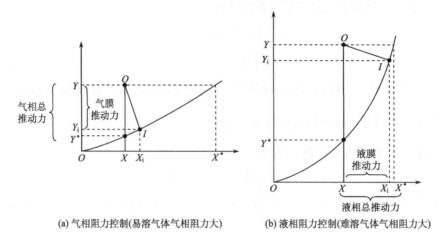

(a) 气相阻力控制(易溶气体气相阻力大)　　　(b) 液相阻力控制(难溶气体气相阻力大)

图 6-10　吸收传质阻力在两相中的分配

阻力 $1/mk_Y$ 比液膜阻力 $1/k_X$ 小很多,则式(6-54)可简化为

$$\frac{1}{K_X} \approx \frac{1}{k_X} \quad 即 \quad K_X \approx k_X$$

此时,传质阻力集中于液膜中,此过程由液膜阻力控制或液膜控制(liquid-film control)。难溶气体(如用水吸收氧或氢等)均是典型的液膜控制。

液膜控制时,气相界面分压 $Y_i \approx Y$(为气相主体溶质 A 的组成),液膜推动力 $(X_i - X) \approx (X^* - X)$(为液相总推动力),如图 6-10(b)所示。液膜控制时,要提高总传质系数 K_X,应着重增大液相湍动程度。

气膜阻力与液膜阻力相当的吸收过程称为双膜阻力控制过程,此时多为中等溶解度的溶质。要提高总传质系数,必须同时增大气相和液相的湍动程度。

气体在水中溶解的难易程度通常粗略地用气液相平衡常数 m 区分。当 $m < 1$ 时,可以认为是易溶气体;当 $m > 100$ 时,可以认为是难溶气体;当 $m = 1 \sim 100$ 时,可以认为是中等溶解度气体。

6.4.4　吸收速率方程的各种表示形式及吸收系数的换算

由于浓度表示方法的多样性,因此吸收速率方程有多种表达形式,现比较列于表 6-4。

表 6-4　吸收速率方程一览表

吸收速率方程	推动力		吸收系数	
	表达式	单　位	符　号	单　位
$N_A = k_L(c_i - c)$	$c_i - c$	$kmol/m^3$	k_L	$kmol/[m^2 \cdot s \cdot (kmol/m^3)]$ 或 m/s
$N_A = k_G(p - p_i)$	$p - p_i$	kPa	k_G	$kmol/(m^2 \cdot s \cdot kPa)$
$N_A = k_x(x_i - x)$	$x_i - x$	—	k_x	$kmol/(m^2 \cdot s)$
$N_A = k_y(y - y_i)$	$y - y_i$	—	k_y	$kmol/(m^2 \cdot s)$
$N_A = k_X(X_i - X)$	$X_i - X$	—	k_X	$kmol/(m^2 \cdot s)$
$N_A = k_Y(Y - Y_i)$	$Y - Y_i$	—	k_Y	$kmol/(m^2 \cdot s)$

吸收速率方程	推动力		吸收系数	
	表达式	单 位	符 号	单 位
$N_A = K_L(c^* - c)$	$c^* - c$	$kmol/m^3$	K_L	$kmol/[m^2 \cdot s \cdot (kmol/m^3)]$
$N_A = K_G(p - p^*)$	$p - p^*$	kPa	K_G	$kmol/(m^2 \cdot s \cdot kPa)$
$N_A = K_x(x^* - x)$	$x^* - x$	—	K_x	$kmol/(m^2 \cdot s)$
$N_A = K_y(y - y^*)$	$y - y^*$	—	K_y	$kmol/(m^2 \cdot s)$
$N_A = K_X(X^* - X)$	$X^* - X$	—	K_X	$kmol/(m^2 \cdot s)$
$N_A = K_Y(Y - Y^*)$	$Y - Y^*$	—	K_Y	$kmol/(m^2 \cdot s)$

值得注意的是：

（1）应用任何速率方程均可计算稳定吸收过程某一截面的吸收速率，但无法直接计算整个塔的吸收速率。

（2）吸收系数的单位是 $\dfrac{kmol}{m^2 \cdot s \cdot 单位推动力}$，应用中必须与相应的推动力一致。

（3）吸收系数是计算吸收速率的关键，而传质过程的影响因素比传热过程复杂得多，吸收系数不仅与流体物性、设备类型、填料特性等有关，而且还受塔内流体的流动状况和操作条件等因素的影响，因此迄今尚无通用的计算公式和方法。吸收系数一般通过实验测定法、经验关联式法或准数关联式法获得，具体内容可参阅相关资料。

应予指出，总吸收系数与液膜和气膜吸收系数是有机联系在一起的。各吸收系数间是可以换算的，其关系见表 6-5。

表 6-5　吸收系数的表达式与吸收系数的换算

总吸收系数表达式	$\dfrac{1}{K_G} = \dfrac{1}{k_G} + \dfrac{1}{Hk_L}$，$\dfrac{1}{K_y} = \dfrac{1}{k_y} + \dfrac{m}{k_x}$，$\dfrac{1}{K_L} = \dfrac{H}{k_G} + \dfrac{1}{k_L}$，$\dfrac{1}{K_x} = \dfrac{1}{mk_y} + \dfrac{1}{k_x}$
膜吸收系数换算式	$k_x = c_总 k_L$，$k_y = Pk_G$，$K_X = K_x$，$K_Y = K_y$
总吸收系数的换算	$K_Y \approx K_y = PK_G$，$K_x = mK_y$，$K_X \approx K_x = c_总 K_L$，$K_G = HK_L$

【例 6-5】 计算吸收阻力，分析吸收过程的控制因素。

已知某低浓度气体溶质被吸收时，平衡关系服从亨利定律，气膜吸收系数为 3.15×10^{-7} $kmol/(m^2 \cdot s \cdot kPa)$，液膜吸收系数为 5.86×10^{-5} m/s，溶解度系数为 1.45 $kmol/(m^3 \cdot kPa)$。试求气膜阻力、液膜阻力和总阻力，并分析该吸收过程的控制因素。

解 气膜阻力为

$$\frac{1}{k_G} = \frac{1}{3.15 \times 10^{-7}} = 3.175 \times 10^6 (m^2 \cdot s \cdot kPa/kmol)$$

液膜阻力为

$$\frac{1}{k_L} = \frac{1}{5.86 \times 10^{-5}} = 1.706 \times 10^4 (s/m)$$

总阻力为

$$\frac{1}{K_G} = \frac{1}{k_G} + \frac{1}{Hk_L} = 3.175 \times 10^6 + \frac{1.706 \times 10^4}{1.45} = 3.187 \times 10^6 (m^2 \cdot s \cdot kPa/kmol)$$

气膜阻力占总阻力的百分数为

$$\frac{\frac{1}{k_G}}{\frac{1}{K_G}} \times 100\% = \frac{3.175 \times 10^6}{3.187 \times 10^6} \times 100\% = 99.6\%$$

由计算可知,气膜阻力占总阻力的 99.6%,液膜阻力远小于气膜阻力,该吸收过程为气膜控制。

讨论如下:

(1) 吸收系数具有多种形式,而吸收系数的倒数即为吸收阻力,所以吸收阻力也具有多种形式,各种类型的阻力关系均可用于阻力分析。

(2) 根据工程经验,通常气膜(或液膜)阻力占总阻力的百分数不大于 10%,则可将该吸收过程视为液膜(或气膜)控制。

6.4.5　获得吸收系数的途径

无论对于单相内的对流传质速率方程,还是两相间总传质速率方程,要想计算出传质速率数值,必须已知相应的吸收系数,可见吸收系数的确定对于吸收过程的计算具有十分重要的意义。由于影响对流传质过程的因素较复杂,吸收系数不仅与流体的物性和传质设备的结构类型等有关,而且还与传质设备内流体的流动状况和操作条件密切相关,因此很难从理论推导出吸收系数的通用计算公式和方法。目前,人们主要通过实验测定、选用适当的经验公式计算、选用适当的准数关联式计算三种途径获得吸收系数。

其中,实验测定方法是获得吸收系数的根本途径,通常在已知传质实验设备或生产装置上进行,用实际操作的物系,在选定的操作条件进行实验。目前,计算吸收系数的经验公式较多,均是从特定系统和特定条件下的实验数据中关联得出的,但因其适用范围也受到实验条件的限制,所以通常需在规定条件下应用方可获得较为可靠的计算结果。目前,有关用水吸收易溶气体氨、中等溶解度气体二氧化硫、难溶气体二氧化碳的吸收系数的经验公式,可从相关参考书籍中查得。鉴于吸收系数的经验公式的局限性,若将广泛使用的吸收物系、传质设备及操作条件下所取得的实验数据整理出若干个无因次数群之间的关联式,进而用于描述各种影响因素与吸收系数之间的关系,则这种准数关联式称为吸收系数的量纲为一数群关联式。这些关联式中常用的量纲为一数群包括舍伍德数、施密特数、雷诺数及伽利略数。由这些数群关联得到的量纲为一数群关联式具有较好的概括性,其适用范围广,但计算精度一般较差,其具体表达式可从相关参考书籍中获取。

应予指出,无论是吸收系数的经验公式,还是吸收系数的准数关联式,都有其特定的适用条件和范围,选用时应特别加以注意。

6.5　低浓度气体吸收计算

吸收过程一般采用塔设备进行,塔设备可分为气、液两相在塔内逐级接触的板式塔和气、液两相在塔内连续接触的填料塔。本章结合填料塔讨论吸收过程的相关计算,有关板式塔的内容将在第 7 章讨论。

吸收计算可分为设计计算和操作(校核)计算两类。设计计算是根据给定的生产任务和工艺条件,设计计算满足生产要求的吸收塔;操作计算则一般是根据已知的设备参数和工艺条件,确定所能完成的任务。两种计算所遵循的基本原理和所用关系式都是相同的,只是在具体的计算方法和步骤上有些差异。本节将重点讨论低浓度气体吸收过程的设计计算问题。

6.5.1　物料衡算与操作线方程

1. 全塔物料衡算

图 6-11 为一逆流操作吸收塔。塔底以下标 1 表示,塔顶以下标 2 表示。

在稳态条件下,单位时间对全塔进行物料衡算,输入的溶质量等于输出的溶质量。

$$VY_1 + LX_2 = VY_2 + LX_1$$

即

$$V(Y_1 - Y_2) = L(X_1 - X_2) \tag{6-56}$$

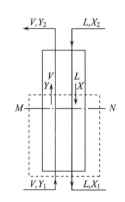

图 6-11　逆流吸收的物料衡算

式中,V 为单位时间通过吸收塔的惰性气体量,kmol(B)/s;L 为单位时间通过吸收塔的溶剂量,kmol(S)/s;Y_1、Y_2、Y 分别为进塔、出塔、任意塔截面处气体中溶质组分的物质的量比,kmol(A)/kmol(B);X_1、X_2、X 分别为出塔、进塔、任意截面处液体中溶质组分的物质的量比,kmol(A)/kmol(S)。

式(6-56)称为逆流操作吸收塔的全塔物料衡算式,表示吸收过程中气相中溶质的减少量等于液相中溶质的增加量。

生产中,进塔混合气的组成 Y_1 与流量 V 由吸收任务决定,吸收剂的种类一旦确定,其初始组成唯一确定。如果吸收任务又规定了溶质回收率 φ_A,则气体出塔时的组成 Y_2 可由回收率确定。

$$\varphi_A = \frac{V(Y_1 - Y_2)}{VY_1} = 1 - \frac{Y_2}{Y_1} \tag{6-57}$$

$$Y_2 = Y_1(1 - \varphi_A) \tag{6-57a}$$

式中,φ_A 为溶质 A 的吸收率或回收率。

因此,在上述前提下,若已知溶液出塔浓度为 X_1,可由全塔物料衡算式计算吸收剂用量 L,或已知吸收剂用量 L 确定 X_1。

2. 操作线方程与操作线

在逆流操作的填料式吸收塔内,气相、液相组成沿塔高呈连续变化。气体自下而上,其组成由 Y_1 逐渐降至 Y_2,液体自上而下,其组成由 X_2 逐渐增至 X_1。若在吸收塔内取任一横截面 M-N,其气、液组成之间的关系称为操作关系,描述该关系的方程即为操作线方程。

如图 6-11 所示,在 M-N 截面与塔底截面之间对组分 A 进行衡算,可得

$$VY + LX_1 = VY_1 + LX \tag{6-58}$$

即

$$Y = \frac{L}{V}X + \left(Y_1 - \frac{L}{V}X_1\right) \tag{6-58a}$$

同理,若在 M-N 截面与塔顶截面之间作组分 A 的衡算,得

$$Y = \frac{L}{V}X + \left(Y_2 - \frac{L}{V}X_2\right) \tag{6-58b}$$

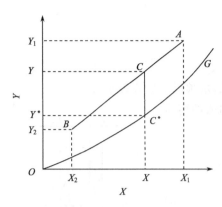

图 6-12　逆流吸收塔的操作线

式(6-58a)与式(6-58b)是等效的,均称为逆流吸收塔的操作线方程。

在稳定生产中,塔内任一横截面上的气相组成 Y 与液相组成 X 呈线性关系,直线的斜率为 L/V,称为"液气比"。该直线的两端点是塔底端点 $A(X_1,Y_1)$ 及塔顶端点 $B(X_2,Y_2)$。在端点 A 处,气液组成最大,习惯上称之为"浓端";在端点 B 处,气液组成最小,所以称之为"稀端"。直线 AB 即为逆流吸收的操作线,如图 6-12 所示。操作线 AB 上任一点 C 的坐标 (X,Y) 代表塔内相应截面上液、气组成 X、Y。

若将吸收的平衡线与上述 AB 绘于同一坐标上,可见,稳定吸收操作时,在塔内任一截面处,溶质在气相中的实际组成 Y 总是高于与其相接触的液相组成相平衡的气相组成 Y^*,所以吸收操作线 AB 总是位于平衡线 OG 的上方。反之,如果是解吸过程,则操作线位于相平衡曲线的下方。

6.5.2　吸收剂用量的确定

对于特定的吸收任务,欲设计吸收塔,首先必须选定合适的吸收剂,并确定其适宜用量。在惰性气体量 V 一定的情况下,确定吸收剂的用量也就是确定液气比 L/V。

1. 吸收剂用量对吸收操作的影响

如图 6-13(a)所示,对于一定的吸收任务,选用合适的吸收剂后 X_2 一定,分离要求一定时 Y_2 是一定的,即操作线的端点 B 固定,而端点 A 则可在 $Y=Y_1$ 的水平线上移动,随着吸收剂用量 L 的减小,操作线斜率减小,点 A 沿水平线 $Y=Y_1$ 向右移动,使出塔吸收液的组成 X_1 逐渐增大,此时吸收推动力随之减小,相应的操作费用减小,完成任务所需的设备费用增加。反之,若增加吸收剂用量 L,点 A 沿水平线 $Y=Y_1$ 向左移动,操作线斜率增大,推动力增大,设备费用降低而操作费用升高。由此可见,确定适宜的吸收剂用量是吸收计算的重要环节。

2. 最小吸收剂用量和最小液气比

如图 6-13(a)所示,当吸收剂用量减小到使 A 点重合于水平线 $Y=Y_1$ 与平衡线的交点 A^* 时,$X_1= X_1^*$,即出塔溶液组成与刚进塔的混合气组成 Y_1 达到平衡。这是理论上吸收液所能达到的最大极限,但此时吸收过程的推动力为零,因而需要无限大的传质面积,即吸收塔需要无限高的填料层。此时吸收操作线 BA^* 的斜率称为最小液气比,以 $(L/V)_{\min}$ 表示;相应的吸收剂用量称为最小吸收剂用量,以 $L_{\min}$ 表示。适宜的吸收剂用量常以最小吸收剂用量为参考进行计算。

最小液气比可由图 6-13(a)求得,即

$$\left(\frac{L}{V}\right)_{\min}=\frac{Y_1-Y_2}{X_1^*-X_2} \tag{6-59}$$

或

$$L_{\min}=\frac{Y_1-Y_2}{X_1^*-X_2}V \tag{6-59a}$$

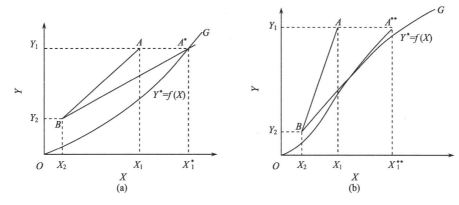

图 6-13 吸收塔的最小液气比

当气液平衡方程为 $Y^* = mX$ 时,代入式(6-59)可得

$$\left(\frac{L}{V}\right)_{\min} = \frac{Y_1 - Y_2}{Y_1/m - X_2} \tag{6-60}$$

或

$$L_{\min} = \frac{Y_1 - Y_2}{Y_1/m - X_2} V \tag{6-60a}$$

若平衡曲线为如图 6-13(b)所示的上凸形曲线,随着吸收剂用量减少,在 A 点未与 A^* 重合前,操作线已与平衡线相切,此时对应的吸收剂用量即为最小用量,也可通过操作线斜率计算,即

$$\left(\frac{L}{V}\right)_{\min} = \frac{Y_1 - Y_2}{X_1^{**} - X_2} \tag{6-61}$$

或

$$L_{\min} = \frac{V(Y_1 - Y_2)}{X_1^{**} - X_2} \tag{6-61a}$$

3. 适宜吸收剂用量和适宜液气比

适宜的吸收剂用量应使设备费用与操作费用两者之和为最小。与适宜吸收剂用量相对应的操作线斜率称为适宜液气比。根据生产实践经验,适宜的液气比范围为

$$\frac{L}{V} = (1.1 \sim 2.0)\left(\frac{L}{V}\right)_{\min} \tag{6-62}$$

或

$$L = (1.1 \sim 2.0)(L)_{\min} \tag{6-62a}$$

应予指出,在填料塔中,只有润湿的填料表面才能起到有效的气液传质作用。为了保证填料表面被液体充分地润湿,吸收剂用量应同时满足式(6-62)和保证填料充分润湿的喷淋密度[单位时间单位塔截面上喷淋的液体体积 m³/(m²·s)]要求。喷淋密度的计算可参阅相关手册,此不赘述。

【例 6-6】 在一逆流操作的填料塔中,用洗油吸收焦炉气中的芳烃。已知总压为 101.3 kPa,温度为 28 ℃,焦炉气的流量为 900 m³/h,其中所含芳烃的摩尔分数为 0.03,芳烃的回收率不低于 96%,进入吸收塔顶的洗油中所含芳烃的摩尔分数为 0.005。若取吸收剂用量为最小用量的 1.88 倍,求洗油流量 L 及塔底流出吸收液的组成 X_1。设操作条件下的平衡关系为 $Y^* = 0.128X$。

解 进入吸收塔惰性气体的流量为

$$V = \frac{101.3 \times 900}{8.314 \times (273+28)} \times (1-0.03) = 35.34 (\text{kmol/h})$$

进塔气体中芳烃的物质的量比为

$$Y_1 = \frac{y_1}{1-y_1} = \frac{0.03}{1-0.03} = 0.031$$

出塔气体中芳烃的物质的量比为

$$Y_2 = Y_1(1-\varphi_A) = 0.031 \times (1-0.96) = 0.0012$$

进塔洗油中芳烃的物质的量比为

$$X_2 = \frac{x_2}{1-x_2} = \frac{0.005}{1-0.005} \approx 0.005$$

纯溶剂的最小流量为

$$L_{\min} = \frac{Y_1-Y_2}{\dfrac{Y_1}{m}-X_2} V = \frac{0.031-0.0012}{\dfrac{0.031}{0.128}-0.005} \times 35.34 = 4.438 (\text{kmol/h})$$

纯溶剂的流量为

$$L = 1.88L_{\min} = 1.88 \times 4.438 = 8.345 (\text{kmol/h})$$

洗油流量 L' 为

$$L' = 8.345 \times \frac{1}{1-0.005} = 8.387 (\text{kmol/h})$$

吸收液组成可根据全塔物料衡算式求出,即

$$X_1 = X_2 + \frac{V(Y_1-Y_2)}{L} = 0.005 + \frac{35.34 \times (0.03-0.0012)}{8.345} = 0.127$$

需要指出的是,全塔物料衡算及吸收操作线所涉及的吸收剂用量 L 是指纯吸收剂用量(例 6-6 中 L),而生产中经常遇到进塔吸收剂本身就含有一定量的溶质,此时所求吸收剂用量就应当是含有一定溶质的吸收剂用量(例 6-6 中 L')。

6.5.3　填料吸收塔有效高度的计算

在填料吸收塔中,气、液两相的传质过程是在填料层内进行的,塔设备的尺寸主要取决于填料层的高度。这里仅介绍低浓度气体稳态吸收过程所需的填料层的高度计算,有关高浓度气体吸收可参阅有关学习资料。

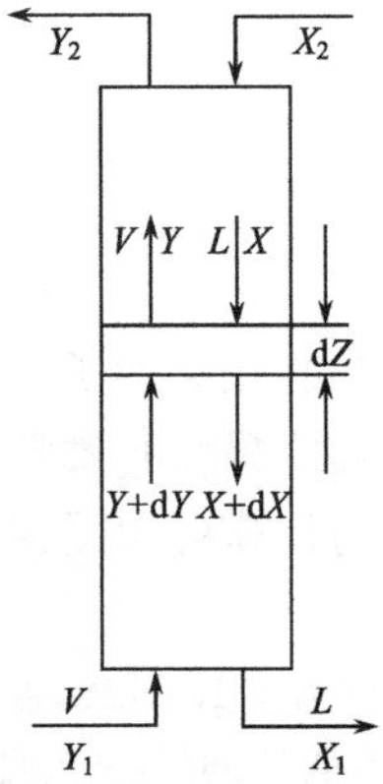

1. 填料层高度的基本计算式

现以连续逆流操作的填料吸收塔为例,推导填料层高度的基本计算公式。

填料塔是一种连续接触式设备,随着吸收的进行,气、液两相的组成沿填料层高度不断变化,传质推动力及塔内各截面上的吸收速率也随之变化。为了解决填料层高度的计算问题,需要对微元填料层进行物料衡算再通过积分而导出。

如图 6-14 所示,在填料吸收塔内任意位置上选取微元填料层高度 $\mathrm{d}Z$,在 $\mathrm{d}Z$ 填料层内对组分 A 作物料衡算,可得

$$\mathrm{d}G_A = V\mathrm{d}Y = L\mathrm{d}X \tag{6-63}$$

图 6-14　微元填料层的物料衡算

式中,$\mathrm{d}G_A$ 为单位时间在 $\mathrm{d}Z$ 填料层内由气相转入液相溶质 A 的物质的量,kmol/s。

在微元填料层内,因为气、液组成变化很小,所以可认为吸收速率 N_A 为定值,则

$$dG_A = N_A dA = N_A(a\Omega dZ) \tag{6-64}$$

式中,dA 为微元填料层内的传质面积,m^2;Ω 为吸收塔截面积,m^2;a 为填料的有效比表面积(单位体积填料层所提供的有效传质面积),m^2/m^3。

将吸收速率方程

$$N_A = K_Y(Y - Y^*) = K_X(X^* - X)$$

代入式(6-64),得

$$dG_A = K_Y(Y - Y^*)(a\Omega dZ) \tag{6-65}$$

或

$$dG_A = K_X(X^* - X)(a\Omega dZ) \tag{6-66}$$

再将式(6-63)代入式(6-65)和式(6-66),得

$$VdY = K_Y(Y - Y^*)(a\Omega dZ)$$

及

$$LdX = K_X(X^* - X)(a\Omega dZ)$$

对于低浓度稳态吸收过程,L、V、a 以及 Ω 均可视为不变量,且 K_Y 及 K_X 也可视为常数。于是,对式(6-65)和式(6-66)分离变量并积分

$$\int_{Y_1}^{Y_2} \frac{dY}{Y - Y^*} = \frac{K_Y a\Omega}{V} \int_0^Z dZ$$

$$\int_{X_2}^{X_1} \frac{dX}{X^* - X} = \frac{K_X a\Omega}{L} \int_0^Z dZ$$

可得

$$Z = \frac{V}{K_Y a\Omega} \int_{Y_2}^{Y_1} \frac{dY}{Y - Y^*} \tag{6-67}$$

$$Z = \frac{L}{K_X a\Omega} \int_{X_2}^{X_1} \frac{dX}{X^* - X} \tag{6-68}$$

式(6-67)和式(6-68)即为填料层高度的基本计算公式。式中的 a 为单位体积填料层内能提供气、液两相接触的有效表面积,a 值不仅与填料的类型与规格有关,而且受流体物性及流动状况的影响,其数值与填料的比表面积不相等,而且很难直接测定,因此,将 a 与吸收系数的乘积视为一个整体,称为"体积吸收系数"。式(6-67)和式(6-68)中的 $K_Y a$ 及 $K_X a$ 分别称为气相总体积吸收系数及液相总体积吸收系数,其单位均为 $kmol/(m^3 \cdot s)$。

式(6-67)中,$V/(K_Y a\Omega)$ 的单位是 m,与高度单位一致,$V/(K_Y a\Omega)$ 是由过程条件及设备特性决定的,称为"气相总传质单元高度",以 H_{OG} 表示,即

$$H_{OG} = \frac{V}{K_Y a\Omega} \tag{6-69}$$

由式(6-67)知积分项 $\int_{Y_2}^{Y_1} \frac{dY}{Y - Y^*}$ 的量纲为 1,相当于气相总传质单元高度 H_{OG} 的倍数,称为"气相总传质单元数",以 N_{OG} 表示,即

$$N_{OG} = \int_{Y_2}^{Y_1} \frac{dY}{Y - Y^*} \tag{6-70}$$

于是,式(6-67)可以改写为

$$Z = H_{OG}N_{OG} \tag{6-71}$$

假定某吸收过程所需的填料层高度恰等于一个气相总传质单元高度,即

$$Z = H_{OG}$$

由式(6-71)可知

$$N_{OG} = \int_{Y_2}^{Y_1} \frac{dY}{Y - Y^*} = 1$$

在整个填料吸收塔内,$Y - Y^*$ 为变量,但一定可以找到一个平均推动力值$(Y - Y^*)_m$,用它代替积分式中的 $Y - Y^*$ 后积分值不变,此时

$$N_{OG} = \int_{Y_2}^{Y_1} \frac{dY}{(Y - Y^*)_m} = 1$$

$$\frac{1}{(Y - Y^*)_m} \int_{Y_2}^{Y_1} dY = 1$$

得

$$(Y - Y^*)_m = Y_1 - Y_2$$

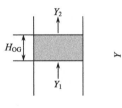

(a) 传质单元高度

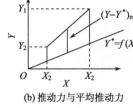

(b) 推动力与平均推动力

图 6-15　气相总传质单元高度

由此可见,当气体流经一段填料层前后的浓度变化$(Y_1 - Y_2)$恰好等于此段填料层内以气相浓度差表示的总推动力的平均值$(Y - Y^*)_m$,则这段填料层的高度就是一个气相总传质单元高度,如图 6-15(b)所示。

传质单元高度反映了传质阻力的大小、填料性能的优劣以及润湿情况等,也就在一定程度上反映了填料塔的吸收能力。

传质单元数反映了吸收过程进行的难易程度。生产任务所要求吸收率越大,或者吸收过程的推动力越小,所需的传质单元数就越大。

同理,式(6-68)可写成式(6-72)的形式,即

$$Z = H_{OL}N_{OL} \tag{6-72}$$

式中,H_{OL} 为液相总传质单元高度,$H_{OL} = \dfrac{L}{K_X a\Omega}$,m;$N_{OL}$ 为液相总传质单元数,$N_{OL} = \int_{X_2}^{X_1} \dfrac{dX}{X - X^*}$,量纲为1。

应予指出,若式(6-64)中的吸收速率 N_A 以膜吸收速率方程代入,则可推导出相应的填料层高度的计算公式为

$$Z = H_G N_G \tag{6-73}$$

及

$$Z = H_L N_L \tag{6-74}$$

式中,H_G、H_L 分别为气相、液相传质单元高度,m;N_G、N_L 分别为气相、液相传质单元数,量纲为1。

2. 传质单元数的确定

计算填料层高度 Z 的关键问题在于如何确定传质单元数,下面以 N_{OG} 为例,讨论传质单元数的常用计算方法。

1) 对数平均推动力法

对数平均推动力法是当平衡线为直线 $Y^* = mX + b$ 时,通过塔顶、塔底两端推动力的平均值计算总传质单元数的一种常用方法。

Y^* 与 X 呈线性关系,Y 与 X 呈线性关系,则 $Y - Y^*$ 与 X 呈线性关系。$Y - Y^*$ 与 Y 也一定是线性关系,则

$$\frac{\mathrm{d}(\Delta Y)}{\mathrm{d}Y} = \frac{\Delta Y_1 - \Delta Y_2}{Y_1 - Y_2} = \frac{(Y_1 - Y_1^*) - (Y_2 - Y_2^*)}{Y_1 - Y_2}$$

将上式代入式(6-70)得

$$N_{\mathrm{OG}} = \int_{Y_2}^{Y_1} \frac{\mathrm{d}Y}{Y - Y^*} = \int_{Y_2}^{Y_1} \frac{\mathrm{d}Y}{\Delta Y} = \int_{\Delta Y_2}^{\Delta Y_1} \frac{Y_1 - Y_2}{\Delta Y_1 - \Delta Y_2} \frac{\mathrm{d}\Delta Y}{\Delta Y} = \frac{Y_1 - Y_2}{\Delta Y_1 - \Delta Y} \ln \frac{\Delta Y_1}{\Delta Y_2}$$

即

$$N_{\mathrm{OG}} = \frac{Y_1 - Y_2}{\Delta Y_{\mathrm{m}}} \tag{6-75}$$

其中

$$\Delta Y_{\mathrm{m}} = \frac{\Delta Y_1 - \Delta Y_2}{\ln \dfrac{\Delta Y_1}{\Delta Y_2}} = \frac{(Y_1 - Y_1^*) - (Y_2 - Y_2^*)}{\ln \dfrac{Y_1 - Y_1^*}{Y_2 - Y_2^*}} \tag{6-76}$$

ΔY_{m} 是塔顶与塔底两端吸收推动力的对数平均值,称为对数平均推动力。当 $\dfrac{1}{2} \leqslant \dfrac{\Delta Y_1}{\Delta Y_2} \leqslant 2$ 时,可用算术平均推动力代替相应的对数平均推动力。

同理,可计算液相总传质单元数 N_{OL}。

2) 脱吸因数法

若平衡关系在吸收过程所涉及的浓度范围内符合亨利定律,且可表示为过原点的直线,即

$$Y^* = mX$$

则 N_{OG} 可推导如下:

$$N_{\mathrm{OG}} = \int_{Y_2}^{Y_1} \frac{\mathrm{d}Y}{Y - Y^*} = \int_{Y_2}^{Y_1} \frac{\mathrm{d}Y}{Y - mX}$$

将逆流吸收操作线方程 $X = X_2 + \dfrac{V}{L}(Y - Y_2)$ 代入上式得

$$N_{\mathrm{OG}} = \int_{Y_2}^{Y_1} \frac{\mathrm{d}Y}{Y - m\left[\dfrac{V}{L}(Y - Y_2) + X_2\right]} = \int_{Y_2}^{Y_1} \frac{\mathrm{d}Y}{\left(1 - \dfrac{mV}{L}\right)Y + \left(\dfrac{mV}{L}Y_2 - mX_2\right)}$$

令

$$S = \frac{mV}{L}$$

则

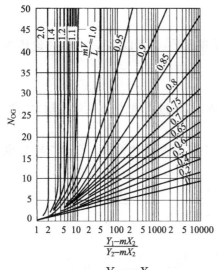

图 6-16 N_{OG}-$\dfrac{Y_1-mX_2}{Y_2-mX_2}$ 的关系

$$N_{OG}=\int_{Y_2}^{Y_1}\frac{\mathrm{d}Y}{(1-S)Y+(SY_2-mX_2)}$$

积分上式并整理,可得

$$N_{OG}=\frac{1}{1-S}\ln\left[(1-S)\frac{Y_1-mX_2}{Y_2-mX_2}+S\right]$$

$$(6\text{-}77)$$

式中,S 为平衡线斜率与操作线斜率之比,称为脱吸因数。为了方便计算,在半对数坐标上以 S 为参数,按式(6-77)标绘出 N_{OG}-$\dfrac{Y_1-mX_2}{Y_2-mX_2}$ 的函数关系,得到如图 6-16 所示的一组曲线。

N_{OL} 的计算也可同理得出,即

$$N_{OL}=\frac{1}{1-A}\ln\left[(1-A)\frac{Y_1-mX_2}{Y_1-mX_1}+A\right]$$

$$(6\text{-}78)$$

式中,$A=\dfrac{L}{mV}$ 称为吸收因数,是脱吸因数 S 的倒数,是操作线斜率与平衡线斜率之比。若将图 6-16 用来表示 N_{OL}-$\dfrac{Y_1-mX_2}{Y_1-mX_1}$ 的关系(以 A 为参数),N_{OL} 与 N_{OG} 的确定方法相同。

应予指出,图 6-16 确定传质单元数简便易行,但图的适用范围有限$\left(\dfrac{Y_1-mX_2}{Y_2-mX_2}>20\right.$ 及 $S\leqslant0.75\Big)$,否则误差较大。

另外,当平衡线为不通过原点的直线时,也可导出同样的计算公式,脱吸因数法仍然适用,即脱吸因数法与对数平均推动力法的适用范围相同。

3)图解积分法

当物系的平衡线为曲线时,即使操作线为直线,吸收塔内不同截面处的推动力也不同,如图 6-17 所示。此情况下需要采用图解积分法求传质单元数。根据定积分的几何意义,$N_{OG}=\int_{Y_2}^{Y_1}\dfrac{\mathrm{d}Y}{Y-Y^*}$ 表示 N_{OG} 数值上等于曲线 $f(Y)=\dfrac{1}{Y-Y^*}$ 与 Y 轴及 $Y=Y_1$、$Y=Y_2$ 所围成图形的面积。

图解积分法步骤如下:①在吸收操作线上任取一点 (X,Y),其吸收推动力为 $Y-Y^*$;②在所讨论的范围内,取若干个点,相应地得到一系列 Y-$\dfrac{1}{Y-Y^*}$ 的值,然后以 $\dfrac{1}{Y-Y^*}$ 为纵坐标,以 Y 为横坐标,根据 Y-$\dfrac{1}{Y-Y^*}$ 的一系列数据得到一条曲线,如图 6-17(b)所示;③计算 $Y_2\sim Y_1$ 的阴影面积,该面积在数值上等于 $N_{OG}=\int_{Y_2}^{Y_1}\dfrac{\mathrm{d}Y}{Y-Y^*}$。

另外,求传质单元数还可采用梯级图解法、数值积分法等,与图解积分法、脱吸因数法、对数平均推动力法统称为解析法。详细内容参见有关书籍。

计算填料层高度的另一类方法是等板高度法(又称理论级模型法)。

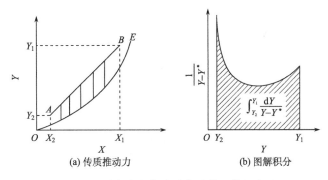

(a) 传质推动力 (b) 图解积分

图 6-17 平衡线为曲线时传质单元数的求法

$$Z = \text{HETP} \times N_\text{T} \tag{6-79}$$

式中，N_T 为完成分离任务所需的理论级数；HETP 为等板高度，即分离效果达到一个理论级所需的填料层高度，m。

相互不平衡的气、液两相在一段填料层内相互接触，离开该段填料时气、液两相达到平衡，就称此段填料为一个理论级，其高度即为等板高度，记为 HETP，则填料层高度表示为 HETP 与理论级数 N_T 的乘积。

6.5.4 吸收塔的操作和调节

吸收过程处理的混合气体量及组成均由生产任务决定，因此，操作过程的调节只能通过改变吸收剂的入口条件实现，即调节吸收剂的流量、温度或组成。

（1）增大吸收剂用量 L，使操作线斜率（液气比）增大，吸收推动力增大，在原有填料塔内即可使吸收率增大。

（2）降低吸收剂入口溶质含量（X_2 降低），因塔顶推动力增大而使总推动力增大，从而使吸收率增大。

（3）降低吸收剂温度，气体溶质的溶解度增大，平衡线下移，推动力增大，使吸收率增大。

在调节过程中还应综合考虑各方面因素，如因吸收剂用量增大而引起操作费用增多；塔内液相负荷增大，同样气量情况下，发生液泛的可能性增大；吸收剂回收任务加大，解吸塔负荷加重等都会对吸收造成不良影响。

【例 6-7】 在填料塔中用清水吸收丙酮，塔径为 1.2 m，进塔混合气流量为 1800 m³(标准)/h，其中丙酮组成为 0.02(物质的量比)，要求吸收率为 90%，吸收塔的操作压强为 101.3 kPa，温度为 293 K。气相总体积吸收系数为 0.022 kmol/(m³·s)。操作条件下的平衡关系为 $Y^* = 1.18X$。求吸收剂用量为最小用量的 1.4 倍时所需填料层的高度。

解 出塔气相组成为

$$Y_2 = Y_1(1 - \varphi_\text{A}) = 0.02 \times (1 - 0.9) = 0.002$$

最小液气比为

$$\left(\frac{L}{V}\right)_\text{min} = \frac{Y_1 - Y_2}{X_1^* - X_2} = \frac{Y_1 - Y_2}{\dfrac{Y_1}{m} - X_2} = \frac{Y_1 - Y_2}{\dfrac{Y_1}{m}} = \varphi m = 0.9 \times 1.18 = 1.062$$

实际液气比为

$$\frac{L}{V} = 1.4\left(\frac{L}{V}\right)_\text{min} = 1.4 \times 1.062 = 1.487$$

出塔液相组成为

$$X_1 = X_2 + \frac{V(Y_1 - Y_2)}{L} = 0 + \frac{0.02 - 0.002}{1.487} = 0.0121$$

$$y_1 = \frac{Y_1}{1 + Y_1} = \frac{0.02}{1 + 0.02} = 0.0196$$

出塔惰气流量

$$V = 1800 \times (1 - y_1)/22.4 = 78.78(\text{kmol/h})$$

塔截面积

$$\Omega = \pi d^2/4 = 0.785 \times 1.2^2 = 1.13(\text{m}^2)$$

$$H_{OG} = \frac{V}{K_Y a \Omega} = \frac{78.78/3600}{2.2 \times 10^2 \times 1.13} = 0.88(\text{m}^2)$$

对数平均推动力为

$$\Delta Y_m = \frac{\Delta Y_1 - \Delta Y_2}{\ln \dfrac{\Delta Y_1}{\Delta Y_2}} = \frac{(Y_1 - Y_1^*) - (Y_2 - Y_2^*)}{\ln \dfrac{Y_1 - Y_1^*}{Y_2 - Y_2^*}} = \frac{(0.02 - 1.18 \times 0.0121) - (0.002 - 0)}{\ln \dfrac{0.02 - 1.18 \times 0.0121}{0.002 - 0}}$$

$$= \frac{3.722 \times 10^{-3}}{1.05} = 0.003\ 54$$

气相总传质单元数为

$$N_{OG} = \frac{Y_1 - Y_2}{\Delta Y_m} = \frac{0.0526 - 0.002}{0.003\ 54} = 5.09$$

填料层高度为

$$Z = H_{OG} N_{OG} = 0.88 \times 5.09 = 4.48(\text{m})$$

【例 6-8】 某制药厂现有一直径为 1.2 m、填料层高度为 6.5 m 的吸收塔,用来吸收某气体混合物中的溶质组分。已知操作压强为 300 kPa,温度为 30 ℃;入塔混合气中溶质的含量为 6%(体积分数),要求吸收率不低于 98%;吸收剂为纯溶剂,测得出塔液相的组成为 0.0185(摩尔分数);操作条件下的平衡关系为 $Y^* = 2.16X$,气相总体积吸收系数为 65.5 kmol/($\text{m}^3 \cdot \text{h}$)。试核算:(1)吸收剂用量为最小用量的多少倍;(2)该填料塔的年处理量[m^3 混合气/a(注:按 7200 h/a 计)]。

解 本例为吸收塔的操作型(校核型)计算问题。

(1) 吸收剂用量为最小用量的倍数。

进塔气体中溶质的物质的量比为

$$Y_1 = \frac{y_1}{1 - y_1} = \frac{0.06}{1 - 0.06} = 0.0638$$

出塔气体中溶质的物质的量比为

$$Y_2 = Y_1(1 - \varphi_A) = 0.0638 \times (1 - 0.98) = 0.001\ 28$$

由全塔物料衡算得

$$L = \frac{V(Y_1 - Y_2)}{X_1 - X_2}$$

同时

$$L_{min} = \frac{V(Y_1 - Y_2)}{Y_1/m - X_2}$$

因此有

$$\frac{L}{L_{min}} = \frac{Y_1/m - X_2}{X_1 - X_2}$$

出塔液体中溶质的组成为

$$X_1 = \frac{x_1}{1 - x_1} = \frac{0.0185}{1 - 0.0185} = 0.0188$$

$$\frac{L}{L_{\min}} = \frac{Y_1/m - X_2}{X_1 - X_2} = \frac{0.0638/2.16 - 0}{0.0188 - 0} = 1.571$$

$$L = 1.571 L_{\min}$$

（2）填料塔的年处理量。

求该填料塔的年处理量，首先需计算惰性气体的流量 V。

$$\Delta Y_1 = Y_1 - Y_1^* = Y_1 - mX_1 = 0.0638 - 2.16 \times 0.0188 = 0.0232$$

$$\Delta Y_2 = Y_2 - Y_2^* = Y_2 - mX_2 = 0.001\,28 - 2.16 \times 0 = 0.001\,28$$

对数平均推动力为

$$\Delta Y_m = \frac{\Delta Y_1 - \Delta Y_2}{\ln \dfrac{\Delta Y_1}{\Delta Y_2}} = \frac{0.0232 - 0.001\,28}{\ln \dfrac{0.0232}{0.001\,28}} = 0.007\,57$$

气相总传质单元数为

$$N_{OG} = \frac{Y_1 - Y_2}{\Delta Y_m} = \frac{0.0638 - 0.001\,28}{0.007\,57} = 8.259$$

气相总传质单元高度为

$$H_{OG} = \frac{Z}{N_{OG}} = \frac{6.5}{8.259} = 0.787 \text{(m)}$$

由

$$H_{OG} = \frac{V}{K_Y a \Omega}$$

则

$$V = H_{OG} K_Y a \Omega = 0.787 \times 65.5 \times 0.785 \times 1.2^2 = 58.27 \text{(kmol/h)}$$

混合气的年处理量为

$$V' = 58.27 \times 22.4 \times \frac{101.3}{300} \times \frac{273 + 30}{273} \times \frac{1}{1 - 0.06} \times 7200 = 3.747 \times 10^6 \text{(m}^3\text{/a)}$$

6.6 其他类型吸收简介

前面重点讨论了低浓度、单组分、等温定态物理吸收过程及其计算。下面简要介绍工业生产中其他情况下吸收过程的特点。

6.6.1 高浓度气体吸收

高浓度气体吸收是指混合气体中溶质的含量较高（常认为体积分数超过 10%），被吸收的溶质量较多。此时，吸收气、液相摩尔流量沿塔高均有明显的变化，且吸收系数沿塔高也有较大的变化。另外，由于高浓度吸收过程中，被吸收的溶质量较多，所产生的溶解热将使两相温度升高，因此高浓度吸收常为非等温过程，相平衡常数或亨利系数不再能保持常数。高浓度吸收的计算比较复杂，可参阅有关书籍。

6.6.2 多组分吸收

多组分吸收是实际生产中最常遇到的情况。在多组分吸收过程中，其他组分的存在使各溶质在气、液两相中的相平衡关系受到一定程度的影响，其计算比较复杂。但是，若被吸收组分的浓度都比较低,则可近似地认为各组分的平衡关系互不影响,并服从亨利定律,因而可对各个溶质组分予以单独考虑。

多组分吸收的计算原则有以下几点:

(1) 根据工艺要求,控制其中某一主要组分(称为关键组分)达到规定的分离要求,并按照单组分吸收的方法对此关键组分计算出吸收剂用量和填料层高度(或理论板数)。

(2) 按上述条件及其他各组分的相平衡关系,分别计算出各自的吸收率和出塔组成。实际操作中由于吸收塔内的液气比 L/V 相同,因此对于任一组分的操作线的斜率相同。

6.6.3　化学吸收

化学吸收就是在吸收过程中伴有化学反应。例如,用碱液吸收合成氨原料过程中产生的 CO_2。

与物理吸收相比,化学吸收具有以下特点:

(1) 吸收过程的推动力增大。当气体中溶质进入液相后,由于与液体中的某组分发生化学反应而被迅速消耗,因此液体中溶质浓度降低,从而溶质的平衡分压也降低。若反应是不可逆的,在溶液中与溶质发生反应的组分被完全消耗之前,溶质的平衡分压可降为零,所以推动力必然增加。

(2) 吸收系数有所提高。伴有化学反应的吸收过程,溶于液相的溶质常在气液表面附近的液相内与某组分发生化学反应而被消耗,使液相中的扩散阻力减小,从而使液相吸收分系数有所增大。

(3) 吸收剂用量较小。化学吸收中单位体积吸收剂能吸收的溶质量大为增加,所以能有效地减少吸收剂的用量,从而降低能耗及某些有价值的惰性气体的溶解损失。

以上特点使化学吸收特别适合于难溶气体的吸收(液膜控制系统)。若吸收过程为气膜控制,液膜吸收系数的增大并不能使总吸收系数有明显的增大,但总推动力仍然会有所增加。但是,化学吸收的优点并非绝对的,主要在于化学反应虽然有利于吸收,但往往不利于解吸。如果反应不可逆,吸收剂就不能循环使用;此外,反应速率的快慢也会影响吸收的效果。因此,化学吸收剂的选择要注意有较快的反应速率和反应的可逆性。

6.7　解　　吸

解吸又称脱吸,其目的有两个:①回收吸收液中的溶质组分;②再生吸收剂以在吸收过程中循环使用。解吸是化工生产中十分重要的工艺过程。

解吸是吸收的逆过程,是气体溶质从液相向气相转移的过程,因此解吸过程的推动力与吸收相反,其操作线位于平衡线下方,相关计算与吸收相类似,具体内容可参阅有关资料。

常用的解吸方法有以下几种。

6.7.1　气提解吸

气提解吸也称为载气解吸。其过程为吸收液(又称富液)从解吸塔的塔顶喷淋而下,载气(又称贫气)从解吸塔底进入,自下而上与液相进行逆流接触,溶质由液相向气相转移,解吸后的液体(又称贫液)从塔底排出,可作为吸收剂循环使用,解吸后的气体(又称富气)从塔顶排出。

常用的载气有空气、氮气、二氧化碳、水蒸气等,载气中一般不含溶质,其作用在于提供与吸收液不相平衡的气相,从而使液相中的溶质向气相转移。可根据分离要求与工艺特性选用不同的载气。

6.7.2 减压解吸

对于在加压情况下进行的吸收过程,可采用一次或多次减压的方法,使溶质从吸收液中释放出来。溶质被解吸的程度取决于解吸操作的最终压强和温度。

6.7.3 加热解吸

对于在较低温度下进行的吸收过程,可采用将吸收液的温度升高的方法,使溶质从吸收液中释放出来。该过程一般以水蒸气作为加热介质,加热方法可依据具体情况采用直接蒸汽加热或间接蒸汽加热。

应予指出,在工程上很少采用单一的解吸方法,往往是先升温再采用气提法解吸。例如,溶质为不凝性气体或溶质的冷凝液不溶于水时,可采用水蒸气为载气,此时水蒸气兼有加热剂的作用,相当于加热解吸与气提解吸联合操作,再通过蒸气冷凝的方法获得纯度较高的溶质组分。

思 考 题

1. 吸收的目的和基本依据是什么?

2. 吸收剂选择应主要考虑哪些方面? 如何理解吸收剂的选择性?

3. 吸收计算中为什么常采用物质的量比表示气液相组成?

4. 亨利定律为什么具有不同的表达形式? 其中涉及的 E、m、H 之间有什么关系? E、m、H 随温度、压强如何变化?

5. 什么是两相间传质的双膜理论? 其基本论点是什么?

6. 气、液两相传质过程中,什么情况属于气膜控制? 什么情况属液膜控制?

7. 试描述逆流吸收和并流吸收操作塔底和塔顶推动力。

8. 试写出并流吸收的操作线,并说明依据。

9. 什么是最小液气比和适宜液气比?

10. 填料层高度计算将基本计算公式表示为 $Z=H_{OG}N_{OG}$,其中 H_{OG}、N_{OG} 各有什么物理意义?

11. 吸收因数的大小和吸收率的大小对 N_{OG} 有什么影响? 为什么?

12. 当相平衡常数为 2,液气比为 4,塔高无限时,吸收平衡会在塔顶还是塔底?

13. 填料塔的主要部件有哪些? 各有什么作用?

14. 试述解吸的目的和常用方法。

习 题

相组成

6-1 在 NH_3 和空气的气体混合物中,NH_3 的体积分数为 15%,试求其摩尔分数 y 和物质的量比 Y。[$y=0.15,Y=0.176$]

气液相平衡

6-2 含有 8%(体积分数)C_2H_2 的某种混合气体与水充分接触,系统温度为 20 ℃,总压为 101.3 kPa。试求达平衡时液相中 C_2H_2 的物质的量浓度。[$3.654×10^{-3}$ kmol/m³]

6-3 总压为 101.3 kPa、温度为 20 ℃的条件下,使二氧化硫含量为 3.0%(体积分数)的混合空气与含二

氧化硫 $350\ \mathrm{g/m^3}$ 的水溶液接触。试判断二氧化硫的传递方向，并分别计算以二氧化硫的分压和液相摩尔分数表示的总传质推动力。已知操作条件下，亨利系数 $E=3.55\times10^3\ \mathrm{kPa}$，水溶液的密度为 $998.2\ \mathrm{kg/m^3}$。$[吸收，p-p^*=2.7087，x-x^*=0.000\ 757\ 4]$

6-4　在某填料塔用清水逆流吸收混于空气的 CO_2，空气中 CO_2 的体积分数为 8.5%，操作条件为 $15\ ℃、405.3\ \mathrm{kPa}$，吸收液中 CO_2 的组成为 $x_1=1.65\times10^{-4}$。试求塔底处吸收总推动力 $\Delta y、\Delta x、\Delta p、\Delta c、\Delta X$ 和 ΔY。已知 $15\ ℃$ 时 CO_2 在水中的亨利定律系数为 $1.24\times10^5\ \mathrm{kPa}$。$[\Delta y=3.416\times10^{-2}，\Delta x=1.129\times10^{-4}，\Delta p=13.99\ \mathrm{kPa}，\Delta c=6.263\times10^{-3}\ \mathrm{kmol/m^3}，\Delta X=1.129\times10^{-4}，\Delta Y=0.0397]$

吸收速率计算

6-5　在填料吸收塔内用水吸收混合于空气中的甲醇，已知某截面上的气、液两相组成为 $p_A=5\ \mathrm{kPa}$，$c_A=2\ \mathrm{kmol/m^3}$，在一定的操作温度和压强下，甲醇在水中的溶解度系数 H 为 $0.5\ \mathrm{kmol/(m^3\cdot kPa)}$，液膜吸收系数为 $k_L=2\times10^{-5}\ \mathrm{m/s}$，气膜吸收系数为 $k_G=1.55\times10^{-5}\ \mathrm{kmol/(m^2\cdot s\cdot kPa)}$。试求以分压表示的吸收总推动力、总阻力、总传质速率，并分析阻力的分配情况。$\Big[\Delta p_A=1\ \mathrm{kPa}，\dfrac{1}{K_G}=1.645\times10^5\ \mathrm{(m^2\cdot s\cdot kPa)/kmol}，N_A=6.08\times10^{-6}\ \mathrm{kmol/(m^2\cdot s)}，\dfrac{\frac{1}{Hk_L}}{\frac{1}{k_G}}=60.8\%\Big]$

6-6　用填料塔在 $101.3\ \mathrm{kPa}$ 及 $20\ ℃$ 下，以清水吸收混合于空气中的甲醇蒸气。若在操作条件下平衡关系符合亨利定律，甲醇在水中的亨利系数为 $27.8\ \mathrm{kPa}$。测得塔内某截面处甲醇的气相分压为 $6.5\ \mathrm{kPa}$，液相组成为 $2.615\ \mathrm{kmol/m^3}$，液膜吸收系数 $k_L=2.12\times10^{-5}\ \mathrm{m/s}$，气相总吸收系数 $K_G=1.125\times10^{-5}\ \mathrm{kmol/(m^2\cdot s\cdot kPa)}$。求该截面处:(1)膜吸收系数 $k_G、k_y$ 及 k_x;(2)总吸收系数 $K_L、K_x、K_y、K_X$ 及 K_Y;(3)吸收速率。$[(1)\ k_x=1.176\times10^{-3}\ \mathrm{kmol/(m^2\cdot s)}，k_G=1.553\times10^{-3}\ \mathrm{kmol/(m^2\cdot s\cdot kPa)}，k_y=1.553\times10^{-3}\ \mathrm{kmol/(m^2\cdot s)};(2)\ K_L=5.64\times10^{-6}\ \mathrm{m/s}，K_y=1.140\times10^{-3}\ \mathrm{kmol/(m^2\cdot s)}，K_x=3.124\times10^{-4}\ \mathrm{kmol/(m^2\cdot s)}，K_X=3.128\times10^{-4}\ \mathrm{kmol/(m^2\cdot s)}，K_Y=1.14\times10^{-3}\ \mathrm{kmol/(m^2\cdot s)};(3)\ N_A=6.327\times10^{-5}\ \mathrm{kmol/(m^2\cdot s)}]$

吸收塔计算

6-7　用清水除去 SO_2 与空气混合气中的 SO_2。操作条件为 $20\ ℃、101.3\ \mathrm{kPa}$ 下，混合气的流量为 $1000\ \mathrm{m^3/h}$，其中 SO_2 体积分数为 9%，要求 SO_2 的回收率达到 90%。若吸收剂用量为理论最小用量的 1.2 倍，试计算:(1)吸收剂用量及塔底吸收液的组成;(2)当用含 0.0003(物质的量比) SO_2 的水溶液作为吸收剂时，欲保持 SO_2 回收率不变，吸收剂用量有何变化? 塔底吸收液组成变为多少? $101.3\ \mathrm{kPa}、20\ ℃$ 条件下 SO_2 在水中的平衡数据见本题附表。$[(1)\ L=1265\ \mathrm{kmol/h}，X_1=0.002\ 67;(2)\ L=1395\ \mathrm{kmol/h}，X_1=0.0027]$

习题 6-7　附表

SO_2 溶液 物质的量比 X	气相中 SO_2 平衡 物质的量比 Y	SO_2 溶液 物质的量比 X	气相中 SO_2 平衡 物质的量比 Y
0.000 056 2	0.000 66	0.000 84	0.019
0.000 14	0.001 58	0.0014	0.035
0.000 28	0.0042	0.0019 7	0.054
0.000 42	0.0077	0.0028	0.084
0.000 56	0.0113	0.0042	0.138

6-8　在填料塔中用循环溶剂吸收混合气中的溶质。进塔气体组成为 0.091(溶质摩尔分数)，入塔液相组成为 $21.74\ \mathrm{g}$ 溶质/kg 溶液。操作条件下气液平衡关系为 $y^*=0.86x$。当液气比 L/V 为 0.9 时，试求逆流的最大吸收率和出塔溶液的浓度。已知溶质摩尔质量为 $40\ \mathrm{kg/kmol}$，溶剂摩尔质量为 $18\ \mathrm{kg/kmol}$。$[\varphi_{max}=91.4\%，X_1=0.112]$

6-9 在一直径为 1.2 m 的填料塔内,用清水吸收某工业废气中所含的二氧化硫气体。混合气的处理量为 200 kmol/h,其中二氧化硫的体积分数为 5%,要求回收率为 95%,吸收剂用量为最小用量的 1.5 倍,已知操作条件下气液平衡关系为 $Y^* = 1.2X$,气相总体积吸收系数为 220 kmol/(m³ · h)。求水的用量(kg/h)及所需的填料层高度。[5848 kg/h,4.86 m]

6-10 在一逆流操作的吸收塔中用清水吸收氨-空气混合气中的氨,惰性气流量为 0.025 kmol/s,混合气入塔含氨 0.02(物质的量比),出塔含氨 0.001(物质的量比)。吸收塔操作时的总压为 101.3 kPa,温度为 293 K,在操作浓度范围内,氨水系统的平衡方程为 $Y^* = 1.2X$,总传质系数 K_ya 为 0.0522 kmol/(s · m³)。若塔径为 1 m,实际液气比为最小液气比的 1.2 倍,求所需塔高度。[6.0 m]

6-11 用清水逆流吸收混合气体中的 CO_2,已知混合气体的流量为 300 m³/h(标准状态下),进塔气体中 CO_2 含量为 0.06(摩尔分数),操作液气比为最小液气比的 1.6 倍,传质单元高度为 0.8 m。操作条件下物系的平衡关系为 $Y^* = 1200X$。要求 CO_2 吸收率为 95%,试求:(1) 吸收液组成及吸收剂流量;(2) 写出操作线方程;(3) 填料层高度。[(1) $X_1 = 3.33 \times 10^{-5}$,$L = 22\,964$ kmol/h;(2) $Y = 1824X + 3.26 \times 10^{-3}$;(3) 4.71 m]

6-12 一填料吸收塔,在 28 ℃ 及 101.3 kPa 下操作,用清水吸收 200 m³/h 氨-空气混合气中的氨,使其中氨含量由 5% 降低到 0.04%(均为摩尔分数)。填料塔直径为 0.8 m,填料层体积为 3 m³,平衡关系为 $Y^* = 1.4X$,已知 $K_ya = 38.5$ kmol/h。(1)出塔氨水浓度为出口最大浓度的 80% 时,该塔能否使用?(2)若在上述操作条件下,将吸收剂用量增大 10%,该塔能否使用?(注:在此条件下不会发生液泛)[(1)该塔不合适;(2)该塔合适]

6-13 一填料塔用清水逆流吸收混合气中的有害组分 A。已知操作条件下气相总传质单元高度为 1.5 m,进塔混合气相组成为 0.04(A 的摩尔分数,下同),出塔尾气组成为 0.0053,出塔水溶液浓度为 0.0128,操作条件下平衡关系为 $Y^* = 2.5X$。(1) 液气比为最小液气比的多少倍?(2)求所需填料层高度。(3)若气液流量和初始组成不变,要求尾气组成为 0.0033,求此时所需的填料层高度。[(1) $[(L/V)/(L/V)_{min} = 1.286$;(2) $Z = 7.67$ m;(3) $Z' = 11.28$ m]

6-14 厂内有一直径 880 mm、填料层高 6 m 的填料吸收塔,所用填料为拉西环,每小时处理 2000 m³、含 5% 丙酮的空气(25 ℃,1 atm)。用水作溶剂,塔顶送出的废气含丙酮 0.263%,塔底送出的溶液每千克含丙酮 61.2 g,根据上述测出数据,计算气相体积总传质系数 K_ya,在此操作条件下平衡关系为 $Y^* = 2X$,目前情况下每小时可回收多少丙酮?若把填料层加高 3 m,又可回收多少丙酮?[$W_A = 3.89$ kmol/h,$W'_A = 4.008$ kmol/h]

6-15 某吸收塔在 101.3 kPa、293 K 下用清水逆流吸收丙酮-空气混合物中的丙酮,当操作液气比为 2.1 时,丙酮回收率可达 95%。已知物系在低浓度下的平衡关系为 $y^* = 1.18x$,操作范围内总传质系数 K_ya 近似与气体流量的 0.8 次方成正比。今气体流量增加 20%,而液体体积及气液进口含量不变,则:(1)丙酮的回收率有何变化?(2)单位时间内被吸收的丙酮增加多少?(3)吸收塔的平均推动力有何变化?[(1) 0.924;(2) 1.167;(3) $\dfrac{\Delta y'_m}{\Delta y_m} = 1.01$]

符 号 说 明

英文字母

a——填料的有效比表面积,m²/m³

a_1——填料的比表面积,m²/m³

A——吸收因数

c——总物质的量浓度,kmol/m³

c_A——溶质 A 的物质的量浓度,kmol/m³

D——塔径,m

D_{AB}——气体中的分子扩散系数,m²/s

E——亨利系数,kPa

g——重力加速度,m/s²

G_A——吸收负荷,kmol/s

H——溶解度系数,kmol/(m³ · kPa)

H_G——气相传质单元高度,m

H_L——液相传质单元高度,m

H_{OG}——气相总传质单元高度,m

H_{OL}——液相总传质单元高度,m

J_A——扩散速率,kmol/(m² · s)

k_G——气膜吸收系数,kmol/(m² · s · kPa)

k_L——液膜吸收系数,m/s

k_x——液膜吸收系数,kmol/(m² · s)

k_y——气膜吸收系数,kmol/(m² · s)

K_G——气相总吸收系数,kmol/(m² · s · kPa)

K_L——液相总吸收系数,m/s

K_X——液相总吸收系数,kmol/(m² · s)

K_Y——气相总吸收系数,kmol/(m² · s)

L——吸收剂用量,kmol/s

m——相平衡常数

M——摩尔质量,kg/kmol

N_A——传质速率,kmol/(m² · s)

N_G——气相传质单元数

N_L——液相传质单元数

N_{OG}——气相总传质单元数

N_{OL}——液相总传质单元数

N_T——理论级数

p——组分的分压,Pa

P——系统压强或外压,Pa

R——摩尔气体常量,kJ/(kmol · K)

S——脱吸因数

T——热力学温度,K

u——气体的空塔气速,m/s

U——液体喷淋密度,m³/(m² · h)

V——惰性气体的摩尔流量,kmol/s

V_s——混合气体的体积流量,m³/s

W——液相的空塔质量流速,kg/(m² · h)

x——组分在液相中的摩尔分数

X——组分在液相中的物质的量比

y——组分在气相中的摩尔分数

Y——组分在气相中的物质的量比

z——扩散距离,m

z_G——气膜厚度,m

z_L——液膜厚度,m

Z——填料层高度,m

希腊字母

α——常数

β——常数

γ——常数

ε——填料层的空隙率

μ——黏度,Pa · s

ρ——密度,kg/m³

φ——填料因子,m⁻¹

φ_A——吸收率或回收率

Ω——塔截面积,m²

第7章 蒸 馏

学习内容提要

通过本章学习,了解常用的蒸馏方式(包括简单蒸馏、平衡蒸馏、连续精馏、间歇精馏及恒沸精馏、萃取精馏)的原理、特点和典型流程。熟悉双组分连续精馏过程的相关计算(包括物料衡算、操作线方程、进料热状况的影响、理论板数确定、最佳进料位置确定、适宜回流比选择、实际板数确定及板效率计算等)。能够在了解板式塔的基本结构和特性的前提下进行板式塔的设计、操作和调节等。

重点掌握以双组分理想溶液气液平衡关系为前提的双组分连续精馏过程的相关计算,特别是当分离任务或工艺条件发生变化时,如何进行理论板数及实际板数的计算,如何对现有设备进行操作调节。

7.1 概 述

蒸馏是分离均相液体混合物的典型单元操作。它是利用液体混合物中各组分挥发度的差异来实现各组分分离的。挥发度的差异常用饱和蒸气压的差异来描述。饱和蒸气压是纯液体的一种固有属性,在给定温度下液体具有确定的饱和蒸气压。具体来说,在给定温度下,与某纯液体呈平衡的蒸气压强就称为该液体的饱和蒸气压。某一温度下,饱和蒸气压越大的液体越容易挥发,或者说该液体在同样压强下,达到气液平衡的温度(沸点)越低,因此称其为易挥发组分或轻组分;饱和蒸气压较低(沸点较高)的组分称为难挥发组分或重组分。

蒸馏广泛应用于化工、轻工、石油和环保等领域。依据不同原则可将蒸馏过程进行以下分类:

(1)按操作过程的连续性,可分为间歇蒸馏和连续蒸馏。间歇蒸馏又称分批蒸馏,具有生产规模小、分离效果差等特点,属于非稳态操作过程。连续蒸馏具有生产能力大、产品质量稳定、操作方便等优点,属于稳态操作过程,工业生产中以连续蒸馏为主。

(2)按操作压强,可分为常压、加压和减压(真空)蒸馏。常压下为液体的混合物一般采用常压蒸馏;常压下为气体(如空气)的混合物常采用加压蒸馏;常压下泡点较高或具有热敏性的混合物宜采用减压蒸馏,以降低操作温度。

(3)按待分离混合物中的组分数目,可分为双组分蒸馏和多组分蒸馏。工业生产中,绝大多数为多组分蒸馏,但双组分蒸馏(精馏)的原理和计算是基础。

(4)按蒸馏操作方式,可分为简单蒸馏、平衡蒸馏、精馏和特殊精馏等。

蒸馏的特点是:①可直接获取几乎纯态的产品,而吸收、萃取等获得的产品均是混合物;②应用范围广,可分离多种相态的混合物;③属高能耗分离过程,尤其是加压或减压操作时能耗更大。

本章重点讨论常压下双组分连续精馏的原理及相关计算。

7.2 双组分理想溶液的气液相平衡

溶液的气液平衡揭示了蒸馏在一定条件下所能达到的最大限度,是蒸馏过程的热力学基础,是进行精馏操作过程分析和计算的重要依据。气液平衡关系可以通过气液平衡方程或相图来表示。

7.2.1 相律

在研究多相平衡体系时,首先应考虑体系的相数、独立组分数、自由度数以及对体系能够发生影响的外界条件数目等之间的关系,揭示以上关系的基本规律称为相律,其数学表达式为

$$f = C - \Phi + n \tag{7-1}$$

式中,f 为气液平衡体系中的自由度数;Φ 为相数;C 为独立组分数目;n 为对体系能够发生影响的外界条件数目。

影响溶液气液相平衡的外界因素只有压强和温度这两个条件,因此式(7-1)中的 n 等于 2。对于双组分的气液平衡,$\Phi = 2$,$C = 2$,则 $f = 2$。在气液平衡体系中,可变化的参数有 4 个,即压强 P、温度 t、某一组分在液相及气相中的组成 x 和 y(另一组分的组成可由归一方程求得),任意规定其中两个变量,此平衡体系的状态即被唯一确定了。如果再固定另一个变量(如压强 P),该物系只有一个变量,其他变量都是其函数。例如,在一定的压强下,指定液相组成 x,则其泡点 t 及气相组成 y 均可被确定。因此,两组分的气液平衡常用一定压强下的 t-$x(y)$ 及 y-x 函数关系或相图来表示。

7.2.2 用饱和蒸气压表示的气液平衡关系及 *t-x-y* 图

1. 拉乌尔定律

根据溶液中同分子和异分子间作用力的差异,可将溶液分为理想溶液与非理想溶液。理想溶液是指在全部浓度范围内符合拉乌尔(Raoult)定律的溶液,在这种溶液中,同分子间作用力与异分子间作用力都相等($F_{AA} = F_{BB} = F_{AB}$)。

化学结构相似、性质相近的组分(如有机同系物等组成的溶液)可视为理想溶液。

对于 A、B 两组分组成的理想溶液,在一定温度下达到气液相平衡时,由拉乌尔定律知,气相中某组分的分压等于该组分在此平衡温度下的饱和蒸气压与其在液相中摩尔分数的乘积,即

$$p_A = p_A^0 x_A \tag{7-2}$$

$$p_B = p_B^0 x_B = p_B^0 (1 - x_A) \tag{7-2a}$$

式中,x_A、x_B 分别为组分 A、B 在液相中的摩尔分数;p_A^0、p_B^0 分别为溶液温度下组分 A、B 的饱和蒸气压,Pa。下标 A 表示轻组分,B 表示重组分。p_A^0、p_B^0 均为温度的函数。

2. 用饱和蒸气压表示的气液平衡方程

理想溶液在一定条件下达到平衡时,总压与各组分分压之间符合

$$P = p_A + p_B \tag{7-3}$$

由拉乌尔定律得

$$P = p_A^0 x_A + p_B^0 (1-x_A) \tag{7-3a}$$

为了简便起见,习惯上常略去下标 A 后以 x 和 y 分别表示轻组分在液相和气相中的摩尔分数,分别以 $(1-x)$ 和 $(1-y)$ 表示重组分在液相和气相的摩尔分数。

于是式(7-3a)可表示为

$$P = p_A^0 x + p_B^0 (1-x) \tag{7-3b}$$

整理式(7-3b)便可得到表示气液平衡时液相组成与平衡温度之间关系的泡点方程,即

$$x = \frac{P - p_B^0}{p_A^0 - p_B^0} \tag{7-4}$$

平衡的气相组成遵循道尔顿(Dalton)分压定律,即

$$y = \frac{p_A}{P}$$

或

$$y = \frac{p_A^0}{P} x = \frac{p_A^0}{P} \frac{P - p_B^0}{p_A^0 - p_B^0} \tag{7-5}$$

式(7-5)表示气液相平衡时气相组成与平衡温度之间的关系,称为露点方程。

以上所述泡点方程与露点方程常称为用饱和蒸气压表示的气液平衡方程。

3. 温度-组成(t-x-y)图

在总压恒定条件下,两相组成与温度的关系可表示为如图 7-1 所示的曲线,称为温度-组成图或 t-x-y 图。图中的纵坐标为温度,横坐标为轻组分在液相(或气相)的摩尔分数 $x(y)$。图中有两条曲线,上方曲线为 t-y 线,称为气相线、饱和蒸气线或露点线,表示混合物的平衡温度 t(露点)与气相组成 y 之间的关系。下方曲线为 t-x 线,称为液相线、饱和液体线或泡点线,表示混合物的平衡温度 t(泡点)与液相组成 x 之间的关系。

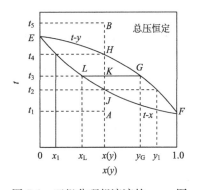

图 7-1　双组分理想溶液的 t-x-y 图

从 t-x-y 图可以看出:

(1) 两条曲线将 t-x-y 图分为三个区域。饱和蒸气线上方的区域代表过热蒸气,称为气相区;饱和液体线以下的区域代表未沸腾的液体,称为液相区;两曲线包围的区域表示气、液两相同时存在,称为气液共存区。气相线和液相线的两个端点分别表示重组分和轻组分的沸点。

(2) 一定组成下的双组分混合物可能存在的状态有五种,如图 7-1 中 A、J、K、H、B 点分别表示冷液体、饱和液体、气液共存、饱和蒸气、过热蒸气五种状态。

(3) 当气液两相达平衡状态时,两相具有相同的温度,但轻组分在气相的组成大于其在液相的组成,即 $y > x$;同时气液相量符合杠杆规则。

总量为 F kmol,组成为 x,温度为 t_1 的混合液,加热至温度 t_2 时,出现第一个气泡(组成为 y_1)。继续加热至温度 t_3 时,液体部分气化而形成相互平衡的气液两相,气相量为 V kmol,组成为 y_G,液相量为 L kmol,组成为 x_L,则

$$F = V + L$$

$$Fx = Vy_G + Lx_L$$

整理以上两式得

$$\frac{V}{L} = \frac{x - x_L}{y_G - x} = \frac{\overline{KL}}{\overline{KG}} \tag{7-6}$$

式(7-6)即为杠杆规则表达式。

依据杠杆规则,气相量、液相量与混合物总量之间的关系(气相采出率、液相采出率)可表示为

$$\frac{L}{F} = \frac{y_G - x}{y_G - x_L} = \frac{\overline{KG}}{\overline{LG}} \qquad \frac{V}{F} = \frac{x - x_L}{y_G - x_L} = \frac{\overline{KL}}{\overline{LG}} \tag{7-7}$$

随着加热温度升高,$\overline{KG}$ 的长度逐渐缩短,$\overline{KL}$ 的长度逐渐增长,可见液相量逐渐减少而气相量逐渐增大,直至达到温度 t_4 时剩下最后一滴液体而成为饱和蒸气(组成为 $y = x$)。若继续升温则成为过热蒸气。

同理,蒸气部分冷凝也可以形成相互平衡的气液两相(组成与量之间符合杠杆规则)。由此可见,只有部分气化和部分冷凝能起到分离作用。欲将混合液体分离,必须进行部分气化;而欲将混合蒸气分离,则必须进行部分冷凝。

(4) 当气液相组成相同时,露点总是高于泡点,即 $t_4 > t_2$,表明一定组成的混合液体加热至泡点温度时产生第一个气泡,加热至露点温度时剩下最后一滴液体。由此可见,混合液体的沸腾温度是一个范围,无法像纯液体那样描述其沸点。

恒压条件下的 $t\text{-}x\text{-}y$ 图常用于分析讨论蒸馏的相关原理,是学习理解蒸馏原理的理论基础。

7.2.3　用相对挥发度表示的气液平衡关系及 $y\text{-}x$ 图

1. 用相对挥发度表示的气液平衡关系

前已指出,蒸馏分离的基本依据是混合液中各组分挥发度的差异。通常,纯组分的挥发度是指其在一定温度下的饱和蒸气压,而溶液中各组分的挥发度可以表示为

$$v_A = \frac{p_A}{x_A} \tag{7-8}$$

及

$$v_B = \frac{p_B}{x_B} \tag{7-8a}$$

式中,v_A、v_B 分别为溶液中 A、B 组分的挥发度。

对于理想溶液,因符合拉乌尔定律,则应有

$$v_A = p_A^0$$

$$v_B = p_B^0$$

显然,溶液中组分的挥发度随温度而变,为了方便起见,引出相对挥发度的概念。习惯上,双组分溶液的相对挥发度定义为轻组分的挥发度与重组分的挥发度之比,以 α 表示,即

$$\alpha = \frac{v_A}{v_B} = \frac{p_A/x_A}{p_B/x_B} \tag{7-9}$$

当气相遵循道尔顿分压定律,并略去下标后,将式(7-9)改写为

$$\alpha = \frac{Py/x}{P(1-y)/(1-x)} = \frac{y(1-x)}{(1-y)x} \tag{7-9a}$$

式(7-9)为相对挥发度的定义式。

将式(7-9a)整理得

$$y = \frac{\alpha x}{1+(\alpha-1)x} \tag{7-10}$$

式(7-10)称为用相对挥发度表示的气液平衡方程,简称气液平衡方程。可由一系列 x 值求得相应的 y 值,式(7-10)可以十分方便地用于蒸馏的分析和计算中。

对于理想溶液

$$\alpha = \frac{p_A^0}{p_B^0}$$

由于 p_A^0 与 p_B^0 随温度沿相同方向变化,因此 α 随温度变化不大,计算时一般可将 α 视作常数或取操作温度范围内的平均值。

根据 α 数值的大小可判断该混合物是否能用一般蒸馏方法分离及分离的难易程度。

若 $\alpha > 1$,表示组分 A 比 B 易挥发,α 值越大,混合物越容易分离。

若 $\alpha = 1$,由式(7-10)可知 $y = x$,即平衡时气相组成与液相组成相同(恒沸物系),此时不能用普通蒸馏方法对混合液加以分离,而需要采用特殊精馏或其他分离方法。

2. 气-液相组成(y-x)图

在总压恒定的条件下,两组分溶液的气液两相组成 y 与 x 的关系示于图 7-2 中,称为气液相平衡线。图中的对角线 $y = x$ 供查图时参考用。对于理想物系,平衡时气相组成 y 大于液相组成 x,因此平衡线位于对角线的上方。

y-x 图是恒压下测得的,但在总压变化范围不超过 20%～30% 时,平衡线变动很小。因此,在总压变化不大时,可忽略外压对平衡线的影响。

y-x 图可通过 t-x-y 图作出,也可由已知的 α 值用气液平衡方程求得。α 值越大,同一液相组成 x 对应的气相组成 y 值越大,即平衡线越远离对角线,溶液越容易分离。

常见两组分物系常压下的气液平衡数据可从物理化学或化工手册中查得。

恒压下的 y-x 图常用于两组分混合液蒸馏的计算。

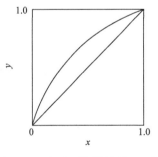

图 7-2 双组分理想溶液的 y-x 图

【例 7-1】 根据正庚烷(A)与正辛烷(B)的饱和蒸气压与温度的关系数据:(1)作出物系在总压为 101.3 kPa 的 t-x-y 图与 y-x 图;(2)确定正庚烷为 $x_A = 0.4$ 时的泡点温度及平衡气相的瞬间组成;(3)确定平均相对挥发度及平衡线方程。

解 (1)利用泡点方程可得温度与液相组成 x_A 的关系,即得到标绘泡点线的数据;由露点方程可得到标绘露点线的数据。计算结果列于本题附表中。由上述结果即可得到如本题附图(a)所示的 t-x-y 关系。若在附图(a)作多条水平线,则在 y-x 图上找出多个相应点,将其连成光滑曲线,即为气液平衡曲线,如附图(b)所示。

例 7-1　附表

温度 $t/℃$	p_A^0/kPa	p_B^0/kPa	$x_A=\dfrac{P-p_B^0}{p_A^0-p_B^0}$	$y_A=\dfrac{p_A^0}{P}x_A$	$\alpha=\dfrac{p_A^0}{p_B^0}$
98.4	101.3	44.4	1.0	1.0	2.282
105	125.3	55.6	0.656	0.811	2.254
110	140.0	64.5	0.487	0.674	2.171
115	160.0	74.8	0.311	0.491	2.139
120	180.0	86.6	0.157	0.280	2.079
126.6	205.0	101.3	0.0	0.0	2.024
平均相对挥发度 $\alpha=\dfrac{\alpha_1+\alpha_2+\alpha_3+\alpha_4+\alpha_5+\alpha_6}{6}$					2.158

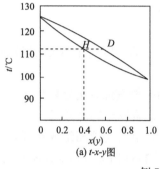 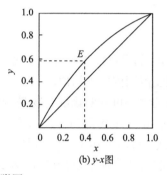

(a) t-x-y图　　(b) y-x图

例 7-1　附图

（2）在 t-x-y 图上，由 $x_A=0.4$ 作铅垂线与泡点线相交于 H 点。由 H 点作水平线与纵轴相交，交点即为 $x_A=0.4$ 时的泡点温度（$t=112℃$），水平线与露点线相交于 D 点，它表示与 $x_A=0.4$ 的液相平衡的气相组成 $y_A=0.56$。并可在 y-x 图上绘出相应点 $E(0.4,0.56)$。

（3）正庚烷（A）与正辛烷（B）形成的物系可视为理想溶液，其相对挥发度可由某温度下的饱和蒸气压计算。

例如，$t=98.4℃$ 时 $\alpha=\dfrac{p_A^0}{p_B^0}=\dfrac{101.3}{44.4}=2.282$。其余温度下的 α 值可类似地计算，如附表所示。

由附表中数据可以看出，随温度升高相对挥发度逐渐减小，但变化不大。可用平均相对挥发度表示气液相平衡关系为

$$y=\frac{\alpha x}{1+(\alpha-1)x}=\frac{2.158x}{1+1.158x}$$

7.3　两组分非理想溶液的气液相平衡

溶液的非理想性在于不同分子间作用力与同分子间作用力不同，具体表现为溶液中各组分的平衡分压偏离拉乌尔定律，偏离程度也有正有负，分别称为具有正偏差和负偏差的溶液。

7.3.1　具有正偏差的非理想溶液

苯-乙醇、乙醇-水等溶液是具有正偏差的物系，表现为溶液在某一组成时两组分饱和蒸气压之和出现最高值，与此对应的溶液泡点比两纯组分的沸点都低，溶液具有最低恒沸点。例

如,图 7-3 和图 7-4 分别为 101.3 kPa 时苯-乙醇的 *t-x-y* 图和 *y-x* 图,常压下的恒沸组成为 0.552(苯的摩尔分数),最低恒沸点为 68.3 ℃。

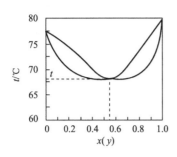

图 7-3 常压下苯-乙醇的 *t-x-y* 图

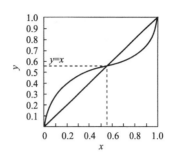

图 7-4 常压下苯-乙醇的 *y-x* 图

7.3.2 具有负偏差的非理想溶液

有些溶液(如硝酸-水、氯仿-丙酮等)是具有负偏差的物系,表现为溶液在某一组成时两组分饱和蒸气压之和出现最低值,与此对应的溶液泡点比两纯组分的沸点都高,为具有最高恒沸点的溶液。例如,图 7-5 和图 7-6 为硝酸-水溶液相图,图中的最高恒沸点为 121.9 ℃,恒沸组成为 0.383(硝酸的摩尔分数)。

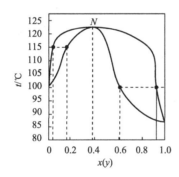

图 7-5 常压下硝酸-水的 *t-x-y* 图

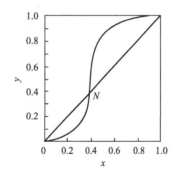

图 7-6 常压下硝酸-水的 *y-x* 图

7.4 蒸馏方式及原理

7.4.1 平衡蒸馏

平衡蒸馏又称闪蒸,是一种连续、稳态的单级蒸馏过程,其装置如图 7-7 所示。

被分离的混合液经加热器升温后,连续通过节流阀降低压强至规定值。混合液体在分离器中部分气化。平衡的气、液两相分别从分离器的顶部和底部引出而成为产品。如图 7-8 所示,在分离过程中混合液只进行了一次部分气化,分离效果差。因此,平衡蒸馏适用于对大量原料液进行初步分离。

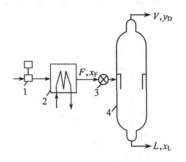

图 7-7　平衡蒸馏

1. 泵；2. 加热器；3. 节流阀；4. 分离器

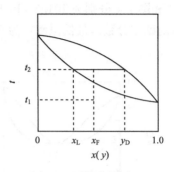

图 7-8　平衡蒸馏原理

7.4.2　简单蒸馏

简单蒸馏是一种间歇操作的单级蒸馏过程，其装置如图 7-9 所示。原料液一次性加入蒸馏釜中，通过间接加热使之部分气化。产生的蒸气冷凝后作为馏出液产品。

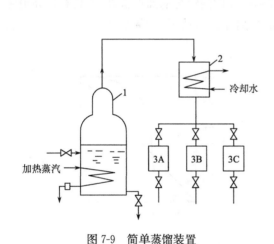

图 7-9　简单蒸馏装置

1. 蒸馏釜；2. 冷凝器；3A、3B、3C. 馏出液收集器

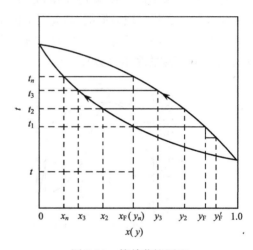

图 7-10　简单蒸馏原理

如图 7-10 所示，随着蒸馏过程的进行，釜液中轻组分的含量不断降低（$x_n < x_3 < x_2 < x_F$），与釜液相平衡的馏出液组成也随之下降（$y_n < y_3 < y_2 < y_F$），同时釜中液体气化所需加热温度逐渐升高（$t_n > t_3 > t_2 > t_1$）。当馏出液组成降低至一定值时（组成接近于 $y_n = x_F$ 时），即停止操作。针对以上特点，馏出液应按时间顺序分段收集，而釜残液一般于蒸馏结束后一次排放。

上述简单蒸馏所得产品均只经过一次部分气化，为了提高分离效果，可在蒸馏釜顶端增设一个分凝器，使上升蒸气再经历一次部分冷凝，气相组成进一步增大。图 7-10 中，组成为 y_F 的气相经一次部分冷凝后，轻组分含量增加为 y_F'。简单蒸馏分离效果差，一般用于小批量、易分离混合液的初步分离。

7.4.3　连续精馏

精馏是利用混合液中各组分挥发度的差异实现组分高纯度分离的多级蒸馏操作,即同时进行多次部分气化和部分冷凝的过程。实现精馏操作的主体设备是精馏塔。

1. 多次部分气化和多次部分冷凝

精馏过程的原理可用如图 7-11 所示物系的 t-x-y 相图来分析。将组成为 x_F 的混合液升温至泡点以上露点以下使其部分气化,并将气液分开,两相的组成分别为 y_1 和 x_1。由图 7-11 看出,$y_1 > x_F > x_1$,即一次部分气化起到一定的分离作用。若将组成为 x_1 的液相继续进行部分气化,则可得到组成相互平衡的气液两相,如此将液相逐级进行多次部分气化,液相中即可得到高纯度($x_n' \to 0.0$)的重组分产品。同理,将组成为 y_1 的气相进行多次部分冷凝,气相即可成为高纯度($y_m \to 1.0$)的轻组分产品。

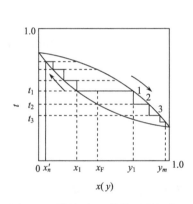

图 7-11　精馏原理(操作压强恒定)

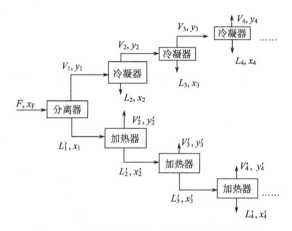

图 7-12　多次部分气化和多次部分冷凝示意图

上述多次部分气化和多次部分冷凝过程可设计如下:

如图 7-12 所示,原料液在加热器中部分气化,成为相互平衡的气液两相,分别将组成为 $x_1 \to x_{n-1}'$ 的液相依次进行部分气化和组成为 $y_1 \to y_{m-1}$ 的气相依次进行部分冷凝,可实现高纯度的分离,得到接近纯的重组分和轻组分。但因产生了大量的中间馏分而使产品收率极低,而且设备庞杂。

对于图 7-12 中任意相邻的三级,$t_{n+1} > t_n > t_{n-1}$,组成为 y_{n+1} 的气相与组成为 x_{n-1} 的液相之间不平衡。用图 7-13 的 t-x-y 图分析可知,此气液两相间存在温度差和浓度差,相互接触时必定同时发生传热和传质。组成为 y_{n+1} 的气相放出热量的同时部分冷凝,而组成为 x_{n-1} 的液相吸收上述热量后部分气化,如果两者接触时间足够长,则离开接触空间时气液两相会达到平衡,即 $y_{n+1} \to y_n$,$x_{n-1} \to x_n$,y_n 与 x_n 符合气液平衡关系。

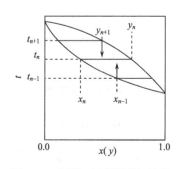

图 7-13　相邻三级的温度与组成

工业上的精馏过程就是依据上述原理在精馏塔内为气

液相提供充分接触的场所,以同时实现多次部分气化和多次部分冷凝。下面以板式塔为例,讨论工业生产中常见的连续精馏过程。

2. 精馏过程

图 7-14 为连续操作的板式精馏塔流程示意图。原料液自塔的适当位置加入塔内,在每一层塔板上逐级上升的蒸气与逐级下降的液相充分接触,气相进行部分冷凝,使其中部分重组分

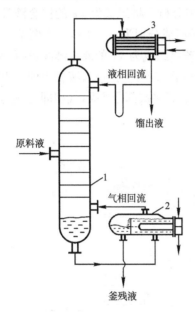

转入液相,同时气相冷凝时释放的热量使液体部分气化,部分轻组分转入气相中,传热和传质同时进行。气相中轻组分含量逐级增多,液相中重组分逐级增多。塔板数目越多,部分气化和部分冷凝的次数越多,分离的效果就越好。塔顶冷凝器将上升的蒸气冷凝成液体后,其中一部分作为塔顶产品(馏出液)采出,另一部分引入塔顶第一层塔板作为液相回流,从而在每层塔板上实现气液相的相互接触。塔的底部装有再沸器。加热液体产生的蒸气回到塔底最后一层塔板作为气相回流,其余液相则作为塔釜的产品。不难看出,塔顶液相回流和塔底气相回流是精馏操作连续稳定进行的两个必要条件,也是精馏区别于前述平衡蒸馏和简单蒸馏的关键。

图 7-14　连续操作的板式
精馏塔流程示意图
1. 精馏塔;2. 再沸器;3. 冷凝器

加料口将精馏塔分成上下两段,在加料口以上塔段,上升蒸气得到不断的精制,最终在塔顶得到接近纯的轻组分,因此习惯上称为精馏段。在加料口以下塔段,下降液相得到不断的提纯,最终在塔底得到接近纯的重组分,因此称为提馏段。原料进入的塔板称为加料板,习惯上认为加料板属于提馏段。

7.5　双组分连续精馏的计算

精馏的计算包括设计型计算和操作型计算。本节重点讨论板式精馏塔的设计型计算。

双组分连续精馏塔的设计型计算,就是应用精馏过程的物料衡算、热量衡算、平衡关系等基本关系,对特定生产任务(一般已知原料液的组成、流量及分离要求)来确定或选择:①产品流量及组成;②原料的进料热状况;③适宜的回流比;④精馏塔的理论板数和适宜的进料位置;⑤选择塔板类型并确定主要工艺尺寸;⑥冷凝器、再沸器等附属设备的选型或设计等。

由于精馏过程影响因素十分复杂,因此计算中适当的简化假定是必需的。

7.5.1　双组分连续精馏计算的两个基本假设

1. 理论板的假设

理论板是指离开该板的气液相互成平衡且温度相等。其前提条件是气液两相在塔板上进行完全均匀且足够长时间的接触,也就是忽略传热、传质阻力。实际生产中,由于气液相接触时间短暂、接触面积有限,离开塔板的气液相未能达到平衡,因此理论板作为塔板上气液相传

热和传质的理想模型,是衡量实际塔板分离效果的依据和标准。需要指出的是,离开连续精馏再沸器和分凝器的气液相达到平衡,再沸器和分凝器均相当于理论板。

2. 恒摩尔流假设

如果在精馏过程中:①混合物中各组分的摩尔气化热相等;②气液相接触时因温差而交换的显热可忽略;③塔身保温良好,热损失可忽略,则在精馏塔内的塔板上,有 n kmol 的蒸气冷凝,相应地也有 n kmol 的液体气化。也就是说在精馏段(或提馏段)各板气相摩尔流量相等,液相摩尔流量也相等,称为恒摩尔气相流量和恒摩尔液相流量。但由于受进料的影响,精馏段与提馏段气液相摩尔流量不一定相等。具体可表示为

气相:精馏段　　$V_1 = V_2 = V_3 = \cdots = V = 常数$　　　　　　　　　　　(7-11)

　　　提馏段　　$V_1' = V_2' = V_3' = \cdots = V' = 常数$　　　　　　　　　(7-11a)

液相:精馏段　　$L_1 = L_2 = L_3 = \cdots = L = 常数$　　　　　　　　　　(7-12)

　　　提馏段　　$L_1' = L_2' = L_3' = \cdots = L' = 常数$　　　　　　　　　(7-12a)

式中,V、V' 分别为精馏段、提馏段各塔板上升蒸气摩尔流量,kmol/h 或 kmol/s;L、L' 分别为精馏段、提馏段各塔板下降液体摩尔流量,kmol/h 或 kmol/s;下标 1,2,3,… 表示塔板序号。

以恒摩尔流假设为前提,可以使精馏计算大大简化,且精馏操作处理的许多物系均能基本符合恒摩尔流假设的条件。

7.5.2　全塔物料衡算

对如图 7-15 所示的连续精馏装置作物料衡算,并以单位时间为基准,可得

总物料　　　　　　$F = D + W$　　　　　　　(7-13)

轻组分　　　　　　$Fx_F = Dx_D + Wx_W$　　　　(7-13a)

式中,F、D、W 分别为原料液、馏出液、釜残液摩尔流量,kmol/h 或 kmol/s;x_F、x_D、x_W 分别为原料液、馏出液、釜残液中轻组分的摩尔分数。

联立式(7-13)及式(7-13a),可求出馏出液的采出率和釜液的采出率,即

$$\frac{D}{F} = \frac{x_F - x_W}{x_D - x_W} \qquad (7-14)$$

$$\frac{W}{F} = \frac{x_D - x_F}{x_D - x_W} \qquad (7-14a)$$

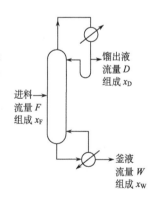

图 7-15　全塔物料衡算

显然,采出率的描述符合杠杆规则。

塔顶轻组分的回收率和塔底重组分的回收率分别定义为

$$\eta_A = \frac{Dx_D}{Fx_F} \times 100\% \qquad (7-15)$$

$$\eta_B = \frac{W(1 - x_W)}{F(1 - x_F)} \times 100\% \qquad (7-15a)$$

由此可见,在给定原料液流量和组成的条件下,精馏所要求的采出率和回收率(产品流量与组成)受全塔物料衡算关系限制。

【例 7-2】 在常压连续精馏塔中精馏乙酸水溶液。进料流量为 400 kg/h,其中乙酸含量为 31%,塔顶馏出液中含乙酸 55%,塔底釜残液中含乙酸不超过 7%(均为质量分数)。试求馏出液和釜残液的流量(分别以质量流量和摩尔流量表示),并求乙酸的回收率。

解 (1) 按摩尔流量计算。

乙酸的摩尔质量为 60 kg/kmol,水的摩尔质量为 18 kg/kmol,将质量分数换算成摩尔分数。

进料组成

$$x_F = \frac{31/60}{31/60 + 69/18} = 0.119$$

馏出液组成

$$x_D = \frac{55/60}{55/60 + 45/18} = 0.268$$

釜液组成

$$x_W = \frac{7/60}{7/60 + 93/18} = 0.022$$

进料液的平均摩尔质量

$$M_F = 60 \times 0.119 + 18 \times (1 - 0.119) = 23.0 (\text{kg/kmol})$$

进料的摩尔流量

$$F = \frac{400}{23.0} = 17.39 (\text{kmol/h})$$

依据物料衡算关系

$$D + W = 17.39$$

$$Dx_D + Wx_W = 17.39 \times 0.119$$

$$0.268D + 0.022W = 17.39 \times 0.119$$

可得

$$D = 6.86 \text{ kmol/h} \qquad W = 10.53 \text{ kmol/h}$$

按摩尔流量计算乙酸的回收率

$$回收率 = \frac{6.86 \times 0.268}{17.39 \times 0.119} \times 100\% = 88.8\%$$

(2) 按质量流量计算。

分别以 m_F、m_D、m_W 表示进料、馏出液、釜残液的质量流量(kg/h)。

全塔总物料衡算

$$m_D + m_W = 400$$

全塔乙酸物料衡算

$$0.55m_D + 0.07m_W = 400 \times 0.31$$

解得

$$m_D = 200 \text{ kg/h} \qquad m_W = 200 \text{ kg/h}$$

按质量流量计算乙酸的回收率

$$回收率 = \frac{200 \times 0.55}{400 \times 0.31} \times 100\% = 88.7\%$$

可见两种方法计算结果一致。

由例 7-2 知,全塔物料衡算可衡算物质的量,也可衡算物质的质量,应用中应注意流量与组成的一致性,即质量流量与质量分数相对应,摩尔流量与摩尔分数相对应。

7.5.3 操作线方程

在板式精馏塔中,习惯上从塔顶开始依次将塔板编号为第 1、2、3、…板,并将第 n 层塔板下降液相组成 x_n 与从相邻的第 $n+1$ 层塔板上升气相组成 y_{n+1} 之间的关系称为操作关系。描述 y_{n+1} 与 x_n 之间关系的方程称为操作线方程。由于受进料的影响,精馏段与提馏段遵循的操作关系不同,下面通过分别对精馏段和提馏段物料衡算导出两段操作线方程。

1. 精馏段操作线方程

以单位时间为基准,对图 7-16 中虚线范围(精馏段任意两板间至塔顶)作物料衡算,可得

总物料 $\qquad V = L + D \qquad (7\text{-}16)$

轻组分 $\qquad V y_{n+1} = L x_n + D x_D \qquad (7\text{-}16a)$

式中,x_n 为精馏段中第 n 层塔板下降液相中轻组分的摩尔分数;y_{n+1} 为精馏段中第 $n+1$ 层塔板上升气相中轻组分的摩尔分数。

整理式(7-16)与式(7-16a)得

$$y_{n+1} = \frac{L}{V} x_n + \frac{D x_D}{V} \qquad (7\text{-}17)$$

$$y_{n+1} = \frac{L}{L+D} x_n + \frac{D}{L+D} x_D \qquad (7\text{-}17a)$$

令 $R = \dfrac{L}{D}$,由式(7-17a)得

$$y_{n+1} = \frac{R}{R+1} x_n + \frac{x_D}{R+1} \qquad (7\text{-}18)$$

式中,R 称为回流比。

式(7-16a)、式(7-17)、式(7-17a)及式(7-18)均可称为精馏段操作线方程。根据恒摩尔流假设,L、V 为定值,稳态精馏操作中,D 及 x_D 也为定值,所以 R 也为常量。事实上,精馏操作的回流比 R 是连续精馏操作的重要指标之一,其数值的具体确定方法将在 7.5.6 小节讨论。

因此,精馏段操作线在 $y\text{-}x$ 图上为直线,其斜率为 $\dfrac{R}{R+1}$,y 轴上的截距为 $\dfrac{x_D}{R+1}$。当 $x_n = x_D$ 时,$y_{n+1} = x_D$,因此可由 $a(x_D, x_D)$ 和 $b\left(0, \dfrac{x_D}{R+1}\right)$ 两点在 $y\text{-}x$ 图上绘出精馏段操作线,如图 7-18 中直线 ab。

2. 提馏段操作线方程

对图 7-17 中虚线范围作物料衡算,以单位时间为基准,即

总物料 $\qquad L' = V' + W \qquad (7\text{-}19)$

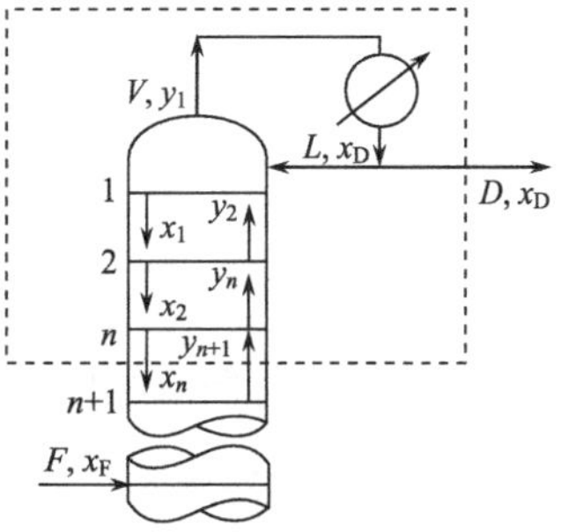

图 7-16 精馏段操作线方程的推导

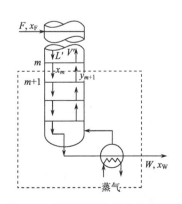

图 7-17 提馏段操作线方程的推导

轻组分
$$L'x'_m = V'y'_{m+1} + Wx_W \tag{7-19a}$$

式中，x'_m 为提馏段第 m 层塔板下降液相中轻组分的摩尔分数；y'_{m+1} 为提馏段第 $m+1$ 层塔板上升气相中轻组分的摩尔分数。

由式(7-19)与式(7-19a)得

$$y'_{m+1} = \frac{L'}{V'}x'_m - \frac{W}{V'}x_W \tag{7-20}$$

或

$$y'_{m+1} = \frac{L'}{L'-W}x'_m - \frac{W}{L'-W}x_W \tag{7-20a}$$

式(7-19a)、式(7-20)或式(7-20a)均称为提馏段操作线方程。根据恒摩尔流假设，式中的 L'、V' 为定值，对稳态操作的精馏过程，W 及 x_W 为定值。因此，提馏段操作线在 y-x 图上为直线，其斜率为 $\frac{L'}{L'-W}$，截距为 $-\frac{W}{L'-W}x_W$。当 $x'_m = x_W$ 时，$y'_{m+1} = x_W$，可由 $c(x_W, x_W)$ 和 $g\left(0, -\frac{W}{L'-W}x_W\right)$ 两点绘出提馏段操作线，如图 7-18 中直线 cg。但由于实际精馏操作中 c、g 两点往往距离很近，故作图误差较大。

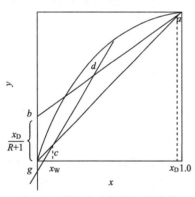

图 7-18　精馏段和提馏段操作线

分析图 7-18 中精馏操作两操作线可知：精馏段操作线斜率小于 1，在 y 轴的截距为正；提馏段操作线斜率大于 1，在 y 轴的截距为负，事实上一般精馏操作均如此。因此，精馏两操作线必定出现交点。为了减小作图误差，提馏段操作线可通过先确定两操作线交点 d 后，再连接 $c(x_W, x_W)$ 和 d 点而绘出。

两操作线方程是通过分别对精馏段和提馏段进行物料衡算得到的，而进料热状况对塔内精、提两段气液相流量有影响，进而对两操作线的交点及提馏段操作线位置产生影响。下面对进料热状况进行讨论，并进一步确定两操作线的交点轨迹方程。

7.5.4　进料热状况及进料线方程(q 线方程)

1. 五种进料热状况分析

五种进料热状况对进料板上下各流股的影响如图 7-19 所示。

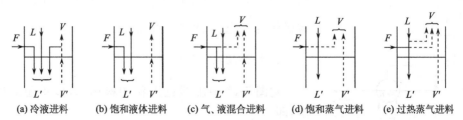

图 7-19　各种进料热状况下进料板上物料流向示意图

（1）冷液进料。原料的温度低于泡点，入塔后由提馏段上升的蒸气有部分冷凝，放出的潜热将原料液加热至泡点。此时，提馏段下降的液相由精馏段下降液体 L、料液 F 及蒸气部分冷凝产生的冷凝液三部分组成，如图 7-19(a)所示，流量关系可定性表示为

液相 $L' > L + F$

气相 $V < V'$

（2）饱和液体进料。原料的温度等于泡点，精馏段下降液体与原料液合并进入提馏段，而提馏段上升蒸气全部进入精馏段，如图 7-19(b)所示，流量关系为

液相 $L' = L + F$

气相 $V = V'$

（3）气、液混合进料。原料的温度介于泡点与露点之间，进料中气相部分与提馏段上升蒸气合并进入精馏段，液相部分则作为提馏段下降液相的一部分，如图 7-19(c)所示，流量关系为

液相 $L < L' < L + F$

气相 $V' < V < V' + F$

（4）饱和蒸气进料。原料的温度等于露点，如图 7-19(d)所示，流量关系为

液相 $L' = L$

气相 $V = V' + F$

（5）过热蒸气进料。原料的温度高于露点，如图 7-19(e)所示，流量关系为

液相 $L' < L$

气相 $V > V' + F$

实际精馏操作时，应视具体情况选择经济合理的进料热状况，不能一概而论，生产中以接近于泡点的冷液进料和泡点进料居多。

2. 进料板的物料衡算及热量衡算

下面对上述流量关系进行定量描述。以单位时间为基准，对如图 7-20 所示的进料板作物料衡算及热量衡算。

总物料衡算

$$F + V' + L = V + L' \qquad (7\text{-}21)$$

热量衡算

$$F I_F + V' I'_V + L I_L = V I_V + L' I'_L \qquad (7\text{-}22)$$

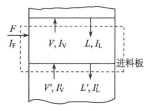

图 7-20 进料板物料、热量衡算

式中，I_F 为进料的焓，kJ/kmol；I_V、I'_V 分别为进料板上、下处饱和蒸气的焓，kJ/kmol；I_L、I'_L 分别为进料板上、下处饱和液体的焓，kJ/kmol。

由于塔中液体和蒸气呈饱和状态，且进料板上、下处的温度及气、液浓度都比较相近，所以可近似认为

$$I_V \approx I'_V \qquad 及 \qquad I_L \approx I'_L$$

可将式(7-22)改写为

$$(V - V') I_V = F I_F - (L' - L) I_L$$

将式(7-21)代入上式得

$$\frac{I_V - I_F}{I_V - I_L} = \frac{L' - L}{F}$$

令

$$q = \frac{I_V - I_F}{I_V - I_L} = \frac{\text{将 1 kmol 进料变化为饱和蒸气所需热量}}{\text{原料液的千摩尔气化潜热}} \qquad (7\text{-}23)$$

式(7-23)为进料热状况参数的定义式,通过该式可计算不同情况下的进料热状况参数 q 值,并可将流量关系定量表示为

$$L' = L + qF \qquad (7\text{-}24)$$

$$V = V' + (1-q)F \qquad (7\text{-}24a)$$

式(7-24)从另一个方面说明了 q 值的意义,即以 1 kmol/h 进料为基准,q 值即提馏段中液相流量较精馏段中流量的增大值。对于饱和液体、气液混合物及饱和蒸气进料而言,通过式(7-24)和式(7-24a)即可分析进料中气液相在精馏段和提馏段的分配情况,其中 q 值即表示进料中的液相分数,$1-q$ 即为进料中的气相分数。

3. 进料线方程

在两操作线的交点处,精馏段操作线方程和提馏段操作线方程中的变量相同,因此可略去两操作线中有关变量的上标、下标,即

$$Vy = Lx + Dx_D$$

$$V'y = L'x - Wx_W$$

将上两式与式(7-24)、式(7-24a)及式(7-13a)关联,得

$$y = \frac{q}{q-1}x - \frac{x_F}{q-1} \qquad (7\text{-}25)$$

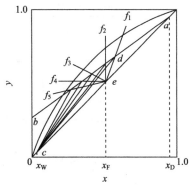

图 7-21　不同进料热状况
对 q 线的影响

式(7-25)即为两操作线交点的轨迹方程,又称 q 线方程或进料线方程,该式也是直线方程,与对角线的交点坐标为 $e(x_F, x_F)$,如图 7-21 所示,过点 e 作斜率为 $\dfrac{q}{q-1}$ 的直线与精馏段操作线交于点 d,连接 c、d 即得提馏段操作线。

4. 进料热状况对 q 线及操作线的影响

进料热状况参数 q 值越大,q 线越向第 I 象限方向偏移,两操作线交点随之发生偏移,从而使提馏段操作线远离平衡线而向对角线靠近。当 x_D、x_F、x_W 及 R 一定时,五种不同进料热状况对 q 线及操作线的影响如图 7-21 所示,其中 ef_1、ef_2、ef_3、ef_4 和 ef_5 依次与冷液体、饱和液体、气液混合物、饱和蒸气和过热蒸气进料相对应。不同的进料热状况对 q 值及 q 线的影响见表 7-1。

表 7-1 进料热状况对 q 值及 q 线的影响

进料热状况 q 线在 $x\text{-}y$ 图上位置	进料的焓 I_F	q 值	$\dfrac{q}{q-1}$
冷液体 ef_1(↗)	$I_F<I_L$	>1	$+$
饱和液体 ef_2(↑)	$I_F=I_L$	1	∞
气液混合物 ef_3(↖)	$I_L<I_F<I_V$	$0<q<1$	$-$
饱和蒸气 ef_4(←)	$I_F=I_V$	0	0
过热蒸气 ef_5(↙)	$I_F>I_V$	<0	$+$

【例 7-3】 在一连续操作的精馏塔中分离某双组分溶液。进料中含苯 0.3(摩尔分数,下同),馏出液含苯 0.95,釜残液中含甲苯 0.96。进料为气液比 1∶3 的气液混合物,塔顶液相回流比 $R=2$,试求精馏段及提馏段操作线方程。

解 (1)精馏段操作线方程。

由已知 $R=2,x_D=0.95$ 得

$$y=\frac{R}{R+1}x+\frac{x_D}{R+1}=\frac{2}{2+1}x+\frac{0.95}{2+1}=0.667x+0.317$$

(2)提馏段操作线方程。

由釜残液中含甲苯 0.96,知

$$x_W=0.04$$

由进料气液比为 1∶3,得

$$q=\frac{3}{1+3}=\frac{3}{4}$$

q 线方程为

$$y=\frac{q}{q-1}x-\frac{x_F}{q-1}=\frac{\frac{3}{4}}{\frac{3}{4}-1}x-\frac{0.3}{\frac{3}{4}-1}$$

即

$$y=-3x+1.2$$

联立 q 线方程与精馏段操作线方程

$$\begin{cases} y=-3x+1.2 \\ y=0.667x+0.317 \end{cases}$$

得交点为 d (0.241,0.478)。

由两点 c (0.04, 0.04)、d (0.241,0.478)得

$$\frac{y-0.04}{x-0.04}=\frac{0.478-0.04}{0.241-0.04}$$

所以提馏段操作线方程为

$$y=2.18x-0.047$$

【例 7-4】 某连续操作的精馏塔,泡点进料。已知操作线方程如下:

精馏段 $\qquad y=0.8x+0.172$

提馏段 $\qquad y=1.5x-0.018$

试求塔顶液相回流比 R、馏出液组成、釜液组成及进料组成(摩尔分数)。

解 (1)回流比 R。

精馏段操作线方程的斜率 $\dfrac{R}{R+1}=0.8$,求得 $R=4$。

(2) 馏出液组成 x_D。

精馏段操作线方程的截距 $\dfrac{x_D}{R+1} = 0.172$，求得 $x_D=0.86$（摩尔分数）。

(3) 釜液组成 x_W。

由提馏段操作线方程与对角线方程联立，求得 $x_W=0.036$。

(4) 进料组成 x_F。

因泡点进料，则 q 线为铅垂线，两操作线交点的横坐标即为 x_F。

由精馏段操作线方程得　　　$y_F=0.8x_F+0.172$

由提馏段操作线方程得　　　$y_F=1.5x_F-0.018$

联立求解，可得

$$x_F=0.271$$

7.5.5　理论板数的计算

理论板数常用的计算方法有逐板计算法、图解法和简捷计算法（见 7.5.7 小节）。下面以

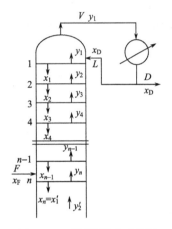

图 7-22　逐板计算法示意图

如图 7-22 所示的精馏塔为例，分别讨论逐板计算法和图解法确定理论板数目的步骤。

前提：①塔顶采用全凝器；②泡点回流；③再沸器采用间接蒸气加热。

1. 逐板计算法

逐板计算法是交替使用平衡关系与操作关系求解理论板数的方法。依理论板的定义，计算中每使用一次平衡关系，即相当于一层理论板。

依上述前提，从塔顶数第一层塔板（依次向下为第 2、3、…层）上升的蒸气全部冷凝成饱和温度下的液体后，一部分回流，另一部分作为馏出液，所以气相组成 y_1 与馏出液和回流液的组成均相等，即

$$y_1=x_D$$

依据理论板的条件，离开第一层塔板的液相组成 x_1 与气相组成 y_1 互成平衡，则

$$x_1=\frac{y_1}{\alpha-(\alpha-1)y_1}$$

从第二层理论板上升的气相组成 y_2 与液相组成 x_1 符合精馏段操作关系，即

$$y_2=\frac{R}{R+1}x_1+\frac{x_D}{R+1}$$

同理，利用平衡关系，由 y_2 可求出 x_2，再利用精馏段操作线方程由 x_2 求得 y_3，依此类推，直至求得的 $x_n \leqslant x_d$（x_d 为两操作线交点的横坐标值），说明第 n 层理论板为进料板。因习惯上认为进料板属于提馏段，所以，精馏段理论板数为 $(n-1)$。

此后，改用提馏段操作线方程由 x_1'（其数值等于精馏段求得的 x_n）求出 y_2'，再利用平衡线方程由 y_2' 求得 x_2'，如此交替计算，直至计算到 $x_m' \leqslant x_W$ 为止。因为再沸器采用间接蒸气加热，离开再沸器的气液相达到平衡，再沸器起到了一层理论板的作用，所以提馏段所需理论板数应

去掉一层,为$(m-1)$层。

逐板计算法虽然计算过程烦琐,但可同时得到离开每层塔板的气液相组成,是确定理论板数最基本、最准确的方法。若应用计算机编程进行逐板计算,会大大减少运算工作量。

2. 图解法

图解法是以 $y\text{-}x$ 图上平衡线和操作线替代逐板计算法中的平衡线方程和操作线方程,通过在平衡线与操作线之间画梯级的方法确定理论板数的方法。具体步骤如下:

(1) 利用前述方法在 $y\text{-}x$ 坐标系内分别绘出平衡线、对角线、精馏段操作线、进料线(以冷液体为例)和提馏段操作线,如图 7-23 所示。

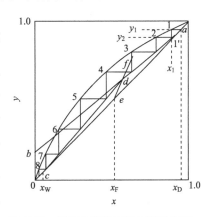

(2) 从 a 点(塔顶)作水平线与平衡线交于点 1,表示应用一次平衡关系,再由 1 点作竖直线可得到与 y_1 平衡的液相组成 x_1,同时竖直线与精馏段操作线交于点 $1'$,表示应用一次操作关系,$a11'$ 即形成第一个梯级。再依次作水平线、竖直线交替地与平衡线和精馏段操作线出现交点,当梯级跨过两操作线交点 d 时(说明已经到达进料板),即改在平衡线与提馏段操作线之间绘梯级,直至梯级跨过 c 点(说明已到达塔底再沸器)为止。

图 7-23　图解法确定理论板数示意图

如图 7-23 所示,总理论板数为 8,除去再沸器代表的一级后,所需理论板数为 7(不包括再沸器),其中第 4 板为进料板,精馏段有 3 层理论板,提馏段有 4 层理论板(不包括再沸器)。

当塔顶采用分凝器时,因离开分凝器的气液相达到平衡,分凝器相当于一块理论板,图解法得到的理论板数应再减去 1。

采用直接蒸气加热,主要用于分离水为难挥发组分的溶液,此时,离开再沸器的气液相不平衡,再沸器无法达到一块理论板的分离效果。

另外,图解法也可从点 c(塔底)开始依次在平衡线与操作线之间作梯级,得到的结果与上述结果基本一致。

需要指出的是,对于特定生产任务,在进行理论板数计算时,跨过两操作线交点的梯级即为适宜的进料位置,如果进料位置提前(未跨过点 d 而提前在提馏段操作线与平衡线之间绘梯级)或推后(指梯级已跨过交点 d,仍在平衡线与精馏段操作线之间绘梯级)均导致完成同样生产任务所需理论板数增多,如图 7-24 所示。而对于已有的精馏装置,采用适宜的进料位置能获得最好的分离效果。若进料位置不当,则会导致塔顶、塔底产品纯度不能同时达到分离的要求。

【例 7-5】　一常压连续操作的精馏塔,分离含甲醇 0.3(摩尔分数,下同)的水溶液。要求得到含甲醇 0.95 的馏出液及含甲醇 0.03 的釜液。回流比 $R=1.0$。试用图解法求饱和液体进料和冷液进料($q=1.07$)两种条件下的理论板数及加料板位置。常压下的甲醇-水溶液相平衡数据如下:

x	0	0.1	0.2	0.3	0.4	0.5	0.6	0.7	0.8	0.9	1
y	0	0.418	0.579	0.665	0.729	0.779	0.825	0.87	0.915	0.958	1

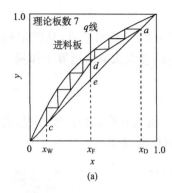 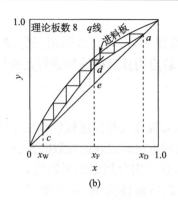 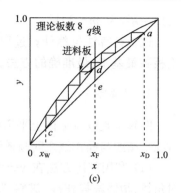

(a)　　　　　　　　　　(b)　　　　　　　　　　(c)

图 7-24　适宜的进料位置

解　已知 $x_F=0.3, x_D=0.95, x_W=0.03, R=1$。

(1) 饱和液体进料。

精馏段操作线在 y 轴上的截距为

$$\frac{x_D}{R+1}=\frac{0.95}{1+1}=0.475$$

$q=1$，q 线为通过 $x_F=0.3$ 的铅垂线。

如本题附图 1 所示，理论板数为 10（不包括再沸器），加料板为第 8 板。

(2) 冷液进料。

精馏段操作线在 y 轴上的截距为

$$\frac{x_D}{R+1}=\frac{0.95}{1+1}=0.475$$

$q=1.07$，q 线的斜率为

$$\frac{q}{q-1}=\frac{1.07}{1.07-1}=15.3$$

从 y-x 图中对角线上点 e 绘斜率为 15.3 的 q 线。如本题附图 2 所示，理论板数为 9（不包括再沸器），加料板为第 7 板。

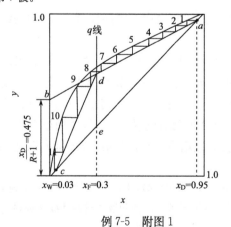 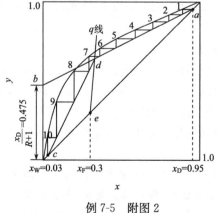

例 7-5　附图 1　　　　　　　　　　例 7-5　附图 2

比较例 7-5 计算结果可知，进料热状况参数 q 值越大（由过热蒸气向冷液体变化，q 值逐渐增大），因提馏段操作线逐渐向对角线靠近，在平衡线与操作线之间绘梯级，梯级跨度变大，一层理论板气相增浓和液相减浓程度增大，完成同样生产任务所需理论板数减少。

7.5.6　回流比的选择

1. 回流比对精馏操作的影响

由精馏原理知,塔顶液相回流是保证精馏塔连续稳定操作的必要条件之一,回流比是影响精馏操作的一项重要指标。如例 7-5 附图所示,回流比 R 增大,在分离要求 x_D 不变的情况下,精馏段操作线在 y 轴上的截距 $\dfrac{x_D}{R+1}$ 减小,使精馏段操作线向远离平衡线的方向偏移,在平衡线和操作线之间绘梯级,所需梯级数目减少。当回流比增大至使操作线与对角线重合时,说明精馏段操作线在 y 轴上的截距 $\dfrac{x_D}{R+1}=0$,此时 $R=\dfrac{L}{D}=\infty$,馏出液 D 为零,称为全回流,为回流比的最大极限,对应的理论板数目最少(表示为 $N_{\min}$)。反之,减小回流比 R,理论板数目增多。当回流比减小至使两操作线的交点 d 落在平衡线上时,在平衡线与操作线之间绘梯级将无法跨过 d 点,即完成任务需要无穷多块理论板,此时的回流比称为最小回流比,用 $R_{\min}$ 表示,为回流比的最小极限,对应理论板数目 $N=\infty$。由此可见,回流比对理论板数影响很大,而理论板数决定实际板数并最终影响设备费用。同时,操作费用也会受到回流比的影响。

具体来说,精馏操作的设备费用主要包括精馏塔(如塔板、塔体及接管等)、再沸器和冷凝器的投资费用。当 $R=R_{\min}$ 时,理论板数 $N=\infty$,所以设备费用为无穷大。加大回流比,由 $N=\infty$ 锐减至有限数值,设备费明显下降。但随着回流比的逐渐增大,塔板层数下降得越来越缓慢,因理论板数减少而节省的费用已无法弥补因塔内上升气量加大,致使塔径、塔板面积、再沸器、冷凝器等的尺寸加大而增多的设备费用,如图 7-25 中的曲线 1 所示,设备费用随回流比呈现先减后增的变化趋势。

精馏过程的操作费用主要包括两部分,塔顶冷凝器冷却介质消耗量和再沸器加热介质消耗量。而两者又都取决于塔内上升蒸气量,由物料衡算知

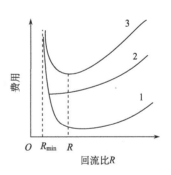

$$V=L+D=(R+1)D$$
$$V'=V-(1-q)F$$

当进料量 F、馏出液量 D 及进料热状况 q 一定时,这些消耗随回流比增大而增大,即操作费用随回流比增大而增加,如图 7-25 中的曲线 2 所示。总费用(设备费用和操作费用之和)和 R 的关系可用图 7-25 中的曲线 1、曲线 2 加和得到曲线 3 表示。适宜回流比是指总费用最低时对应的回流比。

图 7-25　适宜回流比的确定

2. 回流比的最大极限——全回流

前已述及,全回流操作时,塔顶馏出液的流量为零,事实上,一般是既不向塔内进料,也不从塔内采出产品。精馏塔没有精馏段和提馏段之分,两段的操作线均重合于对角线,操作线方程为 $y_{n+1}=x_n$。操作线与平衡线的距离最远,传质推动力最大,达到指定分离程度所需的理论板数为最少,以 $N_{\min}$ 表示。$N_{\min}$ 可由逐板计算如下:

全回流时,气液平衡方程可表示为

$$\left(\frac{y_\mathrm{A}}{y_\mathrm{B}}\right)_n = \alpha_n \left(\frac{x_\mathrm{A}}{x_\mathrm{B}}\right)_n$$

操作线方程为

$$y_{n+1} = x_n$$

对于塔顶全凝器,则有

$$y_1 = x_\mathrm{D} \qquad \text{或} \qquad \left(\frac{y_\mathrm{A}}{y_\mathrm{B}}\right)_1 = \left(\frac{x_\mathrm{A}}{x_\mathrm{B}}\right)_\mathrm{D}$$

第 1 层理论板的气液平衡关系为

$$\left(\frac{y_\mathrm{A}}{y_\mathrm{B}}\right)_1 = \alpha_1 \left(\frac{x_\mathrm{A}}{x_\mathrm{B}}\right)_1 = \left(\frac{x_\mathrm{A}}{x_\mathrm{B}}\right)_\mathrm{D}$$

第 1 层与第 2 层理论板之间的操作关系为

$$\left(\frac{y_\mathrm{A}}{y_\mathrm{B}}\right)_2 = \left(\frac{x_\mathrm{A}}{x_\mathrm{B}}\right)_1$$

所以

$$\left(\frac{x_\mathrm{A}}{x_\mathrm{B}}\right)_\mathrm{D} = \alpha_1 \left(\frac{y_\mathrm{A}}{y_\mathrm{B}}\right)_2$$

同理,第 2 层理论板气液平衡关系为

$$\left(\frac{y_\mathrm{A}}{y_\mathrm{B}}\right)_2 = \alpha_2 \left(\frac{x_\mathrm{A}}{x_\mathrm{B}}\right)_2$$

则

$$\left(\frac{x_\mathrm{A}}{x_\mathrm{B}}\right)_\mathrm{D} = \alpha_1 \alpha_2 \left(\frac{x_\mathrm{A}}{x_\mathrm{B}}\right)_2$$

重复上述计算过程,直至塔釜(塔釜视作第 $N+1$ 层理论板)为止,可得

$$\left(\frac{x_\mathrm{A}}{x_\mathrm{B}}\right)_\mathrm{D} = \alpha_1 \alpha_2 \cdots \alpha_{N+1} \left(\frac{x_\mathrm{A}}{x_\mathrm{B}}\right)_\mathrm{W}$$

若令 $\alpha_\mathrm{m}^{N+1} = \alpha_1 \alpha_2 \cdots \alpha_{N+1}$ 则上式可表示为

$$\left(\frac{x_\mathrm{A}}{x_\mathrm{B}}\right)_\mathrm{D} = \alpha_\mathrm{m}^{N+1} \left(\frac{x_\mathrm{A}}{x_\mathrm{B}}\right)_\mathrm{W}$$

对于全回流操作,以 N_min 代替上式中的 N,等式两边取对数,经整理得

$$N_\mathrm{min} = \frac{1}{\ln\alpha_\mathrm{m}} \ln\left[\left(\frac{x_\mathrm{A}}{x_\mathrm{B}}\right)_\mathrm{D} \left(\frac{x_\mathrm{B}}{x_\mathrm{A}}\right)_\mathrm{W}\right] - 1 \qquad (7\text{-}26)$$

对两组分物系,可略去上式中的下标 A、B 而写为

$$N_\mathrm{min} = \frac{1}{\ln\alpha_\mathrm{m}} \ln\left[\left(\frac{x_\mathrm{D}}{1-x_\mathrm{D}}\right)\left(\frac{1-x_\mathrm{W}}{x_\mathrm{W}}\right)\right] - 1 \qquad (7\text{-}26\mathrm{a})$$

式中,N_min 为全回流时的最小理论板数(不含再沸器);α_m 为全塔平均相对挥发度,当 α 变化不大时,可取塔顶的 α_D 和塔釜的 α_W 的几何平均值。

式(7-26)及式(7-26a)称为芬斯克方程,用于计算全回流下的 N_min。其适用条件是:α 取全塔范围的平均值,塔顶全凝器,塔釜间接蒸气加热。若将式中的 x_W 换为 x_F,α 取精馏段的平均值,便可用该式计算精馏段的最小理论板数。

N_min 也可通过在平衡线与对角线之间绘梯级得到,如图 7-26 所示。

应予指出,全回流操作时,装置的生产能力为零,对正常生产没有实际意义。但在精馏操作的开工阶段或实验研究时,常采用全回流操作。

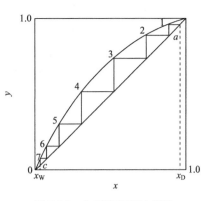

图 7-26　全回流的理论板数

3. 回流比的最小极限——最小回流比

对于一定分离任务,当回流比减小到最小回流比 R_{min} 使两操作线的交点 d 落到平衡线上,如图 7-27(a)所示。此时,若在平衡线和操作线之间绘梯级,将无法跨过点 d,即需要无穷多层梯级才能达到分离要求。在点 d 附近,各层塔板的气液相组成基本上不发生变化,即没有增浓作用,所以点 d 称为夹紧点,其附近的区域为恒浓区。

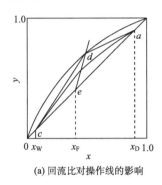

(a) 回流比对操作线的影响

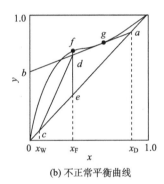

(b) 不正常平衡曲线

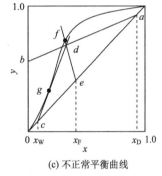

(c) 不正常平衡曲线

图 7-27　最小回流比的确定

最小回流比可通过精馏段操作线斜率进行计算

$$\frac{R_{min}}{R_{min}+1}=\frac{x_D-y_q}{x_D-x_q} \tag{7-27}$$

整理得

$$R_{min}=\frac{x_D-y_q}{y_q-x_q} \tag{7-28}$$

式中,x_q、y_q 分别为 q 线与平衡线的交点坐标,可由图上读取或联立平衡线方程和 q 线方程解出。

有时平衡曲线会出现如图 7-27 (b)、(c)所示的不正常情况,可能在两操作线与平衡线未出现交点前就相切而形成夹紧点,这两种情况也可根据精馏段或提馏段操作线的斜率求得相应的 R_{min}。

4. 适宜回流比的选择

适宜回流比是指精馏操作费用和设备费用之和(总费用)为最低时的回流比,应通过经济衡算确定。根据经验,适宜回流比一般参照最小回流比进行选择,即

$$R=(1.1\sim 2.0)R_{min} \tag{7-29}$$

实际精馏塔设计计算中,适宜回流比的选取还必须考虑一些因素,如体系被分离的难易程

度、系统能耗等,对于难分离体系宜采用较大的回流比。

【例 7-6】 设计一分离苯-甲苯混合液的连续精馏塔,原料液含苯 0.5,要求馏出液中含苯 0.97,釜残液中含苯低于 0.04(以上均为摩尔分数)。泡点加料,操作回流比取最小回流比的 1.5 倍。苯与甲苯的相对挥发度取 2.5。试用逐板计算法确定理论板数目和适宜进料位置。

解 首先依据题意确定两操作线方程

由题意

$$x_D = 0.97 \quad x_W = 0.04 \quad x_F = 0.5 \quad \alpha = 2.5$$

泡点进料 $q = 1$,则 q 线方程为 $x = x_F$,所以 $x_q = x_F = 0.5$,代入平衡关系得 $y_q = 0.714$,则

$$R_{min} = \frac{x_D - y_q}{y_q - x_q} = \frac{0.97 - 0.714}{0.714 - 0.5} = 1.196$$

所以,实际回流比

$$R = 1.5 R_{min} = 1.79$$

精馏段操作线为

$$y = \frac{R}{R+1}x + \frac{x_D}{R+1} = \frac{1.79}{1.79+1}x + \frac{0.97}{1.79+1}$$

即

$$y = 0.642x + 0.348$$

提馏段操作线可由 $c(x_W, x_W)$ 及精馏段操作线和 q 线的交点 d 决定。将 $x = 0.5$ 代入精馏段操作线方程,求得 $y = 0.669$,即有 $d(0.5, 0.669)$ 和 $c(0.04, 0.04)$。

由此,可求得提馏段操作线方程为

$$y = 1.367x - 0.0147$$

下面进行逐板计算,以确定理论板数目和适宜进料位置。

$$y_1 = x_D = 0.97$$

$$x_1 = \frac{y_1}{\alpha - (\alpha - 1)y_1} = \frac{y_1}{2.5 - 1.5y_1} = 0.928$$

$$y_2 = 0.642x_1 + 0.348 = 0.642 \times 0.928 + 0.348 = 0.944 \quad \text{(用精馏段操作线方程)}$$

$$x_2 = 0.871 \quad \text{(用平衡线方程)}$$

$$y_3 = 0.907; x_3 = 0.796$$

$$y_4 = 0.859; x_4 = 0.709$$

$$y_5 = 0.803; x_5 = 0.620$$

$$y_6 = 0.746; x_6 = 0.540$$

$$y_7 = 0.695; x_7 = 0.477 < 0.5 \quad \text{(第 7 板进料)}$$

$$y_8 = 1.367x_7 - 0.0147 = 0.637 \quad \text{(用提馏段操作线方程)}$$

$$x_8 = 0.412 \quad \text{(用平衡线方程)}$$

$$y_9 = 0.549; x_9 = 0.327$$

$$y_{10} = 0.432; x_{10} = 0.233 \quad y_{11} = 0.304; x_{11} = 0.149$$

$$y_{12} = 0.189; x_{12} = 0.085$$

$$y_{13} = 0.101; x_{13} = 0.043$$

$$y_{14} = 0.044; x_{14} = 0.018 \leqslant 0.04$$

即总理论板数 $14 - 1 = 13$ 层(不含再沸器),其中精馏段 6 层,提馏段 7 层,第 7 层为加料板。

7.5.7 简捷计算法确定理论板数

在精馏塔的设计型计算中,为了进行技术经济分析,确定适宜回流比,可采用如图 7-28 所示的吉利兰(Gilliland)关联图进行简捷计算。

1. 吉利兰关联图

吉利兰关联图是由一些实际数据归纳整理得到的,是在双对数坐标中将 R_{min}、R、N_{min} 及 N 四个变量之间的关系关联起来。吉利兰关联图横、纵坐标分别为 $\dfrac{R-R_{min}}{R+1}$、$\dfrac{N-N_{min}}{N+2}$,其中 N_{min} 和 N 分别代表全塔的最小理论板数和理论板数(均不含再沸器)。

吉利兰关联图不仅适用于双组分精馏的计算,同时还可用于多组分精馏的计算,其适用范围是:组分数为 2~11;五种进料热状况;R_{min} 为 0.53~7.0;α 为 1.26~4.05;N 为2.4~43.1。

例如,为便于计算机计算,图 7-28 中的曲线在横坐标 0.01~0.09 的范围内,可用式(7-30)表达:

$$Y=0.545\ 827-0.591\ 422X+0.002\ 743/X \tag{7-30}$$

式中

$$X=(R-R_{min})/(R+1) \qquad Y=(N-N_{min})/(N+2)$$

2. 简捷法求理论板数的步骤

(1) 根据物系的分离要求计算最小回流比 R_{min}。

(2) 根据生产任务选择操作回流比 R。

(3) 计算全回流时对应的最小理论板数 N_{min}。

(4) 计算出 $\dfrac{R-R_{min}}{R+1}$ 值,利用图 7-28 求出理论板数 N。

(5) 确定适宜的进料板位置。

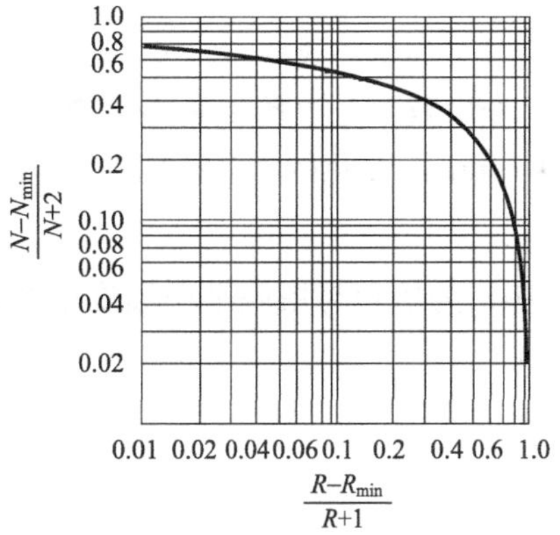

图 7-28 吉利兰关联图

【**例 7-7**】 利用简捷法计算例 7-6 条件下的理论板数和进料板位置。已知精馏段的平均相对挥发度 $\alpha_1=2.52$。

解 由例 7-6 知 $R_{min}=1.196$,$R=1.5R_{min}=1.79$。

(1) 理论板数。

由芬斯克方程计算最小理论板数 N_{min}

$$N_{min}=\frac{1}{\ln\alpha}\ln\left[\left(\frac{x_D}{1-x_D}\right)\left(\frac{1-x_W}{x_W}\right)\right]-1=\frac{1}{\ln2.5}\ln\left[\left(\frac{0.97}{1-0.97}\right)\left(\frac{1-0.04}{0.04}\right)\right]-1=6.26$$

$$X=\frac{R-R_{min}}{R+1}=\frac{1.79-1.196}{1.79+1}=0.2129$$

将 $X=0.2129$ 代入式(7-30),得

$$Y=0.545\ 827-0.591\ 422\times0.2129+0.002\ 743/0.2129=0.4328$$

即

$$\frac{N-6.26}{N+2}=0.4328$$

解得

$$N=12.6 \quad (不含再沸器)$$

（2）确定进料板位置。

$$N_{\text{min1}} = \frac{1}{\ln\alpha_1}\ln\left[\left(\frac{x_{\text{D}}}{1-x_{\text{D}}}\right)\left(\frac{1-x_{\text{F}}}{x_{\text{F}}}\right)\right]-1 = \frac{1}{\ln2.52}\ln\left[\left(\frac{0.97}{1-0.97}\right)\left(\frac{1-0.5}{0.5}\right)\right]-1 = 2.76$$

则

$$\frac{N_1-2.76}{N_1+2} = 0.4328$$

解得

$$N_1 = 6.39$$

故第 7 层理论板为加料板。

7.5.8　实际板数和塔板效率

实际塔板的分离效果常用塔板效率描述，从不同角度进行定义将塔板效率分为全塔效率和单板效率等。

1. 全塔效率和实际板数

全塔效率又称总板效率，是基于完成生产任务所需理论板数与实际板数进行比较而定义的。其定义式为

$$E_{\text{T}} = \frac{N_{\text{T}}}{N_{\text{p}}} \tag{7-31}$$

式中，E_{T} 为全塔效率，%；N_{T} 为理论板数；N_{p} 为实际板数。

全塔效率与物系性质、操作条件及塔板结构因素等有关，目前常用的计算方法是奥康耐尔（O'connell）简化的经验计算方法，可通过奥康耐尔曲线（图 7-29）或式（7-32）进行计算。

$$E_{\text{T}} = 0.49(\alpha\mu_{\text{L}})^{-0.245} \tag{7-32}$$

式中，α 为塔顶与塔底平均温度下的相对挥发度；μ_{L} 为塔顶与塔底平均温度下的液相黏度，mPa·s。

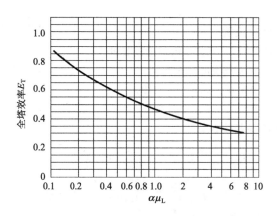

图 7-29　精馏塔效率关联曲线

对于多组分系统，μ_{L} 可按式（7-33）计算，即

$$\mu_{\text{L}} = \sum x_i\mu_{\text{L}i} \tag{7-33}$$

式中，$\mu_{\text{L}i}$ 为液相中 i 组分的黏度，mPa·s；x_i 为液相中 i 组分的摩尔分数。

应予指出,图 7-29 或式(7-32)是根据泡罩式塔设备的相关参数进行关联的,对于其他类型的精馏塔,总板效率要进行校正,具体方法见表 7-2。

表 7-2　总板效率的相对值

塔　型	总板效率的相对值
泡罩塔	1.0
筛板塔	1.1
浮阀塔	1.1～1.2
穿流筛孔板塔(无降液管)	0.8

实际板数可通过理论板数和全塔效率进行计算。

值得注意的是:①确定实际塔板数目所用理论板数均不应包括再沸器,因为离开再沸器的气液相平衡,再沸器是一块真正的理论板,不需要再折合为实际板;②确定实际板数应精馏段提馏段分别计算后再加和;③计算过程小数点后只能进位不能四舍五入。

【例 7-8】 有 12 层实际板的精馏塔在全回流下测定总板效率,已知物系的平均相对挥发度为 2.5,在实验稳定后,测得塔顶馏出液组成为 0.98(轻组分的摩尔分数,下同),釜液组成为 0.04。试求全塔效率。

解　全回流的 N_T 即为最小理论板数 N_{min},用芬斯克方程计算,即

$$N_{min}=\frac{1}{\ln\alpha}\ln\left(\frac{x_D}{1-x_D}\cdot\frac{1-x_W}{x_W}\right)-1=\frac{1}{\ln 2.5}\ln\left(\frac{0.98}{1-0.98}\times\frac{1-0.04}{0.04}\right)-1=6.72$$

得全塔效率

$$E_T=\frac{N_T}{N_p}\times 100\%=\frac{6.72}{12}\times 100\%=56\%$$

2. 单板效率 E_m

单板效率常用的是默弗里(Murphree)板效率,是指气相或液相经过一层塔板的实际组成变化量与理论的组成变化之比。其定义式为

$$E_{mV}=\frac{y_n-y_{n+1}}{y_n-y_{n+1}^*}\qquad E_{mL}=\frac{x_{n-1}-x_n}{x_{n-1}-x_n^*}\tag{7-34}$$

或

$$E_{mV}=\frac{y_n-y_{n+1}}{y_n^*-y_{n+1}}\qquad E_{mL}=\frac{x_{n-1}-x_n}{x_{n-1}^*-x_n}\tag{7-34a}$$

式中,x_n、y_n 分别为离开第 n 板的液、气相实际组成;y_n^*、x_n^* 分别为与 x_n、y_n 平衡的气、液相组成。

单板效率可以通过图示帮助理解,因为确定理论板数目可以从塔顶开始绘梯级,也可从塔底开始绘梯级,图 7-30(a)、(b)分别从不同起点对单板效率进行了说明。由此可见,单板效率从上往下和从下往上计算表达式有差异,但均可反映某一塔板的分离效果。

单板效率一般可通过实验测定,其数值反映了某层塔板的实际传质效果与理论传质效果的差异,而且各层塔板的单板效率通常不相等。同时,全塔效率也不是各单板效率的简单平均,而是反映完成生产任务所需实际板数与理论板数的差异。

【例 7-9】 某双组分混合液在一连续精馏塔中进行全回流操作,分别测得离开第 $n-1$ 与第 n 板的液相

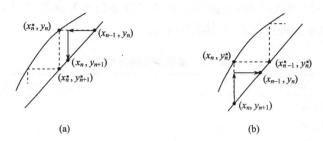

图 7-30　单板效率示意图

组成为 $x_{n-1}=0.75$、$x_n=0.60$(轻组分摩尔分数)。在操作条件下,物系的平均相对挥发度为 $\alpha=2.5$。试求以液相组成表示的第 n 板的单板效率。

解　已知 $x_{n-1}=0.75$,$x_n=0.60$。

为了计算 E_{mL},需用气液相平衡方程,由 y_n 求出 x_n^*。在全回流操作条件下,$y_n=x_{n-1}=0.75$。

相平衡方程

$$x_n^* = \frac{y_n}{\alpha-(\alpha-1)y_n} = \frac{0.75}{2.5-1.5\times0.75} = 0.55$$

以液相组成表示的第 n 板单板效率为

$$E_{mL} = \frac{x_{n-1}-x_n}{x_{n-1}-x_n^*} = \frac{0.75-0.60}{0.75-0.55} = 0.75$$

另解:在全回流操作条件下

$$x_{n-1}^* = y_n^* = \frac{\alpha x_n}{1+(\alpha-1)x_n} = 0.79$$

$$E_{mL} = \frac{x_{n-1}-x_n}{x_{n-1}^*-x_n} = \frac{0.75-0.60}{0.79-0.60} = 0.79$$

可见采用不同的出发点所得第 n 板的单板效率是有差异的,应用中应当引起注意。

7.5.9　双组分连续精馏过程的热量衡算

1. 冷凝器的热量衡算

对如图 7-15 所示的全凝器作热量衡算,以单位时间为基准,并忽略热损失,则

$$Q_C = V(I_V-I_R) = (R+1)D(I_V-I_R) \tag{7-35}$$

式中,Q_C 为塔顶冷凝器的热负荷,kW;I_V 为塔顶上升蒸气的焓,kJ/kmol;I_R 为回流液的焓,kJ/kmol。

冷却剂用量为

$$W_C = \frac{Q_C}{c_p(t_2-t_1)} \tag{7-36}$$

式中,W_C 为冷却剂消耗量,kmol/s;c_p 为冷却剂的平均比热容,kJ/(kmol·K);t_2、t_1 分别为冷却剂出口、进口温度,K。

2. 再沸器的热量衡算

当进料热状况不同时,再沸器的热负荷也会随之变化。对于高能耗的精馏过程来说,关键要考虑能量的综合利用问题。因此,再沸器的热负荷常通过全塔热量衡算式计算,即

$$Q_B = Q_D + Q_W + Q_C - Q_F \tag{7-37}$$

式中，Q_B、Q_D、Q_W、Q_C 和 Q_F 分别为再沸器的热负荷、馏出液带出的热量、釜残液带出的热量、塔顶冷凝器中冷却剂带出的热量和进料带入的热量，kW。

再沸器加热剂消耗量为

$$W_B = \frac{Q_B}{I_1 - I_2} \tag{7-38}$$

式中，W_B 为加热剂消耗量，kmol/s；I_1、I_2 分别为加热剂进、出再沸器的焓，kJ/kmol。

7.5.10　几种特殊情况蒸馏简介

前面讨论的是典型的双组分连续精馏计算，实际生产中还存在各种特殊类型的精馏操作，如塔釜直接蒸汽加热的精馏塔和多侧线的精馏塔等。

1. 直接蒸汽加热

当分离含有某轻组分的水溶液时，其釜残液常接近于纯水，此时可采用直接水蒸气加热，以提高加热蒸汽利用率同时又可省去再沸器。

图 7-31 为直接蒸汽加热的连续精馏装置。操作中，精馏段的操作线与常规精馏塔一样，q 线的作法也相同。但由于塔底增多了一股蒸汽，因此全塔物料衡算和提馏段操作线与前述连续精馏有差别。

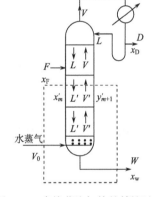

对于如图 7-31 所示的虚线范围内作物料衡算，并以单位时间为基准，得

总物料衡算　　　　$L' + V_0 = V' + W$

轻组分物料衡算　　$L' x'_m = V' y'_{m+1} + W x_W$

式中，V_0 为直接加热蒸汽的流量，kmol/h。

由于塔内符合恒摩尔流假设，即 $V' = V_0$，$L' = W$，则可得

图 7-31　直接蒸汽加热的精馏过程

$$y'_{m+1} = \frac{W}{V_0}(x'_m - x_W) \tag{7-39}$$

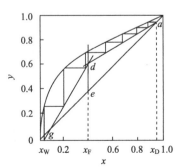

图 7-32　直接蒸汽加热时理论板图解法示意图

式(7-38)即为直接蒸汽加热时的提馏段操作线方程。由该式看出，当 $y'_{m+1} = 0$ 时，$x'_m = x_W$。与间接蒸汽加热提馏段操作线不同之处是，它与 y-x 图上对角线的交点不再是 $c(x_W, x_W)$，而是与 x 轴交于点 $g(x_W, 0)$，如图 7-32 所示。精馏段操作线与 q 线的交点仍是图 7-32 点 d，连接 d、g 即为直接蒸汽加热的提馏段操作线。确定理论板数目可从点 a 开始在平衡线与精馏段操作线之间绘梯级，跨过 d 点后更换在平衡线与提馏段操作线之间绘梯级，直至 $x'_m \leqslant x_W$ 为止。直接蒸汽加热时，塔釜不再相当于一层理论板，同样分离要求时，会使理论板数略有增加。

2. 多侧线进料的精馏塔

当组分种类相同但组成不同的原料液欲在同一塔内分离时,为了避免物料混合,节省分离所需能量或减少理论板数,应使不同组成的料液分别在适宜位置加入塔内,即形成多股进料的

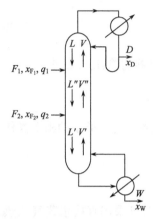

图 7-33　两股进料的精馏

精馏塔。由于精馏塔的进料口增多,整个塔被分成若干段,每段都可通过物料衡算写出相应的操作线方程。图解法确定理论板数的方法与常规精馏塔相同。

如图 7-33 所示,两股不同组成的料液分别进到塔的相应位置。此塔被分成三段:第 I 段为精馏段,第 III 段为提馏段,其操作线方程与单股加料的常规塔相同。

两股进料板之间的塔段为第 II 段,其操作线方程可由段内任意两板之间至塔顶作物料衡算而得到,推导过程如下:

总物料衡算　　　　$V'' + F_1 = L'' + D$

轻组分衡算　　$V'' y_{i+1} + F_1 x_{F_1} = L'' x_i + D x_D$

式中,V''、L''分别为两进料口之间各层板上升蒸气流量、下降液体流量,kmol/h;下标 i、$i+1$ 为两股进料之间塔板的序号。

$$y_{i+1} = \frac{L''}{V''} x_i + \frac{D x_D - F_1 x_{F_1}}{V''} \tag{7-40}$$

式(7-40)为两股进料之间塔段的操作线方程,也是直线方程,其斜率为 $\dfrac{L''}{V''}$,它在 y 轴上的截距为 $\dfrac{D x_D - F_1 x_{F_1}}{V''}$。

塔内各段之间气、液两相流量之间的关系为

$$V = V'' + (1 - q_1) F_1 \qquad L'' = L + q_1 F_1$$
$$V'' = V' + (1 - q_2) F_2 \qquad L' = L'' + q_2 F_2$$

两股进料的 q 线方程分别为

$$y = \frac{q_1}{q_1 - 1} x - \frac{x_{F_1}}{q_1 - 1}$$
$$y = \frac{q_2}{q_2 - 1} x - \frac{x_{F_2}}{q_2 - 1}$$

图 7-34 为两股进料精馏塔的操作线示意图,各线的绘制方法与常规精馏相同。图解法确定理论板数可从 a 点开始在平衡线与操作线之间绘梯级,跨过两操作线交点时更换操作线,直至梯级跨过 c 点,所用的梯级数就是理论板数。

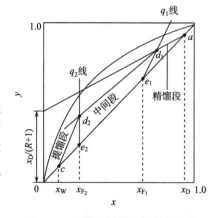

图 7-34　两股进料精馏塔的操作线

3. 多侧线出料的精馏塔

在双组分精馏过程中,塔内沿塔高不同位置处物料组成各不相同,为了获得组成不同的产品,可在精馏塔的不同位置上开设侧线出料口,引出部

分物料作为产品(侧线抽出的产品可以是饱和液体或饱和蒸气,视工艺要求而定),即形成多股出料的精馏塔。相关计算与多侧线进料的精馏塔类似,不再赘述。

必须指出的是,多侧线出料一般无法得到高纯度的精馏产品。

7.5.11 精馏过程的操作和调节

通常,对于特定的精馏装置和分离任务,总是力求在最经济的前提下,达到预计的分离要求。影响精馏操作的因素十分繁杂,主要有操作压强、物料特性、生产能力和产品质量、塔顶回流比和回流液温度、进料热状态参数和进料位置、全塔效率、再沸器和冷凝器的传热性能等。当其中任意一种因素发生变化时,操作状况也随之改变,精馏操作将会打破原来的稳定系统而形成新的工作条件。对于一定板数的精馏塔,当操作条件改变时计算产品组成、采出率以及为了保证产品组成应采取的措施等均可归纳为操作型计算,操作型计算所用基本关系与设计计算相同,包括相平衡关系、物料平衡关系、理论板数和塔板效率关系、热量衡算关系等。但由于许多变量之间不是线性关系,因此在计算中常需采用试差法。有时为了使计算过程简化,可以应用吉利兰关联图。

下面对几种主要的影响因素进行定性分析。

1. 回流比的影响

回流比是精馏操作的主要经济指标,生产中经常通过调节回流比来控制产品的组成。馏出液量 D 一定的情况下,增大回流比 R,可提高产品纯度,但使塔内上升蒸气 V'、V 和下降液体 L'、L 流量增大,从而加大塔内气液相负荷,应考虑塔的最大允许负荷值,必要时可调节进料量 F。同时,塔顶全凝器和塔底再沸器的传热量也要调节。另外,值得注意的是,回流比增大,馏出液组成 x_D 增大,但 x_D 增大会受到物料平衡关系限制(最大值为 $x_D = \dfrac{F x_F}{D}$),也会受到塔板数的限制。

2. 进料热状况的影响

当 x_D、x_F、x_W 及 R 一定时,q 值越小,精馏段操作线位置不变,但提馏段操作线向平衡线方向靠近,完成特定生产所需的理论板数增多,对于确定板数的精馏塔,显然进料板位置应随之调整,否则产品质量会无法达到预定要求。

q 值越小,进料带入的热量越多,从而再沸器所需的加热量越少。

3. 进料组成的影响

对于特定的精馏塔,当 x_F 减小时,x_D、x_W 均会减小,欲保持原有要求,应增大回流比。

【例 7-10】 某二元混合物含轻组分 0.4(摩尔分数,下同),用精馏方法分离,所用精馏塔共有 8 块理论板(包括再沸器),进料板为第三块板。塔顶为全凝器,泡点回流,泡点进料。在操作条件下,平衡关系如本题附图(a)、(b)所示,要求塔顶馏出液组成 $x_D = 0.9$,$\eta_A = 0.9$,试求:(1)为达到分离要求所需的回流比;(2)若料液组成降为 0.3,馏出液的采出率 $\dfrac{D}{F}$ 及回流比不变,塔顶馏出液组成有何变化?

解 (1)由塔顶轻组分回收率的定义式(7-15)求出馏出液的采出率 D/F 为

$$\frac{D}{F} = \frac{x_F}{x_D} \times \eta_A = \frac{0.4}{0.9} \times 0.9 = 0.4$$

由物料衡算式确定塔底产品组成 x_W

$$x_W = \frac{x_F - \frac{D}{F}x_D}{1 - \frac{D}{F}} = \frac{0.4 - 0.4 \times 0.9}{1 - 0.4} = 0.0667$$

本题属操作型问题,待求的回流比需通过试差求出。假设回流比 $R=3.3$,根据 $x_D=0.9$、$x_F=0.4$、$x_W=0.0667$ 及 $q=1$ 可作出两段操作线。在平衡线和操作线之间自上而下作 8 个梯级(在第 3 块板换用提馏段操作线),刚好求得 $x_8=x_W=0.0667$[本题附图(a)],所以假设回流比正确。若求得的 x_8 大于(或小于)x_W,则应增大(或减小)回流比,重新计算,直至符合要求。

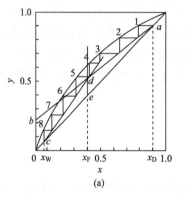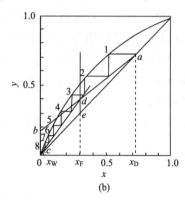

例 7-10　附图

(2) 当 x_F 降为 0.3 时,$D/F=0.4$,$R=3.3$ 不变,可试差求出 x_D。

设 $x_D=0.72$,由物料衡算求出 x_W

$$x_W = \frac{0.3 - 0.4 \times 0.72}{1 - 0.4} = 0.02$$

根据 $x_D=0.72$、$x_W=0.02$、$x_F=0.3$、$q=1$ 及 $R=3.3$ 可作出两段操作线,在平衡线与操作线之间绘 8 个梯级(在第 3 块即求 y_4 时换用提馏段操作线),刚好求得 $x_8=x_W=0.02$[本题附图(b)],表明假设 x_D 正确,即在 D/F 与 R 不变的条件下料液组成降至 0.3 时,塔顶产品组成降为 0.72。若求得的 x_8 不等于 x_W,就要重新设 x_D,重复计算,直至符合要求。

讨论:例 7-10(1)附图(a)说明,对于实际操作中特定板数的精馏塔,其进料位置不一定是跨过两操作线交点的那一块塔板。

例 7-10(2)说明,在一定板数精馏塔内操作时,原料液组成的变化对塔顶、塔底产品纯度影响明显。生产中为了保证产品质量,应随时了解进料组成,并及时做出恰当调整。当 D/F、R 不变,x_F 下降,即进料中重组分的浓度增加时,精馏段的负荷加大,对于固定了精馏段板数(题中精馏段为两块板)来说,将造成重组分带到塔顶,使塔顶馏出液组成 x_D 下降。换句话说,x_F 下降,若保持 D/F、R 不变,必须用更多的板数(多于两块)才能保证 x_D 不变。另外,进料中轻组分含量减少时,生产中在塔板数不变的情况下也可适当增大回流比,以达到指定的分离要求。

总之,对于操作型计算,试差是不可避免的,为了减少试差次数,应先根据变化前后的已知量,对某一参数变化后所产生的结果做出定性分析。

7.6　间歇精馏

间歇精馏流程如图 7-35 所示,其操作过程是将被处理物料一次加入精馏釜中,然后加热气化,蒸气逐板上升的同时与逐板下降的液相接触,实现气相部分冷凝与液相部分气化,同时自塔顶引出的蒸气经冷凝后一部分作为馏出液产品,另一部分作为回流液入塔,当釜液组成降到规定值后,即停止精馏操作,并将釜液一次排出。

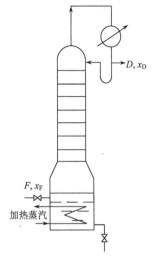

图 7-35　间歇精馏流程简图

与连续精馏相比,间歇精馏具有以下特点:

(1) 间歇精馏属非稳态过程。由于釜中液相的总量和组成随精馏过程的进行而不断降低,因此塔内操作参数(如温度)不仅随位置而变,也随时间而变化。

(2) 间歇精馏只有精馏段没有提馏段。

(3) 间歇精馏馏出液组成随操作方式而异。

间歇精馏有两个基本操作方式:一是回流比保持恒定,馏出液组成逐渐降低;二是不断加大回流比来保持馏出液组成恒定。实际生产中,往往采用联合操作方式,即开始阶段采用恒回流比操作,待馏出液组成有明显下降时,再增大回流比操作。联合操作的方式应视具体情况进行选择,不能一概而论。

7.6.1　回流比恒定的间歇精馏

在回流比恒定时的间歇精馏过程中,由于精馏塔中塔板数恒定,随过程进行釜液组成 x_W 下降的同时,馏出液组成 x_D 也逐渐降低,因此,在产品收集时可以采用与简单蒸馏相同的按时间顺序分段收集不同组成的产品。或者在操作前期就控制较大的回流比以使馏出液组成高出任务要求的组成,以保证整个过程馏出液的平均组成符合质量要求。

由于回流比不变,因此各操作线为相互平行的直线。若在馏出液的初始和结束时组成的范围内,任意选定若干馏出液组成值 x_{D1}、x_{D2} 等,通过各点作若干条斜率为 $\dfrac{R}{R+1}$ 的平行线,这些直线分别为对应于某 x_D 的瞬间操作线。在每条操作线和平衡线间绘梯级,使其等于所规定的理论板数,最后一个梯级所达到的液相组成就是与 x_D 相对应的 x_W 值,如图 7-36 所示。生产中当 x_D 或 x_W 低于某一指定值时,即停止操作。

7.6.2　馏出液组成恒定的间歇精馏

回流比恒定的间歇精馏,随过程进行釜液及产品组成不断下降,为了保持恒定的馏出液组成,回流比必须不断地加大,才能适应越来越高的分离要求。如图 7-37 所示,ab_1 为开始精馏时的操作线,对应的回流比为 R_1,釜液组成为 x_{W1};操作一段时间后,釜液组成降低为 x_{W2},为了维持 x_D 不变,回流比增加为 R_2,此时操作线变为 ab_2。

综上所述,间歇精馏主要用于以下场合:精馏的原料液是由分批生产得到的,这时分离过程也要分批进行;实验室的精馏操作一般处理量较少,且原料的品种、组成及分离程度经常变化,采用间歇精馏更为灵活方便;多组分混合液分离时,可依据沸点由低到高依次采出馏出液。

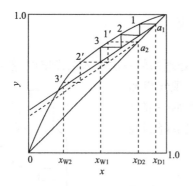

图 7-36 恒回流比间歇精馏示意图

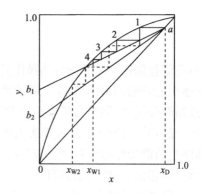

图 7-37 恒馏出液组成间歇精馏示意图

但无论用于哪种分离场合均无法得到高纯度的产品。

7.7 特 殊 精 馏

在许多情况下,混合物中各组分挥发度差异很小,有的甚至形成恒沸物,导致普通蒸馏方法无法进行分离,而需要采用特殊精馏的方法。目前特殊精馏方法有恒沸精馏、萃取精馏、膜蒸馏、反应精馏、盐效应精馏等。下面介绍恒沸精馏和萃取精馏。

7.7.1 恒沸精馏

对于具有恒沸点的非理想溶液或相对挥发度接近 1 的两组分溶液,若在其中加入第三种组分(称为夹带剂),该组分与原溶液中的一个或两个组分形成新的沸点更低的恒沸物,从而使原溶液成为新的恒沸物与某原组分组成新体系,新体系相对挥发度大,能用普通精馏方法予以分离,这种精馏操作称为恒沸精馏。

恒沸精馏的流程一般可分为两类:一类是形成的低沸点恒沸物为非均相混合物,可通过冷凝后静置分层,将夹带剂与其他组分分开;另一类是形成的低沸点恒沸物为均相混合物,只能通过减压蒸馏或萃取蒸馏等方法将夹带剂与其他组分分开。

恒沸精馏中选择适宜的夹带剂是能否采用恒沸精馏分离及过程设计是否经济合理的重要条件。对夹带剂的要求是:①夹带剂应能与被分离组分形成新的低沸点恒沸液,且易于和塔底产品分离;②新恒沸物中夹带剂的含量应尽量少,同时夹带剂最好与原料液中含量较少的组分形成恒沸物,以减少夹带剂用量,降低回收能耗;③新恒沸液本身应易于分离,最好为非均相混合物,以使夹带剂容易回收;④夹带剂应满足无毒性、无腐蚀性、化学稳定性好、热稳定性好、价廉易得等一般工业要求。

图 7-38 为典型的恒沸精馏流程示意图。常压下用普通精馏方法分离乙醇-水溶液,最高只能得到含乙醇 0.894(摩尔分数,下同)的工业酒精,而无法得无水乙醇。若在含乙醇 89.4% 的工业酒精中加入适量的苯作为夹带剂,苯与原料液形成新的三元非均相恒沸物(其沸点为 64.85 ℃,恒沸物组成为苯 0.539、乙醇 0.228、水 0.233)。只要苯的加入量适当,工业酒精中含量较少的水可全部转到新的低沸点三元恒沸物中,从而在塔底获得无水乙醇。塔顶蒸气进入全凝器中冷凝后,进入分层器,在分层器内分为轻、重两个液相。轻相返回恒沸精馏塔 I 作为补充回流,重相送入苯回收塔 II,以回收其中的苯。塔 II 塔顶产生的蒸气进入全凝器冷凝

后,一部分回流,其余的进入分层器,塔底产品为稀乙醇,被送到乙醇回收塔Ⅲ中。分离后塔顶得到的乙醇-水恒沸液送回塔Ⅰ作为原料,塔底产品几乎为纯水。操作中苯循环使用,但因分离过程的损耗,隔一段时间需补充一定量的苯。

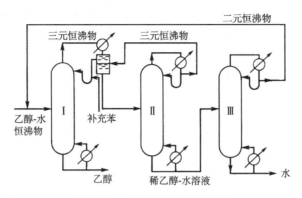

图 7-38　恒沸精馏流程示意图

7.7.2　萃取精馏

当混合物相对挥发度接近于1,但并未形成恒沸物时,采用普通蒸馏方法,需要板数特别多,能耗特别大。因此,可在混合物中加入本身挥发度很小,也不与混合物形成恒沸物,但可显著改变原混合物各组分间相对挥发度的第三种组分(习惯上称为萃取剂),使原混合物通过精馏得以分离,这种精馏方法称为萃取精馏。与恒沸精馏不同的是,萃取剂的沸点比原料液中各组分的沸点高得多,且不与原料液中任一组分形成恒沸物,萃取精馏过程中以消耗显热为主,需要的能量较少。

例如,在常压下苯的沸点为 $80.1\ ℃$,环己烷的沸点为 $80.73\ ℃$,若在苯-环己烷溶液中加入糠醛(沸点为 $161.7\ ℃$)作为萃取剂,则溶液的相对挥发度发生显著的变化,且相对挥发度随萃取剂加入量的增大而增高,苯-环己烷溶液加入糠醛后 α 的变化见表7-3。

表 7-3　苯-环己烷溶液加入糠醛后 α 的变化

溶液中糠醛的摩尔分数	0	0.2	0.4	0.5	0.6	0.7
相对挥发度 α	0.98	1.38	1.86	2.07	2.36	2.7

图 7-39 为萃取精馏流程示意图,用以分离苯(B)-环己烷(A)溶液。原料液进入萃取精馏塔的合适位置,萃取剂糠醛(E)由塔 1 接近顶部的位置加入,以便在每层板上都能发挥其作用。塔顶产生的蒸气为接近纯的环己烷,为了回收其中微量的糠醛,在塔 1 上部设置萃取剂回收段。塔 1 釜液为苯(B)-糠醛(E)混合液,再将其送入苯回收塔中。由于常压下苯与糠醛的沸点差异很大,因此两者很容易分离,塔底回收的糠醛返回萃取精馏塔循环使用,塔顶得到纯苯。

选择萃取剂时,主要应考虑:①萃取剂应使原组分间相对挥发度发生显著变化;②萃取剂的挥发性应低些,即

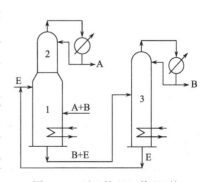

图 7-39　环己烷(A)-苯(B)的
萃取精馏流程示意图

1. 萃取精馏塔;2. 萃取剂回收段;3. 苯回收塔

其沸点应高于原溶液的任一组分,且不与原组分形成恒沸液;③萃取剂应满足无毒性、无腐蚀性、化学稳定性好、热稳定性好和价廉易得等一般工业要求。

通常萃取剂的选择性与溶解度是相互矛盾的,为了使溶解度增大应至少能保证不分层,在选择性方面又追求尽可能大一些(表 7-3),因此萃取精馏中萃取剂的加入量一般较多,以保证各层塔板上足够的萃取剂浓度,这使得塔的液相负荷特别重,从而大大降低了塔板效率。

萃取精馏与恒沸精馏的特点比较如下:①萃取剂在精馏过程中基本上不气化,也不与原料液形成恒沸液,所以萃取精馏的耗能量比恒沸精馏少;②萃取剂比夹带剂易于选择;③萃取精馏中,萃取剂加入量的变动范围较大,而在恒沸精馏中,适宜的夹带剂量有严格的要求,所以萃取精馏的操作比恒沸精馏灵活,易控制。

思 考 题

1. 什么是理想溶液? 其气液平衡关系如何描述?

2. t-x-y 图的结构如何? 利用 t-x-y 图分析如何将混合液体和混合蒸气进行分离?

3. y-x 图平衡线与对角线之间的距离反映什么问题?

4. 什么是相对挥发度? 其数值大小反映什么问题?

5. 试述简单蒸馏与平衡蒸馏的异同点。

6. 双组分连续精馏的实质是什么? 生产中实现双组分连续精馏的必要条件是什么?

7. 什么是理论板?

8. 简述恒摩尔流假设及其前提条件。

9. 什么是采出率和回收率? 说明其含义是什么。

10. 简述混合物可能存在的五种状态,说明不同状态下进料热状况参数的内涵及确定方法。

11. 简述进料热状况参数对精馏操作的影响。

12. 什么是适宜进料位置? 提前或推后对精馏操作所需理论板数有什么影响?

13. 简述回流比的两个极限,说明适宜回流比的选取原则。

14. 简述间歇精馏与连续精馏的异同点。

15. 由理论板数确定实际板数应注意哪些问题?

习 题

7-1 苯和甲苯在 92 ℃时的饱和蒸气压分别为 143.73 kPa 和 57.6 kPa,苯-甲苯的混合液中苯的摩尔分数为 0.4。试求:在 92 ℃下各组分的平衡分压、系统压强及平衡蒸气组成。此溶液可视为理想溶液。[苯 57.492 kPa,甲苯 34.56 kPa,系统压强 92.052 kPa,$y_苯 = 0.625$,$y_{甲苯} = 0.375$]

7-2 在连续精馏塔中分离苯(A)和甲苯(B)两组分理想溶液。现场测得:塔顶全凝器,第一层理论板的温度计读数为 83 ℃,压力表读数为 5.4 kPa;塔釜温度计读数为 112 ℃,压力表读数为 12.0 kPa。试计算塔顶、塔釜的两产品组成和相对挥发度。两纯组分的饱和蒸气压用安托尼方程计算。当地大气压为 101.3 kPa。[$x_D = 0.976$,$\alpha_D = 2.573$,$x_W = 0.0565$,$\alpha_W = 2.338$]

7-3 苯和甲苯在 100 ℃时的饱和蒸气压分别为 179.2 kPa 和 74.3 kPa。苯-甲苯溶液为理想溶液。(1)求 100 ℃时苯与甲苯的相对挥发度;(2)在 100 ℃下气液两相平衡时的气相组成为 0.456,试求液相组成;(3)计算此时的气相总压。[(1) $\alpha = 2.412$;(2)$x = 0.258$;(3)$P = 101$ kPa]

7-4 在连续精馏中分离正戊烷-正己烷混合液。进料量为 4500 kg/h,进料液中正戊烷的摩尔分数为 0.4,要求馏出液中正戊烷的摩尔分数为 0.96,釜残液中正己烷的摩尔分数为 0.95。试求:(1)馏出液流量及釜残液流量;(2)塔顶轻组分的回收率;(3)塔底重组分的回收率。[(1)$D = 21.53$ kmol/h,$W = 34.44$ kmol/h;

(2)$\eta_A=0.923$;(3)$\eta_B=0.974$]

7-5 将含 24%(摩尔分数,下同)轻组分的某液体混合物送入一连续精馏塔中。要求馏出液含 95% 轻组分,釜液含 3% 轻组分。送至冷凝器的蒸气摩尔流量为 850 kmol/h,流入精馏塔的回流液量为 670 kmol/h。(1) 每小时能获得多少千摩尔的馏出液?多少千摩尔的釜液?(2) 回流比 R 为多少?[(1) $D=180$ kmol/h,$W=608.61$ kmol/h;(2) $R=3.72$]

7-6 在一连续精馏塔的精馏段中,进入第 n 层理论板的气相组成 $y_{n+1}=0.72$,从该板流出的液相组成 $x_n=0.6$。操作回流比为 2,物系的相对挥发度为 2.92。试求:(1)塔顶馏出液组成;(2)离开第 n 层理论板的气相组成。[(1)$x_D=0.96$;(2)$y_n=0.81$]

7-7 在连续精馏塔中分离甲醇(A)水溶液。原料液的处理量为 2657 kg/h,其中甲醇含量 0.37(摩尔分数,下同),泡点进料,操作回流比为 2.5。要求馏出液中甲醇的收率为 94%,组成为 0.96。试求:(1) 馏出液流量及釜残液的流量和组成;(2)精馏段、提馏段的气相、液相流量;(3) 欲获得馏出液46 kmol/h,其最大可能的组成;(4) 若保持馏出液组成为 0.96,可能获得的最大馏出液量。[(1) $D=41.52$ kmol/h,$W=73.08$ kmol/h,$x_w=0.0348$;(2) $L=103.8$ kmol/h,$V=145.3$ kmol/h,$L'=218.4$ kmol/h,$V'=145.3$ kmol/h;(3) $x_D=0.922$;(4) $D=42.17$ kmol/h]

7-8 在常压连续精馏塔中分离某双组分理想溶液。原料液的流量为 100 kmol/h,其组成为 0.41(轻组分的摩尔分数,下同)。馏出液的流量为 39 kmol/h,其组成为 0.98。冷液进料,其进料热状况参数为 1.38,操作回流比为 2.5。试求:(1)釜残液的流量及组成;(2)精馏段操作线方程;(3)提馏段操作线方程。[(1)$W=61$ kmol/h,$x_w=0.046$;(2)$y=0.714x+0.28$;(3)$y=1.35x-0.016$]

7-9 在常压下将含苯摩尔分数为 25% 的苯-甲苯混合液连续精馏,要求馏出液中含苯摩尔分数为 98%,釜液中含苯摩尔分数为 8.5%。操作时所用回流比为 5,泡点加料,泡点回流,塔顶为全凝器,求精馏段和提馏段操作线方程。常压下苯-甲苯混合物可视为理想物系,其相对挥发度为 2.47。[$y=0.833x+0.163$,$y=1.737x-0.063$]

7-10 在连续精馏塔中分离 A、B 两组分的混合液。进料量为 100 kmol/h,进料为 $q=1.25$ 的冷液体,已知操作线方程为:精馏段 $y=0.76x+0.23$;提馏段 $y=1.2x-0.02$。试求轻组分在馏出液中的回收率。[91.15%]

7-11 分别利用图解法和逐板法确定习题 7-5 条件下所需理论板数。[10 块(包括再沸器)]

7-12 用一常压连续精馏塔分离含苯 0.4 的苯-甲苯混合液。要求馏出液中含苯 0.97,釜液中含苯 0.02(以上均为质量分数),操作回流比为 2,进料热状况参数 $q=1.36$,平均相对挥发度为 2.5,求最小回流比。[$R_{min}=1.32$]

7-13 利用简捷计算法求习题 7-8 条件下所需理论板数。[14 块(不含再沸器)]

7-14 在连续精馏塔中分离苯-甲苯混合液。在全回流条件下测得相邻板三层塔板上液相组成分别为 0.28、0.41 和 0.57(以上均为苯的摩尔分数),试求三层板中下面两层的单板效率。(分别用气、液相组成计算)

在操作条件下苯-甲苯的平衡数据如下:

| x | 0.26 | 0.38 | 0.51 |
| y | 0.45 | 0.60 | 0.72 |

[液相组成计算:n 层为 0.74,$n+1$ 层为 0.7;气相组成计算:n 层为 0.74,$n+1$ 层为 0.64]

7-15 某两组分混合物在泡点温度下进入精馏塔的中部,已知料液组成为 0.5(轻组分摩尔分数,下同),处理量为 100 kmol/h,要求馏出液组成为 0.95,釜残液组成为 0.05,操作回流比与最小回流比的比值为 2,塔顶采用全凝器,泡点回流,物系的相对挥发度为 3。试求:(1) 精馏段和提馏段操作线方程;(2) 进入塔顶第一层理论板的气、液相组成;(3) 离开塔顶第一层理论板的气、液相组成。[(1) $y=0.615x+0.365$,$y=1.384x-0.02$;(2) $y_2=0.896$,$x_D=0.95$;(3) $y_1=0.95$,$x_1=0.864$]

7-16 组成为 0.40 的原料以气液混合物状态进入某精馏塔,原料的气、液相物质的量比为 1:2,该塔的

塔顶产品组成为 $x_D=0.95$(以上组成均为轻组分摩尔分数),塔顶轻组分的回收率为 95%,回流比为 $R=2R_{min}$,混合物的相对挥发度为 2.5。试求:(1)塔顶、塔底采出率及残液组成;(2)精馏段及提馏段操作线方程;(3) q 线方程;(4)原料中的气、液相组成。 $[(1)\dfrac{D}{F}=40\%,\dfrac{W}{F}=60\%,x_W=0.033;(2)\ y=0.783x+0.206,y=1.4x-0.013;(3)\ y=-2x+1.2;(4)\ y=0.548,x=0.326]$

7-17　在某连续操作精馏塔中,精馏段操作线方程为 $y=0.75x+0.2075$,q 线方程为 $y=-0.5x+1.5x_F,x_W=0.05$(轻组分摩尔分数,下同)。试求:(1)回流比 R、馏出液组成 x_D;(2)进料热状况参数 q 值;(3)当进料组成 $x_F=0.44$、塔釜间接蒸汽加热时,提馏段操作线方程。 $[(1)R=3,x_D=0.83;(2)\ q=0.33;(3)\ y=1.375x-0.019]$

7-18　在常压连续精馏塔中分离双组分理想溶液。该物系的平均相对挥发度为 2.5。原料液的流量为 150 kmol/h,其组成为 0.35(轻组分的摩尔分数,下同),饱和蒸气进料。釜液的采出率为 60%。已知精馏段操作线方程为 $y=0.75x+0.21$。试求:(1)操作回流比及馏出液组成;(2)釜残液的流量及组成;(3)提馏段操作线方程;(4)若塔顶第一板下降的液相组成为 0.75,求该板的气相默弗里单板效率 E_{mV1}。 $[(1)R=3,x_D=0.84;(2)W=90$ kmol/h$,x_W=0.023;(3)y=2x-0.023;(4)E_{mV1}=0.614]$

分凝器　全凝器

y_0

x_0　x_D

y_1

x_1

习题 7-19　附图

7-19　在连续精馏塔中分离两组分理想溶液,原料液组成为 0.5(轻组分摩尔分数,下同),泡点进料。塔顶采用分凝器和全凝器,如本题附图所示。分凝器向塔内提供泡点温度的回流液,其组成为 0.88,从全凝器得到塔顶产品,其组成为 0.95。要求轻组分的回收率为 96%,并测得离开塔顶第一层理论板的液相组成为 0.79。试求:(1)操作回流比为最小回流比的倍数;(2)若馏出液流量为 50 kmol/h,所需的原料流量。 $[(1)\ 1.538;(2)\ F=99$ kmol/h$]$

符 号 说 明

英文字母

c_p——比热容,kJ/(kmol·K)

D——馏出液流量,kmol/h

E_T——全塔效率

E_{mL}——液相单板效率

E_{mV}——气相单板效率

F——原料液的流量,kmol/h

I_D——塔顶馏出液的焓,kJ/kmol

I_F——原料液的焓,kJ/kmol

I_L、$I_{L'}$——进料板上、下处饱和液体的焓,kJ/kmol

I_R——回流液的焓,kJ/kmol

I_V、$I_{V'}$——进料板上、下处饱和蒸气的焓,kJ/kmol

I_W——釜残液的焓,kJ/kmol

L——精馏段下降液体的流量,kmol/h

L'——提馏段下降液体的流量,kmol/h

L''——两侧线口之间各层板下降液相的流量,kmol/h

m——提馏段理论板数

M——摩尔质量,kg/kmol

n——精馏段理论板数

N_P——实际板数

N_T——理论板数

p——组分的分压,Pa

P——总压,Pa

q——进料热状况参数

Q_B——再沸器热负荷,kW

Q_C——冷凝器热负荷,kW

Q_D——馏出液带出的热量,kW

Q_F——进料带入的热量,kW

Q_W——釜残液带出的热量,kW

r——气化热,kJ/kmol

R——回流比

V——精馏段上升气相的流量,kmol/h

V'——提馏段上升气相的流量,kmol/h

V''——两侧线口之间各层板上升气相的流量,kmol/h

V_0——直接加热蒸汽的流量,kmol/h

W——塔底产品(釜残液)的流量,kmol/h

W_B——加热剂消耗量,kmol/h

W_C——冷却剂消耗量,kmol/h

x——液相中易挥发组分的摩尔分数

y——气相中易挥发组分的摩尔分数

希腊字母

α——相对挥发度

η——组分的回收率

μ——黏度,mPa·s

ν——组分的挥发度,Pa

ρ——密度,kg/m³

第8章 气液传质设备

学习内容提要

通过本章的学习,熟悉气液传质设备的类型(包括微分接触式的填料塔和逐级接触式的板式塔两大类)、结构、流体力学性能和操作特性;能够根据分离任务或工艺操作参数对填料塔和板式塔进行详细设计计算,以及对现有气液传质设备进行适当操作和调节等。

重点掌握各种类型塔填料结构和塔板结构及其流体力学性能评价与操作特性,理解气液传质设备的设计、操作和调节的要点。

吸收和蒸馏均属于气液相传质过程,其所用设备为气液传质设备,均要求设备提供充分的气液接触空间。另外,工业上的直接接触式传热等操作所用设备也与气液传质设备类似。气液传质设备种类繁多,但基本上可以分为微分接触式和逐级接触式两大类。微分接触式气液传质设备的典型代表是填料塔,填料塔中气液相浓度呈现连续型变化;板式塔属于逐级接触式气液传质设备,板式塔中气液相浓度呈现阶梯型变化。本章将从填料塔和板式塔的构造、操作、流体力学性能等方面分别进行阐述。

8.1 填 料 塔

8.1.1 填料塔的构造

填料塔的主要构件有塔体、填料、填料支承装置、液体分布装置及气体和液体的进出口等,如图 8-1 所示。

1. 塔体

填料塔的外壳又称塔体。塔体根据操作温度、压强及流体的性质等因素,可以选择钢、铸铁等金属材料,也可以选择陶瓷、耐火砖、塑料等非金属材料,还可以在金属外壳内衬以耐腐蚀材料等。为了有利于气体及液体的分布及塔体的加工,金属及陶瓷材料一般制成圆形,而耐火砖等砌成方形或多边形较为方便。

2. 填料

填料塔的基本构件为塔填料,简称填料。其作用是为气、液两相提供充分接触的场所。填料的几何特性决定填料的性能,可从以下几个方面对填料的几何特性进行评价:

(1) 比表面积。单位体积填料层的填料表面积称为比表面积,以 a_t 表示,其单位为 m^2/m^3。填料的比表面积越

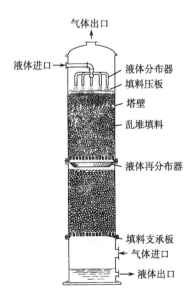

图 8-1 填料塔的典型结构

大,所提供的气液传质面积越大。因此,比表面积是评价填料性能优劣的一个重要指标。

（2）空隙率。单位体积填料层的空隙体积称为空隙率,以 ε 表示,其单位为 m^3/m^3,或以百分数表示。填料的空隙率越大,气体通过的能力越大,且压降越低。因此,空隙率是评价填料性能优劣的又一重要指标。

（3）填料因子。填料的比表面积与空隙率三次方的比值,即 a_t/ε^3,称为填料因子,以 φ 表示,其单位为 m^{-1}。填料因子有干填料因子与湿填料因子之分,填料未被液体润湿时的 a_t/ε^3 称为干填料因子,它反映填料的几何特性;填料被液体润湿后,填料表面覆盖了一层液膜,a_t 和 ε 均发生相应的变化,此时的 a_t/ε^3 称为湿填料因子,它表示填料的流体力学性能,φ 值越小,表明流动阻力越小。

常用的填料可分为散装填料和规整填料两大类。

1）散装填料

散装填料又称为颗粒填料,是一个个具有一定几何形状和尺寸的颗粒体。多数以随机的方式堆积在塔内,少数采用整砌方式。散装填料可分为环形填料、鞍形填料、环鞍形填料及球形填料等。下面介绍几种较为典型的散装填料(图 8-2)。

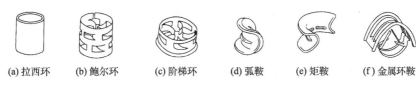

(a) 拉西环　(b) 鲍尔环　(c) 阶梯环　(d) 弧鞍　(e) 矩鞍　(f) 金属环鞍

图 8-2　几种典型的散装填料

（1）拉西环。常用的制造材料包括金属、陶瓷、塑料、石墨等。拉西环填料是由拉西(Rashching)于 1914 年发明的,是最早使用的工业填料。该填料的结构为高径比相等的圆环,如图 8-2(a)所示。拉西环填料的气液分布性能较差,环与环之间以线接触为主,传质效率低,阻力大,气体通量小,目前工业上已很少应用。

（2）鲍尔环。鲍尔环填料是在拉西环填料的基础上改进而成的,如图 8-2(b)所示。相当于在拉西环的侧壁上开出两排长方形或正方形的孔,被切开的环壁一侧保留,另一侧向环内弯曲,形成内伸的舌片,这些舌片在环中心相搭,即形成鲍尔环填料。鲍尔环由于环壁开孔,提高了环内空间及比表面积,有利于气液进入环内。与拉西环相比,鲍尔环的气体通量可增加 50％以上,传质效率提高 30％左右。鲍尔环是一种应用较广的填料。

（3）阶梯环。阶梯环填料是在鲍尔环填料的基础上改进而成的。与鲍尔环相比,阶梯环高度减少了一半,并在一端增加了一个喇叭口形翻边,如图 8-2(c)所示。高径比减少,填料的机械强度增大,填料之间以点接触为主,增加了填料的空隙率,传质效率提高。阶梯环的综合性能优于鲍尔环,成为目前所使用的环形填料中性能最优良的一种。

（4）弧鞍。弧鞍填料是最早提出的一种鞍形填料,形如马鞍,如图 8-2(d)所示。该填料的特点是内外表面全部敞开,液体在表面两侧均匀流动,表面利用率高;流道呈弧形,流动阻力小。但由于两侧表面构型相同,因此装填时容易发生套叠,致使一部分填料表面被重合,传质效率降低。弧鞍填料一般采用瓷质材料制成,强度较差,易破碎,目前工业中已很少采用。

（5）矩鞍。将弧鞍填料两端的弧形面改为矩形面,克服了弧鞍填料易发生套叠的缺点,且两面大小不等,即成为矩鞍填料,如图 8-2(e)所示。矩鞍填料能使液体分布较均匀,一般采用瓷质材料制成,其性能优于拉西环。因此,过去绝大多数应用瓷拉西环的场合,现已使用瓷矩鞍填料。

(6) 金属环鞍。环鞍填料(称为 intalox)是兼顾环形和鞍形结构特点而设计出的一种新型填料,该填料一般以金属材质制成,如图 8-2(f)所示。其综合性能优于鲍尔环和阶梯环,在散装填料中应用较多。

除上述几种较典型的散装填料外,近年来随着化工技术的发展,不断有构型独特的新型填料被开发出来,在此不再赘述。

2) 规整填料

规整填料是按一定的几何构型排列,具有成块规整结构的填料。规整填料种类很多,根据其结构特点可分为格栅填料、波纹填料等(图 8-3)。

(a) 木格栅填料　　(b) 格里奇格栅填料　　(c) 金属孔板波纹填料　　(d) 金属丝网波纹填料

图 8-3　几种典型的规整填料

(1) 格栅填料。格栅填料是工业上应用最早的规整填料,它由条状单元体经一定规则组合而成,具有多种结构形式,其中以图 8-3(a)所示的木格栅填料和图 8-3(b)所示的格里奇格栅填料最具代表性。格栅填料的比表面积较小,主要用于要求压降小、负荷大及防堵等场合。

(2) 波纹填料。波纹填料是一类新型规整填料,是由许多波纹薄板组成的圆盘状填料,波纹板与长边的倾角为 30°、45°和 60°等,组装时相邻两波纹板倾斜方向相反。各盘填料垂直装于塔内,相邻的两盘填料间交错 90°排列。波纹填料按结构可分为板波纹填料和网波纹填料两大类,其材质有金属、塑料和陶瓷等。

板波纹填料的主要形式是金属孔板波纹填料,如图 8-3(c)所示。将波纹填料的丝网改为金属薄板条,并在其表面冲压许多直径为 5 mm 左右的小孔,起分配液体的作用。板波纹填料的传质性能略低于网波纹填料,但具有强度高、压降低、分离效率较高等特点,特别适用于大直径塔及气液负荷较大的场合。

网波纹填料中最具代表性的是金属网波纹填料,如图 8-3(d)所示。其优点是:

(i) 细密丝网可使液体在网面形成稳定的薄膜,即使在液体喷淋密度较小时,也容易达到几乎完全润湿。

(ii) 各片排列整齐而峰谷之间的空隙较大,使气流阻力小。

(iii) 频繁改变通道方向,使气流湍动加剧,片与片之间以及盘与盘之间网条交错,促使液体不断再分布。

上述特点使这种填料层的通量大,在大直径塔内使用也可避免液体分布不均及填料表面润湿不良的缺点。金属网波纹填料优良的性能使其应用广泛,尤其适用于特精密精馏及真空精馏装置,缺点是造价高,机械强度较低而不能承受较大的液体负荷。

一般来说,波纹填料的优点是结构紧凑、阻力小、传质效率高、处理能力大、比表面积大。其缺点是不适合处理黏度大、易聚合或有悬浮物的物料,且装卸、清理困难,造价较高。

应予指出,一座填料塔可以选用同种类型、同一规格的填料,也可选用同种类型、不同规格的填料;可以选用同种类型的填料,也可以选用不同类型的填料,如有的塔段可选用规整填料,而有的塔段可选用散装填料。设计时应灵活掌握,根据技术经济统一的原则选择填料的规格。除此之外,选择填料时还应考虑被分离物系对填料材质的要求等。

3. 填料支承装置

填料支承装置的作用是支承塔内的填料及填料中持有的液体。填料支承装置有多种类型，常用的有栅板型、孔管型、驼峰型等，如图 8-4 所示。填料支承装置要有足够的机械强度，能够承受填料及其所持有的液体质量，同时要有较大的开孔率（通常大于 80%），以防止在此首先发生液泛，进而导致整个填料层的液泛。

(a) 栅板型　　　　　(b) 孔管型　　　　　(c) 驼峰型

图 8-4　填料支承装置

4. 塔顶液体分布装置

液体的分布直接影响填料的润湿效果，进而影响传质效率，因此需设置塔顶液体分布装置。液体分布装置的种类多样，工业上应用较多的有莲蓬式、管式、槽式及槽盘式等（图 8-5）。

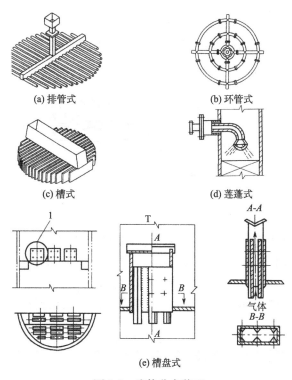

(a) 排管式　　　　　　　　　(b) 环管式

(c) 槽式　　　　　　　　　(d) 莲蓬式

(e) 槽盘式

图 8-5　液体分布装置

管式分布器是由不同结构形式的开孔管制成的，有排管式、环管式等不同形状，如图 8-5（a）、（b）所示。其突出的特点是结构简单，供气体流过的自由截面大，阻力小。但小孔易堵塞，弹性一般较小。管式液体分布器使用十分广泛，多用于中等以下液体负荷的填料塔中。在减压精馏及丝网波纹填料塔中,由于液体负荷较小,故常用管式分布器。管式分布器根据液体负荷情况,可做成单排或双排。

　　槽式分布器通常是由分流槽(又称主槽或一级槽)、分布槽(又称副槽或二级槽)构成的,如图 8-5(c)所示。一级槽通过槽底开孔将液体初分成若干流股,分别加入其下方的液体分布槽。分布槽的槽底(或槽壁)上设有孔道(或导管),将液体均匀分布于填料层上。槽式液体分布器具有较大的操作弹性和极好的抗污堵性,特别适用于大气液负荷及含有固体悬浮物的液体分离场合。槽式分布器具有优良的分布性能和抗污堵性能,应用范围非常广泛。

　　莲蓬式分布器由于分布范围及对塔顶空间的高度要求,仅适用于塔径在 0.8m 以下的小塔,如图 8-5(d)所示。

　　槽盘式分布器是近年来开发的新型液体分布器,如图 8-5(e)所示。该分布器兼有集液、分液及分气三种作用,结构紧凑,操作弹性高达 10∶1。气液分布均匀,阻力较小,特别适用于易发生夹带、堵塞的场合。

　　5. 液体收集及再分布装置

　　液体沿填料层向下流动时,有偏向塔壁流动的现象,这种现象称为壁流。壁流将导致填料层内气液分布不均,使传质效率下降。为了减小壁流现象,可间隔一定高度在填料层内设置液体再分布装置。

　　最简单的液体再分布装置为截锥式再分布器,如图 8-6(a)所示。截锥式再分布器结构简单,安装方便,但它只起到将壁流液体向中心汇集的作用,无液体再分布的功能,一般用于直径小于 0.8 m 的小塔中。

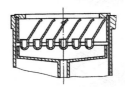

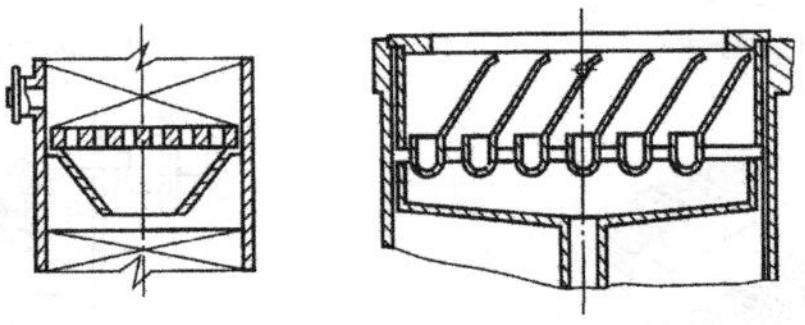

(a) 截锥式再分布器　　　(b) 斜板式液体收集器

图 8-6　液体收集再分布装置

　　在通常情况下,一般将液体收集器及液体分布器同时使用,构成液体收集及再分布装置。液体收集器的作用是将上层填料流下的液体收集,然后送至液体分布器进行液体再分布。常用的液体收集器为斜板式液体收集器,如图 8-6(b)所示。

　　另外,槽盘式液体分布器兼有集液和分液的功能,故槽盘式液体分布器是优良的液体收集及再分布装置。

8.1.2　填料塔的流体力学性能及塔径计算

　　1. 填料塔的流体力学性能

　　填料塔内气、液两相逆流流动时,液体从上向下流动的过程中,在填料表面形成膜状流动。由于液膜与填料表面的摩擦及液膜与上升气体的摩擦,有部分液体停留在填料表面及其空隙中。单位体积填料层中滞留的液体体积称为持液量(liquid hold up)。液体流量一定时,气体流量越大,持液量就越大,气体通过填料层的压降也越大。空塔气速是指气体在空塔中流过的速度,即气体体积流量除以塔截面积所得的流速。

将不同液体喷淋量下的单位填料层高度的压降 $\Delta p/Z$ 与空塔气速 u 的关系标绘在对数坐标纸上,可得到如图 8-7 所示的曲线簇。

图 8-7 中,直线 $L=0$ 表示无液体喷淋时,即干填料时的 $(\Delta p/Z)$-u 关系,称为干填料压降线;另四条曲线表示不同液体喷淋量下填料层的 $(\Delta p/Z)$-u 关系,称为填料操作压降线。

从图 8-7 可知,在一定的喷淋量下,压降随空塔气速的变化曲线大致可分为三段:当气速低于 A 点时,上升气流对液膜的曳力很小,液体流动几乎不受气流的影响。此时,填料表面上覆盖的液膜厚度基本不变,因而填料层的持液量不变,压降随空塔气速增

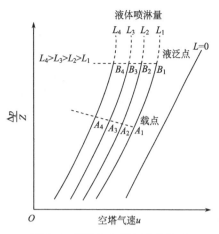

图 8-7　压降与空塔气速的关系

大的关系与干填料时的直线几乎平行,该区域称为恒持液量区。当气速超过 A 点时,上升气流对液膜的曳力增大,致使液膜增厚,填料层的持液量随气速的增加而增大,气流通道截面减小,气体压降明显增大,$(\Delta p/Z)$-u 曲线斜率增大,此现象称为载液(或拦液)。开始发生载液现象时的空塔气速称为载点气速,曲线上的转折点 A 称为载点(或拦液点)。若气速继续增大,到达图 8-7 中 B 点时,由于液体不能顺利向下流动,填料层的持液量不断增大,填料层内几乎充满液体,压降急剧增大,此现象称为液泛。开始发生液泛现象时的气速称为泛点气速,以 u_F 表示,曲线上的点 B 称为泛点。从载点到泛点的区域称为载液区,泛点以上的区域称为液泛区。

泛点之后,空塔气速稍有增加,液体将受阻而积聚在填料层中,不能向下流动,甚至从塔顶溢出,所以泛点是填料塔正常操作的上限。从载点至泛点之间是填料塔正常操作范围。在确定填料塔直径时,首先求出泛点气速,然后取泛点气速的 0.5~0.8 倍作为适宜的操作气速,以确保填料塔正常操作。

影响泛点气速的因素很多,包括气液两相的流量和密度、液体黏度、填料的特性数据(比表面积、空隙率、填料因子)等。

目前广泛采用如图 8-8 所示的埃克尔特(Eckert)关联图,计算泛点气速及气体压降。

图 8-8 中的横坐标为 $\dfrac{L'}{V'}\left(\dfrac{\rho_V}{\rho_L}\right)^{1/2}$,纵坐标为 $\dfrac{u^2\varphi\psi}{g}\left(\dfrac{\rho_V}{\rho_L}\right)\mu_L^{0.2}$。其中,$L'$、$V'$ 分别为液体、气体的质量流量,kg/s;ρ_V、ρ_L 分别为气体、液体的密度,kg/m³;u 为泛点气速或空塔气速,m/s;φ 为填料因子,m⁻¹;μ_L 为溶液的黏度,mPa·s;ψ 为水的密度 ρ_{H_2O} 与液体密度 ρ_L 的比值;g 为重力加速度,m/s²。

图 8-8 的上方有弦栅填料泛点线、整砌拉西环泛点线及乱堆填料泛点线。泛点线下面有许多等压降线,压降线描述的是气体通过每米乱堆填料层的压降。

利用图 8-8,由已知的气液质量流量及密度计算出图中横坐标 $\dfrac{L'}{V'}\left(\dfrac{\rho_V}{\rho_L}\right)^{1/2}$ 的值。从横坐标向上作垂直线与泛点线相交,再由纵坐标上的读数计算出速度 u,此速度就是泛点气速 u_F。

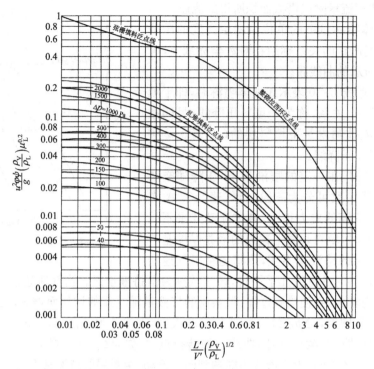

图 8-8　埃克尔特泛点气速和压降的通用关联图

（图中 Δp 表示每米填料层的压降）

2. 塔径计算

工业上的吸收塔通常为圆柱形,故吸收塔的直径可通过圆形管道内的流量方程计算,即

$$D = \sqrt{\frac{4V_s}{\pi u}} \tag{8-1}$$

式中,D 为吸收塔的直径,m;V_s 为操作条件下混合气体的体积流量,m³/s; u 为空塔气速,即按空塔截面计算的混合气体的线速度,m/s。

在计算塔径时,为保证完成任务,混合气流量应按塔底计算。因为随吸收过程的进行,溶质不断进入液相,使混合物流量由塔底至塔顶逐渐减小。

由式(8-1)可知,计算塔径的关键在于确定适宜的空塔气速 u。

若空塔气速较小,则气体的压降小,动力消耗少,操作费用低,但塔径大,设备费用高。同时,气速太低不利于气、液两相充分接触,传质速率低。

若空塔气速较大,则塔径小,设备费用低,但气体的压降大,动力消耗多,操作费用高。若空塔气速太高,接近泛点气速时,塔的操作不易稳定,难以控制。

空塔气速一般取泛点气速的 50%～80%。

另外,由式(8-1)计算出塔径后,还应按塔径系列标准进行圆整,工业上常用的标准塔径为 400 mm、500 mm、600 mm、700 mm、800 mm、1000 mm、1200 mm、1400 mm、1600 mm、2000 mm等。

【**例 8-1**】　在某填料塔内用 80 m³/h 清水洗涤空气中少量的 SO_2。操作条件 20 ℃及 15 kPa(表),混合气流量为 3000 m³/h。若填料采用 DN25 金属鲍尔环,求填料塔直径和每米填料层的压降(已知当地大气压为 100 kPa,清水密度 $\rho_L=1000$ kg/m³)。

解 (1) 塔径计算。

已知 $V_h=3000$ m³/h,$L_h=80$ m³/h,$\rho_L=1000$ kg/m³,则

$$\rho_V = \frac{PM_m}{RT} = \frac{(100+15)\times29}{8.314\times(273+20)} = 1.369(\text{kg/m}^3)$$

$$\frac{L'}{V'}\left(\frac{\rho_V}{\rho_L}\right)^{1/2} = \frac{80\times1000}{3000\times1.369}\times\left(\frac{1.369}{1000}\right)^{1/2} = 0.721$$

从图 8-8 横坐标 0.721 作垂线与散堆填料泛点线相交,得纵坐标为 0.032,即

$$\frac{u^2\varphi\psi}{g}\left(\frac{\rho_V}{\rho_L}\right)\mu_L^{0.2} = 0.032$$

水在常温下的黏度取 $\mu_L=1$ mPa·s,水的 $\psi=1$。从附录 22 查得 DN25 金属鲍尔环填料因子 $\varphi=255$ m⁻¹,于是

$$u_F = \sqrt{\frac{0.027g\rho_L}{\varphi\psi\rho_V\mu^{0.2}}} = \sqrt{\frac{0.032\times9.81\times1000}{255\times1\times1.369\times1^{0.2}}} = 0.948(\text{m/s})$$

设计气速 u 取 u_F 的 70%,即

$$u = 0.7\times0.948 = 0.664(\text{m/s})$$

混合气体积流量

$$V_s = \frac{3000}{3600} = 0.833(\text{m}^3/\text{s})$$

所需塔径

$$D = \sqrt{\frac{4V_s}{\pi u}} = \sqrt{\frac{4\times0.833}{\pi\times0.664}} = 1.26(\text{m})$$

根据塔径系列标准圆整为 1200 mm,相应的实际空塔气速为 0.737 m/s,此时 $\frac{u}{u_F}=77.8\%$,所选塔径合理。

(2) 每米填料层的压降。

在实际气速 u 下的纵坐标为

$$\frac{u^2\varphi\psi}{g}\left(\frac{\rho_V}{\rho_L}\right)\mu_L^{0.2} = \frac{0.737^2\times255\times1}{9.81}\times\left(\frac{1.369}{1000}\right)\times1^{0.2} = 0.0193$$

在图 8-8 中,由点(0.721,0.0193)得每米填料层的压降 $\Delta p/Z$ 约为 500 Pa/m。

8.2 板 式 塔

根据板式塔内气液流动的方式不同,可将板式塔塔板分为错流式和逆流式两大类。

错流式塔板上带有降液管,液体横向流过塔板,在塔板上维持一定的液层高度,并从降液管逐级向下流动,气体由下至上垂直穿过每层塔板,对整个塔来说气液相总体呈逆流流动,但在每层塔板上为错流流动。该类型塔板降液管的设置方式及堰高可以控制板上液体流径也液层高度,以期获得较高的效率。降液管占据一定的塔板面积,会在一定程度上影响塔的生产能力。错流式塔板广泛应用于蒸馏、吸收等传质操作中。

逆流式塔板也称穿流塔板,板上不设降液管,气、液两相同时由板上孔道穿流而过,气、液两相为严格逆流流动。栅板、淋降筛板等都属于逆流筛板。这种塔板板面利用率高,结构简单,但需要很高的气速才能维持板上液层高度,操作弹性小,分离效率也低,工业上应用较少。

本节重点讨论错流式板式塔的结构和操作性能等。

8.2.1　塔板结构和板面布置

塔板分为整块式与分块式两种。一般来说,塔直径较小($D \leqslant 800$ mm)的塔板不易发生弯曲等变形,而且人也难以进入塔内进行安装和检修,因此大多采用整块式;直径较大($D \geqslant 1200$ mm)的塔板易发生弯曲等变形,而且人可以进入塔内进行拆装操作,宜采用分块式;塔径为 $800 \sim$ 1200 mm 的塔板可根据具体情况选择。

1. 塔板结构

塔板是气、液两相传质的场所,不同类型塔板的板面布置大同小异。塔板板面按照所起作用不同,分为四个区域,如图 8-9 所示。

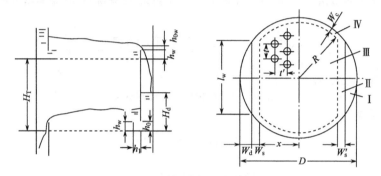

图 8-9　浮阀塔板板面布置图

1) 有效传质区

图 8-9 虚线以内的区域为有效传质区,是塔板上的开孔区域,也称鼓泡区,气液相在此区域内进行有效接触。开孔区面积 A_a 表示为

$$A_a = 2 \left[x \sqrt{R^2 - x^2} + \frac{\pi}{180°} R^2 \sin^{-1}\left(\frac{x}{R} \right) \right] \tag{8-2}$$

2) 溢流区

溢流区为降液及受液的区域,其中降液管所占面积以 A_f 表示,受液盘所占面积以 A_f' 表示,对于垂直降液管一般取 $A_f = A_f'$。

3) 安定区

开孔区与溢流区之间的不开孔区域称为安定区,分为入口安定区和出口安定区。出口安定区即溢流堰前的安定区,宽度为 W_s,其作用是在液体进入降液管之前有一段不鼓泡的安定地带,以尽量脱出液体中夹带的气泡;入口安定区即进口堰后的安定区,宽度为 W_s',是为了防止气体进入降液管或因降液管流出的液流的冲击而引起漏液。安定区的宽度可按以下范围选取:

入口安定区宽度　　$W_s = 70 \sim 100$ mm

出口安全区宽度　　$W_s' = 50 \sim 100$ mm

对小直径的塔($D \leqslant 1$ m),因塔板面积小,安定区要相应减少。

4) 无效区

在靠近塔壁的一圈边缘区域用于安装固定塔板,称为无效区,也称边缘区。其宽度 W_c 视塔板的支承需要而定,小塔一般为 30~50 mm,大塔一般为 50~70 mm。为防止液体经边缘区流过而产生短路现象,可在塔板上沿塔壁设置挡板。

2. 溢流装置

板式塔的溢流装置包括溢流堰、降液管和受液盘等几部分,对塔内气液相接触影响显著。

1) 溢流堰

溢流堰的作用是维持塔板上有一定高度的液层,并使液体在塔板上均匀流动。溢流堰分为平直堰和锯齿堰等。如图 8-9 所示,堰长为 l_w,堰高为 h_w。

2) 降液管的类型

降液管是塔板间液体流动的通道,也是减少气泡夹带的重要场所。降液管有圆形和弓形两类。圆形降液管流通截面小,没有足够的空间分离液相所夹带的气泡,塔板效率低,只用于小直径塔。对于直径较大的塔,一般宜采用弓形降液管,而且一般将溢流堰与塔壁之间的区域全部作为降液区。如图 8-9 所示,降液管宽度为 W_d,降液管底隙高度为 h_0。

3) 受液盘

受液盘用于接收上一层塔板的下降液体,分为平型和凹型两种。凹型受液盘用于直径大于 800 mm 的大塔。对于易聚合或含有固体悬浮物的液体,为了避免形成死角,宜采用平型受液盘。图 8-9 采用的是平型受液盘。

4) 溢流型式

溢流型式指板上液体流动的途径,对气液相接触有很大影响。根据不同情况通常有以下几种:

(1) 折流型又称 U 形流,如图 8-10(a)所示,降液和受液装置设置于塔板的同一侧。弓形的一半作降液管,另一半作受液盘,并用挡板将板面隔成 U 形通道。U 形流的液体流径最长,板面利用率也最高,但液面落差大,仅用于小塔及液体流量小的场合。

(2) 单流型又称直径流,如图 8-10(b)所示,是最简单也是最常用的一种溢流型式,液体自塔板一侧的受液盘流向塔板另一侧的溢流堰。液体流径长,塔板效率高,塔板结构简单,广泛应用于直径 2.2 m 以下的塔中。

(3) 双流型又称半径流,如图 8-10(c)所示,相邻两层塔板中一层塔板中间为受液盘,两侧为降液管,另一层则两侧为受液盘,中间为降液管。这种溢流型式液体流径短,液面落差小,但塔板结构复杂,且板面利用率低,一般用于直径 2.2 m 以上的大塔中。

(4) 阶梯式双流型如图 8-10(d)所示,塔板的同一塔面做成阶梯形,每一阶梯均设有溢流

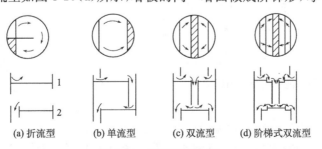

(a) 折流型　　　(b) 单流型　　　(c) 双流型　　　(d) 阶梯式双流型

图 8-10　塔板溢流类型

堰,减少液面落差而基本不缩短液体流径。这种塔板结构最复杂,只适用于塔径很大、液相流量也很大的特殊场合。

目前,凡直径在 2.2 m 以下的板式塔一般采用单流型,直径大于 2.2 m 的塔可采用双流型及阶梯式双流型。

选择何种降液方式要根据液体流量、塔径大小等条件综合考虑。表 8-1 列出溢流型式与液相负荷及塔径的经验关系,供参考。

表 8-1　液体负荷与溢流型式的关系

塔径 D/mm	液体流量 L/(m³/h)			
	折流型	单流型	双流型	阶梯式双流型
600	5 以下	5～25		
900	7 以下	7～50		
1000	7 以下	45 以下		
1200	9 以下	9～70		
1400	9 以下	70 以下		
2000	11 以下	11～110	110～160	
2400	11 以下	11～110	110～180	
3000	11 以下	110 以下	110～200	200～300
4000	11 以下	110 以下	110～230	230～350
适用场合	较低液气比	一般场合	高液气比或大型塔板	极高液气比或大型塔板

8.2.2　塔板类型

塔板是板式塔的主要构件,根据塔板上气液相接触元件不同,可分为泡罩塔、筛板塔、浮阀塔和喷射塔等。

1. 泡罩塔板

泡罩塔板结构如图 8-11 所示,主要由升气管和覆于其上的泡罩构成。泡罩下部周边开有许多三角形、矩形或梯形的齿缝。泡罩分圆形(图 8-11)和条形(图 8-12)两种,生产中以圆形应用居多。泡罩在塔板上多为正三角形排列。常用的圆形泡罩尺寸分为 $\phi 80$ mm、$\phi 100$ mm、$\phi 150$ mm 三种。

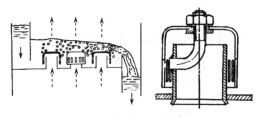

图 8-11　泡罩塔板和圆形泡罩

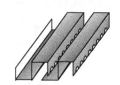

图 8-12　条形泡罩

操作时,液体横向流过塔板,靠溢流堰维持板上有一定厚度的液体层,上升气体在通过齿缝进入液层时,被分散成许多细小的气泡或流股,在板上形成了鼓泡层,为气、液两相的传热和传质提供了大量的传质界面。

泡罩塔板的优点是:操作弹性较大,不易发生漏液现象,塔板不易堵塞,适合处理各种物料。泡罩塔板的缺点是:塔板结构复杂,金属耗量大,造价高;塔板压降大,生产能力及板效率均较低。目前泡罩塔板已逐渐被筛板塔和浮阀塔取代。

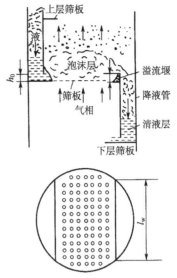

2. 筛板塔板

筛板塔板如图 8-13 所示,塔板上开有许多均匀分布的小孔。根据孔径大小,分为小孔筛板(孔径为 3～8 mm)和大孔筛板(孔径为 10～25 mm)两类。筛孔在塔板上通常以正三角形或正方形排列。

筛板塔板的优点是:结构简单,造价低(约为泡罩塔的60%,浮阀塔的80%),板上液面落差也较小,气体压降小,生产能力比泡罩塔高 10%～15%,板效率也比泡罩塔高 15%左右。主要缺点是:操作弹性小(为 2～3),小筛孔塔板容易堵塞。

图 8-13　筛板塔板结构示意图

3. 浮阀塔板

浮阀塔(图 8-14)是在泡罩塔的基础上发展起来的,用浮阀代替泡罩塔的升气管和泡罩,浮阀可依气体流量大小上下浮动,自行调节,兼有泡罩塔和筛板塔的优点,已成为国内外应用

最广泛的板式塔。浮阀塔板上开有若干大孔,每个孔上均装有一个可以上下浮动的阀片。浮阀的型式很多,常用的有 F1 型、V-4 型和 T 型浮阀等,近年来又研究开发出 V-V 型、船型、梯型、管型、双层浮阀和混合浮阀等新型浮阀(图 8-15),它们共同的特点是加强了对液体的导向作用和气体分散作用,使气、液两相的流动更趋合理,操作弹性和塔板效率得到进一步提高。但应指出,目前工业生产中仍

图 8-14　浮阀塔内部结构

主要采用 F1 型浮阀,其原因是,此类浮阀已有系列化标准,各种设计数据完善,便于设计和对比。

F1 型浮阀(国外称为 V-1 型)如图 8-15(a)所示,阀片本身有三条"腿",每条腿底端有向外翻转的"脚",用以限制操作过程中阀片升起的最大高度(8.5 mm);阀片周边又冲出三块略向下弯的定距片。当气速很低时,靠这三个定距片使阀片与塔板呈点接触而坐落在阀孔上,阀片与塔板间始终保持一定的开度供气体均匀流过,避免了阀片启闭不匀的脉动现象。F1 型浮阀分为轻阀与重阀两种:重阀采用厚度为 2 mm 的薄板冲制,每阀质量约为 33 g;轻阀采用厚度

(a) F1 型浮阀　　　　(b) 方形浮阀　　　　(c) 双层浮阀　　　　(d) 导向浮阀

图 8-15　浮阀型式

为 1.5 mm 的薄板冲制,每阀质量约为 25 g。一般情况下都采用重阀,只有在处理量大并且要求压降很低的系统(如减压塔)中才用轻阀。Fl 型浮阀的结构简单、制造方便、节省材料、性能良好,广泛应用于化工及炼油生产中。

为避免阀片生锈,浮阀多采用不锈钢制造。

浮阀塔板的特点是:生产能力大(比同塔径泡罩塔大 20%~40%,与筛板相当),操作弹性大,塔板效率高(比泡罩塔高 15% 左右),气体压降及液面落差小,构造简单,易于制造,塔的造价低(为泡罩塔的 60%,为筛板的 120%~130%),使用周期长,虽不宜处理易结焦或黏度大的系统,但对于黏度稍大及有一般聚合现象的系统,浮阀塔也能正常操作。

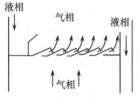

图 8-16　浮动喷射塔板

4. 其他类型塔板

上述三类塔板均在不同程度上存在雾沫夹带现象。为了降低这一不利因素的影响,设计了斜向喷射的舌形塔饭、浮舌塔板、浮动喷射塔板、导向筛板、垂直筛板等不同的结构型式,如图 8-16~图 8-18 所示,有些塔板结构还能减少因液面落差造成的气体不均匀分布现象。高效、大通量、低压降的新型垂直筛板塔和立体传质塔板近几年也得到快速推广,具体内容可参考相关资料。

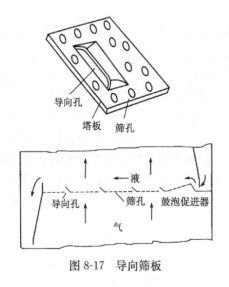

图 8-17　导向筛板

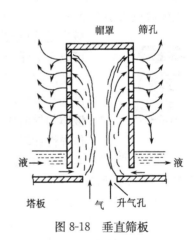

图 8-18　垂直筛板

8.2.3　塔径计算

塔径的计算与板间距、降液管面积和塔盘类型等其他结构尺寸密切相关,在其他参数没有确定之前,塔径计算值只能作为初选值。最终塔径还要通过流体力学验证等环节来说明其合理性。

具体来说,塔径主要是根据塔内气相负荷及空塔气速求得,其次也与流体物性、操作条件及塔盘类型等有关,针对精馏、吸收、解吸和换热等过程,其塔径确定也不是完全一样的。下面以精馏塔为例介绍塔径的估算方法。

精馏塔的塔径可由塔内上升蒸气的体积流量和空塔气速求得

$$D = \sqrt{\frac{4V_s}{\pi u}} \tag{8-3}$$

式中，D 为精馏塔内径，m；u 为空塔气速，m/s；V_s 为塔内上升蒸气的体积流量，m^3/s。

由式(8-3)可知，计算塔径的关键是确定空塔气速 u。设计中，确定精馏操作适宜空塔气速的常用方法是，先求得最大空塔气速(也称泛点气速)u_{max}，然后根据设计经验，乘以安全系数，安全系数一般取 0.6～0.8。

最大空塔气速是以液滴在气速中自由沉降作为导出依据，即在重力场中悬浮于气流中的液滴所受合力为零时的气速定义为最大空塔气速，力平衡表达式为

$$\frac{\pi}{6} d_L^3 (\rho_L - \rho_V) g = \xi \frac{\pi}{4} d_L^2 \frac{\rho_V u_{max}^2}{2} \tag{8-4}$$

令 $C = \sqrt{\dfrac{4 d_L g}{3\xi}}$，则

$$u_F = \sqrt{\frac{4 d_L g}{3\xi}} \sqrt{\frac{\rho_L - \rho_V}{\rho_V}} = C \sqrt{\frac{\rho_L - \rho_V}{\rho_V}} \tag{8-4a}$$

式中，d_L 为悬浮于气流中的液滴直径，m；ξ 为阻力系数；u_{max} 为最大空塔气速，m/s；ρ_L、ρ_V 分别为液相、气相的平均密度，kg/m^3；C 为负荷因子，m/s。

负荷因子 C 取决于液滴直径和阻力系数，而液滴直径和阻力系数都难以确定，同时气液相流动情况、流体物性、塔板间距等因素也会影响负荷因子，因此负荷因子一般由实验确定。史密斯(Smith)等汇集了大量的实验数据，整理绘制了如图 8-19 所示的关联曲线。

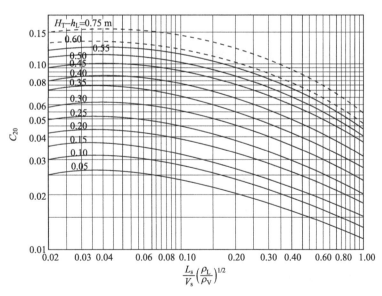

图 8-19　史密斯关联图

图中横坐标 $\dfrac{L_s}{V_s}\left(\dfrac{\rho_L}{\rho_V}\right)^{1/2}$ 为液气动能参数，反映气液相负荷的影响；纵坐标 C_{20} 为物系表面张力 σ_L 等于 20 mN/m 时的负荷因子；参数 $(H_T - h_L)$ 为雾滴的沉降高度，H_T 为塔板间距，h_L 为板上清液层高度。h_L 由设计者选定，常压塔一般取 0.05～0.08 m，减压塔取较低数值

0.025～0.030 m。

当所处理物系表面张力 $\sigma_L \neq 20$ mN/m 时，由图 8-19 查得 C_{20}，再按式(8-5)求出最大空塔气速：

$$C = C_{20}\left(\frac{\sigma_L}{20}\right)^{0.2} \tag{8-5}$$

【例 8-2】 用常压操作的板式精馏塔分离苯和甲苯混合物，已知精馏段的平均压强 100.20 kPa，平均操作温度 80.45 ℃，板间距 0.45 m，气相负荷 68.46 kmol/h，气相平均摩尔质量 80.87 kg/kmol，液相平均摩尔质量 82.79 kg/kmol，液相平均密度 812.16 kg/m³，液相平均表面张力 21.45 mN/m，液相平均黏度 0.297 mPa•s，液相负荷 46.16 kmol/h，试计算精馏段塔径并核算安全系数。

解 （1）塔径计算。

$$D = \sqrt{\frac{4V_s}{\pi u}}$$

精馏段气相体积流量 V_s

$$V_s = \frac{22.4 \times 68.46}{3600} \times \frac{273 + 80.45}{273} \times \frac{101.3}{100.2} = 0.557\,(\text{m}^3/\text{s})$$

通过图 8-19 确定最大空塔气速 u_{max}。

$$L_s = \frac{46.16 \times 82.79}{3600 \times 812.16} = 1.31 \times 10^{-3}\,(\text{m}^3/\text{s})$$

$$\rho_V = \frac{100.20 \times 80.87}{8.314 \times (273 + 80.45)} = 2.76\,(\text{kg/m}^3)$$

$$\frac{L_s}{V_s}\left(\frac{\rho_L}{\rho_V}\right)^{1/2} = \frac{1.31 \times 10^{-3}}{0.557} \times \left(\frac{812.16}{2.76}\right)^{1/2} = 0.0403$$

取板上液层高度 $h_L = 0.05$ m，则

$$H_L - h_L = 0.45 - 0.05 = 0.40\,(\text{m})$$

查图 8-19 得 $C_{20} = 0.085$。操作条件下的负荷因子

$$C = C_{20}\left(\frac{\sigma_L}{20}\right)^{0.2} = 0.085 \times \left(\frac{21.45}{20}\right)^{0.2} = 0.0862$$

则

$$u_{max} = C\sqrt{\frac{\rho_L - \rho_V}{\rho_V}} = 0.0862\sqrt{\frac{812.16 - 2.76}{2.76}} = 1.476\,(\text{m/s})$$

一般物系 $\dfrac{u}{u_{max}} = 0.6 \sim 0.8$，本题取 0.7，则

$$u = 1.476 \times 0.7 = 1.033\,(\text{m/s})$$

$$D = \sqrt{\frac{4V_s}{\pi u}} = \sqrt{\frac{4 \times 0.557}{3.14 \times 1.033}} = 0.829\,(\text{m})$$

根据系列标准，选取塔径为 0.8 m。

（2）核算安全系数。

实际空塔气速为

$$u = \frac{V_s}{\frac{\pi}{4}D^2} = \frac{4 \times 0.557}{3.14 \times 0.8^2} = 1.109\,(\text{m/s})$$

$$\text{安全系数} = \frac{1.109}{1.476} = 0.75$$

安全系数在 0.6～0.8 之间，故塔径初选合理。

8.2.4　板式塔的流体力学性能

塔的操作能否正常进行,与塔内气、液两相的流体力学状况有关。板式塔的流体力学性能包括:液面落差、塔板压降、液泛、雾沫夹带及漏液等。

1. 液面落差

在塔板上,为了保证液体能够顺利通过,需要一定的液位差,即由液体进入板面到离开板面的液面落差。但液面落差会导致气流分布不均,从而使塔板的效率下降。因此,在塔板设计中应尽量减小液面落差。

液面落差的大小与溢流形式有关,当塔径或流量很大时,采用折流型或单流型会造成较大的液面落差。因此,对于直径较大的塔,设计中常采用双流型或阶梯式双流型等溢流型式来减小液面落差。液面落差的大小还与塔板结构类型有关。泡罩塔板因结构复杂,液体在板面上流动阻力大,故液面落差较大;筛板板面结构简单,液面落差较小。

2. 塔板压降

气体通过塔板的压降包括:通过塔板本身的压降,称为干板压降;通过板上充气液层的压降和克服液体的表面张力产生的压降。

气体通过塔板时的压降是影响板式塔操作特性的重要因素,因气体通过各层塔板的压降直接影响塔底的操作压强。特别是对真空精馏,塔板压降成为板式塔的主要性能指标,若因塔板压降增大而导致釜压升高,将无法再维持真空操作。实际精馏过程中,塔板压降增大会使板上液层适当增厚,则气、液两相接触时间延长,从而使板效率有所提高。

因此,进行塔板设计时,应全面考虑各种影响塔板效率的因素,在保证较高板效率的前提下,力求减小塔板压降,以降低能耗及改善塔的操作性能。

3. 塔板上气、液两相的接触状态

塔板上气、液两相的接触状态是决定两相流体力学、传热及传质特性的主要因素。研究发现,当液相流量一定时,随着气速的提高,塔板上可能出现三种不同的接触状态,如图 8-20 所示,即鼓泡状、泡沫状及喷射状。其中,泡沫状和喷射状均是优良的塔板工作状态。从减小雾沫夹带考虑,大多数塔都控制在泡沫接触状态下操作。

鼓泡状　　　　　　泡沫状　　　　　　喷射状

图 8-20　塔板上的气液接触状态

4. 漏液

错流型的塔板在正常操作时,液体应沿塔板流动,在板上与垂直向上流动的气体进行错流接触后由降液管流下。当上升气体流速减小,气体通过升气孔道的动压不足以阻止板上液体经孔道流下时,便会出现漏液现象。漏液发生时,液体经升气孔道流下,必然影响气、液在塔板

上的充分接触,使塔板效率下降,严重的漏液会使塔板不能积液而无法操作。为保证塔的正常操作,漏液量不应大于液体流量的10%。

造成漏液的主要原因是气速太小和板面上液面落差所引起的气流分布不均,液体在塔板入口侧的厚液层处往往出现漏液,所以常在塔板入口处留出一条不开孔的安定区。

漏液量达10%的气流速度为漏液速度,这是板式塔操作的下限气速。

5. 雾沫夹带

上升气流穿过塔板上液层时,将板上液体带入上层塔板的现象称为雾沫夹带。雾沫的生成固然可增大气、液两相的传质面积,但过量的雾沫夹带造成液相在塔板间的返混,严重时会造成雾沫夹带液泛,从而导致塔板效率严重下降。

所谓返混是指雾沫夹带的液滴与液体主流做相反方向流动的现象。为了保证板式塔能维持正常的操作效果,规定每1 kg上升气体夹带到上层塔板的液体量不超过0.1 kg,即控制雾沫夹带量<0.1 kg液/kg气。

影响雾沫夹带量的因素很多,最主要的是空塔气速和塔板间距。空塔气速增大,雾沫夹带量增大;塔板间距增大,雾沫夹带量减小。

6. 液泛

塔内若气、液两相之一的流量增大,使降液管内液体不能顺利流下,管内液体必然积累,当管内液体提高到越过溢流堰顶部时,两板间被液体及其所夹带的泡沫完全充满,并依次上升至上方塔板,这种现象称为液泛,也称淹塔。此时,塔板压降急剧上升,全塔操作被破坏。操作时应严格避免液泛发生。

液泛根据形成的原因不同,可分为雾沫夹带液泛和降液管液泛。

(1)雾沫夹带液泛:对一定的液体流量,由于气量增大而导致气速过大,雾沫夹带量过大,大量液体被上升气相带回上一层塔板,使塔板负荷增大,液体不能顺利向下流动。同时气体穿过板上液层时造成两板间压降增大,使降液管内液体也不能顺利流下而造成液泛。

(2)降液管液泛:当液体流量过大时,降液管的截面不足以使液体顺利通过,而使管内液面升高,从而发生液泛现象。

事实上,雾沫夹带液泛和降液管液泛不能完全割裂开来,两者往往同时发生、互相促进。

8.2.5　塔板的负荷性能图

对一定的分离物系,塔板操作性能与气、液负荷密切相关。要维持塔板正常操作和塔板效率的基本稳定,塔内的气、液负荷必须限制在一定的范围之内,通常用塔板的负荷性能图来描述此气、液相流量范围,如图8-21所示。

负荷性能图由以下五条线组成:

(1)过量液沫夹带线。如图8-21中线①,又称气相负荷上限线。当操作的气相负荷超过此线时,表明雾沫夹带现象严重($e_V > 0.1$ kg液/kg气),使塔板效率急剧下降。

(2)液相负荷下限线。如图8-21中线②,当操作的液相负荷低于此线时,表明液体流量过低,板上液流不能均匀分布,气、液接触不良,易产生干吹、偏流等现象,导致塔板效率的下降。

(3)严重漏液线。如图8-21中线③,又称为气相负荷下限线。当操作的气相负荷低于此线所示数值时,将发生严重的漏液现象(漏液量大于液体流量的 10%),气、液相将不能充分接触,使塔板效率下降。

(4)液相负荷上限线。如图 8-21 中线④,当操作的液相负荷高于此线时,表明液体流量过大,此时液体在降液管内停留时间过短(小于 3 s),进入降液管内的气泡来不及与液相分离而被带入下层塔板,造成气相返混,使塔板效率下降。

(5)液泛线。如图 8-21 中线⑤,当操作的气相或液相负荷超过此线时,塔内将发生液泛现象,使塔不能正常操作。

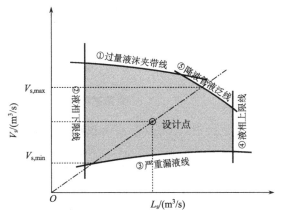

图 8-21　塔板的负荷性能图

在塔板的负荷性能图中,被五条线包围的区域为塔板的正常操作区,各线以外的区域为非正常操作区。图中由原点和设计点决定的为操作线,在连续精馏塔中,操作线与负荷性能图边界线的上、下两个交点分别表示塔的上、下操作极限,两极限的气相流量之比(如图 8-21 中 $\dfrac{V_{s,\max}}{V_{s,\min}}$)称为塔板的操作弹性。操作弹性越大,表示塔适应气、液相负荷变化的能力越大。

需要说明的是,当分离物系和分离任务确定后,操作点位置即是固定的,但负荷性能图中各条线的相应位置可随着塔板的结构尺寸而变。因此,在设计塔板时,根据操作点在负荷性能图中的位置,适当调整塔板结构参数,可改进负荷性能图,以满足所需的操作弹性。例如,加大板间距可使液泛线上移,减小塔板开孔率可使漏液线下移,增加降液管面积可使液相负荷上限线右移等。图 8-21 中所示为塔板负荷性能图的一般形式。实际上,塔板的负荷性能图与塔板的类型密切相关,如筛板塔与浮阀塔的负荷性能图的形状有一定的差异。

思 考 题

1. 填料塔的主要部件有哪些? 各有什么作用?
2. 填料的几何特性评价指标有哪些?
3. 板式塔操作的异常流体力学现象有哪些? 如何抑制其发生?
4. 板式塔溢流装置部件有哪些? 各有什么作用?
5. 说明塔板负荷性能图中每条线的依据及其意义。

符 号 说 明

英文字母

a_t——填料的比表面积，m^2/m^3

A_a——板式塔开孔区面积，m^2

A_f——降液管面积，m^2

A_f'——受液盘面积，m^2

C——负荷因子，m/s

d_L——悬浮于气流中的液滴直径，m

D——塔径，m

e_V——kg 液/kg 气

g——重力加速度，m/s^2

h_L——板上清液层高度，m

h_0——降液管底隙高度，m

h_w——堰高，m

l_w——堰长，m

L_w——润湿速率，$m^3/(m \cdot h)$

L'——液体的质量流量，kg/s

p——组分的分压，Pa

P——总压，Pa

R——塔板半径，m

u——气体的空塔气速，m/s

u_F——泛点气速，m/s

u_{max}——最大空塔气速，m/s

V_s——混合气体的体积流量，或塔内上升蒸气的体积流量，m^3/s

V'——气体的质量流量，kg/s

W_d——降液管宽度，m

W_s——溢流堰前的安定区宽度，m

W_s'——进口堰后的安定区宽度，m

Z——填料层高度，m

希腊字母

ε——填料层的空隙率

μ——黏度，$Pa \cdot s$

ξ——阻力系数

ρ_L——液体的密度，kg/m^3

ρ_V——气体的密度，kg/m^3

σ_L——物系表面张力，mN/m

φ——填料因子，m^{-1}

ψ——水的密度与液体密度的比值

第9章 干 燥

学习内容提要

通过本章的学习,掌握描述湿空气性质的参数及灵活运用 $H\text{-}I$ 图,深刻理解干燥过程是热、质同时反向传递的过程,熟练应用物料衡算及热量衡算解决干燥过程中的计算问题;了解干燥过程的平衡关系和速率关系及干燥时间的计算;了解干燥器的类型、适用场合及提高干燥过程热效率的措施。

重点掌握湿空气的性质、$H\text{-}I$ 图及其应用;熟练掌握干燥过程中的物料衡算、热量衡算、干燥速率及干燥时间的计算。

9.1 概 述

在化工、食品、制药、纺织、采矿、建材、农产品加工等行业中常需要将湿固体物料中的湿分(水分或化学溶剂)除去,以便运输、储藏或达到生产规定的含湿率要求。例如,一级尿素成品含水量不能超过 0.5%,聚氯乙烯颗粒产品含水量不能超过 0.3%,食品或药品中水分含量过高会使其保质期缩短。所以,湿含量是固体产品的一项重要指标。

除湿的方法很多,常用的主要有:①机械除湿,如沉降、过滤、离心分离等利用重力或离心力除湿,这种方法适合于除去大量的湿分,能耗较少,但除湿不彻底;②吸附除湿,用干燥剂(如无水氯化钙、硅胶等)吸附湿物料中的水分,该法只能用于除去少量湿分,仅适合实验室使用;③加热除湿(干燥),加热使湿物料中的水分气化而被移除,该法除湿彻底,但能耗较高。为了节省能源,工业上往往将两种方法联合起来操作,先用比较经济的机械方法除去湿物料中大部分湿分,再利用干燥方法继续除湿,以获得湿分符合要求的产品。

通常,干燥操作可按下列方法分类:

(1) 按操作压强分为常压干燥和真空干燥。真空干燥适用于处理热敏性及易氧化的物料,或要求成品中含湿量低的场合。

(2) 按操作方式分为连续干燥和间歇干燥。连续干燥具有生产能力大、产品质量均匀、热效率高以及劳动条件好等优点。间歇干燥适用于处理小批量、多品种或要求干燥时间较长的物料。

(3) 按传热方式分为传导干燥、对流干燥、辐射干燥、介电加热干燥以及由上述两种或多种方式组合成的联合干燥。

化工、食品、医药等行业中以连续操作的对流干燥应用最为普遍,干燥介质可以是不饱和热空气、惰性气体及烟道气,需要除去的湿分为水分或其他化学溶剂等。本章主要讨论以不饱和热空气为干燥介质,湿分为水的干燥过程。其他系统的干燥原理与空气-水系统完全相同。

在对流干燥过程中,热空气将热量传给湿物料,使物料表面水分气化,气化的水分又被空气带走。因此,干燥介质既是载热体又是载湿体,干燥过程是热、质同时传递的过程,传热的方向是由气相到固相,热空气与湿物料的温差是传热的推动力;传质的方向是由固相到气相,传质的推动力是物料表面的水汽分压与热空气中水汽分压之差。显然,干燥过程中热、质传递方向相反,但两者密切相关,干燥速率由传热速率和传质速率共同控制。干燥操作的必要条件是物料表面的水汽分压必须大于干燥介质中的水汽分压,两者差别越大,干燥操作进行得越快。所以干燥介质应及时将气化的水汽带走,以维持一定的传质推动力。若干燥介质为水汽所饱和,则推动力为零,这时干燥操作停止。

9.2　湿空气的性质及湿度图

9.2.1　湿空气的性质

空气中混入水蒸气后,形成的混合气体成为湿空气。在干燥过程中,常采用不饱和空气为干燥介质,不饱和湿空气既是载热体又是载湿体,其状态的变化反映干燥过程中的热、质传递状况。为此,首先了解湿空气的性质。

由于在干燥操作的过程中,湿空气中的水分量是不断变化的,但绝干空气的质量没有变化,因此湿空气各种有关性质常以 1 kg 绝干空气为基准。

1. 湿度 H

湿度(humidity)为湿空气中水汽的质量与绝干空气的质量之比,又称湿含量或绝对湿度,即

$$H = \frac{湿空气中水汽的质量}{湿空气中绝干气的质量} = \frac{M_v n_v}{M_g n_g} = \frac{18 n_v}{29 n_g} = 0.622 \frac{n_v}{n_g} \tag{9-1}$$

式中,H 为空气的湿度,kg 水汽/kg 绝干气(以后的讨论中略去单位中"水汽"两字);M_v 为水汽的摩尔质量,kg/kmol;M_g 为干空气的摩尔质量,kg/kmol;n_v 为湿空气中水汽的物质的量,kmol;n_g 为湿空气中干空气的物质的量,kmol。

常压下湿空气可视为理想混合气体,根据道尔顿分压定律,各组分的物质的量比等于其分压比,于是式(9-1)可改写为

$$H = \frac{0.622 p_v}{P - p_v} \tag{9-2}$$

式中,p_v 为水汽的分压,Pa 或 kPa;P 为总压,Pa 或 kPa。

由式(9-2)看出,湿空气的湿度是总压和水汽分压的函数。

当空气达到饱和时,相应的湿度成为饱和湿度,以 H_s 表示,此时湿空气的水汽分压等于该空气温度下纯水的饱和蒸气压 p_s,因此式(9-2)变为

$$H_s = \frac{0.622 p_s}{P - p_s} \tag{9-3}$$

式中,H_s 为湿空气的饱和湿度,kg/kg 绝干气;p_s 为空气温度下纯水的饱和蒸气压,Pa 或 kPa。

由于水的饱和蒸气压仅与温度有关,因此湿空气的饱和湿度是温度与总压的函数。

2. 相对湿度 φ

在一定总压下,湿空气中水汽分压 p_v 与同温度下水的饱和蒸气压 p_s 之比称为相对湿度百分数,简称相对湿度,以 φ 表示,即

$$\varphi = \frac{p_v}{p_s} \times 100\% \tag{9-4}$$

相对湿度代表空气的不饱和程度,当 $p_v=0$ 时, $\varphi=0$,表示湿空气中不含水分,为绝干空气,这时的空气具有最大吸湿能力。当 $p_v=p_s$ 时, $\varphi=1$,表示湿空气被水汽所饱和,称为饱和空气,这种湿空气不能用作干燥介质。相对湿度是湿空气中含水量的相对值,可以判断湿空气能否作为干燥介质, φ 越小吸湿能力越强。而湿度只表示湿空气中含水量的绝对值,不能反映湿空气的干燥能力。

将式(9-4)代入式(9-3),得

$$H = \frac{0.622\varphi p_s}{P - \varphi p_s} \tag{9-5}$$

在一定的总压和温度下,式(9-5)表示湿空气的 H 与 φ 之间的关系。

3. 比体积(湿容积) v_H

在湿空气中,1 kg 绝干空气体积和其所带有的 H kg 水汽体积之和称为湿空气的比体积,又称为湿容积,以 v_H 表示。根据定义可以写出

$$v_H = \frac{\mathrm{m^3 \ 绝干气 + m^3 \ 水汽}}{\mathrm{kg \ 绝干气}}$$

或

$$v_H = \left(\frac{1}{29} + \frac{H}{18}\right) \times 22.4 \times \frac{273+t}{273} \times \frac{1.013 \times 10^5}{P}$$
$$= (0.772 + 1.244H) \times \frac{273+t}{273} \times \frac{1.013 \times 10^5}{P} \tag{9-6}$$

式中, v_H 为湿空气的比体积,$\mathrm{m^3}$ 湿空气/kg 绝干气; t 为温度,℃。

一定总压下,比体积是湿空气的 t 和 H 的函数。

4. 比热容 c_H

常压下,将湿空气中 1 kg 绝干空气及其所带的 H kg 水汽的温度升高(或降低)1 ℃所需要(或放出)的热量称为比热容,以 c_H 表示。根据定义可写出

$$c_H = c_g + Hc_v \tag{9-7}$$

式中, c_H 为湿空气比热容,kJ/(kg 绝干气・℃); c_g 为绝干空气的比热容,kJ/(kg 绝干气・℃); c_v 为水汽的比热容,kJ/(kg 水汽・℃)。

在常用温度范围内, c_g 、 c_v 可按常数处理, $c_g \approx 1.01$ kJ/(kg 绝干气・℃)及 $c_v \approx 1.88$ kJ/(kg 水汽・℃),此时湿空气的比热容只是湿度的函数,即

$$c_H = 1.01 + 1.88H \tag{9-7a}$$

式(9-7a)表明,湿空气的比热容只是湿度的函数。

5. 焓 I

湿空气中 1 kg 绝干空气的焓与其所带的 H kg 水汽的焓之和称为湿空气的焓,以 I 表示,单位为 kJ/kg。根据定义可以写出

$$I = I_g + HI_v \tag{9-8}$$

式中，I 为湿空气的焓，kJ/kg 绝干气；I_g 为绝干空气的焓，kJ/kg 绝干气；I_v 为水汽的焓，kJ/kg 水汽。

　　焓是相对值，计算时必须规定基准状态。为了简化计算，取 0 ℃绝干空气与液态水的焓值均为零，此时水的气化潜热为 $r_0 = 2490$ kJ/kg 水汽，则绝干空气和水汽的焓值分别为

$$I_g = c_g t \tag{9-8a}$$

$$I_v = r_0 + c_v t \tag{9-8b}$$

则湿空气的焓值为

$$I = c_g t + r_0 H + c_v t H = (c_g + c_v H)\, t + r_0 H \tag{9-8c}$$

将 c_g、c_v 和 $r_0 = 2490$ kJ/kg 代入式(9-8c)，得

$$I = (1.01 + 1.88H)\, t + 2490H \tag{9-8d}$$

　　由此可见，湿空气的焓随空气的温度 t、湿度 H 的增加而增大。

　　【例 9-1】 北京奥运会要求测定比赛每一天的天气情况，以便运动员适时调整比赛状态，2008 年 8 月 10 日，常压湿空气的温度为 25 ℃，湿度为 0.010 kg/kg 绝干气，试求：(1)湿空气的相对湿度；(2)水汽分压；(3)湿空气的比体积；(4)比热容；(5)湿空气的焓。

　　解　25 ℃时水的饱和蒸气压 $p_s = 3.1684$ kPa。

　　(1) 相对湿度。

　　由式(9-5)求相对湿度，即

$$H = \frac{0.622 \varphi p_s}{P - \varphi p_s}$$

　　将数据代入

$$0.010 = \frac{0.622 \times 3.1684 \varphi}{101.3 - 3.1684 \varphi}$$

解得

$$\varphi = 52.24\%$$

　　(2) 水汽分压。

$$p_v = \varphi p_s = 0.5224 \times 3.1684 = 1.655 (\text{kPa})$$

　　(3) 比体积 v_H。

　　由式(9-6)求比体积，即

$$v_H = (0.772 + 1.244H) \times \frac{273 + t}{273} \times \frac{1.013 \times 10^5}{P}$$

$$= (0.772 + 1.244 \times 0.010) \times \frac{273 + 25}{273}$$

$$= 0.8563 (\text{m}^3 \text{ 湿空气 /kg 绝干气})$$

　　(4) 比热容 c_H。

　　由式(9-7a)求比热容，即

$$c_H = 1.01 + 1.88H = 1.01 + 1.88 \times 0.010 = 1.029 [\text{kJ/(kg 绝干气 · ℃)}]$$

　　(5) 焓 I。

　　由式(9-8d)求湿空气的焓，即

$$I = (1.01 + 1.88H)t + 2490H$$

$$= (1.01 + 1.88 \times 0.010) \times 25 + 2490 \times 0.010$$

$$= 50.62 (\text{kJ/kg 绝干气})$$

6. 干球温度 t 和湿球温度 t_w

干球温度 t 简称温度,是指空气的真实温度,可直接用普通温度计测出,为了与将要讨论的湿球温度加以区分,称这种真实的温度为干球温度。

用湿纱布包裹温度计的感温球,纱布下端浸在水中,使纱布一直处于润湿状态,这种温度计称为湿球温度计,如图 9-1 所示。湿球温度计在空气中达到稳定或平衡时的温度称为该空气的湿球温度,以 t_w 表示。

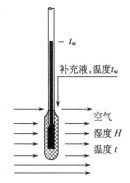

图 9-1　湿球温度的测量

湿球温度计测温原理如下:将湿球温度计置于温度为 t、湿度为 H 的不饱和空气流中(流速通常大于 5 m/s,以保证对流传热)。假设开始时纱布中水分(以下简称水分)的温度与空气的温度相同,因为空气是不饱和的,湿纱布中的水分必然要气化,气化所需的气化热只能由水分本身温度下降放出显热供给。水温下降后,与空气间出现温度差,此温度差又引起空气向水分传热。水分温度不断下降,直至空气供给水分的显热恰好等于水分气化所需要的潜热时,达到一个稳定的或平衡的状态,湿球温度计上的温度不再变化,此时的温度称为该湿空气的湿球温度,以 t_w 表示。前面假设水分初温与湿空气温度相同,但实际上,不论初始温度如何,最终必然达到这种平衡的温度,只是到达平衡所需的时间不同。

由上述分析可见,湿球温度 t_w 是湿纱布上水的温度,它由流过湿纱布的大量空气的温度 t 和湿度 H 所决定。当空气的温度 t 一定时,其湿度 H 越大,则湿球温度 t_w 越高。上述过程中因空气流量大,故可以认为湿空气的温度 t 与湿度 H 恒定不变,当湿球温度计上温度达到恒定时,空气向湿纱布表面的传热速率为

$$Q = \alpha S(t - t_w) \tag{9-9}$$

式中,Q 为空气向纱布的传热速率,W;α 为空气向湿纱布的对流传热系数,W/(m² · ℃);S 为空气与湿纱布间的接触面积,m²;t 为空气的温度,℃;t_w 为空气的湿球温度,℃。

同时,湿球表面的水汽传递到空气主体的传质速率为

$$N = k_H(H_{s,tw} - H)S \tag{9-10}$$

式中,N 为水汽由气膜向空气主体的扩散速率,kg/s;k_H 为以湿度差为推动力的传质系数,kg/(m² · s · ΔH);$H_{s,tw}$ 为湿球温度 t_w 下空气的饱和湿度,kg/kg 绝干气。

在稳定状态下,传热速率与传质速率之间的关系为

$$Q = N r_{tw} \tag{9-11}$$

式中,r_{tw} 为湿球温度 t_w 下水的气化热,kJ/kg。

联立式(9-9)~式(9-11),并整理得

$$t_w = t - \frac{k_H r_{tw}}{\alpha}(H_{s,tw} - H) \tag{9-12}$$

由式(9-12)看出,通过测量干球温度和湿球温度,可以确定空气的湿度 H,这是测量湿球温度目的之一。实验证明,α 和 k_H 都与空气速率的 0.8 次幂成正比,所以 α/k_H 与流速无关,只与物质性质有关。对于空气-水蒸气系统,$\alpha/k_H \approx 1.09$。在一定的压强下,只要测出湿空气的干球温度和湿球温度,就可根据式(9-12)确定湿度 H。

7. 绝热饱和冷却温度 t_{as}

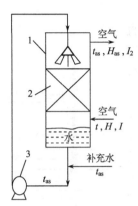

绝热饱和冷却温度是湿空气降温、增湿直至饱和时的温度。其过程可以用如图 9-2 所示的绝热饱和冷却塔说明。设塔与外界绝热,初始温度为 t、湿度为 H 的不饱和空气从塔底进入塔内,大量温度为 t_{as} 的水由塔顶喷下,两相在填料层中充分接触后,空气由塔顶排出,水由塔底排出后经循环泵返回塔顶,塔内水温均匀一致。由于空气不饱和,空气在与水的接触过程中,水分会不断气化进入空气,气化所需要的潜热只能由空气温度下降放出的显热来供给,而水分气化时又将这部分热量以潜热的形式带回空气中。随着过程的进行,空气的温度逐渐下降,湿度逐渐升高,焓值不变。若两相的接触时间足够长,最终空气为水汽所饱和,空气在塔内的状态变化是在绝热条件下降温、增湿直至饱和的过程。因此,达到稳定状态下的温度称为初始湿空气的绝热饱和冷却温度,简称绝热饱和温度,以 t_{as} 表示,与之相应的湿度称为绝热饱和湿度,以 H_{as} 表示。在上述过程中,循环水不断气化而被空气携至塔外,所以需向塔内不断补充温度为 t_{as} 的水。

图 9-2　绝热饱和冷却塔示意图
1. 塔身;2. 填料;3. 循环泵

对图 9-2 的塔作热量衡算,设湿空气入塔的温度为 t,湿度为 H,经足够长的接触时间后,达到稳定状态,湿空气离开塔顶的温度为 t_{as},湿度为 H_{as}。

塔内气、液两相间的传热过程为:空气传给水分的显热恰好等于水分气化所需的潜热。因此,以单位质量绝干气为基准的热量衡算式为

$$c_H(t - t_{as}) = (H_{as} - H)r_{as} \tag{9-13}$$

式中,r_{as} 为温度 t_{as} 时水的气化热,kJ/kg。

将式(9-13)整理得

$$t_{as} = t - \frac{r_{as}}{c_H}(H_{as} - H) \tag{9-14}$$

式中,r_{as}、H_{as} 是 t_{as} 的函数,c_H 是 H 的函数。因此,绝热饱和温度 t_{as} 是湿空气初始温度 t 和湿度 H 的函数,它是湿空气在绝热、冷却、增湿过程中达到的极限冷却温度。同时,由式(9-14)可以看出,在一定的总压下,只要测出湿空气的温度 t 和绝热饱和温度 t_{as},就可以算出湿空气的湿度 H。

实验证明,对于湍流状态下的水蒸气-空气系统,常用温度范围内 α/k_H 值与湿空气比热容 c_H 值很接近,同时 $r_{as} \approx r_{t_w}$,所以在一定温度 t 与湿度 H 下,比较式(9-12)和式(9-14)可以看出,湿球温度近似地等于绝热饱和冷却温度,即

$$t_w \approx t_{as} \tag{9-15}$$

必须强调,绝热饱和温度 t_{as} 和湿球温度 t_w 是两个完全不同的概念,两者均为初始湿空气温度 t 和湿度 H 的函数,只是对水蒸气-空气系统,两者在数值上近似相等,从而给水蒸气-空气系统的干燥计算带来便利。而对于其他物系,式(9-15)并不成立。例如,甲苯蒸气-空气系统 $\alpha/k_H = 1.8c_H$,t_{as} 与 t_w 不相等。

8. 露点 t_d

将不饱和空气等湿冷却到饱和状态时的温度称为露点,以 t_d 表示,即空气的湿度为露点

温度下的饱和湿度,以 $H_{s,td}$ 表示。根据式(9-3)有

$$H_{s,td} = \frac{0.622 p_{s,td}}{P - p_{s,td}} \qquad (9-16)$$

或

$$p_{s,td} = \frac{H_{s,td} P}{0.622 + H_{s,td}} \qquad (9-17)$$

式中,$H_{s,td}$ 为湿空气在露点下的饱和湿度,kg/kg 绝干气;$p_{s,td}$ 为露点下水的饱和蒸气压,Pa。

在一定的总压下,若已知空气的露点,可以用式(9-16)算出空气的湿度;反之,若已知空气的湿度,可用式(9-17)算出露点下的饱和蒸气压,再从水蒸气表中查出相应的温度,即为露点。

【例 9-2】 常压下温度为 30 ℃、湿度为 0.020 kg/kg 绝干气的湿空气,计算:(1)露点 t_d;(2)绝热饱和温度 t_{as};(3)湿球温度 t_w。

解 (1)露点 t_d。

已知总压和空气的湿度,由式(9-17)可求出露点温度下的饱和蒸气压,即

$$p_{s,td} = \frac{H_{s,td} P}{0.622 + H_{s,td}} = \frac{0.02 \times 101.3}{0.622 + 0.02} = 3.156 (\text{kPa})$$

查出该饱和蒸气所对应的温度为 24.31 ℃,此温度即为露点。

(2)绝热饱和温度 t_{as}。

由式(9-14)计算绝热饱和温度,即

$$t_{as} = t - \frac{r_{as}}{c_H} (H_{as} - H)$$

由于 H_{as} 是 t_{as} 的函数,因此用上式计算它时需试差。其计算步骤如下:

(i) 设 $t_{as} = 26.13$ ℃。

(ii) 由式(9-3)求 t_{as} 温度下的饱和湿度 H_{as},即

$$H_{as} = \frac{0.622 p_{as}}{P - p_{as}}$$

查出 26.13 ℃时水的饱和蒸气压为 3412.3 Pa,气化热为 2432.4 kJ/kg,因此

$$H_{as} = \frac{0.622 \times 3412.3}{1.013 \times 10^5 - 3412.3} = 0.021\,68 (\text{kg/kg 绝干气})$$

(iii) 由式(9-7a)求 c_H,即

$$c_H = 1.01 + 1.88H = 1.01 + 1.88 \times 0.020 = 1.048 [\text{kJ/(kg 绝干气 · ℃)}]$$

(iv) 用式(9-14)核算 t_{as},即

$$t_{as} = 30 - \frac{2432.4}{1.048} \times (0.02168 - 0.020) = 26.10 (℃)$$

因此假设 $t_{as} = 26.13$ ℃可以接受。

(3)湿球温度 t_w。

由式(9-12)计算湿球温度,即

$$t_w = t - \frac{k_H r_{tw}}{\alpha} (H_{s,tw} - H)$$

与计算 t_{as} 一样,用试差法计算 t_w,计算步骤如下:

(i) 假设 $t_w = 26.16$ ℃。

(ii) 对空气-水蒸气系统,$\alpha / k_H = 1.09$。

(iii) 查出 26.16 ℃水的气化热 r_{tw} 为 2432.4 kJ/kg。

(iv) 查出 26.16 ℃水的饱和蒸气压为 3418.7 Pa,相应的饱和湿度为

$$H_w = \frac{0.622 \times 3418.7}{1.013 \times 10^5 - 3418.7} = 0.02172 (\text{kg/kg 绝干气})$$

(ⅴ) 用式(9-12)核算 t_w,即

$$t_w = 30 - \frac{2432.4}{1.09} \times (0.02172 - 0.020) = 26.16(℃)$$

与假设的 26.16 ℃一致,所以假设正确。

计算结果也证明了对于水蒸气-空气系统,$t_{as} \approx t_w$。

通过以上分析计算可以看出,对水蒸气-空气系统,干球温度 t、绝热饱和温度 t_{as}(或湿球温度 t_w)及露点 t_d 之间存在以下关系:

不饱和空气 $t > t_{as}$(或 t_w)$> t_d$

饱和空气 $t = t_{as}$(或 t_w)$= t_d$

9.2.2　湿空气的 *H-I* 图及其应用

对于不饱和湿空气,组分数 C 为2(空气和水汽),相数 φ 为1(气相)。根据相律,可知其自由度

$$F = C - \varphi + 2 = 2 - 1 + 2 = 3 \tag{9-18}$$

式(9-18)表明,若给定不饱和空气的三个独立参数,就能确定不饱和空气的状态。因此,在总压一定时,表明湿空气性质的各项参数(t、p、φ、H、I、t_w 等)中,只要已知其中的任意两个相互独立的参数,湿空气的状态就被唯一确定。湿空气状态确定后,可以进一步计算出湿空气的其他性质。从例 9-2 可知,计算湿空气的性质时,有时用试差法,极为烦琐。工程上为了方便起见,在总压一定的情况下,将各参数间的关系在平面坐标上绘成图线,用此图求湿空气的性质时,既避免了试差计算,在图上表示干燥过程中空气的状态又直观明了,便于分析。常用的图有湿度-焓(*H-I*)图、温度-湿度(*t-H*)图等,其中 *H-I* 图应用较广,因此本章介绍 *H-I* 图。

1. 湿空气的 *H-I* 图

湿空气中的 *H-I* 图如图 9-3 所示,该图用总压为 1.013×10^5 Pa 的数据制得,并以 1 kg 绝干气为基准。若系统总压偏离常压较远,则不能应用此图。图中两个坐标轴夹角为135°,这样可使图中各曲线分散开,提高读数的准确性,同时为了便于读数及节省图的幅面,将斜轴(图中没有将斜轴全部画出)上的数值投影在水平辅助轴上。图中共有五种关系曲线,图上任何一点都代表一定温度 t 和湿度 H 的湿空气状态。现将图中各种曲线分述如下:

1) 等湿度线(等 H 线)群

等湿度线是一系列平行于纵轴的直线,在同一条等 H 线上不同的点都具有相同的湿度值,其值在辅助水平轴上读出。图 9-3 中 H 的读数范围为 $0 \sim 0.2$ kg/kg 绝干气。

2) 等焓线(等 I 线)群

等焓线是一系列平行于斜轴的直线,同一条等 I 线上不同的点代表的湿空气的状态不同,但都具有相同的焓值,其值可以在纵轴上读出。图 9-3 中 I 的读数范围为 $0 \sim 680$ kg/kg绝干气。

3) 等干球温度线(等 t 线)群

由式(9-8d)可得

$$I = (1.88t + 2490)H + 1.01t \tag{9-19}$$

式(9-19)表明,在一定温度 t 下,H 与 I 呈线性关系。规定一系列的温度 t 值,按式(9-19)计算 I 与 H 的对应关系,并绘于 *H-I* 图中,即可得到一系列等 t 线。

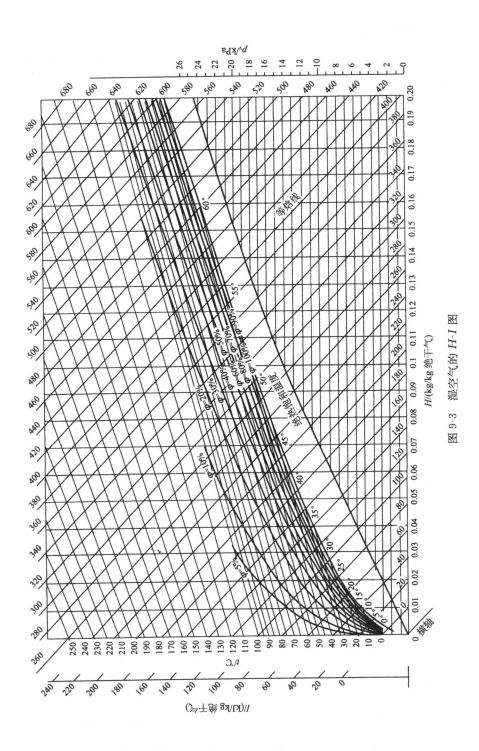

图 9-3 湿空气的 H-I 图

由于等 t 线斜率（$1.88t+2490$）是温度的函数，因此等温线是不平行的，温度越高，等温线斜率越大。图 9-3 中 t 的读数范围为 $0\sim250\ ℃$。

4）等相对湿度线（等 φ 线）群

根据式（9-5）可标绘等 φ 线，即

$$H=\frac{0.622\varphi p_s}{P-\varphi p_s}$$

当总压一定时，任意规定相对湿度 φ 值，上式变为 H 与 p_s 的关系式，而 p_s 又是温度的函数。依次算出若干组 H 与 t 的对应关系，并标绘于 H-I 坐标图中，即为一条等 φ 线，取一系列的 φ 值，可得一系列等 φ 线。图 9-3 中共有 11 条等 φ 线，由 $\varphi=5\%$ 到 $\varphi=100\%$。$\varphi=100\%$ 的等 φ 线称为饱和空气线，此时空气被水汽饱和。

5）蒸汽分压线

将式（9-2）改为

$$p_v=\frac{HP}{0.622+H} \tag{9-20}$$

总压一定时，式（9-20）表示水汽分压 p_v 与湿度 H 间的关系。因为 $H\ll0.622$，所以式（9-20）可近似地视为线性方程。按式（9-20）算出若干组 p_v 与 H 的对应关系，并标绘于 H-I 图上，得到蒸汽分压线。为了保持图面清晰，蒸汽分压线标绘在 $\varphi=100\%$ 曲线的下方，分压坐标在图的右边。

在有些湿空气的性质图上，还给出比热容 c_H 与湿度 H、绝干空气比体积 v_g 与温度 t、饱和空气比体积 v_{Hs} 与温度 t 之间的关系曲线。

2. H-I 图的应用

根据 H-I 图上空气的状态点，查空气的其他性质参数。已知湿空气的某一状态点 A 的

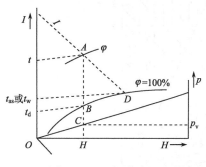

图 9-4　H-I 图的应用

位置，如图 9-4 所示，可直接读出通过点 A 的四条参数线的数值，它们是 t、φ、H、I。进而可由 H 值读出与其相关的参数 p_v、t_d 的数值；由 I 值读出与其相关的参数 t_{as}（t_w）的数值。

例如，图 9-4 中 A 代表一定状态的湿空气，则

（1）湿度 H 的确定。由 A 点沿等湿线向下与水平辅助轴交于点 H，即可读得 A 点的湿度值。

（2）焓值 I 的确定。通过 A 点作等焓线的平行线，与纵轴交于点 I，即可读得 A 点的焓值。

（3）水汽分压 p_v 的确定。由 A 点沿等湿线向下交水汽分压线于 C，在图右端纵轴上即可读得水汽分压值 p_v。

（4）露点 t_d 的确定。由 A 点沿等湿线向下与 $\varphi=100\%$ 的饱和空气线相交于 B 点，再由过 B 点的等温线读出露点 t_d 的值。

（5）湿球温度 t_w（绝热饱和温度 t_{as}）的确定。由 A 点沿着等焓线与 $\varphi=100\%$ 饱和空气线相交于 D 点，再由过 D 点的等温线读出湿球温度 t_w（绝热饱和温度 t_{as} 值）。

通过上面查图可知，首先必须确定湿空气状态的点（如图 9-4 中的 A 点），然后才能查得各项参数。湿空气性质的各项参数有：四个温度、H、φ、I、p_v，只要规定其中两个相互独立的

参数,通过湿度图就能确定湿空气的状态。

根据湿空气任意两个独立参数确定空气状态,进而查空气的其他参数。先用两个已知参数在 H-I 图上确定该空气的状态点,然后即可查出空气的其他参数的方法示于图 9-5 中。

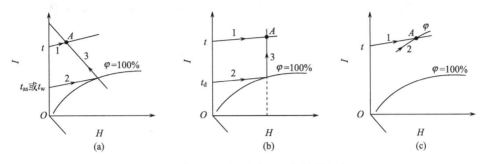

图 9-5　在 H-I 图中确定湿空气的状态点

(1) 已知湿空气的干球温度 t 和湿球温度 t_w 确定空气状态点,如图 9-5(a)所示。

(2) 已知湿空气的干球温度 t 和露点 t_d 确定空气状态点,如图 9-5(b)所示。

(3) 已知湿空气的干球温度 t 和相对湿度 φ 确定空气的状态点,如图 9-5(c)所示。

【例 9-3】 已知湿空气的总压为 101.3 kPa,相对湿度为 50%,干球温度为 20 ℃。试用 H-I 图解求:(1)水汽分压 p_v;(2)湿度 H;(3)焓 I;(4)露点 t_d;(5)湿球温度 t_w;(6)如将 500 kg 绝干空气/h 的湿空气预热至 117 ℃,所需热量 Q。

解　如本题附图所示,由已知条件:$p_t = 101.3$ kPa,$\varphi_0 = 50\%$,$t_0 = 20$ ℃,在 H-I 图上可确定湿空气的状态点 A。

(1)水汽分压 p_v。

由附图中 A 点沿等 H 线向下交水汽分压线于 C,在图右端纵坐标上读得 $p_v = 1.2$ kPa。

(2)湿度 H。

由 A 点沿等 H 线交水平辅助轴于点 $H = 0.0075$ kg/kg 绝干空气。

(3)焓 I。

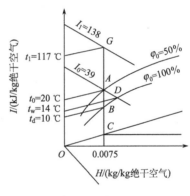

例 9-3　附图

通过 A 点作斜轴的平行线,读得 $I_0 = 39$ kJ/kg 绝干空气。

(4)露点 t_d。

由 A 点沿等 H 线与 $\varphi = 100\%$ 饱和线相交于 B 点,由通过 B 点的等温线读得 $t_d = 10$ ℃。

(5)湿球温度 t_w(绝热饱和温度 t_{as})。

由 A 点沿等焓线与 $\varphi = 100\%$ 饱和线相交于 D 点,由通过 D 点的等温线读得 $t_w = 14$ ℃($t_{as} = 14$ ℃)。

(6)热量 Q。

湿空气通过预热器加热时其湿度不变,所以可由 A 点沿等焓线向上与 $t = 117$ ℃线相交于 G 点,读得湿空气离开预热器时的焓值 $I_1 = 138$ kJ/kg 绝干气。含 1 kg 绝干空气的湿空气通过预热器所获得的热量为

$$Q' = I_1 - I_0 = 138 - 39 = 99 (\text{kJ/kg 绝干气})$$

每小时含有 500 kg 干空气通过预热器所获得的热量为

$$Q = 500Q' = 500 \times 99 = 49\,500 (\text{kJ/h}) = 13.8 (\text{kW})$$

通过以上例题的计算过程说明,与用数学式计算相比,采用 H-I 图求取湿空气的各项参数,不仅计算迅速简便,而且物理意义也较明确。

9.3　干燥过程的物料衡算与热量衡算

在进行干燥设备尺寸计算之前,要根据给定的工艺条件对干燥器进行物料衡算、热量衡算和干燥过程速率的计算。

对流干燥过程是将湿空气经预热器加热后通入干燥器与湿物料混合进行热、质交换,湿物料中水分气化所需要的热量由空气供给,而水蒸气则由湿物料扩散至空气中并由其带走。

9.3.1　湿物料中含水量的表示方法

1. 湿基含水量

湿基含水量为水分在湿物料中的质量分数,以 w 表示,单位为 kg 水分/kg 湿料,即

$$w = \frac{湿物料中水分质量}{湿物料的总质量} \tag{9-21}$$

2. 干基含水量

湿物料中的水分与绝干物料的质量比为干基含水量,以 X 表示,单位为 kg 水分/kg 绝干物料,即

$$X = \frac{湿物料中水分质量}{湿物料中绝干物料质量} \tag{9-22}$$

两种含水量之间的关系为

$$w = \frac{X}{1+X} \tag{9-23}$$

$$X = \frac{w}{1-w} \tag{9-24}$$

工业生产中,通常用湿基含水量表示物料中水分的多少。在干燥过程中,湿物料的质量不断变化,而绝干物料质量不变,因此在干燥器的物料和热量衡算中,以绝干物料为计算基准、采用干基含水量计算较为方便。

9.3.2　干燥系统的物料衡算

通过干燥系统作物料衡算,可以计算干燥产品流量、物料的水分蒸发量和空气消耗量。对如图 9-6 所示的连续干燥器作物料衡算。图中 L 为绝干空气的消耗量,kg 绝干气/s;H_1、H_2 分别为湿空气进、出干燥器的湿度,kg/kg 绝干气;X_1、X_2 分别为湿物料进、出干燥器时的干基含水量,kg 水分/kg 绝干料;G_1、G_2 分别为湿物料进、出干燥器时的流量,kg 湿物料/s。

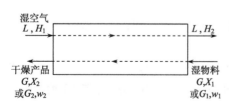

图 9-6　各物料进出逆流干燥的示意图

1. 水分蒸发量 W

围绕图 9-6 作水分的衡算,以秒为基准,设干燥器内无物料损失,则

$$LH_1 + GX_1 = LH_2 + GX_2$$

或

$$W = L(H_2 - H_1) = G(X_1 - X_2) \tag{9-25}$$

式中, W 为单位时间内水分的蒸发量, kg/s; G 为单位时间内绝干物料的流量, kg 绝干料/s。

2. 干空气消耗量 L

整理式(9-25)得

$$L = \frac{G(X_1 - X_2)}{H_2 - H_1} = \frac{W}{H_2 - H_1} \tag{9-26}$$

式中, L 为单位时间内消耗的绝干空气量, kg 绝干气/s。

式(9-26)的等号两侧均除以 W, 得

$$l = \frac{L}{W} = \frac{1}{H_2 - H_1} \tag{9-27}$$

式中, l 为蒸发 1 kg 水分消耗的绝干空气数量, 称为单位空气消耗量, kg 绝干气/kg 水分。

如果以 H_0 表示空气预热前的湿度, 而空气经预热器后, 其湿度不变, 所以 $H_0 = H_1$, 则式(9-27)可写为

$$l = \frac{1}{H_2 - H_0} \tag{9-27a}$$

由式(9-27a)可见, 单位空气消耗量仅与空气的初始湿度 H_0 及最终湿度 H_2 有关, 与路径无关。H_0 越大, l 也越大。由于 H_0 是由湿空气的初温 t_0 及相对湿度 φ_0 所决定, 因此在其他条件相同的情况下, l 将随着温度及相对湿度的增加而增大。对同一干燥过程而言, 由于夏季空气湿度较冬季大, 因此夏天的空气消耗量 l 比冬季多, 所以选择输送空气的风机装置也必须按全年最大空气消耗量而定。

9.3.3 干燥系统的热量衡算

通过干燥系统的热量衡算, 可以求出物料干燥所消耗的热量和预热器的传热面积, 同时确定干燥器排出气体的湿度 H_2 和焓 I_2 等状态参数。

干燥过程的热量衡算如图 9-7 所示, 包括预热器和干燥器两部分。图中 H_0、H_1、H_2 分别为新鲜空气进入预热器、离开预热器(进入干燥器)、离开干燥器时的湿度, kg/kg 绝干气; I_0、I_1、I_2 分别为新鲜空气进入预热器、离开预热器(进入干燥器)、离开干燥器时的焓, kJ/kg 绝干气; t_0、t_1、t_2 分别为新鲜空气进入预热器、离开预热器(进入干燥器)、离开干燥器时的温度, ℃; L 为绝干空气的流量, kg 绝干气/s; Q_P 为单位时间内预热器消耗的热量, kW; G_1、G_2 分别为湿物料进入、离开干燥器时的流量, kg 湿物料/s; θ_1、θ_2 分别为湿物料进入、离开干燥器时的温度, ℃; I_1'、I_2' 分别为湿物料进入、离开干燥器时的焓, kJ/kg 绝干料; Q_D 为单位时间内向干燥器补充的热量, kW; Q_L 为干燥器的热损失速率, kW。

1. 预热器的热量衡算

若忽略预热器的热损失, 对图 9-7 中的预热器作热量衡算, 则

$$Q_P = L(I_1 - I_0) = L(1.01 + 1.88H_0)(t_1 - t_0) \tag{9-28}$$

2. 干燥器的热量衡算

以图 9-7 中干燥器为研究对象作热量衡算, 得

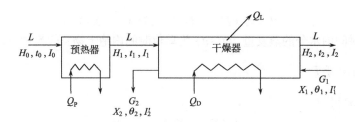

图 9-7　连续干燥过程的热量衡算示意图

单位时间内进入干燥器的热量＝单位时间内从干燥器移出的热量

$$Q_D = L(I_2 - I_1) + G(I_2' - I_1') + Q_L \qquad (9\text{-}29)$$

式中，$I = (1.01 + 1.88H)t + 2490$，$I' = c_m \theta$；$c_m$ 为湿物料的比热容[kJ/(kg 绝干料·℃)]，由绝干物料的比热容 c_s 和水的比热容 c_w 按加和原则计算，$c_w = 4.187$ kJ/(kg 水·℃)，即

$$c_m = c_s + X c_w \qquad (9\text{-}30)$$

3. 干燥器的总热量

对整个干燥系统进行热量衡算，得

$$Q = Q_P + Q_D = L(I_2 - I_0) + G(I_2' - I_1') + Q_L \qquad (9\text{-}31)$$

式(9-31)又可由式(9-28)、式(9-29)相加得到，式(9-28)及式(9-31)为连续干燥系统热量衡算的基本方程。为了便于应用，可通过以下分析得到更为简明的形式。

加入干燥系统的热量 Q 被用于以下几方面：

(1) 将新鲜空气 L（湿度为 H_0）由 t_0 加热至 t_2，所需热量为 $L(1.01 + 1.88H_0)(t_2 - t_0)$。

(2) 对原湿物料 $G_1 = G_2 + W$，其中干燥产品 G_2 从 θ_1 被加热至 θ_2 后离开干燥器，所耗热量为 $Gc_m(\theta_2 - \theta_1)$；水分 W 由液态温度 θ_1 被加热并气化，在温度 t_2 下随气相离开干燥系统，所需热量为 $W(2490 + 1.88t_2 - 4.187\theta_1)$。

(3) 干燥系统损失的热量 Q_L。

所以应有

$$Q = Q_P + Q_D$$
$$= L(1.01 + 1.88H_0)(t_2 - t_0) + Gc_m(\theta_2 - \theta_1) + W(2490 + 1.88t_2 - 4.187\theta_1) + Q_L$$
$$\qquad (9\text{-}32)$$

若忽略空气中水汽进、出干燥系统的焓的变化和湿物料中水分带入干燥系统的焓，则式(9-32)可简化为

$$Q = Q_P + Q_D = 1.01L(t_2 - t_0) + Gc_m(\theta_2 - \theta_1) + W(2490 + 1.88t_2) + Q_L \quad (9\text{-}32\text{a})$$

式(9-32a)表明，加入干燥系统的热量 Q 被用于四个方面：①加热空气；②加热物料；③蒸发水分；④热损失。

9.3.4　空气通过干燥器时的状态变化

在干燥器内，空气与物料间有热量传递和质量传递，还有外界与干燥器的热量交换（外界

给干燥器补充热量或干燥器的热量损失),使得空气在干燥器内的状态变化比较复杂。空气离开干燥器的状态取决于空气在干燥器内所经历的过程。通常根据空气在干燥器内经历的状态变化,将干燥过程分为绝热干燥过程与非绝热干燥过程两大类。

以干燥器热量衡算式(9-31)作为分析干燥器内状态变化的基本方程。

1. 绝热干燥过程

绝热干燥过程又称等焓干燥过程,绝热干燥过程应满足以下条件:

(1) 不向干燥器补充热量,即 $Q_D=0$。

(2) 忽略干燥器向周围散失的热量,即 $Q_L=0$。

(3) 物料进、出干燥器的焓相等,即 $I_2'=I_1'$。

将以上三项假设代入式(9-31),得

$$I_1 = I_2$$

上式说明空气通过干燥器时焓恒定。在 H-I 图上表示绝热干燥过程中空气状态的变化如图 9-8 所示。根据新鲜空气两个独立状态参数,如 t_0 及 H_0,在图上确定状态点 A 为进入预热器前的空气状态点。空气在预热器内被加热到 t_1,而湿度没有变化,所以从点 A 沿等 H 线上升与等 t 线 t_1 相交于点 B,该点为离开预热器(进入干燥器)的空气状态点。由于空气在干燥器内经历等焓过程,即沿着过点 B 的等 I 线变化,因此只要知道空气离开干燥器时的任一参数,如温度 t_2,则过点 B 的等 I 线与温度为 t_2 的等 t 线的交点 C 即为空气出干燥器的状态点。

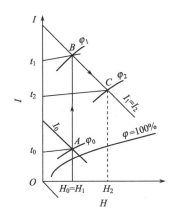

图 9-8　绝热干燥过程中湿空
气的状态变化示意图

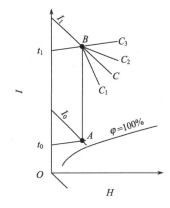

图 9-9　非绝热干燥过程中湿
空气状态变化示意图

当然,实际操作中很难保证绝热过程,所以绝热干燥过程又称为理想干燥过程,过点 B 的等 I 线是理想干燥过程的操作线。相应的干燥器称为理想干燥器。

2. 非绝热干燥过程

相对于理想干燥过程而言,非绝热干燥过程又称为非理想干燥过程或实际干燥过程。非绝热干燥过程根据空气焓的变化可能有以下几种情况。

1) 干燥过程中空气焓值降低($I_1>I_2$)

当 $Q_D-G(I_2'-I_1')-Q_L<0$,即对干燥器补充的热量小于干燥器的热损失与物料带出干

燥器的热量之和时,空气离开干燥器的焓小于进干燥器时的焓。此时过程的操作线 BC_1 在等 I 线 BC 的下方,如图 9-9 所示。BC_1 线上任意点所对应的空气的焓值小于同温度下 BC 线上相应的焓值。

2) 干燥过程中空气焓值增大($I_1 < I_2$)

若向干燥器补充的热量大于损失的热量与加热物料消耗热量的总和,空气经过干燥器后焓值增大,这时操作线在等 I 线 BC 的上方,如图 9-9 中 BC_2 线所示。

3) 干燥过程中空气经历等温过程

若向干燥器补充的热量足够多,恰好使干燥过程在等温下进行,即空气在干燥过程中维持恒定的温度 t_1,这时过程的操作线为过点 B 的等 t 线,如图 9-9 中 BC_3 线所示。

根据上述不同的过程,非绝热干燥过程中空气离开干燥器时的状态点可用计算法或图解法确定。

9.3.5 物料衡算与热量衡算的应用举例

【例 9-4】 某工厂有一干燥器,湿物料处理量为 800 kg/h。要求物料干燥后含水量由 30%减至 4%(均为湿基)。干燥介质为空气,初温为 15 ℃,相对湿度为 50%,经预热器加热至 120 ℃进入干燥器,出干燥器时降温至 45 ℃,相对湿度为 80%。试求:(1)水分蒸发量 W;(2)空气消耗量 L 和单位空气消耗量 l;(3)如鼓风机装在进口处,鼓风机的风量 V。

解 (1)水分蒸发量 W。

已知 $G_1 = 800$ kg/h,$w_1 = 30\%$,$w_2 = 4\%$,则

$$G = G_1(1 - w_1) = 800 \times (1 - 0.3) = 560(\text{kg/h})$$

$$X_1 = \frac{w_1}{1 - w_1} = \frac{0.3}{1 - 0.3} = 0.429$$

$$X_2 = \frac{w_2}{1 - w_2} = \frac{0.04}{1 - 0.04} = 0.042$$

$$W = G(X_1 - X_2) = 560 \times (0.429 - 0.042) = 216.7(\text{kg 水/h})$$

(2)空气消耗量 L 和单位空气消耗量 l。

由 H-I 图中查得,空气在 $t_1 = 15$ ℃、$\varphi = 50\%$时的湿度为 $H_1 = 0.005$ kg/kg 绝干空气;空气在 $t_2 = 45$ ℃、$\varphi = 80\%$时的湿度为 $H_2 = 0.052$ kg/kg 绝干空气。

空气通过预热器湿度不变,即 $H_0 = H_1$,则

$$L = \frac{W}{H_2 - H_1} = \frac{W}{H_2 - H_0} = \frac{216.7}{0.052 - 0.005} = 4610(\text{kg 绝干空气/h})$$

$$l = \frac{1}{H_2 - H_0} = \frac{1}{0.052 - 0.005} = 21.3(\text{kg 绝干空气/kg 水})$$

(3)风量 V。

根据式(9-6),15 ℃、101.325 kPa 下湿空气的比体积为

$$v_H = (0.772 + 1.244 H_0) \times \frac{273 + 15}{273} = (0.772 + 1.244 \times 0.005) \times \frac{288}{273}$$

$$= 0.821(\text{m}^3 \text{ 湿空气/kg 绝干空气})$$

$$V = L v_H = 4610 \times 0.821 = 3784.8(\text{m}^3/\text{h})$$

用此风量选用鼓风机。

【例 9-5】 常压下以温度为 20 ℃,湿度为 0.007 kg/kg 绝干气为介质干燥多孔硝酸铵湿物料。空气在预热器中被加热到 100 ℃后送入干燥器,离开干燥器时的温度为 60 ℃。每小时有 1000 kg 温度为 20 ℃、湿基含水量为 0.03 的湿物料进入干燥器,物料离开干燥器时的温度升到 40 ℃,湿基含水量降到 0.001。绝干物料的比热容为 1.1 kJ/(kg 绝干料·℃)。忽略预热器向周围的热损失。(1)假设干燥器为理想干燥器,试求

新鲜空气消耗量 L_0 和预热器耗热量 Q_P；(2)若按非理想干燥器计算，干燥过程中物料带走的热量不可忽略，干燥器的热损失为 1.0 kW，并且干燥器不补充热量，再求新鲜空气消耗量 L_0 和预热器耗热量 Q_P。

解 (1) 理想干燥器 $I_1 = I_2$。

利用式(9-8d)求湿空气的焓

$$I = (1.01 + 1.88H)t + 2490H$$

由 $t_1 = 100\ ℃, H_0 = H_1 = 0.007\ \text{kg/kg 绝干气}$，得

$$I_1 = 119.8\ \text{kJ/kg 绝干气}$$

由

$$119.8 = (1.01 + 1.88H_2) \times 60 + 2490H_2$$

解得

$$H_2 = 0.022\ 74\ \text{kg/kg 绝干气}$$

用式(9-26)计算水分蒸发量 W，即

$$W = G(X_1 - X_2)$$

$$X_1 = \frac{w_1}{1-w_1} = \frac{0.03}{1-0.03} = 0.0309(\text{kg 水分/kg 绝干料})$$

$$X_2 = \frac{w_2}{1-w_2} = \frac{0.001}{1-0.001} = 0.001(\text{kg 水分/kg 绝干料})$$

$$G = G_1(1-w_1) = 1000 \times (1-0.03) = 970(\text{kg 绝干料/h})$$

$$W = G(X_1 - X_2) = 970 \times (0.0309 - 0.001) = 29.0(\text{kg 水分/h})$$

绝干空气消耗量为

$$L = \frac{W}{H_2 - H_1} = \frac{29.0}{0.022\ 74 - 0.007} = 1842.4(\text{kg 绝干气/h})$$

新鲜空气消耗量为

$$L_0 = L(1 + H_0) = 1842.4 \times (1 + 0.007) = 1855.3(\text{kg 新鲜空气/h})$$

预热器中耗热量 Q_P 用式(9-28)计算，即

$$Q_P = L(I_1 - I_0) = L(1.01 + 1.88H_0)(t_1 - t_0) = 1842.4 \times (1.01 + 1.88 \times 0.007) \times (100 - 20)$$
$$= 1.509 \times 10^5 (\text{kJ/h}) = 41.89(\text{kW})$$

(2) 非理想干燥器 $I_1 \neq I_2$。

H_2 需联立物料衡算和热量衡算方程求出。将有关数据代入式(9-25)，得

$$29.0 = L(H_2 - 0.007) \tag{a}$$

由式(9-31)得

$$L(I_2 - 119.8) + 970 \times (I_2' - I_1') + 1.0 \times 3600 = 0 \tag{b}$$

由焓的定义式

$$I_2 = (1.01 + 1.88H_2) \times 60 + 2490H_2 = 60.6 + 2602.8\ H_2$$
$$I_1' = (c_s + 4.187X_1)\theta_1 = (1.1 + 4.187 \times 0.0309) \times 20 = 24.59(\text{kJ/kg 绝干料})$$
$$I_2' = (c_s + 4.187X_2)\theta_2 = (1.1 + 4.187 \times 0.001) \times 40 = 44.17(\text{kJ/kg 绝干料})$$

将上面各值代入式(b)，得

$$L(2602.8H_2 - 59.15) + 22\ 590.16 = 0 \tag{c}$$

联立求解式(a)和式(c)，得

$$H_2 = 0.019\ 10\ \text{kg/kg 绝干气} \qquad L = 2396.1\ \text{kg 绝干气/h}$$

新鲜空气消耗量为

$$L_0 = L(1 + H_0) = 2396.1 \times (1 + 0.007) = 2412.9(\text{kg 新鲜空气/h})$$

预热器中耗热量 Q_P 用式(9-28)计算，即

$$Q_P = L(I_1 - I_0) = L(1.01 + 1.88H_0)(t_1 - t_0)$$

$$=2396.1×(1.01+1.88×0.007)×(100−20)$$
$$=1.961×10^5(kJ/h)=54.48(kW)$$

从以上计算结果可以看出,对于相同的水分蒸发量,非绝热干燥过程需要消耗更多的热量和加热介质。

【例 9-6】 常压下拟用温度为 20 ℃、湿度为 0.006 kg/kg 绝干气的新鲜空气干燥聚氯乙烯树脂湿物料。空气在预热器中被加热到 90 ℃送入干燥室,离开时的温度为 45 ℃,湿度为 0.022 kg/kg 绝干气。现要求每小时将 2000 kg 的湿物料由含水量 3%(湿基)干燥至 0.2%(湿基),已知物料进、出口温度分别为 20 ℃、60 ℃,在此温度范围内,绝干物料的比热容为 3.1 kg/(kg·℃)。干燥设备热损失可按预热器中加热量的 5%计算。试求:(1)新鲜空气消耗量 L_0;(2)预热器消耗的热量 Q_P;(3)干燥系统消耗的总热量 Q。

解 (1)新鲜空气消耗量 L_0。

$$X_1=\frac{w_1}{1-w_1}=\frac{0.03}{1-0.03}=0.0309(kg\ 水分/kg\ 绝干料)$$

$$X_2=\frac{w_2}{1-w_2}=\frac{0.002}{1-0.002}=0.002(kg\ 水分/kg\ 绝干料)$$

水分蒸发量

$$G=G_1(1-w_1)=2000×(1-0.03)=1940(kg\ 绝干料/h)$$
$$W=G(X_1-X_2)=1940×(0.0309-0.002)=56.1(kg\ 水分/h)$$

绝干空气消耗量

$$L=\frac{W}{H_2-H_1}=\frac{56.1}{0.022-0.006}=3506.3(kg\ 绝干气/h)$$

新鲜空气消耗量

$$L_0=L(1+H_0)=3506.3×(1+0.006)=3527.3(kg\ 新鲜空气/h)$$

(2)预热器消耗的热量 Q_P。

$$Q_P=L(I_1-I_0)=L(1.01+1.88H_0)(t_1-t_0)=3506.3×(1.01+1.88×0.006)×(90−20)$$
$$=2.507×10^5(kJ/h)=69.64(kW)$$

(3)干燥系统消耗的总热量 Q。

用式(9-32)计算,其中物料的比热容为

$$c_{m2}=c_s+4.187X_2=3.1+4.187×0.002=3.108[kJ/(kg\ 绝干料·℃)]$$

$$Q=1.01L(t_2-t_0)+W(2490+1.88t_2)+Gc_{m2}(\theta_2-\theta_1)+Q_L$$
$$=1.01×3506.3×(45−20)+56.1×(2490+1.88×45)+1940×3.108×(60−20)+5\%×2.507×10^5$$
$$=486\ 684.9(kJ/h)=135.2(kW)$$

9.4　固体物料在干燥过程中的平衡关系和速率关系

以上讨论的主要内容是通过物料衡算与热量衡算找出干燥物料与干燥介质的最初状态与最终状态间的关系,可以确定干燥介质的消耗量、水分的蒸发量以及消耗的热量,这些内容总称为干燥静力学。本节介绍干燥动力学,主要讨论从物料中除去水分的数量与干燥时间之间的关系。

9.4.1　物料的平衡湿含量

1. 平衡水分与自由水分

当物料与一定状态的空气接触后,物料将释放或吸入水分,直到物料表面的水汽分压与空气的水汽分压相等为止,此时物料的含水量称为物料在该空气状态下的平衡含水量,又称平衡湿含量或平衡水分,用 X^* 表示,单位为 kg 水分/kg 绝干料。

只要空气状态恒定,物料的平衡含水量不会因与空气接触时间的延长而改变,物料中的水分与空气中的水分处于动态平衡。平衡含水量是一定干燥条件下不能被除去的那部分水分,是物料在该条件下被干燥的极限。

图 9-10 给出某些固体物料在 25 ℃时的平衡含水量 X^* 与空气相对湿度 φ 的关系,称为平衡曲线。从图中可以看出,相同的空气状态,不同物料的平衡含水量相差很大,如空气 $\varphi=60\%$ 时陶土的 X^* 约为 1 kg 水分/100 kg 绝干料(6 号线上点 A),而烟叶的 X^* 为 23 kg 水分/100 kg 绝干料(7 号线上点 B)。同一种物料,X^* 随空气状态而变,如羊毛,当空气的 $\varphi=20\%$ 时,X^* 约为 7.3 kg 水分/100 kg 绝干料(2 号线上点 C),而当 $\varphi=60\%$ 时,X^* 约为 14.5 kg 水分/100 kg 绝干料(2 号线上点 D)。空气的相对湿度越小,X^* 越低,能够被干燥除去的水分越多。当 $\varphi=0$ 时,各种物料的 X^* 均为零,即湿物料只有与绝干空气相接触才能被干燥成绝干物料。

各种物料的平衡含水量由实验测得。物料的平衡含水量随空气温度升高而略有减小,如棉花与相对湿度为 50%的空气相接触,当空气温度由 37.8 ℃升高到 93.3 ℃时,平衡含水量 X^* 由 0.073 降至 0.057,约减少 25%。但由于缺乏各种温度下平衡含水量的实验数据,因此只要在不太宽的温度变化范围内,一般可忽略温度对物料的平衡含水量的影响。

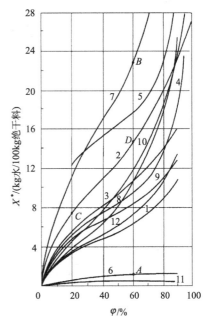

图 9-10　25 ℃时某些物料的平衡含水量 X^* 与空气相对湿度的关系

1. 新闻纸;2. 羊毛、毛织物;3. 硝化纤维;4. 丝;
5. 皮革;6. 陶土;7. 烟叶;8. 肥皂;9. 牛皮胶;
10. 木材;11. 玻璃绒;12. 棉花

物料中超过 X^* 的那部分水分称为自由水分,这种水分可以用干燥方法除去。物料中平衡含水量与自由含水量的划分不仅与物料的性质有关,还与空气的状态有关。

2. 结合水分与非结合水分

物料中的水分还可以根据其被脱除的难易,分为结合水分和非结合水分。物料中吸附的水分和空隙中的水分为非结合水分,它与物料为机械力结合,一般结合力较弱,非结合水分产生的蒸气压等于同温度下纯水的饱和蒸气压,它的气化与纯水表面的气化相同,所以以极易用干燥方法除去。物料中细胞壁内的水分及小毛细管内的水分属于结合水分,它与物料以化学力或物理化学力结合,结合力较强,其蒸气压低于同温度下纯水的饱和蒸气压,所以较难用干燥的方法除去。

在恒定的温度下,物料的结合水分与非结合水分的划分只取决于物料本身的特性,而与空气状态无关。

结合水分与非结合水分都难以用实验方法直接测得,但根据它们的特点,可将平衡曲线外延与 $\varphi=100\%$ 线相交而获得。图 9-11 为恒定温度下由实验测得的某种物料(如丝)的平衡含水量 X^* 与空气相对湿度 φ 的关系曲线。若将该线延长,与 $\varphi=100\%$ 线相交于点 B,相应的 $X_B^*=0.24$ kg水分/kg绝干料,此时物料与空气达到平衡,即物料表面水汽的分压等于空气中的水汽分压,因为空气的相对湿度是 100%,因此也等于同温度下纯水的饱和蒸气压 p_s。对湿

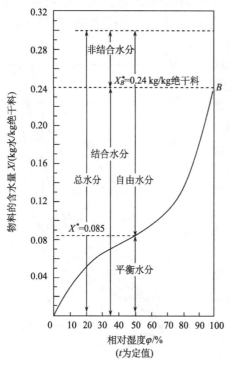

图 9-11　固体物料(丝)中所含水分的性质

物料中的含水量大于 X_B^* 的水分,其产生的水汽分压均为 p_s,因此高于 X_B^* 的水分称为非结合水分。物料中小于 X_B^* 的水分所产生的水汽分压小于 p_s,因此为结合水分。

物料的总水分、平衡水分与自由水分、非结合水分与结合水分之间的关系如图 9-11 所示。

9.4.2　干燥速率

干燥速率不仅取决于干燥条件,而且也与物料中所含水分的性质有关。为了讨论问题方便,先假定干燥条件恒定,即空气的温度、相对湿度、流速以及与物料接触的状况均不变,如用大量的空气干燥少量的湿物料就属于这种情况。

1. 干燥曲线和干燥速率曲线

目前对干燥机理的研究还不够充分,有关干燥速率的数据多取自实验。实验过程简述如下:

在一定干燥条件下干燥某一物料,记录不同时间 τ 时湿物料的质量 G',直到物料质量不再变化为止,此时物料中所含水分即为平衡水分 X^*。然后,取出物料,测量物料与空气接触表面积 S,再将物料放入烘箱干到恒量为止,此即绝对干料质量 G_c'。根据以上数据计算出每一时刻物料的干基含水量为

$$X = \frac{G' - G_c'}{G_c'} \tag{9-33}$$

式中,G' 为某一时刻湿物料的质量,kg;G_c' 为绝对干物料的质量,kg。

将湿物料每一时刻的干基含水量 X 与干燥时间 τ 标绘在坐标纸上,即得到干燥曲线,如图 9-12 所示。由图 9-12 可以直接读出,在一定干燥条件下,将某物料干燥至某一干基含水量所需的时间。

干燥速率为单位时间内在单位干燥面积上气化的水分量 W',如用微分式表示为

$$U = \frac{\mathrm{d}W'}{S\mathrm{d}\tau} \tag{9-34}$$

式中,U 为干燥速率,又称干燥通量,$kg/(m^2 \cdot s)$;S 为干燥面积,m^2;W' 为一批操作中气化的水分量,kg;τ 为干燥时间,s。

而 $\mathrm{d}W' = -G_c'\mathrm{d}X$,因此式(9-34)可写为

$$U = \frac{\mathrm{d}W'}{S\mathrm{d}\tau} = -\frac{G_c'\mathrm{d}X}{S\mathrm{d}\tau} \tag{9-35}$$

式(9-35)中的负号表示物料含水量随着干燥时间的增加而减少。

由图 9-12 的干燥曲线,测出不同 X 下的斜率 $\mathrm{d}X/\mathrm{d}\tau$,然后乘以常数 G_c'/S 后取负号即为干燥速率 U。按照上述方法,测得一系列的 X 和 U,标绘成曲线,即为干燥速率曲线,如图 9-13 所示。

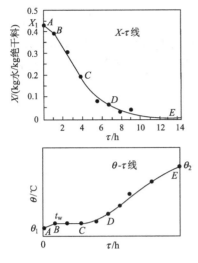

图 9-12　恒定干燥条件下某物料的干燥曲线

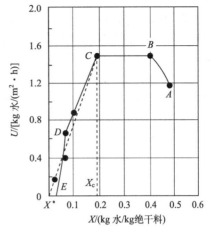

图 9-13　恒定干燥条件下干燥速率曲线

由图 9-13 可见,干燥过程可分为以下 3 个阶段:

(1) 曲线 AB 段,预热阶段,是湿物料不稳定加热阶段,一般该过程的时间很短,在分析干燥过程中常可忽略。

(2) 曲线 BC 段,物料含水量从 X' 到 X_c 的范围内,物料的干燥速率保持恒定,其值不随物料含水量而变,称为恒定干燥阶段。

(3) 曲线 CE 段,物料的含水量低于 X_c,直至达到平衡水分 X^* 为止。在此阶段内,干燥速率随物料含水量的减少而降低,称为降速干燥阶段。线段 CE 在点 D 有转折,这是由物料性质决定的,有的平滑,有的有转折。

图 9-13 中点 C 为恒速干燥与降速干燥阶段的分界点,称为临界点。该点的干燥速率仍为恒速阶段的干燥速率,与该点对应的物料含水量 X_c 称为临界含水量。

只要湿物料中含有非结合水分,一般总存在恒速与降速两个不同的阶段。在恒速和降速阶段内,物料的干燥机理和影响因素各不相同,下面分别予以讨论。

2. 恒速干燥阶段

在此阶段,整个物料表面都有充分的非结合水分,物料表面水的蒸气压与同温度下水的蒸气压相同,所以在恒定干燥条件下,物料表面与空气间的传热和传质过程与测定湿球温度的情况类似。此时物料内部水分从物料内部迁移至表面的速率大于表面水分气化的速率,物料表面保持完全润湿,干燥速率的大小取决于物料表面水分的气化速率,因此恒速干燥阶段为表面气化控制阶段。空气传给物料的热量等于水分气化所需要的热量,物料表面的温度始终保持为空气的湿球温度(忽略辐射热)。该阶段干燥速率的大小主要取决于空气的性质,而与湿物料性质关系很小。

3. 降速干燥阶段

当物料含水量降至临界含水量 X_c 以后,由图 9-13 可知,干燥速率随含水量的减少而降低。降速的原因主要有以下两个部分。

1) 第一降速阶段——实际气化表面减小

随着干燥过程的进行,物料内部水分迁移到表面的速率小于表面水分的气化速率,此时物料表面不能再维持全部润湿,而出现部分干燥区域,即湿基气化表面减少,因此以物料全部外表面积为计算基准的干燥速率下降。此为降速干燥阶段的第一部分,称为不饱和表面干燥,如图 9-13 中 CD 段所示。

2) 第二降速阶段——气化面内移

当物料全部表面水分完全气化,都成为干区后,水分的气化面逐渐向物料内部移动,直至物料的含水量降至平衡含水量 X^* 时,干燥停止,如图 9-13 中点 E 所示。此阶段固体内部的传热和传质途径加长,阻力增大,造成干燥速率下降,此为降速干燥阶段的第二部分,即为图 9-13 中的 DE 段。在此过程中,空气传给湿物料的热量大于水分气化所需要的热量,所以物料表面的温度升高。

降速阶段干燥速率主要取决于水分在物料内部的迁移速率,所以降速阶段又称为内部迁移控制阶段。这时外界空气条件不是影响干燥速率的主要因素,主要因素是物料的结构、形状和大小等。

综上所述,当物料中含水量大于临界含水量 X_c 时,属表面气化控制阶段,即等速阶段;而当物料含水量小于临界含水量 X_c 时,属内部扩散控制阶段,即降速阶段。而当达到平衡含水量 X^* 时,则干燥速率为零。实际上,在工业生产中,物料不会被干燥到平衡含水量,而是在临界含水量和平衡含水量之间,这要根据产品要求和经济核算决定。

9.4.3　恒定干燥条件下干燥时间的计算

在恒定干燥条件下,物料从最初含水量 X_1 干燥至最终含水量 X_2 所需时间 τ 可根据该条件下测定的干燥速率曲线(图 9-13)和式(9-35)求得。

1. 恒速干燥阶段

设恒定干燥阶段的干燥速率为 U_0,根据式(9-35)有

$$U_0 = -\frac{G_c' \mathrm{d}X}{S \mathrm{d}\tau}$$

将上式分离变量后积分

$$\int_0^{\tau_1} \mathrm{d}\tau = -\frac{G_c'}{SU_0} \int_{X_1}^{X_c} \mathrm{d}X$$

得

$$\tau_1 = \frac{G_c'}{SU_0}(X_1 - X_c) \tag{9-36}$$

式中,τ_1 为恒速阶段干燥时间,s;X_1 为物料的初始含水量,kg 水/kg 绝干料。

2. 降速干燥阶段

降速干燥阶段含水量 X_c 下降到 X_2 所需的时间 τ_2 可由式(9-35)积分求得,即

$$\tau_2 = \int_0^{\tau_2} \mathrm{d}\tau = -\frac{G_c'}{S} \int_{X_c}^{X_2} \frac{\mathrm{d}X}{U} = \frac{G_c'}{S} \int_{X_2}^{X_c} \frac{\mathrm{d}X}{U} \tag{9-37}$$

式中,τ_2 为降速阶段干燥时间,s;X_2 为降速阶段结束时物料的含水量,kg 水/kg 绝干料;U 为降速阶段的瞬时干燥速率,kg 水/(m² · s)。

式(9-37)中积分项的计算方法有:

(1) 图解积分法。当 U 与 X 不呈直线关系时,式(9-37)可根据干燥速率曲线的形状用图解积分法求解 τ_2;以 X 为横坐标,$1/U$ 为纵坐标,在图中标绘 $1/U$ 与对应的 X,由纵线 $X=X_c$ 与 $X=X_2$、横坐标轴及曲线所包围的面积为积分项的值,如图 9-14 所示。

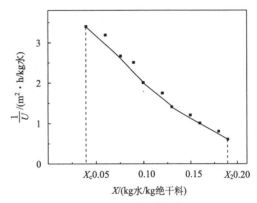

图 9-14 图解积分法求干燥时间

(2) 解析计算法。用图解积分法求取降速阶段的干燥时间虽然比较准确,但必须具备干燥速率曲线。当缺乏物料在降速阶段的干燥数据时,可用近似计算处理,这种近似计算法的依据是假定在降速阶段中干燥速率与物料含水量 X 呈线性关系,即用临界点 C 与平衡水分点 E 所连接的直线 CE(图 9-13 中虚线)代替降速阶段的干燥速率曲线,此时降速阶段的干燥速率与物料中自由水分含量成正比,即

$$U = -\frac{G'_c}{S}\frac{dX}{d\tau} = K_X(X - X^*) \tag{9-38}$$

式中,K_X 为比例系数,$kg/(m^2 \cdot h)$,即虚线 CE 的斜率

$$K_X = \frac{U_0}{X_c - X^*}$$

将式(9-38)积分,得

$$\tau_2 = \frac{G_c}{K_X S}\ln\frac{X_c - X^*}{X_2 - X^*} \tag{9-39}$$

因此,物料干燥所需时间,即物料在干燥器内停留时间为

$$\tau = \tau_1 + \tau_2 \tag{9-40}$$

对于间歇操作的干燥器,还应考虑装卸物料所需时间 τ',则每批物料干燥周期为

$$\tau = \tau_1 + \tau_2 + \tau' \tag{9-41}$$

【例 9-7】 在某间歇干燥器中常压干燥砂糖晶体物料,该物料的干燥速率曲线如图 9-13 所示。若将该物料由含水量 $X_1 = 0.4$ kg 水/kg 绝干料干燥到 $X_2 = 0.06$ kg 水/kg 绝干料,且 $\dfrac{G'_c}{S} = 21.5$ kg/m^2,装卸时间 $\tau' = 1$ h,试确定每批物料的干燥周期。假定降速阶段可近似视为线性变化。

解 由图 9-13 中查到该物料的临界含水量 $X_c = 0.20$ kg 水/kg 绝干料,平衡含水量 $X^* = 0.05$ kg 水/kg 绝干料,由于 $X_2 < X_c$,因此干燥过程应包括恒速和降速两个阶段,各段所需的干燥时间分别计算。

(1) 恒速阶段 τ_1。

由 $X_1 = 0.4$ 至 $X_c = 0.2$,由图 9-13 中查得 $U_0 = 1.5$ kg/(m$^2 \cdot$ h),则

$$\tau_1 = \frac{G'_c}{S U_0}(X_1 - X_c) = \frac{21.5}{1.5} \times (0.4 - 0.2) = 2.87 \text{ (h)}$$

(2) 降速阶段 τ_2。

由 $X_c = 0.20$ 至 $X_2 = 0.06$,$X^* = 0.05$,代入式(9-39),求得

$$K_X = \frac{U_0}{X_c - X^*} = \frac{1.5}{0.20 - 0.05} = 10 \left[\text{kg/(m}^2 \cdot \text{h)}\right]$$

$$\tau_2 = \frac{G'_c}{K_X S}\ln\frac{X_c - X^*}{X_2 - X^*} = \frac{21.5}{10}\ln\frac{0.20 - 0.05}{0.06 - 0.05} = 5.82 \text{ (h)}$$

（3）每批物料的干燥周期 τ。

$$\tau = \tau_1 + \tau_2 + \tau' = 2.87 + 5.82 + 1 = 9.69 \text{(h)}$$

9.5　干　燥　器

干燥器在化工、食品、造纸等许多行业都有广泛的应用，由于被干燥物料的形状（如块状、粉状、溶液和浆状等）和性质（如耐热性、含水量、分散性、黏性、防爆性及湿度等）多种多样，并且对干燥后的产品要求（如含水量、形状、强度及黏度等）千差万别，因此，所采用的干燥方法和干燥器的形式也是多种多样的。通常，对干燥器的主要要求如下：

（1）保证干燥产品的质量要求。除了保证干燥产品含水量的要求外，还应保证外观形状的要求以及在干燥过程中不会变质。

（2）生产能力高，经济性好。干燥速率快、时间短，可提高生产能力或减少设备尺寸；提高干燥器的热效率、降低能耗，是提高经济性的主要途径，同时还应考虑干燥器的辅助设备的规格和成本。

（3）操作控制方便，劳动条件好。

干燥器可有多种不同的分类方式，表 9-1 列出较常见的按加热方式分类干燥器。本节简单介绍几种常用的干燥器。

表 9-1　常用干燥器的分类

类　型	干燥器
对流干燥器	厢式干燥器，气流干燥器，沸腾干燥器，转筒干燥器，喷雾干燥器
传导干燥器	滚筒干燥器，真空盘架式干燥器，冷冻干燥器
辐射干燥器	红外线干燥器
介电加热干燥器	微波干燥器

1. 厢式干燥器

厢式干燥器又称盘式干燥器，是常压间歇操作的最古老的干燥设备之一。小型的称为烘箱，大型的称为烘房。按气流的通过方式，又可分为并流式和穿流式。若被干燥的物料是热敏性的物料，或高温下易燃、易爆的危险性物料，或物料中的湿分在大气压下难以气化，厢式干燥器还可以在真空下操作，称为厢式真空干燥器。图 9-15 是穿流式干燥器的基本结构，物料铺在多孔的浅盘（或网）上，气流垂直穿过物料层，两层物料之间有倾斜的挡板，从一层物料中吹出的湿空气被挡住而不致再吹入另一层。空气通过小孔的速度为 0.3～1.2 m/s。穿流式干燥器适用于通气性好的颗粒状物料，其干燥速率通常为并流时的 8～10 倍。干燥器内的浅盘可放在能够移动的小车上，以方便物料的装卸，减轻劳动强度。若需干燥大量物料，可将厢式干燥器连续操作，如在干燥器内铺设铁轨，让载有物料的小车连续通过，或通过输送物料等，使得物料连续进出干燥器。

厢式干燥器的优点是结构简单，设备投资少，适应性强。缺点是劳动强度大，装卸物料热损失大，产品质量不易均匀。厢式干燥器一般应用于少量、多品种物料的干燥，尤其适合作为

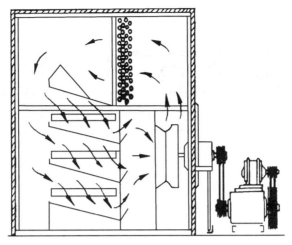

图 9-15 穿流式(厢式)干燥器

实验室的干燥装置。

将采用小车的厢式干燥器发展为连续的或半连续的操作,便成为洞道式干燥器,如图 9-16所示。器身做成狭长的洞道,内铺设铁轨,一系列小车载着盛于浅盘中或悬挂在架上的物料通过洞道,使其与空气接触而进行干燥。小车可以连续或间歇地进出洞道。

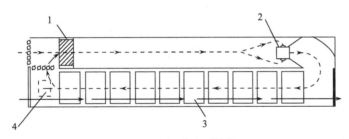

图 9-16 洞道式干燥器
1. 加热器;2. 风扇;3. 装料车;4. 排气口

2. 带式干燥器

带式干燥器的传送带多为网状,气流与物料成错流,带子在前面移动过程中,物料不断与热空气接触而被干燥,如图 9-17 所示。传送带可以是多层的,带宽为 1~3 m,长度为 4~50 m,干燥时间为 5~120 min。通常在物料的运动方向上分成许多区段,每个区段都可装设风机和加热器。在不同区段内,气流方向及气体的温度、湿度和速度都可不同。例如,在湿料区段,采用的气体速度可大于干燥产品区段的气体速度。

由于被干燥物料的性质不同,传送带可用帆布、橡胶、涂胶布或金属丝网制成。物料在带式干燥器内翻动较少,故可保持物料的形状,也可同时连续干燥多种固体物料,但要求带上的堆积厚度、装载密度均匀一致,否则通风不均匀,使产品质量下降。这种干燥器的生产能力及热效率均较低,热效率在 40% 以下。带式干燥器适用于干燥颗粒状、块状和纤维状的物料。

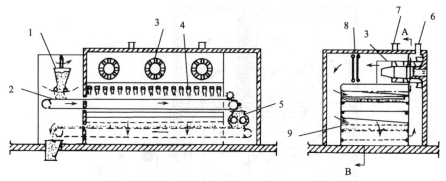

图 9-17　带式干燥器

1. 加料器；2. 传送带；3. 风机；4. 热空气喷嘴；5. 压碎机；6. 空气入口；7. 空气出口；8. 加热器；9. 空气再分配器

3. 转筒干燥器

图 9-18 为用热空气直接加热的逆流操作转筒干燥器，其主体为一略微倾斜的旋转圆筒。湿物料从转筒较高的一端送入，热空气由另一端进入，气、固两相在转筒内逆流接触，随着转筒的旋转，物料在重力作用下流向较低的一端。通常转筒内壁上装有若干块抄板，其作用是将物料抄起后再撒下，以增大干燥表面积，提高干燥速率，同时还促使物料向前运行。当转筒旋转一周时，物料被抄起和撒下一次，物料前进的距离等于其落下的高度乘以转筒的倾斜率。抄板的形式多种多样，如图 9-19 所示。同一回转筒内可采用不同的抄板，如前半部分采用结构较简单的抄板，而后半部分采用结构较复杂的抄板。

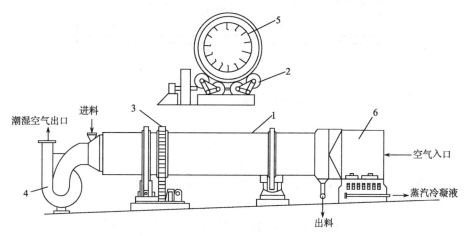

图 9-18　热空气直接加热的逆流操作转筒干燥器

1. 圆筒；2. 支架；3. 驱动齿轮；4. 风机；5. 抄板；6. 蒸汽加热器

图 9-19(a)是最普遍使用的形式，利用抄板将颗粒状物料扬起，然后自由落下；图 9-19(b)的弧形抄板没有死角，适用于容易黏附的物料；图 9-19(c)将回转圆筒的截面分割成几个部分，每回转一次可形成几个下泻物料，物料约占回转筒容积的 15％；图 9-19(d)物料与热风之间的接触比(c)更好；图 9-19(e)适用于易破碎的脆性物料，物料占回转筒的 25％；图 9-19(f)为(c)、(d)结构的进一步改进，适用于大型装置。

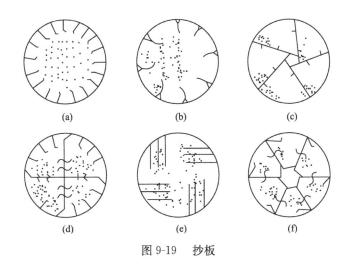

图 9-19 抄板

为了减少粉尘的飞扬,气体在干燥器内的速度不宜过高,粒径为 1 mm 左右的物料,气速为 0.3～1.0 m/s;粒径为 5 mm 左右的物料,气速在 3 m/s 以下,有时为防止转筒中粉尘外流,可采用真空操作。转筒干燥器的体积传热系数较低,为 0.2～0.5 W/(m³·℃)。

转筒干燥器的优点是机械化程度高,生产能力大,流动阻力小,容易控制,产品质量均匀。此外,转筒干燥器对物料的适应性较强,不仅适合处理散粒状物料,当处理黏性膏状物料或含水量较高的物料时,可在其中掺入部分干料以降低黏性,或在转筒外壁安装敲打器械以防止物料黏壁。转筒干燥器的缺点是设备笨重,金属材料耗量多,热效率低,为 30%～50%,结构复杂,占地面积大,传动部件复杂,维修工作量大等。目前国内采用的转筒干燥器直径为 0.6～2.5 m,长度为 2～27 m;处理物料的含水量为 3%～50%,产品含水量可降到 0.5%,甚至低到 0.1%(均为湿基)。物料在转筒内的停留时间为 5～120 min,转筒转速为 1～8 r/min,倾角为 8°以内。

4. 气流干燥器

气流干燥器是一种连续操作的干燥器。湿物料首先被热气流分散成粉粒状,在随热气流并流运动的过程中被干燥。气流干燥器可处理泥状、粉粒状或块状的湿物料,对于泥状物料需装设分散器,对于块状物料需附设粉碎机。气流干燥器有直管型、脉冲管型、倒锥型、套管型、环型和旋风型等。

图 9-20 为装有粉碎机的直管型气流干燥装置流程图。气流干燥器的主体是直立圆管,湿物料由加料斗加入螺旋输送混合器中与一定量的干物料混合,混合后的物料与来自燃烧炉的干燥介质(热空气、烟道气等)一同进入粉碎机粉碎,粉碎后的物料被吹入气流干燥器中。在干燥器中,热气体做高速运动,使物料颗粒分散并随气流一起运动,热气流与物料间进行热、质传递,使物料得以干燥。干燥后的物料随气流进入旋风分离器,经分离后由底部排出,再经分配器,部分作为产品排出,部分送入螺旋输送混合器供循环使用,而废气经风机放空。

气流干燥器具有以下特点:

(1) 处理量大,干燥强度大。由于气流的速度可高达 20～40 m/s,物料又悬浮于气流中,因此气、固间的接触面积大,热质传递速率快。对粒径在 50 μm 以下的颗粒,可得到干燥均匀且含水量很低的产品。

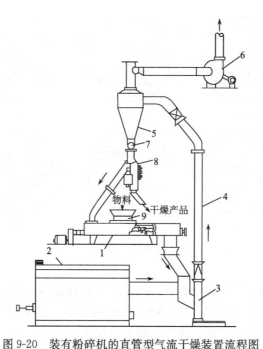

图 9-20　装有粉碎机的直管型气流干燥装置流程图
1. 螺旋输送混合器；2. 燃烧炉；3. 粉碎机；4. 气流干燥器；5. 旋风分离器；
6. 风机；7. 星式加料器；8. 流动固体物料的分配器；9. 加料斗

（2）干燥时间短。物料在干燥器内一般只停留 0.5～2 s，故即使干燥介质温度较高，物料温度也不会升得太高，因此适用于热敏性、易氧化物料的干燥。

（3）设备结构简单，占地面积小。固体物料在气流作用下形成稀相输送床，所以输送方便，操作稳定，成品质量均匀，但对所处理物料的粒度有一定的限制。

（4）产品磨损较大。由于干燥管内气速较高，物料颗粒之间、物料颗粒与器壁之间将发生相互摩擦及碰撞，对物料有破碎作用，因此气流干燥器不适用于易粉碎的物料。

（5）对除尘设备要求严，系统的流体阻力较大。

5. 流化床干燥器

流化床干燥器又称沸腾床干燥器，是利用流态化技术干燥湿物料。流化床干燥器种类很多，大致可分为以下几种：单层流化床干燥器、多层流化床干燥器、卧式多室流化床干燥器、喷动床干燥器、旋转快速干燥器、振动流化床干燥器、离心流化床干燥器和内热式流化床干燥器等。

图 9-21 为单层圆筒流化床干燥器。待干燥的颗粒物料放置在分布板上，热空气由底部送入，通过多孔板使其均匀地分布并与物料接触。气速控制在临界流化速度和带出速度之间，保证颗粒床层处于流化状态，其间气、固两相进行传热和传质，气体温度下降，湿度增大，物料含水量减少，从而被干燥。最终在干燥器底部得到干燥产品，热气体则由干燥器顶部排出，经旋风分离器回收小颗粒后放空。当静止物料层的高度为 0.05～0.15 m 时，对于粒径大于 0.5 mm 的物料，适宜的气速可取为 $(0.4～0.8)u_t$（u_t 为颗粒的沉降速度）；对于较小的颗粒，因颗粒床内可能结块，采用上述速度范围稍嫌小，适宜的操作气速需由实验确定。

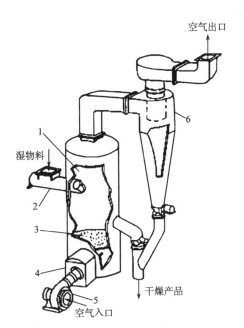

图 9-21 单层圆筒流化床干燥器
1. 流化室；2. 进料器；3. 分布板；4. 加热器；5. 风机；6. 旋风分离器

流化床干燥器的特点是：

（1）流化干燥与气流干燥一样，具有较高的传热和传质速率。因此，在流化床中，颗粒浓度很高，单位体积干燥器的传热面积很大，体积传热系数可高达 2300～7000 W/(m³·℃)。

（2）物料在干燥器中停留时间可自由调节，由出料口控制，因此可以得到含水量很低的产品。当物料干燥过程存在降速阶段时，采用流化床干燥较为有利。另外，当干燥大颗粒物料，不适合采用气流干燥时，若采用流化床干燥器，则可通过调节风速完成干燥操作。

（3）流化床干燥器结构简单，造价低，活动部件少，操作维修方便。与气流干燥器相比，流化床干燥器的流动阻力较小，对物料的磨损较轻，气、固分离较易，热效率较高（对非结合水的干燥为 60%～80%，对结合水的干燥为 30%～50%）。

（4）流化床干燥器仅适用于处理粒径为 0.03～6 mm 的粉粒状物料，粒径过小，气体通过分布板后易产生局部沟流，且颗粒易被夹带；粒径过大，则流化需要较高的气速，从而使流动阻力加大，磨损严重，经济上不合算。用流化床干燥器处理粉粒状物料时，要求物料中含水量为 2%～5%，对颗粒状物料则可低于 10%，否则物料的流动性差。若在湿物料中加入部分干料或在器内加搅拌器，则有利于物料的流化并防止结块。

（5）流化床中存在返混或短路，颗粒的停留时间不均匀，可能有一部分物料未经充分干燥就离开干燥器，而另一部分物料又会因停留时间过长而产生过度干燥现象。因此，单层流化床干燥器仅适用于易干燥、处理量较大而对干燥产品要求不太高的场合。

对于干燥要求较高或所需干燥时间较长的物料，一般可采用多层（或多室）流化床干燥器。

6. 喷雾干燥器

喷雾干燥器是将溶液、浆液或悬浮液通过喷雾器而形成雾状细滴并分散于热气流中，使水分迅速气化而达到干燥的目的。热气流与物料可采用并流、逆流或混合流等接触方式。根据对产品的要求,最终可获得 30～50 μm 微粒的干燥产品。这种干燥方法不需要将原料预先进行机械分离,且干燥时间很短(一般为 5～30 s),因此适用于热敏性物料的干燥,如食品、药品、生物制品、染料、塑料及化肥等。

常用的喷雾干燥器流程如图 9-22 所示。浆液用送料泵压至喷雾器(喷嘴),经喷嘴喷成雾滴而分散在热气流中,雾滴中的水分迅速气化,成为微粒或细粉落到器底,产品由风机吸至旋风分离器中而被回收,废气经风机排出。喷雾干燥器的干燥介质多为热空气,也可用烟道气,对含有机溶剂的物料,可使用氮气等惰性气体。

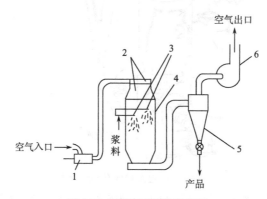

图 9-22 喷雾干燥器流程图

1. 燃烧炉;2. 空气分离器;3. 压力式喷嘴;4. 干燥塔;5. 旋风分离器;6. 风机

喷雾器是喷雾干燥器的关键部分。液体通过喷雾器分散成 10～60 μm 的雾滴,提供了很大的蒸发面积(1 m³ 溶液具有的表面积为 100～600 m²),从而达到快速干燥的目的。对喷雾器的一般要求是:形成的雾粒均匀,结构简单,生产能力大,能量消耗低及操作容易等。

7. 滚筒干燥器

滚筒干燥器是间接加热的连续加热干燥器,适用于溶液、悬浮液、胶体溶液等流动性物料的干燥。图 9-23 为双滚筒干燥器,其结构与两个单滚筒干燥器紧凑而所需的功率相近。两滚

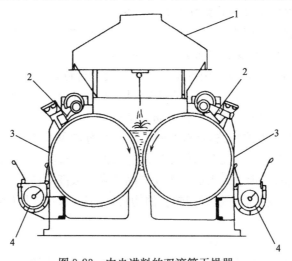

图 9-23 中央进料的双滚筒干燥器

1. 排气罩;2. 刮刀;3. 蒸汽加热滚筒;4. 螺旋输送器

筒的旋转方向相反,部分表面浸在料槽中,从料槽中转出来的那部分表面沾上了厚度为 0.3~5 mm 的薄层料浆。加热蒸汽通入滚筒内部,通过筒壁的热传导,使物料中的水分蒸发,水汽与其夹带的粉尘由滚筒上方的排气罩排出。滚筒转动一周,物料即被干燥,并由滚筒壁上的刮刀刮下,经螺旋输送器送出。对易沉淀的料浆也可将原料向两滚筒间的缝隙处撒下。这一类型的干燥器是以传导方式传热的,湿物料中的水分先被加热到沸点,干料则被加热到接近滚筒表面的温度。

8. 红外线干燥器

红外线干燥器利用红外线辐射源发出波长为 0.72~1000 μm 的红外线投射于被干燥物体上,可使物体温度升高,水分或溶剂气化。通常把波长为 5.6~1000 μm 的红外线称为远红外线。

不同物质的分子吸收红外线的能力不同,如氢、氮、氧等双原子分子不吸收红外线,而水、溶剂、树脂等有机物能很好地吸收红外线。此外,当物体表面被干燥后,红外线要穿透干固体层深入物料内部比较困难。因此,红外线干燥器主要用于薄层物料的干燥,如油漆、油墨的干燥等。

思 考 题

1. 一般来说,固体物料除湿的方法有哪些?
2. 对流干燥过程进行的必要条件和过程特点是什么?
3. 湿空气的 H-I 图上由哪些线群组成?
4. 在湿空气性质中出现了四个温度的概念:干球温度 t、湿球温度 t_w、绝热饱和温度 t_{as}、露点温度 t_d。它们的关系如何?
5. 若湿空气的 t、H 不变,总压减小,湿空气的 H-I 图上各线将如何变化?在相同的条件下,减小压强对干燥是否有利?为什么?
6. 理想干燥过程有哪些假定条件?
7. 结合水分与非结合水分的区别是什么?
8. 什么是临界含水量?它受哪些因素影响?
9. 干燥速率对产品物料的性质会有什么影响?
10. 对一定的水分蒸发量及空气离开干燥系统的湿度,应按夏季空气还是按冬季的大气条件来选择干燥系统的风机?
11. 对各类干燥器共同的性能要求是什么?
12. 为了提高干燥热效率可采取哪些措施?
13. 湿空气在进入干燥器前常需要进行预热,这样做有什么好处?

习 题

9-1 已知湿空气总压为 50.65 kPa,温度为 60 ℃,相对湿度为 40%,试求:(1)湿空气中的水汽分压;(2)湿度;(3)湿空气的密度。[(1) 7.969 kPa;(2) 0.119 kg/kg 绝干气;(3) 0.493 kg/m³ 湿空气]

9-2 总压为 101.33 kPa,湿空气的温度为 65 ℃,相对湿度为 40%。求湿空气的:(1)湿度 H;(2)比热容 c_H;(3)焓 I;(4)水汽分压 p;(5)比体积 v_H。已知 65 ℃时水的饱和蒸气压为 25 kPa。[(1) 0.0691 kg/kg 绝干气;(2) 1.139 kJ/(kg 绝干气 • ℃);(3) 243.5 kJ/kg 绝干气;(4) 10 kPa;(5) 0.971 m³/kg 绝干气]

9-3 将湿空气(t_0=25 ℃,H_0=0.0204 kg/kg 绝干气)经预热后送入常压干燥器。试求:(1)将该空气预热到 80 ℃时所需热量,以 kg/kg 绝干气表示;(2)将它预热到 120 ℃时相应的相对湿度值。[(1) 57.66 kJ/kg;

(2) 1.6%]

9-4　干球温度为 20 ℃、湿度为 0.009 kg/kg 绝干气的湿空气通过预热器温度升高到 50 ℃后再送至常压干燥器中。离开干燥器时空气的相对湿度为80%,若空气在干燥器中经历等焓干燥过程,试求:(1)1 m³ 原湿空气在预热过程中焓的变化;(2)1 m³ 原湿空气在干燥器中获得的水分量。[(1) 36.9 kJ/m³ 湿空气; (2) 0.0107 kg/ m³原湿空气]

9-5　在连续干燥器中用热空气作干燥介质对超细氧化锌晶体物料进行干燥,湿空气的处理量为 1600 kg/h,进、出口干燥器的湿基含水量分别为 0.12、0.02;空气进、出口干燥器的湿度分别为 0.01、0.028;忽略物料损失。求:(1)水分蒸发量 W;(2)单位空气消耗量 l;(3)新鲜空气消耗量 L_0;(4)干燥产品量 G_2。[(1) 163.3 kg/h;(2) 55.6 kg 绝干气/kg 水分;(3) 9170 新鲜空气/h;(4) 1436.7 kg/h]

9-6　在常压干燥器中,将某物料从含水量5%干燥到0.5%(均为湿基)。干燥器生产能力为1.5 kg 绝干料/s。热空气进入干燥器的温度为 127 ℃,湿度为 0.007 kg/kg 绝干气,出干燥器的温度为 82 ℃。物料进、出干燥器时的温度分别为 21 ℃、66 ℃。绝干料比热容为 1.8 kJ/(kg·℃)。若干燥器的热损失可忽略,试求绝干空气消耗量及空气离开干燥器时的湿度。[6.55 kg/s,0.018 kg/kg 绝干气]

9-7　在常压流化床干燥器中将板蓝根颗粒的含水量由 0.18 降至 0.025(干基)。湿物料处理量为 2000 kg/h,已知测得在流化状态下该物料的临界含水量为 0.02,平衡含水量接近于 0,t_0=30 ℃,相对湿度为 40%的湿空气经预热器升温至 100 ℃(对应的湿球温度 t_w=33 ℃)后进入干燥器,废气湿度为 0.027 kg/kg 绝干气,假设空气在干燥器内为等焓过程,30 ℃水的饱和蒸气压为 4.242 kPa。求:(1)绝干空气消耗量 L; (2)预热器的传热量 Q_p;(3)离开干燥器的废气温度 t_2 及物料温度 θ。[(1) 16 020 kg/h;(2) 320.83 kW; (3) t_2=58.6 ℃]

9-8　卷烟生产过程中,叶丝干燥的工艺任务是去除部分水分,然后满足后续加工要求。在恒定干燥条件下,若已知物料由含水量36%干燥至8%需要5 h,降速干燥速率曲线可视为直线,试求恒速干燥和降速干燥阶段的干燥时间。已知临界含水量为14%,平衡含水量为2%,以上含水量均为湿基。[3.97 h,1.03 h]

9-9　某湿物料在定态空气条件下干燥,恒速阶段干燥速率为 1.1 kg/(m²·h),干燥面积为 55 m²,每批物料处理量为 500 kg 绝干料。计算物料由 0.15 kg/kg 绝干料干燥到 0.005 kg/kg 绝干料所需时间。已知物料的临界含水量为 0.125 kg/kg 绝干料,平衡含水量为 0。假设在降速阶段中干燥速率与物料的自由含水量 $(X-X^*)$ 成正比。[3.54 h]

9-10　在恒定干燥条件下干燥某湿物料,已知测定条件下物料临界含水量 X_c=0.15,平衡含水量 X^*= 0.01,已测得物料由含水量 X_1=0.2 干燥到 X_2=0.05 所需时间为 2.0 h,假设降速阶段干燥速率与含水量呈线性关系,试求物料含水量由 0.3 降至 0.03(均为干基含水量)所需时间。[3.748 h]

符 号 说 明

英文字母

c_g——绝干空气的比热容,kJ/(kg 绝干气·℃)

c_H——湿空气的比热容,kJ/(kg 绝干气·℃)

c_m——湿物料的比热容,kJ/(kg 绝干料·℃)

c_v——水汽的比热容,kJ/(kg 绝干气·℃)

C——组分数

G——单位时间内绝干物料的流量,kg 绝干料/s

G_1、G_2——湿物料进入、离开干燥器时的流量,kg 湿物料/s

G'——某一时刻湿物料的质量,kg

G_c'——绝干物料的质量,kg

H——空气的湿度,kg/kg 绝干气

H_0、H_1、H_2——新鲜空气进入预热器、离开预热器 (进入干燥器)、离开干燥器时的湿度,kg/kg 绝干气

H_s——湿空气的饱和湿度,kg/kg 绝干气

$H_{s,td}$——湿空气在露点下的饱和湿度,kg/kg 绝干气

$H_{s,tw}$——湿球温度 t_w 下空气的饱和湿度,kg/kg 绝干气

I——湿空气的焓,kJ/kg 绝干气

I_g——绝干空气的焓,kJ/kg 绝干气

I_v——水汽的焓,kJ/kg 水汽

I_0、I_1、I_2——新鲜空气进入预热器、离开预热器(进

入干燥器)、离开干燥器时的焓,kJ/kg
绝干气

I_1'、I_2'——湿物料进入、离开干燥器时的焓,kJ/kg
绝干料

k_H——以湿度差为推动力的传质系数,kg/(m² · s ·
ΔH)

l——蒸发1 kg水分消耗的绝干空气数量,kg 绝干
气/kg 水分

L——绝干空气的消耗量,kg 绝干气/s

M_g——干空气的摩尔质量,kg/kmol

M_v——水汽的摩尔质量,kg/kmol

n_g——湿空气中干空气的物质的量,kmol

n_v——湿空气中水汽的物质的量,kmol

N——水汽由气膜向空气主流的扩散速率,kg/s

Q——空气向纱布的传热速率,W

Q_D——单位时间内向干燥器补充的热量,kW

Q_L——干燥器的热损失速率,kW

Q_p——单位时间内预热器消耗的热量,kW

Q_v——蒸发水分所需要的热量,kW

p_s——在空气温度下,纯水的饱和蒸气压,Pa
或 kPa

$p_{s,td}$——露点下水的饱和蒸气压,Pa

p_v——水汽的分压,Pa 或 kPa

P——总压,Pa 或 kPa

r_0——水的气化潜热,kJ/kg 水汽

r_{as}——温度 t_{as} 时水的气化热,kJ/kg

r_{tw}——湿球温度 t_w 下水的气化热,kJ/kg

S——干燥面积,m²

t——温度,℃

t_0、t_1、t_2——新鲜空气进入预热器、离开预热器(进
入干燥器)、离开干燥器时的温度,℃

t_{as}——绝热饱和温度,℃

t_d——露点温度,℃

t_w——湿球温度,℃

U——干燥速率,又称干燥通量,kg/(m² · s)

v_H——湿空气的比体积,m³ 湿空气/kg 绝干气

w——湿物料的湿基含水量,kg 水分/kg 湿料

W——单位时间内水分的蒸发量,kg/s

W'——一批操作中气化的水分量,kg

X——湿物料的干基含水量,kg 水分/kg 绝干料

X_1、X_2——湿物料进、出干燥器时的干基含水量,
kg 水分/kg 绝干料

希腊字母

α——空气向湿纱布的对流传热系数,W/(m² · ℃)

θ_1、θ_2——湿物料进入、离开干燥器时的温度,℃

τ——干燥时间,s

τ_1——恒速阶段干燥时间,s

τ_2——降速阶段干燥时间,s

φ——组分中的相数

φ——相对湿度

第10章　液液萃取

学习内容提要

通过本章的学习,掌握液液相平衡在三角形相图上的表示方法,能用三角形相图分析液液萃取过程中相及组成的变化,熟练应用三角形相图对萃取过程进行分析、计算;了解多级萃取过程的流程与计算方法;了解萃取设备的类型及结构特点。

重点掌握萃取过程的基本原理、液液相平衡的表示方法及其应用;单级萃取的计算方法;微分接触逆流萃取的计算;萃取剂的选择及用量对操作过程的影响。

10.1 概　　述

对于液体混合物分离,通过加入与其不完全混溶的液体溶剂(萃取剂),形成液液两相,利用液体混合物中各组分在两液相中溶解度的差异实现分离的过程称为液液萃取,也称溶剂萃取,简称萃取。萃取属于传质过程,是分离均相液体混合物的单元操作之一。

10.1.1 液液萃取原理和基本过程

萃取操作的基本流程如图 10-1 所示。液体混合物由溶质 A 和溶剂 B 组成,欲将 A 与 B 分离,需要加入一种溶剂 S,所选用的溶剂 S 称为萃取剂,要求它对 A 的溶解能力大,而对原溶剂(或称为稀释剂)B 的溶解度则越小越好。当萃取剂与被分离的液体混合物在混合器中充分混合,溶质 A 通过两液相间的界面由原料液向萃取剂中扩散。萃取操作完成后两相因密度差而分层,其中含萃取剂 S 多的一相称为萃取相,以 E 表示;含稀释剂 B 多的一相称为萃余相,以 R 表示。萃取相中溶有较多溶质,萃余相中则含有未被萃取完的部分溶质。若溶剂 S 和 B 为部分互溶,则萃取相中还含有 B,萃余相中也含有 S。

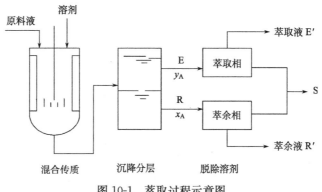

图 10-1　萃取过程示意图

上述萃取操作并未将原料液完全分离,而是将一个难分离的液体混合物变成两个易分离的混合物萃取相 E 和萃余相 R。为了得到产品 A 并回收溶剂以供循环使用,还需对这两相进一步分离,因此在萃取装置后通常还设有萃取相和萃余相的回收分离装置。通常采用蒸馏或蒸发的方法,有时也可采用结晶或其他化学方法。脱除溶剂后的萃取相和萃余相分别称为萃取液和萃余液,以 E′ 和 R′ 表示。

由上可知,萃取操作过程包括:

(1) 混合。原料液与萃取剂充分混合接触,完成溶质传质过程。

(2) 沉降分离。萃取相和萃余相的分离过程。

(3) 脱除溶剂。从萃取相和萃余相中回收萃取剂的过程。

如果萃取过程中萃取剂与混合液中的有关组分不发生化学反应,则称为物理萃取,反之则称为化学萃取。在实际生产中所处理的液体混合物可能含有多个组分,且被分离组分在溶剂中都有一定的溶解度,被分离的混合液对溶剂也有一定的溶解能力,这样,两相中将同时出现多个组分,后续的分离回收操作过程较为复杂。本章仅讨论两组分混合物的物理萃取。

10.1.2　萃取在工业生产中的应用

分离液体混合物的工业过程除蒸馏外,还可采用萃取操作。与蒸馏相比,萃取过程具有常温操作、无相变及分离程度高等优点,因而在很多场合具有技术经济上的优势。对于一种混合物,究竟采用何种方法进行分离,不仅取决于技术上的可行性,还要考虑经济上的合理性。一般来说,下列情况下采用萃取方法更为经济合理:

(1) 混合液中溶质 A 的浓度很低。若采用精馏方法需将大量原溶剂气化,能耗较大。此时采用萃取的方法先将 A 富集在萃取相中,然后对萃取相进行蒸馏,可使能耗显著降低。例如,从稀苯酚水溶液中回收苯酚。

(2) 混合液中各组分间的沸点非常接近或能形成恒沸物。采用一般精馏方法进行分离需要相当多的理论板数和很大的回流比,操作费用高,设备过于庞大或需采用特殊精馏方法。

(3) 混合液中被分离的组分是热敏性物质。若直接采用蒸馏,往往需要在高真空之下进行,而应用常温下操作的萃取过程可避免组分受热破坏。因此,萃取操作在生化、药物、香料工业中得到广泛应用。

液液萃取作为分离和提纯物质的重要单元操作之一,在石油化工、生物化工、精细化工和湿法冶金中得到了广泛的应用。随着科学技术的发展,各种新型萃取分离技术,如双溶剂萃取、反向胶团萃取、超临界萃取及液膜分离技术等相继问世,极大地扩展了萃取操作的应用领域。

10.1.3　萃取操作的特点

(1) 液液萃取是通过引入第二相(萃取剂)建立的两相体系,所以萃取剂与原溶剂必须在操作条件下互不相溶或部分相溶,且有一定的密度差,以利于相对流动和分层。

(2) 萃取操作加入的萃取剂应对溶质 A 具有较大的溶解能力,而对另一组分 B 溶解能力足够小。

(3) 萃取操作与吸收一样,没有直接将原混合物分离开,萃取相与萃余相需经脱溶剂后才能得到 A 或 B 组分的富集产品。

(4) 三元或多元物系的相平衡关系比较复杂,有多种方法描述相平衡关系,常用三角形相图表示。

10.2　液液相平衡

萃取过程的传质是在两液相之间进行的,其极限为相际平衡。液液相平衡是萃取过程计算和分析的基本依据,它指明了萃取传质过程的方向和极限。

根据各组分间的互溶性,可将三元混合物系分为以下三种情况:

(1) 溶质 A 可完全溶于 B 及 S,但 B 与 S 不互溶。

(2) 溶质 A 可完全溶于 B 及 S,但 B 与 S 部分互溶。

(3) 溶质 A 可完全溶于 B,但 A 与 S 及 B 与 S 部分互溶。

习惯上,将(1)、(2)两种情况的物系称为第 I 类物系,而将(3)情况的物系称为第 II 类物系。工业上常见的第 I 类物系有丙酮(A)-水(B)-甲基异丁基酮(S)、乙酸(A)-水(B)-苯(S)及丙酮(A)-氯仿(B)-水(S)等;第 II 类物系有甲基环己烷(A)-正庚烷(B)-苯胺(S)、苯乙烯(A)-乙苯(B)-二甘醇(S)等。在萃取操作中,第 I 类物系较为常见,本章主要讨论第 I 类物系的相平衡关系。

三元体系的相平衡关系可用相图表示,也可用数学方程描述。

对于组分 B、S 部分互溶体,相的组成、相平衡关系和萃取过程计算采用三角相图表示最为简明方便。

10.2.1　三角形相图

三角形相图通常有等边三角形和直角三角形两种,由于等边三角形相图需要专门的坐标纸才能标绘,而等腰直角三角形坐标图在普通直角坐标纸上即可标绘,读取数据较为方便,故本章将采用等腰直角三角形相图。一般来说,在萃取过程中很少遇到恒摩尔流的简化情况,故在三角形相图中混合物的组成常用质量分数表示。

1. 三元组成的表示法

三元混合液的组成在等腰直角三角形坐标图上表示如图 10-2 所示。在图 10-2 中,三角形的三个顶点分别代表一个纯物质,图中顶点 A 表示纯溶质,顶点 B 表示纯原溶剂,顶点 S 表示纯萃取剂。

三角形三条边上的任一点代表一个二元混合物系,第三组分的组成为零。例如,图 10-2 中 AB 边上的点 E,表示由 A、B 组成的二元混合物系,从图上 BA 轴坐标可读出:A 的质量分数为 40%,则 B 的质量分数为 $(100\% - 40\%) = 60\%$,S 的质量分数为零。

三角形内任一点代表一个三元混合物系。例如,图 10-2 中点 M 即表示由 A、B、S 三个组分组成的混合物系。其组成可按下法确定:过点 M 分别作三条边的平行线 ED、KF、HG,则线段 $\overline{BE}$(或 $\overline{SD}$)、线段 $\overline{AH}$(或 $\overline{SG}$)、线段 $\overline{AK}$(或 $\overline{BF}$)分别代表组分 A、B、S 的组成。由图读得,点 M 所表示的三元混合物系组成为

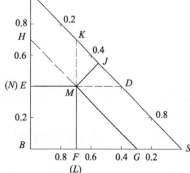

图 10-2　组成在三角形相图上的表示方法

$$x_A = \overline{BE} = 0.40 \qquad x_B = \overline{AH} = 0.30 \qquad x_S = \overline{AK} = 0.30$$

三个组分的质量分数之和等于 1，即

$$x_A + x_B + x_S = 0.40 + 0.30 + 0.30 = 1.00$$

此外，也可过点 M 分别作三条边的垂线 MN、ML、MJ，则垂直线段 $\overline{ML}$、$\overline{MJ}$、$\overline{MN}$ 分别代表 A、B、S 的组成。两种方法的结果是一致的。在实际应用时，一般首先由两直角边的标度读得 A、S 的组成 x_A、x_S，再根据归一化条件求得 x_B。

有时，也采用不等腰直角三角形表示相组成，当萃取操作中溶质 A 的含量较低或当各线太密集时，可将某直角边适当放大，能使所标绘的曲线展开。

2. 杠杆规则

当组成不同的两种溶液混合后，混合后溶液的组成和总量可利用杠杆规则确定。

如图 10-3 所示，将组成为 x_{RA}、x_{RB}、x_{RS}（点 R）的溶液 R kg 与组成为 x_{EA}、x_{EB}、x_{ES}（点 E）的溶液 E kg 相混合，混合后得到一个质量为 M kg、组成为 x_{MA}、x_{MB}、x_{MS}（点 M）的新混合物系 M，其在三角形相图中分别以 R、E 和 M 点表示。新混合物系 M 与两溶液 R、E 之间的关系可用杠杆规则描述：

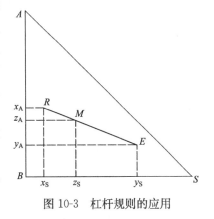

图 10-3　杠杆规则的应用

（1）在相图上代表新混合物系组成的点 M 一定在代表两混合溶液组成的点 R 和点 E 的连线上。

（2）混合液 E 与混合液 R 质量之比等于线段与之比，即

$$\frac{E}{R} = \frac{\overline{MR}}{\overline{ME}} \qquad\qquad (10\text{-}1)$$

式中，E、R 分别为混合液 E、混合液 R 的质量，kg 或 kg/s；$\overline{MR}$、$\overline{ME}$ 分别为线段 $\overline{MR}$、$\overline{ME}$ 的长度，m。

式（10-1）为物料衡算的简捷图示方法，称为杠杆规则。根据杠杆规则，可较方便地在图上定出点 M 的位置，从而确定混合液的组成。

由式（10-1）并结合三角形相似定理可得

$$\frac{E}{M} = \frac{x_{RA} - z_{MA}}{x_{RA} - y_{EA}} = \frac{\overline{MR}}{\overline{RE}} \qquad\qquad (10\text{-}2)$$

及

$$\frac{R}{M} = \frac{z_{MA} - y_{EA}}{x_{RA} - y_{EA}} = \frac{\overline{ME}}{\overline{RE}} \qquad\qquad (10\text{-}2a)$$

式中，M 为新混合液 M 的质量，kg 或 kg/s；$\overline{RE}$ 为线段 $\overline{RE}$ 的长度，m。

式（10-2）和式（10-2a）所表示的意义是：当将质量为 M 的混合液分为 E 和 R 两部分，已知点 M 和点 R（或 E），可由杠杆规则在直线 MR（或 ME）上定出点 E（或 R）的位置和组成。通常将点 M 称为点 R 与点 E 的和点，点 R（或 E）称为 M 与 E（或 R）的差点。

10.2.2　相平衡关系在三角形相图上的表示方法

在液液相平衡过程中,物料衡算只解决了物料混合或分离过程中物料量和总组成的关系,而系统所处的状态及对应的平衡组成仍需要通过相图来解决。工业萃取过程常涉及的是部分互溶体系,该体系是指溶质 A 能完全溶于原溶剂 B 和萃取剂 S,而 B 和 S 是部分互溶的。在一定的温度和压强下(主要是温度),系统可能会呈现单一液相,也可能是两个液相,具体的状态及平衡组成可在三角相图中表示。

1. 联结线及溶解度曲线

设溶质 A 完全溶解于稀释剂 B 和萃取剂 S 中,但 B 与 S 为部分互溶。在一定温度下,将组分 B 与 S 以任意数量相混合,得到两个互不相溶的液层,其组成如图 10-4 中 BS 边上的 P 和 Q。若 B、S 二元混合物的总组成以线段 PQ 上的点 M 表示,它由两个相平衡的液相 P 和 Q

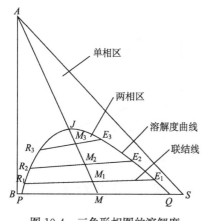

图 10-4　三角形相图的溶解度
曲线和联结线

组成,其质量比根据杠杆规则可得:$P/Q = \overline{MQ}/\overline{MP}$。若向总组成为 M 的二元混合液中逐渐加入溶质 A,所形成三元混合物的组成点将沿 MA 移动,如图 10-4 中的 M_1,M_2,M_3,$\cdots$。而其中组分 B 与 S 的质量比维持不变。每次改变 A 的加入量,经过充分接触和静置后,便得到平衡共存的两个液层,其组成如图 10-4 中的 E_1 和 R_1,E_2 和 R_2,E_3 和 R_3,$\cdots$所示,此两个液层称为共轭相,直线 $R_1M_1E_1$,$R_2M_2E_2$,$R_3M_3E_3$,$\cdots$称为联结线或共轭线。

溶质 A 的加入会增加 B 和 S 的互溶度,当加入 A 的量恰好使混合液由两个液相变为均一相时,组成点对应图 10-4 中 J 点,此点称为混溶点或分层点。继续加入 A,混合液将一直保持均相状态。

将联结线两端依次连成一平滑的曲线,如图 10-4 中的 $PR_1R_2R_3$ $JE_3E_2E_1Q$ 曲线即为在实验温度下的溶解度曲线。

溶解度曲线将三角形相图分为两个区域,曲线以内为两相区,曲线以外则为单相区。处于两相区内状态点的溶液静置后达到平衡会形成两相,两相组成的坐标点应处于溶解度曲线上。显然,两相区内的任意一点都可以作出一条联结线,联结线的两端为互成平衡的共轭相,因此两相区是萃取操作能够进行的范围。

若组分 B 与组分 S 完全不互溶,则点 P 和点 Q 分别与三角形顶点 B 和顶点 S 重合。

联结线和溶解度曲线一般是由实验测得的平衡数据作出的。在一定温度下,任何物系的联结线都有无穷多条,各联结线有一定的斜率,并且互不平行,同一物系的联结线倾斜方向一般是一致的,但也有极少数物系的联结线倾斜方向不一致,如图 10-5 所示的吡啶(A)-水(B)-氯苯(S)系统。

2. 辅助曲线和临界混熔点

一定温度下,当通过一些平衡实验数据得到溶解度曲线和联结线以后,可以利用构造辅助曲线的方法求出该物系的任一对平衡组成,其做法如图 10-6 所示。

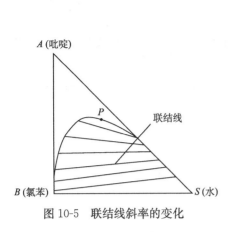

图 10-5　联结线斜率的变化

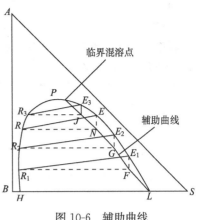

图 10-6　辅助曲线

通过实验测得联结线 R_1E_1, R_2E_2, R_3E_3, …, 过联结线的一端点 R_1, R_2, R_3, …分别作底边 BS 的平行线, 再过相应联结线的另一端点 E_1, E_2, E_3, …分别作直角边 AB 的平行线, 各线分别相交于点 F、G、J、…, 连接这些交点所得的平滑曲线即为辅助曲线。如图 10-6 所示, 已知辅助线和另一相的组成 R, 自点 R 作 BS 边的平行线与辅助线交于点 N, 再由点 N 作 AB 边的平行线与溶解度曲线交于点 E, 则点 E 即为 R 的共轭相组成点。

辅助曲线与溶解度曲线交于点 P, 通过点 P 的联结线为无穷短, 即该点所代表的平衡液相无共轭相, 相当于这一系统的临界状态, 故点 P 称为该系统的临界混溶点或褶点。因为联结线都有一定的斜率, 且各线不一定平行, 所以临界混溶点一般不在溶解度曲线的最高点。处于临界混溶点的三元混合物系不能用萃取的方法分离。

一定温度下的三元物系溶解度曲线、联结线、辅助曲线及临界混溶点的数据均由实验测得, 有的也可从手册或有关专著中查得。

3. 分配系数与分配曲线

1) 分配系数

一定温度下, 溶质组分 A 在互相平衡的 E 相与 R 相中的组成之比称为该组分的分配系数, 以 k_A 表示, 即

$$k_A = \frac{\text{组分 A 在 E 相中的组成}}{\text{组分 A 在 R 相中的组成}} = \frac{y_A}{x_A} \tag{10-3}$$

同样, 对于组分 B, 相应的分配系数为

$$k_B = \frac{y_B}{x_B} \tag{10-3a}$$

式中, y_A、y_B 分别为组分 A、B 在萃取相 E 中的质量分数; x_A、x_B 分别为组分 A、B 在萃余相 R 中的质量分数。

分配系数表达了溶质在两个平衡液相中的分配关系, 是选择萃取剂的一个重要参数。显然, k_A 值越大, 表明溶质在萃取相中更易富集, 采用该溶剂为萃取剂的萃取分离效果越好。k_A 值与物系的种类、操作温度和溶质组成有关, 当组成变化范围不大时, 恒温条件下的 k_A 值可近似认为是常数。

在相图上，k_A 值与联结线的斜率有关。当 $k_A>1$，则 $y_A>x_A$，联结线的斜率大于 0；$k_A=1$，$y_A=x_A$，联结线与底边 BS 平行，其斜率为零；$k_A<1$，$y_A<x_A$，联结线的斜率小于 0。显然，联结线的斜率越大，k_A 也越大，斜率或 k_A 的绝对值越大越有利于萃取分离。对于组分 B 的分配系数，也可写出类似定义式。

在操作条件下，若萃取剂 S 与原溶剂 B 互不相溶，且以质量比表示相组成的分配系数为常数，则式(10-3)可改写为

$$Y=KX \tag{10-4}$$

2) 分配曲线

在萃取操作中，也可像蒸馏和吸收一样，将溶质 A 在互成平衡的两相中的质量分数 x_A、y_A 标绘在直角坐标图中，如图 10-7 所示。图中右侧的 x-y 直角坐标图中，以萃余相 R 中溶质 A 的质量分数 x_A 为横坐标，以萃取相 E 中的质量分数 y_A 为纵坐标，以对角线 $y=x$ 为辅助线，则三角相图中每一对共轭相的组成在 x-y 图中可用一个点表示，将各联结线两端点所表示组分 A 的组成在 x-y 图上定出相对应点 $G,H,I,J,\cdots,P'$，连成平滑曲线即为分配曲线。

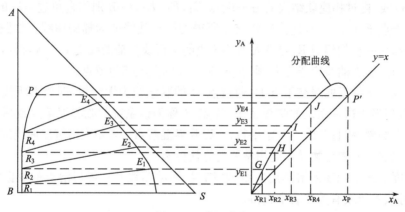

图 10-7　分配曲线

由于联结线的斜率各不相同，因此分配曲线总是弯曲的，若联结线的斜率大于零，分配曲线在对角线的上方，若斜率小于零，分配曲线在对角线的下方。斜率的绝对值越大，曲线距离对角线越远，曲线与对角线的交点即为临界混溶点。

利用分配曲线，可以确定互成平衡两液相中相应的共轭相的组成。

10.2.3　萃取剂的选择

萃取操作中，选择合适的萃取剂是保证萃取操作能够正常进行且经济合理的关键。萃取剂的选择主要考虑以下因素。

1. 萃取剂的选择性及选择性系数

萃取剂的选择性是指萃取剂 S 对原料液中两个组分 A、B 溶解能力的差异。若萃取剂 S 对溶质 A 的溶解能力比对原溶剂 B 的溶解能力大得多，即萃取相中 y_A 比 y_B 大得多，萃余相中 x_B 比 x_A 大得多，则这种萃取剂的选择性就好。

萃取剂的选择性可用选择性系数 β 表示，即

$$\beta = \frac{y_A/y_B}{x_A/x_B} = \frac{\text{A 在萃取相中的质量分数}}{\text{B 在萃取相中的质量分数}} \Bigg/ \frac{\text{A 在萃余相中的质量分数}}{\text{B 在萃余相中的质量分数}}$$

$$= \frac{y_A}{y_B} \Bigg/ \frac{x_A}{x_B} = \frac{y_A}{y_B} \Bigg/ \frac{y_B}{x_B} \tag{10-5}$$

将式(10-3)、式(10-3a)代入式(10-5)得

$$\beta = \frac{k_A}{k_B} \tag{10-6}$$

式(10-6)表明选择性系数 β 为组分 A、B 的分配系数之比,其意义类似于蒸馏中的相对挥发度,可以作为萃取分离难易程度的判据。若 $\beta > 1$,说明组分 A 在萃取相中的相对含量比萃余相中的高,即组分 A、B 得到了一定程度的分离,显然 k_A 值越大,k_B 值越小,选择性系数 β 就越大,组分 A、B 的分离越容易,相应的萃取剂的选择性也就越高;若 $\beta = 1$,则 $y_A/y_B = x_A/x_B$,可知萃取相和萃余相在脱除溶剂 S 后将具有相同的组成,并且等于原料液的组成,说明 A、B 两组分不能用此萃取剂分离,即所选择的萃取剂是不适宜的。萃取剂的选择性越高,则完成一定的分离任务所需的萃取剂用量越少,相应地可降低回收溶剂操作的能耗。

由式(10-5)可知,当组分 B、S 完全不互溶时,$y_B = 0$,则选择性系数 β 为无穷大,这是选择性最理想的情况。当组分 B、S 完全互溶时,原料液与溶剂互溶后形成均相溶液,不存在相际传质条件,萃取剂无选择性。

2. 原溶剂 B 与萃取剂 S 的互溶度

若原溶剂 B 与萃取剂 S 完全不互溶,则 S 对组分 A 有无穷大的选择性。但通常 B 和 S 有一定的互溶度,组分 B 与 S 的互溶度影响溶解度曲线的形状和分层区面积。互溶度越小,则在相图(图 10-8)上的两相区面积越大,萃取可操作的范围也越大。这样,过点 S 作溶解度曲线的切线,与 AB 边的交点即为萃取相脱除溶剂后的萃取液可能得到的最高溶质组成 y_{max}。由图 10-8 可知 y_{max} 与组分 B、S 的互溶度密切相关,互溶度越小,可能得到的 y_{max} 越高,也就越有利于萃取分离。因此,选择与组分 B 具有较小互溶度的萃取剂能够有较大的选择性,有利于溶质 A 的分离。

互溶度除了受物系的影响之外,温度也是一个很重要的影响因素。一般情况下,温度降低,互溶度减小,对萃取过程有利,但是温度降低会使液体的黏度增加,不利于输送及溶质在两相间的传递。

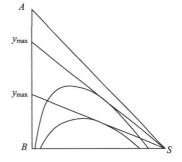

图 10-8　互溶度对萃取操作的影响

3. 萃取剂回收的难易与经济性

萃取后的 E 相和 R 相通常以蒸馏的方法进行分离。萃取剂回收的难易直接影响萃取操作的费用,这在很大程度上决定萃取过程的经济性。因此,要求萃取剂 S 与原料液中组分的相对挥发度大,不形成恒沸物,并且最好是组成低的组分为易挥发组分。若被萃取的溶质不挥发或挥发度很低,则要求 S 的气化热小,以节省能耗。

4. 萃取剂的其他物性

凡与两液相混合和分层有关的因素均会影响萃取效果及生产能力。

萃取剂与被分离混合物应有较大的密度差,这样有利于两相在萃取器中快速分层,以提高设备生产能力。

两液相间的界面张力对萃取操作具有重要影响。萃取物系的界面张力较大时,分散相液滴易聚结,有利于分层,但界面张力过大,则液体分散程度较差,难以使两相充分混合,两相之间相界面小,反而使萃取效果降低。界面张力过小,虽然液体容易分散,但由于分散相的液滴很细,不易合并、聚集,严重时会产生乳化现象,使两相较难分离,因此界面张力要适中。常用物系的界面张力数值可从有关文献查取。

溶剂的黏度对分离效果也有重要影响。溶剂的黏度低,有利于两相的混合与分层,也有利于流动与传质,故当萃取剂的黏度较大时,通常加入其他溶剂以降低其黏度。此外,选择萃取剂时,还应考虑其他因素,如萃取剂应具有化学稳定性和热稳定性,对设备的腐蚀性小,无毒,来源充分,价格较低廉,不易燃易爆等。

通常很难找到能同时满足上述所有要求的萃取剂,这就需要根据实际情况加以权衡,合理选择。

【例 10-1】 25 ℃时,乙酸(A)-庚醇-3(B)-水(S)的平衡数据如本题附表所示。(1)在直角三角形相图上作出溶解度曲线及辅助曲线,在直角坐标图上作出分配曲线;(2)求临界混溶点的组成;(3)由 60 kg 乙酸、60 kg庚醇-3 和 120 kg 水组成的混合液,经过充分混合而静置分层后,确定平衡的两液相的组成和量;(4)求上述两液层中溶质 A 的分配系数及溶剂的选择性系数。

例 10-1 附表 1　溶解度曲线数据(质量分数)

乙酸(A)	庚醇-3(B)	水(S)	乙酸(A)	庚醇-3(B)	水(S)
0	96.4	3.6	48.5	12.8	38.7
3.5	93.0	3.8	47.5	7.5	45.0
8.6	87.2	4.2	42.7	3.7	53.6
19.3	74.3	6.4	36.7	1.9	61.4
24.4	67.5	7.9	29.3	1.1	69.6
30.7	58.6	10.7	24.5	0.9	74.6
41.4	39.3	19.3	19.6	0.7	79.7
45.8	26.7	27.5	14.9	0.6	84.5
46.5	24.1	29.4	7.1	0.5	92.4
47.5	20.4	32.1	0.0	0.4	99.6

例 10-1 附表 2　联结线数据(乙酸的质量分数)

水　层	庚醇-3 层	水　层	庚醇-3 层
6.4	5.3	38.2	26.8
13.7	10.6	42.1	30.5
19.8	14.8	44.1	32.6
26.7	19.2	48.1	37.9
33.6	23.7	47.6	44.9

解　(1) 溶解度曲线、辅助曲线及分配曲线。

根据题中给定的溶解度数据,在等腰直角三角形坐标图中作出溶解度曲线,如本题附图 1 所示。由各对应的联结线数据作平行于两直角边的直线,各组对应线的交点为 H、J、$\cdots$、L,联结这些点便得辅助曲线 $HJ\cdots L$。

同时,由各对应的联结线数据在 $x\text{-}y$ 直角坐标上作出分配曲线 OP,如本题附图 2 所示。

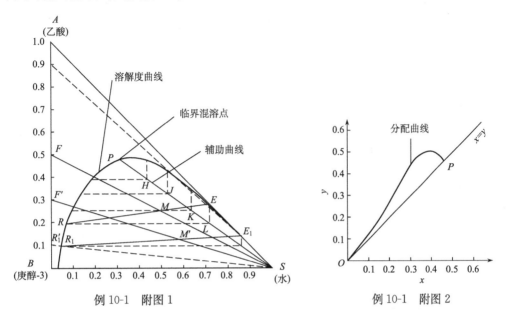

例 10-1　附图 1　　　　　　　　　　　　　例 10-1　附图 2

(2) 由附图 1 读出临界混溶点 P 的组成为 $x_A=48\%$,$x_B=20\%$,$x_S=32\%$。

(3) 根据 $F=120\ \text{kg}$ 及 $S=120\ \text{kg}$、$x_F=0.5$ 确定点 M 的位置,如附图 1 中所示。过点 M 通过试差作联结线 ER,由附图 1 读得两平衡液层的组成为

水层(E 相)　　　　　　　　　　$y_A=0.27, y_B=0.01$

庚醇-3 层(R 相)　　　　　　　　$x_A=0.19, x_B=0.74$

两相的量由杠杆规则确定,即

$$E=M\times\frac{\overline{MR}}{\overline{ER}}=240\times\frac{42}{65}=155.1\,(\text{kg})$$

$$R=M-E=240-155.1=84.9\,(\text{kg})$$

(4) 分配系数

$$k_A=\frac{y_A}{x_A}=\frac{0.27}{0.19}=1.42$$

选择性系数

$$\beta=k_A\frac{x_B}{y_B}=1.42\times\frac{0.74}{0.01}=105.1$$

10.3　液液萃取过程的计算

萃取操作可在逐级接触式和连续接触(微分接触)式设备中进行。根据加料方式不同,逐级接触式萃取过程又有单级、多级错流和多级逆流之分。本节重点讨论逐级接触式萃取过程的计算,对连续接触式萃取过程的计算仅作简要介绍。

　　在逐级接触式萃取过程计算中,无论是单级操作还是多级操作,均假设各级为理论级,即离开每一级的萃取相与萃余相互成平衡。萃取操作的理论级概念类似于蒸馏中的理论板,是设备操作效率的比较基准。实际需要的级数等于理论级数除以级效率。级效率一般需结合具体的设备形式通过实验测定。

　　萃取过程计算的主要目的是解决设计和操作过程中,分离任务、萃取剂的用量和所需要的理论级数之间的相互关系问题。计算的依据还是物料衡算、相平衡关系和过程速率方程,基本方法是结合图形逐级计算。

10.3.1　单级萃取的计算

　　单级萃取是指原料液 F 和萃取剂 S 只进行一次混合、传质,具有一个理论级的萃取分离过程。它是液液萃取中最简单、最基本的操作方式,其流程如图 10-1 所示,操作可以连续,也可以间歇。为简便计,萃取相组成 y 及萃余相组成 x 均以溶质 A 的含量表示,其下标只标注相应流股的符号。

　　原料液 F 和萃取剂 S 加入混合器中进行充分搅拌混合,混合后的溶液 M 进入澄清器中沉降分离,理论上得到互为平衡的萃余相 R 和萃取相 E。R 相和 E 相分别从澄清器的下部和上部输出送往溶剂回收装置。对此过程的计算,一般已知原料液的处理量 F 和组成 x_F,溶剂的组成 y_S,体系的相平衡数据和分离要求(萃余相的组成 x_R),要计算所需的萃取剂 S 用量、萃取相 E 及萃余相 R 的量和萃取相的组成。

　　1. 原溶剂 B 与萃取剂 S 部分互溶的物系

　　对于组分 B、S 部分互溶物系,其平衡关系一般难以用简单的函数关系式表达,故目前主要采用基于杠杆规则的图解法,其计算步骤如下:

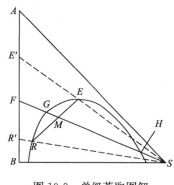

图 10-9　单级萃取图解

　　(1) 由已知的相平衡数据在等腰直角三角形坐标图中作出溶解度曲线及辅助曲线,如图 10-9 所示。

　　(2) 在三角形坐标的 AB 边上根据原料液的组成确定点 F,根据萃取剂的组成确定点 S(若为纯溶剂,则为顶点 S),连接点 F、S,则原料液与萃取剂混合后的组成点 M 必在 FS 连线上。

　　(3) 由已知的萃余相组成 x_R,在图上确定点 R,并由辅助曲线求出点 E,作 R 与 E 的联结线,显然 RE 线与 FS 线的交点即为混合液的组成点 M。

　　(4) 利用杠杆规则和物料衡算可求出各流股的量,即

$$S = F \times \frac{\overline{MF}}{\overline{MS}} \tag{10-7}$$

$$M = F + S = R + E \tag{10-8}$$

$$E = M \times \frac{\overline{MR}}{\overline{RE}} \tag{10-9}$$

$$R = M - E \tag{10-10}$$

萃取相 E 的组成可由三角形相图中点 E 的坐标值直接读出。

当从 E 相和 R 相中脱除全部溶剂,则得到萃取液 E′和萃余液 R′,此时 E′和 R′中只含组分 A 和 B,它们的组成点必落在 AB 边上。延长 SE 线和 SR 线,分别与 AB 边相交于点 E′和 R′,即为该两液体组成的坐标位置。E′和 R′的数量关系由杠杆规则确定,即

$$E' = F \times \frac{\overline{R'F}}{\overline{R'E'}} \tag{10-11}$$

$$R' = F - E' \tag{10-12}$$

若从三角形相图上读取了各流股的组成,也可通过溶质 A 的物料衡算计算各流股的量。对式(10-8)作溶质 A 的衡算,得

$$Fx_F + Sy_S = Rx_R + Ey_E = Mx_M \tag{10-13}$$

联立式(10-8)和式(10-13)求解得

$$S = \frac{F(x_F - x_M)}{x_M - y_S} \tag{10-14}$$

$$E = \frac{M(x_M - x_R)}{y_E - x_R} \tag{10-15}$$

同理,可得萃取液 E′和和萃余液 R′的量,即

$$E' = \frac{F(x_F - x'_R)}{y'_E - x'_R} \tag{10-16}$$

在萃取操作中,萃取剂 S 量的大小决定混合点 M 在 FS 线段上的位置。当萃取剂加入量过大或过小时,有可能使点 M 落在两相区以外而达不到分离的效果。对于一定的原料液量,存在两个极限萃取剂用量,适宜的萃取剂 S 用量应使点 M 的位置处于两相区内。在这两极限萃取剂用量下,原料液与萃取剂的混合物系组成点恰好落在溶解度曲线上,如图 10-9 中的点 G 和点 H 所示,由于此时混合液只有一个相,故不能起分离作用。此二极限萃取剂用量分别表示能进行萃取分离的最小溶剂用量 S_{min}(与点 G 对应的萃取剂用量)和最大溶剂用量 S_{max}(与点 H 对应的萃取剂用量)。其值可由杠杆规则计算,即

$$S_{min} = F \times \frac{\overline{FG}}{\overline{GS}} \tag{10-17}$$

$$S_{max} = F \times \frac{\overline{FH}}{\overline{HS}} \tag{10-18}$$

显然,适宜的萃取剂用量应介于二者之间,即

$$S_{min} < S < S_{max}$$

2. 原溶剂 B 与萃取剂 S 不互溶的物系

若萃取剂与原溶剂互不相溶,则在整个传质过程中仅有溶质 A 的相际传递,原溶剂 B 和萃取剂 S 的量保持不变,故用质量比表示两相中组成较为方便。此时,溶质 A 的质量衡算式为

$$B(X_F - X_1) = S(Y_1 - Y_S) \tag{10-19}$$

式中,S、B 分别为萃取剂的用量、原料液中原溶剂的量,kg 或 kg/h;X_F、Y_S 分别为原料液、萃取剂中组分 A 的质量比组成,kg A/kg B、kg A/kg S;X_1、Y_1 分别为萃余相、萃取相中组分 A

的质量比组成,kg A/kg B、kg A/kg S。

式(10-19)可改写为

$$\frac{Y_1-Y_S}{X_1-X_F}=-\frac{B}{S}\qquad(10\text{-}19a)$$

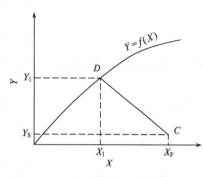

图 10-10　不互溶体系的单级萃取图解

式(10-19a)为单级萃取的操作线方程。该操作线的斜率为 $-B/S$,两端点的坐标分别为 $C(X_F、Y_S)$ 及 $D(X_1、Y_1)$,如图 10-10 所示。点 D 是操作线与分配曲线的交点,表明通过一个理论萃取级后萃余相和萃取相中 A 的组成分别为 X_1、Y_1。

若在操作范围内,以质量比表示相组成的分配系数 K 为常数,则 Y_1 与 X_1 符合以下关系:

$$Y_1=KX_1\qquad(10\text{-}20)$$

可用解析法求解。

【例 10-2】　A、B、S 三组元物系两液相在一定温度下的平衡数据如本题附表所示,表中的数据均为质量分数。欲将 500 kg 含溶质 A 30%(质量分数,下同)的原料液萃取分离。(1)求最小与最大萃取剂 S 的用量;(2)经单级萃取后欲得 30% A 的 E 相组成,求得到相应的 R 相的组成,并计算操作条件下的选择性系数;(3)E 相和 R 相可视为完全不互溶,且操作条件下以质量比表示相组成的分配系数 $K=1.8$,要求原料液中的溶质 A 有 90% 进入萃取相,则每千克原溶剂 B 需要消耗多少千克的萃取剂 S?

例 10-2 附表　A、B、S 三元物系平衡数据(质量分数)

		1	2	3	4	5	6	7	8	9	10	11	12	13	14
E 相	y_A	0	7.9	15	21	26.2	30	33.8	36.5	39	42.5	44.5	45	43	41.6
	y_S	90	82	74.2	67.5	61.1	55.8	50.3	45.7	41.4	33.9	27.5	21.7	16.5	15
R 相	x_A	0	2.5	5	7.5	10	12.5	15.0	17.5	20	25	30	35	40	41.6
	x_S	5	5.05	5.1	5.2	5.4	5.6	5.9	6.2	6.6	7.5	8.9	10.5	13.5	15

解　由题给数据,可作出溶解度曲线 IPJ,由相应的联结线数据,可作出辅助曲线 JCP,如本题附图所示。

(1) 最小与最大萃取剂 S 的用量。

向原料液中加入 S 后,混合液的组成点必位于直线 FS 上,当 S 的加入量恰好使混合液的组成落在溶解度曲线的点 H 时,混合液即开始分层。分层时溶剂的用量可由杠杆规则求得,即

$$\frac{S_{min}}{F}=\frac{\overline{HF}}{\overline{HS}}=\frac{4}{45}=0.0889$$

所以

$$S_{min}=0.0889F=0.0889\times500=44.45(\text{kg})$$

当 S 的加入量恰好使混合液的组成落于溶解度曲线的点 G 时,混合液变为单相,此时溶剂的用量可由杠杆规则求得,即

$$\frac{S_{max}}{F}=\frac{\overline{GF}}{\overline{GS}}=\frac{43}{6}=7.167$$

所以

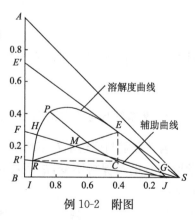

例 10-2　附图

$$S_{max} = 7.167F = 7.167 \times 500 = 3583.5(kg)$$

（2）萃余相 R 相的组成，并计算操作条件下的选择性系数。

根据萃余相中 $y_A = 30\%$，在图中定出点 E，由辅助曲线定出与之平衡的点 R，RE 线与 FS 线的交点 M 即为混合液的总组成点。由图读得

$$x_A = 23.0\% \qquad x_B = 55.0\% \qquad x_S = 22.0\%$$

E 相 $\qquad\qquad y_A = 30.0\% \qquad y_B = 12.0\%$

R 相 $\qquad\qquad x_A = 10.0\% \qquad x_B = 87.0\%$

$$k_A = y_A / x_A = 30.0 / 10.0 = 3.0$$

及

$$k_B = y_B / x_B = 12.0 / 87.0 = 0.1379$$

选择性系数，即

$$\beta = k_A / k_B = 3.0 / 0.1379 = 21.75$$

（3）萃取液和萃余液的组成和量。

连接点 S、E 并延长 SE 与 AB 边交于点 E'，由图读得 $y_E' = 73\%$；连接点 S、R 并延长 SR 与 AB 边交于点 R'，由图读得 $x_R' = 11\%$。

$$E' = F \frac{x_F - x_R'}{y_E' - x_R'} = 500 \times \frac{30 - 11}{73 - 11} = 153(kg/h)$$

$$R' = F - E' = 500 - 153 = 347(kg/h)$$

（4）每千克原溶剂 B 需要消耗的萃取剂量。

由于组分 B、S 可视为完全不互溶，则

$$X_F = \frac{x_F}{1 - x_F} = \frac{0.3}{1 - 0.3} = 0.429$$

$$X_1 = (1 - \varphi_A) X_F = (1 - 0.9) \times 0.429 = 0.0429 \qquad Y_S = 0$$

$$Y_1 = K X_1 = 1.8 \times 0.0429 = 0.077$$

$$S/B = (X_F - X_1)/Y_1 = (0.429 - 0.0429)/0.077 = 5.0$$

即每千克原溶剂 B 需消耗 5.0 kg 萃取剂 S。

10.3.2 多级错流萃取流程与计算

一般单级萃取的分离效果有限，所得的萃余相中往往还含有较多的溶质。为了进一步降低萃余相中溶质的含量，可采用将多个单级萃取器按萃余相流向串联的方法，称为多级错流萃取过程，其流程如图 10-11 所示。在多级错流萃取操作中，原料液首先进入第一级，被萃取后，每级所得的萃余相作为原料液依次进入下一级，同时每一级均加入新鲜萃取剂。如此萃余相经多次萃取，只要级数足够多，最终可得到溶质含量很低的萃余相。

多级错流萃取的总溶剂用量为各级溶剂用量之和，原则上各级溶剂用量可以相等也可以不相等。但可以证明，当各级溶剂用量相等时，达到一定的分离程度所需的总溶剂用量最少，故在多级错流萃取操作中，一般各级溶剂用量均相等。

这一流程既可用于间歇操作，也可用于连续操作。现将其计算问题分为两种情况讨论。

1. 原溶剂 B 与萃取剂 S 不互溶的物系

在这一情况下，设每一级的溶剂用量相等，由于原溶剂 B 与萃取剂 S 不互溶，则各级萃取

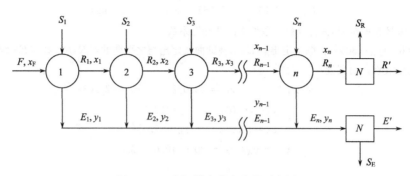

图 10-11 多级错流萃取流程示意图

相中溶剂 S 的量和萃余相中原溶剂 B 的量均可视为常数,故以质量比表示各相中的组成较为方便。根据相平衡关系,多级错流接触萃取的理论级数可用图解法(在直角坐标图上)或解析法求。

1) 图解法求理论级数

采取与单级萃取相同的处理方法依次对每级作溶质 A 的物料衡算,则可得到各级的操作线方程。

对第一级作溶质 A 的衡算,得

$$BX_F + SY_S = BX_1 + SY_1$$

整理上式得

$$Y_1 = -\frac{B}{S}X_1 + \left(\frac{B}{S}X_F + Y_S\right) \tag{10-21}$$

式中,S 为加入每一级萃取剂的用量,kg/h;B 为原料液中组分 B 的量,kg/h;X_F 为原料液中溶质 A 的质量比组成,kg A/kg B;Y_1 为第一级萃取相中溶质 A 的质量比组成,kg A/kg S;Y_S 为萃取剂中溶质 A 的质量比组成,kg A/kg S;X_1 为第一级萃余相中溶质 A 的质量比组成,kg A/kg B。

同理,对第 2~N 级各作物料衡算,将分别得到

$$Y_2 = -\frac{B}{S}X_2 + \left(\frac{B}{S}X_1 + Y_S\right) \tag{10-21a}$$

$$Y_3 = -\frac{B}{S}X_3 + \left(\frac{B}{S}X_2 + Y_S\right) \tag{10-21b}$$

$$\cdots$$

$$Y_n = -\frac{B}{S}X_n + \left(\frac{B}{S}X_{n-1} + Y_S\right) \tag{10-21c}$$

式(10-21c)表明,离开任一级萃取相组成 Y_n 与萃余相组成 X_n 之间在直角坐标系中为直线关系,称为错流萃取的操作线方程,其斜率为 $-B/S$,且通过点 (X_{n-1}, Y_S)。根据理论级的假设,离开任一萃取级的 Y_n 与 X_n 符合平衡关系,故点 (Y_n, X_n) 必落在分配曲线上。于是可在如图 10-12 所示的 X-Y 直角坐标图上图解理论级,其步骤如下:

(1) 作出分配曲线 OE。

(2) 根据 X_F 及 Y_S 在图 10-12 上确定点 L,过点 L 作斜率为 $-B/S$ 的直线交分配曲线于

点 E_1，点 E_1 的坐标 (X_1,Y_1) 即为离开第一级的萃余相 R_1 与萃取相 E_1 的组成，LE_1 即为第一级的操作线方程。

（3）过点 E_1 作垂线交 $Y=Y_S$ 线于点 $V(X_1,Y_S)$，过点 V 作 LE_1 的平行线与分配曲线交于 E_2，点 E_2 的坐标 (X_2,Y_2) 即为离开第二级的萃余相 R_2 与萃取相 E_2 的组成。

（4）依此类推，直到萃余相的组成 X_n 等于或低于指定值为止。这一级就是多级萃取的最后一级——第 N 级，所需的理论级数为 n。

若各级萃取剂用量不相等，则操作线不再相互平行，同样可仿照第一级的做法，作每一级的操作线与分配曲线相交，即可求得所需的理论级数。

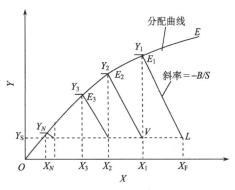

图 10-12　完全不互溶体系多级错流萃取图解理论级数

2）解析法求理论级数

若在操作范围内，以质量比表示的分配系数可视为常数，则平衡关系可用下式表示：

$$Y=KX$$

此时，就可用解析法求解理论级数。

第一级的平衡关系为

$$Y_1=KX_1$$

将上式代入式(10-21)，消去 Y_1 可得

$$X_1=\frac{X_F+\dfrac{S}{B}Y_S}{1+\dfrac{KS}{B}} \tag{10-22}$$

式中，KS/B 为萃取因数，相当于吸收中的脱吸因数，用 A_m 表示。

则式(10-22)变为

$$X_1=\frac{X_F+\dfrac{S}{B}Y_S}{1+A_m} \tag{10-22a}$$

同样，对于第二个理论级，将 $Y_2=KX_2$、式(10-22a)代入式(10-21a)并整理得

$$X_2=\frac{X_F+\dfrac{S}{B}Y_S}{(1+A_m)^2}+\frac{\dfrac{S}{B}Y_S}{1+A_m}$$

依此类推，对第 N 级则有

$$X_n=\frac{X_F+\dfrac{S}{B}Y_S}{(1+A_m)^n}+\frac{\dfrac{S}{B}Y_S}{(1+A_m)^{n-1}}\frac{\dfrac{S}{B}Y_S}{(1+A_m)^{n-2}}+\cdots+\frac{\dfrac{S}{B}Y_S}{1+A_m} \tag{10-23}$$

或

$$X_n=\left(X_F-\frac{Y_S}{K}\right)\left(\frac{1}{1+A_m}\right)^n+\frac{Y_S}{K} \tag{10-23a}$$

整理式(10-23a)并取对数,得

$$n = \frac{1}{\ln(1+A_{\mathrm{m}})} \ln \frac{X_{\mathrm{F}} - Y_{\mathrm{S}}/K}{X_n - Y_{\mathrm{S}}/K} \qquad (10\text{-}24)$$

根据式(10-24)可算出经过 N 个理论级错流萃取操作后的萃余相组成 X_n,同样也可求得使溶液组成由 X_{F} 降至某指定值时所需的理论级数 n。

【例 10-3】 以水作萃取剂,从乙醛质量分数为 25% 的乙醛-甲苯混合液中提取乙醛。已知原料液的处理量为 1600 kg/h。在操作条件下,水和甲苯可视为完全不互溶,以乙醛质量比组成表示的平衡关系为 $Y = 2.2X$。萃取剂中乙醛的质量分数为 1%,其余为水。采用五级错流萃取,每级中加入的萃取剂量都相同,要求最终萃余相中乙醛的含量不大于 1%。试求萃取剂用量及萃取相中乙醛的平均组成。

解 (1) 用解析法求溶剂用量。

$$X_{\mathrm{F}} = 25/75 = 0.3333 \qquad X_n = 1/99 = 0.0101 \qquad Y_{\mathrm{S}} = 1/99 = 0.0101$$

$$B = F(1 - x_{\mathrm{F}}) = 1600 \times (1 - 0.25) = 1200 (\mathrm{kg/h})$$

则

$$\frac{X_{\mathrm{F}} - Y_{\mathrm{S}}/K}{X_n - Y_{\mathrm{S}}/K} = \frac{0.3333 - 0.0101/2.2}{0.0101 - 0.0101/2.2} = 59.67$$

因为理论级数为

$$n = \frac{1}{\ln(1+A_{\mathrm{m}})} \ln \frac{X_{\mathrm{F}} - Y_{\mathrm{S}}/K}{X_n - Y_{\mathrm{S}}/K}$$

将 $n = 5$ 及 $\dfrac{X_{\mathrm{F}} - Y_{\mathrm{S}}/K}{X_n - Y_{\mathrm{S}}/K} = 59.67$ 代入上式,解得

$$A_{\mathrm{m}} = KS/B = 1.265$$

则每级纯溶剂用量

$$S = 690 \ \mathrm{kg/h}$$

纯溶剂总用量

$$\sum S = 5S = 3450 (\mathrm{kg/h})$$

则萃取剂总用量

$$\sum S' = \frac{5S}{1 - 0.01} = 3484 (\mathrm{kg/h})$$

(2) 设萃取相的平均组成为 $\overline{Y}$,则

$$BX_{\mathrm{F}} + \sum SY_{\mathrm{S}} = BX_n + \sum S\overline{Y}$$

所以

$$\overline{Y} = B(X_{\mathrm{F}} - X_n)/\sum S + Y_{\mathrm{S}}$$

解得

$$\overline{Y} = 0.1225 \qquad \overline{y} = \overline{Y}/(1 + \overline{Y}) = 0.1091$$

2. 原溶剂 B 与萃取剂 S 部分互溶的物系

对于组分 B、S 部分互溶物系,通常根据三角形相图用图解法进行计算,其计算步骤如下:

(1) 由已知的相平衡数据在等腰直角三角形坐标图中作出溶解度曲线及辅助曲线,并在此相图上标出点 F,如图 10-13 所示。

(2) 连接点 F、S 得 FS 线,根据 F、S 的量采用杠杆规则在 FS 线上确定混合液的总组成

点 M_1。利用辅助曲线用试差法作过点 M_1 的联结线 E_1R_1,相应的萃取相 E_1 和萃余相 R_1 即为第一个理论级分离的结果。

（3）以 R_1 为原料液,加入新鲜萃取剂 S(此处假定 $S_1 = S_2 = \cdots = S_n = S$ 且 $y_S = 0$),二者混合总组成点为 M_2,由 R_1 与 S_2 的量按与(2)类似的方法可以得到 E_2 和 R_2,此即第二个理论级分离的结果。

（4）依此类推,直至某级萃余相中溶质的组成等于或小于要求的组成为止,重复作出的联结线数目即为所需的理论级数。显然,多级错流萃取的图解法是单级萃取图解的多次重复。

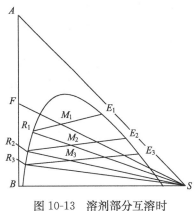

图 10-13　溶剂部分互溶时多级错流萃取图解

10.3.3　多级逆流萃取的计算

多级错流萃取过程中每级都加入新鲜的萃取剂,使过程推动力增加,有利于萃取传质,可得到高的溶质回收率,但是新鲜萃取剂的用量很大,使其回收和输送的能耗增加,故这一流程在应用中会有一定限制。而在生产中,为了用较少的萃取剂达到较高的萃取率,常采用多级逆流萃取操作,其流程如图 10-14 所示。

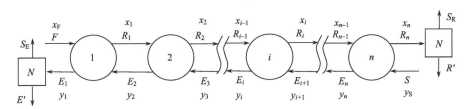

图 10-14　多级逆流萃取流程示意图

原料液从第 1 级进入系统,依次经过各级萃取,其溶质组成逐级下降,最后从第 N 级流出;萃取剂则从第 N 级进入系统,沿相反方向依次通过各级与萃余相逆向接触,进行多次萃取,其溶质组成逐级提高,最后从第 1 级流出。最终的萃取相与萃余相可在溶剂回收装置中脱除萃取剂得到萃取液与萃余液,脱除的萃取剂返回系统循环使用。

多级逆流接触萃取一般为连续操作,因其分离效率高,萃取剂用量少,在工业中得到广泛应用。循环使用的萃取剂中,因含有少量的组分 A 和 B,故最终萃取相中溶质的最高含量受原料液组成及平衡关系限制,而最终萃余相中可达到的溶质最低含量受萃取剂中溶质含量及平衡关系制约。

在多级逆流萃取的计算中,一般已知原料液的处理量 F 和组成 x_F,萃取剂用量 S 和组成 y_S,规定分离要求(萃余相的组成 x_R),要求计算所需的理论级数。根据组分 B 与 S 互溶度的不同采用相应的计算方法。

1. 原溶剂 B 与萃取剂 S 不互溶的物系

当组分 B 与 S 完全不互溶时,多级逆流萃取操作过程与脱吸过程十分相似,其理论级数的求算可采用图解法或解析法。

1) 图解法求理论级数

若操作条件下的分配曲线不是直线，一般采用 X-Y 直角坐标图解法求取理论级数。具体求解步骤如下：

（1）由平衡数据在 X-Y 直角坐标图上绘出分配曲线，如图 10-15（b）所示。

（2）同时作出多级逆流萃取操作线。

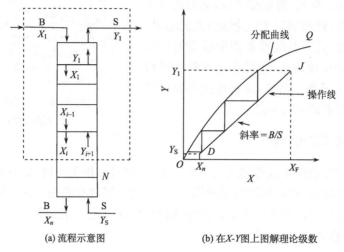

（a）流程示意图　　　　　　（b）在 X-Y 图上图解理论级数

图 10-15　B、S 完全不互溶时的多级逆流萃取

对图 10-15(a)中的第 1 级至第 i 级之间进行溶质的衡算，得

$$BX_F + SY_{i+1} = BX_i + SY_1$$

整理上式得

$$Y_{i+1} = \frac{B}{S}X_i + \left(Y_1 - \frac{B}{S}X_F\right) \tag{10-25}$$

式中，Y_{i+1} 为进入第 i 级萃取相中溶质 A 的质量比组成，kg A/kg S；Y_1 为离开第 1 级萃取相中溶质 A 的质量比组成，kg A/kg S；X_i 为离开第 i 级萃余相中溶质 A 的质量比组成，kg A/kg B。

式(10-25)即为多级逆流萃取操作线方程，其在直角坐标图上为一条经过点 $J(X_F, Y_1)$ 和点 $D(X_n, Y_S)$ 的直线，斜率为 B/S。将式(10-25)标绘在 X-Y 直角坐标图上，即得操作线 DJ。

（3）从点 J 开始，在分配曲线与操作线之间画梯级，梯级数即为所求的理论级数。

2) 解析法求理论级数

若操作条件下的分配曲线为通过原点的直线，由于操作线也为直线，萃取因数 $A_m = KS/B$ 为常数，可仿照脱吸过程的计算方法，用式(10-26)求算理论级数

$$n = \frac{1}{\ln A_m}\ln\left[\left(1 - \frac{1}{A_m}\right)\frac{X_F - Y_S/K}{X_n - Y_S/K} + \frac{1}{A_m}\right] \tag{10-26}$$

【例 10-4】　在多级逆流萃取装置中，以纯溶剂 S 从含溶质 A 质量分数为 40％的水溶液中提取溶质。已知原料液处理量为 1200 kg/h。要求最终萃余相中溶质的质量分数不高于 3％。萃取剂的用量为最小用量的 1.5 倍。水和溶剂 S 可视为完全不互溶，操作条件下该物系的分配系数 K 取为 1.4。试用解析法求所需的理论级数。

解　由题意知

$$B = F(1 - x_F) = 1200 \times (1 - 0.4) = 720(\text{kg/h})$$

$$X_F = 40/60 = 0.667 \qquad X_n = 3/97 = 0.0309$$

因为 $Y_S = 0$，故操作线的一端经过点 $(X_n = 0)$，作 $X = X_F$ 与分配曲线相交，交点的纵坐标为

$$Y = KX_F = 1.4 \times 0.667 = 0.9338$$

过该交点与点 $(X_n, 0)$ 直线的斜率为

$$\delta_{\max} = \frac{0.9338}{0.667 - 0.0309} = 1.468$$

$$S_{\min} = B/\delta_{\max} = 720/1.468 = 490(\text{kg/h})$$

$$S = 1.5 S_{\min} = 1.5 \times 490 = 735(\text{kg/h})$$

又由公式

$$n = \frac{1}{\ln A_m} \ln \left[\left(1 - \frac{1}{A_m} \right) \frac{X_F - Y_S/K}{X_n - Y_S/K} + \frac{1}{A_m} \right]$$

其中

$$A_m = KS/B = 1.4 \times 720/735 = 1.371$$

$$\frac{X_F - Y_S/K}{X_n - Y_S/K} = \frac{0.667 - 0}{0.0309 - 0} = 21.59$$

所以

$$n = \frac{1}{\ln 1.371} \ln \left[\left(1 - \frac{1}{1.371} \right) \times 21.59 + \frac{1}{1.371} \right] = 5.17$$

2. 原溶剂 B 与萃取剂 S 部分互溶的物系

对于组分 B 与 S 部分互溶物系，多级逆流萃取操作理论级数的计算有解析法和图解法两类：若两液相中的相平衡关系难以用数学方程式表达，则通常应用图解法求解理论级数，具体方法又有三角形坐标图解法和直角坐标图解法两种；若已知两液相中的相平衡关系方程，则多用解析法求解，即对整个萃取系统和每个萃取平衡级进行总衡算和组分 A、S 的质量衡算，得到关于各级组成和流量的方程组，再结合上述相平衡关系方程，即可求得达到指定分离程度所需的平衡级数。

由于计算机技术的发展，多级逆流萃取操作理论级数的计算现在多用解析法，图解法求解方法可参考有关资料。下面介绍解析法的计算方法。

以萃取装置为控制体列物料衡算式，即

总物料　　　　　　　　　$F + S = R_n + E_1$　　　　　　　　　　　　　　　　(10-27)

组分 A　　　　　$Fx_{F,A} + Sy_{0,A} = R_n x_{n,A} + E_1 y_{1,A}$　　　　　　　　　　(10-28)

组分 S　　　　　$Fx_{F,S} + Sy_{0,S} = R_n x_{n,S} + E_1 y_{1,S}$　　　　　　　　　(10-29)

式中的 $x_{n,S}$ 与 $x_{n,A}$、$y_{1,S}$ 与 $y_{1,A}$ 分别满足溶解度曲线关系式，即

$$x_{n,S} = \varphi(x_{n,A}) \tag{10-30}$$

$$y_{1,S} = \phi(y_{1,A}) \tag{10-31}$$

相平衡关系为

$$y_{1,A} = f(x_{1,A}) \tag{10-32}$$

联立求解上述各式，即可求得各物料流股的量及组成。

对于每一个理论级均可列出相应的物料衡算式及对应的平衡关系式，共 6 个方程。对于第 i 级，物料衡算式为

总物料	$R_{i-1}+E_{i+1}=R_i+E_i$	(10-33)
组分 A	$R_{i-1}x_{i-1,A}+E_{i+1}y_{i+1,A}=R_ix_{i,A}+E_iy_{i,A}$	(10-34)
组分 S	$R_{i-1}x_{i-1,S}+E_{i+1}y_{i+1,S}=R_ix_{i,S}+E_iy_{i,S}$	(10-35)

平衡级内的相平衡关系的方程为

$$x_{i,S}=\varphi(x_{i,A}) \tag{10-30a}$$

$$y_{i,S}=\phi(y_{i,A}) \tag{10-31a}$$

$$y_{i,A}=f(x_{i,A}) \tag{10-32a}$$

计算时从原料液加入的第一理论级开始,逐级计算,直至 $x_{n,A}$ 值等于或低于规定值为止,n 即为所求的理论级数。

3. 溶剂比和最小萃取剂用量

类似于吸收操作中的液气比,在萃取操作中用溶剂比 S/F 或 S/B 表示溶剂用量对设备费用和操作费用的影响。对于组分 B 和 S 完全不互溶的物系,当分离任务和萃取剂入口浓度一定时,即 X_n 和 Y_S 一定时,则在直角坐标系中操作线为过定点 $D(X_n,Y_S)$,斜率为 B/S 的直线。如图 10-16 所示,若采用不同的萃取剂用量 S_1、S_2 和 $S_3(S_1>S_2>S_3)$,当加大溶剂比,则操作线斜率减小,远离分配曲线,所需的理论级数减少,但回收溶剂所消耗的能量增加;反之,溶剂比 S/F 或 S/B 减少时,操作线斜率增加,操作线逐渐向分配曲线靠拢,过程推动力减小,达到同样分离要求所需的理论级数逐渐增加,设备费用随之增加,而回收溶剂所消耗的能量减少。当溶剂减少至某定值 $S_3=S_{min}$ 时,操作线和分配曲线相切(或相交),此时类似于精馏中图解理论板数出现夹紧区,萃取过程推动力为零,所需的理论级数无限多,此溶剂比称为最小溶剂比 $(S/B)_{min}$,对应的 S

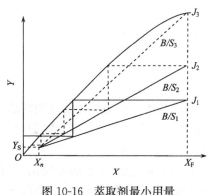

图 10-16　萃取剂最小用量

即为最小溶剂用量 S_{min}。S_{min} 值通过原溶剂量 B 除以图上读出的最大斜率得到。

显然,S_{min} 为理论上溶剂用量的最低极限值,实际用量必须大于此极限值。与吸收相似,实际萃取剂用量的选择必须在设备费和操作费之间权衡。适宜的萃取剂用量应使设备费与操作费之和最小。根据工程经验,一般取最小萃取剂用量的 $1.1\sim2.0$ 倍,即

$$S=(1.1\sim2.0)S_{min} \tag{10-36}$$

10.3.4　连续逆流接触萃取的计算

在不少塔设备中,萃取相与萃余相呈连续逆流接触,两相中的溶质浓度沿塔高连续变化。其流程如图 10-17 所示,轻相(如萃取剂)作为分散相经塔底的分布装置分散为液滴进入连续相,沿轴向上升,连续相(如原料液)即重相,由上部进入,沿轴向下流,与轻相液滴逆流接触,进行物质传递。塔顶、塔底各有一段澄清室,供两相分离。最终的萃取相从塔顶流出,最终的萃余相从塔底流出。图示的塔式萃取操作与多级逆流萃取操作不同,塔内溶质在其流动方向上的浓度变化是连续的,需用微分方程描述塔内溶质的质量守恒,故该类塔式萃取又称微分萃取。

连续接触式萃取塔的计算主要是对给定的任务确定出塔径和塔高。塔径的大小取决于两

液相的流量及适宜的操作速度。塔高的计算有两种方法,即理论级当量高度法和传质单元法。

1. 理论级当量高度法

理论级当量高度是指相当于一个理论级萃取效果的塔段高度,以 HETS 表示。在求得逆流萃取所需的理论级数后,即可由式(10-37)计算塔的萃取段的有效高度

$$h = n(\text{HETS}) \tag{10-37}$$

式中,h 为萃取段的有效高度,m;n 为逆流接触萃取所需的理论级数;HETS 为理论级当量高度,m。

理论级数反映萃取分离的难易程度或萃取过程要求达到的分离程度,HETS 是衡量萃取塔传质特性的一个参数,若传质速率越快,塔的效率越高,则相应的 HETS 值越小。HETS 值与设备型式、物系性质和操作条件有关,一般需通过实验确定。

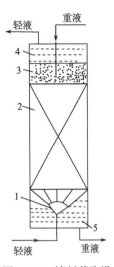

图 10-17　填料萃取塔

1. 喷洒器;2. 填料层;3. 轻液液滴 并聚层;4. 轻液层;5. 重液层

2. 传质单元法

与吸收操作中填料层高度计算方法类似,萃取段有效高度也可用传质单元法计算,即

$$h = \int_{x_n}^{X_{\text{F}}} \frac{B}{K_x a\Omega} \frac{\mathrm{d}X}{X - X^*} \tag{10-38}$$

当组分 B 和 S 完全不互溶,且溶质组成较低时,在整个萃取段内体积传质系数 $K_x a$ 和纯原溶剂流量 B 均可视为常数,于是式(10-38)变为

$$h = \frac{B}{K_x a\Omega} \int_{x_n}^{X_{\text{F}}} \frac{\mathrm{d}X}{X - X^*} \tag{10-38a}$$

或

$$h = H_{\text{OR}} N_{\text{OR}} \tag{10-38b}$$

式中,H_{OR} 为萃余相的总传质单元高度,m;$K_x a$ 为以萃余相中溶质的质量比组成为推动力的总体积传质系数,$\text{kg}/(\text{m}^3 \cdot \text{h} \cdot \Delta x)$;$N_{\text{OR}}$ 为萃余相的总传质单元数;X 为萃余相中溶质的质量比组成;X^* 为与萃取相成平衡的萃余相中溶质的质量比组成;Ω 为塔的横截面积,m^2。

萃余相的总传质单元高度 H_{OR} 或总体积传质系数 $K_x a$ 一般需结合具体的设备及操作条件由实验测定;萃余相的总传质单元数 N_{OR} 可由图解积分法或数值积分法求得。当分配曲线为直线时,也可由对数平均推动力或萃取因数法求得。萃取因数法计算式为

$$N_{\text{OR}} = \frac{1}{1 - \dfrac{1}{A_{\text{m}}}} \ln\left[\left(1 - \frac{1}{A_{\text{m}}}\right)\frac{X_{\text{F}} - Y_{\text{S}}/K}{X_n - Y_{\text{S}}/K} + \frac{1}{A_{\text{m}}}\right] \tag{10-39}$$

同理,也可仿照上面方法写出萃取相总传质单元高度和总传质单元数的计算式。

【例 10-5】　在填料层高度为 3 m 的填料萃取塔中,用纯溶剂 S 从溶质 A 质量分数为 0.15 的 A、B 混合溶液中提取溶质 A。已知塔径为 0.08 m,操作溶剂比(S/B)为 2,溶剂用量为 160 kg/h。B 与溶剂 S 可视为完全不互溶,要求最终萃余相中溶质 A 的质量分数不大于 0.005。操作条件下平衡关系为 $Y = 1.75X$。试求萃余相的总传质单元数和总体积传质系数。

解 （1）总传质单元数 N_{OR}。

由题给数据可得

$$X_F = 0.15/0.85 = 0.1765 \qquad X_n = 0.005/0.995 \approx 0.005$$

$$Y_S = 0 \qquad A_m = KS/B = 1.75 \times 2 = 3.5$$

$$N_{OR} = \frac{1}{1 - \frac{1}{A_m}} \ln\left[\left(1 - \frac{1}{A_m}\right) \frac{X_F - Y_S/K}{X_n - Y_S/K} + \frac{1}{A_m} \right]$$

$$= \frac{1}{1 - \frac{1}{3.5}} \ln\left[\left(1 - \frac{1}{3.5}\right) \times \frac{0.1765}{0.005} + \frac{1}{3.5} \right] = 2.31$$

（2）总体积传质系数 $K_x a$。

$$H_{OR} = \frac{H}{N_{OR}} = \frac{3}{2.31} = 1.299(\text{m})$$

$$B = S/2 = 160/2 = 80(\text{kg/h})$$

$$K_x a = \frac{B}{H_{OR}\Omega} = \frac{80}{1.299 \times \pi/4 \times 0.08^2} = 1.226 \times 10^4 \left[\text{kg}/(\text{m}^3 \cdot \text{h} \cdot \Delta x)\right]$$

10.4　液液萃取设备

10.4.1　萃取设备的主要类型

在萃取操作过程中，萃取设备应能使两液相密切接触和较强的流体湍动，以实现溶质在两相间的传递，并能使两相在接触后分离完全，以提高萃取分离效率。通常萃取过程中一种液相为连续相，另一液相以液滴的形式分散在连续的液相中，称为分散相。显然，液滴越小，两相的接触面积越大，相际之间传质就越快。之后，分散的两相须产生相对流动以实现液滴聚集与分层。分散相液滴越小，两相的相对流动越慢，聚合分层越困难。为适应上述两方面基本要求，出现了多种结构形式的萃取设备。

萃取设备的类型很多，可以根据不同的标准进行分类。

（1）根据两液相接触的方式，可分为逐级接触式和连续接触。对于逐级接触式萃取设备，每一级均进行两相的混合与分离，故级间两液相的组成发生阶跃式变化。而在连续接触式设备中，两相逆流，连续接触，连续传质，直到接触的最后才进行分层，从而两液相的组成发生连续变化。

（2）根据构造特点和形状，可分为组件式和塔式。组件式设备一般为逐级式，可以根据需要灵活增减级数；塔式设备可以是逐级式，如筛板塔，也可以是连续接触式，如填料塔。

（3）根据外界是否输入机械能量，可分为有外加能量和无外加能量两类。若两相密度差较大，则液液萃取操作时，仅依靠液体进入设备时的压强及两相的密度差即可使液体分散和流动；反之，若两相密度差较小，界面张力较大，液滴易聚合不易分散，则液液萃取操作时，常需以不同的方式输入机械能，如进行搅拌、振动、离心等。

常用萃取设备的分类情况见表10-1。本节将对工业上常用的设备进行简要介绍。

表 10-1　常用萃取设备分类

分　类		逐级接触式	连续接触式
无外加能量		筛板塔	喷洒塔
			填料塔
有外加能量	脉冲	脉冲混合澄清槽	脉冲填料塔
			液体脉冲筛板塔
	旋转搅拌	混合澄清槽 夏贝尔(Scheibel)塔	转盘塔
			偏心转盘塔
			库尼塔
	往复搅拌		往复筛板塔
	离心力	逐级接触离心萃取机	离心萃取机

1. 混合澄清槽

混合澄清槽是最早使用且目前仍广泛应用的一种典型逐级接触式萃取设备,可单级操作,也可多级串联或并联操作。它由混合室与澄清室两部分组成。典型的混合澄清槽如图 10-18 所示。

操作时,原料液和萃取剂进入混合室后借助搅拌器的作用充分混合,在室内存留一定时间,经充分传质后流入澄清室,两液相的混合物在此借助重力分为轻、重两液层,使萃取相和萃余相得以分别流出。

为了使不互溶的液体中一相被分散成液滴而均匀分散到另一相中,以加大相际接触面积并提高传质速率,混合室中通常安装机械搅拌,有时也可将压缩气体通入室底进行气流式搅拌,还可采用静态混合器、脉冲或喷射器来实现两相的充分混合。

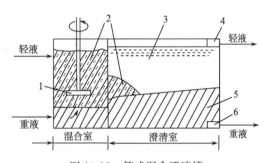

图 10-18　箱式混合澄清槽

1. 搅拌器;2. 两液相的混合物;3. 轻液层;
4. 轻液溢流口;5. 重液层;6. 重液出口

澄清室的作用是将接近平衡状态的萃取相和萃余相进行分离。对于容易澄清的混合液,一般依靠两相间的密度差进行分层。对于难分离的混合物,可采用离心式澄清器加速两相的分离过程。

根据生产需要,可以将多个混合澄清级串联起来组成多级逆流或错流的流程。多级设备一般是前后排列,但也可以将几个级上下重叠。

混合澄清槽的优点是结构简单,传质效率高(一般级效率为 80% 以上),操作方便,运转稳定可靠,适应性强,可处理含有悬浮固体的物料,因此应用较广泛。其缺点是每级内都设有搅拌装置,级与级之间需用泵来输送液体,故动力消耗较高,占地面积大。

混合澄清槽对大、中、小型生产均能适用,特别是在湿法冶金中应用广泛。

2. 塔式萃取设备

通常将高径比很大的萃取装置统称为塔式萃取设备,简称萃取塔。轻相从塔底进入,塔顶溢出;重相从塔顶加入,塔底导出,两液相依靠重力做逆流流动而不输入机械能。为了获得令人满意的萃取效果,萃取塔应具有分散装置,以提供两相间较好的混合条件;同时,塔顶、塔底均应有足够的分离空间,以使两相很好地分层。由于使两相混合和分散所采用的措施不同,因此出现了不同结构形式的萃取塔。下面介绍几种工业上常用的萃取塔。

1) 填料萃取塔

填料萃取塔的结构和精馏、吸收操作所使用的填料塔基本相同,如图 10-19 所示。塔内装

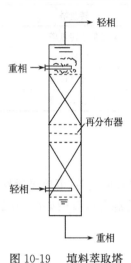

有适宜的填料,轻、重两相分别由塔底、塔顶进入,在两相密度差的作用下分别由塔顶和塔底排出。萃取时,连续相先充满整个填料层,随后分散相由分布器分散成液滴通过连续相,与其接触传质。塔内填料是核心部件,可以用拉西环、鲍尔环、鞍形填料等气液传质设备所用的填料。填料的作用是使分散相液滴不断发生凝聚与再分散,以促进液滴的表面更新,同时也能减少连续相轴向返混的作用。一般填料的材质应选用能被连续相优先润湿而不被分散相润湿的材料。

填料萃取塔结构简单,操作方便,适合处理腐蚀性料液,缺点是传质效率低。一般用于所需理论级数较少(如 3 个萃取理论级)的场合。不能处理含固体的悬浮液。

为了提高传质效率,可向填料萃取塔提供外加脉动能量造成液体脉动,构成脉动填料萃取塔。

图 10-19 填料萃取塔

2) 筛板萃取塔

筛板萃取塔的结构与气液传质设备中的筛板塔类似,也属于逐级接触式,图 10-20 是以轻液作为分散相的筛板萃取塔示意图。轻液从塔的近底部处进入,因浮力作用自筛板之下通过筛孔而被分散成细小的液滴,与塔板上的连续相充分接触进行传质。穿过连续相的轻相液滴逐渐凝聚,并聚集于上层筛板的下侧,待两相分层后,轻相借助压差的推动,再经筛孔分散,液滴表面得到更新。如此分散、凝聚交替进行,直至塔顶澄清、分层、排出。连续相则横向流过塔板,在筛板上与分散相液滴接触传质后,由降液管流至下一层塔板,逐板与轻液传质,直到塔的底段后流出。若要求重液作为分散相,需使塔身放在倒转的位置上,即应使轻相通过升液管进入上层塔板。

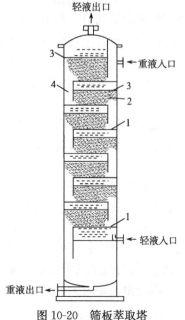

图 10-20 筛板萃取塔

1. 筛板;2. 轻液分散在重液内的混合液;3. 轻、重液层界面;4. 溢流管

在筛板萃取塔内分散相多次分散和聚集,使一层筛板相当于一个实际萃取级,具有较高的传质效率,同时由于塔板的限制减小了筛板上下空间的返混,并且筛板塔结构简单,造价低廉,可处理腐蚀性料液,因而得到相当广泛的应用。

3) 脉冲筛板塔

对于两液相表面张力较大的物系,为改善塔内的传质状况,需要从外界输入机械能量来产生较大的传质面积,并进行表面更新。脉冲筛板塔是指由于外力作用使液体在塔内产生脉冲运动的筛板塔,其结构与气液传质过程中无降液管的筛板塔类似,如图 10-21 所示。塔两端直径较大部分

为上澄清段和下澄清段,中间为两相传质段,其中装有若干层具有小孔的筛板,板间距较小,一般为 50 mm,没有降液管。在塔的下澄清段设置脉冲发生器,将脉冲输入塔内,使轻、重液体在塔内流动的同时,叠加上、下脉动的运动。脉冲的输入可以采用不同的方法,图 10-21 所示为其中较常用的两种:图 10-21(a)是直接将发生脉冲的往复泵(无阀门)连接在轻液入口管中;图 10-21(b)则使往复泵发生的脉冲通过隔膜输入塔底。操作时,轻、重液体均穿过筛板而逆向流动,分散相在筛板之间不凝聚分层。脉冲发生器的类型有多种,如活塞型、膜片型、风箱型等。

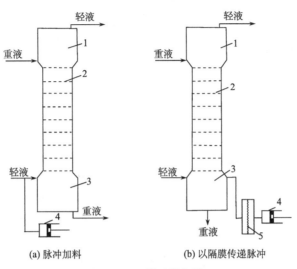

(a) 脉冲加料　　　　　　　　(b) 以隔膜传递脉冲

图 10-21　脉冲筛板塔

1. 塔顶分层段;2. 无溢流筛板;3. 塔底;4. 脉冲发生器;5. 隔膜

脉冲萃取塔内,液体的脉动增加了相际接触面积和液体的湍动程度,因而传质效率有较大幅度的提高,使塔能提供较多的理论级数,但其生产能力一般有所下降,在化工生产应用上受到一定限制。

对于大塔径的萃取塔,使液体产生所需的脉冲运动较为困难,这时可采用使筛板做上下运动的往复筛板塔。塔内的筛板都固定在同一根(或几根)可做上下往复运动的轴上,用筛板的上下往复运动代替液体的上下脉冲运动,以获得类似的效果。

4) 转盘萃取塔

转盘萃取塔的基本结构如图 10-22 所示,在塔体内壁面上,自上而下按一定间距装有若干个环形挡板的固定环,固定环将塔内分割成若干个小空间。两固定环之间均装一转盘。转盘固定在中心轴上,转轴由塔顶的电机驱动。转盘的直径小于固定环的内径,便于装卸。操作时,转轴由电动机驱动,带动转盘高速旋转,其在液体中产生的剪应力使分散相破裂成许多细小的液滴,在液相中产生强烈的漩涡运动,增大了相际接触面积和传质系数。转盘和固定环都较薄且光滑,能有效避免乳化现象的产生,而固定环在一定程度上也抑制了轴向返混,因而转盘萃取塔的传质效率较高。

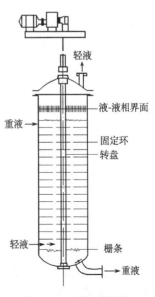

图 10-22　转盘萃取塔

转盘萃取塔结构简单,操作方便,传质效率高,生产能力大,因而在石油化工中应用比较广泛。近年来开发的不对称转盘塔(又称偏心转盘塔)由于其对物系的适应性强,萃取效率高,得到了广泛的应用。

3. 离心萃取器

当参与萃取的两液体密度差很小,或表面张力很小而易于乳化,或黏度很大时,两相的接

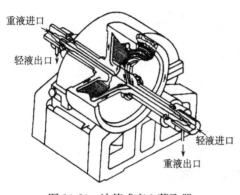

重液进口

轻液出口

轻液进口

重液出口

图 10-23　波德式离心萃取器

触状况不佳,特别是很难依靠重力使萃取相与萃余相分离。这时可以利用高速旋转所产生离心力来完成两相的快速混合、分离过程。图 10-23 是波德式(Podbielniak)离心萃取器的结构示意图,这是一种应用很广泛的连续接触式萃取设备,它是由一水平转轴和随其高速旋转的圆形转鼓及固定的外壳组成。操作时轻、重液体分别由转鼓外缘、转鼓中心引入。由于转鼓旋转时产生的离心力作用,重液从中心向外流动,轻液则从外缘向中心流动,同时液体通过螺旋带上的小孔被分散,两相在逆向流动过程中,于螺旋形通道内密切接触进行传质,故传质效率高,其理论级数可达 3～12。

离心萃取器除能处理其他萃取设备不能处理的物系外,还具有以下优点:结构紧凑,生产强度高,物料停留时间短,分离效果好,适合处理贵重、易变质的物料,如抗生素等。缺点是结构复杂、制造困难、操作费高,在大规模的化工生产中应用较少。

10.4.2　萃取设备的选择

萃取设备的类型较多,特点各异,物系性质对操作的影响错综复杂。对具体的生产过程选择适宜的设备,其原则是在满足生产工艺要求和条件的前提下,使设备费和操作费总和趋于最低。为此,需要弄清过程的特点、物系的性质,再结合设备的优缺点和适用范围进行初选,最后以经济衡算决定。通常选择萃取设备时应考虑以下因素。

1. 物系的物性

对密度差较大、界面张力较小的物系,可选用无外加能量的设备;反之,宜选用有外加能量的设备以改善传质性能;对界面张力很小、易乳化及密度差很小难以分层的物系,则宜选用离心萃取器,而不宜选用其他输入机械能的设备。有较强腐蚀性的物系,宜选用结构简单的填料塔或脉冲填料塔,若物系中有固体悬浮物或在操作过程中产生沉淀物,需定期清洗,此时一般选用混合澄清槽或转盘塔。

2. 所需的平衡级数

当所需的理论级数不多,如不超过 3 级,各种萃取设备均可满足要求。当理论级数较多时,可以选用筛板塔。理论级数再多时,如 10～20 级,可选用有外加能量的设备,如转盘塔、脉冲塔和往复筛板塔等。

3. 处理量的大小

对于中、小型生产能力，可选用填料塔、脉冲塔；当处理量较大时，可选用混合澄清槽、脉冲塔、往复筛板塔、转盘塔等，此外离心萃取器的处理能力也相当大。

4. 液体在设备内的停留时间

若物料要求在设备内停留时间短的物系，如抗生素的生产宜选用离心萃取器，反之，若物料要求有足够长的停留时间，如伴有慢速反应的物系，则宜选用混合澄清槽。

5. 其他

在选用萃取设备时，还应考虑其他一些因素，如能源供应情况、厂房面积等。在电力紧张地区，应尽可能选用依靠重力流动的设备；当厂房面积受到限制时，宜选用塔式设备；而当厂房高度受到限制时，则宜选用混合澄清槽。

10.4.3　其他萃取技术简介

随着化工业生产的不断进步，对分离提纯技术提出了更高的要求。为适应各类工艺过程的需要，溶剂萃取技术与超临界技术、胶体技术、膜分离技术等结合，以及对萃取分离过程的强化已经成为萃取技术发展的方向，出现了一些新兴的萃取技术，如超临界流体萃取、回流萃取、双溶剂萃取、双水相萃取、液膜萃取、反胶团萃取、凝胶萃取、膜萃取和化学萃取等，这些萃取分离技术都有其各自的特点与优势。本节将对回流萃取、超临界流体萃取、双水相萃取和反胶团萃取作简要介绍，其他萃取技术可查阅有关专著。

1. 回流萃取

在逆流萃取过程中，只要有足够多理论级数或传质单元数，就可使最终萃余相中的溶质组成降得很低，从而在萃余相脱除所含的溶剂后得到较纯的原溶剂。但萃取相则不然，只要原溶剂 B 与萃取剂 S 有一定的互溶度，萃取相中就会含有一定量的 B。为了得到具有更高溶质组成的萃取相，可仿照精馏中采用回流的方法，将溶质含量较高的萃取液部分返回塔内作为回流，这种操作称为回流萃取。回流萃取操作可在分级或连续接触式设备中进行。

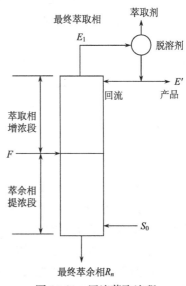

回流萃取操作流程如图 10-24 所示。原料液 F 由塔中部加入，新鲜溶剂由塔底部进入。最终萃余相自塔底排出，塔顶最终萃取相脱除溶剂后，一部分作为塔顶产品采出，另一部分返回塔顶作为回流。进料口以下的塔段即为常规的逆流萃取塔，称为提浓段。在提浓段，萃取相逐级上升，萃余相逐级下降，在两相逆流接触过程中，溶质不断由萃余相进入萃取相，使萃余相中原溶剂的组成逐渐提高，溶质组成逐渐下降，故只要提浓段足够高，就可以使萃余相中的原溶剂组成足够高，从而在脱除溶剂后得到原溶剂组成很高的萃余液。进料口以上的塔段称为增浓段。

图 10-24　回流萃取流程

在增浓段,由于萃取剂对溶质具有较高的选择性,故两相在接触过程中,回流液中溶质将进入萃取相,而萃取相中的原溶剂则进入回流液中。萃取相在向上流动的过程中溶质的组成逐渐提高,原溶剂的组成逐渐下降,最终可使塔顶萃取相中的溶质组成符合要求。

2. 超临界流体萃取

超临界流体萃取又称超临界萃取,是利用物质在超临界状态下特殊的溶解功能,从液体或固体中萃取出特定组分的过程。所谓超临界流体,是指处于临界温度和临界压强以上的流体。这种流体兼有气、液两相的特点,它既有气体的低黏度和高扩散系数的特点,又具有流体的高密度和良好溶解性能。超临界流体的这种溶解能力对体系温度与压强的变化非常敏感,从而可以通过改变体系的温度与压强调节组分的溶解度。以超临界流体为萃取剂,可以在常温或不太高的温度下,选择性地溶解某些相当难挥发的物质,同时只要降低体系的温度或压强,超临界流体又很容易与被溶解的物质完全分离开。

超临界萃取过程是在超临界状态下将待分离的物质与超临界流体充分接触,选择适宜的温度和压强使超临界流体选择性地萃取某一组分,经过一段时间后,采用降压或升温等手段,溶质因超临界流体的密度下降、溶解度降低而析出,从而得到分离。超临界萃取具有工艺简单、能耗低、溶剂易分离、无残留毒性等优点。目前,这一新技术在食品、医药、化工、能源、香精香料等工业部门具有广泛的应用发展前景。

理论上很多流体如水、乙烷、乙烯、丙烷、二氧化碳等都可作为超临界萃取过程的超临界流体,但由于二氧化碳的临界温度、临界压强较容易达到,而且性质稳定,无毒、无嗅、无腐蚀性,价廉易得,对多数溶质有较大的溶解能力,所以它是最常用的超临界流体。

3. 双水相萃取

双水相萃取技术是近年来发展起来的新型分离技术,它是利用组分在两个互不相溶的水相中的溶解度不同而达到分离的萃取技术。由于其具有条件温和、容易放大、可连续操作等特点,迄今为止,双水相萃取技术已被成功应用于生物工程、药物提取、金属离子分离等方面。

一般认为,双水相体系形成是由于聚合物与聚合物之间或聚合物与盐之间的不相溶性,因此相互之间无法渗透,出现分离现象。当满足一定成相条件时,便可形成"双水相体系"。当物质进入双水相体系后,由于表面性质、电荷作用和各种力(如憎水键、氢键和离子键等)的存在和环境的影响,其在上、下相中的浓度不同。对于某一物质,只要选择合适的双水相体系,控制一定的条件,就可以得到合适的分配系数,从而达到分离纯化的目的。

常见的双水相体系有聚乙二醇/葡聚糖、聚乙二醇/无机盐(硫酸盐、磷酸盐)及表面活性剂双水相体系等。

4. 反胶团萃取

反胶团萃取是当今极受重视的萃取新技术。其原理是当水溶液中表面活性剂浓度超过一定值(称为临界胶团浓度)时,表面活性剂单体会聚集成胶团。胶团能稳定地溶于水中,可以使很多不溶于水的非极性物质溶解于水中。相反,如果在非极性的有机溶剂中,表面活性剂浓度超过一定值时,表面活性剂单体也会聚集成聚集体,这种聚集体称为反胶团。当含有这种反胶团的有机溶剂与生物活性物质的水溶液接触后,生物活性物质就会溶于亲水的空腔中。由于周围水层和极性头的保护,生物活性物质不会与有机溶剂接触,其活性不会失活。例如,蛋白质可以被反胶团包藏而进入有机相,改变其条件,又能回到水相,从而达到分离的目的。

反胶团萃取技术已广泛应用于生物化工制品中。采用这种技术提取与分离蛋白质及酶,既能保证它们不被有机试剂破坏,又能获得高萃取率。反胶团萃取技术具有连续操作、选择性好、设备简单、操作方便及成本低等优点,在生物化工、冶金、环保中都将发挥有效的作用。

此外,人们还开发出微波萃取、离子液体萃取、电泳萃取及萃取精馏等新型萃取技术。它们各有优缺点,适合不同的萃取体系。经过不断完善与提高,人们对萃取过程有了更深刻的认识,同时极大地扩展了萃取操作的应用领域。

思　考　题

1. 萃取操作的依据是什么? 它与精馏、吸收过程的差别主要有哪些?

2. 分配系数等于 1 能否进行萃取操作? 选择性系数等于 1 意味着什么? 等于无穷大呢?

3. 萃取剂的必要条件是什么? 萃取相、萃取液、萃余相、萃余液各指什么?

4. 对于一种液体混合物,根据哪些因素决定是采用蒸馏还是萃取方法进行分离?

5. 如何选择萃取剂用量或溶剂比?

6. 如何确定单级萃取操作中可能获得的最大萃取液组成? 对于 $k_A > 1$ 和 $k_A < 1$ 两种情况,确定方法是否相同?

7. 根据哪些因素决定是采用错流还是逆流操作流程?

8. 液液萃取设备分类及主要技术性能有哪些?

9. 分配系数 $k_A < 1$,是否说明所选择的萃取剂不适宜? 如何判断用某种溶剂进行萃取分离的难易程度与可能性?

习　　题

10-1　一定温度下测得 A、B、S 三组元物系两液相的平衡数据如本题附表所示,表中的数据均为质量分数。试求:(1)溶解度曲线和辅助曲线;(2)临界混溶点的组成;(3)当萃余相中 $x_A = 25\%$ 时的分配系数 k_A 和选择性系数 β;(4)在 800 kg 含 30% A 的原料液中加入多少萃取剂 S 才能使混合液开始分层;(5)对于(4)的原料液,欲得到含 36% A 的萃取相 E,试确定萃余相的组成及混合液的总组成。[(2)混溶点的组成:$x_A = 41.6\%$,$x_B = 43.4\%$,$x_S = 15.0\%$;(3)分配系数 $k_A = 1.68$,选择性系数 $\beta = 5.385$;(4)$S = 66.6$ kg;(5)混合液的总组成 $x_A = 23.5\%$,$x_B = 55.5\%$,$x_S = 21.0\%$]

习题 10-1 附表　A、B、S 三元物系平衡数据(质量分数)

		1	2	3	4	5	6	7	8	9	10	11	12	13	14
E 相	y_A	0	7.9	15	21	26.2	30	33.8	36.5	39	42.5	44.5	45	43	41.6
	y_S	90	82	74.2	67.5	61.1	55.8	50.3	45.7	41.4	33.9	27.5	21.7	16.5	15
R 相	x_A	0	2.5	5	7.5	10	12.5	15.0	17.5	20	25	30	35	40	41.6
	x_S	5	5.05	5.1	5.2	5.4	5.6	5.9	6.2	6.6	7.5	8.9	10.5	13.5	15

10-2　在 25 ℃下,用甲基异丁基甲酮(MIBK)从含丙酮 40%(质量分数)的水溶液中萃取丙酮。原料液的流量为 1200 kg/h。(1)当要求在单级萃取装置中获得最大组成的萃取液时,求萃取剂的用量(kg/h);(2)若将(1)求得的萃取剂用量分作两等份进行两级错流萃取,试求最终萃余相的流量和组成;(3)比较(1)、(2)两种操作方式中丙酮的回收率(萃出率)。操作条件下的平衡数据见本题附表。[(1)$S = 608$ kg/h;(2)$R_2 = 973$ kg/h,$x_2 = 0.18$;(3)单级萃取回收率 $\varphi_A = 59.4\%$;两级错流萃取 $\varphi'_A = 63.5\%$]

习题 10-2 附表 1 溶解度曲线数据(质量分数)

丙酮(A)	水(B)	MIBK(S)	丙酮(A)	水(B)	MIBK(S)
0	2.2	97.8	48.5	24.1	27.4
4.6	2.3	93.1	50.7	25.9	23.4
18.9	3.9	77.2	46.6	32.8	20.6
24.4	4.6	71.0	42.6	45.0	12.4
28.9	5.5	65.6	30.9	64.1	5.0
37.6	7.8	54.6	20.9	75.9	3.2
43.2	10.7	46.1	3.7	94.2	2.1
47.0	14.8	38.2	0	98.0	2.0
48.5	18.8	32.7			

习题 10-2 附表 2 联结线数据(丙酮的质量分数)

水层	MIBK 层	水层	MIBK 层
5.58	10.66	29.5	40.0
11.83	18.0	32.0	42.5
15.35	25.5	36.0	45.5
20.6	30.5	38.0	47.0
23.8	35.3	41.5	48.0

10-3 在错流萃取装置中,以纯三氯乙烷(S)为溶剂从丙酮质量分数为 0.333 的丙酮(A)-水(B)混合溶液中萃取丙酮。已知原料液的处理量为 300 kg/h,萃取剂中丙酮的质量分数为 0.0476。该错流萃取装置相当于 4 个理论级,在操作条件下,三氯乙烷和水可视为完全不互溶,丙酮的分配系数近似为常数,$K=1.62$。欲使萃余相中丙酮的质量分数降至 0.109,所需萃取剂总流量为多少?[250.4 kg/h]

10-4 在多级逆流接触式萃取器中,每小时用 40 kg 纯溶剂 S 对某 A、B 两组分混合液进行萃取分离。在操作条件下,B 与 S 完全不互溶,以质量比表示的分配系数为 1.5。已知稀释剂 B 的流量为 30 kg/h,原料液中溶质 A 的质量比组成为 0.3 kg A/kg B,要求最终萃余相质量比为 0.05 kg A/kg B。试求完成分离任务所需的理论级数。[2 个理论级]

10-5 若将逆流萃取装置应用于习题 10-3 中的物系。萃取剂用量在习题 10-3 中得到 $S=250.4$ kg/h,以溶质质量比组成表示的平衡关系为 $Y=1.62X$。试求:(1)此时溶剂用量为最小溶剂用量的倍数;(2)所需逆流萃取的理论级数。[(1)2.52;(2)1.6 级]

10-6 在逆流萃取装置中,用流量为 90 kg/h 的纯溶剂 S 从两组分混合液中萃取溶质 A,现已知该装置具有两个理论级,原料液的流量为 180 kg/h,其中溶质的质量比组成为 0.20。操作条件下,组分 B、S 可视作完全不互溶,以质量比表示组成的分配系数 $K_A=1$。试求最终萃余相的组成 X_2。[0.102]

10-7 在逆流萃取塔中,用纯溶剂 S 萃取 A、B 两组分混合液中的溶质 A。已知:原料液的质量比组成 $X_F=0.55$,要求组分 A 的回收率为 97%,操作溶剂比 $(S/B)=2.5$。组分 B、S 可视作完全不互溶。操作条件下以质量比组成表示的平衡关系可表示为 $Y=0.4X$。试求:(1)实际溶剂用量为最小用量的倍数;(2)所需的理论级数和萃余相总传质单元数。[(1)0.515;(2)$n=N_{OR}=32$]

符 号 说 明

英文字母

A——溶质的质量或质量流量,kg 或 kg/s

A_m——萃取因数

B——原料液中溶剂的质量或质量流量,kg 或 kg/s

E——萃取相质量或质量流量,kg 或 kg/s

E'——萃取液质量或质量流量,kg 或 kg/s

F——原料液质量或质量流量,kg 或 kg/s

h——萃取段的有效高度,m

H——传质单元高度,m

HETS——理论级当量高度,m

H_OR——萃余相的总传质单元高度,m

k——以质量分数表示组成的分配系数

K——以质量比表示组成的分配系数

$K_x a$——以萃余相中溶质的质量比组成为推动力的
　　　总体积传质系数,kg/(m³ · h · Δx)

n——萃取理论级数

N_OR——萃余相的总传质单元数

R——萃余相质量或质量流量,kg 或 kg/s

R'——萃余液质量或质量流量,kg 或 kg/s

S——萃取剂(溶剂)质量或质量流量,kg 或 kg/s

S_max——最大萃取剂用量,kg 或 kg/s

S_min——最小萃取剂用量,kg 或 kg/s

x——萃余相中溶质的质量分数

X——萃余相中溶质的质量比,kg A/kg B

y——萃取相中溶质的质量分数

Y——萃取相中溶质的质量比,kg A/kg S

y_A、y_B——组分 A、B 在萃取相 E 中的质量分数

希腊字母

β——选择性系数

Ω——塔的横截面积,m²

下标

A、B、S——组分 A、组分 B、组分 S

E——萃取相

R——萃余相

参 考 文 献

柴诚敬,张国亮,夏清等. 2005. 化工原理. 北京:高等教育出版社

陈敏恒,丛德滋,方图南等. 2006. 化工原理. 3 版. 北京:化学工业出版社

方书起,祝春进,吴勇等. 2004. 强化传热技术与新型高效换热器研究进展. 化工机械,31(4):249-253

管国锋,赵汝溥. 2003. 化工原理. 北京:化学工业出版社

何潮洪,冯霄. 2001. 化工原理. 北京:科学出版社

黄少烈,邹华生. 2002. 化工原理. 北京:高等教育出版社

蒋维钧,戴猷元,顾惠君. 2009. 化工原理. 3 版. 北京:清华大学出版社

匡国柱,潘艳秋. 2002. 化工原理学习指导. 大连:大连理工大学出版社

林爱光. 1999. 化学工程基础. 北京:清华大学出版社

谭天恩,窦梅,周明华. 2006. 化工原理. 3 版. 北京:化学工业出版社

谭天恩,窦梅,周明华. 2007. 化工原理习题解. 3 版. 北京:化学工业出版社

王振中,张利峰. 2005. 化工原理. 北京:化学工业出版社

王志魁. 2010. 化工原理. 3 版. 北京:化学工业出版社

夏清,陈常贵. 2008. 化工原理(上册). 北京:化学工业出版社

杨祖荣,刘丽英,刘伟. 2004. 化工原理. 北京:化学工业出版社

姚玉英,陈常贵,柴诚敬. 2003. 化工原理学习指导. 天津:天津大学出版社

姚玉英,黄凤廉,陈常贵等. 2004. 化工原理. 2 版. 天津:天津大学出版社

张龙,陈峰华. 2006. 强化传热元件与高效换热器研究进展. 石油和化工设备,(5):65-67

张言文. 1997. 化工原理 60 讲. 化工原理(上册). 北京:中国轻工业出版社

钟秦,陈迁乔,王娟等. 2007. 化工原理. 2 版. 北京:国防工业出版社

McCabe W L, Smith J C. 1993. Unit Operations of Chemical Engineering. 5th ed. New York:McGraw-Hill, Inc.

McCabe W L, Smith J C, Harriott P. 2000. Unit Operations of Chemical Engineering. 6th ed. New York:McGraw-Hill, Inc.

附　　录

附录1　中华人民共和国法定计量单位制

1. 化工中常用的并具有专门名称的SI导出单位

物理量	专用名称	代　号	与基本单位的关系
力	牛[顿]	N	$1\ N=1\ kg\cdot m/s^2$
压强(压力)、应力	帕[斯卡]	Pa	$1\ Pa=1\ N/m^2$
能、功率、热量	焦[耳]	J	$1\ J=1\ N\cdot m$
功率	瓦[特]	W	$1\ W=1\ J/s$

2. 法定单位制用的十进词头

倍　数	名　称	词冠代号	分　数	名　称	词冠代号
10^9	吉[咖]	G	10^{-1}	分	d
10^6	兆	M	10^{-2}	厘	c
10^3	千	k	10^{-3}	毫	m
10^2	百	h	10^{-6}	微	μ
10^1	十	da	10^{-9}	纳	n

注:在国际单位制及法定单位制中,质量单位千克(kg)是唯一由于历史原因其名称上带有词冠的,所以质量单位的十进倍数单位与分数单位名称要由"克(g)"字加上适当词冠构成。

3. 化工中常用的物理量的单位与单位符号

项　目	量的名称	单位符号	项　目	量的名称	单位符号
基本单位	长度	m	导出单位	面积	m^2
	时间	s		容积	m^3
		min			L
		h		密度	kg/m^3
	质量	kg		角速度	rad/s
	温度	t		速度	m/s
		K		加速度	m/s^2
		℃		旋转速度	r/min
	物质的量	mol		力	N
				压强,压力	Pa
辅助单位	[平面]角	rad		黏度	$Pa\cdot s$
		°		功、能、热量	J
		′		功率	W
		″		热流量	W
				导热系数	$W/(m\cdot K)$
					$W/(m\cdot ℃)$

附录2　常用物理量单位的换算

1. 质量

kg	t	lb
1	0.001	2.204 62
1000	1	2204.62
0.4536	4.536×10^{-4}	1

2. 长度

m	in	ft	yd
1	39.370 1	3.280 8	1.093 61
0.025 400	1	0.073 333	0.027 78
0.304 80	12	1	0.333 33
0.914 4	36	3	1

3. 力

N	kgf	lbf	dyn
1	0.102	0.224 8	1×10^3
9.806 65	1	2.204 6	$9.806\ 65 \times 10^5$
4.448	0.453 6	1	4.448×10^3
1×10^{-5}	1.02×10^{-6}	2.248×10^{-6}	1

4. 压强

Pa	bar	kgf/cm²	atm	mmH$_2$O	mmHg	lbf/in²
1	1×10^{-5}	1.02×10^{-5}	0.99×10^{-5}	0.102	0.007 5	14.5×10^{-5}
1×10^5	1	1.02	0.986 9	10 197	750.1	14.5
98.07×10^3	0.980 7	1	0.967 8	1×10^4	735.56	14.2
$1.013\ 25 \times 10^5$	1.013	1.033 2	1	$1.033\ 2 \times 10^4$	760	14.697
9.807	98.07	0.000 1	$0.967\ 8 \times 10^{-4}$	1	0.073 6	1.423×10^{-3}
133.32	1.333×10^{-3}	0.136×10^{-2}	0.001 32	13.6	1	0.019 34
6 894.8	0.068 95	0.070 3	0.068	703	51.71	1

5. 动力黏度(简称黏度)

Pa • s	P	cP	lb/(ft • s)	kgf • s/m²
1	10	1×10^3	0.672	0.102
1×10^{-1}	1	1×10^2	0.067 20	0.010 2
1×10^{-3}	0.01	1	6.720×10^{-4}	0.102×10^{-3}
1.488 1	14.881	1 488.1	1	0.151 9
9.81	98.1	9 810	6.59	1

注:1 cP$= 10^{-2}$cP$= 10^{-3}$Pa • s。

6. 运动黏度

m/s²	cm/s²	ft²/s
1	1×10^4	10.76
10^{-4}	1	1.076×10^{-3}
92.9×10^{-3}	929	1

注:cm/s²又称斯[托克斯],简称泡,以 St 表示,泡的百分之一为厘泡,以 cSt 表示。

7. 功、能和热

J(N • m)	kgf • m	kW • h	hp • h	kcal	Btu	ft • lbf
1	0.102	2.778×10^{-7}	3.725×10^{-7}	2.39×10^{-4}	9.485×10^{-4}	0.7377
9.8067	1	2.724×10^{-6}	3.653×10^{-6}	2.342×10^{-3}	9.296×10^{-3}	7.233
3.6×10^6	3.671×10^5	1	1.3410	860.0	3413	2655×10^3
2.685×10^6	273.8×10^3	0.7457	1	641.33	2544	1980×10^3
4.1868×10^3	426.9	1.1622×10^{-3}	1.5576×10^{-3}	1	3.963	3 087
1.055×10^3	107.58	2.930×10^{-4}	3.926×10^{-4}	0.2520	1	778.1
1.3558	0.1383	0.3766×10^{-6}	0.5051×10^{-6}	3.239×10^{-4}	1.285×10^{-3}	1

8. 功率

W	kgf • m/s	ft • lbf/s	hp	kcal/s	Btu/s
1	0.101 97	0.737 6	1.341×10^{-3}	$0.238\ 9\times10^{-3}$	$0.948\ 6\times10^{-3}$
9.806 7	1	7.233 14	0.013 15	$0.234\ 2\times10^{-2}$	$0.929\ 3\times10^{-2}$
1.355 8	0.138 25	1	0.001 818 2	$0.323\ 8\times10^{-3}$	$0.128\ 51\times10^{-2}$
745.69	76.037 5	550	1	0.178 03	0.706 75
4 186.8	426.85	3 087.44	5.613 5	1	3.968 3
1 055	107.58	778.168	1.414 8	0.251 996	1

注:1 kW$=$1000 W$=$1000 J/s$=$1000 N • m/s。

9. 比热容

kJ/(kg · ℃)	kcal/(kg · ℃)	Btu/(lb · ℉)
1	0.2389	0.2389
4.1868	1	1

10. 导热系数

W/(m · ℃)	J/(cm · s · ℃)	cal/(cm · s · ℃)	kcal/(m · h · ℃)	Btu/(ft · h · ℉)
1	1×10^{-3}	2.389×10^{-3}	0.859 8	0.578
1×10^2	1	0.238 9	86.0	57.79
418.6	4.186	1	360	241.9
1.163	0.011 6	$0.277 8 \times 10^{-2}$	1	0.672 0
1.73	0.017 30	$0.413 4 \times 10^{-2}$	1.488	1

11. 传热系数

W/(m · ℃)	kcal/(m² · h · ℃)	cal/(cm² · s · ℃)	Btu/(ft² · h · ℉)
1	0.86	2.389×10^{-5}	0.176
1.163	1	2.778×10^{-5}	0.2048
4.186×10^4	3.6×10^4	1	7374
5.678	4.882	1.356×10^{-4}	1

12. 温度

$$℃ = (℉ - 32) \times \frac{5}{9}, \quad ℉ = ℃ \times \frac{9}{5} + 32, \quad K = 273.3 + ℃, \quad °R = 460 + ℉, \quad K = °R \times \frac{5}{9}$$

注：°R 为华氏温度单位。

13. 温度差

$$1 ℃ = \frac{9}{5} \times ℉, \quad 1 K = \frac{9}{5} \times °R$$

14. 摩尔气体常量

$R = 8.315$ J/(kmol · K) $= 848$ kg · m/(kmol · °K) $= 82.06$ atm · cm²/(kmol · °K) $= 1.987$ kcal/(kmol · °K)

注：°K 为摄氏热力学温度单位，1 °K = 1 K。

15. 扩散系数

m²/s	cm²/s	m²/h	ft²/h	in²/s
1	10^4	3 600	3.875×10^4	1 550
10^{-4}	1	0.360	3.875	0.155 0
2.778×10^{-4}	2.778	1	10.764	0.430 6
$0.258 1 \times 10^{-4}$	0.258 1	0.092 90	1	0.040
6.452×10^{-4}	6.452	2.323	25.0	1

附录 3　某些气体的重要物理性质

名　称	分子式	密度 (0 ℃, 101.3 kPa) /(kg/m³)	比热容 /[kJ/ (kg·℃)]	黏度 (20 ℃) $\mu \times 10^5$ /(Pa·s)	沸点 (101.3 kPa) /℃	气化热 /(kJ/kg)	临界点		导热系数 /[W /(m·℃)]
							温度/℃	压强/kPa	
空气	—	1.293	1.009	1.73	−195	197	−140.7	3768.4	0.0244
氧	O₂	1.429	0.653	2.03	−132.98	213	−118.82	5036.6	0.0240
氮	N₂	1.251	0.745	1.70	−195.78	199.2	−147.13	3392.5	0.0228
氢	H₂	0.0899	10.13	0.842	−252.75	454.2	−239.9	1296.6	0.163
氦	He	0.1785	3.18	1.88	−268.95	19.5	−267.96	228.94	0.144
氩	Ar	1.7820	0.322	2.09	−185.87	163	−122.44	4862.4	0.0173
氯	Cl₂	3.217	0.355	1.29 (16℃)	−33.8	305	+144.0	7708.9	0.0072
氨	NH₃	0.771	0.67	0.918	−33.4	1373	+132.4	11295	0.0215
一氧化碳	CO	1.250	0.754	1.66	−191.48	211	−140.2	3497.9	0.0226
二氧化碳	CO₂	1.976	0.653	1.37	−78.2	574	+31.1	7384.8	0.0137
硫化氢	H₂S	1.539	0.804	1.166	−60.2	548	+100.4	19136	0.0131
甲烷	CH₄	0.717	1.70	1.03	−161.58	511	−82.15	4619.3	0.0300
乙烷	C₂H₆	1.357	1.44	0.850	−88.50	486	+32.1	4948.5	0.0180
丙烷	C₃H₈	2.020	1.65	0.795 (18℃)	−42.1	427	+95.6	4355.9	0.0148
正丁烷	C₄H₁₀	2.673	1.73	0.810	−0.5	386	+152	3798.8	0.0135
正戊烷	C₅H₁₂	—	1.57	0.874	−36.08	151	+197.1	3342.9	0.0128
乙烯	C₂H₄	1.261	1.222	0.985	+103.7	481	+9.7	5135.9	0.0164
丙烯	C₃H₆	1.914	1.436	0.835 (20℃)	−47.7	440	+91.4	4599.0	—
乙炔	C₂H₂	1.171	1.352	0.935	−83.66 (升华)	829	+35.7	6240.0	0.0184
一氯甲烷	CH₃Cl	2.303	0.582	0.989	−24.1	406	+148	6685.8	0.0085
苯	C₆H₆	—	1.139	0.72	+80.2	394	+288.5	4832.0	0.0088
二氧化硫	SO₂	2.927	0.502	1.17	−10.8	394	+157.5	7879.1	0.0077
二氧化氮	NO₂	—	0.615	—	+21.2	712	+158.2	10130	0.0400

附录 4 某些液体的重要物理性质

名 称	分子式	密度(20 ℃)/(kg/m³)	沸点(101.3 kPa)/℃	气化热/(kJ/kg)	比热容(20 ℃)/[kJ/(kg·℃)]	黏度(20 ℃)/(mPa·s)	导热系数(20 ℃)/[W/(m·℃)]	体积膨胀系数 $\beta \times 10^4$(20 ℃)/℃⁻¹	表面张力 $\sigma \times 10^3$(20 ℃)/(N/m)
水	H_2O	998	100	2258	4.183	1.005	0.599	1.82	72.8
氯化钠盐水(25%)	—	1186 (25 ℃)	107	—	3.39	2.3	0.57(30 ℃)	4.4	—
氯化钙盐水(25%)	—	1228	107	—	2.89	2.5	0.57	3.4	—
硫酸	H_2SO_4	1831	340 (分解)	—	1.47(98%)	—	0.38	5.7	—
硝酸	HNO_3	1513	86	481.1	—	1.17 (10 ℃)	—	—	—
盐酸(30%)	HCl	1149	—	—	2.55	2(31.5%)	0.42	—	—
二硫化碳	CS_2	1262	46.3	352	1.005	0.38	0.16	12.1	32
戊烷	C_5H_{12}	626	36.07	357.4	2.24 (15.6 ℃)	0.229	0.113	15.9	16.2
己烷	C_6H_{14}	659	68.74	335.1	2.31 (15.6 ℃)	0.313	0.119	—	18.2
庚烷	C_7H_{16}	684	98.43	316.5	2.21 (15.6 ℃)	0.411	0.123	—	20.1
辛烷	C_8H_{18}	763	125.67	306.4	2.19 (15.6 ℃)	0.540	0.131	—	21.8
三氯甲烷	$CHCl_3$	1489	61.2	253.7	0.992	0.58	0.138 (30 ℃)	12.6	28.5 (10 ℃)
四氯化碳	CCl_4	1594	76.8	195	0.850	1.0	0.12	—	26.8
1,2-二氯乙烷	$C_2H_4Cl_2$	1253	83.6	324	1.260	0.83	0.14 (60 ℃)	—	30.8
苯	C_6H_6	880	80.10	393.9	1.704	0.737	0.148	12.4	28.6
甲苯	C_7H_8	867	110.63	363	1.70	0.675	0.138	10.9	27.9
邻二甲苯	C_8H_{10}	880	144.42	347	1.74	0.811	0.142	—	30.2
间二甲苯	C_8H_{10}	864	139.10	343	1.70	0.611	0.167	10.1	29.0
对二甲苯	C_8H_{10}	861	138.35	340	1.704	0.643	0.129	—	28.0
苯乙烯	C_8H_8	911(15.6 ℃)	145.2	352	1.733	0.72	—	—	—
氯苯	C_6H_5Cl	1106	131.8	325	1.298	0.85	0.14(30 ℃)	—	32.0

续表

名称	分子式	密度(20℃)/(kg/m³)	沸点(101.3 kPa)/℃	气化热/(kJ/kg)	比热容(20℃)/[kJ/(kg·℃)]	黏度(20℃)/(mPa·s)	导热系数(20℃)/[W/(m·℃)]	体积膨胀系数 $\beta \times 10^4$(20℃)/℃⁻¹	表面张力 $\sigma \times 10^3$(20℃)/(N/m)
硝基苯	$C_6H_5NO_2$	1203	210.9	396	1.47	2.1	0.15	—	41
苯胺	$C_6H_5NH_2$	1022	184.4	448	2.07	4.3	0.17	8.5	42.9
苯酚	C_6H_5OH	1050(50℃)	181.8(熔点40.9℃)	511	—	3.4(50℃)	—	—	—
萘	$C_{10}H_8$	1145(固体)	217.9(熔点80.2℃)	314	1.80(100℃)	0.59(100℃)	—	—	—
甲醇	CH_3OH	791	64.7	1101	2.48	0.6	0.212	12.2	22.6
乙醇	C_2H_5OH	789	78.3	846	2.39	1.15	0.172	11.6	22.8
乙醇(95%)		804	78.2	—	—	1.4	—	—	—
乙二醇	$C_2H_4(OH)_2$	1113	197.6	780	2.35	23	—	—	47.7
甘油	$C_3H_5(OH)_3$	1261	290(分解)	—	—	1499	0.59	5.3	63.0
乙醚	$(C_2H_5)_2O$	714	34.6	360	2.34	0.24	0.14	16.3	18
乙醛	CH_3CHO	783(18℃)	20.2	574	1.9	1.3 (18℃)	—	—	21.2
糠醛	$C_5H_4O_2$	1168	161.7	452	1.6	1.15(50℃)	—	—	43.5
丙酮	CH_3COCH_3	792	56.2	523	2.35	0.32	0.17	—	23.7
甲酸	$HCOOH$	1220	100.7	494	2.17	1.9	0.26	—	27.8
乙酸	CH_3COOH	1049	118.1	406	1.99	1.3	0.17	10.7	23.9
乙酸乙酯	$CH_3COOC_2H_5$	901	77.1	368	1.92	0.48	0.14 (10℃)	—	—
煤油		780~820	—	—	—	3	0.15	10.0	—
汽油		680~800	—	—	—	0.7~0.8	0.19 (30℃)	12.5	—

附录5　干空气的物理性质(101.33 kPa)

温度 t/℃	密度/(kg/m³)	比热容 /[kJ/(kg·℃)]	导热系数 $\lambda \times 10^2$ /[W/(m·℃)]	黏度 $\mu \times 10^5$ /(Pa·s)	普朗特数 Pr
−50	1.584	1.013	2.04	1.46	0.728
−40	1.515	1.013	2.12	1.52	0.728
−30	1.453	1.013	2.20	1.57	0.723
−20	1.395	1.009	2.28	1.62	0.716
−10	1.342	1.009	2.36	1.67	0.712
0	1.293	1.005	2.44	1.72	0.707
10	1.247	1.005	2.51	1.77	0.705
20	1.205	1.005	2.59	1.81	0.703
30	1.165	1.005	2.67	1.86	0.701
40	1.128	1.005	2.76	1.91	0.699
50	1.093	1.005	2.83	1.96	0.698
60	1.060	1.005	2.90	2.01	0.696
70	1.029	1.009	2.97	2.06	0.694
80	1.0000	1.009	3.05	2.11	0.692
90	0.972	1.009	3.13	2.15	0.690
100	0.946	1.009	3.21	2.19	0.688
120	0.898	1.009	3.34	2.29	0.686
140	0.854	1.013	3.49	2.37	0.684
160	0.815	1.017	3.64	2.45	0.682
180	0.779	1.022	3.78	2.53	0.681
200	0.746	1.026	3.93	2.60	0.680
250	0.674	1.038	4.29	2.74	0.677
300	0.615	1.048	4.61	2.97	0.674
350	0.566	1.059	4.91	3.14	0.676
400	0.524	1.068	5.21	3.30	0.678
500	0.456	1.093	5.75	3.62	0.687
600	0.404	1.114	6.22	3.91	0.699
700	0.362	1.135	6.71	4.18	0.706
800	0.329	1.156	7.18	4.43	0.713
900	0.301	1.172	7.63	4.67	0.717
1000	0.277	1.185	8.04	4.90	0.719
1100	0.257	1.197	8.50	5.12	0.722
1200	0.239	1.206	9.15	5.34	0.724

附录 6　水的物理性质

温度 /℃	饱和蒸气 压/kPa	密度 /(kg/m³)	焓 /(kJ/kg)	比热容 /[kJ /(kg·℃)]	导热系数 $\lambda \times 10^2$ /[W /(m·℃)]	黏度 μ /(mPa·s)	体积膨胀 系数 $\beta \times 10^4$ /℃$^{-1}$	表面张力 $\sigma \times 10^3$ /(N/m)	普朗特 数 Pr
0	0.608 2	999.9	0	4.212	55.13	1.792 1	−0.63	75.6	13.66
10	1.226 2	999.7	42.04	4.191	57.45	1.307 7	+0.70	74.1	9.52
20	2.334 6	998.2	89.90	4.183	59.89	1.005 0	1.82	72.6	7.01
30	4.247 4	995.7	125.69	4.174	61.76	0.800 7	3.21	71.2	5.42
40	7.376 6	992.2	167.51	4.174	63.38	0.656 0	3.87	69.6	4.32
50	12.34	988.1	209.30	4.174	64.78	0.549 4	4.49	67.7	3.54
60	19.923	983.2	251.12	4.187	65.94	0.468 8	5.11	66.2	2.98
70	31.164	977.8	292.99	4.178	66.76	0.406 1	5.70	64.3	2.54
80	47.379	971.8	334.94	4.195	67.45	0.356 5	6.32	62.6	2.22
90	70.136	965.3	376.98	4.208	68.04	0.316 5	6.95	60.7	1.96
100	101.33	958.4	419.10	4.220	68.27	0.283 8	7.52	58.8	1.76
110	143.31	951.0	461.34	4.238	68.50	0.258 9	8.08	56.9	1.61
120	198.64	943.1	503.67	4.260	68.62	0.237 3	8.64	54.8	1.47
130	270.25	934.8	546.38	4.266	68.62	0.217 7	9.17	52.8	1.36
140	361.47	926.1	589.08	4.287	68.50	0.201 0	9.72	50.7	1.26
150	476.24	917.0	632.20	4.312	68.38	0.186 3	10.3	48.6	1.18
160	618.28	907.4	675.33	4.346	68.27	0.173 6	10.7	46.6	1.11
170	792.59	897.3	719.29	4.379	67.92	0.162 8	11.3	45.3	1.05
180	1 003.5	886.9	763.25	4.417	67.45	0.153 0	11.9	42.3	1.00
190	1 255.6	876.0	807.63	4.460	66.99	0.144 2	12.6	40.0	0.96
200	1 554.77	863.0	852.43	4.505	66.29	0.136 3	13.3	37.7	0.93
210	1 917.72	852.8	897.65	4.555	65.48	0.130 4	14.1	35.4	0.91
220	2 320.88	840.3	943.70	4.614	64.55	0.124 6	14.8	33.1	0.89
230	2 798.59	827.3	990.18	4.681	63.73	0.119 7	15.9	31	0.88
240	3 347.91	813.6	1 037.49	4.756	62.80	0.114 7	16.8	28.5	0.87
250	3 977.67	799.0	1 085.64	4.844	61.76	0.109 8	18.1	26.2	0.86
260	4 693.75	784.0	1 135.04	4.949	60.48	0.105 9	19.7	23.8	0.87
270	5 503.99	767.9	1 185.28	5.070	59.96	0.102 0	21.6	21.5	0.88
280	6 417.24	750.7	1 236.28	5.229	57.45	0.098 1	23.7	19.1	0.89
290	7 443.29	732.3	1 289.95	5.485	55.82	0.094 2	26.2	16.9	0.93
300	8 592.94	712.5	1 344.80	5.736	53.96	0.091 2	29.2	14.4	0.97
310	9 877.96	691.1	1 402.16	6.071	52.34	0.083	32.9	12.1	1.02
320	11 300.3	667.1	1 462.03	6.573	50.59	0.085 3	38.2	9.81	1.11
330	12 879.6	640.2	1 526.19	7.243	48.73	0.081 4	43.3	7.67	1.22
340	14 615.8	610.1	1 594.75	8.164	45.71	0.077 5	58.4	5.67	1.38
350	16 538.5	574.4	1 671.37	9.504	43.03	0.726	66.8	3.81	1.60
360	18 667.1	528.0	1 761.39	13.984	39.54	0.667	109	2.02	2.36
370	21 040.9	450.5	1 892.43	40.319	33.73	0.056 9	264	0.471	6.80

附录 7　水在不同温度下的黏度

温度/℃	黏度/(mPa·s)	温度/℃	黏度/(mPa·s)	温度/℃	黏度/(mPa·s)
0	1.7921	33	0.7523	67	0.4233
1	1.7313	34	0.7371	68	0.4174
2	1.6728	35	0.7225	69	0.4117
3	1.6191	36	0.7085	70	0.4061
4	1.5674	37	0.6947	71	0.4006
5	1.5188	38	0.6814	72	0.3952
6	1.4728	39	0.6685	73	0.3900
7	1.4284	40	0.6560	74	0.3849
8	1.3860	41	0.6439	75	0.3799
9	1.3462	42	0.6321	76	0.3750
10	1.3077	43	0.6207	77	0.3702
11	1.2713	44	0.6097	78	0.3655
12	1.2363	45	0.5988	79	0.3610
13	1.2028	46	0.5883	80	0.3565
14	1.1709	47	0.5782	81	0.3521
15	1.1403	48	0.5683	82	0.3478
16	1.1111	49	0.5588	83	0.3436
17	1.0828	50	0.5494	84	0.3395
18	1.0559	51	0.5404	85	0.3355
19	1.0299	52	0.5315	86	0.3315
20	1.0050	53	0.5229	87	0.3276
20.2	1.0000	54	0.5146	88	0.3239
21	0.9810	55	0.5064	89	0.3202
22	0.9579	56	0.4985	90	0.3165
23	0.9359	57	0.4907	91	0.3130
24	0.9142	58	0.4832	92	0.3095
25	0.8973	59	0.4759	93	0.3060
26	0.8737	60	0.4688	94	0.3027
27	0.8545	61	0.4618	95	0.2994
28	0.8360	62	0.4550	96	0.2962
29	0.8180	63	0.4483	97	0.2930
30	0.8007	64	0.4418	98	0.2899
31	0.7840	65	0.4355	99	0.2868
32	0.7679	66	0.4293	100	0.2838

附录 8　水的饱和蒸气压（－20～100 ℃）

温度/℃	压强		温度/℃	压强		温度/℃	压强	
	/mmHg	/Pa		/mmHg	/Pa		/mmHg	/Pa
－20	0.772	102.92	21	18.65	2 486.42	62	163.8	21 837.82
－19	0.850	113.32	22	19.83	2 643.74	63	171.4	22 851.05
－18	0.935	124.65	23	21.07	2 809.05	64	179.3	23 904.28
－17	1.027	136.92	24	22.38	2 983.70	65	187.5	24 997.5
－16	1.128	150.38	25	23.76	3 167.68	66	196.1	26 144.05
－15	1.238	165.05	26	25.21	3 360.99	67	205.0	27 330.6
－14	1.357	180.92	27	26.74	3 564.98	68	214.2	28 557.14
－13	1.486	198.11	28	28.35	3 779.62	69	223.7	29 823.68
－12	1.627	216.91	29	30.04	4 004.93	70	233.7	31 156.88
－11	1.780	237.31	30	31.82	4 242.24	71	243.9	32 516.75
－10	1.946	259.44	31	33.70	4 492.88	72	254.6	33 943.27
－9	2.125	283.31	32	35.66	4 754.19	73	265.7	35 423.12
－8	2.321	309.44	33	37.73	5 030.16	74	277.2	36 956.3
－7	2.532	337.51	34	39.90	5 319.47	75	289.1	38 542.81
－6	2.761	368.1	35	42.18	5 623.44	76	301.4	40 182.65
－5	3.008	401.03	36	44.56	5 940.74	77	314.1	41 875.81
－4	3.276	436.76	37	47.07	6 275.37	78	327.3	43 635.64
－3	3.566	475.42	38	49.65	6 619.34	79	341.0	45 462.12
－2	3.876	516.75	39	52.44	6 991.30	80	355.1	47 341.93
－1	4.216	562.08	40	55.32	7 375.26	81	369.3	49 235.08
0	4.579	610.47	41	58.34	7 778.89	82	384.9	51 314.87
1	4.93	657.27	42	61.50	8 199.18	83	400.6	53 407.99
2	5.29	705.31	43	64.80	8 639.14	84	416.8	55 567.78
3	5.69	758.64	44	68.26	9 103.09	85	433.6	57 807.55
4	6.10	813.26	45	71.88	9 583.04	86	450.9	60 113.99
5	6.54	871.91	46	75.65	10 085.66	87	466.1	62 140.45
6	7.01	934.57	47	79.60	10 612.27	88	487.1	64 940.17
7	7.51	1 001.23	48	83.71	11 160.22	89	506.1	67 473.25
8	8.05	1 073.23	49	88.02	11 734.83	90	525.8	70 099.66
9	8.61	1 147.89	50	92.51	12 333.43	91	546.1	72 806.05
10	9.21	1 227.88	51	97.20	12 958.7	92	567.0	75 592.44
11	9.84	1 311.87	52	102.10	13 611.97	93	588.6	78 472.15
12	10.52	1 402.53	53	107.2	14 291.9	94	610.9	81 445.19
13	11.23	1 497.18	54	112.5	14 998.5	95	633.9	84 511.55
14	11.99	1 598.51	55	118.0	15 731.76	96	657.6	87 671.23
15	12.79	1 705.16	56	123.8	16 505.02	97	682.1	90 937.57
16	13.63	1 817.15	57	129.8	17 304.94	98	707.3	94 297.24
17	14.53	1 937.14	58	136.1	18 144.85	99	733.2	97 750.22
18	15.48	2 063.79	59	142.6	19 011.43	100	760.0	101 323.2
19	16.48	2 197.11	60	149.4	19 918.00			
20	17.54	2 338.43	61	156.4	20 851.25			

附录 9　饱和水蒸气压(按温度顺序排列)

温度 /℃	绝对压强		蒸汽的密度 /(kg/m³)	焓				气化热	
				液体		蒸汽			
	/(kgf/cm²)	/kPa		/(kcal/kg)	/(kJ/kg)	/(kcal/kg)	/(kJ/kg)	/(kcal/kg)	/(kJ/kg)
0	0.006 2	0.608 0	0.004 84	0	0	595	2 491.1	595	2 491.1
5	0.008 9	0.872 8	0.006 80	5.0	20.94	597.3	2 500.8	592.3	2 479.9
10	0.012 5	1.225 9	0.009 40	10.0	41.87	599.6	2 510.4	589.6	2 468.5
15	0.017 4	1.706 4	0.012 83	15.0	62.80	602.0	2 520.5	587.0	2 457.7
20	0.023 8	2.334 1	0.017 19	20.0	83.74	604.3	2 530.1	584.3	2 446.3
25	0.032 3	3.167 7	0.023 04	25.0	104.67	606.6	2 539.7	581.6	2 435.0
30	0.043 3	4.246 4	0.030 36	30.0	125.60	608.9	2 549.3	578.9	2 423.7
35	0.057 3	5.619 4	0.039 60	35.0	146.54	611.2	2 559.0	576.2	2 412.4
40	0.075 2	7.374 9	0.051 14	40.0	167.47	613.5	2 568.6	573.5	2 401.1
45	0.097 7	9.581 4	0.065 43	45.0	188.41	615.7	2 577.8	570.7	2 389.4
50	0.125 8	14.985	0.083 0	50.0	209.34	618.0	2 587.4	568.0	2 378.1
55	0.160 5	15.740	0.104 3	55.0	230.27	620.2	2 596.7	565.2	2 366.4
60	0.203 1	19.918	0.130 1	60.0	251.21	622.5	2 606.3	562.5	2 355.1
65	0.255 0	25.018	0.161 1	65.0	272.14	624.7	2 615.5	559.7	2 343.4
70	0.317 7	31.157	0.197 9	70.0	293.08	626.8	2 624.3	556.8	2 331.2
75	0.393	38.542	0.241 6	75.0	314.01	629.0	2 633.5	554.0	2 319.5
80	0.483	47.368	0.292 9	80.0	334.94	631.1	2 642.3	551.2	2 307.8
85	0.590	57.861	0.253 1	85.0	355.88	633.2	2 651.1	548.2	2 295.2
90	0.715	70.12	0.422 9	90.0	376.81	635.3	2 699.9	545.3	2 283.1
95	0.862	84.536	0.503 9	95.0	397.75	637.4	2 668.7	542.4	2 270.9
100	1.033	101.31	0.597 0	100.0	418.68	639.4	2 677.0	539.4	2 258.4
105	1.232	120.82	0.703 6	105.1	440.03	641.3	2 685.0	536.3	2 245.4
110	1.461	143.28	0.825 4	110.1	460.97	643.3	2 693.4	533.1	2 232.0
115	1.724	169.07	0.963 5	115.2	482.32	645.2	2 701.3	530.0	2 219.0
120	2.025	198.59	1.119 9	120.3	503.67	647.0	2 708.9	526.7	2 205.2
125	2.367	232.13	1.296	125.4	525.02	648.8	2 716.4	523.5	2 191.8
130	2.755	270.18	1.494	130.5	546.38	650.6	2 723.9	520.1	2 177.6
135	3.192	313.04	1.715	135.6	567.73	652.3	2 731.0	516.7	2 163.3
140	3.685	361.39	1.962	140.7	589.08	653.9	2 737.7	513.2	2 148.7
145	4.238	415.62	2.238	145.9	610.85	655.5	2 744.4	509.7	2 134.0
150	4.855	476.13	2.543	151.0	632.21	657.0	2 750.7	506.0	2 118.5
160	6.303	618.14	3.252	161.4	675.75	659.9	2 762.9	498.5	2 087.1
170	8.080	792.41	4.113	171.8	719.29	662.4	2 773.3	490.6	2 054.0
180	10.23	1 003.3	5.145	182.3	763.25	664.6	2 782.5	482.3	2 019.3
190	12.80	1 255.3	6.378	192.9	807.64	666.4	2 790.1	473.5	1 982.4
200	15.85	1 554.4	7.840	203.5	852.01	667.7	2 795.5	464.2	1 943.6
210	19.55	1 917.3	9.567	214.4	897.23	668.6	2 799.3	454.4	1 902.5
220	23.66	2 320.3	11.60	225.1	942.45	669.0	2 801.0	443.9	1 858.5
230	28.53	2 797.9	13.98	236.1	988.50	668.8	2 800.1	432.7	1 811.6
240	34.13	3 347.1	16.76	247.1	1 034.56	668.0	2 796.8	420.8	1 761.8
250	40.55	3 976.7	20.01	258.3	1 081.45	664.0	2 790.1	408.1	1 708.6
260	47.85	4 692.6	23.82	269.6	1 128.76	664.2	2 780.9	394.5	1 651.7
270	56.11	5 502.7	28.27	281.1	1 176.91	661.2	2 768.3	380.1	1 591.4

续表

温度 /℃	绝对压强		蒸汽的密度 /(kg/m³)	焓				气化热	
				液体		蒸汽			
	/(kgf/cm²)	/kPa		/(kcal/kg)	/(kJ/kg)	/(kcal/kg)	/(kJ/kg)	/(kcal/kg)	/(kJ/kg)
280	65.42	6 415.7	33.47	292.7	1 225.48	657.3	2 752.0	364.5	1 526.5
290	75.88	7 441.6	39.60	304.4	1 274.46	652.6	2 732.3	348.1	1 457.4
300	87.6	8 590.9	46.93	316.6	1 325.54	646.8	2 708.0	330.2	1 382.5
310	100.7	9 875.6	55.59	329.3	1 378.71	640.1	2 680.0	310.8	1 301.3
320	115.2	11 297.7	65.95	343.0	1 436.07	632.5	2 648.2	289.5	1 212.1
330	131.3	12 876.6	78.53	257.5	1 446.78	623.6	2 610.5	266.6	1 116.2
340	149.0	14 612.4	93.98	373.3	1 562.93	613.5	2 568.6	240.2	1 005.7
350	168.6	16 534.6	113.2	390.8	1 636.20	601.1	2 516.7	210.3	880.5
360	190.3	18 662.7	139.6	413.0	1 729.15	583.4	2 442.6	170.3	713.0
370	214.5	21 036.0	171.0	451.0	1 888.25	549.8	2 301.9	98.2	411.1
374	225	22 065.8	322.6	501.1	2 098.0	501.1	2 098.0	0	0

附录 10　某些液体的导热系数

液　体	温度/℃	导热系数/[W/(m·℃)]	液　体	温度/℃	导热系数/[W/(m·℃)]
石油	20	0.180	三氯甲烷	30	0.138
汽油	30	0.135	四氯化碳	0	0.185
煤油	20	0.149		68	0.163
	75	0.140	二硫化碳	30	0.161
正戊烷	30	0.135		75	0.152
	75	0.128	乙苯	30	0.149
正己烷	30	0.138		60	0.142
	60	0.135	氯苯	10	0.144
正庚烷	30	0.140	硝基苯	30	0.164
	60	0.135		100	0.152
正辛烷	60	0.14	硝基甲苯	30	0.216
	0	0.138~0.156		60	0.208
乙醇(100%)	20	0.182	橄榄油	100	0.164
乙醇(80%)	20	0.237	松节油	15	0.128
正丙醇	30	0.171	氯化钙盐水(30%)	30	0.55
	75	0.164	氯化钙盐水(15%)	30	0.59
正戊醇	30	0.163	氯化钠盐水(25%)	30	0.57
	100	0.154	氯化钠盐水(125%)	30	0.59
异戊醇	30	0.152	硫酸(90%)	30	0.36
	75	0.151	硫酸(60%)	30	0.43
正己醇	30	0.164	硫酸(30%)	30	0.52
	75	0.156	盐酸(125%)	32	0.52
正庚醇	30	0.163	盐酸(25%)	32	0.48
	75	0.157	盐酸(38%)	32	0.44
丙烯醇	25~30	0.180	氢氧化钾(21%)	32	0.58
乙醚	30	0.133	氢氧化钾(42%)	32	0.55
	75	0.135	氨	25~30	0.50
乙酸乙酯	20	0.175	氨水溶液	20	0.45
氯甲烷	−15	0.192		60	0.50
	30	0.154	汞	28	0.36

附录 11　某些气体和蒸气的导热系数

物　质	温度/℃	导热系数/[W/(m·℃)]	物　质	温度/℃	导热系数/[W/(m·℃)]
丙酮	0	0.009 8	氯甲烷	0	0.006 7
	46	0.012 8		46	0.008 5
	100	0.017 1		100	0.010 9
	184	0.025 4		212	0.016 4
空气	0	0.024 2	乙烷	−70	0.011 4
	100	0.031 7		−34	0.014 9
	200	0.039 1		0	0.018 3
	300	0.045 9		100	0.030 3
氨	−60	0.016 4	乙醇	20	0.015 4
	0	0.022 2		100	0.021 5
	50	0.027 2	乙醚	0	0.013 3
	100	0.032 0		46	0.017 1
苯	0	0.009 0		100	0.022 7
	46	0.012 6		184	0.032 7
	100	0.017 8		212	0.036 2
	184	0.026 3	乙烯	−71	0.011 1
	212	0.030 5		0	0.017 5
正丁烷	0	0.013 5		50	0.026 7
	100	0.023 4		100	0.027 9
异丁烷	0	0.013 8	正庚烷	200	0.019 4
	100	0.024 1		100	0.017 8
二氧化碳	−50	0.011 8	正己烷	0	0.012 5
	0	0.014 7		20	0.013 8
	100	0.023 0	氢	−100	0.011 3
	200	0.031 3		−50	0.014 4
	300	0.039 6		0	0.017 3
二硫化碳	0	0.006 9		50	0.019 9
	−73	0.007 3		100	0.022 3
一氧化碳	−189	0.007 1		300	0.030 8
	−179	0.008 0	氮	−100	0.016 4
	−60	0.023 4		0	0.024 2
四氯化碳	46	0.007 1		50	0.027 7
	100	0.009 0		100	0.031 2
	184	0.011 12	氧	−100	0.016 4
氯	0	0.007 4		−50	0.020 6
三氯甲烷	0	0.006 6		0	0.024 6
	46	0.008 0		50	0.028 4
	100	0.010 0		100	0.032 1
	184	0.013 3	丙烷	0	0.015 1
硫化氢	0	0.013 2		100	0.026 1
汞	200	0.034 1	二氧化硫	0	0.008 7
甲烷	−100	0.017 3		100	0.011 9
	−50	0.025 1	水蒸气	46	0.020 8
	0	0.030 2		100	0.023 7
	50	0.037 2		200	0.032 4
甲醇	0	0.014 4		300	0.042 9
	100	0.022 2		400	0.054 5

附录12　某些固体材料的导热系数

1. 常用金属材料的导热系数

材　料	导热系数/[W/(m·℃)]				
	0℃	100℃	200℃	300℃	400℃
铝	227.95	227.95	227.95	227.95	227.95
铜	383.79	379.14	372.16	367.51	362.86
铁	73.27	67.45	61.64	54.66	48.85
铅	35.12	33.38	31.40	29.77	—
镁	172.12	167.47	162.82	58.17	—
镍	93.04	82.57	73.27	163.97	59.31
银	414.03	409.38	373.32	361.69	359.37
锌	112.81	109.90	105.83	101.18	93.04
碳钢	52.34	48.85	44.19	41.87	34.89
不锈钢	16.28	17.45	17.45	18.49	—

2. 常用非金属材料的导热系数

材　料	温度/℃	导热系数/[W/(m·℃)]
石棉板	—	0.10~0.14
软木	30	0.043 03
玻璃棉	—	0.034 89~0.069 78
保温灰	—	0.069 78
膨胀珍珠岩散料	25	0.021 0~0.062 0
锯屑	20	0.046 52~0.058 15
棉花	100	0.069 78
厚纸	20	0.136 9~0.348 9
玻璃	30	1.093 2
	—20	0.756 0
搪瓷	—	0.872 3~1.163 0
云母	50	0.430 3
泥土	20	0.697 8~0.930 4
冰	0	2.326 0

附录 13　污垢系数(单位:m² · K/W)

1. 冷却水

加热流体的温度/℃	115 以下		115～205	
水的温度/℃	25 以上		25 以下	
水的流速/(m/s)	1 以下	1 以上	1 以下	1 以上
海水	0.8598×10^{-4}	0.8598×10^{-4}	1.7197×10^{-4}	1.7197×10^{-4}
自来水、井水湖水、软化锅炉水	1.7197×10^{-4}	1.7197×10^{-4}	3.4394×10^{-4}	3.4394×10^{-4}
蒸馏水	0.8598×10^{-4}	0.8598×10^{-4}	0.8598×10^{-4}	0.8598×10^{-4}
硬水	5.1590×10^{-4}	5.1590×10^{-4}	8.598×10^{-4}	8.598×10^{-4}
河水	5.1590×10^{-4}	3.4394×10^{-4}	6.8788×10^{-4}	5.1590×10^{-4}

2. 工业用气体

气 体	污垢系数	气 体	污垢系数
有机化合物	0.8598×10^{-4}	溶剂蒸气	1.7197×10^{-4}
水蒸气	0.8598×10^{-4}	天然气	1.7197×10^{-4}
空气	3.4394×10^{-4}	焦炉气	1.7197×10^{-4}

3. 工业用液体

液 体	污垢系数	液 体	污垢系数
有机化合物	1.7197×10^{-4}	熔盐	0.8598×10^{-4}
盐水	1.7197×10^{-4}	植物油	5.1590×10^{-4}

4. 石油分馏物

馏出物	污垢系数	馏出物	污垢系数
重油	8.598×10^{-4}	原油	$3.4394 \times 10^{-4} \sim 12.098 \times 10^{-4}$
汽油	1.7197×10^{-4}	柴油	$3.4394 \times 10^{-4} \sim 5.1590 \times 10^{-4}$
石脑油	1.7197×10^{-4}	沥青油	17.197×10^{-4}
煤油	1.7197×10^{-4}		

附录 14　液体的黏度和密度

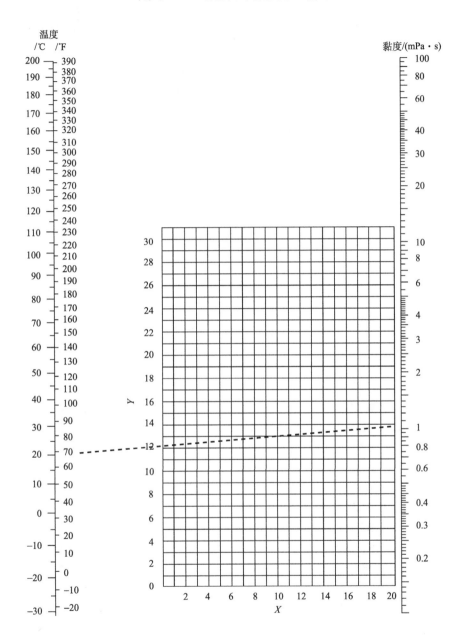

液体黏度共线图的坐标值及液体的密度列于下表中：

序　号	液　体	X	Y	密度(20 ℃)/(kg/m³)
1	乙醛	15.2	14.8	783 (18 ℃)
2	乙酸　100％	12.1	14.2	1049 *
3	乙酸　70％	9.5	17.0	1069
4	乙酸酐	12.7	12.8	1083
5	丙酮　100％	14.5	7.2	792
6	丙酮　35％	7.9	15.0	948
7	丙烯醇	10.2	14.3	854
8	氨　100％	12.6	2.0	817 (−79 ℃)
9	氨　26％	10.1	13.9	904
10	乙酸戊酯	11.8	12.5	879
11	戊醇	7.5	18.4	817
12	苯胺	8.1	18.7	1022
13	苯甲醚	12.3	13.5	990
14	三氯化砷	13.9	14.5	2163
15	苯	12.5	10.9	880
16	氯化钙盐　25％	6.6	15.9	1228
17	氯化钠盐水　25％	10.2	16.6	1186 (25 ℃)
18	溴	14.2	13.2	3119
19	溴甲苯	20	15.9	1410
20	乙酸丁酯	12.3	11.0	882
21	丁醇	8.6	17.2	810
22	丁酸	12.1	5.3	964
23	二氯化碳	11.6	0.3	1101 (−37 ℃)
24	二硫化碳	16.1	7.5	1263
25	四氯化碳	12.7	13.1	1595
26	氯苯	12.3	12.4	1107
27	三氯甲烷	14.4	10.2	1489
28	氯磺酸	11.2	18.1	1787 (25 ℃)
29	氯甲苯（邻位）	13.0	13.3	1082
30	氯甲苯（间位）	13.3	12.5	1072
31	氯甲苯（对位）	13.5	12.5	1070
32	甲酚（间位）	2.5	20.8	1034
33	环己醇	2.9	24.3	962
34	二溴乙烷	12.7	15.8	2495
35	二氯乙烷	13.2	12.2	1256
36	二氯甲烷	14.6	8.9	1336
37	乙二酸乙酯	11.0	16.4	1079

序　号	液　体	X	Y	密度(20 ℃)/(kg/m³)
38	乙二酸二甲酯	12.3	15.8	1148 (54 ℃)
39	联苯	12.0	18.3	992 (73 ℃)
40	乙二酸二丙酯	10.3	17.7	1038 (0 ℃)
41	乙酸乙酯	13.7	9.1	901
42	乙醇　100%	10.5	13.8	789
43	乙醇　95%	9.8	14.3	804
44	乙醇　40%	6.5	16.6	935
45	乙苯	13.2	11.5	867
46	溴乙烷	14.5	8.1	1431
47	氯乙烷	14.8	6.0	917 (6 ℃)
48	乙醚	14.5	5.3	708 (25 ℃)
49	甲酸乙酯	14.2	8.4	923
50	碘乙烷	14.7	10.3	1933
51	乙二醇	6.0	23.6	1113
52	甲酸	10.7	15.8	1220
53	氟利昂-11(CCl_3F)	14.4	9.0	1494 (17 ℃)
54	氟利昂-12 (CCl_2F_2)	16.8	5.6	1486 (20 ℃)
55	氟利昂-21($CHCl_2F$)	15.7	7.5	1426 (0 ℃)
56	氟利昂-22($CHClF_2$)	17.2	4.7	3780 (0 ℃)
57	氟利昂-113(CCl_3F-$CClF_2$)	12.5	11.4	1576
58	甘油　100%	2.0	30.0	1261
59	甘油　50%	6.9	19.6	1126
60	庚烷	14.1	8.4	684
61	己烷	14.7	7.0	659
62	盐酸　31.5%	13.0	16.6	1157
63	异丁醇	7.1	18.0	779 (26 ℃)
64	异丁酸	12.2	14.4	949
65	异丙醇	8.2	16.0	789
66	煤油	10.2	16.9	780～820
67	粗亚麻仁油	7.5	27.2	930～938 (15 ℃)
68	汞	18.4	16.4	13 546
69	甲醇　100%	12.4	10.5	792
70	甲醇　90%	12.3	11.8	820
71	甲醇　40%	7.8	15.5	935
72	乙酸甲酯	14.2	8.2	924
73	氯甲烷	15.0	3.8	952 (0 ℃)
74	丁酮	13.9	8.6	805
75	萘	7.9	18.1	1145

序　号	液　体	X	Y	密度(20 ℃)/(kg/m³)
76	硝酸　95%	12.8	13.8	1493
77	硝酸　60%	10.8	17.0	1367
78	硝基苯	10.6	16.2	1205 (15 ℃)
79	硝基甲苯	11.0	17.0	1160
80	辛烷	13.7	10.0	706
81	辛醇	6.6	21.1	827
82	五氯乙烷	10.9	17.3	1671 (25 ℃)
83	戊烷	14.9	5.2	690 (18 ℃)
84	酚	6.9	20.8	1071 (25 ℃)
85	三溴化磷	13.8	16.7	2852 (15 ℃)
86	三氯化磷	16.2	10.9	1574
87	丙酸	12.8	13.8	992
88	丙醇	9.1	16.5	804
89	溴丙烷	14.5	9.6	1353
90	氯丙烷	14.4	7.5	890
91	碘丙烷	14.1	11.6	1749
92	钠	16.4	13.9	970
93	氢氧化钠　50%	3.2	25.8	1525
94	四氯化锡	13.5	12.8	2226
95	二氧化硫	15.2	7.1	1434 (0 ℃)
96	硫酸　110%	7.2	27.4	1980
97	硫酸　98%	7.0	24.8	1836
98	硫酸　60%	10.2	21.3	1498
99	二氯二氧化硫	15.2	12.4	1667
100	四氯乙烷	11.9	15.7	1600
101	四氯乙烯	14.2	12.7	1624 (15 ℃)
102	四氯化钛	14.4	12.3	1726
103	甲苯	13.7	10.4	886
104	三氯乙烯	14.8	10.5	1436
105	松节油	11.5	14.9	861～867
106	乙酸乙烯	14.0	8.8	932
107	水	10.2	13.0	998
108	二甲苯(邻位)	13.5	12.1	881
109	二甲苯(间位)	13.9	10.6	867
110	二甲苯(对位)	13.9	10.9	861

附录 15　气体的黏度(101.33 kPa)

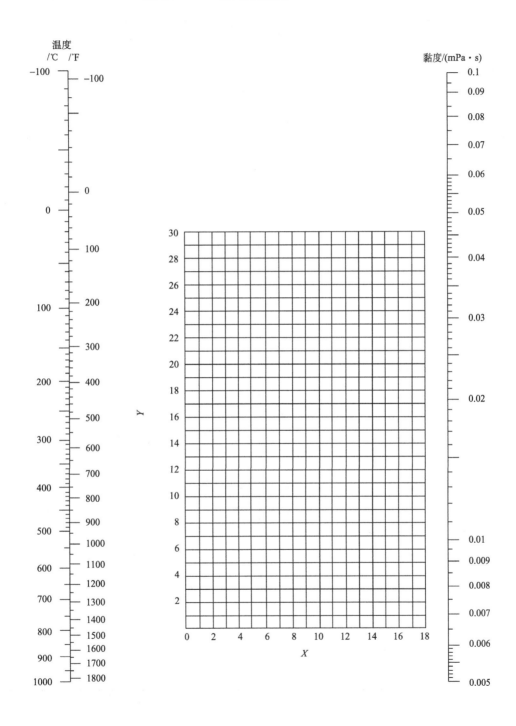

气体黏度共线图的坐标值列于下表中：

序 号	气 体	X	Y	序 号	气 体	X	Y
1	乙酸	7.7	14.3	29	氟利昂-113($CCl_3F\text{-}CClF_2$)	11.3	14.0
2	丙酮	8.9	13.0	30	氦	10.9	20.5
3	乙炔	9.8	14.9	31	己烷	8.6	11.8
4	空气	11.0	20.0	32	氢	11.2	12.4
5	氨	8.4	16.0	33	$3H_2+1N_2$	11.2	17.2
6	氩	10.5	22.4	34	溴化氢	8.8	20.9
7	苯	8.5	13.2	35	氯化氢	8.8	18.7
8	溴	8.9	19.2	36	氰化氢	9.8	14.9
9	丁烷(butane)	9.2	13.7	37	碘化氢	9.0	21.3
10	丁烯(butylene)	8.9	13.0	38	硫化氢	8.6	18.0
11	二氧化碳	9.5	18.7	39	碘	9.0	18.4
12	二硫化碳	8.0	16.0	40	汞	5.3	22.9
13	一氧化碳	11.0	20.0	41	甲烷	9.9	15.5
14	氯	9.0	18.4	42	甲醇	8.5	15.6
15	三氯甲烷	8.9	15.7	43	一氧化氮	10.9	20.5
16	氰	9.2	15.2	44	氮	10.6	20.0
17	环己烷	9.2	12.0	45	五硝酰氯	8.0	17.6
18	乙烷	9.1	14.5	46	一氧化二氮	8.8	19.0
19	乙酸乙酯	8.5	13.2	47	氧	11.0	21.3
20	乙醇	9.2	14.2	48	戊烷	7.0	12.8
21	氯乙烷	8.5	15.6	49	丙烷	9.7	12.9
22	乙醚	8.9	13.0	50	丙醇	8.4	13.4
23	乙烯	9.5	15.1	51	丙烯	9.0	13.8
24	氟	7.3	23.8	52	二氧化硫	9.6	17.0
25	氟利昂-11(CCl_3F)	10.6	15.1	53	甲苯	8.6	12.4
26	氟利昂-12(CCl_2F_2)	11.1	16.0	54	2,3,3-三甲(基)丁烷	9.5	10.5
27	氟利昂-21($CHCl_2F$)	10.8	15.3	55	水	8.0	16.0
28	氟利昂-22($CHClF_2$)	10.1	17.0	56	氙	9.3	23.0

附录16　液体的比热容

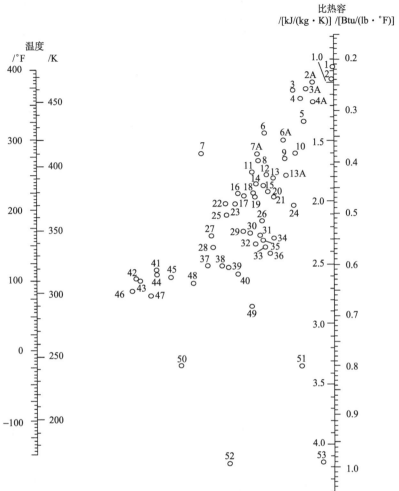

液体比热容共线图的编号列于下表中：

号　数	液　体	范围/℃
29	乙酸　100%	0～80
32	丙酮	20～50
52	氨	−70～50
37	戊醇	−60～25
26	乙酸戊酯	0～100
30	苯胺	0～130
23	苯	10～80
27	苯甲醇	−20～30
10	苯甲基氯	−30～30
49	氯化钙盐水　25%	−40～20
51	氯化钠盐水　25%	−40～20
44	丁醇	0～100

续表

号 数	液 体	范围/℃
2	二硫化碳	−100~25
3	四氯化碳	10~60
8	氯苯	0~100
4	三氯甲烷	0~50
21	癸烷	−80~25
6A	二氯乙烷	−30~60
5	二氯甲烷	−40~50
15	联苯	80~120
22	二苯甲烷	30~100
16	二苯醚	0~200
16	道舍姆 A (Dowtherm A)	0~200
24	乙酸乙酯	−50~25
42	乙醇　100%	30~80
46	乙醇　95%	20~80
50	乙醇　50%	20~80
25	乙苯	0~100
1	溴乙烷	5~25
13	氯乙烷	−30~40
36	乙醚	−100~25
7	碘乙烷	0~100
39	乙二醇	−40~200
2A	氟利昂-11 (CCl_3F)	−20~70
6	氟利昂-12 (CCl_2F_2)	−40~15
4A	氟利昂-21 ($CHCl_2F$)	−20~70
7A	氟利昂-22 ($CHClF_2$)	−20~60
3A	氟利昂-113 ($CCl_3F\text{-}CClF_2$)	−20~70
38	三元醇	−40~20
28	庚烷	0~60
35	己烷	−80~20
48	盐酸　20%	20~100
41	异戊醇	10~100
43	异丁醇	0~100
47	异丙醇	−20~50
31	异丙醚	−80~20
40	甲醇	−40~20
13A	氯甲烷	−80~20
14	萘	90~200
12	硝基苯	0~100
34	壬烷	−50~125
33	辛烷	−50~25
3	过氯乙烯	−30~140
45	丙醇	−20~100
20	吡啶	−51~25
9	硫酸　98%	10~45
11	二氧化硫	−20~100
23	甲苯	0~60
53	水	−10~200
19	二甲苯（邻位）	0~100
18	二甲苯（间位）	0~100
17	二甲苯（对位）	0~100

附录 17 气体的比热容(101.33 kPa)

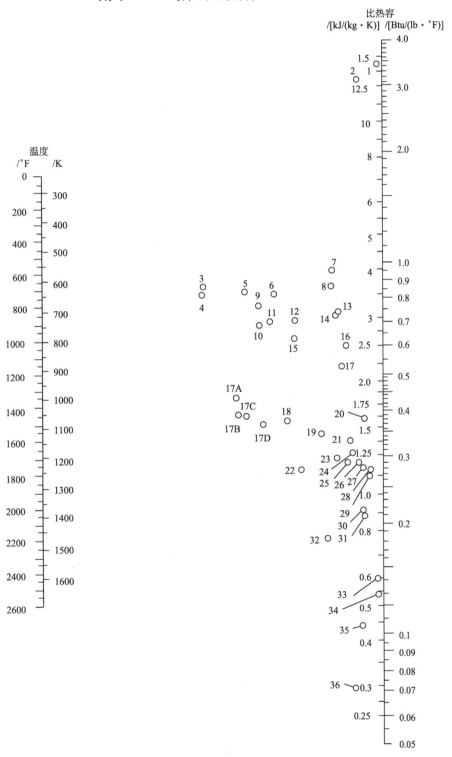

气体比热容共线图的编号列于下表中：

号 数	气 体	范围/℃
10	乙炔	0～200
15	乙炔	200～400
16	乙炔	400～1400
27	空气	0～1400
12	氨	0～600
14	氨	600～1400
18	二氧化碳	0～400
24	二氧化碳	400～1400
26	一氧化碳	0～1400
32	氯	0～200
34	氯	200～1400
3	乙烷	0～200
9	乙烷	200～600
8	乙烷	600～1400
4	乙烯	0～200
11	乙烯	200～600
13	乙烯	600～1400
17B	氟利昂-11(CCl_3F)	0～150
17C	氟利昂-21($CHCl_2F$)	0～150
17A	氟利昂-22($CHClF_2$)	0～150
17D	氟利昂-113(CCl_3F-$CClF_2$)	0～150
1	氢	0～600
2	氢	600～1400
35	溴化氢	0～1400
30	氯化氢	0～1400
20	氟化氢	0～1400
36	碘化氢	0～1400
19	硫化氢	0～700
21	硫化氢	700～1400
5	甲烷	0～300
6	甲烷	300～700
7	甲烷	700～1400
25	一氧化氮	0～700
28	一氧化氮	700～1400
26	氮	0～1400
23	氧	0～500
29	氧	500～1400
33	硫	300～1400
22	二氧化硫	0～400
31	二氧化硫	400～1400
17	水	0～1400

附录 18　气化热(蒸发潜热)

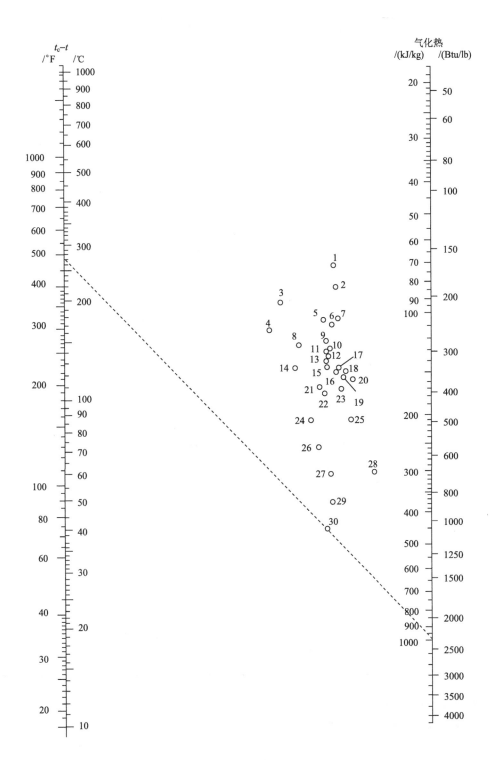

气化热共线图的编号列于下表中：

号　数	化合物	范围(t_c-t)/℃	临界温度(t_c)/℃
18	乙酸	100～225	321
22	丙酮	120～210	235
29	氨	50～200	133
13	苯	10～400	289
16	丁烷	90～200	153
21	二氧化碳	10～100	31
4	二硫化碳	140～275	273
2	四氯化碳	30～250	283
7	三氯甲烷	140～275	263
8	二氯甲烷	150～250	216
3	联苯	175～400	5
25	乙烷	25～150	32
26	乙醇	20～140	243
28	乙醇	140～300	243
17	氯乙烷	100～250	187
13	乙醚	10～400	194
2	氟利昂-11 (CCl_3F)	70～250	198
2	氟利昂-12 (CCl_2F_2)	40～200	111
5	氟利昂-21 ($CHCl_2F$)	70～250	178
6	氟利昂-22 ($CHClF_2$)	50～170	96
1	氟利昂-113 ($CCl_3F\text{-}CClF_2$)	90～250	214
10	庚烷	20～300	267
11	己烷	50～225	235
15	异丁烷	80～200	134
27	甲醇	40～250	240
20	氯甲烷	0～250	143
19	一氧化二氮	25～150	36
9	辛烷	30～300	296
12	戊烷	20～200	197
23	丙烷	40～200	96
24	丙醇	20～200	264
14	二氧化硫	90～160	157
30	水	100～500	374

【例】 求 100 ℃水的蒸发潜热。

解　从表中查出水的编号为 30，临界温度 t_c 为 374 ℃，故

$$t_c - t = 374 - 100 = 274\ (℃)$$

在温度标尺上找出相应于 274 ℃的点，将该点与编号 30 的点相连，延长与蒸发潜热标尺相交，由此读出 100 ℃时水的蒸发潜热为 2257 kJ/kg。

附录 19　无机盐溶液的沸点(101.33 kPa)

沸点/℃　溶液的浓度(质量分数)/%

物　质	101	102	103	104	105	107	110	115	120	125	140	160	180	200	220	240	260	280	300
$CaCl_2$	5.66	10.31	14.16	17.36	20.00	24.24	29.33	35.68	40.83	45.80	57.89	68.94	75.86	—	—	—	—	—	—
KOH	4.49	8.51	11.97	14.82	17.01	20.88	25.65	31.97	36.51	40.23	48.05	54.89	60.41	64.91	68.73	72.46	75.76	78.95	81.63
KCl	8.42	14.31	18.96	23.02	26.57	32.62	36.47	—	—	—	—	—	—	—	—	—	—	—	—
K_2CO_3	10.31	18.37	24.24	28.57	32.24	37.69	43.97	50.86	56.04	60.40	66.94	—	—	—	—	—	—	—	—
KNO_3	13.19	23.66	32.23	39.20	45.10	54.65	65.34	79.53	—	—	—	—	—	—	—	—	—	—	—
$MgCl_2$	4.67	8.42	11.66	14.31	16.59	20.32	24.41	29.48	33.07	36.02	38.61	—	—	—	—	—	—	—	—
$MgSO_4$	14.31	22.78	28.31	32.23	35.32	42.86	—	—	—	—	—	—	—	—	—	—	—	—	—
$NaOH$	4.12	7.40	10.15	12.51	14.53	18.32	23.08	26.21	33.77	37.58	48.32	60.13	69.97	77.53	84.03	88.89	93.02	95.92	98.47
$NaCl$	6.19	11.03	14.67	17.69	20.32	25.09	—	—	—	—	—	—	—	—	—	—	—	—	—
$NaNO_3$	8.26	15.61	21.87	17.53	32.43	40.47	49.87	60.94	68.94	—	—	—	—	—	—	—	—	—	—
Na_2SO_4	15.26	24.81	30.73	—	33.66	—	—	—	—	—	—	—	—	—	—	—	—	—	—
Na_2CO_3	9.42	17.22	23.72	29.18	—	—	—	—	—	—	—	—	—	—	—	—	—	—	—
$CuSO_4$	26.95	39.98	40.83	44.47	45.12	—	—	—	—	—	—	—	—	—	—	—	—	—	—
$ZnSO_4$	20.00	31.22	37.89	42.92	46.15	—	—	—	—	—	—	—	—	—	—	—	—	—	—
NH_4NO_3	9.09	16.66	23.08	29.08	34.21	42.53	51.92	63.24	71.26	77.11	87.09	93.20	96.00	97.61	98.84	—	—	—	—
NH_4Cl	6.10	11.35	15.96	19.80	22.89	28.37	35.98	46.95	—	—	—	—	—	—	—	—	—	—	—
$(NH_4)_2SO_4$	13.34	23.14	30.65	36.71	41.79	49.73	—	—	—	—	—	—	—	—	—	—	—	—	—

附录20 管子规格

1. 热轧(挤、扩)钢管的外径和壁厚

外径/mm \ 壁厚/mm	4.5	5	6	7	8	9	10	11	12	13	14	15	16	17	18
68	◎	◎	◎	◎	◎	◎	◎	◎	◎						
70	◎	◎	◎	◎	◎	◎	◎	◎	◎						
73	◎	◎	◎	◎	◎	◎	◎	◎	◎						
76	◎	◎	◎	◎	◎	◎	◎	◎	◎						
80	◎	◎	◎	◎	◎	◎	◎	◎	◎						
83	◎	◎	◎	◎	◎	◎	◎	◎	◎						
89	◎	◎	◎	◎	◎	◎	◎	◎	◎						
95	◎	◎	◎	◎	◎	◎	◎	◎	◎	◎	◎				
102	◎	◎	◎	◎	◎	◎	◎	◎	◎	◎	◎				
108	◎	◎	◎	◎	◎	◎	◎	◎	◎	◎	◎				
114		◎	◎	◎	◎	◎	◎	◎	◎	◎	◎				
121		◎	◎	◎	◎	◎	◎	◎	◎	◎	◎				
127		◎	◎	◎	◎	◎	◎	◎	◎	◎	◎				
133		◎	◎	◎	◎	◎	◎	◎	◎	◎	◎				
140			◎	◎	◎	◎	◎	◎	◎	◎	◎	◎	◎		
146			◎	◎	◎	◎	◎	◎	◎	◎	◎	◎	◎		
152			◎	◎	◎	◎	◎	◎	◎	◎	◎	◎	◎		
159			◎	◎	◎	◎	◎	◎	◎	◎	◎	◎	◎		
168				◎	◎	◎	◎	◎	◎	◎	◎	◎	◎	◎	◎
180					◎	◎	◎	◎	◎	◎	◎	◎	◎	◎	◎
194						◎	◎	◎	◎	◎	◎	◎	◎	◎	◎
219					◎	◎	◎	◎	◎	◎	◎	◎	◎	◎	◎
245							◎	◎	◎	◎	◎	◎	◎	◎	◎
273									◎	◎	◎	◎	◎	◎	◎
325									◎	◎	◎	◎	◎	◎	◎
351									◎	◎	◎	◎	◎	◎	◎
377									◎	◎	◎	◎	◎	◎	◎
426									◎	◎	◎	◎	◎	◎	◎

注:◎表示热轧管规格。钢管的通常长度为 2~12 m。

2. 冷拔(轧)钢管的外径和壁厚

外径/mm ＼ 壁厚/mm	0.5	0.6	0.8	1.0	1.2	1.4	1.5	1.6	2.0	2.2	2.5	2.8	3.0	3.2	3.5	4.0	4.5	5.0	5.5	6.0	6.5	7.0	7.5	8.0	8.5	9.0	9.5	10	11	12	13	14	15
6	●	●	●	●	●	●	●	●	●																								
7	●	●	●	●	●	●	●	●	●																								
8	●	●	●	●	●	●	●	●	●																								
9	●	●	●	●	●	●	●	●	●	●	●																						
10	●	●	●	●	●	●	●	●	●	●	●																						
11	●	●	●	●	●	●	●	●	●	●	●																						
12	●	●	●	●	●	●	●	●	●	●	●	●	●																				
13	●	●	●	●	●	●	●	●	●	●	●	●	●																				
14	●	●	●	●	●	●	●	●	●	●	●	●	●	●	●																		
15	●	●	●	●	●	●	●	●	●	●	●	●	●	●	●																		
16	●	●	●	●	●	●	●	●	●	●	●	●	●	●	●	●																	
17	●	●	●	●	●	●	●	●	●	●	●	●	●	●	●	●	●																
18	●	●	●	●	●	●	●	●	●	●	●	●	●	●	●	●	●																
19	●	●	●	●	●	●	●	●	●	●	●	●	●	●	●	●	●	●	●														
20	●	●	●	●	●	●	●	●	●	●	●	●	●	●	●	●	●	●	●														
21	●	●	●	●	●	●	●	●	●	●	●	●	●	●	●	●	●	●	●	●													
22	●	●	●	●	●	●	●	●	●	●	●	●	●	●	●	●	●	●	●	●	●												
23	●	●	●	●	●	●	●	●	●	●	●	●	●	●	●	●	●	●	●	●	●												
24	●	●	●	●	●	●	●	●	●	●	●	●	●	●	●	●	●	●	●	●	●	●		●									
25	●	●	●	●	●	●	●	●	●	●	●	●	●	●	●	●	●	●	●	●	●	●	●										
27	●	●	●	●	●	●	●	●	●	●	●	●	●	●	●	●	●	●	●	●	●	●	●	●									
28	●	●	●	●	●	●	●	●	●	●	●	●	●	●	●	●	●	●	●	●	●	●	●	●	●								
30	●	●	●	●	●	●	●	●	●	●	●	●	●	●	●	●	●	●	●	●	●	●	●	●	●	●							
32	●	●	●	●	●	●	●	●	●	●	●	●	●	●	●	●	●	●	●	●	●	●	●	●	●	●							
34	●	●	●	●	●	●	●	●	●	●	●	●	●	●	●	●	●	●	●	●	●	●	●	●	●	●							
35	●	●	●	●	●	●	●	●	●	●	●	●	●	●	●	●	●	●	●	●	●	●	●	●	●	●							
36	●	●	●	●	●	●	●	●	●	●	●	●	●	●	●	●	●	●	●	●	●	●	●	●	●	●							
38	●	●	●	●	●	●	●	●	●	●	●	●	●	●	●	●	●	●	●	●	●	●	●	●	●	●							
40	●	●	●	●	●	●	●	●	●	●	●	●	●	●	●	●	●	●	●	●	●	●	●	●	●	●							
42	●	●	●	●	●	●	●	●	●	●	●	●	●	●	●	●	●	●	●	●	●	●	●	●	●	●	●						
45	●	●	●	●	●	●	●	●	●	●	●	●	●	●	●	●	●	●	●	●	●	●	●	●	●	●	●	●	●	●			
48	●	●	●	●	●	●	●	●	●	●	●	●	●	●	●	●	●	●	●	●	●	●	●	●	●	●	●	●	●				

续表

外径/mm＼壁厚/mm	0.5	0.6	0.8	1.0	1.2	1.4	1.5	1.6	2.0	2.2	2.5	2.8	3.0	3.2	3.5	4.0	4.5	5.0	5.5	6.0	6.5	7.0	7.5	8.0	8.5	9.0	9.5	10	11	12	13	14	15
50	●	●	●	●	●	●	●	●	●	●	●	●	●	●	●	●	●	●	●	●	●	●	●	●	●	●	●						
51	●	●	●	●	●	●	●	●	●	●	●	●	●	●	●	●	●	●	●	●	●	●	●	●	●	●							
53	●	●	●	●	●	●	●	●	●	●	●	●	●	●	●	●	●	●	●	●	●	●	●	●	●	●	●						
54	●	●	●	●	●	●	●	●	●	●	●	●	●	●	●	●	●	●	●	●	●	●	●	●	●	●	●						
56	●	●	●	●	●	●	●	●	●	●	●	●	●	●	●	●	●	●	●	●	●	●	●	●	●	●	●						
57	●	●	●	●	●	●	●	●	●	●	●	●	●	●	●	●	●	●	●	●	●	●	●	●	●	●	●						
60	●	●	●	●	●	●	●	●	●	●	●	●	●	●	●	●	●	●	●	●	●	●	●	●	●	●	●						
63						●	●	●	●	●	●	●	●	●	●	●	●	●	●	●	●	●	●	●	●	●							
65						●	●	●	●	●	●	●	●	●	●	●	●	●	●	●	●	●	●	●	●	●	●						
68						●	●	●	●	●	●	●	●	●	●	●	●	●	●	●	●	●	●	●	●	●	●	●	●				
70						●	●	●	●	●	●	●	●	●	●	●	●	●	●	●	●	●	●	●	●	●	●	●	●				
73									●	●	●	●	●	●	●	●	●	●	●	●	●	●	●	●	●	●	●						
75									●	●	●	●	●	●	●	●	●	●	●	●	●	●	●	●	●	●	●						
76									●	●	●	●	●	●	●	●	●	●	●	●	●	●	●	●	●	●							
80									●	●	●	●	●	●	●	●	●	●	●	●	●	●	●	●	●	●	●	●	●	●	●	●	●
83									●	●	●	●	●	●	●	●	●	●	●	●	●	●	●	●	●	●	●	●	●	●	●	●	●
85									●	●	●	●	●	●	●	●	●	●	●	●	●	●	●	●	●	●	●	●	●	●	●	●	●
89									●	●	●	●	●	●	●	●	●	●	●	●	●	●	●	●	●	●	●	●	●	●	●	●	●
90											●	●	●	●	●	●	●	●	●	●	●	●	●	●	●	●	●	●	●	●	●	●	●
95											●	●	●	●	●	●	●	●	●	●	●	●	●	●	●	●	●	●	●	●	●	●	●
100											●	●	●	●	●	●	●	●	●	●	●	●	●	●	●	●	●	●	●	●	●	●	●
102													●	●	●	●	●	●	●	●	●	●	●	●	●	●	●	●	●	●	●	●	●
108													●	●	●	●	●	●	●	●	●	●	●	●	●	●	●	●	●	●	●	●	●
114													●	●	●	●	●	●	●	●	●	●	●	●	●	●	●	●	●	●	●	●	●
127													●	●	●	●	●	●	●	●	●	●	●	●	●	●	●	●	●	●	●	●	●
133													●	●	●	●	●	●	●	●	●	●	●	●	●	●	●	●	●	●	●	●	●
140													●	●	●	●	●	●	●	●	●	●	●	●	●	●	●	●	●	●	●	●	●
146													●	●	●	●	●	●	●	●	●	●	●	●	●	●	●	●	●	●	●	●	●
159															●	●	●	●	●	●	●	●	●	●	●	●	●	●	●	●	●	●	●

注：●表示冷拔(轧)钢管规格，钢管通常长度为 2～8 m。

附录 21　IS 型单级单吸离心泵性能表（摘录）

型　号	转速 n /(r/min)	流量 /(m³/h)	流量 /(L/s)	扬程 H/m	效率 η/%	功率/kW 轴功率	功率/kW 电机功率	必需气蚀余量 (NPSH)ᵣ/m	质量（泵/底座）/kg
IS50-32-125	2900	7.5	2.08	22	47	0.96		2.0	32/46
		12.5	3.47	20	60	1.13	2.2	2.0	
		15	4.17	18.5	60	1.26		2.5	
IS50-32-160	2900	7.5	2.08	34.3	44	1.59		2.0	50/46
		12.5	3.47	32	54	2.02	3	2.0	
		15	4.17	29.6	56	2.16		2.5	
IS50-32-200	2900	7.5	2.08	82	38	2.82		2.0	52/66
		12.5	3.47	80	48	3.54	5.5	2.0	
		15	4.17	78.5	51	3.95		2.5	
IS50-32-250	2900	7.5	2.08	21.8	23.5	5.87		2.0	88/110
		12.5	3.47	20	38	7.16	11	2.0	
		15	4.17	18.5	41	7.83		2.5	
IS65-50-125	2900	7.5	4.17	35	58	1.54		2.0	50/41
		12.5	6.94	32	69	1.97	3	2.0	
		15	8.33	30	68	2.22		3.0	
IS65-50-160	2900	15	4.17	53	54	2.65		2.0	51/66
		25	6.94	50	65	3.35	5.5	2.0	
		30	8.33	47	66	3.71		2.5	
IS65-40-200	2900	15	4.17	53	49	4.42		2.0	62/66
		25	6.94	50	60	5.67	7.5	2.0	
		30	8.33	47	61	6.29		2.5	
IS65-40-250	2900	15	4.17	82	37	9.05		2.0	82/110
		25	6.94	80	50	10.89	15	2.0	
		30	8.33	78	53	12.02		2.5	
IS65-40-315	2900	15	4.17	127	28	18.5		2.5	152/110
		25	6.94	125	40	21.3	30	2.5	
		30	8.33	123	44	22.8		3.0	
IS80-65-125	2900	30	8.33	22.5	64	2.87		3.0	44/46
		50	13.9	20	75	3.63	5.5	3.0	
		60	16.7	18	74	3.98		3.5	
IS80-65-160	2900	30	8.33	36	61	4.82		2.5	48/66
		50	13.9	32	73	5.97	7.5	2.5	
		60	16.7	29	72	6.59		3.0	
IS80-50-200	2900	30	8.33	53	55	7.87		2.5	64/124
		50	13.9	50	69	9.87	15	2.5	
		60	16.7	47	71	10.8		3.0	

型　号	转速 n /(r/min)	流量		扬程 H/m	效率 η/%	功率/kW		必需气蚀余量 $(NPSH)_r$/m	质量 (泵/底座) /kg
		/(m³/h)	/(L/s)			轴功率	电机功率		
IS80-50-250	2900	30	8.33	84	52	13.2		2.5	
		50	13.9	80	63	17.3	22	2.5	90/110
		60	16.7	75	64	19.2		3.0	
IS80-50-315	2900	30	8.33	128	41	25.5		2.5	
		50	13.9	125	54	31.5	37	2.5	125/160
		60	16.7	123	57	35.3		3.0	
IS100-80-125	2900	60	16.7	24	67	5.86		4.0	
		100	27.8	20	78	7.00	11	4.5	49/64
		120	33.3	16.5	74	7.28		5.0	
IS100-80-160	2900	60	16.7	36	70	8.42		3.5	
		100	27.8	32	78	11.2	15	4.0	69/110
		120	33.3	28	75	12.2		5.0	
IS100-65-200	2900	60	16.7	54	65	13.6		3.0	
		100	27.8	50	76	17.9	22	3.6	81/110
		120	33.3	47	77	19.9		4.8	
IS100-65-250	2900	60	16.7	87	61	23.4		3.5	
		100	27.8	80	72	30.0	37	3.8	90/160
		120	33.3	74.5	73	33.3		4.8	
IS100-65-315	2900	60	16.7	133	55	39.6		3.0	
		100	27.8	125	66	51.6	75	3.6	180/295
		120	33.3	118	67	57.5		4.2	

附录 22　常用散装填料的特性参数

填料类型	公称直径 DN /mm	外径×高×厚 $d \times h \times \delta$ /(mm×mm×mm)	比表面积 a_t /(m²/m³)	空隙率 ε	个数 n /(1/m³)	堆积密度 ρ_P /(kg/m³)	干填料因子 φ /(1/m)
陶瓷拉西环	8	8×8×1.5	570	64%	1 465 000	600	2500
	10	10×10×1.5	440	70%	720 000	700	1500
	15	15×15×2	330	70%	250 000	690	1020
	25	25×25×2.5	190	78%	49 000	505	450
	40	40×40×4.5	126	75%	12 700	577	350
	50	50×50×4.5	93	81%	6 000	457	205
金属拉西环	25	25×25×0.8	220	95%	55 000	640	257
	38	38×38×0.8	150	93%	19 000	570	186
	50	50×50×1.0	110	92%	7 00	430	141

续表

填料类型	公称直径 DN /mm	外径×高×厚 $d×h×δ$ /(mm×mm×mm)	比表面积 a_t /(m²/m³)	空隙率 ε	个数 n /(1/m³)	堆积密度 $ρ_P$ /(kg/m³)	干填料因子 φ /(1/m)
金属鲍尔环	25	25×25×0.5	219	95%	51 940	393	255
	38	38×38×0.6	146	95.9%	15 180	318	165
	50	50×50×0.8	109	96%	6 500	341	124
	76	76×76×1.2	71	96.1%	1 830	308	80
聚丙烯鲍尔环	25	25×25×1.2	213	90.7%	48 300	85	285
	38	38×38×1.44	151	91.0%	15 800	82	200
	50	50×50×1.5	100	91.7%	6 300	76	130
	76	76×76×2.6	72	92.0%	1 830	73	92
金属阶梯环	25	25×12.5×0.5	221	95.1%	98 120	383	257
	38	38×19×0.6	153	95.9%	30 040	325	173
	50	50×25×0.8	109	96.1%	12 340	308	123
	76	76×38×1.2	72	96.1%	3 540	306	81
塑料阶梯环	25	25×12.5×1.4	228	90%	81 500	97.8	312
	38	38×19×1.0	132.5	91%	27 200	57.5	175
	50	50×25×1.5	114.2	92.7%	10 740	54.8	143
	76	76×38×3.0	90	92.9%	3 420	68.4	112
金属环矩鞍	25(铝)	25×20×0.6	185	96%	101 160	119	209
	38	38×30×0.8	112	96%	24 680	365	126
	50	50×40×1.0	74.9	96%	10 400	291	84
	76	76×60×1.2	57.6	97%	3 320	244.7	63

附录 23　常用规整填料的性能参数

填料类型	型号	理论板数 N_T /(1/m)	比表面积 a_t /(m²/m³)	空隙率 ε	液体负荷 U /[m³/(m²/h)]	最大 F 因子 F /[m/s·(kg/m³)⁰·⁵]	压降 Δp /(MPa/m)
金属孔板波纹填料	125Y	1~1.2	125	98.5%	0.2~100	3	2.0×10⁻⁴
	250Y	2~3	250	97%	0.2~100	2.6	3.0×10⁻⁴
	350Y	3.5~4	350	95%	0.2~100	2.0	3.5×10⁻⁴
	500Y	4~4.5	500	93%	0.2~100	1.8	4.0×10⁻⁴
	700Y	6~8	700	85%	0.2~100	1.6	4.6×10⁻⁴~6.6×10⁻⁴
	125X	0.8~0.9	125	98.5%	0.2~100	3.5	1.3×10⁻⁴
	250X	1.6~2	250	97%	0.2~100	2.8	1.4×10⁻⁴
	350X	2.3~2.8	350	95%	0.2~100	2.2	1.8×10⁻⁴
金属丝网波纹填料	BX	4~5	500	90%	0.2~20	2.4	1.97×10⁻⁴
	BY	4~5	500	90%	0.2~20	2.4	1.99×10⁻⁴
	CY	8~10	700	87%	0.2~20	2.0	4.6×10⁻⁴~6.6×10⁻⁴

填料类型	型　号	理论板数 N_T /(1/m)	比表面积 a_t /(m²/m³)	空隙率 ε	液体负荷 U /[m³/(m²/h)]	最大 F 因子 F /[m/s·(kg/m³)⁰·⁵]	压降 Δp /(MPa/m)
	125Y	1～1.2	125	98.5%	0.2～100	3	2.0×10^{-4}
	250Y	2～2.5	250	97%	0.2～100	2.6	3.0×10^{-4}
	350Y	3.5～4	350	95%	0.2～100	2.0	3.0×10^{-4}
塑料孔板	500Y	4～4.5	500	93%	0.2～100	1.8	3.0×10^{-4}
波纹填料	125X	0.8～0.9	125	98.5%	0.2～100	3.5	1.4×10^{-4}
	250X	1.5～2	250	97%	0.2～100	2.8	1.8×10^{-4}
	350X	2.3～2.8	350	95%	0.2～100	2.2	1.3×10^{-4}
	500X	2.8～3.2	500	93%	0.2～100	2.0	1.8×10^{-4}